超临界流体色谱技术

［美］Colin F. Poole 主编

邓惠敏 杨 飞 唐 盛 主译

中国轻工业出版社

图书在版编目(CIP)数据

超临界流体色谱技术/(美)科林·普尔(Colin F. Poole)主编.邓惠敏,杨飞,唐盛主译.—北京:中国轻工业出版社,2019.10
ISBN 978-7-5184-2521-1

Ⅰ.①超… Ⅱ.①科…②邓…③杨…④唐… Ⅲ.①液相色谱 Ⅳ.①O657.7

中国版本图书馆CIP数据核字(2019)第121163号

责任编辑:张　靓　　　责任终审:唐是雯　　　封面设计:锋尚设计
版式设计:砚祥志远　　　责任校对:吴大鹏　　　责任监印:张　可

出版发行:中国轻工业出版社(北京东长安街6号,邮编:100740)
印　　刷:三河市国英印务有限公司
经　　销:各地新华书店
版　　次:2019年10月第1版第1次印刷
开　　本:720×1000　1/16　印张:27.5
字　　数:570千字
书　　号:ISBN 978-7-5184-2521-1　　定价:108.00元
邮购电话:010-65241695
发行电话:010-85119835　传真:85113293
网　　址:http://www.chlip.com.cn
Email:club@chlip.com.cn
如发现图书残缺请与我社邮购联系调换
180563K1X101ZYW

本书译者人员

主译　　邓惠敏(国家烟草质量监督检验中心)

　　　　　　杨　飞(国家烟草质量监督检验中心)

　　　　　　唐　盛(江苏科技大学环境与化学工程学院)

译者　　沈　薇(江苏科技大学环境与化学工程学院)

　　　　　　李中皓(国家烟草质量监督检验中心)

　　　　　　王　颖(国家烟草质量监督检验中心)

　　　　　　刘珊珊(国家烟草质量监督检验中心)

　　　　　　黄贞贞(武汉大学健康学院)

　　　　　　李晨曦(重庆师范大学生命科学学院)

　　　　　　范子彦(国家烟草质量监督检验中心)

　　　　　　王　康(湖北省烟草质量监督检测站)

　　　　　　曹昌清(上海烟草集团有限责任公司)

　　　　　　王　源(上海烟草集团有限责任公司)

　　　　　　边照阳(国家烟草质量监督检验中心)

　　　　　　唐纲岭(国家烟草质量监督检验中心)

Supercritical Fluid Chromatography
Colin Poole
ISBN:978-0-12-809207-1

Copyright © 2017 by Elsevier Inc. All rights reserved.

Authorized Chinese translation published by China Light Industry Press Ltd..

《超临界流体色谱技术》(邓惠敏,杨飞,唐盛主译)
ISBN:9787518425211

Copyright © Elsevier Inc. and China Light Industry Press Ltd.. All rights reserved.

No part of this publication may be reproduced or transmitted in any form or by any means, electronic or mechanical, including photocopying, recording, or any information storage and retrieval system, without permission in writing from Elsevier (Singapore) Pte Ltd. Details on how to seek permission, further information about the Elsevier's permissions policies and arrangements with organizations such as the Copyright Clearance Center and the Copyright Licensing Agency, can be found at our website: www.elsevier.com/permissions.

This book and the individual contributions contained in it are protected under copyright by Elsevier Inc. and China Light Industry Press Ltd. (other than as may be noted herein).

This edition of Supercritical Fluid Chromatographyis published by China Light Industry Press Ltd. under arrangement with ELSEVIER INC.

This edition is authorized for sale in China only, excluding Hong Kong, Macau and Taiwan. Unauthorized export of this edition is a violation of the Copyright Act. Violation of this Law is subject to Civil and Criminal Penalties.

本版由 ELSEVIER INC.授权中国轻工业出版社在中国大陆地区(不包括香港、澳门以及台湾地区)出版发行。

本版仅限在中国大陆地区(不包括香港、澳门以及台湾地区)出版及标价销售。未经许可之出口,视为违反著作权法,将受民事及刑事法律之制裁。

本书封底贴有 Elsevier 防伪标签,无标签者不得销售。

注意

本书涉及领域的知识和实践标准在不断变化。新的研究和经验拓展我们的理解,因此须对研究方法、专业实践或医疗方法作出调整。从业者和研究人员必须始终依靠自身经验和知识来评估和使用本书中提到的所有信息、方法、化合物或本书中描述的实验。在使用这些信息或方法时,他们应注意自身和他人的安全,包括注意他们负有专业责任的当事人的安全。在法律允许的最大范围内,爱思唯尔、译文的原文作者、原文编辑及原文内容提供者均不对因产品责任、疏忽或其他人身或财产伤害及/或损失承担责任,亦不对由于使用或操作文中提到的方法、产品、说明或思想而导致的人身或财产伤害及/或损失承担责任。

译者序

超临界流体色谱的概念最早始于20世纪60年代。近年来,随着超临界流体色谱在仪器上的不断进步和革新才引起色谱分析领域的广泛关注。作为主流色谱技术气相色谱和液相色谱的补充,超临界流体色谱技术的应用也越来越广泛。

我从2016年开始涉足超临界流体色谱,主要从事其在同分异构体和手性异构体分离及分析中的应用研究。实验研究离不开基础理论的支撑,在开展研究工作的同时要不断地查阅相关文献资料及著作。我在中文书籍检索过程中发现,超临界流体色谱常常仅在超临界流体技术科技图书的相关章节中出现,关于超临界流体色谱尚没有专门的中文著作。而进一步的英文书籍检索使我与原著 *Supercritical Fluid Chromatography* 结缘。

Supercritical Fluid Chromatography 全面介绍了超临界流体色谱的起源与发展、基本原理、实践应用等,内容丰富、结构清晰、文献资料完备,适合从事超临界流体色谱分析的人员查阅和学习。译者们希望该书中文版的面世,能够进一步推动超临界流体色谱技术在国内的广泛学习和实践应用。

此书的翻译工作邀请了来自于科研院所的研究人员和高校的教职人员共同参与完成,译者们已从事色谱分析工作和研究多年,具有扎实的专业知识。作为本书翻译工作的牵头人,我主要统筹任务的分配及实施,并完成了第一章和第二章超临界流体色谱发展历史和原理相关内容的翻译。第三章和第四章主要介绍超临界流体色谱柱的选择及表征,由黄贞贞翻译完成。第五章和第十一章主要介绍超临界流体分析方法的建立和验证,由王颖翻译完成。第六章介绍多重柱-超临界流体色谱,第七章和第八章主要介绍分析用超临界流体色谱仪器及超临界流体色谱-质谱联用,由杨飞翻译完成。第九章和第十章主要介绍制备超临界流体色谱,由唐盛翻译完成。第十二章介绍了超临界流体色谱在立体异构体拆分中的应用,由王康翻译完成。第十三章和第十四章分别介绍了超临界流体色谱在石油产品和脂类分析中的应用,由李晨曦翻译完成。第十五章和第十六章分别介绍了超临界流体色谱在天然产物分离和制药领域中的应用,由刘珊珊翻译完成。第十七章介绍了超临界流体色谱在食品分析领域中的应用,由唐盛和沈薇共同翻译完成。第十八章介绍了通过超临界流体色谱对物理化学性质的测定,由沈薇翻译完成。唐纲岭、边照阳、李中皓、范子彦、曹昌清、王源主要为翻译工作中遇到的疑难问题提供技术方面的指导,并参与译稿的校对。

译者虽力求准确传达原著者的思想，但由于时间关系及水平所限，译文中难免存在疏漏或不当之处，恳请读者批评指正。

邓惠敏

目录

1 超临界流体色谱中的里程碑：发展历史及现代化 / 1

1.1 引言 / 1

1.2 20 世纪 60 年代 / 1

1.3 20 世纪 70 年代 / 3

1.4 20 世纪 80 年代 / 4

1.5 20 世纪 90 年代 / 7

1.6 21 世纪 00 年代 / 10

1.7 21 世纪 10 年代 / 12

1.8 结论 / 15

参考文献 / 15

2 超临界流体色谱原理 / 18

2.1 引言 / 18

2.2 超临界流体色谱中的流动相 / 18

2.3 非均匀色谱柱中流体的可压缩性和平均参数 / 25

2.4 超临界流体色谱的保留机理 / 27

2.5 动力学原理 / 29

2.6 动力学原理及实践 / 38

2.7 结论 / 40

参考文献 / 41

3 超临界流体色谱柱的选择方法 / 45

3.1 引言 / 45

3.2 超临界流体色谱分离的关键影响因素 / 46

3.3 固定相 / 59

3.4 新型固定相及其对 SFC 的潜在影响 / 70

3.5 结论 / 75

参考文献 / 76

4 色谱柱的表征 / 83

4.1 引言 / 83

4.2 非色谱方法 / 84

4.3 固定相的稳定性 / 84

4.4 柱效 / 85

4.5 分析物探针 / 85

4.6 定量结构与保留的关系 / 89

4.7 结论 / 96

参考文献 / 96

5 超临界流体色谱分析方法的建立 / 102

5.1 引言 / 102

5.2 样品类型 / 103

5.3 检测器 / 104

5.4 分析柱 / 105

5.5 超临界流体色谱的流动相 / 116

5.6 添加剂 / 117

5.7 密度 / 118

5.8 实际分析方法的建立 / 119

5.9 结论 / 120

参考文献 / 120

6 多重柱-超临界流体色谱的应用 / 125

6.1 引言 / 125

6.2 SFC 在二维色谱中的应用 / 126

6.3 串联柱超临界流体色谱 / 130

6.4 串联柱超临界流体色谱方法的开发 / 133

6.5 串联柱超临界流体色谱中压力的作用 / 135

6.6 结论 / 138

参考文献 / 138

7 分析用超临界流体色谱仪的发展 / 141
7.1 引言 / 141
7.2 CO_2 泵 / 149
7.3 泵的驱动 / 154
7.4 泵头冷却器 / 160
7.5 混合器 / 162
7.6 自动进样器 / 162
7.7 柱温箱和色谱柱 / 164
7.8 紫外可见检测器 / 165
7.9 背压调节器 / 167
7.10 其他 / 168
参考文献 / 169

8 SFC 联用的检测器：质谱 / 171
8.1 引言 / 171
8.2 SFC-MS 中的离子源 / 172
8.3 超临界流体色谱-质谱联用中的接口 / 175
8.4 SFC-MS 中的质谱 / 179
8.5 LC-ESI/MS 与 SFC-ESI/MS 的对比 / 181
8.6 SFC-MS/MS 的应用 / 184
8.7 结论 / 187
参考文献 / 188

9 制备型超临界流体色谱原理 / 196
9.1 引言 / 196
9.2 影响制备型 SFC 性能的因素 / 198
9.3 设计制备型 SFC 的方法 / 201
9.4 结论 / 215
参考文献 / 215

10 制备型超临界液相色谱的实践意义和应用 / 218

10.1 引言 / 218

10.2 制备型 SFC 简史 / 218

10.3 一般考虑因素 / 219

10.4 填充柱 SFC 的制备型手性分离 / 224

10.5 填充柱上的制备型非手性 SFC 纯化 / 230

10.6 高通量非手性超临界流体色谱纯化 / 238

10.7 模拟移动床色谱（SMB）制备型 SFC / 239

10.8 大规模和工业应用 / 239

10.9 结论 / 240

参考文献 / 240

11 超临界流体色谱方法验证 / 252

11.1 引言 / 252

11.2 验证标准 / 253

11.3 总误差法 / 255

11.4 耐受性优化策略 / 258

11.5 方法转化 / 259

11.6 SFC 方法验证 / 260

11.7 结论 / 268

参考文献 / 269

12 立体异构体的拆分 / 274

12.1 引言 / 274

12.2 立体异构 / 275

12.3 对映异构体的拆分 / 275

12.4 手性固定相 / 277

12.5 手性 SFC 的色谱参数 / 284

12.6 与其他技术的比较 / 286

12.7 立体选择 SFC 研究进展 / 288

12.8 SFC 立体异构应用综述 / 290

12.9 非对映异构体的拆分 / 293

12.10 结论 / 294

参考文献 / 295

13 石油产品的超临界流体色谱分析 / 303

13.1 引言 / 303

13.2 技术部分：超临界流体色谱和火焰离子化检测器的联用 / 305

13.3 模拟蒸馏 / 307

13.4 使用超临界流体色谱进行族组成分析和相关应用 / 312

13.5 基础油和润滑油添加剂的分离 / 321

13.6 结论和展望 / 324

参考文献 / 325

14 脂类的分离 / 332

14.1 引言 / 332

14.2 SFC-MS 方法用于多种脂类分析 / 333

14.3 在线 SFE-SFC-MS 方法用于脂类分析 / 344

14.4 SFC-MS 方法在生命科学方面的应用 / 346

14.5 总结和展望 / 346

参考文献 / 346

15 天然产物的分离 / 348

15.1 引言 / 348

15.2 选择性应用 / 349

15.3 结论 / 361

参考文献 / 361

16 制药中的应用 / 366

16.1 引言 / 366

16.2 SFC 在新药研发中的应用 / 371

16.3 SFC 在药物和药品分析中的应用 / 373

16.4 SFC 在生物流体中的药物及其代谢物分析中的应用 / 381

16.5 结论 / 385

参考文献 / 386

17 在食品分析领域中的应用 / 393

17.1 引言 / 393

17.2 动物源性食品及相关产品 / 395

17.3 植物源性食品及相关产品 / 396

17.4 其他源性食品基质 / 404

17.5 结论 / 406

参考文献 / 406

18 使用 SFC 仪器进行物理化学性质测量 / 410

18.1 引言 / 410

18.2 简单案例：黏度估算 / 410

18.3 相行为的测定 / 411

18.4 直接溶解度估算 / 420

18.5 吸附等温线测定 / 420

18.6 扩散性 / 422

18.7 估算的限制因素 / 423

18.8 结论 / 425

参考文献 / 425

1 超临界流体色谱中的里程碑：发展历史及现代化

R. McClain

Merck Research Laboratories, West Point, PA, United States

1.1 引言

超临界流体色谱（Supercritical Fluid Chromatography，SFC）技术于1962年问世。起初，其所表现的优异的分离性能使之备受追捧，然而也因发展过程中所显现的不足而使其被妖魔化。在过去的50多年里，SFC发展中具有里程碑意义的事件涵盖了诸如仪器性能及局限性、对性能参数和所获得的数据的科学理解和解释、与当下所使用的其他分离方法在技术性能方面的比较等方面。这一章将重点介绍一些SFC发展高峰时期的里程碑。在这些里程碑事件中，有的推动了这项技术的发展，为其赢得了更广泛的支持和应用，有的反而使其受到压制，限制了该项技术在科研界的接受和认可程度。本章将按时间顺序来呈现这些里程碑事件，希望能让读者了解SFC的发展历史，并认识在这些里程碑事件中，是哪些人的努力赋予了我们今天所用的SFC的优异性能。此外，鉴于有些相关主题将在后面的各章节中详细介绍，因此本章中的参考文献并非无所不包的，仅列出了一些关键性参考资料，以供读者进一步查阅。

1.2 20世纪60年代

在20世纪60年代，鉴于气相色谱（Gas Chromatography，GC）的高效性，尤其是当其与光火焰离子化检测器（Flame Ionization Detector，FID）联用时，使之成为当下主要的色谱技术。然而GC的局限性在于被分析物需具有挥发性以及热稳定性，因而促使研究人员寻求其他的替代分离方法以进一步满足分析需求。Ernst Klesper在1962年发表的题为"超临界压力以上的高压气相色谱（HPGC）"的文章，开创了SFC的先河，针对GC分析物热稳定性的局限性提供了解决方案[1]。以往研究证明在使用传统GC分析时，卟啉类化合物会分解。而Ernst Klesper采用聚乙二醇固定相，以二氯二氟甲烷为流动相，在压力为131bar*的条件下，成功分

---

* 本书中所采用的压力单位均为原版书中的单位，1bar = 10^5Pa，1psi = 6894.76Pa，1atm = 1.01325 × 10^5Pa，1kgf/cm² = 9.80665×10^4Pa ——译者注

离了初卟啉镍和中卟啉镍二甲酯的混合物。且对由该方法分析完成后回收得到的化合物进行 X 射线粉末衍射分析,结果表明初卟啉镍和中卟啉镍二甲酯均保持着其固有结构。此研究证明了流动相在高于临界压力的条件下,其在色谱柱上的流动性增强,因此可以在比传统 GC 工作温度低的情况下进行有效分离,也因此项研究使得 SFC 应运而生。

与此同时,阿姆斯特丹皇家/壳牌实验室的 Sie 和 Rijinders 研究组在 HPGC 方面的研究也很活跃,但其主要是以临界压力较低(73atm)的二氧化碳(CO_2)为流动相。他们在基于角鲨烷固定相和甘油固定相的色谱柱上,以大量化合物为分析对象,研究了压力对分配系数(K)的影响[2]。这项开创性的工作揭示了:随着流动相压力的升高,分析物的保留因子降低(如图 1.1 所示)。而在 GC 分析中只能通过提高温度来降低保留因子。但温度的升高不仅会带来分析物稳定性的问题,也会使仪器面临最高耐受温度的挑战。Sie 和 Rijinders 研究组的上述新发现颠覆了在 GC 分析中的普遍认知,也因此将 SFC 推至高峰。在该时期,SFC 被认为是一种进一步扩大 GC 技术分析物相对分子质量上限的可行方案。

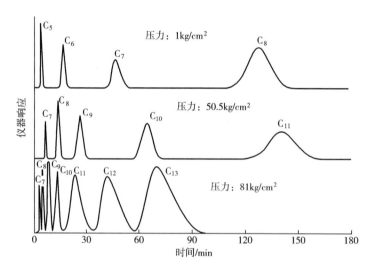

图 1.1　以 CO_2 为载气,在流速相当、压力不同的条件下正构烷烃的分离结果。色谱柱为以 25%(质量分数)角鲨烷填充的 100/200 目硅藻土柱(长 1m,内径 3mm);柱温 40℃;进样量约 15μL(引自:Sie S, Beersum W, Rijnders G. Sep Sci 1966;1:459-90.)

继阿姆斯特丹研究组"可通过 HPGC 分析更高相对分子质量的化合物"的猜想过去两年之后,美国犹他大学的 Giddings 及其同事们以实验数据证实了这一猜想。Giddings 研究组在化合物的溶解性研究中发现在压力为 1200atm,温度为 40℃的条件下,CO_2 能够溶解相对分子质量为 40 万的硅橡胶[3]。超临界流体之所以能够作为溶剂,是因为当将其从普通气体压缩至类似于液体的密度的时候,提高了其与溶质之间的分子间作用力。此外,他们也在 500atm 的压力下,以 CO_2 为流动相，成功分离了大相对分子质量的生物分子，如 α-胡萝卜素和 β-胡萝卜素。由于这些化合物的热稳定性较差，以往它们是无法通过传统 GC 来分析的。

通过综合研究 80 多种化合物在压缩气体中的迁移性，Giddings 研究组制作了一张表格将压缩气体的洗脱强度与常见的传统液体的洗脱强度关联起来 [4]。但讽刺的是，当时被广泛认可的"密度与液体接近状态下的 CO_2 的洗脱能力与异丙醇的洗脱能力相当"的这一说法，是后来经证实的关于 SFC 最大的误解。后来，相关专家证实了超临界流体 CO_2 的溶剂强度被高估了，并指出这一错误估计可能推迟了 SFC 技术的更广泛的应用 [5, 6]。时至今日，众所周知，超临界流体 CO_2 的溶剂强度与小相对分子质量的烷烃（戊烷和己烷）的相当，而非如异丙醇的醇类 [6, 7]。

在其最初几年的实践中，SFC 证明了其能够分离不利于传统 GC 分析的热不稳定化合物，并将分析物范围扩展到以前由传统 GC 方法不可分离的更高相对分子质量的化合物。SFC 的这两个特点使之能够与当时主流、高效的 GC 技术一较高下。通过对 SFC 中流动相洗脱强度的研究，使得 Giddings 研究组认识到可以通过调控色谱分析时的压力来改变流动相的溶解性能，从而使得一些分析物因能够溶解于流动相中而被洗脱下来 [8]。因此，若在 SFC 中能够施加压力梯度，将可使该新兴技术与通常使用二元流动相和合成压力梯度的液相色谱相竞争。这一性能，自 Griddings 研究组的原创性工作之后的不到一年内得以实现，从而进一步证实了人们在 SFC 初期发展阶段对该项技术的投入的关注和努力。

1.3　20 世纪 70 年代

雪佛龙公司的 Jentoft 和 Gouw 的工作继续推进了 SFC 发展，他们通过在液相色谱（LC）设备中嵌入压力程序，以高压氮气作为压力源，使 SFC 得以执行压力梯度。他们以正辛烷键合的 Poracil C 为固定相，以含 5% 甲醇的正戊烷为流动相，初始压力 650psi，以 6psi/min 速度进行程序升压，最终达到的压力为 1000psi [9]。如图 1.2 所示，在约 60min 的分析时间里，平均相对分子质量为 900 的聚苯乙烯被分离成 32 个聚苯乙烯低聚物。采用与 Klesper 相似的 SFC 分离后的确证分析手段，他们对其中的几个单峰物质在 UV 检测之后进行了捕集，并进行二次色谱分析，以进一步确证它们并非杂质 [1]。当时，SFC 以程序压力来控制洗脱强度，提供了一种提高分离效率的新的机制，加之其能在比 LC 高一个数量级的线速度下工作，从而使得 SFC 不仅能与 GC 一较高下，甚至可与 LC 比拟。

美国休斯敦大学的 Novotny 研究了压力和温度对色谱分析性能的影响，以正戊烷为流动相，在不同粒径的填充色谱柱上分离了多种分析物，如：均四甲苯、萘、联苯、蒽等。他们监测了改变温度和压力时，保留因子和理论塔板高度（HETP）的变化，并发现相较于改变压力，改变温度时的色谱分析性能更难预

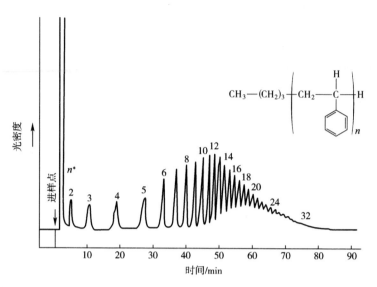

图 1.2 一个平均相对分子质量为 900 的聚苯乙烯样品的色谱图（引自：*Jentoft R*, *Gouw T. J Chromatogr Sci 1970*；*8*：*138-42.*）

知。在当时，Novotny 的研究结果表明柱压下降越快，色谱分析性能越差 [10]。这一结论进一步导致了大量的关于填充柱 SFC 的不准确结论，如压力降对色谱柱性能以及分离速度的影响。基于以上有失偏颇的结论，使得 SFC 的发展方向有所转变，色谱柱类型从填充柱转变到空心柱，然而这在接下来的十年中经常会受到质疑。

1.4 20 世纪 80 年代

    Milos Novotny 和 Milton Lee 的研究工作认为填充柱 SFC 中压力降的问题，就柱效而言，带来的影响是灾难性的 [11]。也正是基于此，使得毛细管 SFC 应运而生。相关研究组试图设计贯穿整个色谱柱和检测器的维持恒压的 SFC 系统，并在色谱柱中使用最薄的固定相以减少传质阻力。如图 1.3 所示，他们采用一根长 58m，内径 0.2mm 的玻璃毛细管色谱柱，涂覆苯基甲基聚硅氧烷作固定相，以正戊烷为流动相，分离了多环芳烃混合物。此工作中展现的较高的分离效率验证了毛细管柱在 SFC 中的有效性，被 GC 领域的研究者广泛接受，也因而使得毛细管 SFC 成为当时 SFC 领域的主导。

    在 SFC 系统尚无商品化设备时期，相关研究者们在研究中均采用自己搭建的装置。鉴于当时的一种主流色谱技术为 GC，因此，GC 的柱温箱和注射泵被广泛用于 SFC 早期仪器配备中。美国惠普公司（现在为安捷伦）的一个研究组，通过夹持式热交换器来冷却泵头，并加入背压调节器，将 1084B LC 改造成了

SFC [12]。利用这一改进的 SFC 系统,对填充柱 SFC 中,填充粒径尺寸以及色谱柱中的压力降的影响进行了重新评估。在填充粒径分别为 3μm,5μm 和 10μm 的色谱柱上对多环芳烃进行分析,由图 1.4 可见,随着填充粒径的增大,实际分离效率也增大。此外,范德姆曲线表明,当填充粒径相同时,SFC 和 HPLC 的最小理论塔板高度相同,但 SFC 的最优线速度约为 HPLC 的 5 倍。这些发现使得填充柱 SFC 的概念及应用在毛细管 SFC 的全盛时期得以保留。

在 SFC 商业化过程中,至少在制药领域,SFC 主要被用于手性分析及样品纯化。Mourier 认为超临界 CO_2 极性与正己烷相似,因此可替代传统手性分析中的正

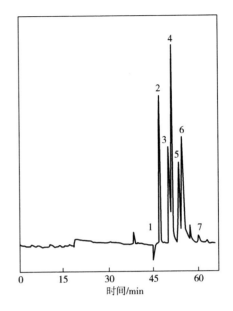

图 1.3 毛细管柱(长 58m,内径 0.20mm)上多环芳烃标准品的等度分离结果。流动相为正戊烷,温度 210℃,压力 32atm。多环芳烃标准品为(1)蒽;(2)芘;(3)苯并 [k] 荧蒽;(4)苯并 [e] 芘;(5)二苯并 [a,c] 蒽;(6)苯并 [g,h,i] 苝;(7)晕苯(引自:*Novotny M, Springston S, Peaden P, Fjeldsted J, Lee M. Anal Chem 1981;53: 407A-414A.*)

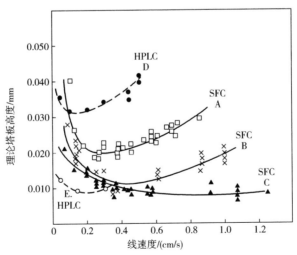

图 1.4 理论塔板高度和线速度(引自:*Gere D, Board R, McManigill D. Anal Chem 1982;54: 736-40.*)

A—SFC 10μm 填充柱　B—SFC 5μm 填充柱　C—SFC 3μm 填充柱　D—HPLC 10μm 填充柱　E—HPLC 3μm 填充柱

己烷或其他非极性溶剂[13]。此外，与 HPLC 相比，SFC 中，二元扩散系数急剧增加，从而减少了 HPLC 分析中异常长的分析时间。Mourier 所研究的助溶剂密度和极性对分析物保留时间以及分离效率的影响：随着助溶剂极性的增强，保留时间减小、分离效率增大，这些发现对填充柱 SFC 方法的开发产生了重要影响。Ashraf-Khorassani 首次研究了在 SFC 手性分析时，向助溶剂中加水的影响，结果表明水会通过掩蔽活性硅醇位点，从而导致保留因子降低[14]。这一开创性工作证明了水能够影响 SFC 分析时的保留因子，这一结论在此后的 20 年中一直沿用而未经重新审视。且此工作中所研究的系列溶剂，如甲醇、乙醇和异丙醇，是迄今为止在 SFC 分析中仍被广泛使用的助溶剂。

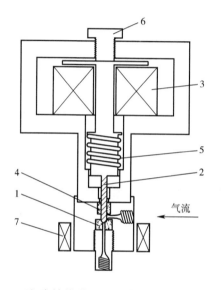

图 1.5　流路转换背压调节阀横切面图（引自：Saito M, Yamauchi Y, Kashiwazaki H, Sugawara M. Chromatographia 1988；25；801-05.）
1—阀座　2—阀针　3—针驱动电磁阀　4—针座　5—复位弹簧　6—间隙调整螺钉　7—加热器

HPLC 和 SFC 的主要区别之一在于：SFC 需在色谱柱的检测器端对压力，即背压，进行控制。由 SFC 的发展历程来看，SFC 之所以能够溶解、迁移、选择性分离和洗脱被分析物，主要由流动相的密度决定的，而压力与流动相的密度息息相关。在早期 SFC 系统中，背压主要是通过节流器和机械调节器控制的。其中，节流器型装置是通过控制泵泵入的 CO_2 流量来调节背压的，流速增大会导致下游压力的增大。机械调节器型装置同样是通过增加流速而使下游压力增大，但区别在于其能够供使用者设定背压。日本分光（JASCO）公司的 Saito 研究组研发出一种背压调节器（back pressure regulator，BPR），其能够指定想要的出口压力而不受流动相质量流量的影响[15]。日本分光的 BPR 使用一个压力传感器来检测出口系统压力，并向针型阀和加热座（图 1.5）提供反馈信息。流路转换通过针及针座实现，在保证输送设定背压的同时，避免任何沉淀材料被冲进系统。此 BPR 装置首次在 SFC 中实现了在流动相流速固定的恒流模式下实施压力梯度。

1.5 20世纪90年代

20世纪90年代见证了毛细管SFC到填充柱SFC的过渡，反映了当时人们对于多种多样的化合物的分析需求，以及对SFC适用分析物范围的固有观念的改变。毛细管SFC被广泛应用于超过传统GC适用范围的、相对非极性的化合物的分析，因此被认为是GC的扩展［16］。而填充柱SFC在极性化合物分析方面表现出优异的性能，因此被认为是正相HPLC的可行的替代方法［17, 18］。随着越来越多的人将重点放在了通过填充柱SFC分离极性化合物的应用上，因而使得对化合物，尤其是可离子化的化合物峰形进行控制的需求日益显著。20世纪90年代初期对于添加剂的研究对化合物峰形的可控提供了新思路，并促进了填充柱SFC的进一步的发展和普及。

Berger的研究证明，在填充柱SFC分析中，当添加剂的酸性强于被分析物酸性时，酸性添加剂可有效抑制酸类物质的离子化［19］。此外，他们的相关研究发现添加剂不仅能与固定相的硅胶基质表面的活性位点发生相互作用，其还会改变分离系统的化学环境。通过对比添加剂在非极性固定相（如C_8等）和极性固定相（如二醇等）的表面覆盖率，发现当固定相的极性增强时，添加剂与固定相会形成较为有利的复合物，从而改善极性分析物的峰形。

Berger进一步研究了碱性添加剂对各种碱性化合物分析的影响［20］。一开始，他们采用了0.1%氢氧化四丁基铵（TBAH）为添加剂，分析了苯胺和苯二胺。虽然添加剂的使用改善了峰形，但拖尾现象依然存在。考虑到立体效应会对添加剂的色谱行为产生影响，研究者们以异丙胺（IPAm）代替TBAH作添加剂，峰形得到了显著改善。相比之下，IPAm的碱性比TBAH弱，但反而对峰形的改善效果更好，这一结果证明了碱性氮的立体结构也是一个重要影响因素。如图1.6可见，通过综合使用程序升压、助溶剂梯度洗脱、添加剂使得SFC的分析物适用范围持续扩展。

添加剂的使用进一步扩大了SFC可分析化合物的极性范围，从而也使SFC的应用越来越广泛。但由小颗粒填充柱带来的压力降而导致的分离效率损失仍然使许多SFC的潜在用户望而却步。作为SFC的持续强力拥护者，Berger在1993年通过实验使科学界对SFC巨大压力降的恐惧得以成功缓解。他将10根填充粒径为5μm的20cm×4.6mm的色谱柱串联成一根2m的色谱柱［22］。在此SFC串联填充色谱柱上，以5%甲醇为助溶剂，柱温60℃，背压150bar，流速2mL/min的条件下，对巴西柠檬油的分析结果如图1.7所示。对其他类型样品（包括苯基脲类除草剂、多环芳烃、烟囱烟灰提取物）的分析同样显示了优异的分离效率，理论塔板数大于20万。尽管在此研究中未报道压力降，而另一以11根色谱柱串联的相似所研究报道的压力降大约为160bar。因此，这一开创性意义的工作以串联色谱柱弥

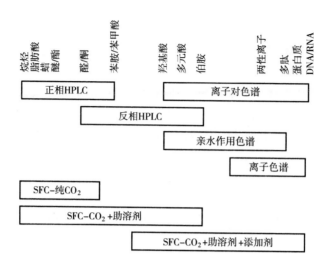

图1.6 不同色谱技术分析物极性适用范围（引自：Berger T, Berger B, Fogleman K. Comprehensive Chirality 2012；8：354-92.）

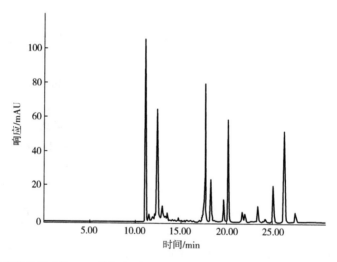

图1.7 巴西柠檬油的填充柱SFC分析色谱图。理论塔板数>20万，10根色谱柱（长20cm，内径4.6mm，填料粒径5μm）串联，流动相为含5%（体积分数）的CO_2，流速2mL/min，温度60℃，出口压力150bar（引自：Berger T, Wilson W. Anal Chem 1993；65：1451-55.）

补了压力降对分离效率的影响，有力证明了SFC强大的分析性能，终结了人们对压力降不利于分离效率的担忧。

继Berger的杰出工作发表两年之后，他和几个同事一起从美国惠普公司买下了当时SFC的生产线，成立新公司，命名为Berger仪器［23］。Berger仪器公司的SFC分析系统配置了自其问世以来最全面的二元泵系统。泵头以珀尔帖制冷器

(Peltier chiller）进行冷却，避免以高压、低密度气体进行填充［24］。更重要的是该系统的 CO_2 泵可根据温度和压力对 CO_2 动态压缩进行补偿［25］。泵腔填满可压缩 CO_2 后，提高活塞移动速度，将 CO_2 流体压缩至适当密度，同时补偿再填充和再压缩带来的气流的微小下降。然后，降低活塞移动速度，将一定体积的 CO_2 流体泵入 SFC 色谱系统。通过压缩补偿，Berger SFC 系统可准确传输确定体积比的 CO_2 和助溶剂的二元混合流动相。Berger SFC 系统的示意图如图 1.8 所示。

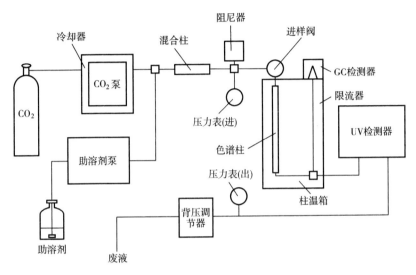

图 1.8 Berger 填充柱 SFC 系统示意图。由 1~2 个泵来控制流动相，输送可压缩 CO_2 流体的 CO_2 泵头以冷却器冷却，此泵可在一定范围内调节 CO_2 压缩性。两路流动相混合后通过压力阻尼器进入进样阀。色谱柱置于柱温箱中以维持高温的亚环境，可使用与 HPLC 相同的色谱柱。检测既可以采用高压流通池进行 UV 检测，也可在柱后经限流器分流以 GC 检测器进行检测。出口压力由位于色谱柱和检测器下游的背压调节器控制［引自：Berger T, Greibrokk T. Practical SFC and SFE, In: Caude M, Thiebaut D, editors. p. 107-48（Chapter 4）.］

继 1985 年 Mourier 的工作之后，许多制药实验室将 SFC 作为一种手性分析和纯化手段［26~28］。英国葛兰素史克制药公司（GSK）的一个研究组将商品化的 SFC 分析系统进行了改造，使之能够进行色谱柱和助溶剂不同组合的自动筛选［29］。他们将当时较为常用的四种手性色谱柱 Chiralpak AD, Chiralpak AS, Chiralcel OD, and Chiralcel OJ 置于柱温箱中，连接至六柱切换阀上。并在系统中配备助溶剂选择阀，提供四路助溶剂（通常为甲醇、乙醇、异丙醇等）供选择和切换。色谱柱和助溶剂切换均通过触点闭合继电器进行。在每次改变色谱柱和助溶剂后，运行一次 25min 的等度洗脱方法，并再重新平衡 20min。在序列自动运行完后，会得到一个数据结果的阵列，从中可找出最优的固定相（色谱柱）和流动相（助溶剂）的组合，以获得最好的手性分析及纯化条件。研究人员对 SFC 进行的个性化改造及其快速商业化，体现了当时 SFC 的迅猛发展和人们为 SFC 进步所做的不懈努力。

1.6 21世纪00年代

21 世纪 00 年代初期，基于 SFC 早期所倡导的理论和实践背景，加上 SFC 仪器的商业化，使得使用者们着重于将已建好的 HPLC 分离方法，通过最少的努力转换到 SFC 分析平台上。药物开发实验室的纯化组通常采用化学组合法对药物进行纯化，他们希望能将 SFC 运用于高通量的药物纯化。但将化合物从助溶剂中分离出来时，采用的旋流分离工艺在每处理一个样品后需对旋风分离器进行清理后再接着处理一下样品，因此成为药物纯化高通量化的难点。Berger 研究组成功克服了这一障碍，他们开发了一种新型的半制备 SFC 系统，采用一种新型的、自清洁、加热分离器，可最大限度地减少气溶胶的产生，对目标物的回收率高达 95%［25］。该系统采用一个放置四个收集容器（通常为 25mm×150mm 的试管）的高压盒子来收集色谱柱洗脱液中的液体部分，并在每个收集容器的出口上安置一个固定限流器以控制 CO_2 的释放。采用该半制备 SFC 系统，在一根长 15cm、内径 21mm、填充粒径 5μm 的氰基柱上，背压为 150bar，采用梯度洗脱条件，在 0~4.5min 内助溶剂由 5% 增加到 50%（体积分数），并保持助溶剂比例为 50% 直至分析结束，以此条件对 50mg 样品进行 SFC 分离纯化。收集完毕后，启动收集容器入口清洗，将瓶口残余物全部收集至容器中，使残留率最小化、回收率最大化。该仪器系统最初需要操作人员对收集容器的盒子进行更换，后来通过改进，加入 Bohdan 机器人系统实现了自动化更换［30］。

鉴于样品纯化的后处理过程是相当耗时的，如何在纯化过程中使收集的组分个数最小化以减小后处理过程的负担，仍然是高通量纯化实验室所面临的一个持续性挑战。利用选择性检测器，如质谱，作为组分收集的触发机制可在整个纯化流程中成功实现一个样品对应仅收集一个组分。2001 年，杜邦（Dupont）制药公司的 Wang 和 Kassel 将 PE-Sciex 质谱检测器与 Gilson SFC 连接，首次建立了 SFC-质谱仪器系统［31］。在组分收集装置中以高压三通切换阀代替原来安装的低压部件单元，用锡箔纸覆盖组分收集管以捕获化合物气溶胶使残留率最小化、回收率最大化。以一根内径为 0.00635cm 的管道作分流器将极少量的样品从色谱柱洗脱液中引到质谱检测器中，以 200μL/min 的流速泵入含 0.05%甲酸的甲醇水的混合溶剂来辅助分析物在质谱检测器中的离子化。并在系统中加入另一泵以 3mL/min 的流速在柱后泵入甲醇以防分析物在导入收集器的过程中变干。通过此系统纯化样品的回收率达 77%，在这种首次改造的 SFC-质谱仪器上得到这样的结果已经是相当成功的了。

当时倡导 SFC 在制药领域应用的制药公司并非杜邦一家，辉瑞制药（Pfizer）

和礼来制药（Eli Lily）也在21世纪初期发表了引人注目的工作，极力倡导SFC的使用［30，32，33］。礼来制药英国工厂发表的两篇文章强调了以手性和非手性SFC作为药物开发的辅助工具［32，33］。他们在高流速下采用快速的梯度洗脱以得到独立的制备色谱条件，相比于其他研究组直接将分析方法通过几何计算转换到制备方法而言，礼来制药采用的这种方法是非常独特的。SFC可对手性样品在4根手性色谱柱上以3种助溶剂在80min内完成初筛，从而代替HPLC方法，成为一种首选的手性分析筛选方案。通过每天进行的5点校正，将2min的分离方法改进为一个8.5min的半制备方法，从5点校正曲线中可预测制备洗脱时间，根据UV检测器信号，可成功地将目标组分收集至四个收集容器中的其中之一。在当时，对手性和非手性化合物所建立的这种新颖、高效的工作流程备受推崇。

随着人们对SFC技术原理越来越广泛的理解和实践应用，可用于SFC分析的化合物范围也在持续增长。2006年，Zheng将SFC的应用进一步扩展至含40个氨基酸的多肽分析中。他们以甲醇为助溶剂，并加入三氟乙酸作添加剂，在乙基吡啶（2-ethyl pyridine，2-EP）修饰固定相上分离了这些多肽［34］。与此同时，他们对多肽在2-EP修饰固定相上的保留机理也进行了阐述，主要包括三个方面：修饰的吡啶基团与固定相的硅醇基的氢键作用使固定相活性降低，质子化后的吡啶基与被分析物中带正电的端基氨基酸间的电荷排斥，以及中性吡啶基对硅胶固定相活性位点的立体屏蔽效应［34］。2-EP修饰的固定相是2001年为SFC应用专门设计的首个固定相，并在随后的几年中被工业界和学术界广泛应用［5］。然而，对可能的保留机理的科学阐释进一步促进了SFC的应用，并突显了对SFC中非手性固定相的保留机理的深入理解的需求。

2006年，Caroline West和Eric Lesellier对SFC固定相进行了综合研究［35~38］。他们在同样分离条件下，在24种不同的固定相上，对100多种化合物进行了分析。对每一种固定相上所得到的实验结果通过溶剂化参数模型进行评估，该模型可同时提供分析物性质和分析物与固定相间的相互作用的信息。其中所关注的分析物参数及特性包括氢键酸度、氢键碱度、极化性和过摩尔折射率。此后，他们将化合物从100多种减至9种，对更多的固定相进行了研究［39］。到2008年的时候，Caroline West和Eric Lesellier意识到有必要用一种可供用户选择的正交固定相形式对他们所研究的固定相进行归类。他们以5个矢量代表固定相特性，构建了如图1.9所示的蜘蛛图［40］。用户可参考此蜘蛛图选择不同性质的固定相，从而使他们找到最合适的固定相的实验工作量最小化。基于Caroline West和Eric Lesellier的广泛的研究成果，几个其他研究小组进一步开展了相关研究，致力于找出甚至是设计一种广泛适用的、可与反相HPLC中的C_{18}固定相相媲美的SFC固定相。

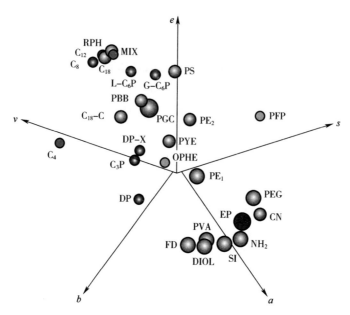

图 1.9　由溶剂化参数模型评估得到的固定相的五维特性蜘蛛图。气泡大小与矢量长度有关。简称所对应的固定相可参见参考文献［40］。色谱条件为：温度为 25℃、出口压力为 150bar、流动相为 CO_2-甲醇（90∶10，体积比）、流速 3mL/min（引自：*West C, Lesellier E. J Chromatogr A 2008；1203：105-13.*）

1.7　21 世纪 10 年代

　　研究者们初次成功运用 SFC 的经验会激发他们进一步的热情，并承担大使的角色将该项技术应用到其他地方以使其更好的发挥作用，这是很常见的。在很多时候，这主要体现在他们会指导其他人学习该项技术，或者是在理论和实践上为 SFC 的发展作出贡献，以促进其更加广泛的应用。即他们会根据使用经验向仪器供应商提出如何更好地设计硬件及软件以提高 SFC 的性能，或者通过实验条件的优化，将 SFC 应用到其他未曾使用过该技术的领域中。辉瑞制药 La Jolla 研究组的 Bill Farrell 和 Christine Aurigemma 正是上述的 SFC 大使们，他们也试图设计新的 SFC 固定相，以期能够像反相 HPLC 的 C_{18} 柱一样具有足够的选择性以分离大多数的混合物［41］。La Jolla 研究组意识到固定相上碱性杂环基团、非酸性羟基、芳香基团等的修饰可有效提高固定相的分离效率和选择性，因此他们据此设计了大批的固定相，并考察了复杂混合物在这些固定相上的分离效果，并将他们得到的结果与科研界共享［41］。接下来的几年里，辉瑞制药实验室的一些化合物也在这些固定相上进行了分析。这些工作增加了大家对保留机理的理解，使得研究人员在 SFC 分离中可定向选择色谱柱,以成功分离其目标化合物。

2012 年,除了在非手性固定相的开发及评价外,辉瑞制药的研究组也尝试建立一个全面的、开放的分析筛选系统,使之能够在同一台仪器上进行 SFC-MS 和反相 HPLC-MS 分析 [42]。通过三通阀的使用,用户可在一个样品序列中采集在六根不同的色谱柱以及不同的流动相条件下的分析数据。在此系统上,常用的分离条件的组合为:以 CO_2 和甲醇为流动相,分别在吡啶/二醇混合修饰的固定相、羟氨基吡啶修饰的固定相、羟氨基联吡啶修饰的固定相、二醇/单醇混合修饰的固定相上进行的 SFC 分析;以醋酸铵(pH 5.5)和三氟乙酸(pH 1.5)为流动相,在 C_{18} 固定相上进行的反相 HPLC 分析。用 Virscidian 软件对所得到的色谱图进行色谱峰积分,并同时考虑目标化合物峰形、分离度以及同一质谱碎片对应的峰个数等。一旦用户提交样品进行分析,报告会自动给出最优的分离条件,不需要对数据进一步分析,可直接传送至纯化组执行样品纯化。该工作流程不需要对数据进行手动分析,并使获得数据的所需的仪器最小化,故研究组将此工作流程称为"快速通道"。

从 2008 年开始的世界金融危机一直持续到 21 世纪 10 年代,同样影响到色谱相关的学术界以及工业界,需要他们降低科研及生产成本。对色谱分析而言,一般可从以下几个方面来降低成本:增加自动化设备的使用以降低人力资源的消耗、加快分析过程、减少溶剂的使用、减少废液处理费、从昂贵的溶剂(如乙腈)转换到相对低廉的溶剂(如甲醇)。为应对金融危机带来的经济压力,礼来制药公司的西班牙马德里实验室是首批将高通量纯化工作流程从反相 HPLC-MS 平台转换到 SFC-MS 平台的公司之一。该实验室的研究结果表明,在他们所考察的化合物中,90% 的化合物可成功以 SFC 进行纯化。而在这些成功被纯化的化合物中,98% 主要是在一种以修饰了交联二醇固定相的色谱柱上进行纯化处理的,只有在必要的情况下才改用 2-EP 色谱柱 [43]。起初,他们采用 5 种色谱柱:二醇、2-EP、苯磺酸、二乙基氨丙基、二硝基修饰固定相的色谱柱,进行多重柱筛选。后来由于样品量的增加,使得他们需要寻求以一种色谱柱进行高通量纯化的解决方案。该分析方法采用一根长 15cm、内径 4.6mm、填料粒径 5μm 的色谱柱,流动相洗脱条件为:10% 助溶剂保持 0.3min,1.8min 内助溶剂由 10% 提高至 40%,40% 助溶剂保持 0.3min,最后以初始条件平衡 0.3min,总的分析时间不到 3min。根据目标化合物的保留时间,在一根长 25cm、内径 2cm 的半制备色谱柱上选择梯度洗脱条件,对目标化合物进行纯化。半制备色谱方法的分析时间不到 8min,从而证明了 SFC 在高通量样品纯化实验室的成功应用。

在 21 世纪初期,即前文所介绍的 SFC 发展中的里程碑事件中可以看出非手性固定相的相关研究在 SFC 发展历程中的重要性。但这些工作主要围绕固定相上不同化学修饰对分离效果带来的影响。相比之下,有两个工作也同样值得关注,主要研究了固定相的粒径、形貌等化学性质的影响。2004 年,第一个商品化的超高效液相色谱（UPLC）系统的问世使化学家们能够利用亚2μm粒径的固定相来实现分离性能的显著提高。Berger在SFC上评估了这些以亚2μm粒径的固定相为填料的色谱柱的分析性能，结果表明与在UPLC上一样取得了非常满意的效果。他们在一根填充粒径为1.8μm的硅胶色谱柱上，在等度洗脱条件下，分析了包括类固醇、磺胺类药物、布洛芬、氧杂蒽以及核酸等五类化合物[44]。在指定的一类化合物中，对4、5个化合物的分离通常可在1min内完成，理论塔板数可高达22400。尽管在一根长10cm、内径3mm色谱柱上，流速2mL/min，CO_2与助溶剂（甲醇）体积比1:1，背压为150bar的条件下，色谱柱入口压力仍然在系统的最大耐受压力（400bar）以下。尽管当CO_2黏度减小时，可在SFC仪器上使用亚2μm的色谱柱，但Berger指出UPLC系统上更有利于保持柱效，因UPLC减少了柱外死体积且检测器响应更快。

一年后，Berger在SFC仪器上系统比较了2.6μm多孔核壳颗粒色谱柱和3μm全多孔颗粒色谱柱的分析性能。他们在两根色谱柱上，在同样的条件下，对含17个组分的混合样品进行分离，以此来评价这两种色谱柱的选择性、分离效率和色谱峰的对称性[45]。结果表明两种色谱柱的选择性相近，但在分离效率上，多孔核壳颗粒色谱柱在一半时间内比全多孔颗粒色谱柱分离效率高50%。在多孔核壳颗粒色谱柱上，有些色谱峰的理论塔板数可高达35万，鉴于在这些色谱峰中，有些是伸舌峰，在这种情况下能达到如此高的理论塔板数其分离效率是非常了不起的。虽然不清楚导致伸舌峰的具体原因，但按理说若能找出伸舌峰的原因并进行校正，分离效率将进一步提高。1.8μm颗粒色谱柱和多孔壳核颗粒色谱柱的结果进一步证明了在21世纪10年代，SFC已经成为一种被充分理解的色谱技术，可以同HPLC和UPLC一样进行系统研究。

最初的几代SFC仪器通常配备的是UV检测器，由于信号噪声太大而限制了其在遵从GXP规范（GMP、GLP、GCP）的实验室内的使用。其中，因背压调节器（BPR）移动而带来的压力波动是噪声的来源之一[46]。压力波动使UV检测池中的流动相的折光指数发生变化，从而使检测池中的光密度发生改变，最终表现为基线的变化，即噪声。Berger为Aurora SFC开发了一种新型的BRP以将压力波动最小化，尤其是当背压设定值为200bar时，检测器噪声被显著降低[46]。Aurora的新颖的抽吸机制是用一个外部的增压泵来给二氧化碳加压，然后通过传统的高效液相活塞泵来测量二氧化碳，大大降低了检测器的噪声。BPR和泵的协同作用，显著降低了仪器噪声，使得峰间噪声水平降低到0.02mAU以下，满足GXP规范中分析方法验证的噪声水平小于0.05mAU的要求。图1.10所示是由一个可用于SFC分析的方法所得到的最大限度减少噪声的SFC色谱图[47]。

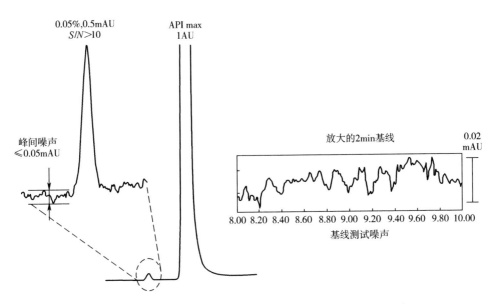

图 1.10 药物分子 MR-1 对映异构体的 SFC 分离结果。低基线噪声和高的信噪比可对微量组分进行定量分析。手性杂质分析图谱中,MR-1 主成分 API 信号为 1AU,右侧为在 8.0min 到 10.0min,由最高信号和最低信号进行的 Agilent 基线噪声测试结果(引自:*Hicks M, Regalado E, Tan F, Gong X, Welch C. J Pharma Biomed Anal* 2016;117:316-24.)

1.8 结论

在过去的五十年里,SFC 已经发展成为一种被广泛理解和使用的高效分离技术。目前,SFC 使用的仪器与 HPLC 一样,具有很高的质量和稳健性。与 SFC 最初的几代仪器相比,目前的 SFC 在仪器方面的改善是非常显著。学术界和工业界在其发展过程中所做的相关研究,使人们对 SFC 实践应用背后的理论有了深刻的理解,允许越来越多的基于 SFC 的分离得以成功实现。为 SFC 系统专门研制的固定相,如乙基吡啶修饰的固定相等,使 SFC 的分析适用范围持续地扩大,从而促进其新的应用的发展。所有这些创新的发展都促使 SFC 成为一种高效的、经过科学验证的分离技术,并在许多情况下超越了 GC 和 HPLC 的能力和极限。

参考文献

[1] Klesper E, Corwin A, Turner D. J Org Chem 1962;27:700-1.

[2] Sie S, Beersum W, Rijnders G. Sep Sci 1966;1:459-90.

[3] McLaren L, Myers M, Giddings J. Science 1968;159:197-9.

[4] Giddings J, Myers M, McLaren L, Keller R. Science 1968; 162: 67-73.
[5] Berger T, Berger B. LC/GC North America 2010; 28: 344-57.
[6] Berger T. Chromatography Today 2014; Aug/Sep: 26-9.
[7] Dye J, Berger T, Anderson A. Anal Chem 1990; 62: 615-22.
[8] Giddings J, Myers M, King J. J Chromatogr Sci 1969; 7: 276-83.
[9] Jentoft R, Gouw T. J Chromatogr Sci 1970; 8: 138-42.
[10] Novotny M, Bertsch W, Zlatkis A. J Chromatogr 1971; 61: 17-28.
[11] Novotny M, Springston S, Peaden P, Fjeldsted J, Lee M. Anal Chem 1981; 53: 407A-14A.
[12] Gere D, Board R, McManigill D. Anal Chem 1982; 54: 736-40.
[13] Mourier P, Eliot E, Caude M, Rosset R, Tambute A. Anal Chem 1985; 57: 2819-23.
[14] Ashraf-Khorassani M, Taylor L, Seest E. J Chromatogr A 2012; 1229: 237-48.
[15] Saito M, Yamauchi Y, Kashiwazaki H, Sugawara M. Chromatographia 1988; 25: 801-5.
[16] Taylor L. LC/GC 2013; 31: 1-7.
[17] Poole C. J Biochem Biophys Meth 2000; 43: 3-23.
[18] Berger T. J Chromatogr A 1997; 785: 3-33.
[19] Berger T, Deye J. J Chromatogr 1991; 547: 377-92.
[20] Berger T, Deye J. J Chromagr Sci 1991; 29: 310-17.
[21] Berger T, Berger B, Fogleman K. Comprehensive Chirality 2012; 8: 354-92.
[22] Berger T, Wilson W. Anal Chem 1993; 65: 1451-5.
[23] Berger D. LC/GC Europe 2007; 20-3.
[24] Berger T, Greibrokk T, Practical SFC and SFE. In: Caude M, Thiebaut D, editors. The Netherlands: Harwood Academic Publishers; 1999. p. 107-148 [Chapter 4]. ISBN 90-5702-409-8.
[25] Berger T, Fogleman K, Staats T, Bente P, Crocket I, Farrell W, et al. J BioChemBiophys Meth 2000; 43: 87-111.
[26] Terfloth G. J Chromatogr A 2001; 96: 301-7.
[27] Welch C, Leonard W, DaSilva J. LC/GC North America 2006; 23: 16-29.
[28] Miller L, Potter M. J Chromatogr B 2008; 875: 230-6.
[29] Villeneuve M, Anderegg R. J Chromatogr A 1998; 826: 217-25.
[30] Ventura M, Farrell W, Aurigemma C, Tivel K, Greig M, et al. J Chromatogr A 2004; 1036: 7-13.
[31] Wang T, Barber M, Hardt I, Kassel D. Rapid Comm Mass Spec 2001; 15: 2067-75.
[32] White C. J. Chromatogr. A 2005; 1074: 163-73.
[33] White C, Burnett J. J Chromatogr A 2005; 1074: 175-85.
[34] Zheng J, Pinkston J, Zoutendam P, Taylor L. Anal Chem 2006; 78: 1535-45.
[35] West C, Lesellier E. J Chromatogr A 2006; 1110: 181-90.
[36] West C, Lesellier E. J Chromatogr A 2006; 1110: 191-9.
[37] West C, Lesellier E. J Chromatogr A 2006; 1110: 200-13.
[38] West C, Lesellier E. J Chromatogr A 2006; 1110: 233-45.
[39] West C, Lesellier E. J Chromatogr A 2007; 1169: 205-19.

[40] West C, Lesellier E. J Chromatogr A 2008；1203：105-13.

[41] Farrell W, Chung L, Cheung M, Ono T, Hirose T, et al, SFC2011 Jul 20, 2011, www.greenchemistrygroup.org/#! 2011-program/wg169.

[42] Aurigemma C, Farrell W, Simpkins J, Baylisss M, Alimuddin M, Wang W. J Chromatogr A 2012；1229：260-7.

[43] Puente ML, Soto-Yarritu P, Anta C. J Chromatogr A 2012；1250：172-81.

[44] Berger T. Chromatographia 2010；72：597-602.

[45] Berger T. J Chromatogr A 2011；1218：4559-68.

[46] Berger T, Berger B. J Chromatogr A 2011；1218：2320-6.

[47] Hicks M, Regalado E, Tan F, Gong X, Welch C, Pharma J. Biomed Anal 2016；117：316-24.

2 超临界流体色谱原理

D. P. Poe

University of Minnesota Duluth, Duluth, MN, United States

2.1 引言

在这一章中,通过理论联系当代实践应用,概述了填充柱超临界流体色谱(SFC)的保留机理和动力学理论以及超临界流体及其与助溶剂混合物的理化性质。

任何一种色谱技术成功运用的基本要求之一是对分析物的选择性保留,对影响保留的因素有一个基本的了解,对色谱方法的合理开发及分析应用至关重要。第二个基本要求是有利的动力学,即在空间和时间上不同的溶质区所涉及的物理传输和分子传输过程中的相对速率,一般是通过色谱柱柱效和总体动力学性能来衡量。这两个基本主题以及保留和动力学原理都将在本章中进行讨论。

虽然本章关于保留和动力学的主要部分都以基础的介绍开始,但假设了读者具有一般的色谱原理和术语相关背景。这些相关背景知识可在分析化学和工具分析的教科书中查阅,也可以从几本专著中查阅[1,2]。此外,最近还出现了一个关于 SFC 的现代实践应用的简短教程供读者参考[3]。

2.2 超临界流体色谱中的流动相

2.2.1 色谱和超临界流体

气相色谱(GC)、液相色谱(LC)、超临界流体色谱(SFC)是当前三种主流的柱色谱技术,它们的主要区别在于所使用的流动相性质的差异。GC 中的流动相为低压气体,分析物的保留主要由温度和与固定相间的相互作用控制。在 GC 通常使用的压力条件下,分析物与流动相的分子间相互作用力是微不足道的,对分析物保留无显著影响。LC 中的流动相为(几乎)不可压缩的液体,分子间相互作用很大程度上取决于液体的理化性质,分析物的保留由其与流动相和固定相间相互作用的差异决定,几乎与压力无关。SFC 中的流动相为超临界流体,在其临界温度和临界压力附近或严格来说以上时是一种高度可压缩的流体。流动相中的分子间相互作用力强烈依赖于流体密度,故在 SFC 中,流动相密度对分析物保留的影响是至关重要的。

纯CO_2是一种非极性流体，适用于低极性分子的溶解和分离，并已在开管柱SFC中用于弱极性和中等极性化合物的分析。对于极性更强的分析物，通常在流动相中添加极性有机溶剂（如甲醇）作为助溶剂。助溶剂的添加不仅提高了流动相的临界温度和压力，也使其黏度增大，并使分析物的扩散性降低，这些对于分析物的快速、高效地分离都是十分重要的。如今，大多使用SFC的分离都是采用助溶剂改性的CO_2流动相，在填充色谱柱上进行的。

SFC所用的流动相的相对动力学性质介于GC所用的气体和HPLC所用的液体之间。表2.1列出了其中一些动力学属性的典型值。相比于HPLC，基于CO_2的流动相黏度小、扩散系数大，故SFC在长色谱柱上分离速度更快、理论塔板数更大。SFC的超临界流体流动相相比于GC的气体流动相，尽管在动力学性质上处于劣势，但超临界流体相对溶解能力更强，故此能够对非挥发性化合物进行分离。

表2.1 SFC和HPLC中流动相的代表性特性

	黏度/($\mu Pa \cdot s$)	扩散系数*/($\times 10^9 m^2/s$)	密度/(g/cm^3)
SFC：含5%甲醇的CO_2，40℃，150bar	76	10.2	0.809
HPLC：甲醇，25℃	545	1.9	0.786

注：*流动相特性参数引自NIST报告。

SFC中最常用的流动相是CO_2，通常与添加的助溶剂（如甲醇）一起使用。图2.1所示为CO_2相图。临界温度T_c = 31℃，临界压力P_c = 74bar。阴影区域为SFC常用的温度和压力范围。最大压力极限基于现代SFC仪器压力的耐受范围。尽管在温度高于31℃时，CO_2才能达到超临界状态，但很多时候SFC分离是在低于此临界温度下进行的。需要注意的是，当压力在临界压力以上时，即使温度低于临界温度，CO_2也不会有相变发生。通常情况下，即使分析方法是在亚临界条件下建立的，也仍可称作超临界流体色谱方法。等密度线表明SFC中的纯CO_2的密度通常在0.7~1.1g/cm^3。

图2.1中空心圆点别代表含14%、24%、32%和38%甲醇的CO_2的临界点，可见有机助溶剂（如甲醇）的添加通常会使临界温度和压力升高。当压力低于临界压力时，CO_2与助溶剂的混合流动相会分成两相，其中一相以CO_2为主，另一相以助溶剂为主，这将会导致无法预知的保留行为，并使分离效率降低。因此，在SFC分析中，当使用CO_2与助溶剂的混合流动相时，应尽量避免此种情况的发生[6~8]。

2.2.2　CO_2及其与甲醇混合物的热物理性质

大多数SFC分离中，在流动相中加入极性的有机助溶剂以降低较大极性化合

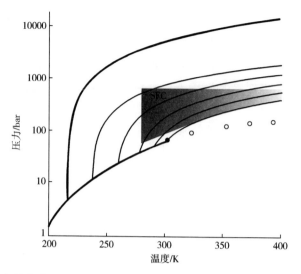

图 2.1 CO$_2$ 相图。粗线代表相界，细线代表等密度线（从下至上，密度 0.7~1.1g/cm³），实心圆点代表纯 CO$_2$ 的临界点。空心圆点，从左至右，分别代表含 14%、24%、32% 和 38% 甲醇的 CO$_2$ 的临界点，由参考文献 [6] 估计得到。阴影区域为 SFC 使用的温度、压力范围，深阴影区域代表最常使用的温度和压力条件范围

物在固定相上的保留。助溶剂的添加不仅使流动相的洗脱能力增大，还会影响混合流动相的密度、黏度和相行为。在这一节中，将介绍纯 CO$_2$ 及其与甲醇混合物的热物理性质。

2.2.2.1 可压缩性和密度

SFC 与 GC、LC 一个重要区别在于超临界流体的高度可压缩性。图 2.2 所示为近临界纯 CO$_2$ 的压缩性示意图。在超临界以及近超临界区域，CO$_2$ 的密度随着温度和压力的改变而变化。当温度恒定时，压力增大，密度随着增大。鉴于流动相对分析物的溶解性及保留性与流动相的密度息息相关，故温度和压力是影响 SFC 分析中被分析物保留特性的两个重要参数。鉴于流动相的可压缩性是 SFC 区别于 GC 和 LC 的独特性质，因此需要以新的方式来描述流动相的可压缩性对分析物的保留和分离效率的影响，将在接下来的内容中着重介绍。

在图 2.2 中，有 3 个不同的工作区域。区域 A 至等温线左侧代表亚临界条件。区域 A 和区域 B 均为适于 SFC 成功分析区域。然而区域 C 中，CO$_2$ 的密度在 0.7g/cm³ 以下，此时 CO$_2$ 具有非常高的可压缩性，导致分离效率降低。

在任何 SFC 色谱柱中，压力的下降都伴随着流动相温度和密度的变化。在等温条件下，密度的近似变化可从图 2.2 所示的等密度曲线中得到，但色谱柱中密度的实际变化曲线则取决于所处的热力学环境。图 2.3 所示为等温和绝热条件下，色谱柱中密度变化曲线。在恒温环境下（例如，水套或强制空气烘箱）的色谱柱可以被认为是接近等温的，而此种条件下沿色谱柱的密度下降是最大的。一个绝缘

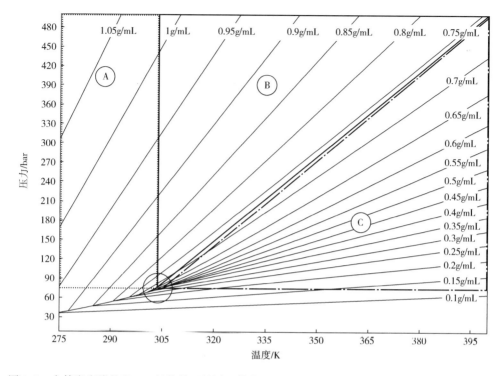

图 2.2 含等密度线的纯 CO_2 超临界区域图。其中，A、B、C 代表不同的工作区域（详见正文）；大圆圈所示为超临界点；垂直的线为等温线，水平的线为等压线（引自：*Tarafder A, Guiochon G. Use of isopycnic plots in designing operations of supercritical fluid chromatography: II. The isopycnic plots and the selection of the operating pressure-temperature zone in supercritical fluid chromatography. J Chromatogr A 2011; 1218 (28): 4576-85* [9].）

良好的色谱柱可以被认为是接近绝热的，温度沿着色谱柱下降，因此密度下降相对较小。大多数 SFC 分析的实际操作条件在等温和绝热条件之间。

流动相可压缩性以及压力导致其密度的改变对 SFC 分离的影响是两面性的。其中，不利的影响主要包括以下几个方面。

（1）许多重要的色谱参数，如保留时间、流动相的流动速度、黏度和扩散系数，都与密度紧密相关。与 HPLC 相比，更难以在 SFC 色谱柱中表征以上所述的色谱参数，难以合理解释保留因子，甚至难以建立和解释范德姆特曲线（Van Deemter plots）。并且为了得到重复性的保留时间，需准确控制和监测色谱柱的出口压力和色谱柱中的压力降。这可能是 SFC 中超临界流体的可压缩性带来的最重要的负面影响。

（2）高压缩率区域（图 2.2 中的 C 区）的高密度变化伴随着显著的焓变冷却，从而导致轴向和径向温度梯度。虽然密度和温度的轴向梯度可能对效率产生很小的影响，但相关的径向温度梯度是在该区域运行时所观察到的巨大效率损失的直

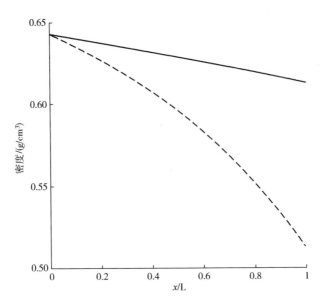

图 2.3 SFC 色谱柱中压力降为 16.3bar 的流动相密度变化曲线。虚线代表等温条件，实线代表绝热条件。入口温度 50℃，入口压力 109.3bar，绝热模式下的出口温度为 46.1℃。流动相为 CO_2：甲醇 = 0.945 : 0.055（摩尔比）。曲线是在假设沿着色谱柱的压力降呈线性的情况下，计算得到的

接原因。

如果 SFC 的色谱柱和仪器可以设计为纯等温或绝热的操作模式，并对色谱柱进口和出口的压力和温度进行精确而可靠的控制和监测，则可以避免这些对重复性和分离效率的负面影响。

同时，超临界流体的可压缩性也至少有一个明显的正面影响。即超临界流体的溶解能力很大程度上取决于它的密度，故用户可以很方便地在 SFC 上调控保留时间，从而简化方法开发。

2.2.2.2 黏度和压力降

在超高效色谱中，沿着色谱柱的压力降是影响分离效率的一个重要限制因素。色谱柱单位长度的柱压力降（$\Delta P/L$）可由达西方程表达：

$$\frac{\Delta P}{L} = -\frac{\eta u}{K_0} \tag{2.1}$$

式中 η——黏度；

u——表观速度；

K_0——柱渗透率，与粒径大小的平方成正比。

Tarafder 等人指出，考虑到 SFC 中局部黏度和速度的变化，应当以 $\eta_k = \eta/\rho$ 代替 η，以 $F_m = u\rho S$ 代替 u。

式（2.1）则变为：

$$\frac{\mathrm{d}P}{\mathrm{d}z} = -\eta_k \frac{F_m}{K_0 S} \tag{2.2}$$

式中 η_k——运动黏度；

F_m——质量流速；

S——横截面面积。

由式（2.2）可见，当质量流速 F_m 恒定时，沿色谱柱的压力降随着局部运动黏度的变化而改变。纯 CO_2 的 η_k 与局部压力、温度的关系如图 2.4 所示。可见，在超临界等密度线（密度为 0.468 g/cm³）附近，运动黏度最小时，柱压压力降也最小。此图可为色谱分析人员提供指导，告诉他们在操作条件变化时，柱压的压力降将如何变化。

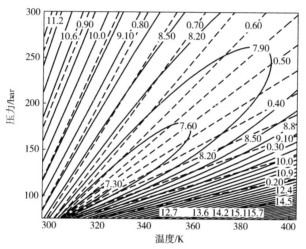

图 2.4　在压力-温度平面上，CO_2 的运动黏度（实线，单位为斯或 cm²/s）和密度（虚线，单位为 g/cm³）的等值线图（引自：*Tarafder A, Kaczmarski K, Ranger M, Poe DP, Guiochon G. Use of the isopycnic plots in designing operations of supercritical fluid chromatography: IV. Pressure and density drops along columns. J Chromatogr A 2012；1238（0）：132-45* [10].）

2.2.2.3　流体膨胀和温度

在色谱柱中，除流动相密度、速度、黏度的变化外，伴随着加热和冷却，流动相的膨胀性也会随之发生变化。在绝热条件下，流动相沿色谱柱的温度改变取决于局部压力梯度和温度，由式（2.3）表示：

$$\partial T = \mu_{\mathrm{JT}} \partial P = -\left(\frac{1}{\rho C_p} - \frac{\alpha T}{\rho C_p}\right) \partial P \tag{2.3}$$

式中 μ_{JT}——焦汤系数（Joule-Thomson coefficient）；

ρ——密度；

C_p——等压热容；

α——热膨胀系数。

温度的改变程度（加热或冷却）取决于式（2.3）右侧括号中两项的相对贡献。其中，$\frac{1}{\rho C_p}$ 与黏滞加热有关，$\frac{\alpha T}{\rho C_p}$ 与熵变膨胀冷却相关。图2.5所示为含5%甲醇的 CO_2 的焦汤系数 μ_{JT} 随温度和压力的变化曲线。可见，当 μ_{JT} 为正值时，μ_{JT} 越大，压力和温度越低；当 μ_{JT} 为负值时，就会有加热过程发生。当 $P-T$ 沿着 $\mu_{JT} = 0$ 的等值线变化时，既没有加热过程也没有冷却过程发生。大多数SFC的操作条件在310K以上，400bar以下，在这种情况下，由图2.5可见，只有冷却过程会发生。

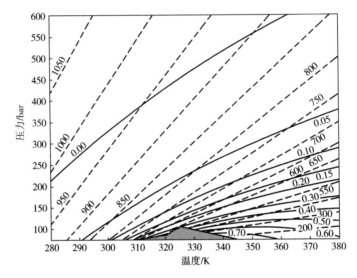

图2.5　95% CO_2/5%甲醇（摩尔比）混合流动相的焦汤系数（实等值线，单位K/bar）。虚线为95% CO_2/5%甲醇的等密度线，单位为 kg/m³。灰色区域为95% CO_2/5%甲醇混合流动相的两相区域（引自：*Poe DP, Veit D, Ranger M, Kaczmarski K, Tarafder A, Guiochon G. Pressure, temperature and density drops along supercritical fluid chromatography columns in different thermal environments. III. Mixtures of carbon dioxide and methanol as the mobile phase. J Chromatogr A 2014; 1323 (0): 143-56* [11].）

等焓图表示的是在等焓条件下，膨胀流体的温度随压力的变化曲线。图2.6所示为95% CO_2/5%甲醇混合流动相的等焓图。如果色谱柱在绝热条件下使用，则会发生等焓膨胀过程，可由图2.6来估计沿着色谱柱的任何温度变化。需要注意的仍是 $\mu_{JT} = 0$ 的情况，此时既无加热也无冷却过程发生。当操作温度和压力在 $\mu_{JT} = 0$ 等焓线附近时，所导致的加热或冷却过程是非常微小的，基本上可避免温度梯度带来的相关问题。在较高温度和较低压力条件下，由等焓线可见很大的温度降，尤其是在 $\mu_{JT} > 0.1$ K/bar 的情况下。如果色谱柱是在恒温条件下（比如放置在一个强制通风的箱体中），径向温度梯度会伴随轴向温度梯度同时发生，从而导致柱效降低。值得注意的是，图2.5和图2.6中所示温度降较大的区域与图2.2中的C区域密切相关，将在2.5.2小节中详细阐述。

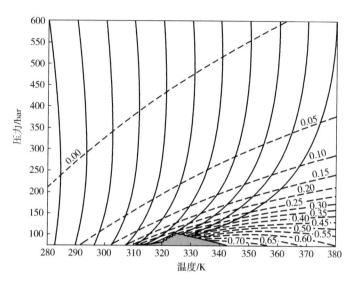

图2.6　95%CO_2/5%甲醇（摩尔比）混合流动相的等熵膨胀曲线（实线）和焦汤系数曲线（虚线）。灰色区域为95%CO_2/5%甲醇混合流动相的两相区域（引自：*Poe DP, Veit D, Ranger M, Kaczmarski K, Tarafder A, Guiochon G. Pressure, temperature and density drops along supercritical fluid chromatography columns in different thermal environments. III. Mixtures of carbon dioxide and methanol as the mobile phase. J Chromatogr A 2014*；*1323*（0）：143-56 [11].）

2.3　非均匀色谱柱中流体的可压缩性和平均参数

SFC色谱柱是一种典型的非均匀色谱柱，在SFC色谱柱中，某些影响溶质带速度和分散性的局部参数，如密度和温度，在色谱柱中的不同位置各不相同。因此，在色谱柱出口所监测到的参数，如保留因子和塔板高度，应当被视为表观参数。Martire [12] 开发了一种通用方法，可将表观参数与其对应的局部实际值联系起来。在本节中，我们将对这些表达观测参数的方法进行深刻研究。

在SFC流动相的众多参数中，质量流速是沿着色谱柱不发生变化的一个参数。质量流速与流动相流速之间的关系可由式（2.4）表示。

$$u_0 = \frac{F_m}{\varepsilon_t \rho S} \tag{2.4}$$

式中　$u_0 = L/t_0$——流动相的线速度；

　　　F_m——质量流速；

　　　ε_t——总空隙度（流动相占色谱柱总体积的分数）；

S——色谱柱的横截面积。

随着密度降低，流动相流速增大。其他沿着色谱柱发生变化的重要参数，如保留因子、流动相黏度、流动相扩散系数，也可通过简单的函数关系，以密度和温度来表示。Martire 采用的方法是以质量流速、温度和密度来表示所有变量参数。空间和时间上的平均值可通过适当的分布函数，与操作条件参数（如温度和压力）关联起来。一些重要关联在 Martire 等人 [13] 所发表的第二篇论文中进行了描述，包括了：

流动相平均空间密度 $\langle \rho \rangle_z$

$$\langle \rho \rangle_z = \frac{\int_{\rho_o}^{\rho_i} \rho D_z(\rho) \mathrm{d}\rho}{\int_{\rho_o}^{\rho_i} D_z(\rho) \mathrm{d}\rho} \qquad (2.5)$$

流动相平均时间密度 $\langle \rho \rangle_t$

$$\langle \rho \rangle_t = \frac{\int_{\rho_o}^{\rho_i} \rho D_t(\rho) \mathrm{d}\rho}{\int_{\rho_o}^{\rho_i} D_t(\rho) \mathrm{d}\rho}$$

式中　　ρ_i 和 ρ_o——色谱柱入口和出口的流动相密度；

$D_z(\rho)$ 和 $D_t(\rho)$——相应的空间和时间分布函数 [12]。

通常情况下，对于任何参数 Q，都可以密度的函数来表示，Q 的空间和时间平均值为：

$$\langle Q \rangle = \frac{\int_{\rho_o}^{\rho_i} Q D(\rho) \mathrm{d}\rho}{\int_{\rho_o}^{\rho_i} D(\rho) \mathrm{d}\rho} \qquad (2.6)$$

其中 $D(\rho)$ 为空间或时间分布函数。以保留因子 k 为例，如式（2.7）所示，表观保留因子 k 是局部保留因子 k' 的空间平均值，其他以温度和密度表示的 k 和 k' 可见 2.4 节。

$$k = \frac{t_r - t_0}{t_0} = \langle k' \rangle_t = \frac{\int_{\rho_o}^{\rho_i} k' D_t(\rho) \mathrm{d}\rho}{\int_{\rho_o}^{\rho_i} D_t(\rho) \mathrm{d}\rho} \qquad (2.7)$$

另一个经常需要测定的参数为流动相的平均流速。局部流速会随局部密度的变化而改变，平均流速可由式（2.8）表示：

$$\langle u_0 \rangle = \frac{L}{t_0} = \frac{F_m}{\varepsilon_t \langle \rho \rangle_z S} \qquad (2.8)$$

随着可用于评估流体各种热物理性质软件（如 NIST REFPROP）的问世，可以通过 Excel 表格的建立，可用计算机很容易地实现对前述函数和积分的评估。这将使得对 SFC 数据的报告更加严格和一致，有助于进一步推动 SFC 成为一种成熟的分析平台。

2.4 超临界流体色谱的保留机理

2.4.1 分配平衡和保留因子

对于那些可能不熟悉色谱中保留的基本概念和术语的读者来说，下面将对此作简要介绍，这些内容可能足以作为本节后面讨论的概念的背景知识。更详细的背景知识可参阅几本关于分离科学和色谱的书[1，2]。此外，各种影响 SFC 保留机制因素的文献综述也已发表，可供读者查阅[8，14]。

色谱中的保留通常以保留因子 k 和保留时间 t_r 来表示，这两者都是基于分析物在固定相和流动相间的分配平衡，如式（2.9）所示：

$$c_m \rightleftharpoons c_s \tag{2.9}$$

式中 c_m 和 c_s——分析物在流动相和固定相中的浓度。

在理想情况下，分配平衡常数，或亨利常数（Henry constant），如式（2.10）所示：

$$K_d = \frac{c_s}{c_m} \tag{2.10}$$

分配平衡常数是色谱保留的一个热动力学参数，K_d 越大，分析物在固定相上的保留性越强。

在色谱中，另一个更常用于表示保留的量是保留因子，它由国际理论和应用化学联合会定义，表示如式（2.11）所示：

$$k = \frac{t_r - t_0}{t_0} \tag{2.11}$$

正如 2.3 节所提到的，在 SFC 中需要对局部保留因子和表观保留因子加以区分。局部保留因子 k' 由分配平衡常数和两相的体积比表示：

$$k' = \frac{n_s}{n_m} = \frac{c_s V_s}{c_m V_m} = K_d \frac{V_s}{V_m} \tag{2.12}$$

式中 n_s 和 n_m——溶质在沿色谱柱狭窄区域里固定相和流动相中的摩尔数；

c 和 V——固定相或流动相中溶质浓度和对应的相体积；

k'——容量因子，是一种最初用于表述溶剂萃取过程中的分配平衡的术语。

对于非均匀的色谱柱，也即 SFC 的标准情况，局部保留因子 k' 在色谱柱上有所不同，与表观保留因子 k 之间的关系如式（2.7）所示。

2.4.2 SFC 中温度和压力（密度）对保留的影响

在超临界流体系统中，保留因子随温度和压力（或密度）而变化，为实验人员提供了一种强大而方便的方法来控制 SFC 中的保留。大量研究表明，保留是密度而非压力的平滑函数。Martire 和 Boehm［16，17］采用基于格子流体模型的统计力学处理方法，以折合温度和折合压力来表示局部保留因子。由此处理方法得到的固载了液体固定相的 SFC 中的保留因子的表达式如下式所示：

$$\ln k' = \ln k^0 = c_2 \rho_R + c_3 \frac{\rho_R}{T_R} + c_4 \frac{\rho_R^2}{T_R} \tag{2.13}$$

式中 $\rho_R = \dfrac{\rho}{\rho_c}$ 和 $T_R = \dfrac{T}{T_c}$ ——折合密度和折合温度；

$\ln k^0 = c_0 + \dfrac{c_1}{T_R}$ ——理想气相条件下的保留因子。

当温度恒定时，式 (2.13) 可简化为：

$$\ln k' = \ln k^0 - a \rho_R + b \rho_R^2 \tag{2.14}$$

以上这些关系是吸附色谱的一般理论结果，同时适用于 GC、LC 和 SFC。尽管式 (2.13) 是以固载液体的单一组分固定相的吸附色谱为理论模型推导的，这些方程也可以作为一个有用的模型来描述使用现代键合硅胶固定相的 SFC 的等温保留性。例如，图 2.7 所示为不同温度下，以纯 CO_2 为流动相，在键合硅胶固定相上，同一分析测试物的等温保留情况。这些相关表达是针对 SFC，根据其在裸的未经修饰的固体表面上的吸附情况而得到的。而其他使用修饰了的硅胶固定相上的相关报道［18］表明，式 (2.13) 同样适用。

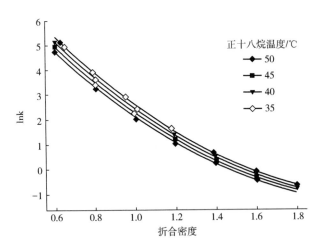

图 2.7　在填充粒径为 5μm 的 Waters Spherisor-C_8 色谱柱上正十八烷的等温保留曲线。图中符号代表实验数据。实线由式 (2.13) 拟合（引自：*Kaczmarski K, Poe DP, Guiochon G. Numerical modeling of the elution peak profiles of retained solutes in supercritical fluid chromatography. J Chromatogr A 2011; 1218 (37): 6531-9* [20].)

图 2.7 中所示的局部保留因子的值是通过在低压力降（小于 2bar）的情况下

仔细测定到的，观察到的保留因子可以很好地估计出色谱柱的平均密度和温度，但此过程可能较冗长。另外，也可用大压力降情况下的实验数据进行数据模拟来获得等温系数［19］。

正如前一节所指出的，在 SFC 中，观测到的（或表观的）保留因子等于其时间平均值。如果按式（2.13）所示以温度和密度表示局部保留因子，可采用 2.3 节所述的 Excel 表格，通过数字积分，用计算机来计算表观保留因子。

2.4.3 助溶剂对保留的影响

在填充柱超临界流体系统中，为了洗脱中等极性和强极性分析物，通常在 CO_2 流动相中添加有机助溶剂［7］。即使弱极性的分析物可用纯 CO_2 洗脱，在流动相中添加百分之几的有机助溶剂，如甲醇，可使进样时带来的溶剂效应最小化。

关于助溶剂降低分析物保留的机理有好几种。一种机理认为，在硅胶固定相上，极性有机助溶剂可强烈吸附于其表面，与分析物分子在硅胶基固定相上发生竞争性吸附，从而减弱分析物在固定相上的保留。另一种机理认为，有机助溶剂的添加使流动相极性增强，从而提高极性分析物在流动相中的溶解度，因此更容易被洗脱。关于极性助溶剂对保留的影响的进一步讨论可参见文献［7，8，14，18］。

2.5 动力学原理

2.5.1 基本概念

2.5.1.1 峰畸变、塔板数和塔板高度

在色谱中谱带展宽的基本过程是众所周知的，并在多本书籍和文献综述中有相关的详细介绍［1，2，21~23］。针对一些不熟悉相关基本概念和术语的人，同时为进一步解释清楚相关术语，这里先简单介绍一下这些内容。

色谱柱的柱效取决于各种色谱柱参数和操作条件，每一项都可能导致分析物偏离色谱带的中心区域。离散程度可通过色谱带畸变，按式（2.15）来表示：

$$\sigma_z^2 = 2Dt \tag{2.15}$$

式中　D——表观离散系数；
　　　t——色谱柱中所用的时间。

虽然谱带展宽是一个动态过程，但总的离散程度是通过塔板数来表示的，其中一个塔板对应于一定的色谱柱中的轴向距离，或塔板高度（H），并且在每个塔板上存在一次分配平衡，都对谱带畸变有影响。每一区域 i 的畸变是递增的，塔板高度为：

$$H = \frac{d\sigma_z^2}{dz} = \frac{\sum_i^N (\sigma_z^2)_i}{L} \tag{2.16}$$

式中　　L——色谱柱柱长；
　　　　N——塔板数。
其他的相关表达为：

$$H = \frac{L}{N} = L\frac{\sigma_t^2}{t_r^2} \tag{2.17}$$

式中　　σ_t^2——时间单位下的畸变。

对于对称的色谱峰而言，塔板数为：

$$N = 5.54\left(\frac{t_r}{w_h}\right)^2 \tag{2.18}$$

式中　　w_h——半峰高处的峰宽度。

而对于非对称的色谱峰而言，使用此式将会导致过高地估计塔板数，在此种情况下，则倾向于采用另外的统计矩来准确估计，即通过峰畸变进行评测[24]。

在经典填充色谱中，对总畸变的物理贡献包括：纵向扩散（σ_L^2）、流动相中的流动和扩散（σ_M^2）以及固定相中的传质阻力（σ_S^2）。总的畸变即为这些彼此独立过程的加和：

$$\sigma_{总}^2 = \sigma_L^2 + \sigma_M^2 + \sigma_S^2 \tag{2.19}$$

总塔板高度则为：

$$H = \frac{d\sigma_{总}^2}{dz} = H_L + H_M + H_S \tag{2.20}$$

式中　　H_M——流动相中两个独立的物理过程的贡献，一个是对流流动过程产生的涡流扩散（H_f），另一个是在流动相流路间的分子扩散（H_D），可由式（2.21）来表示：

$$H_M = \frac{1}{\frac{1}{H_f} + \frac{1}{H_D}} \tag{2.21}$$

关于这些分配过程的性质的更详细阐述可参见 Giddings 的报道[23]。

2.5.1.2　塔板高度和范德姆特方程

范德姆特方程（van Deemter equation）表示沿色谱柱任意一点的局部塔板高度，是局部流动相线速度的函数，最简单的形式如下式所示：

$$H = \frac{B}{u_0} + A + Cu_0 \tag{2.22}$$

式中，$u_0 = L/t_0$，系数 A、B、C 代表色谱柱常数和其他参数（分析物的扩散系数和保留因子等）。虽然这个方程被广泛用于拟合范德姆特曲线中的塔板高度，但拟合常数 A 和 C 缺乏完整的物理学意义，由 Giddings 提出的更准确的表达方式为：

$$H = \frac{B}{u_0} + \frac{1}{\frac{1}{A} + \frac{1}{C_m u_0}} + C_s u_0 \tag{2.23}$$

式中，B、A、C_m 和 C_s 分别对应于 H_L、H_f、H_D 和 H_S。但此表达式增加了对数据进

行范特姆特曲线拟合的难度，因此并不常用。流动相单一依赖于流速的简单经验公式可由用于液相色谱的著名的诺克斯方程（Knox equation）来表示：

$$h = \frac{B'}{v} + A'v^{1/3} + C'_s r \tag{2.24}$$

式中　h 和 v——折合塔板高度和折合线速度，由式（2.25）表示：

$$h = \frac{H}{d_p};\ v = \frac{u\,d_p}{D_m} \tag{2.25}$$

式中　d_p——色谱柱填料粒径；

u——流动相的表观流速；

D_m——分析物在流动相中的扩散系数。

这些折合量也被用于 GC、SFC 和 HPLC 中以将塔板高度和流速的应用扩展到更广泛的基础上。对于填充完好的色谱柱而言，在最优流速下，h 和 v 的经验值分别为 $h_{\min} \approx 2$，$v_{opt} \geq 2$。

任何形式的范德姆特方程均适用于 SFC，根据色谱柱填充粒子物理几何形状不同，范德姆特系数的表达式会有所不同。在 GC 和 HPLC 中，对于一种给定的分析物，这些范德姆特系数一般可认为是固定常数。而在 SFC 中，范德姆特系数 B 和 C 的局部值会沿色谱柱发生改变。这些非均一性条件的影响将在接下来的 2.5.2 章节中详述。

2.5.2　SFC 中谱带展宽的原因

在色谱柱中，影响谱带展宽的主要因素有三个：(1) 2.5.1 节中所描述的经典 van Deemter 分散过程；(2) 温度、密度及其他相关参数的轴向梯度；(3) 径向温度梯度。后两者属于非均一性色谱柱的一般范畴，在非均一性色谱柱中，由于温度和/或密度的不均匀性，导致溶质流速的轴向和/或径向的变化。接下来的小结中将对这些影响因素进行逐一介绍。

2.5.2.1　van Deemter 谱带展宽及局部塔板高度

在多数情况下，简单的范德姆特方程［式（2.22）］对实验数据拟合很好，但其过度简化了填充柱中影响谱带展宽物理过程的细节。尽管相关的基本理论早在几十年前就发展起来了，但在提高对这些物理过程的认知方面仍在持续取得有重大进展。相关成果主要集中在液相色谱上［22，25～28］。尽管这些最新发现可能也同样适用于 SFC，但缺乏直接证据来证明这一猜想。而这一局面可能是 SFC 自 50 多年前问世以来人们对其关注的不断波动导致的，以及由 SFC 柱非均一性所带来的实验和理论难度导致。接下来将围绕 van Deemter 的 C 项（传质阻力项）来讨论，并穿插一般速率理论在 HPLC 谱带展宽应用上的最新进展。由此所产生的显示表达式可进一步增强对影响 SFC 分离效率的深刻理解，尤其是在高流速条件下。

速率理论模型是建立在单独的质量平衡方程上的，这些质量平衡方程是关于在色谱柱填充粒子间的间隙体积中移动的溶质和被滞留在填充粒子孔隙中溶质间的质量分配平衡。它是在过去 70 年里发展起来的各种色谱理论模型中最为成熟的理论模型。然而，同其他各种理论模型一样，速率理论模型也有其自身的缺陷。其中之一是，该理论模型将经典 van Deemter 方程中的 A 项（涡流扩散项）和 B 项（分子扩散项）的物理过程合并为一个单独的轴向分散系数 D_L。此外，该理论模型也未能反映 UHPLC 中较高流速下的热致谱带展宽以及 SFC 柱中常见的密度梯度和温度梯度导致的谱带展宽。但是，该理论模型的确为溶质在色谱柱填充粒子间的间隙和填充粒子孔隙中传质过程提供了最为完整的描述。这些传质过程则对应于经典 van Deemter 方程中的传质阻力项，即 C 项。

2.5.2.1.1 填充柱 SFC 的一般速率模型和局部塔板高度

HPLC 和 SFC 中表面多孔粒子的引入和广泛采用，促使了需要对采用此类填充粒子的色谱柱的塔板高度的表达式进行更新。下述表达式［式（2.26）］是基于一般速率模型为 HPLC 所提出的［26］，也同样适用于 SFC。对于小分子化合物的分离而言，吸附和解吸速率都很快，局部塔板高度可表示为：

$$H = \frac{2 D_L}{u_e} + \frac{2 u_e r_p}{3 \phi_e} \left(\frac{k''}{1+k''} \right)^2 \left[\frac{1}{k_e} + \frac{\phi_r r_p}{5 D_p} \right] \quad (2.26)$$

式中 D_L——轴向分散系数；

$u_e = u/\varepsilon_e$——流动相在填充粒子间间隙的流速（ε_e 为外孔隙率，即粒子间空间所占体积分数）；

k_e——外传质系数；

D_p——孔隙内扩散系数，$\phi_e = (1 - \varepsilon_e)/\varepsilon_e$；

k''——区域容量因子。ϕ_r 可由下式来表示：

$$\phi_r = (r_e^4 + 2 r_e^3 r_i + 3 r_e^2 r_i^2 - r_e r_i^3 - 5 r_i^4) / (r_e^2 + r_e r_i + r_i^2)^2 \quad (2.27)$$

式中 $r_e = r_p$——含多孔表面层在内的总粒子外部半径；

r_i——内部固体核心半径。

对全多孔粒子而言，$\phi_r = 1$。

鉴于用于 HPLC 色谱柱的现代填充粒子的多孔性，式（2.26）体现了流动相占据着两个不同的区域：一个是流动相可于其中自由流动的粒子间间隙的移动区；另一个是会使流动相滞留的粒子及固定相内的固定区。这就引入了排除速度的概念，它指的是流动相在移动区的速度。同时也引入了区域容量因子或区域保留因子，指的是溶质在固定区与移动区的摩尔比。两个保留因子之间的关系为：$(1 + k'') = (1 + k')(\varepsilon_t/\varepsilon_e)$，其中 ε_t 为总孔隙度。关于由多孔粒子和其他材料填充的色谱柱处理的更深入的细节可参见参考文献［22，25，27，28］。

式（2.26）右侧方括号里的两项表示的是传质阻力的贡献：第一项是代表了填充粒子外部表面（与移动区相接触的部分）的传质过程；第二项代表了固定区内的传质过程。这两项可通过变形，以折合速度来表示。可通过 Wilson–Geankoplis 模型来导出外部传质系数的表达式［27，29］：

$$k_e = \frac{1.09}{\varepsilon_e} \frac{D_m}{d_p} v_e^{1/3} \tag{2.28}$$

式中 $v_e = v(\varepsilon_t / \varepsilon_e)$ ——排除折合速度。将式（2.26）两端除以 $2r_p$，则可获得折合流速：

$$h = \frac{2(D_L / D_m)}{v_e} + \frac{2 v_e}{3 \phi_e} \left(\frac{k''}{1+k''} \right)^2 \left[\frac{\varepsilon_e}{2.18} v_e^{-1/3} + \frac{\phi_r D_m}{20 D_p} \right] \tag{2.29}$$

D_m 和 D_p 间的关系可由下式表示：

$$D_p = \gamma_p F(\lambda_m) D_m + (1 - \varepsilon_p) K_d D_s \tag{2.30}$$

式中 γ_p ——介孔中的扩散内部阻断因子；

$F(\lambda_m)$ ——窄孔中的扩散阻力因子，就液体溶剂或超临界流体中的小分子而言，$\gamma_p = 0.6$，$F(\lambda_m) = 0.8$；

ε_p ——粒子孔隙度；

K_d ——分部平衡常数；

D_s ——固定相中的扩散系数。

在可忽略固定相中的扩散的极限条件下，$D_p \approx 0.5 D_m$，式（2.19）则变为：

$$h = \frac{2(D_L / D_m)}{v_e} + \frac{2}{3 \phi_e} \left(\frac{k''}{1+k''} \right)^2 \left[\frac{\varepsilon_e}{2.18} v_e^{2/3} + \frac{\phi_r}{10} v_e \right] \tag{2.31}$$

等式（2.31）右侧第一项表示由 van Deemter 的 A 项和 B 项代表的流动相中的分散过程，但并未呈现出这些过程的详细特点。对这些过程的进一步深刻理解必须依赖于其他方式，比如由式（2.23）所表示的 Giddings' 耦合模型对此进行了详细的探讨 [23, 27]。

式（2.31）右侧第二项 [式（2.23）中的 van Deemter C_s 项] 代表了谱带扩散，由依赖于 $v_e^{2/3}$ 的膜外传质阻力和依赖于 v_e 的滞留介孔空间的传质阻力来表示。另外，局部塔板高度沿色谱柱的变化由 k'' 和 v_e 控制。当 k'' 较大时，则主要由 v_e 来控制，此种情况下的变化相对较小，将在下一节中讨论。除保留较弱的溶质外，对一般溶质而言，沿 SFC 色谱柱的局部塔板高度变化一般也较为适度。

2.5.2.1.2 SFC 中的折合速度、流速及 van Deemter 曲线

除个别例外，关于 SFC 分离的 van Deemter 研究结果可表示为塔板高度与泵流速间的函数曲线，或者是塔板高度与平均速度（$u_0 = L/t_0$）间的函数曲线。尽管这些曲线为大多数研究提供了重要的实践信息，但也导致了 van Deemter 曲线的部分意义的缺失。我们也看到当以折合变量来表示 van Deemter 曲线时，可提供色谱柱的一般性能特征信息。那么，如何将泵流速与折合流速关联起来？以及折合速度沿色谱柱是如何变化的呢？

通过将折合速度沿色谱柱变化表达式的分子和分母同时乘以局部密度，可得到以下变形式：

$$v = \frac{u d_p}{D_m} \frac{\rho}{\rho} = \frac{F_m d_p}{S(D_m \rho)} \tag{2.32}$$

式中 F_m——质量流速；

S——色谱柱的横截面积。

除 D_m 和 ρ 外，等式右侧的其他项均为常数。有时，对于超临界流体而言，分母中 D_m 和 ρ 的乘积 $D_m\rho$ 也可假定接近于常数[30]，这类似于稀释气体中的 D_gP 乘积。纯 CO_2 流动相中，40℃条件下，当 CO_2 密度从 $0.75g/cm^3$ 升到 $0.85g/cm^3$ 时，D_m 变化了19%，$D_m\rho$ 变化了13%[5]。在类似的条件下，折合速度沿色谱柱的变化量大致相同。

质量流速 $F_m = F_p\rho_p$，其中 F_p 和 ρ_p 分别为泵端的体积流速和流体密度。如果在5℃的条件下泵入 CO_2，随着流速增大，当入口压力从 100bar 升至 300bar 时，CO_2 流体密度的变化不超过10%。因此，质量流速随着泵端体积流速的增大而近似呈线性增大。塔板高度与 F_p 间的曲线大致相当于塔板高度与折合速度间的曲线。因此，若采用适当的参照条件[31]，可以相应地设计一种 SFC 泵，使得泵入的 CO_2 流体的质量流速直接正比于体积流速。

最后，对于一根固定尺寸和填充粒径的色谱柱，式（2.23）也很好地解释了当使用温度和压力发生变化时，为什么最优流速几乎保持不变。如果以 $F_p\rho_p$ 代替 F_m，当泵速固定时，折合速度仅取决于 $\rho_p/D_m\rho$ 的比值。当柱温及柱压改变时，$\rho_p/D_m\rho$ 几乎保持不变。

2.5.2.2 非均匀色谱柱中的谱带展宽

式（2.26）和式（2.29）所表述的塔板高度适用于均一色谱柱的情况，即沿色谱柱的流动相流速和保留因子基本不变的情况，他们最初主要应用于液相色谱。实际上，SFC 分析中，上述参数沿色谱柱都是变化的，洗脱峰的变异可反映表观塔板高度。2.3 节中，我们将空间和时间平均量的概念应用于 SFC 中，从而将色谱柱局部变量如流动相密度和保留因子等与色谱柱出口观测到的相应的表观值关联起来。在这一节中，我们首先将这些方法延伸到描述轴向梯度对表观塔板高度的影响上，然后考察了径向温度梯度对柱效的影响。

2.5.2.2.1 轴向梯度及表观塔板高度

非均一色谱柱的塔板高度理论最初是由 Giddings 提出的[23]，用于描述气相色谱中压力降对表观塔板高度的影响。Giddings 证实了基于洗脱峰变异而观测到的表观塔板高度 $\hat{H}$ 总是比局部塔板高度大，如式（2.33）：

$$\hat{H} = \frac{\langle H(1/u_s)^2\rangle_z}{\langle 1/u_s\rangle_z^2} \quad (2.33)$$

式中 H——局部塔板高度；

u_s——溶质局部流速，括号表示里面各项的空间平均值。

所有的 SFC 分离都伴随着沿色谱柱的密度的降低以及与焦耳-汤姆逊膨胀相关的温度的变化。因此，柱效与色谱柱中的压力和温度条件密切相关。Poe 和 Martire 证明了 SFC 分析中，式（2.33）应当改写为：

$$\hat{H} = \frac{\langle H(1+k')^2 \rho^2 \rangle_z}{\langle (1+k')\rho \rangle_z^2} \tag{2.34}$$

式中，k''可代替k'得到同样的结果。括号里的所有项，包括表达局部塔板高度的流速及扩散项，都是以质量流速、温度和密度来表示的。可用2.3节描述的方法来计算表观塔板高度。

如2.5.2.1节所述，如果局部塔板高度沿色谱柱改变不大，式（2.34）所示的因温度和密度的轴向梯度导致的柱效流失则主要由局部保留因子的改变引起，局部保留因子随着密度的降低而呈指数升高。另外，需要注意的是等温条件会引起更大的密度梯度（见图2.3），相应地也会导致局部保留因子更大的改变。由式（2.34）可知，在绝热条件下，由轴向温度和密度梯度导致的塔板高度的增大应该是最小幅度的。

压力-温度条件导致的大幅的密度变化与大幅的温度降有关（见图2.2和图2.6）。实验证明：由径向温度梯度带来的温度降所导致的柱效流失比轴向温度和密度梯度带来的温度降所导致的柱效流失要大很多[33]。径向温度梯度的起因及其影响将在接下来的小节中进行探讨。

2.5.2.2.2 径向温度梯度

超高效液相色谱（UHPLC）和超临界流体色谱中径向温度梯度将导致显著的柱效流失。在UHPLC中，亚$2\mu m$填充粒径的色谱柱通常在非常大的压力降的情况下使用，以获得快速分离，黏滞加热产生径向温度梯度，即色谱柱中心温度高于色谱柱壁面温度。Gritti和Guiochon在van Deemter方程中增加了一项，使其更适用于UHPLC[34]。因此，采用直径较小的色谱柱可提高传热效率，可维持较稳定的大气环境，从而可使径向梯度最小化，最终避免柱效的降低。

在SFC中，形成径向温度梯度和相应的柱效流失的趋势很大程度上取决于操作条件。这些梯度是由与流动相膨胀相关的加热或冷却过程引起的。绝热环境下，流体在填充色谱柱中解压的过程中，温度随压力的改变可由式（2.3）来表示，图2.6所示为含5%甲醇CO_2流动相的温度变化。在最近的一系列论文中讨论了由此产生的径向温度梯度的影响[11, 20, 33, 35-39]。

图2.6所示的含5%甲醇CO_2的等焓曲线表明在近临界点的P-T区域会产生较大的温度降。对于在加压气流环境中使用的色谱柱而言，相关的径向温度梯度会导致灾难性的柱效流失。图2.8显示的是在温度为323K、出口压力为100bar时，三种不同热环境下，烷基苯混合物的SFC分离情况。其中，A图是在空气对流模式下得到的结果，可见色谱峰变形严重，分离效果较差；B图和C图是在同一根色谱柱上，要么在色谱柱上包裹了泡沫绝缘材料或者将色谱柱置于323K静止空气中，后者近似为绝热环境，故解压流动相的温度会沿等焓曲线以入口温度和压力为起点开始变化，焦汤系数从0.15K/bar升高到0.21K/bar（或平均约为0.18K/bar）。当压力降为23bar时，温度降为$\Delta T \approx \mu_{JT} \times \Delta P = 4.1K$，故出口温度约降至319K。在

对流空气柱温箱中，色谱柱壁温近似维持在柱温箱设定的温度，从而导致较大的径向温度梯度和峰畸变（图2.8A）。

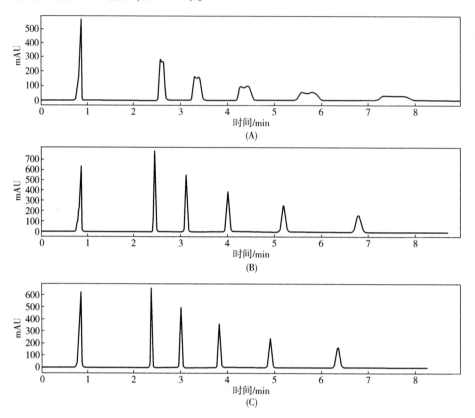

图2.8 在250mm×4.6mm、填充粒径5μm的Luna C_{18}色谱柱上烷基苯混合物在三种不同的热环境下的SFC分离结果：（A）对流空气；（B）泡沫绝热；（C）静止空气。流动相：95% CO_2/5%甲醇。柱温箱温度：50℃。出口压力：100bar。流动相泵端流速：3.00mL/min（271K）。第一个峰为溶剂峰，后面五个峰依次为烷基链长分别为10碳、12碳、14碳、16碳和18碳的烷基苯。入口和出口压力（bar）分别为：（A）123.0、100.0；（B）122.9、100.2；（C）124.2、100.8（引自：Zauner J, Lusk R, Koski S, Poe DP. Effect of the thermal environment on the efficiency of packed columns in supercritical fluid chromatography. J Chromatogr A 2012；1266：149 [40]．)

上述的灾难性的柱效流失可通过以下几种方式来避免。对于在加压气流环境中，简单的解决方式是可选择在 μ_{JT} 值较小的条件下进行分析。本章作者实验室近期工作表明，对于规格为250mm×4.6mm、填充粒径5μm的色谱柱，在加压柱温箱中，在柱温以及出口压力对应的 $\mu_{JT}<0.10$K/bar 的条件下，柱效流失几乎可忽略不计。因此，焦汤系数可为安全操作条件的选择提供非常有用的参考（见图2.5）。对于在静止空气或其他近绝热环境中使用的色谱柱，安全操作条件可扩展至对应于较大的焦汤系数值的条件。这些条件对应的温度和密度均较小，保留更好，从

而为保留较弱的化合物分析提供了较好的条件。此外,使用导热性较好的表面多孔粒子填充的色谱柱也能使径向温度降最小化。

2.5.2.3 色谱柱以外的变异

在柱色谱分析中,谱带展宽除了色谱柱本身内部的影响外,还有来自于色谱柱之外的影响,如进样器、接口和检测器。所观测到的峰畸变反映的是这些影响的总体结果。一般而言,总的峰畸变可视为各种影响因素引起的峰畸变的加和,可由下式表示:

$$\sigma_{total}^2 = \sigma_{col}^2 + \sigma_{ec}^2 \tag{2.35}$$

式中,下标 col 和 ec 分别色谱柱和色谱柱以外的影响。测定色谱峰变异的最佳方法是第二个统计矩 [21,24]。色谱柱以外的变异也是可加和的,可通过文献报道的方式进行估算 [41,42]。

对于塔板数为 N 的色谱柱,其对峰畸变的影响取决于保留因子,以体积单位表示如下:

$$\sigma_{V,col}^2 = \frac{V_0^2}{N}(1+k)^2 \tag{2.36}$$

式中 V_0——色谱柱的滞留体积。

如果色谱柱柱外变异已知,可由式(2.36)来估计合适的色谱柱及其填充粒子的规格,从而将柱外变异对总变异的影响控制在一定水平以内。

虽然现代 SFC 仪器的设计目的是尽量减少色谱柱柱外变异的影响,但当使用小直径、非常细颗粒的色谱柱时,这些可能达到总峰畸变的 10% 或以上(如图 2.9 所示)。有了这些现代化的高性能填料,仪器制造商面临的挑战是尽量减少这些柱外变异,同时尽量减少由于小直径连接器造成的背压过高,并保持良好的检测器灵敏度。

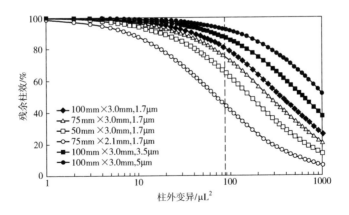

图 2.9 不同色谱柱在 $k=5$ 时因柱外变异导致的柱效流失。垂直虚线表示的是 $\sigma_z^2 = 85\mu L^2$ 的典型 SFC 仪器的柱外变异(引自:*Grand-Guillaume Perrenoud A, Hamman C, Goel M, Veuthey J-L, Guillarme D, Fekete S. Maximizing kinetic performance in supercritical fluid chromatography using state-of-the-art instruments. J Chromatogr A 2013; 1314: 288-97* [43].)

最近的几项研究为理解和管理 SFC 中色谱柱柱外影响带来的谱带展宽提供了有用信息［44，45］。其中一项研究认为：为使现代 SFC 仪器兼容亚 2μm 填充粒径的色谱柱，有必要将连接管线的内径由 0.01778cm 降低至 0.0127cm［46］。

2.5.2.4　影响谱带展宽的其他因素

2.5.2.4.1　进样

如果进样溶剂与流动相的性质差异较大，样品进样后进样溶剂与流动相间的不利的混合过程会导致额外的谱带变宽和峰形变差。一般情况下，进样溶剂应当与流动相具有较好的兼容性。以 CO_2 作为流动相时，样品溶剂如庚烷等可满足上述要求。在大多数 SFC 应用中，通常在流动相中加入有机助溶剂以提高溶剂对极性较强的化合物的洗脱强度，由于溶解度问题，在理想进样溶剂中溶解样品在实际操作中往往会遇到一定困难［47］。

除溶剂强度外，也应当避免溶剂黏度间的不兼容性。由于溶剂黏度不兼容而可能造成的柱效损失是由于壁面效应和黏性指进现象引起的。这些现象在液相色谱中已经被研究过，可能在 SFC 中更为显著，特别是对于目前可用的高性能 SFC 系统而言［48］。

2.5.2.4.2　多重保留机制

包括缓慢吸附/解吸过程在内的多重保留机制可能导致严重的峰畸变。在酸性 CO_2-甲醇的流动相环境中，碱性化合物极易质子化，因此对碱性混合物而言此类峰畸变尤为常见。对于碱性药物的 SFC 分离 MS 检测中，额外的添加剂如甲酸铵已被证明可以显著改善峰形［49］。

2.6　动力学原理及实践

2.6.1　精细粒子填充色谱柱的性能

在过去的时间里，液相色谱和超临界流体色谱技术取得了历史性进展。一个重要的趋势是向小粒径填充色谱柱的转变，从而进一步提高色谱性能。一些论文提供了这些进展的综述。其中，Perrenod 等人探讨了 SFC 分析中使用的亚 2μm 全多孔粒子和表面多孔粒子填充的色谱柱的分离性能［46，50］。Fekete 等人综述了近年来 HPLC 和 SFC 快速、高分辨率分离的方法［51］。Novakova 等人为现代使用 2μm 粒子填充色谱柱的 SFC 分析提供了一个很好的教程［3］。

图 2.10A 所示为使用 1.7μm 和 3.5μm 完全多孔填充粒子色谱柱的 UHPLC 和 UHPSFC 的 van Deemter 曲线。不管是在 UHPLC 系统中还是在 UHPSFC 系统中，与 3.5μm 色谱柱相比，1.7μm 色谱柱的最优线速度更大、理论塔板高度最小值更低。超临界流体流动相的低黏度所表现的较低压降说明了 SFC 的一个重要优势。此外，可参见图 2.5，在 UHPSFC 模式下，色谱柱出口的 SFC 条件相应的压缩性较小、焦

汤系数最大（约为0.06K/bar）。这些条件应足以避免非均匀柱内的轴向密度梯度和径向温度梯度引起的任何过度的柱效流失。

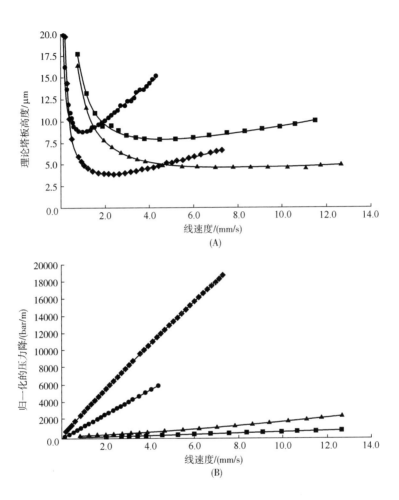

图2.10 使用1.7μm和3.5μm完全多孔填充粒子色谱柱的UHPLC和UHPSFC中动力学性能和归一化的压力降随线速度的变化。（A）对羟基苯甲酸丁酯在1.7μm和3.5μm完全多孔填充粒子色谱柱的UHPLC和UHPSFC中的van Deemter曲线。HPLC模式：H_2O/ACN（60/40，体积比），30℃；RP-C_{18}柱：50mm×4.6mm×3.5μm（圆点所示）；50mm×2.1mm×1.7μm（菱形所示）。SFC模式：CO_2/MeOH（94/6，体积比），40℃，背压150bar；Acquity UPC^2 BEH 2-EP柱：100mm×3.0mm×3.5μm（方块所示）；100mm×3.0mm×1.7μm（三角所示）。（B）对应产生的压力降（归一化到1m色谱柱上以避免色谱柱长度不同带来的影响）（引自：*Grand-Guillaume Perrenoud A, Veuthey J-L, Guillarme D. Comparison of ultra-high performance supercritical fluid chromatography and ultra-high performance liquid chromatography for the analysis of pharmaceutical compounds. J Chromatogr A. 2012*；*1266*：*158-67* [52].）

2.6.2 SFC中的流速及分辨率极限

对更快、更高效的分离的无尽追求，使得人们不再仅满足于基本的 van Deemter 曲线所提供信息，因而需要更强大的工具，即图 2.10 所示的动力学曲线。图 2.11 所示的是一种涉及 t_0 与塔板数间的关系的动力学曲线 [43]。这些曲线反映的是当色谱柱在系统最大压力降条件下使用时，对于给定的塔板数，不保留组分的洗脱时间。因此，较短的色谱柱在较高的线速度下，对应较小的塔板数。随着塔板数的增大，色谱柱长度增加、流速降低。对于塔板数 $N < 40000$ 时，填充粒径最小，即 $1.7 \mu m$ 色谱柱的洗脱时间/死时间最短。然而，对于较大的塔板数（$N = 200000$），则粒径 $3.5 \mu m$、较长的色谱柱更为合适。鉴于耐压极限，$1.7 \mu m$ 色谱柱的塔板数不大于 80000。对于较高的分辨率（$N > 20000$），若选择填充粒径为 $5 \mu m$ 的色谱柱，则通常要求色谱柱较长且分析时间也较长。

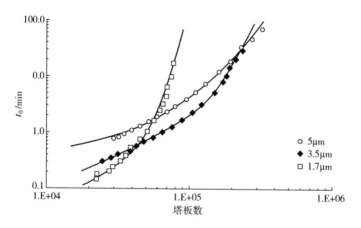

图 2.11 死时间 t_0 与塔板数 N 表示的动力学曲线。色谱柱：100mm×3.0mm 的 Waters BEH 柱，填充粒子粒径分别为 $1.7 \mu m$、$3.5 \mu m$ 和 $5 \mu m$。流动相：含 2% 甲醇的 CO_2，温度：40℃。分析物：对羟基苯甲酸丁酯。入口压力和出口压力分别为 400bar 和 150bar（引自：*Grand-Guillaume Perrenoud A, Hamman C, Goel M, Veuthey J-L, Guillarme D, Fekete S. Maximizing kinetic performance in supercritical fluid chromatography using state-of-the-art instruments. J Chromatogr A* 2013；1314：288-97 [43].）

2.7 结论

SFC 的基本原理与其他柱色谱基本相同。然而，主要差异在于实验及数据分析方法的不同。这些差异主要是由超临界流体的可压缩性以及压力和压力降对保留因子和塔板高度的影响而造成的。流体密度、温度、流速及黏度的变化贯穿整个色谱柱。局部保留因子是温度和密度的函数,局部塔板高度可由质量流速、温度及密度表示。色谱柱出口的表观保留因子和表观塔板高度可由局部保留因子和局部塔板高度的时间和/或空间平均值来表示。局部塔板高度可表示为折合速度的显式表达式,折合速度沿色谱柱是几乎保持不变的。由于柱外因素对峰畸变的影响很大,用目前现有的仪器很难实现对非常细颗粒的色谱柱的固有性质进行评价。在最优的流速下,SFC 的动力学性能要优于 HPLC,但如 HPLC 一样,总体动力学性能受限于现有的 SFC 仪器的使用最大压力和流速的限制。

致谢

本章作者十分感谢 Krzysztof Kaczmarski(Rzeszow University)和 Shawn Helmueller(沃特世公司)提供的宝贵意见。

参考文献

[1] Karger BL, Snyder LR, Horvath C. An introduction to separation science. New York: John Wiley and Sons, Inc; 1973.

[2] Snyder LR, Kirkland JJ, Dolan JW. Introduction to modern liquid chromatography. 3rd ed. Wiley; 2010.

[3] Nováková L, Grand-Guillaume Perrenoud A, Francois I, West C, Lesellier E, Guillarme D. Modern analytical supercritical fluid chromatography using columns packed with sub-2μm particles: a tutorial. Anal Chim Acta 2014; 824: 18-35.

[4] Lemmon E., Huber M., McLinden M. NIST Standard Reference Database 23: Reference Fluid Thermodynamic and Transport Properties-REFPROP, Version 9.1. Gaithersburg, MD, USA: National Institute of Standards and Technology, Standard Reference Data Program; 2013.

[5] Sassiat PR, Mourier P, Caude MH, Rosset RH. Measurement of diffusion coefficients in supercritical carbon dioxide and correlation with the equation of Wilke and Chang. Anal Chem 1987; 59 (8): 116470. Washington, DC, US.

[6] Berger TA, Deye JF. Efficiency in packed column supercritical fluid chromatographyusing a modified mobile phase. Chromatographia 1991; 31 (11-12): 529-34.

[7] Berger TA, Deye JF. Composition and density effects using methanol/carbon dioxide in packed column supercritical fluid chromatography. Anal Chem (Washington, DC, US) 1990; 62 (11): 1181-5.

[8] Berger TA. In: Smith RM, editor. Packed column SFC. Cambridge: The Royal Society of Chemistry; 1995. p. 251.

[9] Tarafder A, Guiochon G. Use of isopycnic plots in designing operations of supercritical fluid chromatography: II. The isopycnic plots and the selection of the operating pressure-temperature zone in supercritical fluid chromatography. J Chromatogr A 2011; 1218 (28): 4576-85.

[10] Tarafder A, Kaczmarski K, Ranger M, Poe DP, Guiochon G. Use of the isopycnic plots in

designing operations of supercritical fluid chromatography: IV. Pressure and density drops along columns. J Chromatogr A 2012; 1238 (0): 132-45.

[11] Poe DP, Veit D, Ranger M, Kaczmarski K, Tarafder A, Guiochon G. Pressure, temperature and density drops along supercritical fluid chromatography columns in different thermal environments. III. Mixtures of carbon dioxide and methanol as the mobile phase. J Chromatogr A 2014; 1323 (0): 143-56.

[12] Martire DE. Generalized treatment of spatial and temporal column parameters, applicable to gas, liquid and supercritical fluid chromatography. I Theory J Chromatogr 1989; 461: 165-76.

[13] Martire DE, Riester RL, Bruno TJ, Hussam A, Poe DP. Generalized treatment of spatial and temporal column parameters, applicable to gas, liquid and supercritical fluid chromatography. II. Application to supercritical carbon dioxide. J Chromatogr 1991; 545 (1): 135-47.

[14] Guiochon G, Tarafder A. Fundamental challenges and opportunities for preparative supercritical fluid chromatography. J Chromatogr A 2011; 1218 (8): 1037-114.

[15] International Union of Pure and Applied Chemistry. Compendium of Analytical Nomeclature. Definitive Rules 1997, http://www.iupac.org/publications/analytical _ compendium/.; [accessed 06.07.04].

[16] Martire DE. Unified theory of absorption chromatography: gas, liquid and supercritical fluid mobile phases. J Liq Chromatogr 1987; 10 (8-9): 1569-88.

[17] Martire DE, Boehm RE. Unified molecular theory of chromatography and its application to supercritical fluid mobile phases. 1. Fluid - liquid (absorption) chromatography. J Phys Chem 1987; 91: 2433.

[18] Berger TA. The effect of adsorbed mobile phase components on the retention mechanism, efficiency, and peak distortion in supercritical fluid chromatography. Chromatographia 1993; 37 (11-12): 645-52.

[19] Lesko M, Poe DP, Kaczmarski K. Modelling of retention in analytical supercritical fluid chromatography for CO_2 methanol mobile phase. J Chromatogr A 2013; 1305: 285-92.

[20] Kaczmarski K, Poe DP, Guiochon G. Numerical modeling of the elution peak profiles of retained solutes in supercritical fluid chromatography. J Chromatogr A 2011; 1218 (37): 6531-9.

[21] Giddings JC. Unified separation science. Wiley-Interscience; 1991. p. 320.

[22] Felinger A, Cavazzini A. Kinetic theories of liquid chromatography. In: Fanali S, Haddad PR, Poole CF, schoenmakers PJ, Lloyd D, editors. Liquid chromatography: fundamentals and instrumentation. Amsterdam: Elsevier; 2013.

[23] Giddings JC. Dynamics of chromatography, part I: principles and theory (chromatographic science series), vol. 1. New York: Marcel Dekker; 1965. p. 336.

[24] Gritti F, Guiochon G. Accurate measurements of peak variances: importance of this accuracy in the determination of the true corrected plate heights of chromatographic columns. J Chromatogr A 2011; 1218 (28): 4452-61.

[25] Guiochon G, Felinger A, Shirazi SG, Katti AM. Fundamentals of preparative and nonlinear chromatography. 2nd ed. Boston: Academic Press; 2006. p. 990.

[26] Kaczmarski K, Guiochon G. Modeling of the mass - transfer kinetics in chromatographic

columns packed with shell and pellicular particles. Anal Chem 2007; 79: 4648-56.

[27] Gritti F, Guiochon G. Mass transfer kinetics, band broadening and column efficiency. J Chromatogr A 2012; 1221 (0): 2-40.

[28] Felinger A, Guiochon G. Comparison of the kinetic models of linear chromatography. Chromatographia 2004; 60 (1): S175-80.

[29] Wilson EJ, Geankoplis CJ. Liquid mass transferat very low Reynolds numbers in packed beds. Ind Eng Chem Fundam 1966; 5 (1): 9-14.

[30] Reid RC, Prausnitz JM, Poling BR. The properties of gases and liquids. 4th ed. New York: McGraw-Hill; 1987.

[31] De Pauw R, Shoykhet K, Desmet G, Broeckhoven K. Effect of reference conditions on flow rate, modifier fraction and retention in supercritical fluid chromatography. J Chromatogr A 2016; 1459: 129-35.

[32] Poe DP, Martire DE. Plate height theory for compressible mobile phase fluids and its application to gas, liquid and supercritical fluid chromatography. J Chromatogr 1990; 517: 3-29.

[33] Poe DP, Schroden JJ. Effects of pressure drop, particle size and thermal conditions on retention and efficiency in supercritical fluid chromatography. J Chromatogr A 2009; 1216 (45): 7915-26.

[34] Gritti F, Martin M, Guiochon G. Influence of viscous friction heating on the efficiency of columns operated under very high pressures. Anal Chem 2009; 81 (9): 3365-84. Washington, DC, US.

[35] Kaczmarski K, Poe DP, Guiochon G. Numerical modeling of elution peak profiles in supercritical fluid chromatography. Part I-Elution of an unretained tracer. J Chromatogr A 2010; 1217 (42): 6578-87.

[36] Kaczmarski K, Poe DP, Tarafder A, Guiochon G. Pressure, temperature and density drops along supercritical fluid chromatography columns. II. Theoretical simulation for neat carbon dioxide and columns packed with 3μm particles. J Chromatogr A. Selected papers of 35th International Symposium on high performance liquid phase separations and related techniques, International Symposium on preparative and industrial chromatography and allied techniques, supercritical fluid extraction and chromatography. 2012; 1250: 115-23.

[37] Poe DP, Veit D, Ranger M, Kaczmarski K, Tarafder A, Guiochon G. Pressure, temperature and density drops along supercritical fluid chromatography columns. I. Experimental results for neat carbon dioxide and columns packed with 3- and 5-micron particles. J Chromatogr A 2012; 1250: 105-14.

[38] Kaczmarski K, Poe DP, Tarafder A, Guiochon G. Efficiency of supercritical fluid chromatography columns in different thermal environments. J Chromatogr A 2013; 1291 (0): 155-73.

[39] Tarafder A, Iraneta P, Guiochon G, Kaczmarski K, Poe DP. Estimations of temperature deviations in chromatographic columns using isenthalpic plots. I. Theory for isocratic systems. J Chromatogr A 2014; 1366 (0): 126-35.

[40] Zauner J, Lusk R, Koski S, Poe DP. Effect of the thermal environment on the efficiency of packed columns in supercritical fluid chromatography. J Chromatogr A 2012; 1266: 149.

[41] Gritti F, Guiochon G. On the minimization of the band-broadening contributions of a modern, very high pressure liquid chromatograph. J Chromatogr A 2011; 1218 (29): 4632-48.

[42] Sternberg JC. Extra column contributions to chromatographic band broadening. Adv Chromatogr

1966; 2: 205-70. New York, NY, United States.

[43] Grand-Guillaume Perrenoud A, Hamman C, Goel M, Veuthey J-L, Guillarme D, Fekete S. Maximizing kinetic performance in supercritical fluid chromatography using state-of-the-art instruments. J Chromatogr, A 2013; 1314: 288-97.

[44] De Pauw R, Shoykhet K, Desmet G, Broeckhoven K. Understanding and diminishing the extra-column band broadening effects in supercritical fluid chromatography. J Chromatogr A 2015; 1403: 132-7.

[45] Berger TA. Instrument modifications that produced reduced plate heights, 2 with sub-2μm particles and 95% of theoretical efficiency at k 5 2 in supercritical fluid chromatography. J Chromatogr A 2016; 1444: 129-44.

[46] Grand-Guillaume Perrenoud A, Veuthey J-L, Guillarme D. The use of columns packed with sub-2μm particles in supercritical fluid chromatography. Trends Anal Chem 2014; 63: 44-54.

[47] Enmark M, A°sberg D, Shalliker A, Samuelsson J, Fornstedt T. A closer study of peak distortions in supercritical fluid chromatography as generated by the injection. J Chromatogr A 2015; 1400: 131-9.

[48] Shalliker RA, Samuelsson J, Fornstedt T. Sample introduction for high performance separations. Trends Anal Chem 2016; 81: 34-41.

[49] Grand-Guillaume Perrenoud A, Boccard J, Veuthey J-L, Guillarme D. Analysis of basic compounds by supercritical fluid chromatography: attempts to improve peak shape and maintain mass spectrometry compatibility. J Chromatogr A 2012; 1262: 205-13.

[50] Grand-Guillaume Perrenoud A, FarrellWP, Aurigemma CM, Aurigemma NC, Fekete S, Guillarme D. Evaluation of stationary phases packed with superficially porous particles for the analysis of pharmaceutical compounds using supercritical fluid chromatography. J Chromatogr A 2014; 1360: 275-87.

[51] Fekete S, Veuthey J-L, Guillarme D. Comparison of the most recent chromatographic approaches applied for fast and high resolution separations: theory and practice. J Chromatogr A 2015; 1408: 1-14.

[52] Grand-Guillaume Perrenoud A, Veuthey J-L, Guillarme D. Comparison of ultra-high performance supercritical fluid chromatography and ultra-high performance liquid chromatography for the analysis of pharmaceutical compounds. J Chromatogr A 2012; 1266: 158-67.

3 超临界流体色谱柱的选择方法

W. P. Farrell

Pfizer Inc., San Diego, CA, United States

3.1 引言

超临界流体色谱（supercritical fluid chromatography, SFC）作为一种主流分析技术开始与高效液相色谱（high-performance liquid chromatography, HPLC）竞争始于40年前，它作为一种优于气相色谱的技术更适合于分析热不稳定和非极性高分子质量化合物[1]。此后的30年中，超临界流体色谱一直是众多研究的重点，不仅是为了更好地了解这项技术的基础和理论，同时也为了强调其在分离多种药物相关化合物方面相对于HPLC的优点。学术和工业实验室选择SFC作为有影响的色谱工具是一个缓慢但渐进的过程，这得力于技术的不断发展，诸如仪器性能增强和不同色谱柱化学技术的涌现。超临界流体色谱的势头开始改变，它开始成为优势的手性分离，取代了正相色谱法，并用更绿色的由CO_2和有机醇共溶剂组成的溶剂体系（例如甲醇、乙醇等）代替了有毒的碳氢化合物（如己烷、庚烷等）。此外，超临界流体色谱在制药工业得到广泛认可，在许多情况下作为HPLC方法的补充运用于高通量分析和纯化应用。

虽然超临界流体色谱体系的物理组成非常类似于HPLC，控制实现分离的参数却有些不同。在HPLC中，主要的分离驱动力是溶质在固定相和流动相中进出时的物质分配。其他参数如在流动相中的溶解度，固定相，温度和传质都对分离起着一定的作用。然而，报告指出，在超临界流体色谱中，同样的参数有着相反和意想不到的影响。在超临界色谱中影响保留和分离的主要因素包括密度变化（由压力或温度变化引起），改性剂成分和固定相化学。为了将超临界色谱的使用扩展到更多的极性分子，了解这些参数的优点和局限性对于发展有效的分离方法是至关重要的。向共溶剂中加入酸性或碱性添加剂，这些添加剂能够附着于固定相的活性位点，用于增加固定相极性，增强极性溶质的峰型。虽然使用添加剂确实扩大了适用于超临界流体色谱的溶质极性范围，与HPLC相比较低的分离效率并未有助于培养起对这种技术的一般信心。为了克服这些不足和协助微调分离，开发不同的化学固定相，特别是带有极性基团的固定相，提供了发展超临界流体色谱方法过程中的另一维度。

表面上看，现代超临界流体色谱只使用液体（亚临界）或流体（超临界）状态的二氧化碳作为溶剂。实际上，流体的确定状态取决于用于使用流体分离得目的。亚临界和超临界是不相关的，因为没有这两个区域实质性出现（或共存）的点[2]。在本文其余部分，为了简单起见，我们将简单提及超临界流体色谱的溶剂体系。为了更好地明白流动相对分离以及柱相的作用，我们至少需要对流体的性质有基本的了解。一些广泛深入的评论综述已经发表了，内容覆盖大量用来定义流体性质及其对分离、峰效率和总运行时间影响的实验[3~5]。

如今在实际应用中，二氧化碳（CO_2）是超临界流体色谱的主要溶剂，因为它容易获得且具有足够高的纯度，适合色谱分离，是相对无毒和惰性的，并且具有适中的临界温度和压力（T_C = 31℃；P_C = 74bar）。CO_2也可以与广泛的溶剂混溶，同时具有比其他色谱溶剂低的UV截断值和黏度。这些属性可以转化从而达到现代色谱仪器的工作条件允许范围。保持稳定的流动相需要的典型运行环境从100bar变化到200bar（出口压力），柱温从0℃变化到80℃柱温。这个工作范围很大，足够使CO_2浓度从0.2g/mL变化到1.1g/mL，从而引起保留、效率和选择性的急剧变化。例如，在低于20℃，高压大于200bar，CO_2的行为近似于液体。相反，在高温（高于80℃）和低压（小于100bar），CO_2更像气体。用作纯流体时，例如无改性剂，密度的变化是保留行为的主要驱动力。一旦添加了改性剂，CO_2的密度特性就跟着改变，使其变成取决于所选用的共溶剂种类的二次保留机制[6]。原因就在于几乎所有非极性化合物在CO_2中的相对较差的溶解行为。一篇关于超临界CO_2物理性质的详细综述请参见[2]。

尽管自那以后，超临界流体色谱在许多实验室中已经成为一种成熟的技术，但在被认为可以取代长期以来由反相高效液相色谱主导的应用领域之前，还需要进一步的改进。设计用于改进和增强现有超临界流体色谱应用，而且也为拓展超临界流体色谱应用的空间的色谱柱技术，就其本身而言发展是缓慢的。设计和实施色谱柱化学的动力包括特定的目标，例如证明可提高或与反相HPLC相当的效率，以及使超临界流体色谱能够用于水溶性化合物和离子化合物。早期超临界流体色谱仪器的压力限制是阻碍采用亚2μm颗粒的一个原因，因此导致研究人员去重新评估较小颗粒的潜在用途。同时，通过实现更高的流速和更高的压力应用，改进了超临界流体色谱系统的功能，从而提高了用于超临界流体色谱的小颗粒柱的适用性。在过去的几年中，非手性超临界流体色谱在现有的和新颖的色谱柱化学的数量上出现了快速增长。表面多孔型、亚3μm以及甚至亚2μm的颗粒，羟基化的或者芳香型的固定相等等提供了不同的选择。在本章中，我们将重点介绍这些和其他色谱柱技术的进展以及获得成功分离的一些实际考虑。关于制备、手性或毛细管超临界流体色谱分离的深入讨论超出了本章的范围，但是可以从最近的一些综述中找到[4, 7~9]。

3.2 超临界流体色谱分离的关键影响因素

3.2.1 分析物的性质

成功使用超临界流体色谱的关键是使化合物的性质与它的技术性质相匹配，

"相似相溶"的概念长期以来一直是超临界流体色谱在各种分离应用中有用的指导原则。充分了解目标化合物的物理化学性质可为选择合适的色谱柱提供方向。在有机溶剂中至少具有一定溶解度的化合物，只要能找到合适的条件，就有可能成功分离。通常，这些化合物含有一定程度的杂芳香性，但这绝不是实现分离的必须要求。虽然中等极性至疏水性化合物是最适合该技术的，但超临界流体色谱也可以应用于亲水性化合物，例如核苷酸、肽、磷酸盐、高黏度聚合物等。尽管明确了分离这些化合物的最佳条件，但是相对于其他技术如HPLC、毛细管电泳（capillary electrophoresis，CE）、离子色谱（ion Chromatography，IC）等，使用非传统的超临界流体色谱方法分离这些化合物还是显得不切实际。疏水性和亲水性化合物会根据所用超临界流体色谱条件或参数的性质而表现不同。水溶性化合物通常要求改性剂含有水溶性组分，这取决于所用的浓度，它可能不适合使用CO_2的超临界流体色谱[10]。然而，这一方面可能会随着未来具有更宽泛工作压力范围的仪器的发展而改变。图3.1显示了大约80000种类药性非手性化合物的分布分析，$80\sim120\mu mol$ 的此类化合物经由超临界流体色谱可成功纯化至高于85%的纯度。这些研究结果与其他研究[11，12]相似，从中可以看出适合于超临界流体色谱的几个重要的分子性质：①弱极性至中等极性[cLogP>1，拓扑极性表面积（topological polar surface area）TPSA<180Å]，②分子质量M_W低于500u，和③中等酸度和碱度。

但是，这些性质仅仅定义了超临界流体色谱作为一种技术的适用性，可能无法用作特定分离的一般指导原则。还必须考虑诸如样品和基质的复杂性、分析物结构的相似性、同量异构体（区域或几何）以及潜在的分子内氢键等因素。此外，最重要的考虑因素很可能是分析物在所选溶剂体系中的溶解度[1，13]。由于流动相的组分在决定分离效果中起着至关重要的作用，因此，在讨论固定相的性质之前，必须对流动相的影响提供基本的了解。诸多此类因素以及它们对超临界流体色谱分离的影响将在后续章节中讨论。

3.2.2 可压缩流体的使用

3.2.2.1 密度

现代SFC系统可以在系统保护措施被激活之前允许在进口压力最大为400bar时运行。目前关于泵，流通池，阀门等的仪器发展的趋势可能将推动SFC发展到实现在超过1000bar高压运行。色谱柱的压力变化会引起一些有趣动力学，可能会对峰形产生不利影响，特别是对于保留性更强的化合物。无论改性剂组成如何，流动相的性质都受到CO_2密度的巨大影响，任何压力或温度波动（ΔT）都将导致流动相扩散速率和流速的显著变化。SFC工作中的绝热过程是相互矛盾的。气体压缩产生的绝热升温需要冷却所产生的流体以确保能稳定地输送到色谱柱，而流体在减压时会绝热膨胀，需要用加热来防止干冰形成。作为流动相对体

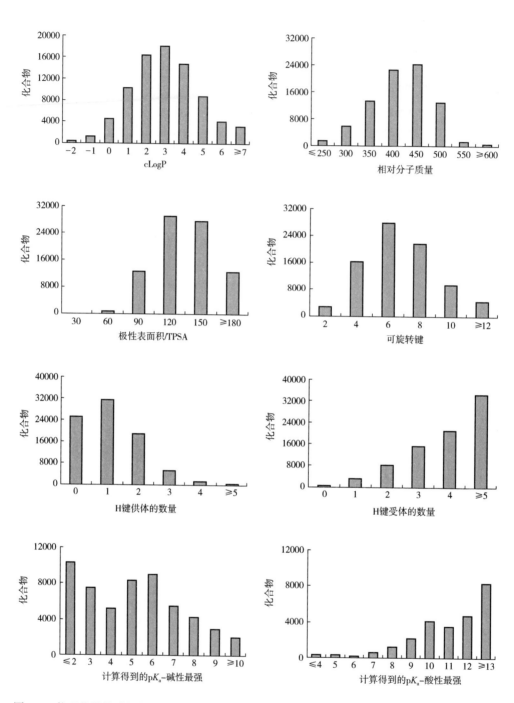

图3.1 物理化学性质的大致分布（相对分子质量，cLog P，H键受体，H键供体，极性表面积和可旋转键）。用SFC分析总共80000种类药性化合物，并满足纯化后的纯度要求。使用ACD/Labs软件12.5版计算cLogP，极性表面积和pK_a

积（ΔV）随压力变化（ΔP）而变化的量度，可压缩性范围在温度和压力接近超临界二氧化碳的临界值（31℃，74bar）时更高。该密度可根据从柱入口到出口的压力变化在柱内波动，导致流动相的洗脱强度和流体黏度，柱内轴向和径向温度不均匀性的变化，以及分析物的扩散系数（D_m）的改变[14~18]。流速、色谱柱尺寸（长度和内径）、粒径和孔隙率（完全多孔或表面多孔）都会影响流体密度，从而导致分析物的保留、色谱柱的选择性和峰效率的差异[19]。一些人建议将色谱柱内的流体密度保持在0.75g/mL以上以减少这些影响[2，20]。

据报道，色谱柱的轴向温度变化ΔT会由于压力而减小，这些效应随着压力变化ΔP的增加而加剧[21]。对于SFC使用者而言，必须考虑这种压降，因为在等度洗脱模式下，操作的结果是后洗脱的溶质趋于变宽，导致色谱峰的形状难以界定并且分离效率损失严重。为了抵消这种影响，可能需要采用流动相梯度或改变柱温以便获得理想的峰形。为了说明这一点，图3.2显示了使用SFC在不同流速时等度和梯度洗脱条件下分离非诺洛芬和氟比洛芬的叠加色谱图。虽然非诺洛芬和氟比洛芬在等度和梯度洗脱模式下的峰效率通常随着流速的增加而降低，但是由于峰宽减小，在梯度洗脱模式时这种降低程度可提供更大的峰容量（峰数量/单位时间）（详见表3.1）。

表3.1 氟比洛芬在等度和梯度洗脱模式下的峰详细信息，条件见图3.1

流速/（mL/min）	k_2	梯度模式		α
		pw	N'	
1.5	1.89	0.015	67186	1.13
2	1.98	0.014	46997	1.16
2.5	2.1	0.011	47622	1.15
3	2.14	0.010	39388	1.16
3.5	2.05	0.010	32388	1.18

流速/（mL/min）	k_2	等度模式		α
		pw	N'	
1.5	2.31	0.028	17278	1.33
2	2.28	0.022	15400	1.33
2.5	2.23	0.018	13506	1.33
3	1.97	0.015	13053	1.32
3.5	1.84	0.013	12112	1.31
4	1.69	0.011	11778	1.31

注：k_2——第二个峰的保留因子

pw——半峰宽

N——塔板数/柱*

N'——表观塔板数/柱*

α——k_2/k_1

* 由Agilent CS软件测量所得。

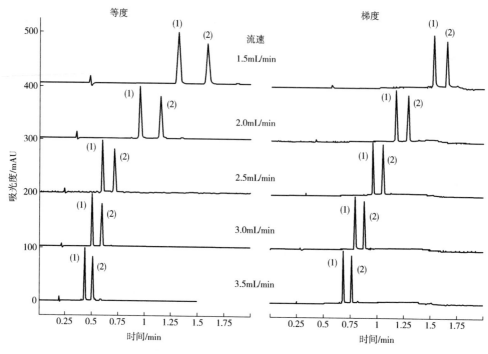

图 3.2 等度和梯度洗脱模式下,流速变化对峰形和洗脱的影响。等度模式(左)改性剂含量为 10% 时进样非诺洛芬(1)和氟比洛芬(2);在 2.0min 内改性剂以 5%~25% 梯度变化的梯度模式(右)。SFC 条件：Sun Shell Diol, 3.0mm×150mm, 2.6μm 柱, 25℃, CO_2 中含 20mmol/L 甲酸铵的甲醇,流速变化 1.5~3.5mL/min 和出口压力 160bar

密度受流速变化、改性剂黏度、柱尺寸和颗粒尺寸的综合影响,这些因素会使 ΔP 增加。但是,应该注意不要过度解读泵系统读数上显示的压降读数,因为这并没有计算铺设在整个系统中的大量细小内径的管路,它们已被证明最多可以贡献 50~100bar 的压力 [22]。

3.2.2.2 流速

流速对密度的贡献应视为双模式的,因为泵的输送速率和通过色谱柱的质量流量很容易确定(以特定速率进入色谱柱的流体必须以相同的速率排出);但是,流经色谱柱的流速取决于色谱柱内的密度变化,流动相的黏度,色谱柱的尺寸和粒径。实际的体积流量将受到色谱柱内产生的压力变化 ΔP 的大小以及系统工作温度的影响,这两者都不一定以线性方式发生。这意味着吸附平衡常数,保留因子和溶质的扩散系数将在色谱柱内不同的地方发生变化。例如,在恒定背压 (130bar) 和柱温 (40℃) 下,有机改性剂浓度的降低被证明会增加指定点的流速和平均体积流速之间的差异,因为添加可压缩性较弱的液体会影响流动相的密度 [23]。例如,在低流速下,含 15% 甲醇的 CO_2 作为流动相被证明存在 6% 程度上的偏离溶质的一贯保留，然后在更高的流速下这种偏离可超过10%。这种情况的产生是因为随着流速或柱长的变化，色谱柱的压力增加，CO_2的质量流量受到很大影响，而从泵流向色谱柱的甲醇的输送是相对不变的［24］。其结果是色谱柱内甲醇的局部摩尔分数随操作条件而变化，当在CO_2临界点附近操作时，这种变化会进一步加剧。为了在最高5mL/min流速的仪器上获得最佳流速或增强仪器的工作能力，需要使用较小直径的色谱柱来实现以更高的直线速度流经色谱柱［25］。

由于现代SFC仪器具有较宽的温度（约为0~100℃）和压力控制范围，在CO_2临界点附近运行应该没有什么优势。从临界点往前移动应该会产生更稳健的并且重复性好的分离效果。避免运行温度高于80℃且出口压力不上升（例如，大于175bar）会使导致峰效率损失的潜在影响最小化。

3.2.2.3 柱尺寸和固定相的影响

HPLC色谱柱技术的最新发展已逐渐渗透到SFC领域。当仪器厂商和学术工作致力于提高分离更复杂样品的峰效率时，一般情况就是这样。在SFC中，色谱柱的尺寸对分离有复杂的影响，特别是在使用纯CO_2时。由于超临界流体密度是保留和效率的一个影响因素，特别是在使用高度可压缩的流动相（纯CO_2或低于5%改性剂）时，所以必须注意选择合适的色谱柱尺寸。有几个因素似乎会增强或降低分离性能，包括柱上引起的压力差，柱温箱的操作温度和总流速。因此，简单地减小或增加柱内径或长度会对特定的分离产生不利影响。类似地，如果系统条件能显著地改变CO_2的密度，那么在色谱柱尺寸相似的情况下减小粒径不一定会有助于分离。

与HPLC一样，SFC中的标准柱尺寸格式也向更小内径和更短长度的方向发展。SFC的第一次使用实际上用的是毛细管柱，开管柱或颗粒填充柱，用于主要溶于纯CO_2的化合物［26，27］。研究表明，通过密度变化对CO_2溶剂进行微调会导致分离的增强（或下降）和峰效率，因为这些色谱柱易受外部温度波动的影响［28］。结果表明，使用纯CO_2时最有效和可重复的结果会在更高密度和对压力及温度的完全控制时获得。但是，与这类色谱柱相兼容的分析物的范围限制了它们的使用。

整体柱，作为另一种HPLC常用的色谱柱，还未在SFC中应用。整体柱由单个棒状二氧化硅或多孔性聚合物封装在PEEK管中制备而成。这些色谱柱具有双峰孔径分布，由允许高流动相速度和低压降的大孔和负责保留的较小中孔所组成［29~31］。由于色谱柱的压降大幅降低，整体柱不会受到与SFC中密度变化一样的有害影响。然而，由于滞留时间的缘故，它们必须用明显更低的流速或更长的柱长（例如，柱耦合）运行［32］。虽然这些多孔相往往对球形颗粒有利使其具有更好的传质性能，但是与棒的非均质性直接相关的不利的涡流扩散特性，以及柱入口处的不恰当分布会使得塔板高度与含有大颗粒的填充柱相类似［29］。随后，对这些高渗透性色谱柱的热情随着亚$2\mu m$全多孔粒子（FPP）的到来逐渐消失，

FPP在单位时间内产生了更高分辨率的分离。

与HPLC类似,粒径从传统的5μm(或3μm)减小到亚2μm导致相似尺寸的色谱柱总塔板数增加[33]。随着亚2μm粒子的引入而提供的每米柱长内的更大表面积,更短的柱子和允许摩擦热消散的内径也有利于提高效率,从而消除摩擦热[34~36]。如图3.3所示,用含有1.7μm FPP的2-乙基吡啶柱对17种组分的混合物进行分离可在不到2min内完成。在SFC中,迁移在许多方面都是矛盾的,有色谱柱效率的提高,但来自SFC系统的更显著的额外柱体积的贡献却反过来抵消了迁移[25]。尽管需要减小系统部件的内径和管路来改善峰形,但是它们也缩小了已经受限的系统工作压力范围(要记得使用3.1节中所提到的系统至少需要73bar的背压)。因此,与HPLC不同,在SFC中使用2.1mm而非3mm内径的柱子来避免温度梯度似乎没有好处[22]。

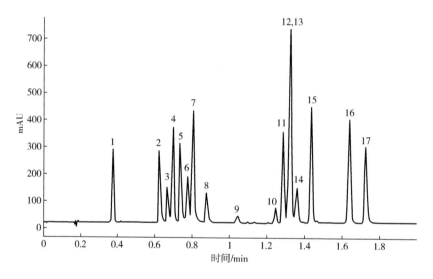

图3.3 使用Waters Acquity Viridis 2-EP,3.0mm×100mm,1.7μm柱分离17种组分混合物的色谱图。在Agilent 1260 Infinity SFC系统上使用少于2min的甲醇梯度。SFC条件:流速3.5mL/min;出口压力160bar;柱温70℃。梯度程序:1.0min内5.0%~12.5%,12.5%保持0.25min,0.75min内12.5%~20%。分析物:(1)咖啡因,(2)氟比洛芬,(3)萘普生,(4)胸腺嘧啶,(5)酮洛芬,(6)乙羟茶碱,(7)尿嘧啶,(8)华法林,(9)可的松,(10)氢化可的松,(11)乙酰氨基酚,(12)磺胺甲噁唑,(13)磺胺二甲基嘧啶,(14)泼尼松龙,(15)磺胺二甲氧嘧啶,(16)磺胺喹噁啉,(17)磺胺甲基咪唑

如前所述,流动相在动力学性质上经历的变化与密度的变化是一致的;因此,在SFC中任何改变密度的贡献都将比用液体大。尽管流动相黏度可能较低,但是柱直径的减小或柱长的增加建立了跨柱压降增大的风险,因此增大了径向温度梯度进而导致效率的降低[15,20,37,38]。这就是说,流动相的总黏度较低,可

以使用更长的色谱柱,甚至是偶联柱［39］。与仅使用单柱或单相相比,偶联柱可以提供一个扩大选择性的机会。例如,当使用 6 个 10cm 的核壳柱时,Lesellier 对于同系列烷基苯能够实现超过 120000 个塔板数［40］。这可以使为了给予充分分离所需的不同类型固定相的数量得以简化。它还可以使用串联多类型的固定相来实现特殊的分离目的。例如,Delahaye 表明固定相优化选择性液相色谱(SOS-LC)的概念可以合理地转换为 SFC 所用,只要留意压力和温度(即密度)。色谱柱的相对顺序很重要,但是使用基于盒的系统可以成功地操控选择性。虽然这种方法仅用于了已知的一组化合物,只使用了有限的一组固定相和所需要的一般用途的劳动密集型工艺,但是混合模式分离的潜力是很大的。对测量每个固定相上单个样品组分保留因子的多次重复测量模型的主要改进要求,使得这种方法对于分离特征非常明确的样品中的已知目标/杂质更有用［41］。

色谱柱技术的下一个创新源于固体核壳或表面多孔颗粒(SPP)的产生,它们最初被用于 HPLC［42］。这些颗粒以固体、非多孔的二氧化硅颗粒为中心(核),形成多孔二氧化硅的外层(壳),可用作独立的固定相或继而与适当的硅烷键合生成合适的固定相。核的尺寸和壳层的厚度可以根据颗粒形成过程进行控制,与完全多孔的亚 2μm 颗粒相比表现出了优越的负载能力和更低的压力约束。结果显示,2.7μm SPP 表现出与较小的全多孔颗粒相似的动力学特性,且不需要特殊的仪器使其在 400bar 以上的压力下操作。由于 SFC 至少需要 100bar 的背压来运行,这限制了仪器的可用压力范围,所以减小压降的任何技术都是令人感兴趣的,并且这些核-壳颗粒最终被应用于 SFC 分离。Berger 首先报道了 2.6μm 的 Kinetex 颗粒明显优于多孔 Luna 3μm 二氧化硅颗粒,他们观察到可以得到低至 1.62μm 的未校正塔板高度。McCalley 报道,使用由 90%乙腈和 10%甲酸水溶液的混合物组成的流动相,亲水相互作用液相色谱(HILIC)核-壳柱的塔板高降低至 1.5 附近［44］。图 3.4 显示了与图 3.3 中相同的样品混合物在核-壳 2-乙基吡啶柱上的分离。特别值得注意的是柱长、流速和柱温的改变可实现类似的分离。由于系统的最大压力限制(小于 600bar),这些变化对于完全多孔的颗粒相是有必要的。这些 SPP 柱的低压降转化为低电阻热,所以对与其他亚 2μm 全多孔颗粒在一起使用的较小内径柱的要求也可以放宽。

因此,柱尺寸、颗粒大小甚至颗粒类型的选择都可以影响分离,无论应用何种化学固定相。

3.2.2.4 溶剂考量

由于含 CO_2 的流动相具有高扩散性和低黏度,SFC 被认为比 HPLC 更快。反相 HPLC(RP-HPLC)的区别之一是有机溶剂在改变分离中所起的作用。在 RP-HPLC 中,固定相和二氧化硅载体虽然起着重要作用,但它们相对溶剂效应是次要因素,尤其是 pH 对分配机制的影响。在 SFC 中,溶剂(又称改性剂)和添加剂通过以下方式对色谱法产生实质性影响:(1)改变流动相的总极性和溶解能力;

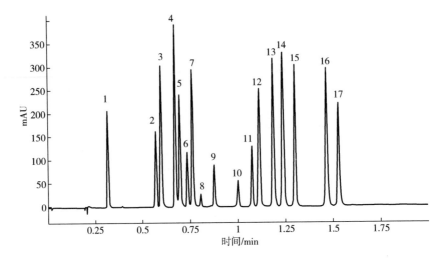

图3.4 用核壳太阳壳2-乙基吡啶，3.0mm×150mm，2.6μm柱分离17个组分的类药物化合物的色谱图。在Agilent 1260 Infinity SFC系统上使用少于2min的甲醇梯度。SFC条件：流速4.0mL/min，出口压力160bar，柱温55℃，梯度程序：0.20min内5.0%~7.5%，然后1.3min内7.5%~20%，20%保持0.2min。分析物：(1) 咖啡因，(2) 乙羟茶碱，(3) 胸腺嘧啶，(4) 尿嘧啶，(5) 氟比洛芬，(6) 萘普生，(7) 酮洛芬，(8) 可的松，(9) 华法林，(10) 氢化可的松，(11) 泼尼松龙，(12) 乙酰氨基酚，(13) 磺胺二甲基嘧啶，(14) 磺胺甲噁唑，(15) 磺胺二甲氧嘧啶，(16) 磺胺喹噁啉，(17) 磺胺甲基咪唑

(2) 流动相密度升高；(3) 减少活性位点对固定相的贡献；(4) 通过吸附改性固定相；(5) 扩大固定相净体积，从而改变相比；(6) 通过形成具有不同分配特性的团簇来选择性地溶解流动相中的溶质 [4, 45, 46]。这些因素中最重要的可能是流动相极性和溶解能力的变化 [47]。

CO_2自身的溶解能力较低，而且太弱不能洗脱极性化合物。因此，它通常与质子溶剂如甲醇、乙醇或异丙醇配对使用。添加改性剂用于增加洗脱强度，利用梯度程序可以促进更多极性分析物的洗脱。最近几年里最有趣的发现之一是不同的助溶剂的组合使用及其对分离的影响，以及它们在提高样品可检测性方面的作用。在制药应用方面，经验表明在乙腈中加入少量的甲醇（小于5%）也是一种很好的溶剂组合，因为其极性刚好足以保留疏水性溶质，同时保持足够的溶剂以准确输送改性剂。使用这种甲醇/乙腈的组合有助于提高质谱电离对溶质的检测能力。醇中含有少量水[例如，低于2%~5%（体积分数）的甲醇]也能提高分析物的溶解度，这将在3.2.2.7节中讨论。添加极性改性剂通常会降低大多数分析物的保留，除了极少数情况下分析物非常疏水，而添加极性改性剂实际上增加了保留[48]。CO_2可与许多有机溶剂混溶，除了极性非常强的溶剂，比如水。从质子到非质子溶剂的多样性为固定相和溶剂系统之间提供了巧妙的相互作用。此外，合理

选择所用溶剂可以提高分析物的溶解度。然而，有几种溶剂不推荐作为改性剂：二甲基亚砜、二甲基甲酰胺、二甲基乙酰胺和 N-甲基吡咯烷酮，因为它们会导致严重的紫外和质谱检测干扰。二氯甲烷、四氢呋喃、丙酮、乙酸乙酯或烃类（例如，己烷、庚烷）溶剂可以使用；但是，考虑到环境、安全和反应性，这些溶剂通常避免使用。已被证明使用较好的有醇类（甲醇、异丙醇、乙醇、丁醇等）和乙腈［48］。

3.2.2.5 溶剂在固定相上的吸附

只要在 CO_2 中加入 0.1%（体积分数）的助溶剂如甲醇，就可以通过在固定相颗粒周围形成一个甲醇夹层改变固定相的表面化学。经证明，摩尔分数小于 0.28 时，甲醇在二醇基柱上形成厚度约为 4Å 的单分子膜，此时保留因子（$\lg k$）与甲醇的摩尔分数呈非线性关系，易受流动相组成变化的影响。高于 0.28 摩尔分数时，洗脱液的表现差不多呈线性方式［49］。依据流动相的具体组成，可以观察到非常不同的化合物保留谱图。甲醇的摩尔分数大于 0.50 时，吸附等温线可能表明形成了多层吸附。这种现象也可以是相位相关的，因为具有可比性的甲醇在硅胶柱上的吸附行为形成了多层，其中单层厚度为 10.2Å［45］。由仪器设定点（例如，在控制软件中设定的值）测定的实际流速和助溶剂分数的偏差在低助溶剂百分比时更大。因此，固定相和流动相组成之间在 20%~30%（体积分数）范围内得到的溶质平衡的结论在改性剂含量为低分数（$c<5\%$）时可能不正确。加上与层形成相关的洗脱行为，色谱柱内存在密度梯度，它会影响分析物在固定相和流动相之间的平衡常数，这取决于局部压力［23］。因此，必须充分了解用于测定的条件以满足任何比较特定固定相特性的尝试。

除了吸附的可变性之外，当使用二氧化硅作为载体时，溶剂与固定相的相互作用可以通过改变一些固定相中存在的残留硅烷醇而产生。Fairchild 证明，游离硅烷醇与由醇形成的甲硅烷基酯之间存在时间依赖性平衡，这改变了两个固定相的颗粒表面化学性质，从而在保留性和选择性方面产生显著变化［50］。进一步报道指出，通过用水冲洗色谱柱来使酯水解，然后将其储存在纯 CO_2 或无水、无醇溶剂中，可以实现将这些柱子再生成游离硅烷醇形式。由于本研究的范围仅限于两根色谱柱，因此并未证明适合于大量可选择的固定相。另一项使用选择的 24 种固定相的研究确实观察到长期使用时保留行为的显著变化，这可能是由于分析物与自由硅烷醇之间普遍存在的离子相互作用，或者可能与甲硅烷基酯的形成相同［11］。这一假设在某种程度上被观察结果证实，即添加到改性剂中的少量水也可以稳定保留漂移，详细情况将在 3.2.2.7 节中讨论。

提到这些要点是为了警告 SFC 中使用的溶剂可能具有容易引起误导性的挥之不去的效果，特别是在方法开发过程中如果溶剂通过一系列变化而快速流动。此外，正如 Fairchild 所建议的那样，全新色谱柱存储在各种不同的溶剂中，这些溶剂可能与 SFC 系统上的不同，需要大量冲洗才能观察到仪器性能稳定［50］。应避免在改性剂低于约3%（体积分数）时的操作，特别是使用梯度洗脱时，因为固定相的变化可能导致难以转移或再现的分离条件。从固定相中完全除去共溶剂所需的时间可能很长，有可能会影响到使用纯CO_2的分离，直到固定相达到完全平衡[49]。而且，在改性剂浓度低于5%时，流动相混合往往会不准确，因为混合是基于两个单独泵的体系流速[23]。如果分离条件需要改性剂浓度小于大约5%，则切换到可提供更多保留的替代固定相是可行的解决方案[23]。极性太大或者在流动相中溶解性差的化合物可能难以在含有低于50%~60%改性剂的流动相组分中洗脱。因此，可能需要另一种固定相或甚至可能是不同的技术（例如，反相HPLC）。一些研究表明，肽和磷酸化化合物可以使用SFC进行分析，但需要添加剂甚至少量的水才能有效洗脱[51~53]。

3.2.2.6 添加剂

添加剂是添加到改性剂中的成分，以增强或减弱非手性分析物和手性分析物与固定相的相互作用。添加剂的可能作用包括（1）增强流动相溶剂化能力，（2）分析物的离子抑制，（3）与分析物的离子配对，（4）固定相改性[54]。这些相互作用不仅可以影响整体洗脱，还可以影响相对特定分析物的选择性。在SFC中，添加剂通常是有机酸、碱或盐，其通常以低浓度（<100mmol/L）掺入改性剂中以免形成沉淀。无机酸和无机碱在基于CO_2的流动相中溶解性很差，很少用于SFC。对于碱性分析物，其倾向于与游离硅烷醇形成强氢键相互作用，碱性添加剂易于改善这些化合物的峰形并且可略微改变选择性。碱性添加剂的例子有三乙胺（TEA）、氨（NH_3）、异丙胺（IpAm）、氢氧化铵（NH_4OH）、二乙胺（DEA）和乙醇胺（EtOHAm），它们常常被添加到流动相中与溶质竞争游离的硅醇[55~57]。然而，与酸性添加剂相比，常见酸的铵盐有助于显著降低峰宽（尤其对于核碱基和胺类等化合物）[58]。酸性添加剂（三氟乙酸、甲酸和乙酸）可以改善酸性化合物的峰形，但也可能改变选择性[58]。

图3.5显示了二醇基柱上碱性分析物的分离，并证明了使用甲酸铵作为添加剂可显著改善峰形。虽然添加剂的效用是不容置疑的，但在使用时还需要考虑几个问题。

虽然使用SFC的一个优点是在不同组改性剂条件之间切换时的平衡时间相对较短，但有一个后果是进行的太快了。例如，平衡时间可能更长，因为添加剂需要足够的时间来渗透入固定相并在吸附层中达到稳定的浓度。实际上，含有添加剂的改性剂的高百分比（约50%成分）是一种简单的方法，可以有效地切换溶剂系统，此后再允许SFC系统的理想组成成分到达平衡。这种做法通过完全破坏系统的平衡，使得溶剂和添加剂能够充分饱和固定相，并且更快地从先前的条件中除去残留溶剂。当从酸性添加剂转移到碱性添加剂（反之亦然）时，这一点尤其重要，因为添加剂与相或碱性二氧化硅的相互作用可能非常强烈，并表现出添加剂挥之不去的"记忆"效应。为了说明这一点，图3.6显示了切换溶剂之后不足

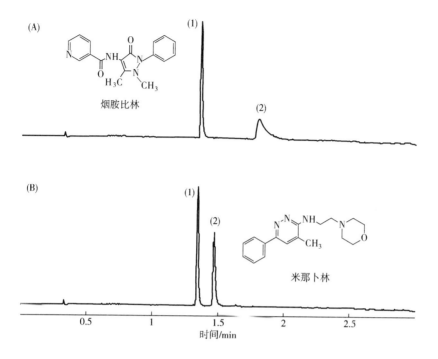

图 3.5 添加剂对二醇基相分离碱性化合物的积极效应。进样烟胺比林（1）和米那卜林（2）在：（A）甲醇，（B）含 20mmol/L 甲酸铵的甲醇。条件：Sun Shell Diol，3.0mm×150mm，2.6μm 柱保持在 25℃，CO_2 含 5%~50% 改性剂，流速 2.5mL/min，出口压力 160bar

的平衡时间，尽管泵压和 UV 基线在平衡 5min（t_0）后看起来是稳定的。该平衡期结束时连续进样之后，有一点变得更清楚，就是这种稳定实际上是具有迷惑性的。左图显示该添加剂需要将近 15min 的额外时间才能从色谱柱中完全清除，事实上，使用>50%改性剂从色谱柱中清除添加剂会加速平衡过程（图 3.6 右图）。

另一个必须牢记的因素是，对于 HPLC 方法，10mmol/L 添加剂溶液（即缓冲液）将构成流动相的大部分，特别是在梯度分离一开始时。当有机溶剂增加时，该浓度降低，尽管这取决于缓冲液的溶解度是否允许加入到有机溶剂中。相反，对于 SFC，添加剂/改性剂的量通常在梯度开始时较低，其中 CO_2 构成流动相的主体。只要添加剂未添加到 CO_2 中，浓度梯度也将始终存在。因此，改性剂 5%~50% 梯度中含有 10mmol/L 添加剂，其浓度将在 0.5~2.5mmol/L 变化。在许多应用的实践中，当使用含至少 20mmol/L 添加剂的溶液时，可实现稳定保留，当转化为 5%~50% 梯度时，相当于 1~5mmol/L。还可以使用更高的浓度，只要添加剂在所使用的特定流动相中仍然可溶。

3.2.2.7 水作为添加剂

虽然通常选择酸或碱作为 SFC 溶剂混合物中的添加剂，但使用水作为添加剂

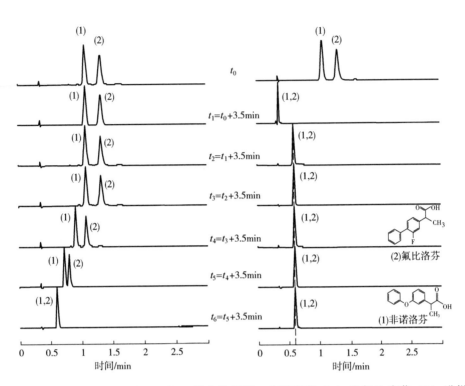

图3.6 对显而易见的添加剂"记忆"效应的说明。非诺洛芬（1）和氟比洛芬（2）进样至（左）甲醇，过渡到含20mmol/L甲酸铵的甲醇，时间间隔3.5min；（右）用50%甲醇冲洗3.5min（t_1）以去除甲酸铵添加剂。SFC条件：发酵剂二醇-单醇，3.0mm×150mm，5μm柱保持在25℃和含10%改性剂的CO_2中，流速2.5mL/min，出口压力160bar

越来越受欢迎，成为解决有关水溶性化合物分离难题的一个解决方案。CO_2/醇/水三元混合物被认为是一种增强流动性的液体，因为溶剂不再是超临界的[59]。这个增加的尺寸引入了类似HILIC的分配效应，其中极性较大的水（相对于有机助溶剂）在固定相上吸附的更深，分析物从水和共溶剂层之间通过[52, 60]。因此，水往往通过增加分析物的溶解度来增强流动相对亲水性化合物的溶解能力，故能够在洗脱这些化合物的同时改善峰形状。例如，水基SFC已成功用于分离高极性的核碱基[54, 61]、肽[51]，以及用于分离黄酮苷[61]。图3.7显示了在SFC中使用甲酸铵，甲醇和水作改性剂时几种极性小分子的分离实例。尽管可以利用水，但对于SFC使用而言，适合的或者在CO_2中能稳定的水的量是有限的，据报道总体上低于大概9/1（体积比）[52, 59, 62]。

总之，无论选择何种固定相，SFC的条件会对分离产生巨大影响，特别是溶剂和添加剂。最好的工具就是了解和思考化合物的性质和不同系统参数对这些化合物的影响。较小颗粒的意外后果之一是在柱的轴向观察到的压力变化ΔP，它可以

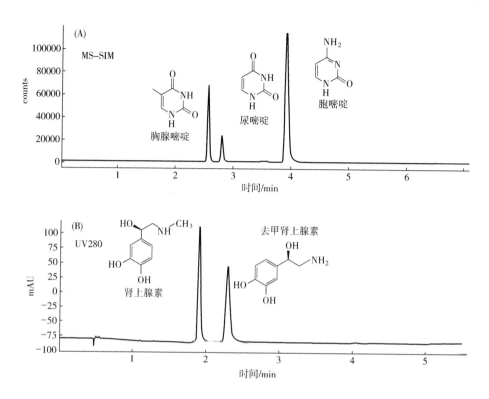

图3.7 以水为添加剂SFC分离极性化合物。条件：Zymor HA-Morpholine，4.6mm×150mm，5μm柱在室温下，CO_2中含20mmol/L甲酸铵的甲醇和改性剂水（95∶5体积比）和160bar出口压力。（A）核酸酶（胸腺嘧啶、尿嘧啶和胞嘧啶）以3.5mL/min流速洗脱，5min内5%~50%梯度变化，APCI（+）质谱检测-单离子监测（Ms-SIM）；（B）神经递质（肾上腺素和去甲肾上腺素）以3.0mL/min流速，20%~50%改性剂在2.5min内梯度变化，50%时保持2.5min

显著改变流体的动力学，导致先出来的峰能有效分离，而后出来的峰会扩散。为了克服这些影响，梯度分离已被成功地采用，特别是当存在具有竞争性或独特物理性质的混合分析物时。可以根据现有的任务，折中地选择固定相、柱尺寸和颗粒大小。

3.3 固定相

3.3.1 基于模型的色谱柱分类法

线性溶剂化能量关系（LSER）参数模型提供了广泛使用用于估算分子间相互作用和中性分子在两相分离体系中保留之贡献的方法［63~65］。该模型的主要假设是凝聚相间的溶质转移是以溶剂化参数模型的适当形式：

$$\lg k = c + eE + sS + aA + bB + vV \tag{3.1}$$

式中 k 是保留因子，小写字母是系统常数，大写字母表示溶质描述符。溶质描述符表示溶质性质，如过量摩尔折射率 E、偶极性/极化率 S、氢键酸性 A、氢键碱性 B 和体积 V（McGowan 的特征体积按 10^{-2} 缩放）。系统常数是分离系统的互补性质，是与松散保持的电子对相关的极化率（e），偶极型相互作用的能力，氢键酸度（a），氢键碱度（b），以及空腔形成和相位（v）之间转移时未消除的残余色散相互作用之间的差异的描述。方程常数 c，包含许多系统和模型属性，但当因变量是保留因子时，通常由分离系统的相比率决定。溶质描述符可用于 4000 多种化合物，通常通过计算（V 和 E）和实验（S、A 和 B）来确定，如别处所述[66，67]。方程（3.1）中的系统常数表示用于表征所定义的分子间相互作用对中性化合物保留的贡献的参数。它们是通过多重线性回归分析对不同组化合物的实验保留因子计算得出的，这些化合物具有已知描述符值，满足建模需要的一组化学和统计要求[64，67]。

为了解释 HILIC 中阴离子和阳离子物质的离子相互作用，式（3.1）通过包含如下两个附加项来扩展：

$$\lg k = c + eE + sS + aA + bB + vV + d^-D^- + d^+D^+ \tag{3.2}$$

式中 D^- 表示阴离子和两性离子物质所带的负电荷，D^+ 表示阳离子和两性离子物质所带的正电荷，根据下列等式[68~70]：

$$D^- = 10^{(pH^* - pK^*)}/1 + 10^{(pH^* - pK^*)} \tag{3.3}$$

$$D^+ = 10^{(pK^* - pH^*)}/1 + 10^{(pK^* - pH^*)} \tag{3.4}$$

对于中性种类的物质，D^- 和 D^+ 是零，因此等式（3.3）恢复到等式（3.1）。pH^* 是流动相的有效 pH，也称为 SSpH，根据 IUPAC 表示法。CO_2-醇流动相的酸度是未知的。然而，有几个迹象表明，它应该有点酸性，可能接近 pH 5 [71~73]。LSER 方法已被应用于表征 SFC 的固定相[67，74]。韦斯特等人[75，76]建立了在固定条件下基于一组标准分析物的保留的模型，以确定固定相一般分类的差异。虽然所评估的溶质的范围有限，但这些结果表明了大体的趋势，烷基非极性、芳香族、极性和烷基极性固定相会表现不同，即便许多色谱柱适合多个类别。在某些情况下，这些分类对于指导选用色谱柱类型实现分离非常有用。例如，具有低极性的脂族化合物可能与非极性相一起使用，而含有碱性基团的化合物可能与极性相一起使用[77]。不幸的是，鉴于这些研究使用的色谱柱和化合物的范围有限，不能使用这些简单的分类预测特定的分离。此外，极性和非极性化合物混合在同一样品中，可能在任何一个特定的色谱柱上都不会成功分离。目标化合物在结构上与训练集中的单独的化合物越相似，那么建议的色谱柱分类和流动相组合越有可能对其保留进行有效的预测。然而，考虑到从模型化合物集合中捕捉广泛结构多样性所固有的挑战，绝大多数化合物可能需要一定程度的实验来确定最佳分离条件[74]。根据这些模型，含有共同基底的色谱柱在很大程度上是相似的。因此，分类可以将"相似"的固定相组合在一起。虽然这可以对广泛的可能的影响结果提供一般指导，但是对于指定的分离挑战，在确定任何特定相的特异性方面可能具有有限的效用。这些固定相分类原则上描述了在特定条件下保留溶质，不考虑分离时间，峰值效率，或在许多情况下，极端拖尾。但是，该系统的基本方面可用于定义所需的色谱柱类型。

3.3.2 色谱柱的经验分类法

虽然 3.3.1 节 "基于模型的色谱柱分类法" 中描述的模型分类方法可用于某些分离，但所评估的化合物和实验条件范围有限，并不能广泛适用于化合物的多样性，这一点是偏离研究数据集的，而且不容易转移到梯度洗脱这一现代色谱技术使用的主要洗脱模式。此外，由于 LSER 模型的每个分类中可用的固定相的种类繁多，因此很难为特定的分离确定选择哪个色谱柱。

根据驱动分离的主要相互作用类型，SFC 固定相可分为三组：烃类（疏水性）、含胺和含羟基（主要是氢键/离子）。基于分析物相对于所用改性剂的疏水性，烃类相与流动相和固定相中分配的溶质二者均有相互作用。但不是所有该柱分类的相互作用都是相同的，主要与芳香族类型的固定相（如苯基）相对于脂肪族类型的固定相（如 C_{18}、C_8、氰基等）的芳香度差异有关。类似地，胺类（例如，氨基、吡啶等）和羟基类（例如，二醇）固定相除了较弱的分配相互作用外，还引入更强的氢键和离子机制，但也表现出对各种各样的分析物特定的选择性差异。柱中使用的硅基的类型和来源也有助于二次相互作用，这取决于可接近且能与溶质发生相互作用的游离硅烷醇的水平。综合考虑与 CO_2 的密度、溶剂和添加剂的影响，以及固定相中相互作用的多样性相关的属性，难怪对于 SFC 使用哪个固定相存在如此多的不确定。

对于给定分离使用的固定相的任何建议，仅与用于评估该固定相的化合物一样好，在各种 SFC 条件下使用一组具有代表性的酸性，中性和碱性溶质似乎仍然是此时可用的最实用方法。这种方法依赖于选择化合物，这些物质能反映出适用于它们所使用的工作流程的化学空间区域。例如，使用非极性疏水化合物来评估色谱柱对于极性亲水化合物的保留和选择来说是无意义的，因为保留曲线是截然不同的。此外，使用碱性化合物（在基于 CO_2 的流动相中带正电荷）的结果之一是导致与 SFC 中固定相产生强烈的离子相互作用，因此需要使用添加剂以确保洗脱并使保留减到最小［76］。在这种情况下，即使用于评估色谱柱的特定化合物也可能随着时间的推移而发展，除非在有限的化学多样性范围内工作。本节其余部分的讨论将尝试强调固定相和溶质类型之间的一些根本差异，以阐明如何使用经验方法缩小选择范围。

区分和表征色谱柱的最简单方法是应用一组代表性化合物的测试集的保留曲线，这组物质在溶液中稳定，并且能够在标准 SFC 条件下和使用添加剂时被用于每根新的色谱柱。数据集应包括这些化合物的保留时间，峰形和洗脱顺序，它们

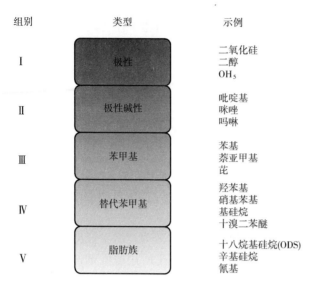

图3.8 根据主要官能团对色谱柱进行分组

提供了每根色谱柱相对效用的合理指标。

为了说明这种方法,来自图3.8分类的各组固定相会被讨论,这些固定相是基于官能团相对于分析物的极性来分类,以一小部分代表性化合物为例总结在表3.2中。

简单起见,通过SFC筛选化合物的最方便的做法是使甲醇在改性剂百分比从低到高(例如,5%~50%)梯度变化时运行,尽管这些限制条件在某种程度上是随意的,但是被选作保留任何疏水性分析物同时洗脱极性组分的一种尝试。由于增强或降低SFC选择性的参数可能相当复杂,因此用一些添加剂或溶剂对每根色谱柱进行筛选也可认为是优化特殊分离的一种策略。

从疏水性化合物开始,在梯度条件下每组的一系列色谱柱如图3.9所示。选择这些特定化合物是因为它们的结构相似性可以使偏差最小化,并突出改性剂或固定相的效果。对于几种极性较大的色谱柱(图3.9,C~E),使用甲醇($k \ll 1$)作为改性剂不能充分保留化合物,但可在联苯基相(A)上实现基线分离,并且在3-羟基苯基相(B)上有一些保留和分离。为了改进分离,聚焦第Ⅲ至第Ⅴ组色谱柱将提高保留率和分离度。如表3.2所示,脂肪族和芳香族烃类化合物可以使用低百分比的甲醇来保留,并且基于化合物的特定官能度、溶解度和尺寸大小,保留顺序也可以利用LSER模型合理预测[40]。非极性芳族固定相[Ⅲ-苯基,萘基,五氟苯基(PFP),芘等]上的分离倾向于改善前述十八烷基硅氧烷键合的固定相上的分离,特别是对于那些具有结构特征密切相关的化合物。这些相可应用于疏水性化合物,如烃类[40,78]、稠环芳烃体系[48]、脂肪和油[77]。为了更微妙地调节这些固定相上的保留,使用醇,如2-丙醇、正丙醇和乙醇,或非质子溶剂如乙腈,可以有效地替代甲醇。

如图3.10所示,即使在极性固定相上,改性剂的变化也会对化合物洗脱和分离产生显著影响,这突显了3.3.1节基于模型的色谱柱分类法中提到的基于模型的预测这一方法的有限性。虽然该策略证明了可以分离对一组确定的中性分析物,但它对碱性溶质的作用要不适用的多。

表 3.2 相选择指南

族	示例	芳环	芳杂环	胺	酰胺	酸	醇	卤素	酯、醚	建议等级	建议溶剂	添加剂
芳香烃	萘	是	—	—	—	—	—	—	—	Ⅳ、Ⅲ、Ⅴ、Ⅱ、Ⅰ	质子惰性①	不适用
脂肪烃	脂类	否	—	—	—	—	—	—	是	Ⅴ、Ⅲ、Ⅳ、Ⅱ、Ⅰ	质子惰性①	不适用
含醇、酰胺、酯类、醚的芳香族	苯酰胺类	是	—	—	是	—	是	—	是	Ⅱ、Ⅰ、Ⅲ、Ⅳ、Ⅴ	质子②	不适用
芳香胺	米那卜林	是	—	是	—	—	是	—	—	Ⅱ、Ⅰ、Ⅲ、Ⅳ、Ⅴ	质子②	是
芳香酸	酮洛芬	是	—	—	—	是	是	—	—	Ⅱ、Ⅰ、Ⅲ、Ⅳ、Ⅴ	质子④	是
芳香磺胺	磺胺	是	是	是	是	是	是	—	—	Ⅱ、Ⅰ、Ⅲ、Ⅳ、Ⅴ	质子③	不适用
卤代芳烃	氯噻啉	是	是	—	—	—	—	是	—	Ⅲ、Ⅳ、Ⅱ、Ⅴ、Ⅰ	质子惰性①	不适用
N-异芳香烃	烟胺比林	是	是	是	—	—	—	—	—	Ⅱ、Ⅰ、Ⅲ、Ⅳ、Ⅴ	质子②	是
N-异芳胺	核酸碱基	否	是	是	—	—	—	—	—	Ⅱ、Ⅰ、Ⅲ、Ⅳ、Ⅴ	质子②	是
N-异芳香酸	核酸	否	是	—	—	是	—	—	—	Ⅱ、Ⅰ、Ⅲ、Ⅳ、Ⅴ	质子③	是
区域异构体Ⅰ	二醋酰甘油	是	—	—	是	—	—	—	是	Ⅲ、Ⅰ、Ⅳ、Ⅱ、Ⅴ	质子②	不适用
区域异构体Ⅱ	氨基酸	是	—	是	—	是	是	—	—	Ⅱ、Ⅲ、Ⅳ、Ⅰ、Ⅴ	质子②、③	是

注：①或者低百分比的质子溶剂。
②缓冲液或者碱性添加剂；低百分比的水。
③缓冲液或者酸性添加剂；低百分比的水。
④高百分比的质子溶剂。

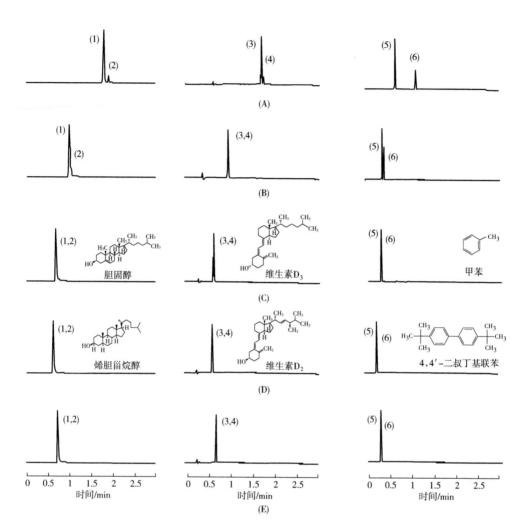

图3.9 疏水作用对分离的影响示例。左图:胆固醇(1),乳酸甾醇(2),中图:钙素(3)麦角钙素(4),右图:甲苯(5),4,4'-二叔丁基联苯(DiTbBp)(6),在疏水性色谱柱上。色谱柱:(A) Kinetex Biphenyl,(B) Cosmosil 3-hydroxyphenol,(C) Sun Shell Diol,(D) PCI CS-HADP,(E) Sun Shell 2-ethylpyridine。条件:3.0mm×150mm,2.6~2.7μm柱保持在25℃,CO_2中5%~50%甲醇从0~2.0min梯度变化,流速2.5mL/min;出口压力160bar;APCI(+)Ms检测,m/z=369[M-H_2O],紫外检测波长260 nm

随着分析物的多样性增加和极性官能团的掺入,首选的色谱柱变化了。换句话说,化合物的极性越大,就需要流动相和固定相的极性就越大,以减少强相互作用和保留[1]。表3.2中沿着行下移,首选色谱柱的建议顺序主要向第Ⅱ组和第Ⅲ组迁移。中性分析物的方法通常是最容易开发的,因为它们的保留机制是基于疏水相互作用(有小部分来自氢键的贡献)的组合,直接与固定相结合,和/或

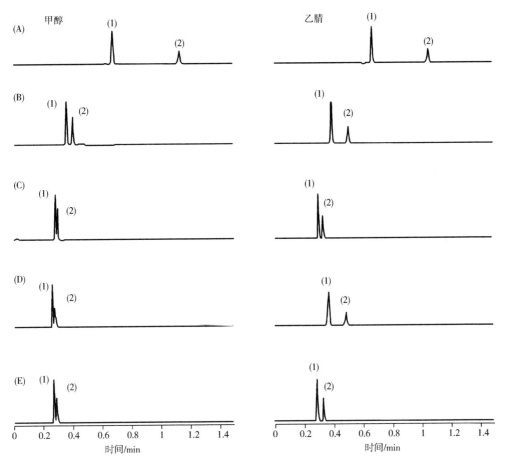

图 3.10 用甲醇和乙腈分离疏水性化合物：分析物：甲苯（1）、4,4′-二叔丁基联苯（2）在疏水性色谱柱上。柱：（A）Kinetex Biphenyl，（B）Cosmosil 3-hydroxyphenol，（C）Sun Shell Diol，（D）PCI CS-HADP，（E）Sun Shell 2-ethylpyridine。条件：3.0mm×150mm，2.6~2.7μm 柱保持在 25℃，CO_2 中 5%~50% 甲醇从 0~2.0min 梯度变化，流速为 2.5mL/min；出口压力 160bar；APCI（+）Ms 检测，m/z=369 [M-H_2O]，紫外检测波长 260nm

与下面的硅基相结合。这些化合物在有机溶剂中往往具有良好的溶解性，并且通常在洗脱时具有良好的峰对称性，如图 3.11（左）中可的松和氢化可的松的分离所示。

在溶质中含有离子型的官能团时，首选极性柱可以需要较少优化条件来改善分离。然而，可能有必要使用添加剂，以尽量减少过度保留和改善峰形。如图 3.11（右）所示，对每种色谱柱来说，当只有甲醇作为改性剂时，碱性化合物米那卜林和烟胺比林表现出重大的峰畸变，所以必须考虑使用添加剂来减少这些相互作用。

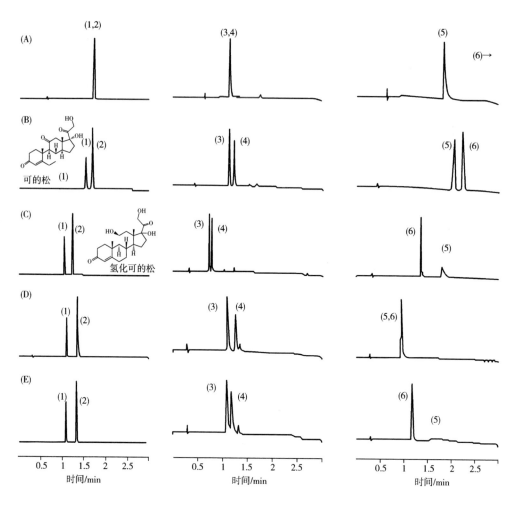

图 3.11 极性分离示例。左图：可的松（1），氢化可的松（2），中图：非诺洛芬（3）氟比洛芬（4），右图：米那卜林（5），烟胺比林（6）于 Ⅰ-Ⅳ组。柱：（A）Kinetex Biphenyl，（B）Cosmosil 3-hydroxyphenol，（C）Sun Shell Diol，（D）PCI CS-HADP，（E）Sun Shell 2-ethylpyridine。条件：3.0mm×150mm，2.6~2.7μm 柱保持在 25℃，CO_2 中 5%~50% 甲醇从 0~2.0min 梯度变化，流速为 2.5mL/min；出口压力 160bar；紫外检测和 APCI（+）Ms 确认

例如，烟胺比林也不能洗脱，即使在二苯基柱上梯度条件下重复进样而不使用如图 3.11（A）所示的添加剂。只有在改性剂中加入甲酸铵后才能洗脱出这种分析物（图 3.12）。还应注意，米那卜林（5）和烟胺比林（6）的保留顺序在 3-羟基苯基相（b）上是不同的，这进一步支持了需要使用各种色谱柱来筛选化合物以确定最佳分离。

虽然这些相互作用很难事先预测，但正是利用固定相之间的这些细微性质差异的能力，使得 SFC 成为如此多功能的分离技术。例如，在图 3.13 所示的例子

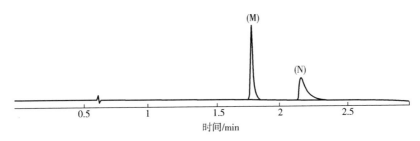

图 3.12 用于碱性化合物改性剂添加剂示例。米那卜林（M），烟胺比林（N）在 Kinetex Biphenyl 柱上，甲醇中加入 20mmol/L 甲酸铵，与图 3.11 所列条件相同

中，β 阻滞剂阿替洛尔和吲哚洛尔也显示出洗脱顺序的反转，这取决于所用的相类型。

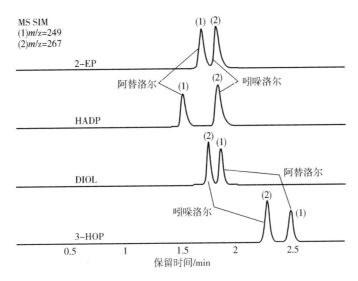

图 3.13 吡啶基和羟基型柱之间氢键差异示例。阿替洛尔（1）和吲哚洛尔（2）。所用柱型：Sun Shell 2-ethylpyridine（2-EP）、Princeton core Shell prototype HADP、Sun Shell Diol（Diol）、Cosmosil 3-hydroxyphenyl 柱（3-HOP）。SFC 条件：3.0mm×150mm，2.5~2.7μm 柱保持在 25℃，CO_2 中含 15%甲醇添加 20mmol/L 甲酸铵，流速为 2.5mL/min；出口压力 160bar；APCI（+）检测，m/z=249 和 267 [M+H]

在图 3.13 中示出了在具有羟基或吡啶基基团的几个核-壳固定相上的洗脱曲线。阿替洛尔和吲哚洛尔在 2-EP/HADP 上的 k 总体降低，可能是由于相体积增加（碳载量增加约 6%），芳香基团引起的 π-π 相互作用的增加，以及 HADP 相上存在二级可极化基团。由于这些固定相更高的碱性，碱性强的阿替洛尔首先洗脱。相反，阿替洛尔比吲哚洛尔有更多的氢键，这是在它在二醇基色谱柱上更多保留

的主要动力。3-HOP 相的苄羟基的酸性与 π-π 相互作用相结合增强了阿替洛尔的保留,从而增加了其与吲哚洛尔的分离。

对于图 3.11(中心)所示的酸性分析物非诺洛芬和氟比洛芬,保留机制不那么清楚地归因于一种特定的相互作用类型。在这个例子中使用 SPP 相可以在不使用添加剂的情况下分离这些化合物(回想一下取决于图 3.6 中全多孔颗粒的二醇-单醇(DM)基柱上使用的添加剂的分离相互作用),这可归因于对于 5μm 颗粒而言更高的峰容量,以及对于全多孔颗粒来说增加的效率 [79]。3-羟苯基柱上的保留增加(图 3.11B)说明 π-π 相互作用增加,而固定相和溶质之间的离子相互作用表明,当使用碱性色谱柱所示的极性固定相时对 pK_a 有强依赖性(图 3.11D 和 E)。关于离子相互作用的进一步证据可以在图 3.14 中看到,保留和分离度显示受固定相相对于 DM 二醇-单醇(酸性)柱的碱性程度的影响。相同条件下,两种分析物的分离度和增强的保留都近似随着所用固定相的碱度增加而增加。应该注意的是,本案例研究中的所有四个柱都采用相同的颗粒类型和来源,使得任何由二氧化硅载体派生出的意外相互作用最小化。

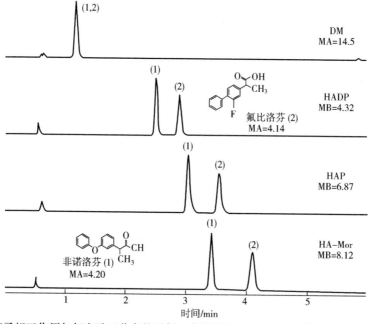

图 3.14 离子相互作用如何有助于分离的示例。非诺洛芬(1)和氟比洛芬(2)在不同 pK_a 的柱上。相:1,2-propandiol-ethanol(DM)、hydroxyaminodipyridinyl(HADP)、hydroxyaminopyridinyl(HAP)、hydroxyamino morpholine(HA-Mor)。条件:3.0mm×150mm,5μm 柱保持在 25℃,CO_2 中 5%~50% 的甲醇从 0~5.0min 梯度变化,流速为 4.5mL/min;出口压力 140bar;紫外检测波长为 260 nm。pK_a 的计算使用 12.5 版 ACD/Labs pK_a DB 软件(MA=最酸;MB=最碱)

毫不奇怪，De la Puente 等人［80］和 Aurigemma 等人［81］描述了他们筛选色谱柱时相似的固定相，他们每组报道了使用主要来自第 I 和第 II 组的 SFC 方法有非常高的成功率，其中很多后来可扩展用于分离分析物。就 Aurigemma 来说，固定相的选择源于从差不多 80% 的具有图 3.1 中代表性质的化合物处所获得的经验，这些物质用 2-乙基吡啶或二醇作为固定相分离纯化。图 3.15 显示了大约 69000 个独特样品的洗脱-洗脱分布曲线，可以以此为基础发展具有混合羟基和吡啶基官能团的固定相（参见 5.1 节）。Ebbinger 和 Weller 建议，一个用于广泛多样化合物的合理的筛选柱集将包含交联二醇基和高纯酸性二氧化硅基（均为第 I 组），空间屏蔽吡啶基（第 II 组），平面芘（第 III 组）和一些包埋极性基的固定相（第 IV 和 V 组）［11］。Perrenoud 发现第一组和第二组的柱子，Poroshell HILIC、SunShell 二醇基和 SunShell 2-EP 基相代表了最独立的表面多孔粒子（SPP）色谱柱，它们对于一小部分药物和碱性小分子化合物具有最高的峰容量［82］。De la Puente 等人［83］后来改进了它们的筛选以使用单一的羟基型（第 I 组）和吡啶基型（第 II 组）柱。在每种情况下，向甲醇中添加乙酸铵或甲酸酯类添加剂不是有害的，但确实限制了优化分离所需的筛选重复次数。Lemasson 发现了一小部分未曾报告的结构特征，即 C_{18}（第 V 组）和 HILIC（第 I 组）为其大部分数据集提供了最佳结果［74］。Galea 等人在一篇综述中报告了类似的分组，尽管根据 LSER 模型这些分组可能存在偏差［84］。

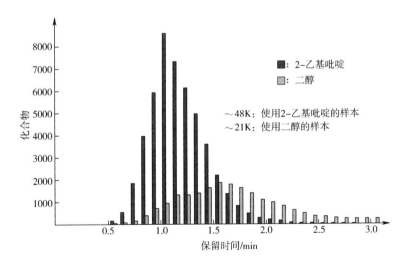

图 3.15　大约 69000 个化合物使用 2-乙基吡啶基或二醇基相时的保留时间。条件：Zymor 2-乙基吡啶或二醇，4.6mm×150mm，5μm 柱，室温，CO_2 中 5%~50% 的改性剂，以 18%/min 梯度变化，流速 5.6mL/min，出口压力 140bar

这些研究的共同之处在于二醇基相，其多样性在某种程度上可归因于其脂肪族特征和较高的氢键相互作用能力,尽管在后一种情况中,这些对于强碱性的化合物的洗脱是有不利的,因而需要使用碱性添加剂。尽管添加剂对于改善峰形是必需的,但选择性通常不变,与碱性化合物之间的强相互作用可能是由于这些因素的总和:残留硅烷醇的酸性,与固定相上的羟基间的强相互作用,以及流动相二氧化碳/改性剂组合的少许酸度。尽管如此,通过审慎选择助溶剂,该色谱柱可用于除疏水性最强的化合物之外的所有化合物。进一步的研究表明,二醇基或含二醇基的固定相对中极性非手性 SFC 应用具有良好的适用性 [80,85~90]。虽然极性化合物可能需要高成分含量的质子改性剂,酸性或碱性添加剂,或者甚至少量比例的水来改善峰形并减少在这些色谱柱的保留。在极性谱的另一端,非常疏水的化合物即使在纯 CO_2 或低改性剂条件下也不易保留在二醇相上。

作为结论性建议,为所用的每个已知化合物编制一个溶质和柱行为数据库,然后应用一些结构匹配算法(例如,Tanimoto),将会进一步帮助提炼出一个合理分类的固定相以直接应用 [91]。例如,如果用作这种评价类型的 SFC 条件被充分控制,类似于图 3.1 和 3.15 中的 80K 化合物所使用的 SFC 条件,则这种方法是非常有效的。

3.4 新型固定相及其对 SFC 的潜在影响

3.4.1 新型固定相

开发新的固定相可能是一个费力的、不断试验和纠错的过程,没有一个策略可以针对广泛的分析物快速评估每个新固定相。快速筛选不同官能团也可能存在一些合成挑战,以制成稳定的固定相。朝着这一目标,邓克尔等人证明了使用点击化学来探测具有潜力的固定相以提高选择性的效用 [92]。尽管还发现由点击反应形成所得的三唑基团有益于分离选择性,进一步的工作已经证明,可以开发出能够表现期望的选择性的传统连接相 [93]。图 3.16 显示了酸性、碱性和中性化合物在吗啉型相上的分离,这种相使点击化学筛选到商品化成为可行。尽管它们普遍可用,但迄今为止关于这些相的出版物数量有限。

在寻找新 SFC 特定固定相的色谱柱持续开发过程中,几种色谱柱化学可能无法像预期的那样广泛地起作用,但仍然证明具有实用性。一种混合模式固定相是由相同二氧化硅载体上的键合的二醇基和氰基以合适的比率组合得到。由于图 3.15 中的绝大多数分析都使用吡啶基或二醇基,因此产生了恰当地命名的吡啶-二醇基(P/D)混合模式相,并且可以确定官能团的组合为单个固定相提供了独特选择性,这对于中等极性化合物的分离最合适。此外,喹啉基固定相最初设计的是用于通过额外的芳香结构(本体)使残留硅烷醇基团的活性最小化,同时保留2-乙基吡啶的洗脱特性,但未被日常使用接受。尽管知之甚少,但喹诺酮基固定

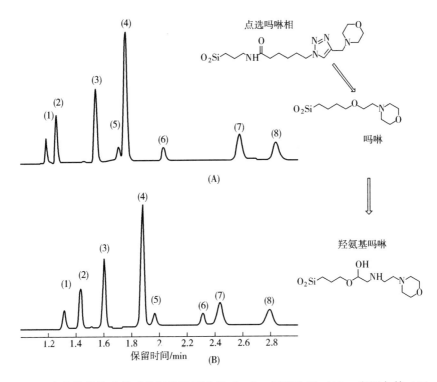

图 3.16 源于点击化学筛选的吗啉相的发展进程[92]。烟胺比林(1),米那卜林(2),可的松(3),氢化可的松(4),阿替洛尔(5),吲哚洛尔(6),非诺洛芬(7)和氟比洛芬(8)在(A)吗啉(MOR)和(B)羟氨基吗啉(HA-MOR)柱上。条件:Zymor 2-乙基吡啶或二醇,4.6mm×150mm,5μm 柱保持在 25℃,CO_2 中 5%~50%的甲醇在 2min 内梯度变化,流速 3.5mL/min,出口压力 160bar,紫外检测波长 260nm

相可以与其他苄基(第Ⅲ族)相分为一类,例如五氟苯基、萘基和芘基相。

考虑到可能的相互作用的广泛程度,通过添加剂、固定相和改性剂的组合,潜在的新的固定相化学可能对 SFC 中的分离领域产生积极影响。

3.4.2　手性色谱柱分离手性化合物

虽然手性色谱柱对于对映选择性的好处超出了本章的范围,本书的其他部分将对此进行介绍,但这些色谱柱用于非手性分离的价值不应被低估。一些组报道了用手性柱分离非手性样品,特别是在分离区域异构体或其他结构相似的化合物时。使用咖啡因和几种相关化合物来说明这一点,图 3.17 显示了在手性和非手性固定相上的分离。有趣的是,分离的多样性允许在使用相同色谱条件时几乎每种洗脱顺序的组合。

在许多情况下,与反相液相色谱中使用的水性溶剂不同,手性固定相的多功能多样性与低介电常数的溶剂结合起来,适合于增强与分析物间的分子内氢键相

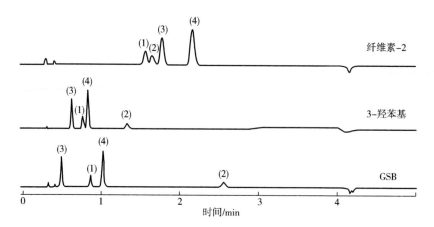

图 3.17 使用手性相进行非手性分离的色谱图示意。乙羟茶碱（1），次黄嘌呤（2），咖啡因（3），可可碱（4）在 Phenomenex Lux 纤维素-2（Cell-2），Cosmosil 3 hydroxyphenyl（3-HOP）和 ES 工业 GreenSep Basic（GSB）柱。条件：3.0mm×150mm，5μm 柱保持在 25℃，CO_2 中 20%~50% 的甲醇在 2.5min 内梯度变化，50% 甲醇浓度保持 1min，流速 2.5mL/min，出口压力 160bar，紫外检测波长 272nm

互作用 [94~96]。

3.4.3 SPC 柱结构的潜在变化

平行分段流（Parallel segmented flow，PSF）是一种有潜力推进 SFC 发展的有意思的色谱柱技术，特别是那些使用 ELSD 或 MS 等大气压力检测器的 SFC [97]。柱的末端配件有两个输出流体流，一个在柱头部径向居中，另一个在周边，彼此由一系列多孔和无孔筛板分开（图3.18）。在 HPLC 中，这属于更广泛的色谱柱技术，称为主动流技术（active flow technology，AFT）[98, 99]。PSF 色谱柱的商业化，但就此而论，任何 AFT 色谱柱还尚未实现。因此，没有在 SFC 中应用它们的例子，并且在

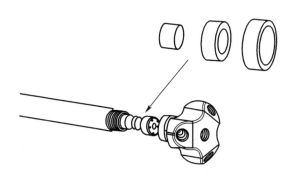

图 3.18 色谱柱的出口示意图，显示了三个周边出口端和单个中央出口端。环形筛板展开并插入到位于出口盖内的盖子中（引自：Camenzuli M, et al., Enhanced separation performance using a new column technology: parallel segmented outlet flow. J Chromatogr A 2012; 1232: 47-51 [101].）

该工作中原型柱已经被使用了。

PSF柱的独特特征在于，柱出口处的流量被分成两个流动区域，这是由径向流末端的三种成分的筛板提供的。筛板包括两个多孔区域，内部径向多孔区域和外部或外围多孔区域，后者通过不可渗透的屏障与内部区域分开。该筛板是产生两个分离的流动区域过程中的第一步。第二步是通过使用多端口接头实现的。径向中心出口与筛板的径向中心多孔区域对准，外围端口或端口与玻璃料的周边多孔区域对准。这些外围端口引导来自色谱柱壁间区域的流动。因此，径向中心流和柱壁附近的流动被隔离开，这实质上是径向流量分流的过程。基本设计如图3.18所示。

这种径向流量分流过程的一个显著优点是它克服了通过色谱柱流动的不均匀性。众所周知，带状物在通过类似抛物线状轮廓的高效液相色谱柱迁移，就像部分填充的碗（见参考文献［99］和其中引用的参考文献）。如参考文献［100］中所讨论的，中心区域中的流体以更高的速度在柱壁附近传播，因为柱的径向中心区域的床密度最低，而在柱壁附近的密度大些。通过将外围流与径向中心流分开，柱的径向中心区域中的流动更像是理想的圆柱塞，在本质上创建了一个无壁的虚拟柱［98］，其具有更高的效率。因此，流体分段产生了峰形状的改善，并且增强了Ms检测，包括分析速度，因为80%的流体不被传输到检测器［97］。通过这种分段可以实现峰形的改善。

在SFC中，这些流动现象与HPLC相反并不令人惊讶，由于径向温度梯度，柱的中心比在壁处更冷。因此，该径向温度梯度对于建立非均匀流动是至关重要的。随后的流动带可能呈现类似抛物线的轮廓，但周边移动速度比中心快，如图3.19所示。由于流动的不均匀性，PSF柱和AFT柱在分离效率上通常具有优势似乎是合理的。因此，测试了它们在SFC中的应用，但对一般概念进行了一些微小修改。也就是说，PSF柱在反方向上操作，非常类似于帘流柱（AFT套内的另一个柱），但没有连接PSF端部配件，如参考文献［102］中描述的那样。在这种操作模式下，来自进样口的流体被引导到径向中心入口，而没有样品的流动相，即绕过进样口的流动相，被引导到外围端口。可以改变这些流量的相对分配以产生最大信号响应或分离效率。因此，样本被加载到柱的中心区域中，该区域由径向中心流和周边流之间的分裂比或分割比决定。一个流动相幕阻止或限制溶质从柱径向中心区域迁移到柱壁区域。样品有效地集中于柱径向中心区域，迁移较少受到柱内热梯度产生的不均匀性的影响。在柱的出口处，样品像在传统柱中那样离开柱子，即没有流量分流。在该操作模式下，观察到分离效率和样品检测能力提高。然而值得注意的是，我们认为观察到的性能增益是由两种效应引起的：（1）样品没有渗透到柱壁上，流动曲线更像是圆柱形塞，而不是像碗一样的抛物线，（2）样品洗脱过程被改进，因为样品不必从管的末端横向流入流动方向，因此加快了样品离开色谱柱的过程。

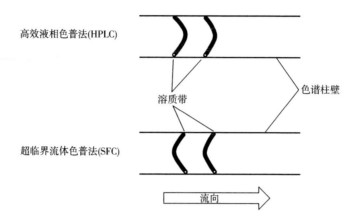

图 3.19　由径向温度梯度所引起的 HPLC 和 SFC 中抛物线带轮廓示意图

　　如图 3.20 所示，峰的形状可以通过改变柱入口处的流量分布来控制，方法是改变刚刚通过泵的一个公共点（T形管）的管道容积。中心端口连接到进样口的出口，而外围端口连接到 T 形管。由于难以测量 SFC 中的实际流速，因此对本研究中分段流量的估算是基于中心端口与 T 形管的每条腿中的外围端口之间的管道容积的比例确定的。此外，所描述的条件离临界点足够远，以避免在接近临界点附近可能出现的任何异常行为。在 55% 的分段比例时，即 45% 的流量通过径向中心入口，虽然与传统的柱相比拖尾较少，但观察到峰形变宽和峰高降低。因此，图 5.3 中的两个组分之间的分离比常规柱上显而易见的要好，常规柱中拖尾明显。当 30% 的流量流向色谱柱的周边区域而 70% 流向径向中心入口时，峰高和分离效率都增加了，且拖尾显著减少。这种性能增益可能是由于两个因素造成的：（1）当 70% 的流量流向径向中心入口时，柱的周边区域和径向中心区域的流速比 45% 的流量流向径向中心入口时更匹配，因此更小的带展宽是明显的；（2）使样品加载到较小的柱截面区域，再加上较少的带展宽，导致样品浓度更大，从而增加信号响应。在这些条件下，图 3.20 中两个组分的分离显然是最好的。我们猜想通过微调分段比可以获得进一步改进，但我们告诫这效果也可能取决于流体的物理状态。

　　虽然这些现在称为主动流技术（AFT）的色谱柱，迄今为止仅限于反相固定相原型的应用（例如，仅有 C_{18}，CN），但在 SFC 中的应用可能会带来仪器设计的转变。

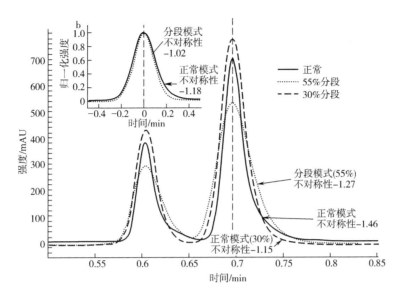

图 3.20 正常模式（实线），平行分段模式（45∶55 中间∶外围）（点线）和分段模式（70∶30）（虚线）操作下可的松和氢化可的松从柱上洗脱的带谱。条件：Hypersil Gold CN，4.6mm×100mm，5μm 柱保持在 25℃，CO_2 中含有 15% 改性剂，流速为 3.5mL/min，出口压力为 200bar。插图：正常模式（实线）和平行分段模式（45∶55 中间∶外围）（点线）操作下丁基苯从柱上洗脱的归一化带谱。流动相：水∶甲醇 = 30∶70，流速 1.0mL/min，进样体积 2μL，检测波长 250nm（引自：Camenzuli M, et al., Enhanced separation performance using a new column technology: parallel segmented outlet flow. J Chromatogr A 2012; 1232: 47-51 [101].）

3.5 结论

SFC 作为分离技术的多功能性可归因于已有的范围广泛的不同种化学固定相，以及改性剂和添加剂在优化分离中的重要作用。在许多情况下，使用不同的保留机制可以实现相同的分离，这取决于在截然不同的固定相上存在二级或三级相互作用。正是能够利用固定相和溶质之间的这些微妙的性质差异使得 SFC 重新成为一种主流分离技术。使用系统方法选择剂，使用 LSER 方法或经验方法，将限制优化特定分离所需的重复次数。此外，增强对分析物性质的了解将为利用细微差异和优化特定分离提供更好的机会。

另一方面，与仪器操作有关的那些流体动力学的复杂性及其对密度的影响，可能导致色谱性能差，并成为使用的障碍。无论所用的固定相如何，工作时明白柱温或压降的变化对系统性能的影响是至关重要的。

最后，HPLC 技术的进步将继续渗透到 SFC 中，并将带来令人振奋的未来，并确保该技术在未来几年仍然可行。

致谢

作者要感谢西悉尼大学的 Drs. R. Andrew Shalliker 和 Danijela Kocic，以及赛默飞世尔科技公司的 Tony Edge，他们对 AFT 技术部分和 AFT 柱的使用做出了贡献。此外，真诚感谢 Paul Richardson 博士和 Christine Aurigemma 女士对本章的审阅。

参考文献

[1] Berger TA. Supercritical Fluid Chromatography: Overview. Reference Module in Chemistry, Molecular Sciences and Chemical Engineering. Elsevier, Amsterdam; 2013.

[2] Tarafder A, Guiochon G. Use of isopycnic plots in designing operations of supercritical fluid chromatography: II. The isopycnic plots and the selection of the operating pressure-temperature zone in supercritical fluid chromatography. J Chromatogr A 2011; 1218 (28): 4576-85.

[3] Galea C, Mangelings D, Vander Heyden Y. Characterization and classification of stationary phases in HPLC and SFC: a review. Anal Chim Acta 2015; 886: 1-15.

[4] Lesellier E, West C. The many faces of packed column supercritical fluid chromatography: a critical review. J Chromatogr A 2015; 1382: 2-46.

[5] Poole CF. Stationary phases for packed-column supercritical fluid chromatography. J Chromatogr A 2012; 1250: 157-71.

[6] Goldfarb DL, Fernández DP, Corti HR. Dielectric and volumetric properties of supercritical carbon dioxide (1) 1methanol (2) mixtures at 323.15 K. Fluid Phase Equilibria 1999; 158-160: 1011-19.

[7] Guiochon G, Tarafder A. Fundamental challenges and opportunities for preparative supercritical fluid chromatography. J Chromatogr A 2011; 1218 (8): 1037-114.

[8] Saito M. History of supercritical fluid chromatography: instrumental development. J Biosci Bioeng 2013; 115 (6): 590-9.

[9] West C. Enantioselective Separations with Supercritical Fluids-Review. Curr Anal Chem 2014; 10 (1): 99-120.

[10] Berger TA. Separation of polar solutes by packed column supercritical fluid chromatography. J Chromatogr A 1997; 785 (1-2): 3-33.

[11] Ebinger K, Weller HN. Comparative assessment of achiral stationary phases for high throughput analysis in supercritical fluid chromatography. J Chromatogr A 2014; 1332: 73-81.

[12] Lemasson E, et al. Development of an achiral supercritical fluid chromatography method with ultraviolet absorbance and mass spectrometric detection for impurityprofiling of drug candidates. Part I: Optimization of mobile phase composition. J Chromatogr A 2015; 1408: 217-26.

[13] Akin A, et al. An orthogonal approach to chiral method development screening. Curr Pharm Anal 2007; 3 (1): 53-70.

[14] Lou X, et al. Pressure drop effects on selectivity and resolution in packed columnsupercritical fluid chromatography. J High Resolution Chromatogr 1996; 19 (8): 449-56.

[15] Kaczmarski K, et al. Pressure, temperature and density drops along supercritical fluid chromatography columns. II. Theoretical simulation for neat carbon dioxide and columns packed with 3μm particles. J Chromatogr A 2012; 1250: 115-23.

[16] Baker LR, et al. Density gradients in packed columns: II. Effects of density gradients on efficiency in supercritical fluid separations. J Chromatogr A 2009; 1216 (29): 5594-9.

[17] Baker LR, et al. Density gradients in packed columns: I. Effects of density gradients on retention and separation speed. J Chromatogr A 2009; 1216 (29): 5588-93.

[18] Rajendran A, Gilkison TS, Mazzotti M. Effect of pressure drop on solute retention and column efficiency in supercritical fluid chromatography Part 2: Modified carbon dioxide as mobile phase. J Sep Sci 2008; 31 (8): 1279-89.

[19] Berger TA, Blumberg LM. Efficiency losses caused by gradients in solute velocity in packed column supercritical fluid chromatography. Chromatographia 1994; 38 (1): 5-11.

[20] Tarafder A, Guiochon G. Use of isopycnic plots in designing operations of supercritical fluid chromatography. III: Reason for the low column efficiency in the criticalregion. J Chromatogr A 2011; 1218 (40): 7189-95.

[21] Poe DP, et al. Pressure, temperature and density drops along supercritical fluid chromatography columns. I. Experimental results for neat carbon dioxide and columns packed with 3- and 5-micron particles. J Chromatogr A 2012; 1250: 105-14.

[22] Berger TA. Instrument modifications that produced reduced plate heights < 2 with sub-2μm particles and 95% of theoretical efficiency at k 5 2 in supercritical fluid chromatography. J Chromatogr A 2016; 1444: 129-44.

[23] Vajda P, Stankovich JJ, Guiochon G. Determination of the average volumetric flowrate in supercritical fluid chromatography. J Chromatogr A 2014; 1339: 168-73.

[24] DePauw R, et al. Effect of reference conditions on flow rate, modifier fraction and retention in supercritical fluid chromatography. J Chromatogr A 2016; 1459: 129-35.

[25] Grand-Guillaume Perrenoud A, Veuthey J-L, Guillarme D. The use of columns packed with sub-2μm particles in supercritical fluid chromatography. TrAC Trends Anal Chem 2014; 63: 44-54.

[26] Jentoft RE, Gouw TH. Pressure-programmed supercritical fluid chromatography of wide molecular weight range mixtures. J Chromatogr Sci 1970; 8 (3): 138-42.

[27] Novotny M, Bertsch W, Zlatkis A. Temperature and pressure effects in supercritical fluid chromatography. J Chromatogr A 1971; 61: 17-28.

[28] Novotny M, et al. Capillary supercritical fluid chromatography. Anal Chem 1981; 53 (3): 407A-14A.

[29] Gritti F, Guiochon G. The current revolution in column technology: how it began, where is it going? J Chromatogr A 2012; 1228: 2-19.

[30] Cabrera K. Applications of silica-based monolithic HPLC columns. J Sep Sci 2004; 27 (10-11): 843-52.

[31] Hormann K, et al. Morphology and separation efficiency of a new generation of analytical silica monoliths. J Chromatogr A 2012; 1222: 46-58.

[32] Lesellier E, West C, Tchapla A. Advantages of the use of monolithic stationary phases for

modelling the retention in sub/supercritical chromatography: Application to cis/trans-β-carotene separation. J Chromatogr A 2003; 1018 (2): 225-32.

[33] Sarazin C, et al. Feasibility of ultra high performance supercritical neat carbon dioxide chromatography at conventional pressures. J Sep Sci 2011; 34 (19): 2773-8.

[34] Gritti F, Guiochon G. Mass transfer kinetics, band broadening and column efficiency. J Chromatogr A 2012; 1221: 2-40.

[35] Gritti F, Guiochon G. The mass transfer kinetics in columns packed with Halo-ES shell particles. J Chromatogr A 2011; 1218 (7): 907-21.

[36] Fekete S, Ganzler K, Fekete J. Facts and myths about columns packed with sub-3μm and sub-2μm particles. J Pharm Biomed Anal 2010; 51 (1): 56-64.

[37] Poe DP, et al. Pressure, temperature and density drops along supercritical fluid chromatography columns in different thermal environments. III. Mixtures of carbon dioxide and methanol as the mobile phase. J Chromatogr A 2014; 1323: 143-56.

[38] Tarafder A, Guiochon G. Use of isopycnic plots in designing operations of supercritical fluid chromatography: I. The critical role of density in determining the characteristics of the mobile phase in supercritical fluid chromatography. J Chromatogr A 2011; 1218 (28): 4569-75.

[39] P. Sandra, A. Medvedovici, A. Kot, and F. David, in Supercritical Fluid Chromatography with Packed Columns: Techniques and Applications, C. B. K. Anton, Editor. , Marcel Dekker: New York. p. 483.

[40] Lesellier E. Efficiency in supercritical fluid chromatography with different superficially porous and fully porous particles ODS bonded phases. J Chromatogr A 2012; 1228: 89-98.

[41] Delahaye S, Lynen F. Implementing stationary-phase optimized selectivity in supercritical fluid chromatography. Anal Chem 2014; 86 (24): 12220-8.

[42] Kirkland JJ, et al. Superficially porous silica microspheres for fast high-performance liquid chromatography of macromolecules. J Chromatogr A 2000; 890 (1): 3-13.

[43] Gritti F, et al. Physical properties and structure of fine core_ shell particles used as packing materials for chromatography: relationships between particle characteristics and column performance. J Chromatogr A 2010; 1217 (24): 3819-43.

[44] McCalley DV. Evaluation of the properties of a superficially porous silica stationary phase in hydrophilic interaction chromatography. J Chromatogr A 2008; 1193 (1-2): 85-91.

[45] Vajda P, Guiochon G. Determination of the column hold-up volume in supercritical fluid chromatography using nitrous-oxide. J Chromatogr A 2013; 1309: 96-100.

[46] Tarafder A. Metamorphosis of supercritical fluid chromatography to SFC: an overview. TrAC Trends Anal Chem 2016; 81: 3-10.

[47] Berger TA. Chromatography: Supercritical Fluid | Theory of Supercritical Fluid Chromatography A2 -. In: Wilson Ian D, editor. Encyclopedia of Separation Science. Oxford: Academic Press; 2007. p. 1-9.

[48] Vera CM, et al. Contrasting selectivity between HPLC and SFC using phenyl-type stationary phases: a study on linear polynuclear aromatic hydrocarbons. Microchem J 2015; 119: 40-3.

[49] Glenne E, et al. A closer study of methanol adsorption and its impact on solute retentions in

supercritical fluid chromatography. J Chromatogr A 2016; 1442: 129-39.

[50] Fairchild JN, et al. Chromatographic evidence of silyl ether formation (SEF) in supercritical fluid chromatography. Anal Chem 2015; 87 (3): 1735-42.

[51] Patel MA, et al. Supercritical fluid chromatographic resolution of water soluble isomeric carboxyl/amine terminated peptides facilitated via mobile phase water and ion pair formation. J Chromatogr A 2012; 1233: 85-90.

[52] Taylor LT. Packed column supercritical fluid chromatography of hydrophilic analytes via water-rich modifiers. J Chromatogr A 2012; 1250: 196-204.

[53] Zheng J, Taylor LT, Pinkston JD. Elution of cationic species with/without ion pair reagents from polar stationary phases via SFC. Chromatographia 2006; 63 (5): 267-76.

[54] Ashraf-Khorassani M, Taylor LT. Subcritical fluid chromatography of water soluble nucleobases on various polar stationary phases facilitated with alcohol-modified CO_2 and water as the polar additive. J Sep Sci 2010; 33 (11): 1682-91.

[55] Olesik SV. Enhanced-fluidity liquid chromatography: connecting the dots between supercritical fluid chromatography, conventional subcritical fluid chromatography, and HPLC. LCGC Chromatogr 2015; 33: 24-30.

[56] Hamman C, et al. The use of ammonium hydroxide as an additive in supercritical fluid chromatography for achiral and chiral separations and purifications of small, basic medicinal molecules. J Chromatogr A 2011; 1218 (43): 7886-94.

[57] Ventura M, Murphy B, Goetzinger W. Ammonia as a preferred additive in chiral and achiral applications of supercritical fluid chromatography for small, drug-like molecules. J Chromatogr A 2012; 1220: 147-55.

[58] Sen A, et al. Analysis of polar urinary metabolites for metabolic phenotyping using supercritical fluid chromatography and mass spectrometry. J Chromatogr A 2016; 1449: 141-55.

[59] West C. How good is SFC for polar analytes? Chromatogr Today 2013; 22-7. May/June.

[60] Ashraf-Khorassani M, Taylor LT, Seest E. Screening strategies for achiral supercritical fluid chromatography employing hydrophilic interaction liquid chromatographylike parameters. J Chromatogr A 2012; 1229: 237-48.

[61] Liu J, et al. Extending the range of supercritical fluid chromatography by use of water-rich modifiers. Organ Biomol Chem 2013; 11 (30): 4925-9.

[62] Li JJ, Thurbide KB. A comparison of methanol and isopropanol in alcohol/water/CO_2 mobile phases for packed column supercritical fluid chromatography. Can J Anal Sci Spectrosc 2008; 53 (2): 59-65.

[63] Poole CF. Chapter 7-Supercritical Fluid Chromatography, in The Essence of Chromatography. Amsterdam: Elsevier Science; 2003. p. 569-617.

[64] Poole CF, et al. Determination of solute descriptors by chromatographic methods. Anal Chim Acta 2009; 652 (1-2): 32-53.

[65] Park JH, et al. Characterization of some normal-phase liquid chromatographic stationary phases based on linear solvation energy relationships. J Chromatogr A 1998; 796 (2): 249-58.

[66] Vitha M, Carr PW. The chemical interpretation and practice of linear solvation energy rela-

tionships in chromatography. J Chromatogr A 2006; 1126 (1-2): 143-94.

[67] Abraham MH, Ibrahim A, Zissimos AM. Determination of sets of solute descriptors from chromatographic measurements. J Chromatogr A 2004; 1037 (1-2): 29-47.

[68] Bolliet D, Poole CF, Rosés M. Conjoint prediction of the retention of neutral and ionic compounds (phenols) in reversed-phase liquid chromatography using the solvation parameter model. Anal Chim Acta 1998; 368 (1-2): 129-40.

[69] Rosés M, Bolliet D, Poole CF. Comparison of solute descriptors for predicting retention of ionic compounds (phenols) in reversed-phase liquid chromatography using the solvation parameter model. J Chromatogr A 1998; 829 (1-2): 29-40.

[70] Galea C, et al. Is the solvation parameter model or its adaptations adequate to account for ionic interactions when characterizing stationary phases for drug impurity profiling with supercritical fluid chromatography? Anal Chim Acta 2016; 924: 9-20.

[71] Gohres JL, et al. Spectroscopic investigation of alkylcarbonic acid formation and dissociation in CO_2-expanded alcohols. Ind Eng Chem Res 2009; 48 (3): 1302-6.

[72] Wolrab D, et al. Strong cation exchange-type chiral stationary phase for enantioseparation of chiral amines in subcritical fluid chromatography. J Chromatogr A 2013; 1289: 94-104.

[73] Wen D, Olesik SV. Characterization of pH in liquid mixtures of methanol/H_2O/CO_2. Anal Chem 2000; 72 (3): 475-80.

[74] Lemasson E, et al. Development of an achiral supercritical fluid chromatography method with ultraviolet absorbance and mass spectrometric detection for impurity profiling of drug candidates. Part II. Selection of an orthogonal set of stationary phases. J Chromatogr A 2015; 1408: 227-35.

[75] West C, et al. An improved classification of stationary phases for ultra-high performance supercritical fluid chromatography. J Chromatogr A 2016; 1440: 212-28.

[76] West C, et al. An attempt to estimate ionic interactions with phenyl and pentafluorophenyl stationary phases in supercritical fluid chromatography. J Chromatogr A 2015; 1412: 126-38.

[77] Lesellier E, Latos A, de Oliveira AL. Ultra high efficiency/low pressure supercritical fluid chromatography with superficially porous particles for triglyceride separation. J Chromatogr A 2014; 1327: 141-8.

[78] West C, Khater S, Lesellier E. Characterization and use of hydrophilic interaction liquid chromatography type stationary phases in supercritical fluid chromatography. J Chromatogr A 2012; 1250: 182-95.

[79] Berger T A. Characterization of a 2.6μm Kinetex porous shell hydrophilic interaction liquid chromatography column in supercritical fluid chromatography with a comparison to 3μm totally porous silica. J Chromatogr A 2011; 1218 (28): 4559-68.

[80] De la Puente ML, Soto-Yarritu PL, Anta C. Placing supercritical fluid chromatography one step ahead of reversed-phase high performance liquid chromatography in the achiral purification arena: a hydrophilic interaction chromatography cross-linked diol chemistry as a new generic stationary phase. J Chromatogr A 2012; 1250: 172-81.

[81] Aurigemma CM, et al. Automated approach for the rapid identification of purification conditions using a unified, walk-up high performance liquid chromatography/supercritical fluid chromatogra-

phy/mass spectrometry screening system. J Chromatogr A 2012; 1229: 260-7.

[82] Perrenoud AG-G, et al. Evaluation of stationary phases packed with superficially porous particles for the analysis of pharmaceutical compounds using supercritical fluid chromatography. J Chromatogr A 2014; 1360: 275-87.

[83] De la Puente ML, Lopez Soto-Yarritu P, Burnett J. Supercritical fluid chromatography in research laboratories: design, development and implementation of an efficient generic screening for exploiting this technique in the achiral environment. J Chromatogr A 2011; 1218 (47): 8551-60.

[84] Galea C, Mangelings D, Heyden YV. Method development for impurity profiling in SFC: the selection of a dissimilar set of stationary phases. J Pharm Biomed Anal 2015; 111: 333-43.

[85] Gyllenhaal O. 2.10. Supercritical fluid chromatography (SFC). In: Sándor G, editor. Progress in Pharmaceutical and Biomedical Analysis. Elsevier, Amsterdam; 2000. p. 382-95.

[86] Bui H, et al. Investigation of retention behavior of drug molecules in supercritical fluid chromatography using linear solvation energy relationships. J Chromatogr A 2008; 1206 (2): 186-95.

[87] Shen Y, Less ML. Silica surface interactions of diol-bonded phases in packed capillary column supercritical fluid chromatography. J Microcolumn Sep 1996; 8 (6): 413-20.

[88] Romand S, Rudaz S, Guillarme D. Separation of substrates and closely related glucuronide metabolites using various chromatographic modes. J Chromatogr A 2016; 1435: 54-65.

[89] Desfontaine V, et al. Supercritical fluid chromatography in pharmaceutical analysis. J Pharm Biomed Anal 2015; 113: 56-71.

[90] Dispas A, et al. Screening study of SFC critical method parameters for the determi nation of pharmaceutical compounds. J Pharm Biomed Anal 2016; 125: 339-54.

[91] Willett P. Similarity-based virtual screening using 2D fingerprints. Drug Discov Today 2006; 11 (23-24): 1046-53.

[92] Dunkle M, et al. Synthesis of stationary phases containing pyridine, phenol, aniline and morpholine via click chemistry and their characterization and evaluation in supercritical fluid chromatography. Sci Chromatogr 2014; 6 (2): 85-103.

[93] Aurigemma CM, Farrell WP, Farrell KG. Separation of pharmaceuticals by SFC using mono- and di-hydroxy substituted phenyl stationary phases. Chromatogr Today 2014; 7 (4): 34-7.

[94] Cheng H, et al. Structure-based design, SAR analysis and antitumor activity of PI3K/mTOR dual inhibitors from 4-methylpyridopyrimidinone series. Bioorgan Med Chem Lett 2013; 23 (9): 2787-92.

[95] Goetz GH, et al. High throughput method for the indirect detection of intramolecular hydrogen bonding. J Med Chem 2014; 57 (7): 2920-9.

[96] Goetz GH, Philippe L, Shapiro MJ. EPSA: a novel supercritical fluid chromatography technique enabling the design of permeable cyclic peptides. ACS Med Chem Lett 2014; 5 (10): 1167-72.

[97] Kocic D, et al. Ultra-fast HPLC MS analyses using active flow technology columns. Microchem J 2016; 127: 160-4.

[98] Shalliker RA, et al. Parallel segmented flow chromatography columns: conventional analytical scale column formats presenting as a 'virtual' narrow bore column. J Chromatogr A 2012; 1262: 64-9.

[99] Shalliker RA, Ritchie H. Segmented flow and curtain flow chromatography: over coming the wall effect and heterogeneous bed strutures. J Chromatogr A 2014; 1335: 122-35.

[100] Shalliker RA, Broyles BS, Guiochon G. Physical evidence of two wall effects in liquid chromatography. J Chromatogr A 2000; 888 (1-2): 1-12.

[101] Camenzuli M, et al. Enhanced separation performance using a new column technology: parallel segmented outlet flow. J Chromatogr A 2012; 1232: 47-51.

[102] Camenzuli M, et al. The design of a new concept chromatography column. Analyst 2011; 136 (24): 5127-30.

4 色谱柱的表征

C. West

University of Orleans, Orléans, France

4.1 引言

在色谱中,表征色谱柱的目的是多方面的。

首先,最常见的原因是提供一些对各种各样可供最终用户选择的固定相的比较。在超临界流体色谱(supercritical fluid chromatography, SFC)中,由于对该技术的兴趣恢复,近年来随着固定相的可用范围的扩大,对这种比较点的需求显著增加。大多数色谱柱制造商在其 HPLC 阶段中选择了一些他们认为适合 SFC 使用的色谱柱,主要是最初设计用于正相(normal-phase liquid chromatography, NPLC)或亲水相互作用液相色谱(hydrophilic interaction liquid chromatography, HILIC)的极性固定相和手性固定相(chiral stationary phases, CSP)。但是一些制造商已经开始专门为 SFC 设计使用的固定相。柱制造商可能需要比较方法,以评估新设计的固定相的质量,以及它们与先前存在的固定相的相似程度。但是,正在寻找高质量色谱柱的色谱工作者也要求提供此信息,以及在选择特定应用的色谱柱时提供一些指导。

其次,有时需要对分离结果进行一些预测,特别是在对映选择性分离领域。令人期待的是色谱柱表征可以在实验开始之前对分离效果提供一些洞察。这将从实质上加快最佳色谱体系选择方法的发展,而无须筛选不同的色谱柱。在这方面,寻找能够解决大多数分离问题的通用色谱柱是很激烈的,而色谱柱表征会有所帮助。

在这一章节,我们将回顾固定相表征的方法。这不是一个预期的全面性的综述。特别是,这里不会引用几个旧的参考文献,因为它们报告了色谱柱在操作条件下的表征,这与当前填充的 SFC 色谱柱实践有很大不同。这不包括仅使用纯二氧化碳作为流动相的报告,以及一些使用非常小比例的助溶剂(通常小于5%)的报告。此外,由于色谱柱技术在前面的章节中已经描述了,我们选择将注意力集中在商品化的固定相上。所以,本文不会报道尚未开发成商业产品的原创固定相。

4.2 非色谱方法

首先，固定相可通过非色谱法的方法表征。

粒径（以微米 μm 为单位）可以用扫描电子显微镜（scanning electron microscopy，SEM）测量。它还允许观察固定相形态，例如颗粒的规则性和颗粒大小的均匀性。实际上，柱制造商标识的粒径仅是平均值，而大批硅胶中粒径的分布宽度可能会有差异。例如，已知表面多孔颗粒（superficially porous particles，SPP），也称为核-壳或熔核颗粒，比全多孔颗粒（fully porous particles，FPP）具有更窄的粒径分布。与相同尺寸的 FPP 颗粒相比，这种颗粒尺寸的一致性有助于提高观察到的 SPP 颗粒的效率。

比表面积（单位为 m^2/g），孔体积（cm^3/g）和孔径（$Å$，$1Å = 0.1nm$）通常用 BET 等温线评估。

通常通过元素分析评估碳载量（%）。然而，该方法不能区分来自键合配体的碳原子，硅醇封端基团或杂化硅胶载体中包含的碳原子。因此，基于碳载量和比表面积计算的键合密度不是完全准确的。

光谱方法如傅里叶变换红外（Fourrier-transform infrared，FTIR）和核磁共振（nuclear magnetic resonance，NMR）光谱可用于评估配体和硅胶载体的化学键合。FTIR 是一种廉价的观察键合硅胶相上残余硅醇基团的方法。此外，当必须进行几个化学反应以获得所需的配体时，用 NMR 可以更好地评估这些反应的完成。例如，许多包含极性包埋基团的烷基型固定相通常分两步制备：（1）第一步在于将氨丙基键合到硅胶载体上；（2）第二步是烷基链通过酰胺键与氨基键合。第二步的完成则可由光谱技术来显示。

虽然前述信息可能对理解色谱行为中所观察到的差异有用（例如，颗粒大小可能与效率有关；碳载量可能与总保留有关），它们在指导选择合适的固定相方面作用相当有限。在这方面，表征色谱行为是更有益的。

4.3 固定相的稳定性

色谱柱的稳定性通常用一个或多个分析物探针重复进样来评估，无论是在正常使用条件下，或在为了加速降解的严苛条件下（比平时高的温度，强酸性或强碱性流动相等）。

在"经典"操作条件下，通常发现 SFC 中使用的固定相的稳定性是优异的（避免过高的背压和含强溶剂或添加剂组分的侵蚀性流动相）。例如，de la Puente 等［1］展示了一根频繁使用 6 个月的柱子与一根新柱子之间的比较。色谱图仅显示出微小的差异，这可能是因为批次之间的差异。与反相 HPLC（reversed-phase

HPLC，RPLC）柱相比，这种优异的稳定性可以通过流动相组分中通常没有水来解释（除了非常少的量）。实际上，水对键合的硅胶固定相最具侵蚀性，会导致配体水解和硅胶劣化。

然而，Ebinger 等［2］观察到，当流动相包含 10mmol/L 乙酸铵时，极柱上的保留往往会有规律地下降。有一些柱的影响比其他的更显著。Fairchild 等［3］将这种减少的保留归因于硅醚的形成，这是由于硅醇基团与醇类分子在流动相中的反应，从而降低了固定相的亲水性。然而，如果用水冲洗柱子的话，这种硅醚的形成被显示是可逆的。请注意，只是用含有低浓度水的醇类改性的流动相中，就足以避免这种化学反应了。然而，这一观察促使了新的固定相的合成以限制硅醚的形成，它们现在已经商业应用了。

4.4 柱效

柱效通常用范迪姆特（van Deemter）图进行评估。长期以来，大家都知道，与 HPLC 相比 SFC 有一个优势，这是由于在超临界流体中扩散率较高，在更高的流速下产生了更高的总效率和保留效果。随着现代色谱柱填充更小的颗粒（通常是亚 2μm 颗粒），范迪姆特曲线会是更平直［4］，容许在一个广泛的流动相速度范围内保持非常瘦的峰形。此外，SFC 流动相比 HPLC 中使用的液体黏稠度小得多，因此，小颗粒不会使得 SFC 中有 HPLC 中那样高的压降。请注意，这样的比较只是有意义，因为已有适用于这两种技术且死体积相当的类似仪器可用。

几个报告充分讨论了动力学曲线方法［5~9］。动力学图曲线是为了确定色谱体系在极端可能性（最高入口压力）时的动力学性能。与 HPLC 相比，SFC 流动相的可压缩性导致了额外的困难。建议采用不同的方法，即等密度方法（在柱中保持恒定的流体密度）［10］或基于计算黏度的常规方法。无论使用哪种方法，结论基本上适用于测量的那组条件，并且难以外推至其他操作条件。

还应注意，由于可压缩的流动相，选择用于测量 SFC 中柱效的探针可能比 RPLC 更困难。实际上，当使用一些在待评估的固定相上具有不同保留的探针时，它们在所选择的流动相中也可能具有不同的扩散系数。

最后，应该提到的是，效率评估对确定获得峰形最瘦，因而分辨率最高时的操作条件是非常有用的，因此分辨率最大化。但是对于使用填充柱的 SFC，如今现代色谱柱基本上提供了差不多的效率。

4.5 分析物探针

4.5.1 非手性探针

用于评估固定相的保留性和选择性的标准色谱测试通常包含少量分析物探针。

要测定成对分析物之间的保留性和选择性。对于 RPLC，这样的测试有一些存在，并被 HPLC 色谱使用者普遍采用。在那种情况下，例如，非极性固定相（主要是烷基硅氧烷键合的硅胶）的保留性是用疏水性分析物（如所谓的"Tanaka test"中的戊基苯 [13]）测量的。疏水选择性是通常通过亚甲基选择性来评估，也就是说，相差一个亚甲基的两种分析物的分离因子。其他成对的分析物可以评估分子形状 [14] 或空间选择性 [15]，这是分离具有相同官能团但不同三维结构的化合物的能力。所有这些测试还包括一对（或更多）分析物，以测量非极性固定相上极性基团的可及性，如残余的硅醇基团 [16]。然后可以通过简单的双向图（如 Neue's test [17]）或雷达图（例如在 Tanaka test 中 [13]）来展示被测试的参数。除了在 SFC 条件下进行的类胡萝卜素试验外，几乎所有这些试验均在 RPLC 水溶性的条件下进行。

类胡萝卜素试验 [18~22] 是一个基于对三种类胡萝卜素色素混合物的单一分析的简单试验，包含三种探针：全反式 β-胡萝卜素，13-顺式-β-胡萝卜素和玉米黄质。第一个探针是疏水性分析物，用于测量疏水性（全反式 β-胡萝卜素的保留因子）。与第二种探针一起，它还允许评估空间选择性（顺式和反式异构体之间的分离因子），因为这两种分子是 β-胡萝卜素的线性和弯曲异构体。与第三探针一起，即包含两个羟基的叶黄素分子，可用于评估极性表面活性（全反式 β-胡萝卜素和玉米黄质之间的分离因子）。极性表面活性可能是由于硅胶表面存在残留的硅醇基团或其他极性基团（即亲水性封端基团或极性包埋基团）。通过这三次测量，每个色谱柱可以绘制在一个简单的图上（图4.1），其中 x 轴表示形状选择性，y 轴表示极性表面活性，点的大小表示疏水性，然后可以轻松比较每根色谱柱。

（1）较大的点表示高保留性的色谱柱；

（2）从左到右，黏合密度通常会增加，因此右侧色谱柱通常具有较高的空间位阻，这可能有利于异构体的分离；

（3）从上到下，极性表面活性降低，导致与分析物的极性官能团的"寄生"相互作用更少。

虽然类胡萝卜素试验最初设计用于鉴定 RPLC 的疏水柱，主要是十八烷基硅氧烷键合硅胶（ODS）固定相，但它也可用于需要使用非极性柱的 SFC 分离，比如脂质或多环芳烃 [23~26]。

然而，大部分 SFC 的应用需要极性固定相，如裸硅胶或用极性键合配体改性的硅胶。这些固定相中的大多数最初是为 NPLC 或 HILIC 设计的。前者从未成为系统的色谱测试的对象，如前面对 RPLC 所述。然而，最近对 HILIC 的热情促使几个研究小组提出测试来表征 HILIC 柱。由于 HILIC 的保留机理是正相过程（保留随分析物极性而增加），因此这些测试通常使用亲水性的探针（或探针对）来评估亲水性 [27~29]。还可以评估结构选择性，例如评估亚甲基选择性 [27]，形状选择性或羟基选择性（两个相差一个羟基的分子之间的分离因子），这可能与氢键强

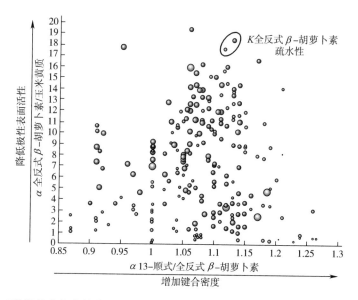

图4.1 基于三种类胡萝卜素的分析,对十八烷基硅氧烷键合的硅胶固定相(类胡萝卜素试验)进行分类。色谱条件:CO_2-MeOH 85∶15(体积比),25℃,150bar,3mL/min。柱的标识可以在相关文献中找到

度有关。要评估的其他特征还包括离子相互作用[29]。当进行许多这样的测量时,使用雷达图[27]或对数据进行主成分分析可以帮助比较色谱柱[27,30]。在HILIC柱的测试程序中使用的一些探针可用于SFC条件下的柱子。但是,就我们所知,迄今为止这样的转移尚未被提出。

大多数情况下,用于评估SFC使用的固定相的分析物探针是药物分子。这显然与SFC本身的历史有关:多年来,制药工业是对SFC使用感兴趣的主要应用领域,无论是在分析还是制备规模。特别地,代表着制药工业中合成小分子的一个重要部分的碱性分子,曾经(现在仍然)处于关注的中心。例如,Guillarme、Veuthey和同事[31,32]使用了92种碱性药物来评估几个固定相,尤其是带有2-乙基吡啶配体的硅基固定相,特别强调了通过统计对称峰的出现来评估峰的形状。实际上,在RPLC和SFC中,具有较大酸度常数的碱性分析物通常表现出较差的峰形。虽然在RPLC中观察到的这些拖尾峰通常归因于一小部分所谓的"活性位点",如残余的硅醇基团,但在SFC中它们也可能是由于高度碱性的分子溶解性差。必须仔细选择适当的SFC固定相极性表面活性探针以避免出现溶解度问题。

选择用于评估固定相行为的流动相也是重要的一点,最显著的是与碱性分析物相关。实际上,可电离的物质(酸或碱)最常用来洗脱的流动相组成不仅包括二氧化碳和共溶剂,还有小浓度的所谓"添加剂"(酸、碱或盐)。尽管这些添加剂对限制可电离物质的溶解度问题有用,可能通过与分析物形成离子对,但它们也

吸附在固定相上。因此，固定相不再是"原始状态的"，而是被选定的添加剂覆盖。特别是，可能的"活动位点"将被掩盖。那么，在柱评估中使用添加剂便在一定程度上消除了固定相之间的一些差异。所以，建议在有和没有添加剂的情况下进行色谱柱的综合评估。

McClain 和 Przybyciel [33] 系统地研究了 12 种极性固定相，这些固定相是为非手性 SFC 设计的，可用于 60 种结构不同的分析物。仅选择一种流动相条件（10%甲醇，无添加剂），等度洗脱。根据选定的结构族（酸、醇、酰胺和胺），基于保留性、选择性和峰形对柱进行分级。没有哪一个柱具有广泛的实用价值，但为特定应用提出了选定的柱。同时还观察到硅醇基团的确在保留机理中起着积极的作用。

4.5.2 手性探针

一些研究小组还使用分析物探针对 CSP 进行了评估。Phinney 和 Sander [34] 提出了一组五种外消旋物用于 HPLC 和 SFC 中使用的对映选择性固定相的标准参考物质（SRM 877）。该组是用作评估色谱柱性能随时间的变化以及批次之间的可变性。为此，选择了在大多数 CSP 上被认为"可能分离"的对映体。例如，华法林对映体众所周知地"容易"分离。这也说明了为 CSP 选择相关探针的困难：虽然像这样的测试优先选择在大多数 CSP 上应该能够被分离的对映体，相反，以比较色谱柱为目的的性能测试也应包含一些对映体，这些对映体不会在所有色谱柱上分离。

DeKlerck 在 SFC 条件下广泛测试了 CSPs，其中包括大量 29~57 名具有药学意义的外消旋体 [35，36]。对映体分离能力变化显著这个事实致使 CSP 的表征更复杂了，特别是在最著名的多糖 CSP 上，并取决于流动相的组成：改变醇类共溶剂的性质（最常见的是甲醇，乙醇和异丙醇），可能引起分离降低或明显改善。De Klerck 等人随后选用不同的流动相组成评估色谱柱，含有碱性和酸性添加剂甲醇或异丙醇 [37，38]。如此庞大的数据集将导致庞大的数据表，用雷达图等简单图形来表示是不切实际的。继而需要进行统计处理，并应用主成分分析，层次聚类分析等化学计量学方法来提取有意义的因子。然后根据观察到的消旋体探针的成功率和测试柱的互补性，提出了一组精选出来将要以优选顺序进行测试的固定相 [35，39，40]。

Hamman 等人还用三种不同流动相组成评估了 25 种 CSP，包含一组 80 种外消旋化合物 [41]。这导致一组柱和条件（含有氢氧化铵的乙醇）被提出，并被优先被筛选以实现对映体拆分。

基于外消旋体探针的分析，CSP 的比较可以基于对映选择性或对映体拆分。通常发现后者与 CSP 的真实性能更相关。实际上，由不同制造商生产的基于相同手性选择符的固定相可以表现出相当的对映选择性，但是柱效率却不同，导致不同的对映体拆分。然而，通过增加保留性也可以改善对映体拆分。因此建议尽可能多地保留数据，以便根据不同的标准比较CSP。

4.6 定量结构与保留的关系

4.6.1 非手性和中性物质的保留模型

非手性固定相已普遍用定量结构-保留关系（quantitative structure-retention relationships，QSRR）来表征。QSRR对揭示有助于保留和分离机理的相互作用非常有用。QSRR是基于两种数据：对一组结构多样且分子描述符已知的分析物探针，在色谱体系中测量得到的保留因子。例如，一个最著名的分子描述符是$\lg P_{o/w}$，即一个分子在辛醇和水之间分配系数。该描述符常常用于将RPLC体系中的保留与分析物的疏水性相关联。然而，在SFC体系中，$\lg P_{o/w}$通常不足：[42] 在疏水的ODS固定相上观察到正相关，与RPLC类似；在极性固定相上观察到负相关（尽管拟合情况不像在ODS相上那么好），与NPLC和HILIC类似；对于芳香相和含有极性基团的ODS相，没有观察到相关性。因此，必须使用其他描述符来实现对保留机理的充分描述。

为了用一些描述符来设计QSRR，不同的方法已经被提出。

首先，可以借助分子建模软件系统地计算大量分子描述符，然后化学计量方法可以帮助选择一个相关描述符的子集来观察那些可以解释色谱体系中保留现象的分子特征。当需要准确描述来预测未来分析物的保留时，这种方法通常是有利的。然而，它常常导致选择了对色谱工作者意义不大的分子描述符，因此对解释保留机理来说是不切实际的。此外，对于不同的固定相最佳描述符可能不同，这使得所有比较都不可能。

第二种方法是基于先前对色谱保留行为的一些知识，选择少量分子描述符。色谱工作者通常更喜欢这种方法。尽管获得的模型的准确性可能稍逊于第一种方法，导致保留预测的能力较差，但是对结果解释的可能性是该方法的一个强烈动力 [43]。

对于RPLC中使用的固定相，由Snyder及其同事 [44] 开发的"疏水减法模型"已经被接受，并且现在被几个柱制造商用来对柱进行比较。对于HILIC中使用的固定相，一种称为"亲水减法模型" [45] 的类似保留模型在最近被提出。从SFC中使用的固定相的多样性来判断，包括极性和非极性固定相，这些保留模型没有一种适用于SFC条件下的所有色谱柱。需要统一的表征方法以允许比较所有可用的色谱柱。此外，该方法需要选择参比分析物和参比色谱柱，在反相或正相保留模式均可使用的SFC中，这二者似乎难以确定。

用于描述气相色谱（gaseous phase chromatography，GC），RPLC，NPLC，

HILIC，高效薄层色谱或 SFC 等各种各样色谱体系的最著名的 QSRR 方法之一是基于 Abraham 描述符的溶剂化参数模型［46~48］。它是线性溶剂化能量关系（linear solvation energy relationship，LSER）的一种形式，因为它与分配在两相体系中的分析物溶剂化的吉布斯自由能有关。通常用来描述 SFC 系统的形式如下：

$$\lg k = c + eE + sS + aA + bB + vV \tag{4.1}$$

在式（4.1）中，大写字母（E，S，A，B，V）是溶质描述符，而小写字母（c，e，s，a，b，v）是从将保留因子与分析物描述符相关联的多元线性回归中获得的系数。c 项是模型截距，意义不大。它包括其他术语无法解释的方差，但也与相比有关。另外五项（e，s，a，b，v）与色谱体系中产生的相互作用强度有关。当这些系数为正时，表明所考虑的分析物和固定相之间的相互作用比分析物和流动相之间的相互作用更强。当系数为负时，与流动相的相互作用更强。请注意，必须在等度条件下测量保留因子，以便模型适用。

式（4.1）的每一项都可以很容易地用色谱工作者所熟悉的分子相互作用来解释。

（1）E 描述符测量分析物通过 π 电子和非键合电子产生相互作用的能力。当固定相配体或流动相组分也包含可极化电子时，e 项与色散相互作用和 π-π 相互作用有一定的相关性。

（2）S 描述符与分析物中局部偶极子的存在有关。s 项与偶极-偶极相互作用有关。

（3）A 和 B 描述符表明分析物作为质子供体（A）或质子受体（B）形成氢键的能力。因此，a 和 b 项表征色谱体系中的氢键。

（4）V 描述符是 MacGowan 的特征体积。它可以很容易地根据成键数目和类型校正的原子体积来计算［48］。v 项可能与色散相互作用有关，但也与高度自缔合的色谱相的空穴效应有关，如水溶性流动相（水分子通过氢键作用强烈缔合）或固定相的极性配体。

关于溶剂化参数模型的构建和解释，以及良好实践指南的全部细节可以在其他地方找到［47］。

在过去 15 年中，式（4.1）被广泛用于表征 SFC 条件下的固定相［42，49~57］。虽然结果对于比较固定相是有意义的，但它们也使人们对 SFC 的保留机理提出了新的理解。实际上，SFC 通常被描述为正相技术，因为大部分用户使用源自 NPLC 的极性固定相。实际上，在 NPLC［58］或 SFC 条件［52，56］中使用的非手性极性固定相上观察到的保留行为最相似：大多数极性分析物高度保留，而几乎没有偶极-偶极相互作用或氢键能力的疏水性分析物几乎不保留。这在图 4.2A 中加以说明：极性相互作用项（e，s，a，b）是正的，表明分析物的极性特征导致了与固定相之间发生的有利相互作用，而 v-项是负的，表明增加碳氢体积不利于在这些体系中的保留。

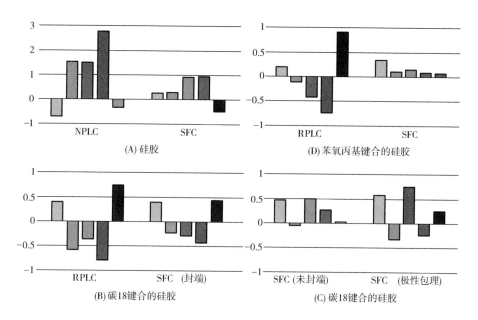

图 4.2 基于液相和超临界流体条件下不同类型固定相，由式（4.1）计算得到的 QSRR 模型。SFC 条件：CO_2：MeOH＝90：10（体积比），25℃，150bar，1 或 3mL/min 取决于柱尺寸。RPLC 条件：（B）甲醇：水＝90：10（体积比）[59]；（D）甲醇：水＝70：30（体积比）[62]。NPLC 条件：己烷：甲基-叔丁基醚＝90：10（体积比）[58]

正如 4.5 节中所指出的，不仅仅是极性固定相，在 RPLC 中使用的 ODS 相也可能在 SFC 中有用。在这种情况下，SFC 条件下的保留机理 [51] 与 RPLC 中当流动相中的水性部分很小时观察到的最相似 [59]，降低了水的特定效应（疏水作用和与质子受体的强氢键）。因此，极性分析物很少被保留，而大的、富电子的、几乎没有氢键形成能力的分子被强烈保留。如图 4.2B 所示：色散相互作用（e 项和 v 项）为正，表明增加的碳氢体积和可极化电子的数目导致与固定相之间的有利的相互作用，而极性相互作用项（s，a，b）是负的，这表明与流动相组分之间的偶极-偶极相互作用以及氢键作用更强了，因而有利于洗脱。

虽然前述两个案例说明了从 HPLC 获得的知识转用于 SFC 的可能性，但是 ODS 相的例子可以进一步扩展以证明 SFC 行为的一些特异性。图 4.2B 表征了在 SFC 体系中具有碳氢配体和疏水性封端基团的"经典" ODS 相。然而，现代 ODS 相可能包含多种极性基团。其中一些被认为是"寄生活性位点"，如未被 ODS 配体成功覆盖的残留硅醇基团。有意引入其它极性基团来限制残留硅醇基团对分析物的可及性：它们是亲水性封端基团或所谓的"极性包埋"基团，就是插入硅胶表面附近的烷基链中的极性官能团。在 RPLC 中，这种极性基团旨在吸引靠近表面的水分子，以形成一个分析物不会跨越的水分子屏蔽，从而防止它们与硅醇基团相互作用。然而，在 SFC 中，流动相中基本上不存在水分子（除了作为添加剂的非常小比例 1%~5%的水）。结果，屏蔽效应不会发生，而且分析物不仅可以与烷基链自由地相互作用，而且可以与极性封端基团和极性包埋基团相互作用。根据极性基团的类型，不同的极性相互作用可能会发生［57，60，61］。图 4.2C 利用在不同类型的 ODS 相上获得的 LSER 模型对此加以说明。因此发现 LSER 方法是类胡萝卜素试验的一个良好补充，以表征 ODS 相之间的细微差异［60，61］。

与 RPLC 或 NPLC 不同，苯基键合固定相也是一个 SFC 中观察到的特定行为的良好例证。在图 4.2D 中展示了在 RPLC［62］或 SFC［53,63］中，从苯基固定相上获得的 LSER 模型。RPLC 模型与在反相体系中获得的常用模型一致，与图 4.2B 中 ODS 相的模型相当。相反，SFC 模型不同于上述所有模型：它不像极性相，也不像 ODS 相。实际上，所有的相互作用项都是正的，表明各种相互作用都有利于 SFC 条件下使用的这种色谱柱上的保留。这可能是一种"混合模式"色谱，其中两种或多种保留机理叠加。在液相中，这个术语通常用于描述反相和离子交换机理的组合，但在本例中，它可以描述反相和正相保留机理的叠加。

对于分析物结构已知的给定样品，可以计算分子描述符，再用由式（4.1）获得的保留模型预测在先前表征的每个柱上的保留和分离因子。参考文献［64］显示，保留预测不完全准确，但选择性预测令人满意而且便于在优化操作条件之前初始选择固定相。

4.6.2 非手性离子化物质的保留模型

虽然式（4.1）在许多情况下是非常有用的，并且允许与在气相或液相中表征的其他色谱体系进行比较，但它仍有一些缺陷。

首先，式（4.1）仅适用于中性分子。因此，提出了一个溶解参数模型的改进版以考虑可电离的物质：［63，65~67］

$$\lg k = c + eE + sS + aA + bB + vV + d^-D^- + d^+D^+ \tag{4.2}$$

在式（4.2）里 D^- 代表阴离子型和两性离子型物质携带的负电荷，D^+ 代表阳离子型和两性离子型物质携带的正电荷，根据下面的公式：

$$D^- = \frac{10^{(pH^* - pK^*)}}{1+10^{(pH^* - pK^*)}} \tag{4.3}$$

$$D^+ = \frac{10^{(pK^* - pH^*)}}{1+10^{(pK^* - pH^*)}} \tag{4.4}$$

对于中性物质来说，D^- 和 D^+ 为零，因而式（4.2）恢复为式（4.1）。式（4.2）最初是为 HILIC 开发的，但后来被证明对 pH 和 pK 值进行近似处理后也适用于 SFC 体系。

使用该修改过的方程发现，由于存在用于酸或碱的离子化基团，可以评估特定的相互作用。特别是，据观察：

（1）硅醇基团（在裸硅胶固定相上或在键合的硅胶相上作为残留的硅醇基团）引起对阴离子物质的排斥和对阳离子物质的吸引；

（2）被很好地保护免于产生亲硅羟基作用的固定相，确实不会与带电的物质发生明显的相互作用；

（3）五氟苯基键合的硅胶相都表现出对阳离子物质的强烈保留，这是硅醇相互作用无法解释的，可归因于高电负性的氟原子［63］。

基于获得的 QSRR 模型，许多超高性能的非手性 SFC 柱被比较并分了类。用式（4.1）或式（4.2）得到的结果可以简单地绘制在所谓的"蜘蛛图"上［42，54，66，68］。图 4.3 显示的是根据式（4.2），由 35 个基于亚 2μm 全多孔颗粒或亚 3μm 表面多孔颗粒的固定相得到的蜘蛛图。该图易于阅读和理解：基本上，横轴表示固定相的总极性，非极性固定相在左边（通常是封端的 ODS 相）和极性固定相在右边（NPLC 和 HILIC 类型的相）。垂直轴上的点的散射与不同的氢键作用和离子相互作用能力有关。气泡大小与相互作用的整体强度有关。在该图上彼此靠近的固定相具有相似的相互作用能力，因此通常提供类似的保留顺序和选择性。当比较两种这样的柱时，具有最大气泡尺寸的柱将提供更长的保留和更大的保留因子。相反，在该图中放置远一些的固定相将具有不同的与分析物相互作用的能

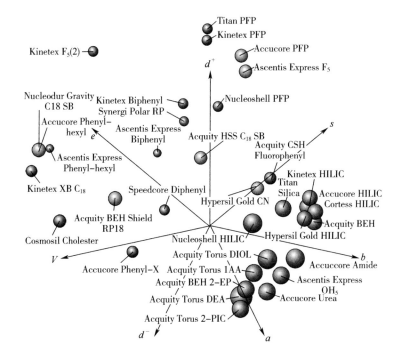

图 4.3 用 85 种中性物质和 24 种可电离物质的测量所得的保留数据，根据式（4.2）计算得到 QSRR 模型，用其对表 4.1 中 35 种柱的非手性固定相进行分类（蜘蛛图）。色谱条件：CO_2：MeOH 90∶10（体积比），25℃，150bar，1 或 3mL/min 取决于柱尺寸

力，因此通常提供不同的洗脱顺序和选择性。这种分类不断地用新的固定相来更新，在不久的将来它将会在互联网上作为开源可用（表4.1）。

表4.1　图4.3中用以比较的非手性固定相

色谱柱名称	制造商	颗粒	键合配体	尺寸/（mm×mm）	粒径/μm
ACQUITY UPC^2 HSS C$_{18}$ SB	Waters	全多孔颗粒	十八烷基，无封端	100×3.0	1.8
ACQUITY UPC^2 BEH	Waters	全多孔颗粒	裸杂化硅胶	100×3.0	1.7
ACQUITY UPLC BEH Shield RP18	Waters	全多孔颗粒	含包埋氨基甲酸基团的烷基	100×3.0	1.7
ACQUITY UPC^2 BEH 2-EP	Waters	全多孔颗粒	2-乙基吡啶基	100×3.0	1.7
ACQUITY UPC^2 CSH Fluorophenyl	Waters	全多孔颗粒	五氟苯基	100×3.0	1.7
ACQUITY UPC^2 Torus 1-AA	Waters	全多孔颗粒	1-氨基蒽基	100×3.0	1.7
ACQUITY UPC^2 Torus 2-PIC	Waters	全多孔颗粒	2-吡啶甲基-胺基	100×3.0	1.7
ACQUITY UPC^2 Torus DEA	Waters	全多孔颗粒	二乙胺基	100×3.0	1.7
ACQUITY UPC^2 Torus DIOL	Waters	全多孔颗粒	丙二醇基	100×3.0	1.7
Hypersil Gold Silica	Thermo	全多孔颗粒	裸硅胶	100×3.0	1.9
Hypersil Gold CN	Thermo	全多孔颗粒	腈基键合硅胶	100×2.1	1.9
Synergi Polar RP	Phenomenex	全多孔颗粒	苯氧基丙基	100×3.0	2.5
Titan PFP	Sigma-Aldrich	全多孔颗粒	裸硅胶	100×3.0	1.9
Titan Silica	Sigma-Aldrich	全多孔颗粒	五氟苯基	100×3.0	1.9
Accucore HILIC	Thermo	表面多孔颗粒	裸硅胶	150×4.6	2.6
Accucore 150-Amide-HILIC	Thermo	表面多孔颗粒	聚酰胺	150×4.6	2.6
Accucore Urea-HILIC	Thermo	表面多孔颗粒	丙基脲基	150×4.6	2.6
Accucore Phenyl-X	Thermo	表面多孔颗粒	苯基烷基	150×4.6	2.6
Accucore Phenyl-hexyl	Thermo	表面多孔颗粒	苯己基	150×4.6	2.6
Accucore PFP	Thermo	表面多孔颗粒	五氟苯基	150×4.6	2.6
Ascentis Express Biphenyl	Sigma-Aldrich	表面多孔颗粒	联苯基	150×4.6	2.7
Ascentis Express F$_5$	Sigma-Aldrich	表面多孔颗粒	五氟苯基	150×4.6	2.7
Ascentis Express OH$_5$	Sigma-Aldrich	表面多孔颗粒	五羟基	150×4.6	2.7
Ascentis Express Phenyl-Hexyl	Sigma-Aldrich	表面多孔颗粒	五羟基	150×4.6	2.7
COSMOCORECholester	Nacalai Tesque	表面多孔颗粒	胆固醇基	150×4.6	2.6
Cortecs HILIC	Waters	表面多孔颗粒	裸硅胶	150×4.6	2.7

续表

色谱柱名称	制造商	颗粒	键合配体	尺寸/(mm×mm)	粒径/μm
Kinetex HILIC	Phenomenex	表面多孔颗粒	裸硅胶	150×4.6	2.6
Kinetex PFP	Phenomenex	表面多孔颗粒	五氟苯基	150×4.6	2.6
Kinetex F_5 (2)	Phenomenex	表面多孔颗粒	五氟苯基	150×4.6	2.6
Kinetex Biphenyl	Phenomenex	表面多孔颗粒	联苯基	150×4.6	2.6
Kinetex XB C_{18}	Phenomenex	表面多孔颗粒	十八烷基	150×4.6	2.6
Nucleoshell HILIC	Macherey-Nagel	表面多孔颗粒	磺基甜菜碱基	150×3.0	2.7
Nucleoshell PFP	Macherey-Nagel	表面多孔颗粒	五氟苯基	150×3.0	2.7
Speedcore Diphenyl	Fortis Technologies	表面多孔颗粒	二苯基烷基	150×4.6	2.6

由SFC中的非手性固定相的QSRR表征和分类产生的一个重要结论是，有效的筛选策略应优先包含具有不同相互作用模式的固定相，从而产生互补的选择性。然后可以根据图4.3选择足够短的、分散在选择性空间中的色谱柱，而不是全部聚集在同一分类的区域的柱。

4.6.3 手性物质的保留模型

方程式（4.1）的另一个重大缺陷是它不适合对映选择性分离。有几次使用它来表征CSP相的保留特性［69~71］，但不能描述对映选择性［72，73］。实际上，除了先前描述的相互作用，对映选择性与分子的形状和刚性有明确的关系。为此，建议用修改版的式（4.1）来表征CSP相：

$$\lg k = c + eE + sS + aA + bB + vV + fF + gG \tag{4.5}$$

在式（4.5）中，F描述分析物的柔韧度，G描述球状或球形，而不是平面或线性分子。柔韧度对保留而言，通常意义不大，但对解释对映选择性的缺乏却十分重要。实际上，与刚性分子相比，柔性分子具有更多与手性选择剂相互作用的方式，并且通常更难以分辨。球形度项可以用向CSP相的手性腔内插入的空间阻力来解释（考虑到大的分析物分子时）。因此，它通常对保留有负作用，因为它阻止了体积大的分析物与位于手性沟槽内的多糖CSP相的氢键位点充分作用。然而，它对于小分子的对映选择性可能是有利的，据推测是因为小球形分子可以比平面分子更好地适合于手性腔内。

使用式（4.5），许多基于多糖手性选择剂的CSP相已经在SFC条件下进行了表征和比较［74~78］。最值得注意的是，当用氯化配体（与非卤化配体相反）修饰多糖时，氢键的显著变化已被证实了。但是，必须承认所获得的知识仍然不足，并没有达到和非手性固定相的相当的知识水平。因此，色谱工作者仍然需要依靠系统筛选 CSP 相来确定最佳的手性选择剂。

4.7 结论

色谱柱的全部表征可包括几个步骤。效率对于高分辨率而言是重要的,但是对于亚 2μm 全多孔颗粒或亚 3μm 表面多孔颗粒的填充柱,效率在某种程度上是可比的。保留和分离性质最好用探针分析物来描述。从 SFC 在多种化学固定相上展现的保留模式多样性来看,优先使用大量结构多样的探针分析物,然后使用化学计量学方法提取有意义的比较。操作条件的选择对于有用的色谱柱表征也是至关重要的。实际上,SFC 的实践已经发展多年,特别是使用混合流动相,不仅包含二氧化碳,还包含助溶剂和添加剂(酸、碱或盐),或甚至一些水。

参考文献

[1] De la Puente ML, Soto-Yarritu PL, Anta C. Placing supercritical fluid chromatography one step ahead of reversed-phase high performance liquid chromatography in the achiral purification arena: a hydrophilic interaction chromatography cross-linked diol chemistry as a new generic stationary phase. J Chromatogr A 2012; 1250: 172-81.

[2] Ebinger K, Weller HN. Comparative assessment of achiral stationary phases for high throughput analysis in supercritical fluid chromatography. J Chromatogr A 2014; 1332: 73-81.

[3] Fairchild JN, Brousmiche DW, Hill JF, Morris MF, Boissel CA, Wyndham KD. Chromatographic evidence of Silyl Ether Formation (SEF) in supercritical fluid chromatography. Anal Chem 2015; 87 (3): 1735-42.

[4] Grand-GuillaumePerrenoud A, Veuthey J-L, Guillarme D. Comparison of ultra-high performance supercritical fluid chromatography and ultra-high performance liquid chromatography for the analysis of pharmaceutical compounds. J Chromatogr A 2012; 1266: 158-67.

[5] Lesellier E. Efficiency in supercritical fluid chromatography with different superficially porous and fully porous particles ODS bonded phases. J Chromatogr A 2012; 1228: 89-98.

[6] Lesellier E, West C. The many faces of packed column supercritical fluid chromatography—a critical review. J Chromatogr A 2015; 1382: 2-46.

[7] Delahaye S, Broeckhoven K, Desmet G, Lynen F. Design and evaluation of various methods for the construction of kinetic performance limit plots for supercritical fluid chromatography. J Chromatogr A 2012; 1258: 152-60.

[8] Lesellier E, Fougere L, Poe DP. Kinetic behaviour in supercritical fluid chromatography with modified mobile phase for 5μm particle size and varied flow rates. J Chromatogr A 2011; 1218 (15): 2058-64.

[9] Lesellier E, Fougere L. Kinetic behaviour in supercritical fluid chromatography with modified mobile phase for 5μm particle size. Part II: effect of outlet pressure changes. J Chromatogr A 2014;

1373: 190-6.

[10] Delahaye S, Broeckhoven K, Desmet G, Lynen F. Application of the isopycnic kinetic plot method for elucidating the potential of sub-2μm and core-shell particles in SFC. Talanta 2013; 116: 1105-12.

[11] Euerby MR, Petersson P. Chromatographic classification and comparison of commercially available reversed - phase liquid chromatographic columns using principal component analysis. J Chromatogr A 2003; 994 (1-2): 13-36.

[12] Lesellier E, West C. Description and comparison of chromatographic tests and chemometric methods for packed column classification. J Chromatogr A 2007; 1158 (1-2): 329-60.

[13] Kimata K, Iwaguchi K, Onishi S, Jinno K, Eksteen R, Hosoya K, et al. Chromatographic Characterization of Silica C_{18} Packing Materials. Correlation between a Preparation Method and Retention Behavior of Stationary Phase. J Chromatogr Sci 1989; 27 (12): 721-8.

[14] Wise SA, Sander LC, Chang H-CK, Markides KE, Lee ML. Shape selectivity in liquid and gas chromatography: polymeric octadecylsilane (C_{18}) and liquid crystalline stationary phases. Chromatographia 1988; 25 (6): 473-9.

[15] Carr PW, Dolan JW, Neue UD, Snyder LR. Contributions to reversed-phase column selectivity. I. Steric interaction. J Chromatogr A 2011; 1218 (13): 1724-42.

[16] Marchand DH, Carr PW, McCalley DV, Neue UD, Dolan JW, Snyder LR. Contributions to reversed-phase column selectivity. II. Cation exchange. J Chromatogr A 2011; 1218 (40): 7110-29.

[17] Neue UD, O'Gara JE, Méndez A. Selectivity in reversed-phase separations: influence of the stationary phase. J Chromatogr A 2006; 1127 (1-2): 161-74.

[18] Lesellier E, Tchapla A. A simple subcritical chromatographic test for an extended ODS high performance liquid chromatography column classification. J Chromatogr A 2005; 1100 (1): 45-59.

[19] Lesellier E, West C, Tchapla A. Classification of special octadecyl-bonded phases by the carotenoid test. J Chromatogr A 2006; 1111 (1): 62-70.

[20] Lesellier E. Extension of the C_{18} stationary phase knowledge by using the carotenoid test. J Sep Sci 2010; 33 (19): 3097-105.

[21] Lesellier E. Extension of the carotenoid test to superficially porous C_{18} bonded phases, aromatic ligand types and new classical C_{18} bonded phases. J Chromatogr A 2012; 1266: 34-42.

[22] Lesellier E. Additional studies on shape selectivity by using the carotenoid test to classify C_{18} bonded silica. J Chromatogr A 2011; 1218 (2): 251-7.

[23] Lesellier E, Latos A, De Oliveira AL. Ultra high efficiency/low pressure supercritical fluid chromatography with superficially porous particles for triglyceride separation. J Chromatogr A 2014; 1327: 141-8.

[24] Lesellier E, Tchapla A. Separation of vegetable oil triglycerides by subcritical fluid chromatography with octadecyl packed columns and CO_2/modifier mobile phases. Chromatographia 2000; 51 (11-12): 688-94.

[25] Lesellier E. Analysis of polycyclic aromatic hydrocarbons by supercritical fluid chromatography (SFC). Analusis 1999; 27 (3): 241-8.

[26] Gaudin K, Lesellier E, Chaminade P, Ferrier D, Baillet A, Tchapla A. Retention behaviour

of ceramides in sub-critical fluid chromatography in comparison with non-aqueous reversed-phase liquid chromatography. J Chromatogr A 2000; 883 (1-2): 211-22.

[27] Kawachi Y, Ikegami T, Takubo H, Ikegami Y, Miyamoto M, Tanaka N. Chromatographic characterization of hydrophilic interaction liquid chromatography stationary phases: Hydrophilicity, charge effects, structural selectivity, and separation efficiency. J Chromatogr A 2011; 1218 (35): 5903-19.

[28] Ibrahim MEA, Liu Y, Lucy CA. A simple graphical representation of selectivity in hydrophilic interaction liquid chromatography. J Chromatogr A 2012; 1260: 126-31.

[29] Iverson CD, Gu X, Lucy CA. The hydrophilicity vs. ion interaction selectivity plot revisited: The effect of mobile phase pH and buffer concentration on hydrophilic interaction liquid chromatography selectivity behavior. J Chromatogr A 2016; 1458: 82-9.

[30] Dinh NP, Jonsson T, Irgum K. Probing the interaction mode in hydrophilic interaction chromatography. J Chromatogr A 2011; 1218 (35): 5880-91.

[31] Grand-GuillaumePerrenoud A, Boccard J, Veuthey J-L, Guillarme D. Analysis of basic compounds by supercritical fluid chromatography: attempts to improve peak shape and maintain mass spectrometry compatibility. J Chromatogr A 2012; 1262: 205-13.

[32] Desfontaine V, Veuthey J-L, Guillarme D. Evaluation of innovative stationary phase ligand chemistries and analytical conditions for the analysis of basic drugs by supercritical fluid chromatography. J Chromatogr A 2016; 1438: 244-53.

[33] McClain RT, Przybyciel M. A systematic study of achiral stationary phases using analytes selected with a molecular diversity model. LCGC N Am 2011; 29 (10): 894-906.

[34] Phinney K, Sander L. Preliminary evaluation of a standard reference material for chiral stationary phases used in liquid and supercritical fluid chromatography. Anal Bioanal Chem 2002; 372 (1): 101-8.

[35] DeKlerck K, Vander Heyden Y, Mangelings D. Pharmaceutical-enantiomers resolution using immobilized polysaccharide-based chiral stationary phases in supercritical fluid chromatography. J Chromatogr A 2014; 1328: 85-97.

[36] DeKlerck K, Parewyck G, Mangelings D, Vander Heyden Y. Enantioselectivity of polysaccharide-based chiral stationary phases in supercritical fluid chromatography using methanol-containing carbon dioxide mobile phases. J Chromatogr A 2012; 1269: 336-45.

[37] DeKlerck K, Tistaert C, Mangelings D, Vander Heyden Y. Updating a generic screening approach in sub - or supercritical fluid chromatography for the enantioresolution of pharmaceuticals. J Supercrit Fluids 2013; 80: 50-9.

[38] DeKlerck K, Mangelings D, Clicq D, De Boever F, Vander Heyden Y. Combined use of isopropylamine and trifluoroacetic acid in methanol-containing mobile phases for chiral supercritical fluid chromatography. J Chromatogr A 2012; 1234: 72-9.

[39] DeKlerck K, Vander Heyden Y, Mangelings D. Exploratory data analysis as a tool for similarity assessment and clustering of chiral polysaccharide-based systems used to separate pharmaceuticals in supercritical fluid chromatography. J Chromatogr A 2014; 1326: 110-24.

[40] DeKlerck K, Vander Heyden Y, Mangelings D. Generic chiral method development in supercritical fluid chromatography and ultra-performance supercritical fluid chromatography. J Chromatogr A

2014; 1363: 311-22.

[41] Hamman C, Wong M, Aliagas I, Ortwine DF, Pease J, Schmidt Jr DE, et al. The evaluation of 25 chiral stationary phases and the utilization of sub-2.0μm coated polysaccharide chiral stationary phases via supercritical fluid chromatography. J Chromatogr A 2013; 1305: 310-19.

[42] West C, Lesellier E. A unified classification of stationary phases for packed column supercritical fluid chromatography. J Chromatogr A 2008; 1191 (1-2): 21-39.

[43] Heaton DM, Bartle KD, Clifford AA, Klee MS, Berger TA. Retention prediction based on molecular interactions in packed-column supercritical fluid chromatography. Anal Chem 1994; 66 (23): 4253-7.

[44] Snyder LR, Dolan JW, Carr PW. The hydrophobic-subtraction model of reversed phase column selectivity. J Chromatogr A 2004; 1060 (1-2): 77-116.

[45] Wang J, Guo Z, Shen A, Yu L, Xiao Y, Xue X, et al. Hydrophilic-subtraction model for the characterization and comparison of hydrophilic interaction liquid chromatography columns. J Chromatogr A juin 2015; 1398: 29-46.

[46] Abraham MH, Ibrahim A, Zissimos AM. Determination of sets of solute descriptors from chromatographic measurements. J Chromatogr A 2004; 1037 (1-2): 29-47.

[47] Vitha M, Carr PW. The chemical interpretation and practice of linear solvation energy relationships in chromatography. J Chromatogr A 2006; 1126 (1-2): 143-94.

[48] Poole CF, Poole SK. Column selectivity from the perspective of the solvation parameter model. J Chromatogr A 2002; 965 (1-2): 263-99.

[49] Bui H, Masquelin T, Perun T, Castle T, Dage J, Kuo M-S. Investigation of retention behavior of drug molecules in supercritical fluid chromatography using linear solvation energy relationships. J Chromatogr A 2008; 1206 (2): 186-95.

[50] Weckwerth JD, Carr PW. Study of interactions in supercritical fluids and supercritical fluid chromatography by solvatochromic linear solvation energy relationships. Anal Chem 1998; 70 (7): 1404-11.

[51] West C, Lesellier E. Characterization of stationary phases in subcritical fluid chromatography by the solvation parameter model: I. Alkylsiloxane-bonded stationary phases. J Chromatogr A 2006; 1110 (1-2): 181-90.

[52] West C, Lesellier E. Characterisation of stationary phases in subcritical fluid chromatography with the solvation parameter model: III. Polar stationary phases. J Chromatogr A 2006; 1110 (1-2): 200-13.

[53] West C, Lesellier E. Characterisation of stationary phases in subcritical fluid chromatography with the solvation parameter model IV: aromatic stationary phases. J Chromatogr A 2006; 1115 (1-2): 233-45.

[54] West C, Lesellier E. Orthogonal screening system of columns for supercritical fluid chromatography. J Chromatogr A 2008; 1203 (1): 105-13.

[55] West C, Lesellier E. Characterization of stationary phases in supercritical fluid chromatography with the solvation parameter model. In: Grushka E, Grinberg N, editors. Advances in Chromatography. CRC Press; 2010. p. 195-203.

[56] West C, Khater S, Lesellier E. Characterization and use of hydrophilic interaction liquid chromatography type stationary phases in supercritical fluid chromatography. J Chromatogr A 2012; 1250: 182-95.

[57] Khater S, West C, Lesellier E. Characterization of five chemistries and three particle sizes of stationary phases used in supercritical fluid chromatography. J Chromatogr A 2013; 1319: 148-59.

[58] Kiridena W, Poole CF. Influence of solute size and site-specific surface interactions on the prediction of retention in liquid chromatography using the solvation parameter model. The Analyst 1998; 123 (6): 1265-70.

[59] Vonk EC, Lewandowska K, Claessens HA, Kaliszan R, Cramers CA. Quantitative structure-retention relationships in reversed-phase liquid chromatography using several stationary and mobile phases. J Sep Sci 2003; 26 (9-10): 777-92.

[60] Lesellier E, West C. Combined supercritical fluid chromatographic methods for the characterization of octadecylsiloxane-bonded stationary phases. J Chromatogr A 2007; 1149 (2): 345-57.

[61] West C, Fouge`re L, Lesellier E. Combined supercritical fluid chromatographic tests to improve the classification of numerous stationary phases used in reversed-phase liquid chromatography. J Chromatogr A 2008; 1189 (1-2): 227-44.

[62] Atapattu SN, Poole CF. Factors affecting the interpretation of selectivity on synergi reversed-phase columns. Chromatographia 2010; 71 (3-4): 185-93.

[63] West C, Lemasson E, Khater S, Lesellier E. An attempt to estimate ionic interactions with phenyl and pentafluorophenyl stationary phases in supercritical fluid chromatography. J Chromatogr A 2015; 1412: 126-38.

[64] West C, Ogden J, Lesellier E. Possibility of predicting separations in supercritical fluid chromatography with the solvation parameter model. J Chromatogr A 2009; 1216 (29): 5600-7.

[65] Chirita R-I, West C, Zubrzycki S, Finaru A-L, Elfakir C. Investigations on the chromatographic behaviour of zwitterionic stationary phases used in hydrophilic interaction chromatography. J Chromatogr A 2011; 1218 (35): 5939-63.

[66] West C, Lemasson E, Bertin S, Hennig P, Lesellier E. An improved classification of stationary phases for ultra-high performance supercritical fluid chromatography. J Chromatogr A 2016; 1440: 212-28.

[67] Galea C, West C, Mangelings D, Vander Heyden Y. Is the solvation parameter model or its adaptations adequate to account for ionic interactions when characterizing stationary phases for drug impurity profiling with supercritical fluid chromatography. Anal Chim Acta 2016; 924: 9-20.

[68] West C, Lesellier E. Characterisation of stationary phases in subcritical fluid chromatography by the solvation parameter model: II. Comparison tools. J Chromatogr A 2006; 1110 (1-2): 191-9.

[69] Vozka J, Kalíková K, Roussel C, Armstrong DW, Tesařová E. An insight into the use of dimethylphenyl carbamate cyclofructan 7 chiral stationary phase in supercritical fluid chromatography: the basic comparison with HPLC: liquid Chromatography. J Sep Sci 2013; 36 (11): 1711-19.

[70] Janečková L, Kalíková K, Vozka J, Armstrong DW, Bosáková Z, Tesařová E. Characterization of cyclofructan-based chiral stationary phases by linear free energy relationship. J Sep Sci 2011; 34 (19): 2639-44.

[71] Lokajová J, Tesařová E, Armstrong DW. Comparative study of three teicoplaninbased chiral stationary phases using the linear free energy relationship model. J Chromatogr A 2005; 1088 (1-2): 57-66.

[72] Berthod A, Mitchell CR, Armstrong DW. Could linear solvation energy relationships give insights into chiral recognition mechanisms? J Chromatogr A 2007; 1166 (1-2): 61-9.

[73] Mitchell CR, Armstrong DW, Berthod A. Could linear solvation energy relationships give insights into chiral recognition mechanisms? J Chromatogr A 2007; 1166 (1-2): 70-8.

[74] West C, Zhang Y, Morin-Allory L. Insights into chiral recognition mechanisms in supercritical fluid chromatography. I. Non-enantiospecific interactions contributing to the retention on tris- (3, 5-dimethylphenylcarbamate) amylose and cellulose stationary phases. J Chromatogr A 2011; 1218 (15): 2019-32.

[75] West C, Guenegou G, Zhang Y, Morin-Allory L. Insights into chiral recognition mechanisms in supercritical fluid chromatography. II. Factors contributing to enantiomer separation on tris- (3, 5-dimethylphenylcarbamate) of amylose and cellulose stationary phases. J Chromatogr A 2011; 1218 (15): 2033-57.

[76] Khater S, Zhang Y, West C. In-depth characterization of six cellulose tris- (3, 5-dimethylphenylcarbamate) chiral stationary phases in supercritical fluid chromatog-raphy. J Chromatogr A 2013; 1303: 83-93.

[77] Khater S, Zhang Y, West C. Insights into chiral recognition mechanism in supercritical fluid chromatography III. Non-halogenated polysaccharide stationary phases. J Chromatogr A 2014; 1363: 278-93.

[78] Khater S, Zhang Y, West C. Insights into chiral recognition mechanism in supercritical fluid chromatography IV. Chlorinated polysaccharide stationary phases. J Chromatogr A 2014; 1363: 294-310.

5 超临界流体色谱分析方法的建立

M. Ashraf-Khorassani[1] M. Combs[2]
1 Virginia Tech, Blacksburg, VA, United States
2 Cetanese Corporation, Narrows, VA, United States

5.1 引言

分析人员每天都用不同的色谱技术建立各种各样的分离方法。这些分离方法有些是简单的分离过程，温度流量和压力都为恒定；有些则相对复杂一些，分离过程中温度，溶剂流量和系统压力都存在梯度变化。对每一种方法，都需要合适的分析柱，温度，溶剂和系统压力。然而，在分离中使用什么样的色谱技术，什么才是最佳的检测器，以及待测成分的定性定量则是由样品的物化性质决定。因此，对于样品信息了解得越多，越有利于分析方法的建立。更进一步说则是，对于色谱分离基础的牢固掌握，并拥有丰富的实践经验，有助于在分析方法建立过程中进行系统性研究。

建立一个色谱方法要从以下几点来做。

（1）选择一种色谱技术，如气相色谱、高效液相色谱、超临界流体色谱（但是也不限于这几种）；

（2）选择一个合适的检测器；

（3）选择一个初始运行系统（柱类型、流动相、温度等）；

（4）选择一个初始运行方法（柱尺寸、流动相类型和相对构成比例、流速等）；

（5）对以上选择条件进行优化（固定相、溶剂、添加剂、pH等）；

（6）对系统进行优化（溶剂变化梯度、温度变化梯度、流速、压力等）。

对分析来讲，根据样品类型和总体要求，可以选择合适的色谱技术。比如说，要对一种混合气体进行分析，那么很容易想到采用气相色谱技术。在不衍生的条件下对水溶性化合物进行分析，那么会选择高效液相色谱。然而，有很多样品是既可以采用气相色谱，也可以采用高效液相色谱或超临界流体色谱进行分析的。对于此类型样品的分析，只有建立在上文中提到的对色谱技术的掌握与经验基础上，才能选择出最佳的分离条件。根据文献报道，有很多分析可以简单、快速、高效、灵敏的在气相色谱完成，而不是 HPLC 或 SFC。也有一些样品（热不稳定的物质、分子质量较大物质、极性化合物等）不经过衍生就不能采用气相色谱进行测定。此时 HPLC 或 SFC 就可以选择使用。比如说，有很多化合物（低至中等质量的聚合物、手性化合物、药物分子等）适合 HPLC 和 SFC 测定，但是从测定效率，分析速度，以及方法建立的难易程度上来讲，SFC 更胜一筹。当然也有很多成分（如糖，大分子聚合物、蛋白质和肽类、碳水化合物等）不用前处理或衍生，采用 HPLC 测定更为简便。

在采用 GC 或 HPLC 建立方法时，目前报道有一种通用性程序。在此我们还是重点关注采用 SFC 时，怎样建立方法。图 5.1 就描述了在采用 SFC 建立分析方法时较为常见的步骤 [1]。当然，在采用 SFC 建立方法时，还有许多其他需要考虑的问题。在过去的二十年间，在各工业领域，特别是制药领域，人们更关注的是 SFC 填充柱，而不是 SFC 毛细管柱。因此，我们这里主要讲采用 SFC 填充柱建立方法的过程。

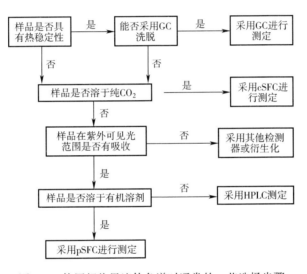

图 5.1 使用超临界流体色谱时通常的一些选择步骤

5.2 样品类型

在建立方法之前，一定要对样品信息知悉。无论采用何种色谱技术，根据经验，这都是必不可少的。表 5.1 总结了一些样品信息点，对建立方法来说，这些信息点通常来讲都是用得上的。当建立一个全新的方法时，这些信息有助于初始分析条件的确立。

和 HPLC 类似，在采用 SFC 测定时，待测成分在流动相中的溶解性非常重要。通常来说，待测成分要想得到高效分离，需要在 100% CO_2 或添加了由一种或多种有机溶剂构成的助剂（如甲醇、乙腈、异丙醇、二氯甲烷、氯仿）的 CO_2 中溶解 [2]。CO_2 不能有过多的水，多余水分的存在会形成相分离，此时如果采用 UV 检测器的话，会导致基线不稳。从另一个方面讲，如果待测化合物分子质量很大（>10000u）或者具有极性，也不是非常适合 SFC 分离，因为这些物质一般在 100% 或添加了一定助剂的超临界 CO_2 中溶解性不佳 [3]。

对于所有的色谱技术来讲，目的就是为了实现分离。例如，要实现聚合物的添加剂和聚合物基质的分离，必须要了解这种添加剂的性质，特别是影响 SFC 分离的那些性质。此外，还要关注聚合物基质的质量和溶解性，因为这些都是可能会对添加剂的洗脱造成一定的影响。

另外一种情况是对保健品中的游离脂肪酸（FFAs）进行测定。在此例中首要关注的是 FFAs 本身具有哪些特性

表 5.1 需要知悉的样品组成和特性信息

A. 化学结构
B. 样品的溶解性
C. 待测成分数量
D. pK_a 值
E. 分子质量
F. 浓度范围
G. 待测成分 UV 吸收光谱

是影响 SFC 分离的。还需要考虑保健品中的其它一些成分（比如脂肪酸甲酯，甘油三酯混合物等）是否对 SFC 分离有影响。然后是采用前处理将 FFAs 分离出来，选择适宜的 SFC 色谱条件，特定的检测器，以保证 FFAs 被检出而不受其它成分干扰 [4]。在此例分析中，要先采用 FFAs 标准物质或相关的一些化合物在 SFC 色谱上进行分离，建立起方法，再采用实际的样品基质进行测定，这一点，对于建立方法也很重要。

样品的物化特性对于建立 SFC 初始色谱条件起着至关重要的作用。初始条件的选择或者来自于之前一些类似化合物的分离经验，或者来自于文献信息，如操作说明，也可以是两者兼具。

5.3 检测器

检测器的选择在 SFC 方法的建立中也是不可缺少的一环。以下几个问题在方法建立之前必须搞清楚：

（1）需要什么样的检测限？
（2）待测成分具有适合 UV 测定的发色团吗？
（3）通用性检测器如 MS，ELSD，或 FID 能用吗？

目前，最新款填充柱 SFC 系统出厂时几乎均配置 UV 检测器。所有的超临界流体和常见的一些助剂都可以在此类型仪器上使用。SFC 使用中的大多数添加剂（如甲酸、异丙胺、过氧三氟乙酸、乙酸胺等）也可以兼容使用。在任何情况下，只要待测成分有 UV 发色团，且有足够的浓度能够被检出，UV 检测器都是 SFC 分析中最佳的搭档。与 HPLC 不同的是，在 SFC 测定中，必须控制 UV 检测器后的背

压，以维持流动相在流动池中的密度。流动相在流动池中密度的改变会影响折射率，也会导致背景噪声的升高。为了保证噪声尽可能小，必须有一个泵系统使背压得到控制，降低波动。所有的 UV 检测器流动池都要能耐受高压，最低耐受压力要达到 400atm [5]。

还有一些近乎通用的检测器，包括蒸发光散射检测器（ELSD）和质谱检测器（MS），在 SFC 技术也经常使用。但是这些检测器都有各自的局限性。为了得到适宜的灵敏度和检测能力，ELSD 和 MS 检测器都需要在 SFC 出口处设置分流系统。那么，如果流入这些检测器的流路不能得到控制，定量分析就比较困难。对于这两种检测器，建议在泄压点后方添加补偿流路，用以防止待测成分沉淀或结冰，而造成流路的波动。但是，典型的填充柱 SFC 分离中都使用助剂，这就意味着，除非助剂的比例低于 5%，否则补偿流路也没有必要添加 [6]。

对于市售的，在 LC-MS 上使用的大气压离子源（包括电喷雾离子源 ESI 和大气压化学离子源 APCI），也可以在 SFC 上使用 [7, 8]。对于所有的 SFC-MS 上都需要添加补偿溶剂。补偿溶剂不仅仅使离子化进一步增强（当助剂中不含有碱性或酸性添加剂时），也有助于保证分离过程早期流出的待测成分流速的稳定，因为此时流动相中助剂含量较低（在梯度洗脱过程中更为典型）。

一些应用于 GC 的检测器，如火焰离子化检测器（FID）[9]、氮磷检测器（NPD）[10]、电子捕获检测器（ECD）[11]、硫和氮化学发光检测器（CLSD、CLND）[12, 13]，也可以应用于 SFC。然而，它们也仅限于使用 100% CO_2 或助剂含量很低的（<3%）改性 CO_2。并且，由于柱后流量难以控制，因此定量也比较难以完成。

5.4 分析柱

在 SFC 应用初期，多使用毛细管柱或采用聚合物涂层作为固定相的填充毛细管柱进行分离，流动相为 100% CO_2，检测器为火焰离子化检测器 [14]。这些柱子的涂层均为非极性或中等级性的固定相，对很多成分的保留有所限制。采用这些柱子进行方法建立时，通常关注的是压力，密度和温度的程序变化。固定相的不同会对柱子的选择性带来一定的影响，但是待测物能否实现良好分离还是取决于其在固定相中的溶解性和自身的蒸气压力。具有一定极性的化合物在洗脱中保留时间较长或拖尾严重，主要原因则是其在固定相中的溶解性较差，这也给进一步的方法开发造成一定的难度。

微孔柱和分析规模的 HPLC 填充柱也可以用在 SFC 分析上。起初，填充柱分离效果很差，主要在于其活性硅醇基团 [15]。分析柱生产厂家现在已经能够采用各种化学手段使分析柱惰化。但是，由于其活性位点的存在，这种固定相重复性差和由此引发的稳定性差等问题还在加剧 [16]。降低这种活性硅醇基团活性的常用方法是在其中加入极性修饰剂（如甲醇、乙醇、异丙醇等）[17]。后来发现这些修饰剂的加入不仅可以降低活性位点的活性，还可以增强待测成分和固定相之间的结合关系[18]。在过去的二十年间，在选择SFC填充柱时，比较典型的，还是选择HPLC填充柱来使用。近年来，随着对SFC填充柱关注度的提升，柱厂家开始开发SFC专用柱[19]。这些柱子重现性更好，功能强大，能够兼容多种改性剂和添加剂，也能够耐受更高的温度。

正相色谱柱和反相色谱柱在SFC分离中都有典型应用，因为与HPLC类似，溶剂对固定相类型并没有限制性要求。因此，在SFC上实现分离的重要步骤在于选择一根合适的色谱柱，而不是去改变流动相的选择性。当然，流动相的选择性可以通过改变助剂类型或者是采用助剂梯度变化来进行改善。通过在助剂中加入一定量的添加剂，改变流动相的出口压力，变换柱温，也可以使流动相选择性增强。然而，柱子的选择对于分离的成功与否还是起着至关重要的意义。重点需要强调说的是，几乎所有的SFC分离，特别是对于一些极性物质的分离，助剂都是不可或缺的。

5.4.1 反相柱

反相填充柱（包括C_1，C_4，环己基，苯基，C_8，C_{18}封端，C_{18}极性封端，C_{18}极性嵌入）既可以分离极性物质也可以分离非极性物质[20, 21]。对于多数采用SFC来分离的化合物，无论是极性的还是中等级性的，这些分析柱在分离过程表现出较好的选择特性。West等[22]采用溶剂参数模型对超过170种反相色谱柱的特征进行了分类详述。按照化合物与固定相的结合方式（电子孤对，偶极型，氢键受体，氢键供体，分散体），将这些柱子分为5个主题类别（E，S，A，B，V）来研究柱子的分离能力。他们使用相同的SFC色谱条件，获得一系列类胡萝卜素和29种芳香类化合物的保留时间。将两种混合物的测试结果结合起来，建立了八轴"蛛网"关系图，见图5.2A。在同一区域内的柱子表现出类似的选择性。由图可以断定，在蛛网左侧最远处的柱子是极性最低的，在右侧最边缘的是极性较高的。采用了两个混合物进行测试，以期对这些柱子进行分类评估。第一种是烷基苯类混合物，一种是极性混合物（阿司匹林、舒林酸和保泰松）。碳链中碳原子个数在11~15的烷基苯类化合物（非极性物质）结果见图5.3A。在图5.2A中，从最左边到最右边，柱子的疏水性逐渐减小。其中，最左端为编号为（SP）51的分析柱，极性最小；最右边为P26的分析柱（见图5.3B），极性最强。可以推断得到的是，典型的封端C_{18}柱（图5.2的第51号柱），由于可接触的硅醇基团浓度较低，此类型柱与极性混合物中的酸性成分相互作用较小，因此，这些物质能够较早洗脱下来，而保泰松则最后被洗脱出来（图5.4A）。而对于不封端的C_{18}柱（比如图5.2中的Uptisphere NEC SP27分析柱），酸性成分（阿司匹林、舒林酸）则在柱子上保留时间较长，这种现象表明了酸性分析物的官能团与固定相上的残余硅

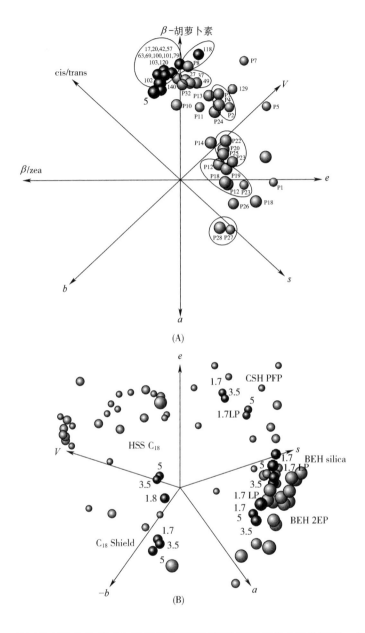

图 5.2 （A）使用溶剂化参数模型和类胡萝卜素测试评估固定相的八轴蛛网图。（B）另外几种固定相的蛛网图（见正文）（引自：*West C, Fougére L, Lesellier E. Combined supercritical fluid chromatographic tests to improve the classification of numerous stationary phases used in reversed-phase liquid chromatography. J Chromatogr A 2008*；*1189*：*227-44*［22］. *Khater S, West C, Lesellier E. Characterization of five chemistries and three particle sizes of stationary phases used in supercritical fluid chromatography. J Chromatogr A 2013*；*1319*：*14859*［23］.）

醇基团相互作用的重要性（图 5.4B）。对于具有极性封端固定相的 C_{18} 柱（图 5.2 中的 Aquasil C_{18}，SP P2），这种结合则更为紧密，因为舒林酸在此类型柱子上的保留时间比不封端柱子上的保留时间更长（见图 5.4C）。对于具有极性嵌入固定相的柱子（见图 5.2A 中的 Uptisphere PLP SP P26），这种作用也很强烈，因为酸性成分在此类型柱子上的保留时间也比较长，甚至比保泰松的洗脱时间还要长（图 5.4D）。这些现象表明，有些反相色谱柱，虽然适宜在 HPLC 上对极性成分进行分离，但并不适合在 SFC 上对极性成分进行分离。在此，分析柱附带的极性作用，而不是柱子本身的疏水性的差异对分离起着至关重要的作用。

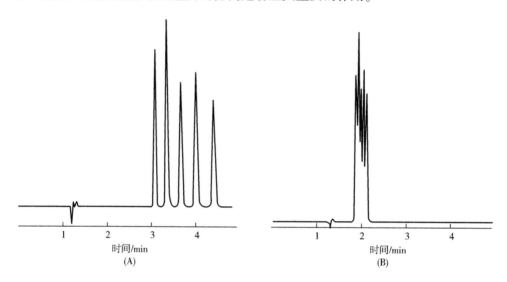

图 5.3　碳链中碳原子个数在 11~15 的烷基苯类化合物的分离。（A）51 号分析柱 Uptisphere ODB。（B）P26 号分析柱 Uptisphere PLP（引自：*West C, Fougére L, Lesellier E. Combined supercritical fluid chromatographic tests to improve the classification of numerous stationary phases used in reversed-phase liquid chromatography. J Chromatogr A 2008；1189：227-44.*）

　　Khater 等［23］做了类似的一些研究，评估了 5 种类型的固定相在 SFC 中分离的极性范围。在此节中我们要讨论其中的两种，分别为 HSS C_{18} SB 和 BEH Shield RP C_{18}。另外 3 种柱子将在正向色谱柱章节中进行讨论。这 3 种柱子分别具有极性（BEH 和 BEH 2EP）和中等极性（CHS Fluorophenyl）固定相。BEH Shield RP C_{18} 柱具有嵌入式极性氨基甲酸酯基团，而 HSS C_{18} SB 柱则是典型的非封端 C_{18} 键合相。他们用溶剂化参数模型和一百多种化合物以表征这些柱子。另外两个由 West 等人［24，25］研究的报道中则将他们的发现添加了进来，他们采用上述的溶剂化参数模型，对许多极性和非极性分析柱进行了表征。这三个项目的所有数据都绘制在一个 5 轴"蛛网"图上（图 5.2B）。他们推断 BEH Shield C_{18} 柱与"蛛网"交互图最左边的极性封端柱有一致的性质。然而，HSS C_{18} SB 却处于"蛛网"

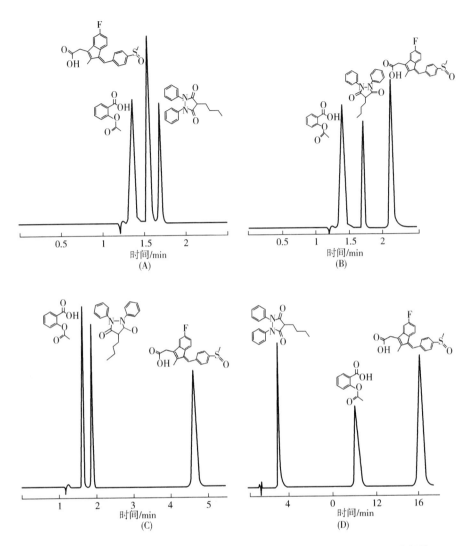

图5.4 非甾体类抗炎药的分离(阿司匹林、保泰松和舒林酸)。(A) 51号分析柱 Uptisphere ODB,(B) 27号分析柱 Uptisphere NEC,(C) P2号分析柱 Aquasil C_{18},(D) P26号分析柱 Uptisphere PLP (引自:*West C, Fougére L, Lesellier E. Combined supercritical fluid chromatographic tests to improve the classification of numerous stationary phases used in reversed-phase liquid chromatography. J Chromatogr A 2008; 1189: 227-44* [22].)

的中间位置,与典型的 C_{18} 分析柱不在同一区域(最左上方)。这说明,HSS C_{18} SB 柱相对于典型的 C_{18} 分析柱具有更多的极性特征。为了证实他们的发现,他们对不同的混合物(农药和丙酸类药物)进行了测试。图5.5A 就是采用 HSS C_{18} SB 和 BEH Shield RP C_{18} 分析柱对农药和丙酸类药物进行分离的结果。对于农药类混合物(利谷隆,异丙隆,敌草隆),相对于 HSS C_{18} SB, 3 种成分在 BEH Shield RP C_{18} 上

109

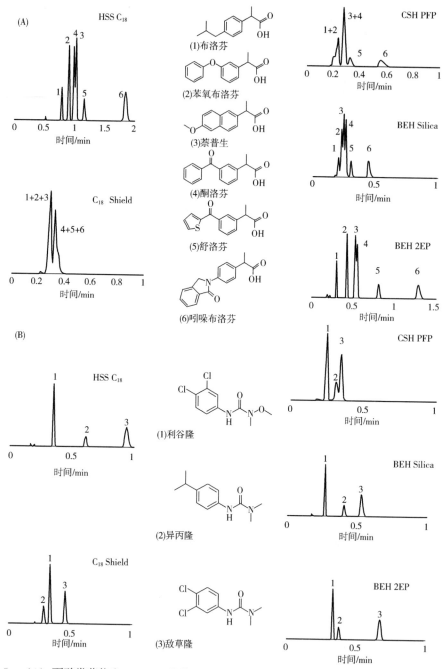

图 5.5 （A）丙酸类药物和（B）三种苯脲类农药在 5 种不同的固定相上的分离。柱子尺寸：100mm×33.0mm，粒径 3.5μm，流速 3mL/min，$T=25℃$，流动相：CO_2-MeOH 90∶10（体积比），出口压力：150bars，UV 检测波长 210nm，进样量：1μL（引自：Khater S, West C, Lesellier E. Characterization of five chemistries and three particle sizes of stationary phases used in supercritical fluid chromatography. J Chromatogr A 2013；1319：148-59 [23]．）

洗脱更快（图 5.5B）；而丙酸药类混合物在 HSS C_{18} SB 柱上分离良好，在 BEH Shield RP C_{18} 上分离较差（图 5.5A）。推测使用 BEH Shield RP C_{18} 色谱柱对酸性药物混合物分离较差的原因是由于酸性官能团与固定相的氨基甲酸酯氧和氮原子的氢键结合造成的。HSS C_{18} SB 柱上酸性药物的近基线分离归因于分析物与极性活性位点（硅烷醇基团）的强相互作用，Ashraf-Khorassani 等 [4] 比较了两种类似的柱子（BEH Shield RP C_{18} 和 HSS C_{18} SB），以及其他三种极性柱（BEH，BEH 2-EP，和 HSS CN）对 31 种芳香胺类化合物的分离。在所有被测试的柱子中，HSS C_{18} SB 对芳香胺类化合物表现出极高的分离选择特性，BEH Shield RP C_{18} 柱上这些化合物几乎无法分离。图 5.6 表示出这些芳香胺类化合物在 HSS C_{18} SB 不到 7min 时间内实现全部分离。这更强调了，虽然分析柱的极性作用是附带的，但是正是这种极性作用对分离至关重要。

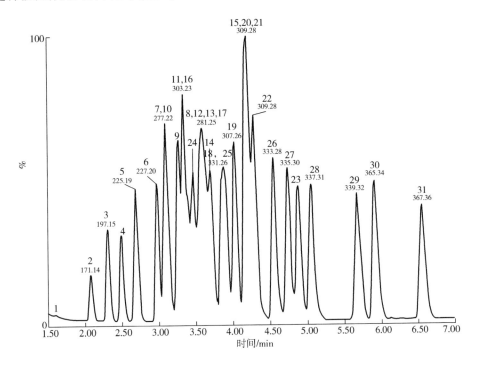

图 5.6 采用 HSS C_{18} SB 分析柱，在超高效 SFC-MS 上对编号为 GLC411 的游离脂肪酸甲酯混合溶液的分离色谱条件：时间（min）0，98/2（A/B），时间 0.5，98/2，时间 8，96/4，时间 9，80/20，时间 11，80/20，时间 11，98/2，时间 12，98/2。其中 A 为 CO_2，B 为含有 0.1%甲酸（体积比）的甲醇溶液，流速：1mL/min，柱温：25℃，背压 1500psi，分析柱 HSS C_{18} 150mm×3.0mm，1.8m，补偿溶液为异丙醇，流速：0.2mL/min，混合物为：编号为 GLC411 的游离脂肪酸甲酯，每种成分浓度为 0.003mg/mL。（引自：*Ashraf-Khorassani M，Isaac G，Rainville P，Fountain K，Taylor LT. Study of ultrahigh performance supercritical fluid chromatography to measure free fatty acids with out fatty acid ester preparation. J Chromatogr B 2015；997：45-55* [4]．）

West 等人［26］还做了其他研究，即采用溶剂参数模型对其他分析柱的极性范围进行表征。研究的结论与之前图 5.2 中的描述很类似。Galea 等［27］对在 SFC 上使用的 27 种固定相（非极性和极性）进行了表征。他们使用了 64 种极性化合物（主要是含氮化合物），而不是先前研究中使用的非极性到中等极性化合物。当把这些数据都绘制到"蛛网"图上是，会再次发现，非极性典型 C_{18} 柱在"蛛网"的最左上角聚集成一簇，极性柱子聚集在"蛛网"的右下角。然后使用化学计量学技术来选择六个不同的固定相（ODS、氨基、硅烷基、苯基、Hilic 和氰基）进行比较。

为了区分这六种固定相的不同，采用了酸性和碱性两种混合物在这六种柱子上进行分析评估。图 5.7A 是碱性化合物在所有分析柱上的分离情况，图 5.7B 是酸性化合物在所有分析柱上的分离情况。由图可知，酸性化合物和碱性化合物在 Sunfire C_{18} 上分离的选择性较差（见图 5.7 的色谱图 B），而这根分析柱是唯一的一根非极性分析柱。这些研究结果表明，当我们已经充分地掌握待测成分的极性和在流动相中的溶解性信息时，可以采用"蛛网"图选择一根合适的柱子对此成分进行分离。

对于反相柱，可以推断的是疏水性固定相有助于非极性成分的分析，并且如果固定相上没有极性或活性硅醇基团的话，是不可能实现极性样品的分离的。加入一定量的添加剂，可以缩短分离时间，改善后洗脱出来的样品峰型。但是，对于非极性成分在非极性柱上的分离，添加剂的加入对分离不会产生影响。

5.4.2 正相柱

对于几乎所有在 SFC 上建立的，对非手性化合物的测定方法，都使用到正相色谱柱。在 SFC 分析中，当使用极性分析柱对极性物质进行分离时，流动相中助剂和添加剂的加入是不可或缺的。

在 SFC 研究早期，正相分析柱（氨基、二醇、氰基、硅氧基、2-乙基吡啶基），而不是反向分析柱，更多地被用来实现极性化合物的分离。如果采用 100% CO_2 对含有酸性或碱性功能团的化合物在正相色谱柱上进行洗脱时，很有可能洗脱不下来或者拖尾严重［28，29］。在 20 世纪 80 年代早期，有报道［30~32］使用正相 HPLC 色谱柱对极性化合物进行分离时，在 CO_2 中添加有机溶剂（如甲醇、乙醇）作为助剂可以极大改善分离效果。助剂不仅覆盖了活性位点，还提高了溶剂强度，使极性成分在流动相中的溶解度增加［19］。在很多情况下，为了减小待测物与固定相或硅胶上活性位点的相互作用，会添加一些添加剂，如三氟乙酸（TFA）、甲酸（FA）、乙酸胺（AA）、异丙胺（IPAm）。添加剂不仅使峰型更为尖锐，也提高了分离的选择性。采用添加剂来改善复杂混合物的分离最早是由 Berger［33］提出。他在甲醇中加入 0.001%（体积分数）四甲基氢氧化铵（TMAOH），用来分离 24 种甲状腺旁激素氨基酸（PTH-amino acids）。后来，Berger［34~38］

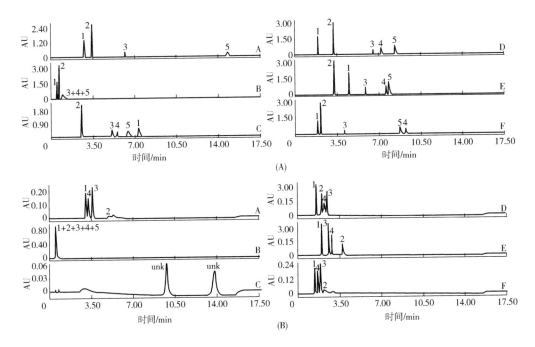

图 5.7　(A) 5 种药物成分 [其中 (1) 间苯二酚, (2) 酰胺咪嗪, (3) 地高辛, (4) 盐酸雷尼替丁, (5) 安他唑啉] 在 6 种不同的分析柱 (其中 A 为 Luna Silica 柱, B 为 Sunfire C_{18} 柱, C 为 Luna NH_2 柱, D 为 Inertsil Phenyl-3 柱, E 为 Luna HILIC 柱, F 为 Luna CN 柱) 上的分离。SFC 色谱条件: 150bar, 25℃, 梯度洗脱, 助剂为含有 0.1% 异丙胺的甲醇溶液, CO_2 的比例在 10min 的时间内从 5% 上升至 40%, 流速为 3mL/min, UV 检测波长为 220nm。(B) 4 种酸性物质 [其中 (1) 乙酰水杨酸, (2) 水杨酸, (3) 乙酰水杨酰水杨酸, (4) 水杨基水杨酸] 在 6 种不同类型分析柱 (其中 A 为 Luna Silica 柱, B 为 Sunfire C_{18} 柱, C 为 Luna NH_2 柱, D 为 Inertsil Phenyl-3 柱, E 为 Luna HILIC 柱, F 为 Luna CN 柱) 上的分离。SFC 色谱条件: 150bar, 25℃, 梯度洗脱, 助剂为含有 0.1% 异丙胺的甲醇溶液, CO_2 的比例在 10min 的时间内从 5% 上升至 40%, 流速为 3mL/min, UV 检测波长为 220nm。(引自: *Galea C, Mangelings D, Heyden Y. Method development for impurity profiling in SFC: the selection of a dissimilar set of stationary phases. J Pharm Biomed Anal 2015; 111: 333-43* [27].)

采用不同的正相色谱柱 (例如氰基、二醇基、氨基、磺酸基、硅氧基) 和添加了不同添加剂 (例如三氟乙酸、二氯乙酸、乙酸、氯乙酸、异丙胺、三乙胺、四丁基胺、二乙胺) 的甲醇作为助剂, 对酚酸、聚苯羧酸、苄胺、苯二胺、苯胺、苯酰胺、苯乙胺进行了分离。在上述研究中, 无论是采用正相色谱柱还是采用反相色谱柱, 在常见有机助剂中添加的这些添加剂对峰型的改善和选择性的增强都具有决定性的意义。值得注意的是, 在这些分离中所使用的所有的正相柱对每一组化合物都显示出一定的选择性。有两个实例是采用反向辛基柱对极性化合物进行分离的。每一例的选择性都很差，分离不好，所有洗脱的化合物以一个单峰出现。

在2000年中期，几乎所有的SFC应用集中在对药物化合物的分离，这些药物大多数是极性化合物。West等人［26］和Galea等人［27］对很多正相柱和反相柱都做了研究。在这些研究中得到的结论是，在"蛛网"图中右下方的极性柱群是随着柱子极性增加，而向"蛛网"右下方延伸分布的（图5.2）。Galea等人［27］推断如果采用一系列极性和非极性柱（氰基、氨基、HILIC、硅烷基、苯基、C_{18}）对碱性化合物进行分离，那么极性柱（氰基、氨基、HILIC、硅烷基）是最佳选择。有趣的是，在对极性混合物进行分离的时候，所有的4根极性柱都表现出较高的保留特性和良好的分离选择性（图5.7A）。苯基柱的分离选择性也很好，但是C_{18}柱则完全分不开。所有的柱条件都没有优化。这里需要强调的是，助剂中添加了0.1%的异丙胺，以改善分离。进一步，采用同样的极性柱对酸性混合物进行分离（图5.7B）。采用0.1%的异丙胺作为添加剂，在硅烷基、3-苯基、HILIC和氰基柱上都表现出一定的选择分离性。然而，这些酸性成分在氨基柱上保留时间较长，在同样的柱条件下无法像其他柱子那样洗脱出来。de al Puente等人［39］已经证明2-乙基丙烷（DEAP），氨基和2-乙基吡啶具有最强的氢键接收力。因此，这就解释了对酸性化合物进行分离时，当使用DEAP或氨基这类极性柱时，由于强酸/碱的相互作用，他们的保留时间很长或者根本就洗脱不下来。

5.4.3 手性柱

采用SFC对手性物质进行分离，或者是采用手性固定相（CSP），或者是在流动相中添加手性选择剂。但是，对于制备级分离，向流动相添加手性添加剂不是很合适，因为收集后需要将分析物从添加剂中分离出来［40，41］。此外，在SFC流动相中溶解度很高的手性选择剂并不多，这就限制了这种分离方式的应用。

较为常见的手性固定相有纤维素基的（Chiralcel OD，OJ，OF，OG，OK，Trefoil Cel1，Trefoil Cel2，Lux Cellulose 1，Lux Cellulose 2等），或直链淀粉基的（Chiralpak AD，IC，IA，AS，TrefoilAmy，Lux Amylose-1等），见图5.8。固定相或者是化学键的（IA，IC等），或者是物理涂覆在硅基颗粒上（AD，OD，Cel1，Cel2，Amy等）。遗憾的是，对于手性分析方法的开发，在选择手性分析柱时还没有什么标准的规则可供遵循。一些手性固定相最初是采用CO_2和一些助剂（甲醇，乙醇，异丙醇，乙腈或其混合物）进行评估，可能加入一些添加剂也可能不加。图5.9采用7种纤维素基（OD，Cel1和Cel2）和直链淀粉基（AD，IA，IC和Amy）固定相对普萘洛尔（心得安）进行分离的图，这些固定相分别出自两个生产厂家［42］。在所有的纤维素基的固定相，以及两种以甲醇为助剂，0.25% IPAm为添加剂的直链淀粉基固定相上，普萘洛尔都可以得到良好分离。一些研究团队采用助剂和添加剂对手性柱的分离成功率进行了评估排序。Villeneuve等［43］采用3种助剂（甲醇、乙醇、异丙醇）和2种添加剂（三氟乙酸和三甲胺）对7种外消旋体进行了分离。

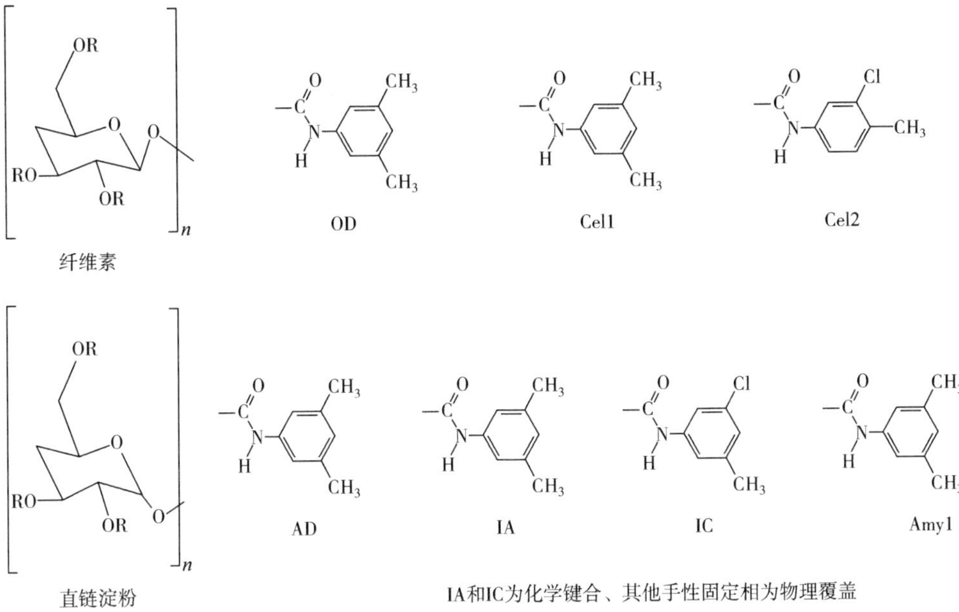

图 5.8 一些商品化手性固定相的结构（CSPs）

在此研究基础之上，得到一些手性柱的分离成功率排序如下：AD>AS>OJ>OD。Maftouh 等 [44] 在柱温 30℃，背压 200atm 条件下，采用 2 种助剂（10% 甲醇和 20% 异丙醇）和 2 种添加剂（碱性成分采用 0.5% 异丙基胺，酸性成分采用 0.5% 三氟乙酸），在 4 种分析柱（Chiralcel OD，OJ，和 Chrialpak AD，AS）上对超过 40 种酸性，碱性和中性外消旋体进行了分离。以此得到的分析柱对这些手性对映体的分离成功率排序如下：AD>OD>OJ>AS。Ashraf-Khorassani 等 [42] 在柱温 40℃，背压 140bar 条件下，采用 2 种改性剂和 3 种添加剂对 7 种手性柱进行了评估。得到的不同对映体的分离成功率排序为 IC>AD=IA=AMY>Cel2>OD>Cel1，在此强调了在 SFC 手性分析中要使用"试错"的方法。

很多研究表明甲醇，异丙醇和乙醇是手性分离中的优选助剂。但是，也并不适用于所有的化合物。Maftouh 等 [44] 在对麻黄碱对映体进行分离的过程中，在 Chiralpak AS 分析柱上，采用 90% CO_2 和 10% 甲醇，乙醇或异丙醇，添加剂为 0.5% 异丙胺时，发现只有乙醇能够实现最佳分离。如果手性化合物能够实现高度离子化，通常都会添加三氟乙酸和异丙胺。添加剂的加入会抑制化合物的离子化，这样就降低了待测物质与手性固定相之间的结合作用。进一步说则是添加剂会吸附在手性固定相表面，从而改变固定相的手性选择性 [45]。空间位阻（异丙胺对三氟乙酸）也可以影响手性化合物的分离。比如在一些实例中，IPAm 相对于三氟乙酸具有更高的选择性 [46]。

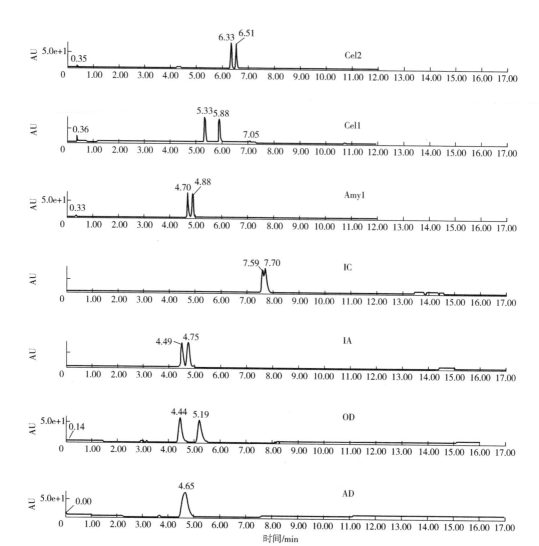

图 5.9　萘氧丙醇胺对映异构体在不同手性固定相上的分离，其中助剂为添加了 0.25%（体积分数）异丙胺的甲醇溶液，流动相为 CO_2（引自：*Ashraf Khorassani M，Taylor LT. Supercritical fluid chromatography separation of chiral compounds using 5 and sub 3μm chiral stationary phases. J Chromatogr Sci*；submitted for publication [4].）

5.5　超临界流体色谱的流动相

二氧化碳是填充柱 SFC 中应用最为广泛的流动相，因为其关键参数适合 SFC 分析，且其经济、安全、易得。现在研究证实即使在密度较高的条件下，CO_2 与正己烷的极性也多少有些类似 [47，48]。待测成分要想得到良好分离，其极性需介于固定相和流动相之间。起初，对极性物质在 SFC 中的分离，还采用了一些极性流体（氨气和六氟化硫）[49，50]。但是，他们一些关键参数要求较高，且具有腐蚀性和成本高等特点，因此，现在已经不常用。低百分比（1%～10%）的助剂加入 CO_2 中，可以增加流动相极性，提高分析物的溶解度，并减少分析物与填充材料的相互作用，在极性化合物的分离中，可以利用这些特性来改变流动相洗脱强度和选择性。Gere [30] 比较了硅胶柱上分离咖啡因、茶碱、可可碱和黄嘌呤时，采用 2-甲氧基乙醇（略微比甲醇的极性更大）和 2-丙醇作为助剂的区别。研究表明，在采用加了助剂的 CO_2 作为流动相时，极性成分在不到 3min 的时间内就可以得到分离。从 20 世纪 80 年代中期到 20 世纪 90 年代早期，不同的极性溶剂（例如甲醇、二甲基亚砜、四氢呋喃、1-丙醇、碳酸亚丙酯、1-己醇、二噁烷、乙腈、二氯甲烷、二甲基乙酰胺、和 2-甲氧基乙醇）作为 SFC 中的助剂用于分离极性化合物 [17，31，32]。但是，在大多数情况下表明醇类（特别是甲醇）是最好的选择。

为了实现极性范围较宽的混合物高效、快速的分离，必须使用梯度洗脱。在 SFC 中，当采用 100% CO_2 作为流动相对低极性化合物进行分离时，通常会使用密度梯度（改变温度，压力或者是两者结合改变）。大多数是采用毛细管柱和微填料柱时，使用这种密度程序变化。对于极性化合物（中性或带电荷的），要想实现成功分离，都需要添加助剂。助剂梯度从一个较低的含量水平开始（1%～5%），在几分钟的时间内迅速增加到 40%～50%（增加的速度从 5%/min 到 10%/min 不等）。许多研究小组已经在 SFC 中使用这种类型的梯度，在助剂浓度最高的条件下保持一段时间，使极性化合物得到快速分离 [39，51～53]。这种梯度通常作为"实验梯度"，用来考察在选定助剂条件下，待测成分能否从色谱柱上洗脱。如果待测成分能够随着 CO_2 和助剂这种混合流动相洗脱下来，且峰型对称，那么就说明对洗脱程序进一步优化就可以得到较好的分离结果。当然，还需要强调的是在这一步中，分析柱的选择也很重要。对于复杂混合物，其中含有很多化学性质很相似的物质，此时改变助剂梯度对它们的分离也不会有所改善。可以试着去换一种固定相，可能会对选择性有一定的影响。为了证实这种现象的存在，Patel 等 [54] 在同样的助剂（95%甲醇水溶液，含有 10mmol 的乙酸铵）梯度条件下，采用 4 种色谱柱（2-EP、硅基、二醇基、氰基）对 10 种水溶性雌激素硫酸根离子进行了分离。尽管不能将所有的待测成分都完全分离，但是相对于其他固定相，2-EP 分析柱还是分离效果最好的。在某些情况下，降低助剂的极性可以改善分离，但在大多数情况下，这样做会导致分离时间更长。Ashraf-Khorassani 等 [55] 分别采用 4 种醇类作为助剂，在同样的梯度条件下，在一根二醇柱上对 4 种水溶性核碱基进行分离考察。相对于其他高级醇类，采用甲醇峰型更为尖锐。

5.6　添加剂

在 SFC 分析中，如果添加了助剂的 CO_2 溶剂强度不够，不能够将极性物质洗脱至适宜峰型，那么就要考虑加入一些有机的碱（三乙胺、异丙基胺等）、酸（甲酸、三氟乙酸等）或盐（乙酸胺、甲酸铵等），这些物质也是助剂，不过是属于附属助剂，我们将其称之为添加剂。这些添加剂通常被加入到主要的助剂中，用以改善峰型，他们的浓度很低（0.1%～0.5%）。这种添加剂与分析物和固定相的相互作用被认为是造成峰形改善和选择性变化的原因。这些相互作用总结如下：（1）对待测成分的离子抑制，这种作用能够增加或减少待测成分与固定相之间的静电作用；（2）对固定相的改变，导致硅胶上活性位点的失活，这样就降低了极性成分与硅醇基团的相互作用，或者他们吸附到固定相中，生成一种选择性更好的相材料，具有更强的作用力，更好的分离能力；（3）添加剂可以游离出来，与分子离子形成离子对，这样就可以使他们在流动相中的溶解性增强，与此同时降低或提高其与固定相之间的相互作用；（4）与分析物具有相同电荷的离子添加剂可以表现出类似于离子交换机制的行为；（5）添加剂能够增强助剂在CO_2中的极性，以此提高待测成分在流动相中的溶解性。

Blackwell 等［56］在亚临界和超临界流体下研究了酸性和碱性添加剂对于萘衍生物在填充柱上的洗脱作用。他们的结论是，在流动相中加添加剂，对于具有强氢键供体/受体的待测物的保留时间影响更大，而对于具有弱氢键受体特征的化合物影响较小。他们同时提出，在超临界条件下，添加剂的加入才会导致最高效率的提高，而在亚临界条件更是如此。通常添加剂在助剂中的浓度取决于填充柱的性质。较为常见和典型的碱性添加剂的浓度范围为 0.25%～0.5%（体积分数），酸性添加剂的浓度范围为 0.1%～0.5%（体积分数）。盐在助剂中的浓度范围为 10～25mmol/L。自 20 世纪 90 年代后期以来，对于极性化合物的 SFC 方法开发，在助剂中添加添加剂已经成为方法开发工具箱的一部分［42，57］。

另外一个方法开发工具则是同时向助剂中加入一种以上添加剂（通常为 2 种），来改善分离。Jones 等［58］使用 TFA 和 TEA 的混合物作为分离 β-激动剂的添加剂。相对于只加入 TEA 一种添加剂，待测成分在两种添加剂混合加入时具有更高的洗脱效率。Ashraf-Khorassani 等［59］采用在 95% 甲醇水溶液中加入 10mmol/L 乙酸胺来分离 8 种极性物质。流动相中水的加入使咖啡因和茶碱实现了基线分离，而不加水的时候，这两种成分是不能分开，共同洗脱出来的。增加一种添加剂可以提高或降低分析物与固定相的相互作用，提高分离度。

5.7 密度

在 SFC 分析中，有三个因素会潜在导致保留时间和选择性的变化。这三个因素是压力，温度和流动相的构成。随着和温度和压力的变化，100% CO_2 密度的波动范围为 0.2～1.1g/mL。待测成分的溶解性则取决于 CO_2 的密度。因此，提高 CO_2 的压力或者是降低柱温能够增加待测成分在 CO_2 中的溶解性。利用这一点，我们可以对压力和温度进行梯度/程序化设置，使在 CO_2 中具有不同溶解性的各类物质洗脱出来。然而，单纯升高温度对于待测成分在 CO_2 中的溶解性具有正反双重作用。Lou 等［60］证实温度升高时，具有高蒸汽压力的溶质溶解度增高。与此同时，当温度升高至流动相密度降低时，这种溶解度会减小。温度也在溶质扩散率中起主要作用，其可以通过降低流动相中的传质阻力来提高柱效。在某些特定分离过程中，这一点显得尤为重要。当采用100% CO_2 或者含有一定助剂（<2%）的 CO_2 做流动相时，温度和压力（如密度）都在 SFC 分离中起关键作用。为了获得稳定的紫外检测结果，在35~40℃的柱温条件下，建议用于分析分离的起始操作密度（使用100% CO_2 或者含有低含量助剂的 CO_2）在0.7~0.75g/mL（110~140bar）。在这种压力条件下再继续增加温度会导致紫外流通池中的相分离，这是导致紫外检测器的产生问题（基线噪声）的主要原因，但对于 MS 或 ELSD 等其他检测器则未必会有影响。在对热不稳定化合物进行检测以及使用某些特定分析柱时，温度的升高也是需要关注的一个问题。

相对于超临界 CO_2，有机助剂的可压缩性较低。添加助剂会降低 CO_2 的压缩性，但也会增加流动相的密度，但这通常对保留时间的影响很小［61］。在一个采用助剂梯度的分离过程中，初期助剂含量较低，此时低的背压如 120~150bar 对早洗脱出来的成分分离有所帮助，但是到了后期，助剂浓度升高，这种影响就不太明显。将背压提升至 200bar 这一过程会看得更为清楚。因此，当采用助剂梯度时，不建议将背压调整过高。流动相的洗脱强度通常是通过提高或降低助剂浓度来进行调整控制，而不是改变温度，压力或是密度。在对极性化合物进行分离时，温度和压力固然很重要，但是还是流动相的组成更为重要。通常操作压力和温度分别设置在 120~150bar 和 30~40℃。

5.8　实际分析方法的建立

可以推断得到的是，对于那些在极性分析柱上可以实现良好分离的极性化合物，采用 SFC 分离时，不适宜采用反相柱进行分离。另外，如果最强的分子间作用力是偶极/诱导偶极或色散作用，那么此时也可以使用100% CO_2。然而，在采用极性柱对极性化合物进行分离的时候，为了得到最佳的选择性和较高的分离效率，必须要加入助剂和某些添加剂。常用来对极性化合物进行分离的柱子是 2-EP，氰基，二醇，硅胶。在方法建立之初，待测成分的性质，酸碱性必须要明确。如果是碱性的，可以先采用固定相包含 2-EP 的柱子，如果是酸性的，可以采用固定相包含二醇的柱子，助剂可以先选择甲醇。最好是先采用一个侦察梯度，一开始，助剂比例较小（CO_2：甲醇=95：5），在 10min 的时间内，提高助剂比例至 50：50（CO_2：甲醇），然后保持这个助剂浓度 5min。由于 CO_2 良好的物理特性，可以使用较高的流速以缩短分离时间。如果分析柱的尺寸为 250mm 或者是 150mm×4.6mm，填料粒径为 3~5μm，流速可以设置为 3~5mL/min，背压为 120~150bar，柱温为 35~40℃。需要注意的是，尽管在分离初始，柱子入口和出口压降较小（10~25bar），但是，随着助剂浓度的提高，压降也在升高，可达到 50~100bar，甚至更高，当然这还取决于柱子的长度和粒径。如果待测成分洗脱时拖尾严重，建议在助剂中加入与此种成分化学性质匹配的添加剂。这种添加剂或者是酸性或者是碱性的，浓度范围为 0.1%~0.5%（体积分数）。在一些情况下，加入第二种添加剂（如水）可以提高选择性，也可以改善只实现部分分离的化合物的分离度。与此同时，第二种添加剂的加入也会对其他成分产生一些负面效应［54］。

5.9 结论

填充柱 SFC 是一种多功能和灵活的分离技术，相对于传统的 GC 或 HPLC，它通常提供更多的优化参数选择。虽然 GC 技术较为简单，受人追捧，但是 SFC 技术为那些难以分离的化合物提供了更多的选择。对于非极性成分在反相柱上的分离，流动相可以随着温度，压力和密度的变化而变化。极性作用使很多极性化合物在这些反相柱上的分离不佳，此时需要调整流动相的极性以获得良好分离。为了尽量降低采用反相柱时出现的微小副作用，一般使用极性柱对极性化合物进行分离。极性化合物的分离通常也需要在流动相中添加助剂和添加剂（又称为次级助剂）。短链醇类一般来讲都是最佳助剂，当然，添加与待测成分化学特性相匹配的添加剂更有助于分离。

参考文献

［1］Berger T. Packed column SFC. RSC chromatography monographs. Cambridge：The Royal Society of Chemistry；1995.

［2］Sabirzyanov AN, Il' in AP, Akhunov AR, Gumerov FM. Solubility of water in supercritical carbon dioxide. High Temp 2003；40：2036.

［3］Takahashi K. Polymer analysis by supercritical fluid chromatography：review. J Biosci Bioeng 2013；116：13340.

［4］Ashraf-Khorassani M, Isaac G, Rainville P, Fountain K, Taylor LT. Study of ultrahigh performance supercritical fluid chromatography to measure free fatty acids with out fatty acid ester preparation. J Chromatogr B 2015；997：4555.

［5］Berger T. Instrumentation for analytical scale supercritical fluid chromatography. L Chromatogr A 2015；1421：17183.

［6］Ashraf-Khorassani M, Coleman WM, Dube MF, Isaac G, Taylor LT. Synthesis, purification, and quantification of fatty acid ethyl esters after trans-esterification of large batches of tobacco seed oil. Beiträge zur Tabakforschung International 2015；26：20513.

［7］Chester T, Pinkston DJ. Pressure-regulating fluid interface ande phase behavior consideration in the coupling of packed-columns supercritical fluid chromatography with low-pressure detectors. J Chromatogr A 1998; 807: 26573.

[8] Combs MT, Ashraf-Khorassani M, Taylor LT. Packed column supercritical fluid chromatography-mass spectroscopy: review. J Chromatogr A 1997; 785: 85100.

[9] Taylor LT, Chang KHC. Packed column development in supercritical fluid chromatography. J Chromatogr Sci 1990; 28: 35766.

[10] Ashraf-Khorassani M, Levy JM. Evaluation of thermionic detector with packed capillary supercritical fluid chromatography of nitrogen-containing compounds. Fresenius J Anal Chem 1991; 342: 688371.

[11] Tarver EE, Hill HH. Comparison of a pulsed electron capture detector and a Fourier transform ion mobility detector after capillary supercritical fluid chromatography. Fresenius J Anal Chem 1992; 344: 4539.

[12] Shi H, Strode JTB, Taylor LT, Fujinari EM. Feasibility of supercritical fluid chromatography-chemiluminescent nitrogen detection with open tubular columns. J Chromatogr A 1996; 734: 30310.

[13] Foreman W, Shellum CL, Briks JW, Sievers RE. Supercritical fluid chromatography with sulfur chemiluminescence detection. J Chromatogr A 1989; 465: 239.

[14] Novotny M, Springston SR, Peaden PA, Fjeldsted JC, Lee ML. Capillary supercritical fluid chromatography. Anal Chem 1981; 53: 407A14A.

[15] Ashraf-Khorassani M, Taylor LT. Chromatographic behavior of polar compounds with liquid vs. supercritical mobile phases. J Chromatogr Sci 1988; 26: 3315.

[16] Ashraf-Khorassani M, Taylor LT, Henry RA. Packed column SFC comparison of conventional and polymer coated silica bonded phase. Chromatographia 1990; 28: 56973.

[17] Blilie AL, Greibrokk T. Modifier effect on retention and peak shape in supercritical fluid chromatography. Anal Chem 1985; 57: 223942.

[18] Ashraf-Khorassani M, Taylor LT. Column efficiency comparison with supercritical fluid carbon dioxide vs. methanol modified carbon dioxide as a mobile phase. Anal Chem 1990; 62: 11738.

[19] Berger T, Berger B, Major RE. A review of column development for supercritical fluid chromatography. LC-GC AM 2010; 28: 34451.

[20] Ashraf-Khorassani M, Taylor LT, Henry RA. Packed column supercritical fluid chromatographic comparison of conventional and polymer-coated silica bonded phases. Chromatographia 1989; 28: 56973.

[21] Brossard S, Lafosse M, Dreus M. Comparison of ethyoxylated alcohols and polyethylene glycols by high performance liquid chromatography and supercritical fluid chromatography using evaporating light-scattering detection. J Chromatog 1992; 591: 14057.

[22] West C, Fouge`re L, Lesellier E. Combined supercritical fluid chromatographic tests to improve the classification of numerous stationary phases used in reversed-phase liquid chromatography. J Chromatogr A 2008; 1189: 22744.

[23] Khater S, West C, Lesellier E. Characterization of five chemistries and three particle sizes of stationary phases used in supercritical fluid chromatography. J Chromatogr A 2013; 1319: 14859.

[24] West C, Lesellier E. Characterisation of stationary phases in subcritical fluid chromatography

with the solvation parameter model. J Chromatogr A 2006; 1110: 20013.

[25] West C, Lesellier E. Chemometric methods to classify stationary phases for achiral packed column supercritical fluid chromatography. J Chemom 2012; 26: 5265.

[26] West C, Lesellier E. A unified classification of stationary phases for packed column supercritical fluid chromatography. J Chromatogr A 2008; 1191: 2139.

[27] Galea C, Mangelings D, Heyden Y. Method development for impurity profiling in SFC: the selection of a dissimilar set of stationary phases. J Pharm Biomed Anal 2015; 111: 33343.

[28] Ashraf-Khorassani M, Taylor LT. Chromatographic behavior of polar compounds with liquid vs. supercritical fluid mobile phases. J Chromatogr Sci 1988; 26: 3316.

[29] Schenmakers PJ, Uunk LGM, Janssen H. Comparison of stationary phases for packed-column supercritical fluid chromatography. J Chromatogr 1990; 506: 56378.

[30] Gere DR. Supercritical fluid chromatography. Science 1983; 222: 2539.

[31] Berry AJ, Games DE, Perkins JR. Supercritical fluid chromatographic and supercritical fluid chromatography-mass spectrometric studies of some polar compounds. J Chromatogr 1986; 363: 14758.

[32] Levy JM, Ritchey WM. Investigations of the uses of modifiers in supercritical fluid chromatography. J Chromatogr Sci 1986; 24: 2428.

[33] Berger TA, Dye JF, Ashraf-Khorassani M, Taylor LT. Gradient separation of PTH-amino acids employing supercritical CO_2 and modifier. J Chromatogr Sci 1989; 27: 10510.

[34] Berger TA, Dye JF. Effect of basic additives on peak shapes of strong bases separated by packed-column supercritical fluid chromatography. J Chromatogr Sci 1991; 29: 31017.

[35] Berger TA, Dye JF. Separation of phenols by packed column supercritical fluid chromatography. J Chromatogr Sci 1991; 29: 549.

[36] Berger TA, Dye JF. Separation of hydroxybenzoic acids by packed column supercritical fluid chromatography using modified fluids with very polar additives. J Chromatogr Sci 1991; 29: 2630.

[37] Berger TA, Dye JF. Role of additives in packed column supercritical fluid chromatography: suppression of solute ionization. J Chromatogr 1991; 547: 37792.

[38] Berger TA, Dye JF. Separation of benzene polycarboxylic acids by packed column supercritical fluid chromatography using methanol-carbon dioxide mixtures with very polar additives. J Chromatogr Sci 1991; 29: 1416.

[39] De la Puente ML, Lopez Soto-Yarritu P, Burnett J. Supercritical fluid chromatography in research laboratories: design, development and implementation of an efficient generic screening for exploiting this technique in the achiral environment. J Chromatogr A 2011; 1218: 855160.

[40] Salvador A, Herbreteau B, Dreux M. Preliminary studies of supercritical-fluid chromatography on porous graphitic carbon with methylated cyclodextrin as chiral selector. Chromatographia 2001; 53: 2079.

[41] Salvador A, Herbreteau A, Dreux M, Karlsson A, Gyllenhaal O. Chiral supercritical fluid chromatography on porous graphitic carbon using commercial dimethyl β-cyclodextrins as mobile phase additive. J Chromatogr A 2001; 929: 10112.

[42] Ashraf-Khorassani M, Taylor LT. Supercritical fluid chromatography separation of chiral compounds using 5 and sub 3μm chiral stationary phases. (Submitted for publication)

[43] Villeneuve MS, Anderegg RJ. Analytical SFC using fully automated column and modifier selection valves for the rapid development of chiral separations. J Chromatogr A 1998; 826: 21725.

[44] Maftouh M, Granier-Loyaux C, Chavana E, Marini J, Pradines A, Vander Heyden Y, et al. Screening approach for chiral separation of pharmaceuticals: part III. Supercritical fluid chromatography for analysis and purification in drug discovery. J Chromatogr A 2005; 1088: 6781.

[45] Wang RQ, Ong TT, Ng SC. Chemically bonded cationic β-cyclodextrin derivatives and their applications in supercritical fluid chromatography. J Chromatogr A 2012; 1224: 97103.

[46] Zhao Y, Woo G, Thomas S, Semin D, Sandra P. Rapid method development for chiral separation in drug discovery using sample pooling and supercritical fluid chromatographymass spectrometry. J Chromatogr A 2003; 1003: 15766.

[47] Hyatt JA. Liquid and supercritical carbon dioxide as organic solvents. J Org Chem 1984; 49: 5097103.

[48] Yonker CR, Frye SL, Kalkwarf DR, Smith RD. Characterization of supercritical fluid solvents using solvatochromic shifts. J Phys Chem 1986; 90: 30227.

[49] Lauer HH, McManigill D, Board RD. Mobile-phase transport properties of liquefied gases in near critical and supercritical fluid chromatography. Anal Chem 1983; 55: 13705.

[50] Leren E, Landmark KE, Greibrokk T. Sulphur dioxide as a mobile phase in supercritical fluid chromatography. Chromatographia 1991; 31: 5359.

[51] Perrenoud AG, Boccard J, Venthey JL, Guillarme D. Analysis of basic compounds by supercritical fluid chromatography: attempts to improve peak shape and maintain mass spectrometry compatibility. J chromatogr A 2012; 1262: 20513.

[52] Lesellier E, Mith D, Dubrulle I. Method developments approaches in supercritical fluid chromatography applied to the analysis of cosmetics. J Chromatogr A 2015; 1423: 15868.

[53] Ebinger K, Weller HN. Comparative assessment of achiral stationary phases for high throughput analysis in supercritical fluid chromatography. J Chromatogr A 2014; 1332: 7381.

[54] Patel MA, Hardink MA, Wrisely L, Riley F, Hudalla CJ, Ashraf-Khorassani M, et al. Evolution of strategies to achieve baseline separation of ten anionic, water-soluble sulfated estrogens via achiral packed column supercritical fluid chromatography. J. Chromatogr A 2014; 1370: 2405.

[55] Ashraf-Khorassani M, Taylor LT. Subcritical fluid chromatography of water soluble nucleobases on various polar stationary phases facilitated with alcohol-modified CO_2 and water as the polar additive. J Sep Sci 2010; 33: 168291.

[56] Blackwell JA, Stringham RW. Effect of mobile phase additives in packed-column subcritical and supercritical fluid chromatography. Anal Chem 1997; 69: 40915.

[57] Cazenave-Gassiot A, Boughtflower R, Caldwell J, Hitzel L, Holyoak C, Lanee S, et al. Effect of increasing concentration of ammonium acetate as an additive insupercritical fluid chromatography using CO_2 methanol mobile phase. J Chromatogr A 2009; 1216: 64419.

[58] Jones DC, Dost K, Davidson G, George MW. The analysis of b-agonists by packed-column supercritical fluid chromatography with ultra-violet and atmospheric pressure chemical ionisation mass spectrometric detection. Analyst 1999; 124: 82731.

[59] Ashraf-Khorassani M, Taylor LT, Seest E. Screening strategies for achiral supercritical fluid

chromatography employing hydrophilic interaction liquid chromatography like parameters. J Chromatogr A 2012; 1229: 23848.

[60] Lou X, Janssen HG, Cramers CA. Temperature and pressure effects on solubility in supercritical carbon dioxide and retention in supercritical fluid chromatography. J Chromatogr A 1997; 785: 5764.

[61] Wu Y. Retention mechanism studies on PCSFC. J Liquid Chromatogr Technol 2004; 27: 223942.

6 多重柱-超临界流体色谱的应用

C. Wang, A. A. Tymiak, Y. Zhang
Bristol-Myers Squibb Company, Princeton, NJ, United States

6.1 引言

多重色谱柱选择性的组合是解决多组分混合物分离的一个简便且可行的方法[1~4]。一种广受欢迎的利用多重色谱柱的方法是多维液相色谱或它的简单形式二维液相色谱（2D-LC）。在二维液相色谱（2D-LC）里，从第一维色谱（^{1}D）出来的流出物分流之后，进入第二维色谱（^{2}D）进一步分离，第二维色谱（^{2}D）通常与第一维色谱（^{1}D）具有不同的分离机理。相反，串联柱（tandem column，TC）系统通过两根或更多的色谱柱的连接具有不同的选择性，而且全部洗脱液从前面的色谱柱到后面的色谱柱都是连续的，没有被分流。

二维液相色谱（2D-LC）为需要高色谱峰容量的复杂混合物的分离提供了很好的前景[1, 5]。因为在每一维色谱里分离情况可以进行独立优化，总的色谱峰容量是^{1}D和^{2}D的乘积（在理想情况下）。为了保证在每一维色谱中可以选择最合适的流动相，因此在每一维色谱中都有独立的泵。最近的研究还进一步表明，在^{1}D出来的流动相进入^{2}D之前额外使用一个泵进行稀释，可以极大的减少^{2}D色谱峰由于两维色谱之间溶剂不匹配引起的变形[6、7]，因此简化了不同分离模式之间的结合。对操作界面的进一步改进，可以增加对^{1}D在线控制能力，例如馏分的采集和样品的收集。由于2D-LC仪器的复杂性，其应用并不广泛，除在实验室研究外，应用还很罕见。

相反，串联柱-液相色谱（TC-LC）可以在配有单泵的常规液相色谱系统上就可以实现，不会有太多的困难。一般来说，对于所连接的一系列色谱柱可以使用相同的流动相。因此，在TC-LC上所连接的色谱柱通常具有相似的分离机理。实际上，这一系列连接起来的柱子可以被认为是一种特殊的多模式的单柱。因此，与典型的优化流动相相比，TC-LC也被认为是一种优化分离的方法，其可以通过调节色谱柱的化学性质进行优化。换句话说，TC-LC仍然是一维色谱技术，理想状态下，它的峰容量不是串联色谱柱的乘积，而是所有串联色谱柱峰容量的加和。虽然与单一色谱柱液相色谱相比，TC-LC在选择性和峰容量上只有少量的改善，但是其已成功运用于单一色谱柱液相色谱难以分离的许多复杂混合物的分离[4, 8~10]。

超临界流体色谱已广泛应用于手性分离，而且在各行业非手性分离的应用也与日俱增。SFC 不仅是一个简单的正相色谱技术，它还可以提供包括正相色谱和反相色谱模式的多种保留机理［11］。尽管，SFC 可能应用了不同的保留机理，但实际上，当今所有的 SFC 都使用 CO_2 和有机溶剂改性剂作为流动相。因此，对于 SFC 中使用的串联柱，其流动相兼容性问题不如 LC 中那样受到关注。而且，在 SFC 中可以串联更多的色谱柱，因为每一根柱子上的压力降更低。

在这部分，我们将聚焦于 SFC 中多重在线串联柱的开发应用，包括 SFC 和 LC、2D-SFC 、TC-SFC 联用技术。也将介绍选择色谱柱进行组合的方法以及调整 TC-SFC 的分离。最后，TC-SFC 分离中压力的作用也会做详细的讨论。

6.2 SFC 在二维色谱中的应用

表 6.1 列出了 SFC 在二维色谱中的应用情况。SFC 已经可以与正相液相色谱和反相液相色谱联用。2D-SFC 也有报道使用开管毛细管柱和填充柱。

表 6.1　超临界流体色谱在二维色谱中的应用

分离模式	接口	样品	年份和参考文献
NPLC×SFC	阀：2 位 10 通阀； 环/捕集器：2×200μL 注：背压限流器在阀门出口	传统中药提取物	2010［12］
SFC×RPLC	阀：2 位 10 通阀； 环/捕集器：2×C_{18} 柱 注：捕集前以水稀释	柠檬油	2008［13］
(SFC-SFC)×RPLC	阀：2 位 10 通阀； 环/捕集器：2×C_{18} 柱 注：捕集前以水稀释	鱼油提取物	2009［14］
RPLC-SFC	阀：2 位 10 通阀； 环/捕集器：2×200μL 注：以 Agilent Flexcube（G4227）捕集多重峰	手性/非手性药物	2016［15］
SFC-SFC	流路切换阀控制流路流经 1 根或 2 根色谱柱；柱间直接组分转移	煤焦油提取物，代谢物提取物，石油馏分	1985［16］； 1989［17, 18］
SFC-SFC	阀：2 位 10 通阀； 环/捕集器：柱上低温捕集	煤焦油提取物和多氯联苯	1990［19］
SFC×SFC	阀：2 位 10 通阀（非传统管道）； 环/捕集器：1×聚甲基硅酮毛细管柱 注：在 ^{2}D 进样期间停掉 ^{1}D 流路	脂肪和油中的甘油三酯	2003［20］； 2006［21］

续表

分离模式	接口	样品	年份和参考文献
SFC×SFC	阀：2位10通阀； 环/捕集器：2×45μL 注：在^{1}D检测器和阀门之间分流；背压调节器在阀门出口	煤炭馏分	2012 [22]
SFC-SFC	阀：4×2位6通阀（图6.1）； 环/捕集器：无 注：直接将^{1}D切割组分转移至^{2}D柱头；质谱触发阀切换	手性/非手性药物	2011 [23]

6.2.1 LC 和 SFC 的联用

在一些2D色谱的应用中，已经有SFC与LC联用的实例 [12~15]。超临界或亚临界流体的低黏度可以进一步改善质量传递，便于在不降低柱效的情况下使用更高的流速，从而获得比普通液相色谱更好的分离度。因此，SFC是第二维色谱分离理想的选择，因为，在第二维分离时要求能够实现快速分离，从而避免第一维色谱分离峰样品欠缺的情况。例如，Gao等应用2D正相液相色谱（NPLC）×SFC分析传统中药（灵芝）提取物。通过使用整体柱的SFC来作为第二维色谱，得到了1min的调整时间，也获得了第一维色谱峰的足够样品量来保持必要的峰容量。两根色谱柱之间的接口是2位10通阀，并带有2个样品环，这与2D-LC上使用的配置相似。而且，背压调节器安装在10通阀废液释放处以平衡第一维和第二维色谱之间的压力，从而减少由于阀切换带来的基线干扰。

SFC 除了可以与 NPLC 相连外，SFC 也可以直接与 RPLC 连接。Francois 等 [13, 14] 使用SFC×RPLC系统分离疏水混合物，如柠檬油和鱼油提取物。第一维的SFC的分离结果同NPLC相似，但是其流动相与第二维反相色谱更具有兼容性。带有2个C_{18}富集柱的2位10通阀安装在SFC的背压调节器后面来切换洗脱液到第二维反相色谱。来自于第一维的色谱柱的CO_2在接口处泄压蒸发，剩下的有机溶剂洗脱液可以同RPLC兼容。额外使用另一个泵用水稀释第一维色谱的洗脱液，以避免C_{18}富集柱上的穿透。超临界或亚临界流体使得系统压降更低，可以允许在第一维色谱串联多个色谱柱以增加色谱峰容量。SFC×RPLC系统由于具有两种分离模式的正交性，从而提供了更高的峰容量。

SFC 与 RPLC 联用时，SFC 也可以用作第二维色谱。Venkatramani 等 [15] 应用二维RPLC-SFC同时进行非手性和手性药物的分析。这套系统减少了单一色谱柱分离的工作量，简化了典型的实验室工作流程。通过排除潜在的非手性对映体杂质的共洗脱物，确保了手性纯度的明确分配。由于二维色谱内在的对样品进行稀释，第二维 SFC 的灵敏度是传统一维 SFC 的 50%。但是通过接口处使用 C_{18} 富集柱，也可以检测到 0.1% 的非手性杂质。此外，通过把 Sunfire C_{18} 和 Chiralpak IC3 柱进行选择性组合成功分离了药物中 8 种非对映异构体。除特殊设计的安捷伦 2 位 8 通阀以外，切换阀接口与 Francois［15］等人研究中的装置相似。

6.2.2 二维超临界流体色谱

多维 SFC 出现于 20 世纪 80 年代末，并成功应用于气相色谱难以分离的高沸点的复杂混合物的分离［16~19］。2D-SFC 运用于这类混合物的分离，一般使用 CO_2 或 SF_6 作为流动相，并且带有火焰离子化检测器（FID）。早期的研究人员通过使用单泵和流量切换阀来引导流动相的流量从而实现了 2D-SFC 的中心切割功能。流量可以通过第一维色谱后在进入第二维色谱之前中断，或者是流量连续的通过两个色谱柱，把第一维色谱柱的洗脱物转移至第二维色谱柱中。填充毛细管柱和开管柱均进行了评价。填充毛细管柱的连接可以提供更快的分离速度和更高的柱容量，而使用两根开管柱可以有更高的分离效率和分辨能力［19］。通过使用创造性的切换阀，把具有不同保留机理的色谱柱串联起来可以获得独特的选择性［24~26］。然后，有学者尝试把填充柱和开管柱用一个泵连接起来，最终由于两种色谱柱要求的最佳流速不同而失败［17］。Juvancz 等［19］通过引入次级泵从而在每一维色谱系统中有独立的流速改进了早期的二维色谱装置。而且在第二维色谱分离之前，引入柱上低温捕集装置来收集第一维色谱的洗脱物。在煤炭焦油样品分析中，所做的这些改进在减少分离时间和缩短第二维色谱的峰宽都是有效的。然而，自从 20 世纪 90 年代后期，开管柱 SFC 已经逐渐被填充柱 SFC 所取代。

两个独立研究组已经证实填充柱的 SFC×SFC 方法是切实可行的。Hirate 等使用 2 位 10 通阀作为接口，通过压力控制器泄压后，单一的毛细管柱用来富集第一维色谱的洗脱液。这个阀可以切换到吹扫模式，把富集的洗脱液转移到第二维色谱分析柱上进一步分离。与此同时，第一维色谱的流量停止，可以避免流动相的损失。这个阀可以在任何时候切换回它的初始位置进行第一维色谱的分离和馏分收集。这为第一维色谱提供了灵活方便的样品采集时间。这个装置已经成功用于分离脂肪和油脂中的甘油三酯。与单柱分析相比，在二维色谱中，即便是使用相同的 C_{18} 色谱柱，他们只是柱温和柱长不同，其峰容量和分辨力都有很好的改进。这套装置与在线超临界流体萃取仪联用已经在聚苯乙烯泡沫中苯乙烯低聚体的分析中得到应用［21］。Guibal 等［22］通过改进常规的 2D-LC 中的 2 位 10 通阀的管路建立了 SFC×SFC 接口。具体来说是，第一维色谱的流出物在第一维检测器和阀入口处进行分流。此外，压力控制器安装在阀出口处以避免转移环中的馏分泄压。通过将 C_{18} 柱和硅胶柱相连接，使用 CO_2 为流动相，这些研究人员在 2D 分离空间中，成功的将含有成百上千种成分的煤提取物分成了若干组峰。这些研究人员也注意到为了最好的利用超临界流体分离的速度和效率，需要对仪器做进一步的优化。

也有报道使用 SFC 进行 ^{2}D 手性-非手性分离［23］，这类似与 LC-SFC 的应用。Zeng 等［23］使用中心切割 2D-SFC 系统从分析和制备色谱规模上对药物进行了手性和非手性的分离。图 6.1 是分析用的 2D-SFC-MS 系统，它是通过对遗弃的 Berger SFC 系统增加 4 个 2 位 6 通阀改进而来的。阀 1 控制一维色谱的流出物到 UV 检测器或是第二维色谱的色谱柱头上，阀 2 用来控制泵流量到手性或非手性柱上。阀 3 总是与阀 2 相结合控制 MS 检测器的入口。阀 4 通过绕过柱 2 来冲洗系统。在两维色谱上通过增加阀 2 和阀 3，使用带有 UV 和 MS 检测器的单泵进行分离。在 ^{1}D 非手性柱之后添加一个额外体积的样品环以延迟流出物到达阀 1，以便 MS 信号能够及时记录以触发阀 1 的切换。不需要传递回路。第一维色谱分离的馏分直接转移到第二维色谱柱上，并在柱头处富集，只有当第一维色谱分离结束后第二维色谱分离才会开始。制备用的 ^{2}D 色谱系统在配置上与这个类似，增加了阀用于泄压和多重组分的收集。这种复杂装置存在一个潜在限制，从第一维色谱出来只有一个切口可以用于转移到第二维色谱分离。尽管如此，该装置简化了特定手性化合物的分析和复杂混合物中单一对映体的纯化。

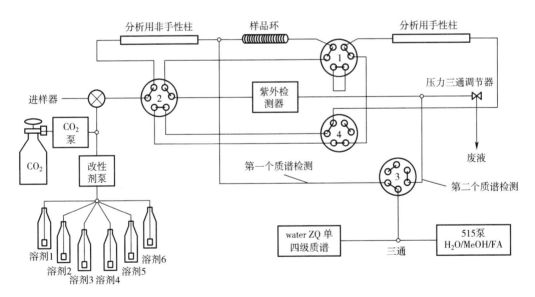

图 6.1 分析用的中心切割 2D-SFC-MS 系统（引自：Zeng L, Xu R, Zhang Y, Kassel DB. Two-dimensional supercritical fluid chromatography/mass spectrometry for the enantiomeric analysis and purification of pharmaceutical samples. J Chromatogr A 2011；1218：308088［23］.）

6.3 串联柱超临界流体色谱

串联柱超临界流体色谱（TC-SFC）通过结合不同色谱柱获得良好的选择性，是一种经济又便捷的方式。与 ^{2}D 色谱需要复杂的仪器设备相比，TC-SFC 可以当作传统的 SFC 来使用。一种死体积为 0 的装置可以用于连接 2 个色谱柱以减少额外的柱体积。TC-SFC 数据的采集和分析与单柱超临界流体色谱是类似的。因此，TC-SFC 更适合于那些没有复杂的多维色谱的操作经验的研究人员应用。另一方面，串联柱技术也被认为是一维色谱技术。一根柱子通过与另一根柱子相连接，其选择性可能得到改进、或是保持不变、或下降，甚至完全没有选择性。因此，与 ^{2}D 色谱技术相比，TC-SFC 中色谱柱的选择需要花费更多的时间。尽管如此，通过把不同选择性的柱子串联使用的成功应用实例也是很多的（表 6.2）。

表 6.2　TC-SFC 的应用

柱子类型	总柱长/cm	样品	年份和参考文献
Silica	220	柠檬油、PAH、烟囱提取物、汽油	1993 [27]
不同 C_{18} 柱	80	β-胡萝卜素的 E-Z 异构体	1999 [28]
常规和整体 C_{18} 柱	75	β-胡萝卜素的 E-Z 异构体	2003 [29]
C_{18} 柱和硅胶柱	50	16 种 PAH	1994 [30]
C_{18}，C_{30}，苯基柱，氰基柱	50	15 类固醇	2014 [31]
硅胶柱和二醇柱	75	小麦脂质提取物	2004 [32]
不同的非手性和手性柱	50	手性药物混合物	1998 [33]
手性 AD 和 OD 柱	50	一种药物的非对映异构体	2005 [34]
硅胶柱和手性 AD 柱	30	手性反应产物	2006 [35]
不同的非手性柱和手性柱	NA	一种药物的非对映异构体，手性反应产物	2007 [36]
不同的手性柱和非手性柱	40	手性反应产物	2013 [37]
不同的手性柱	50	BMS 药物的 4 种异构体，氯杀鼠灵降解产物	2014 [38]

6.3.1 相同类型色谱柱的串接

在实验室，把相同类型的色谱柱串接获得"更长"的色谱柱是一种经济、快捷的方法。长的柱子可以产生更高的峰容量和分离效率。实际上，柱子的长度经常受到系统最大压力和分离时间的限制。与 LC 相比，SFC 使用低黏度的超临界 CO_2 作为流动相，可以在较低的系统压力降情况下使用更高的流速获得更好的分离效率。因此，相对于 LC，SFC 系统可以使用更长的色谱柱。例如，Berger 和 Wilson 把 11 根色谱柱串联起来获得了 2.2m 的有效柱长，然后系统压力降仅仅 160bar [27]。对于不同的复杂混合物，其峰容量和分辨率均有显著的改善。在对烟囱提取分析中，30min 的分析时间内，超过 80 个色谱峰出现。理论塔板数和分离时间可以与传统的 GC 相媲美。

串联柱也可以用于分离两组化合物。最近，在实验室我们尝试用串联柱来纯化原料中的 2 种对映异构体。在 12 种常用的手性柱上用多种溶剂进行分离，发现只在一种柱子上这组对映体可以得到部分分离（手性 OJ 柱，5%异丙醇作为改性剂）（图 6.2A）。由于纯化的需要，降低有机改性剂的比例是不现实的。无须尝试所有的手性柱和不同的流动相组成，我们仅仅通过两根 OJ 柱的连接明显改善了这两种化合物的分离（图 6.2B）。实际上，通过把多根色谱柱相连来增加柱长是改善分离最简单的一种方法，而且这种方法比单柱有更好的实用性。

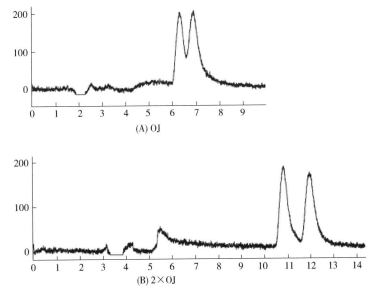

图 6.2 原料中对映异构体的纯化。一根 OJ 柱分离情况（A）和 2 根 OJ 柱（250mm×30mm）串联的分离情况（B）。流动相均为 CO_2：异丙醇=95∶5，其他实验条件相同

6.3.2 选择性不同的两根非手性柱的连接

当在一根柱子上不能实现所有化合物的完全分离时，把选择性互补的柱子串接起来使用往往会有意想不到的结果。例如，Lesellier 等［28］系统研究了 β-胡萝卜素的 4 种顺反异构体（所有反式，9-顺，13-顺，15-顺）在单一柱子上的分离情况。发现 Ultrabase UB 225 柱可以把这 4 个物质分成 3 个峰，其中 9-顺和所有反式是共洗脱物。Hypersil ODS 柱可以产生 4 个峰，13-顺和所有反式异构体是部分共洗脱物。3 根 Ultrabase UB 225 柱和 1 根 Hypersil ODS 柱串联使用，可以将这 4 种异构体完全基线分离。类似的道理，Lesellier 等［29］使用 YMC Pack Pro C_{18} 柱和 Chromolith RP 18e 柱串联成功分离了 β-胡萝卜素的 4 种顺反异构体。

串联柱方法已经成功应用于多组分的混合物的分离。Sandra［30］等将 2 根不同的 C_{18} 柱相连首次运用 SFC 对参考混合物（美国环境保护署）中的 16 种多环芳烃实现完全分离。Delahaye 和 Lynen［31］评价了 TC-SFC 对 15 种类固醇混合物的分离。他们运用专门为 TC-SFC 开发的计算机辅助柱选择软件来选择色谱柱。两组色谱柱（每组使用 4 种柱子）的分离效果与预期的效果相似。

Deschamps 等［32］研究了 5 类脂类物质在硅胶柱和二醇柱上的超临界流体色谱的分离情况。这两种柱子均可以对其基线分离且洗脱顺序相同，但是具有不同的相对选择因子。结合不同数量的色谱柱和连接顺序可以产生选择性略有不同的分离，因此混合物的整体分离也可以进行"调整"，从而产生一个峰间距均匀的最佳分离。

6.3.3 手性柱和手性柱或非手性柱的串联

手性纯度分析通常是在复杂的基质样品中进行的，比如反应产物、配方药物、生物样品等。为获得确切的手性纯度的药物，手性药物中的所有非手性杂质必须得到分离。Phinney 等［33］是第一个把非手性柱和手性柱串接在 SFC 上使用的，并成功分离了手性药物的混合物。其中，手性柱用于分离所有的手性化合物的异构体，非手性柱用于分离共洗脱的药物以及提供互补选择性。各种手性药物的外消旋混合物可以通过不同的非手性柱和手性柱的连接在 TC-SFC 实现完全分离。图 6.3 是 4 种手性 β-阻断剂的分离情况。

在药物实验室，手性柱和非手性柱结合的 TC-SFC 主要应用于包含手性物质和起始原料的反应混合物的分析检测和制备纯化。理论上，非手性柱和手性柱的结合也可以用于分离非对映异构体。实际上，Welch 等人［36］也注意到非手性柱对非对映异构体的分离能力很差。大部分文献报道的复杂的非对映异构体的分离均是在 2 根串接的手性色谱柱上实现的，这个结论也可以进一步证实 Welch 等人的说法［34，36，38］。

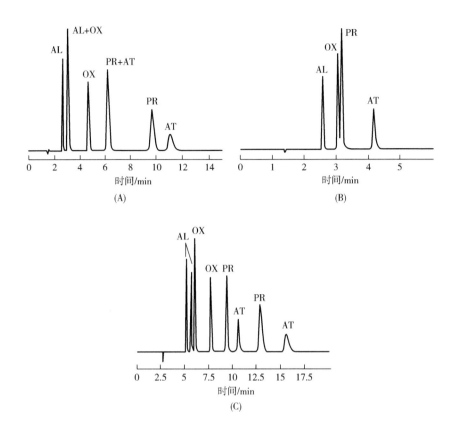

图 6.3 手性 β-阻断剂普洛尔（AL），阿替洛尔（AT），氧烯洛尔（OX），普萘洛尔（PR）在 (A) 手性 OD 柱，(B) 非手性 Cyano 柱，(C) 非手性 Cyano 柱和手性 OD 柱串联的分离情况（引自：*Phinney KW, Sander LC, Wise SA. Coupled achiral/chiral column techniques in subcritical fluid chromatography for the separation of chiral and nonchiral compounds. Anal Chem 1998；70：233135* [33].）

6.4 串联柱超临界流体色谱方法的开发

虽然多维色谱是目前最适合于极其复杂的混合物的分析的方法，但是 TC-SFC 由于具有很好的可操作性，因此对于中等复杂的混合物 TC-SFC 也有很大的应用潜力。TC-SFC 面临的一个问题是缺乏柱选择和优化的系统方法。如果随机去选择色谱柱进行组合，效率很低，因为大量的色谱柱存在很多种不同的组合。目前，报道的有一些合理的方法用于色谱柱组合。合理的组合色谱柱有一个前提条件是必须要知道在各个色谱柱上的洗脱顺序。洗脱顺序可以通过使用标准物质来确定，比较不同柱子上的相对峰面积比。

Lesellier 等[28, 29]专注于非手性色谱柱的组合，这些柱子对于所考察的化合物具有相同的洗脱顺序。同典型的单柱 SFC 一样，然后对主要几种的色谱柱组合进一步做流动相优化。

Phinnye 等[33]讨论了非手性柱和手性柱的组合。手性柱首先用于保证所有异构体能够分离。在最优化的手性分离条件下，对一系列的非手性柱进行筛选，以评估他们对手性色谱柱上共洗脱峰的选择因子。在单根手性和非手性色谱柱上的保留时间之和可以用于估算 TC-SFC 的保留。选择非手性柱进行评价是因为其可以很好的用于计算 TC-SFC 的分离情况。Ventura [37] 等使用类似的策略，首先找到了最优化的手性分离条件。通过把不同的非手性与手性柱连接，筛选出合适的一个非手性柱。

TC 分离的选择因子是每一个连接的柱子选择因子的保留时间加权[8, 39, 40]，如式（6.1）：

$$\alpha_t = \sum f_i \cdot \alpha_i \tag{6.1}$$

式中 α_t——TC 分离的总体选择因子；

α_i——每根柱子上的选择因子；

f_i——来自于柱 i 对保留时间的贡献的。

Wang 等人[38]使用两根选择性互补的手性色谱柱研究了 TC-SFC 对 4 种非对映异构体的分离情况。通过简单的改变 f_i，而保持所连接的每根柱子的 α_i 不变，有多种不同的方法用于调整 α_t。每根柱子相对保留的贡献（f_i）可以有效的减少，通过使用相对更短的柱子，或是更细的柱子，或使用更高的柱压。通过改变这些实验参数，不同的洗脱顺序和整体的选择因子可以进行方便的优化。

Delahaye 和 Lynen [31] 基于方程 6.1 使用相似的方法优化了 TC-SFC 分离非手性混合物的参数。通过改变 5 根不同类型的反相色谱柱的柱长，从而改变 f_i，和 α_t。通过简单的改变柱长，这 5 根色谱柱理论上可以有超过 3000 种的组合。计算机程序可以很方便的计算每个可能的柱子组合的总体保留时间和分离情况，从中挑选出最合适的柱子组合。这个方法为 TC-SFC 提供了良好且合理的色谱柱选择指南，尽管存在由于超临界流体密度压力引起的一些小的错误预测。

色谱柱自动筛选在 TC-SFC 中也是一个重要且实用的方法。Welch 等和 Ventura 并列的安装了 2 个多位柱切换阀（图 6.4）来对不同的色谱柱组合进行自动筛选[36, 37]。每一个柱切换阀保留了一个旁路，以便单柱也可以使用这个系统进行评价。例如，在方法开发中，使用 6 位阀，总的可以对 10 个单柱和 25 个柱组合进行筛选。

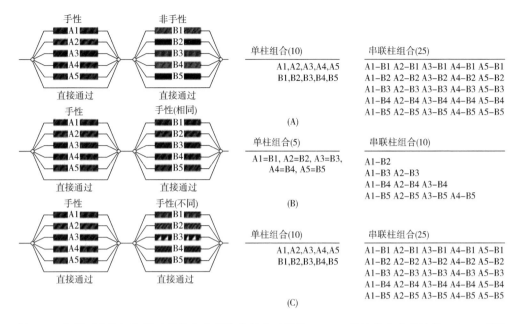

图 6.4 应用两个柱切换阀对单柱和串联柱进行自动优化：（A）手性柱和非手性柱；（B）手性柱和手性柱（相同）；（C）手性柱和手性柱（不同）（引自：*Welch CJ，Biba M，Gouker JR，Kath G，Augustine P，Hosek P. Solving multicomponent chiral separation challenges using a new sfc tandem column screening tool. Chirality 2007；19：18489* [36]．）

6.5　串联柱超临界流体色谱中压力的作用

在 SFC 中，柱背压对保留时间有很大的影响。系统背压增加，流动相压缩，导致其密度和溶解能力的增加，从而降低溶质分子的保留时间。另一方面，我们发现压力对柱的选择因子几乎没有影响 [41]。这也许是柱背压在单柱 SFC 中很少被单独看做一个参数进行优化的主要原因。

在 TC-SFC 中，对于方法开发来说压力是个重要参数 [38]。在相同的系统背压条件下，串联色谱柱装置中前柱承受的压力比传统的单柱系统更高。前柱柱压的有效提高会导致前柱对 TC-SFC 中保留时间贡献的降低。因此，我们通常利用单柱实验获得的保留时间进行加和来预测 TC-SFC 的保留往往是不准确的，虽然这种方法简化了预测过程，而且也常用于柱组合的选择 [31，33]。当流动相更具有压缩性，前柱背压更高，溶质保留更长，这种预测错误也会增加。

为了减少这种由于忽略压力影响导致的预测错误，Lessllier 等使用整体柱作为后柱。整体柱在低流速的流动相条件下，只会产生很小的压力降。因此，前柱的背压与单柱实验相比不会差别太大，因此计算出来的 TC-SFC 保留时间可以足够精确的确定最优化的柱长［29］。相反，Wang 等人一直在试图改进预测的准确性，他们将 TC-SFC 中的前柱用于单柱实验，并将背压设定同 TC-SFC 系统一致［41］。为了预测保留时间又不需要增加额外实验。基于经验压力-保留模型，我们从常规背压下的实验测量结果中推断出在高背压下的单柱保留时间。这个方法也成功应用于预测因柱子连接顺序的改变而发生的选择因子的变化。

在 SFC 系统中，改变色谱柱的连接顺序，同时也会改变柱背压。因此，在梯度和等度洗脱条件下，柱子的连接顺序都会影响 TC-SFC 的最终保留时间［36, 38, 42］。然后，早期的研究认为，在等度洗脱条件下，柱子连接顺序只是轻微影响 TC-SFC 的总体保留时间。Wang 等［38］研究报道了 4 种非对映异构体在 TC-SFC 上的分离，其中柱子的连接顺序对 TC-SFC 的分离有巨大的影响（图 6.5）［38］。Delahaye 和 Lynen 研究发现当改变串联的非手性柱的连接顺序，三对关键的化合物会有不同的选择性。如果样品更复杂，TC-SFC 中柱子连接顺序的影响会更明显，串联柱的选择性因子的差异也会更大，通过柱子的压力降也会更高。

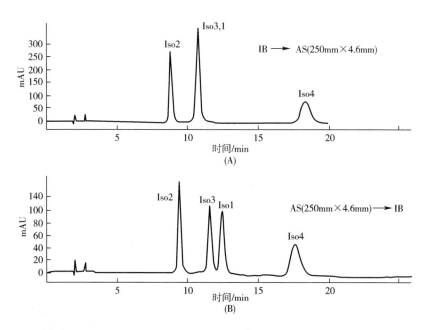

图 6.5 相同的 AS 和 IB 色谱柱，通过简单改变柱子连接顺序，TC-SFC 分离情况。所有的实验设置是一样的（引自：*Wang C, Tymiak AA, Zhang Y. Optimization and simulation of tandem column supercritical fluid chromatography separations using column back pressure as a unique parameter. Anal Chem 2014; 86: 4033-4040*［38］.）

尽管压力的变化增加了 TC-SFC 方法开发的复杂性，但是我们可以利用压力来优化 TC-SFC 的分离。提高柱子的系统背压可以降低式（6.1）中的 f_i，从而改变整体的选择因子 α_t，因为更高的压力通常可以降低保留时间，选择因子保持不变

[38，41]。与传统一些影响f_i的参数，如柱长、柱内径相反，压力可以很自由的变化从而可以对 TC-SFC 中的 α_t 连续的调整 [38]。如图 6.6 所示，在 TC-SFC 中，当前柱的背压在缓慢增加的时候，Iso4 和 Iso1 的相对保留时间在连续变化。虽然受到系统压力的限制，但是可以预见，如果串联的两个色谱柱之间可以使用更高的压力，Iso4 和 Iso1 可以再次基线分离，且洗脱顺序与图 6.6A 不同。在另外的例子中，使用 TC-SFC 系统使用手性的 OD 和 OJ 色谱柱，分离氯灭鼠灵的 6 种降解混合物，通过简单的改变前柱压力和柱子的连接顺序，可以产生 4 种不同的洗脱顺序 [38]。

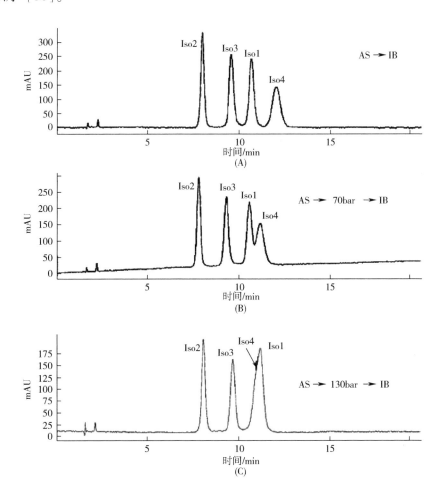

图 6.6 通过提高前柱 Chiralpak AS 的背压来调整 Iso1 和 Iso4 的选择因子。(A) 没有使用压力控制器。(B) 70bar 背压。(C) 130bar。后柱 IB 柱的背压保持常数不变。其他的色谱参数在三种情况下保持不变（引自：*Wang C, Tymiak AA, Zhang Y. Optimization and simulation of tandem column supercritical fluid chromatography separations using column back pressure as a unique parameter. Anal Chem 2014；86：403-340 [38] .*)

6.6 结论

在各种模式下的多色谱柱分离中，SFC 提供了独特的功能。尤其是 SFC 可以与 LC 联用从而产生互补的选择性，而且流动相可以相互兼容。SFC 特有的快速和高效的特点，使其成为二维色谱分离的优先选择。由于 SFC 流动相黏度和压力降更低，因此在 2D 应用中，可以通过把多根色谱柱串接起来获得更长的色谱柱，从而增加了峰容量。由于 SFC 不同分离模式之间的流动相相互兼容，又具有低的柱压，因此在 TC-SFC 应用中可以把很多化学性质不同的色谱柱串接起来使用。

不足为奇，目前报道的串联柱 SFC 的应用大部分是复杂混合物中手性化合物的分析和纯化。这类分析可以使用中心切割二维色谱和串联柱色谱。二维色谱方法要求特殊的仪器和软件，这些对大多数的实验室是不容易实现的。相比较，串联柱方法使用常规的 SFC 系统，可以更广泛采用。TC-SFC 尤其适合于样品的纯化，因为大体积进样可以提高产量。另一方面，TC-SFC 比二维色谱需要花费更多的精力去选择合适的色谱柱组合，包括色谱柱的类型、维数和连接顺序。因此，开发简便的 TC-SFC 方法对于 TC-SFC 的广泛运用是至关重要的。

参考文献

[1] Stoll DR, Li X, Wang X, Carr PW, Porter SEG, Rutan SC. Fast, comprehensive two dimensional liquid chromatography. J Chromatogr A 2007；1168：3-43.

[2] Dugo P, Cacciola F, Kumm T, Dugo G, Mondello L. Comprehensive multidimensional liquid chromatography：theory and applications. J Chromatogr A 2008；1184：353-68.

[3] François I, Sandra K, Sandra P. Comprehensive liquid chromatography：fundamental aspects and practical considerations—a review. Anal Chim Acta 2009；641：14-31.

[4] Alvarez-Segura T, Torres-Lapasió JR, Ortiz-Bolsico C, García-Alvarez-Coque MC. Stationary phase modulation in liquid chromatography through the serial coupling of columns：a review. Anal Chim Acta 2016；923：1-23.

[5] Li X, Stoll DR, Carr PW. Equation for peak capacity estimation in two-dimensional liquid chromatography. Anal Chem 2009；81：845-50.

[6] Stoll DR, O'Neill K, Harmes DC. Effects of ph mismatch between the two dimensions of reversed-phase x reversed-phase two-dimensional separations on second dimension separation quality for ionogenic compounds-I. Carboxylic acids. J ChromatogrA 2015；1383：25-34.

[7] Gargano AFG, Duffin M, Navarro P, Schoenmakers PJ. Reducing dilution and analysis time in online comprehensive two-dimensional liquid chromatography by active modulation. Anal Chem 2016；88：1785-93.

[8] Mao Y, Carr PW. Application of the thermally tuned tandem column concept to the separation of several families of environmental toxicants. Anal Chem 2000；72：2788-96.

[9] Gostomski I, Braun R, Huber C. Detection of low-abundance impurities in synthetic thyroid hormones by stationary phase optimized liquid chromatography mass spectrometry. Anal Bioanal Chem 2008; 391: 279-88.

[10] Lu J, Ji M, Ludewig R, Scriba GKE, Chen D-Y. Application of phase optimized liquid chromatography to oligopeptide separations. J Pharm Biomed Anal 2010; 51: 764-7.

[11] Lesellier E. Retention mechanisms in super/subcritical fluid chromatography on packed columns. J Chromatogr A 2009; 1216: 1881-90.

[12] Gao L, Zhang J, Zhang W, Shan Y, Liang Z, Zhang L, et al. Integration of normal phase liquid chromatography with supercritical fluid chromatography for analysis of fruiting bodies of ganoderma lucidum. J Sep Sci 2010; 33: 3817-21.

[13] François I, dos Santos Pereira A, Lynen F, Sandra P. Construction of a new interface for comprehensive supercritical fluid chromatography3reversed phase liquid chromatography (SFC3RPLC). J Sep Sci 2008; 31: 3473-8.

[14] François I, Sandra P. Comprehensive supercritical fluid chromatography3reversed phase liquid chromatography for the analysis of the fatty acids in fish oil. J Chromatogr A 2009; 1216: 4005-12.

[15] Venkatramani CJ, Al-Sayah M, Li G, Goel M, Girotti J, Zang L, et al. Simultaneous achiral-chiral analysis of pharmaceutical compounds using two-dimensional reversed phase liquid chromatography-supercritical fluid chromatography. Talanta 2016; 148: 548-55.

[16] Christensen RG. On-line multidimensional chromatography using supercritical carbon dioxide. J High Res Chromatogr 1985; 8: 824-8.

[17] Davies IL, Xu B, Markides KE, Bartle KD, Lee ML. Multidimensional open-tubular column supercritical fluid chromatography using a flow-switching interface. J Microcolumn Sep 1989; 1: 71-84.

[18] Payne KM, Davies IL, Bartle KD, Markides KE, Lee ML. Multidimensional packed capillary column supercritical-fluid chromatography using a flow-switching interface. J Chromatogr A 1989; 477: 161-8.

[19] Juvancz Z, Payne KM, Markides KE, Lee ML. Multidimensional packed capillary coupled to open tubular column supercritical fluid chromatography using a valveswitching interface. Anal Chem 1990; 62: 1384-8.

[20] Hirata Y, Hashiguchi T, Kawata E. Development of comprehensive two-dimensional packed column supercritical fluid chromatography. J Sep Sci 2003; 26: 531-5.

[21] Okamoto D, Hirata Y. Development of supercritical fluid extraction coupled to comprehensive two-dimensional supercritical fluid chromatography (sfe-sfcxsfc). Anal Sci 2006; 22: 1437-40.

[22] Guibal P, Thie 碩 aut D, Sassiat P, Vial J. Feasability of neat carbon dioxide packed column comprehensive two dimensional supercritical fluid chromatography. J Chromatogr A 2012; 1255: 252-8.

[23] Zeng L, Xu R, Zhang Y, Kassel DB. Two-dimensional supercritical fluid chromatography/mass spectrometry for the enantiomeric analysis and purification of pharmaceutical samples. J Chromatogr A 2011; 1218: 3080-8.

[24] Lundanes E, Greibrokk T. Group separation of oil residues by supercritical fluid chromatography. J Chromatogr A 1985; 349: 439-46.

[25] Lundanes E, Iversen B, Greibrokk T. Group separation of petroleum using supercritical fluids: a comparison of supercritical nitrous oxide and carbondioxide as mobile phases. J Chromatogr A

1986; 366: 391-5.

[26] Campbell RM, Djordjevic NM, Markides KE, Lee ML. Supercritical fluid chromatographic determination of hydrocarbon groups in gasolines and middle distillate fuels. Anal Chem 1988; 60: 356-62.

[27] Berger TA, Wilson WH. Packed column supercritical fluid chromatography with 220,000 plates. Anal Chem 1993; 65: 1451-5.

[28] Lesellier E, Gurdale K, Tchapla A. Separation of cis/trans isomers of β-carotene by supercritical fluid chromatography. J ChromatogrA 1999; 844: 307-20.

[29] Lesellier E, West C, Tchapla A. Advantages of the use of monolithic stationary phases for modelling the retention in sub/supercritical chromatography: application to cis/trans-β-carotene separation. J Chromatogr A 2003; 1018: 225-32.

[30] Kot A, Sandra P, David F. Selectivity tuning in packed column sfc separation of the sixteen priority polycyclic aromatic hydrocarbons as an example. J High Res Chromatogr 1994; 17: 277-9.

[31] Delahaye S, Lynen F. Implementing stationary-phase optimized selectivity in supercritical fluid chromatography. Anal Chem 2014; 86: 12220-8.

[32] Deschamps FS, Lesellier E, Bleton J, Baillet A, Tchapla A, Chaminade P. Glycolipid class profiling by packed-column subcritical fluid chromatography. J Chromatogr A 2004; 1040: 115-21.

[33] Phinney KW, Sander LC, Wise SA. Coupled achiral/chiral column techniques in subcritical fluid chromatography for the separation of chiral and nonchiral compounds. Anal Chem 1998; 70: 2331-5.

[34] Barnhart WW, Gahm KH, Thomas S, Notari S, Semin D, Cheetham J. Supercritical fluid chromatography tandem-column method development in pharmaceutical sciences for a mixture of four stereoisomers. J Sep Sci 2005; 28: 619-26.

[35] Alexander AJ, Staab A. Use of achiral/chiral sfc/ms for the profiling of isomeric cinnamonitrile/ hydrocinnamonitrile products in chiral drug synthesis. Anal Chem 2006; 78: 3835-8.

[36] Welch CJ, Biba M, Gouker JR, Kath G, Augustine P, Hosek P. Solving multicomponent chiral separation challenges using a new sfc tandem column screening tool. Chirality 2007; 19: 184-9.

[37] Ventura M. Use of achiral columns coupled with chiral columns in sfc separations to simplify isolation of chemically pure enantiomer products. Am Pharm Rev 2013; 16.

[38] Wang C, Tymiak AA, Zhang Y. Optimization and simulation of tandem column supercritical fluid chromatography separations using column back pressure as a unique parameter. Anal Chem 2014; 86: 4033-40.

[39] Lukulay PH, McGuffin VL. Solvent modulation in liquid chromatography: extension to serially coupled columns. J Chromatogr A 1995; 691: 171-85.

[40] Mao Y, Carr PW. Adjusting selectivity in liquid chromatography by use of the thermally tuned tandem column concept. Anal Chem 1999; 72: 110-18.

[41] Wang C, Zhang Y. Effects of column back pressure on supercritical fluid chromatography separations of enantiomers using binary mobile phases on 10 chiral stationary phases. J Chromatogr A 2013; 1281: 127-34.

[42] Poole CF. Stationary phases for packed-column supercritical fluid chromatography. J Chromatogr A 2012; 1250: 157-71.

7 分析用超临界流体色谱仪的发展

T. A. Berger

SFC Solutions Inc., Englewood, FL, United States

7.1 引言

现代超临界流体色谱（SFC）是一种高分辨率化学分离技术，与高效液相色谱（HPLC）密切相关，实际上，它们使用大多数相同的仪器，色谱柱和软件。这两种技术的主要区别在于 SFC 采用高度压缩的二氧化碳（CO_2）替代 HPLC 中使用的大部分液体作为流动相，同时也使用相对少量的极性改性剂如醇类。必须提高 SFC 系统中的压力，以保持流动相密度接近正常液体的密度。这通常通过在色谱柱或检测器之后安装的背压调节器（BPR）来实现。

超临界流体色谱的通用原理图如图 7.1 所示，其机理与高效液相色谱（HPLC）相似。二元泵用于输送 CO_2 和改性剂。CO_2 泵头和输入的 CO_2 通常是冰

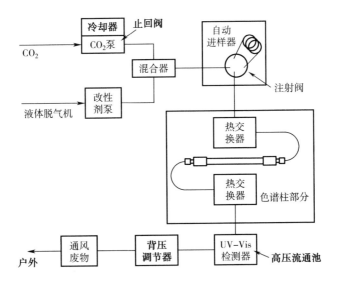

图 7.1 超临界流体色谱的通用原理图。HPLC 和 SFC 不同的部分以粗体标出。改性剂的脱气包，改性剂泵，自动进样器，柱温箱和紫外检测器可以很容易的在 SFC 或 HPLC 进行配置。对最佳的 SFC 性能来说最关键的元件包括改进的 CO_2 泵（不同的止回阀和活塞密封圈）、背压调节装置。最大的不同是驱动泵和背压调节装置的软件

冷的，以便于泵去输送液态 CO_2。然后两个流路混合在一起。外部循环自动进样器用于进样。在热交换器（HX）中对流动相预热至柱温。流动相通过柱子后进入另一个热交换器，流动相的温度调整到流通池的温度。最常见的检测器是带有高压流通池的紫外-可见光检测器。背压调节器安装在检测器后面用于维持流动相在密集的状态。泄压后，CO_2 通过通风橱抽走，废液收集在密闭的玻璃瓶中。HPLC 和 SFC 最大的不同之处在于包含了新的仪器参数、出口压力和泵通过软件的驱动方式。

HPLC 应用最多的是反相色谱模式，反相色谱分离原理基于疏水作用，其使用典型的非极性物质为固定相，如 C_{18}，用水和有机溶剂作为流动相。SFC 主要用于正相色谱，其中固定相是极性的，例如裸的二氧化硅，具有相对非极性的流动相（CO_2、乙醇）。这些差异更具感性而非实质性。

由于一些实际原因，SFC 越来越受欢迎。与大多数有机溶剂相比，二氧化碳非常便宜，并且可以从其他行业回收。因此，它被认为是一种"绿色"技术。SFC 流动相的黏度远低于普通液体，与 HPLC 相比，当使用具有相似尺寸的色谱柱时，其固有的速度更高，压降更低。通常说 SFC 在相同尺寸的颗粒上比 HPLC 快 3~5 倍，并且很少需要能够超过 400bar 的泵。

7.1.1 色谱柱的发展

HPLC 最近几年获得了迅猛发展。色谱柱影响仪器的设计，近些年来，色谱柱技术有巨大的变化。亚 $2\mu m$ 的完全多孔颗粒在 20 世纪 80 年代首次出现 [1]，大大缩短了样品分析时间，但是直到 2000 年左右才得到商品化。直到 2004 年才有充分利用它们的仪器。表面多孔壳颗粒也是在很早就出现，但是也大约在 2000 年左右才得到利用。这两种颗粒类型的色谱柱使得分析速度变得更快。

7.1.1.1 全多孔亚 $2\mu m$ 颗粒

最优化的线性速率（μ_{opt}）与颗粒的内径（d_p）成反比。$1.8\mu m$ 的完全多孔颗粒需要的流速约为 $5\mu m$ 颗粒的 2.8 倍，并且产生相同的分析效率，分析速度是 $5\mu m$ 颗粒的 8~9 倍。然而，通过使用更短的色谱柱，亚 $2\mu m$ 颗粒通常可以获得更快的分析速度，虽然分离效率会有所降低。为进一步提高完全多孔的亚 $2\mu m$ 颗粒色谱柱的分析速度，通常的流速会高于其最优化的线性速率。塔板高度和线性速率之间的关系并不明显，使用更高的分析速率只会导致轻微的分析效率的损失。亚 1min 的分析色谱图在 HPLC 中是常见的。然而，分析速度的巨大提高需要对 HPLC 设备进行全新的设计，以增加仪器对压力的耐受，减少额外的柱峰展宽和改进响应时间。

7.1.1.2 表面多孔壳颗粒

色谱柱技术另一个重要的改进是表面多孔壳颗粒的发展。这些颗粒有一个固体的核心，表面覆盖一层薄的多孔膜。通常，总粒径（d_p）在 2.5~3μm 左右，其固体核心大约为 1.25~1.5μm。这些颗粒的分离效率与多孔膜的厚度成正比，但是其压力降（ΔP）与总粒径的平方（d_p^2）成正比。因此，他们能产生与亚 2μm 完全多孔颗粒类似的效率和分析速度，但是只有其 1/4 的压力降。使用这种颗粒的色谱柱只需要对 HPLC 做简单的改进来减少额外的柱峰展宽和改进响应时间。

7.1.2　仪器的发展

尽管 HPLC 仪器开发的这些拥有更高的速度的小颗粒填料直到 2004 年才开始使用，但是随后又产生了"Ultra HPLC"或"UHPLC"。

HPLC 和 UHPLC 是一个每年超过 40 亿美元的产业，但是 SFC 处于成长期，每年仅仅才 1 亿美元。由于 SFC 的市场规模仅仅只有 HPLC 的几个百分点，因此 SFC 的大多数仪器发展都是后来对 HPLC 仪器的改进。到目前为止，没有一台 UHPLC 转化为 SFC，虽然在未来存在这种可能。尽管如此，一些现代的 SFC 具有"超高效"的特征，因为他们有时使用现代的亚 2μm 颗粒和表面多孔壳颗粒。这两种颗粒在 SFC 中的使用远远落后于其在 HPLC 中的使用，但是在最近开始已慢慢在追赶。尽管目前商业化的 SFC 不能实现的亚 2μm 颗粒的完全理论效率。

7.1.3　由亚 2μm 颗粒导致的 HPLC（SFC）的仪器变化

HPLC 和 SFC 所使用的流动相在物理特性方面具有很大的不同。这些差异对尚未明确界定的仪器设计产生了影响。然后，在过去对 HPLC 设计上的简单改进是令人满意的，但是这并不是改进 SFC 或 UHPSFC 合适的方法，因为这两种技术有不同的最佳效果。

7.1.3.1　压力的要求

7.1.3.1.1　柱压力降 ΔP

高速分离是需要代价的。最明显但可能不是最重要的是对泵压的要求。通过柱子的压力降（ΔP）同黏度（η）、柱长（L）、线性速率（μ）成正比，与柱填料的内径 d_p 的平方以及柱子的渗透率 θ 成反比。如式（7.1）所示。

$$\Delta P = \eta \mu L / \theta d_p^2 \tag{7.1}$$

因为 μ 与柱填料内径 d_p 成反比，因此 ΔP 实际上与 d_p^3（固定柱长）成反比。即使是较短的色谱柱，当其使用亚 2μm 颗粒的填料时，ΔP 通常是 5μm 颗粒填料的 8~9 倍。而且，为了获得更好的分离效率，操作人员喜欢用高于最优速率的流速和更长的柱子，这进一步加大了压力降。这也促进了高压泵的发展。可以耐受 1200bar 压力的 UHPLC 泵现在已经被广泛使用，而且在未来可能可以承受更高的压力。在 HPLC 中使用亚 2μm 颗粒的色谱柱，需要配置高压泵，这引起了部分人士的抵制，因为这样将会导致所有老的耐压范围在 400~600bar 的 HPLC 遭到淘汰，这将耗费数百亿美元。表面多孔壳颗粒提供了相似的速度和效率但是压力降更小。关于这些颗粒的样品容量仍然有疑问。它们的使用仍然需要非常低的柱外峰展宽和非常快的数据采集。

不管使用任何一种颗粒填料的色谱柱，SFC 可以在更低的压力降下提供更高的分析速率。纯的 CO_2 的黏度只有水黏度的 1/20，以 3~5 倍的流速计算，使用纯 CO_2 的 SFC 色谱柱上的 ΔP 仅为 HPLC 色谱柱上的 ΔP 的 1/7。然而，现在纯的 CO_2 已经不再使用，会在其中加入各种液体改性剂，增加流动相的黏度，例如短链的醇，一般加入量在 5%~40%。例如，含 20%甲醇的 CO_2 在 50℃，400bar 条件下的运动黏度是 $0.141mm^2/s$，这仅为室温条件大气压状态下纯甲醇运动黏度（$0.69mm^2/s$）的 1/5。大部分 HPLC 流动相的黏度要比甲醇高得多。

不同温度下，CO_2 中不同的甲醇含量（5%，10%，15%，20%）的理论黏度见表 7.1。甚至使用全多孔的亚 2μm 的填料，压力降也很低。实际上，使用这种柱子，理论塔板数约为 30000，即使在出口处压力在 150bar，改性剂含量较高条件下，泵压也很少达到 400bar（在最优化 μ 条件下）。

表 7.1 CO_2 中甲醇含量不同时的运动黏度

CO_2 中甲醇含量	运动黏度/（$\times 10^{-4}$ cm^2/s）										
	5%			10%			15%			20%		
压力/bar	40℃	50℃	60℃	40℃	50℃	60℃	40℃	50℃	60℃	40℃	50℃	60℃
100	8.55		7.6	9.4	8.4		10.45	9.5	8.55	12.1	10.8	9.6
150	9.5	8.65	8.05	10.2	9.4	8.75	11.1	10.2	9.45	12.6	11.4	10.1
200	9.95	9.3	8.75	10.55	10	9.35	11.65	10.85	10.05	13.2	11.9	11.2
250	10.5	9.75	9.2	11.25	10.5	9.85	12.1	11.33	10.6	13.6	12.4	11.6
300	10.95	10.38	9.65	11.75	10.95	10.35	12.6	11.8	11.05	14.2	13	12.2
350	11.45	10.64	10.05	12.1	11.35	10.65	13.05	12.2	11.45	14.7	13.6	12.6
400	11.77	10.96	10.36	12.45	11.7	11.1	13.3	12.6	11.85	15.3	14.1	13.1

7.1.3.1.2 柱外压力降低

系统压力下降（泵和 BPR 之间的压力差）中连接管路中的压力降通常不被重视。亚 2μm 的颗粒需要短的内径更小的连接管路，例如 120μm，来减小柱外峰展宽（后面将详述）。在一组实验中［3］流速为 5mL/min，流动相含 20%甲醇，色谱柱 3mm×100mm，填料为 1.8μm 的颗粒，背压 150bar，此时系统压力约为 520bar。最佳的流速是 1.7mL/min，所以此实验中所用的流速大约为最佳流速的 3 倍。总的压力降 ΔP 约为 370bar。但是，把柱子去掉之后系统压力为 325bar，这说明柱外部分对总的压力降贡献了 175bar 的压力。因此柱外部分对总的压力降贡献率将近一半（47%）。柱外压力降来自于柱前端和柱后其他部分。

在 HPLC 中，管路中的压力降几乎是无关紧要的。因为保留时间和选择因子几乎与压力没有关系。在相同色谱柱维数条件下，HPLC 的流量是 SFC 流量的 1/5~

1/3，这在很大程度上抵消了 HPLC 流动相高黏度的影响。

在 SFC 中，局部压力相当重要，因为保留时间一定程度上与流动相密度有关。除了在使用长柱时会限制可用的总压力之外，柱前面的压降不是特别重要。在小颗粒填料的色谱柱中平均压力和密度明显高于大颗粒填料的色谱柱。有人建议调整出口压力，保证使用两种色谱柱时平均压力保持稳定，减小保留时间和选择性的变化。管路中大的压力降的一个最大问题是方法从大颗粒填料色谱柱转移到小颗粒填料色谱柱时，尤其是在管路内径（ID）和长度发生变化时。

7.1.3.2 压力，密度，黏度和扩散系数

在 HPLC 中，扩散系数、黏度和压力、密度之间的关系并不显著。假设可以开发出越来越小的颗粒，只要能够制造出耐受压力越来越高的泵，就可以实现更快的分离。增加泵的耐受压力没有太大意义。减少检测器的响应时间和柱外峰展宽难度更大。SFC 中高压可能或不可能起作用，因为压力、密度和黏度对溶剂扩散系数的影响还不明确。

在 SFC 中，通常认为，密度会随着改性剂的浓度变大而变大。ρ 和 $D_{1,2}$ 是常数（ρ 密度，$D_{1,2}$ 是流动相中溶质二元扩散系数），ρ 至少大于 0.6 [4]。但是，超过 300bar 后，CO_2/MeOH 混合物的密度会随着甲醇的浓度增加而减低 [3]。扩散系数不会随着密度的降低而增加。我们知道黏度会随着改性剂浓度的增加而增加，因为如前面所述，ΔP 增加了。人们会认为在更高压力条件下，流动相分子将会更紧密的结合在一起。当使用甲醇这些极性改性剂时，随着浓度的增加氢键也会增加。这两方面的因素都会导致黏度增加和 $D_{1,2}$ 下降。但是，目前没有针对高压条件下 SFC 流动相的 $D_{1,2}$ 进行测量，因此很有必要对高压条件（超过 400bar）下的溶质扩散系数进行精确测量。

7.1.4 峰展宽和湍流

7.1.4.1 柱方差

将样品体积注入流动相可以理想化为一种非常窄的方波浓度。在色谱柱中，方波通过扩散会变宽，如下范迪姆特方程所示。

$$H = A + BD_{1,2}/\mu + C\mu/D_{1,2} \qquad (7.2)$$

右边的三项分别表示涡轮扩散（A），纵向扩散（B），传质阻力（C）。它们都对峰展宽起到作用，而且使其更接近高斯方程。相对于大颗粒填料，使用小颗粒的填料可以产生更窄更快的峰。使用较小直径的柱导致含有峰的流动相的体积显著降低。

人们可以很简单的根据半峰宽（$w_{1/2} = 2.35\sigma$）计算出色谱峰的标准方差（σ^2）。一根填料为 1.8μm 的 3mm×100mm 的色谱柱其柱方差是填料 2.5μm 的 4.6mm×150mm 的色谱柱的 1/12。一根填料为 1.8μm 的 2.1mm×100mm 的色谱柱其柱方差是填料 3.5μm 的 4.6mm×150mm 的色谱柱的 1/50。

7.1.4.2 柱外方差

色谱仪中的每个其他组件也会导致峰展宽。仪器的设计就是尽最大可能减小这种柱外峰展宽，从而尽可能的观察到柱子的内在效率。如果柱方差减少50倍，柱外方差也很可能减少50倍。

能对柱外方差起作用的部分包括进样体积、进样时间、连接管路、配件、检测池体积、电子检测器和过滤器。每一部分均有方差，且这些方差叠加。为了看到95%的柱效，柱外方差应该为柱方差的1/10或更小。

柱外方差主要是由连接管路导致的。在HPLC中流动相是层流的，管路的方差可以表示为见式（7.3）。

$$\sigma_{tube}^2 = \pi r^4 LF/24D_{1,2} \tag{7.3}$$

式中　r——管路的半径；

　　　L——管路长度；

　　　F——流速；

　　　$D_{1,2}$——溶质在流动相中的二元扩散系数。

值得注意的是管路方差与管路半径的4次方和管路长度成正比，而且这个方程只适用于层流状态。

7.1.4.3 湍流

雷诺数是一个无量纲变量，用来指示层流何时破裂，产生湍流。当雷诺系数大约超过2400的时候说明产生了湍流。雷诺系数公式如下：

$$Re = \mu d/\eta \tag{7.4}$$

式中　μ——线速度，cm/s；

　　　d——管路的直径，cm；

　　　η——运动黏度，cm^2/s。

因为SFC中流动相主要是超临界CO_2，其黏度大大低于UHPLC中流动相的黏度，因此在SFC中流动相在管路中更可能是湍流。

湍流有两方面的影响，好的方面是它可以减小由管路引起的扩散（柱外峰展宽）。因此如果是湍流的话，式（7.3）会高估管路方差。管路中的湍流不应该对柱效产生任何影响。

另一方面是湍流增加了管路中的压力降。层流时，管路压力降随着μ线性增加。湍流时，压力降至少随着μ^2线性增加。

利用表7.1的黏度，CO_2中甲醇含量在5%~20%，压力100~400bar，40~60℃，在170μm的内径的管路中流体总是湍流，大概为1mL/min。把内径降低到120μm，产生层流，流速为1mL/min，但是流速为1.5mL/min时又处于湍流。因此，SFC中在最佳条件下，管路中的流体大部分处于湍流状态的，尤其是当线速度大于μ_{opt}。HPLC中管路中的流体总是处于层流状态的。

需要强调的是，在SFC和HPLC中，色谱柱中的流体均处于层流状态。压力

降 ΔP 是 μ 的线性函数。在相同流速下，SFC 中的色谱柱的压力降总是显著低于 HPLC 中色谱柱的压力降。

超临界流体色谱系统的压力降 ΔP 会随着流速的增加而呈现非线性的增加，这是湍流增加的特征（雷诺数增加）。在某一个例子中［3］，管路长 71cm，内径 120μm 带有 3mm，2μL 的流通池，其 ΔP 与流量关系的变化曲线即表明了这种非线性关系。把这曲线衍伸到流速为 0，ΔP 也为 0 时，曲线渐进逼近 ΔP 曲线，这条曲线看起来就是层流状态时曲线的模样。把这曲线衍伸到流速为 5mL/min，如果是层流的话，实际的 ΔP 是预期的 4 倍。

至少有一篇文献报道过［5］，在相同管路和相同流速情况下，SFC 中使用纯的 CO_2 时其 ΔP 会显著高于使用纯的乙腈。这是由于使用 CO_2 时，流体处于湍流状态，使用乙腈时流体处于层流状态。这些系统设计方面的问题还很少得到关注。

7.1.4.4　管路

传统的高效液相色谱通常使用相当长的 170μm 的管路来连接进样阀和色谱柱，色谱柱和检测器。现代 UHPLC 使用更短的，内径为 120μm 或更小（75~100μm）的管路，这有利于减小峰展宽，因此可以看到 2.1mm 内径色谱柱中亚 2μm 颗粒填料的大部分柱效。商业化的 SFC 通常使用 170μm 的管路来连接进样阀和色谱柱，色谱柱和检测器，这与传统的 HPLC 相似。其中有一个例子是在柱前和柱后均使用 60cm 长的内径为 170μm 的管路。

大多数 SFC 使用亚 2μm 填料的色谱柱和标准的管路，这样有利于得到更低的塔板高度（$h_r \approx 3$）。为了在 3mm 或更小内径的色谱柱中看到亚 2μm 颗粒的全部柱效，管路的长度和内径都需要更小。在进样阀和色谱柱间 25cm 长的 120μm 内径的管路以及 51cm 长的 120μm 内径的管路可以让用户看到 3mm×100mm，1.8μm 色谱柱的全部柱效［3］。

正如前面所述，使用亚 2μm 颗粒会产生层流，有必要使用更小内径的连接管来减小扩散。然而，这些管道中的湍流会造成很大的压降。这些对柱子中的实际压力降和密度产生不确定性。

7.1.4.5　热梯度

在 HPLC 发展的早期，研究人员就预料到［6］沿着色谱柱流体减压，这种大的压力降会导致较大的轴向和潜在的径向温度梯度。轴向的温度梯度并没有得到关注。径向温度梯度会导致线速度 μ 和保留时间的径向梯度，从而导致潜在的严重的柱效损失。近几年为了更快的分离，研究人员一直在发展更小颗粒的色谱柱，但同时压力降和潜在的热梯度也大幅增加。研究人员的目标是将颗粒直径进一步显著减小到亚 1μm，但 ΔP 很可能需要再增加 3~4 倍。

由于这种热梯度，可能造成严重的柱效损失，这也导致了很多技术上的重大发展。人们已经认识到，色谱柱不应直接加热或冷却，而应隔离在静止空气柱温箱中，流动相经预柱 HX 预处理至初始温度。柱与其周围的任何热交换都会导致径向梯度的形成。如果不与周围环境进行换热，则会形成轴向温度梯度，而不形成径向梯度。

在高效液相色谱法中，减压时流动相总是升温。压降越大，升温程度越大。在 SFC 中情况非常不同，在改性剂含量较低时，二氧化碳实际上会随着膨胀而显著地冷却。例如，当纯 CO_2 从 500bar 泄压到 100bar 时，它会冷却大约 16℃。在 5% 的改性剂和相同的泄压情况下，温度下降大约减半。当甲醇含量约为 15% 时，减压时既没有冷却，也没有升温。30% 以上有明显的升温现象。由于与高效液相色谱法相比，SFC 中流体的压力变化往往要小得多，而且平均改性剂浓度为 20%，在升温最小的情况下，加热或冷却往往要少得多。因此，一些使用亚 2μm 填料的内径较大的色谱柱，更多使用在 SFC 中，其理论柱效已得到证明。

7.1.4.6 柱内径和流量

分析用的 HPLC 和 SFC 色谱柱一般内径为 4.6mm。然而，在 HPLC 中，现在常用的是比传统内径更小的柱，以尽量减少径向距离，从而减少流动相减压所引起的热梯度。事实上，2.1mm 内径已经成为高效液相色谱中一个广泛可用的事实标准。

使用 2.1mm 的色谱柱要求仪器设计者做出严重的妥协。没有任何机械设备能在 >100 的动态范围内真正表现得异常出色。在 HPLC 中对于 2.1mm 内径的色谱柱最佳流量为 0.3~0.5mL/min。5% 改性剂的第二通道流量在 0.015~0.025mL/min。这个流量必须要有非常好的重复性。当流量为 0.3mL/min，改性剂流量为 5% 时，改性剂流量变化为 ±0.001mL/min，意味着输送的改性剂的仅为 4.67%~5.33%。一些先进的 UHPLC 将最大流速限制在 1mL/min，以便在低改性剂浓度下使用 2.1mm 或更小的内径色谱柱提供更好的重现性。

在相同尺寸的色谱柱上，由于 CO_2 为主的流动相中溶质 $D_{1,2}$ 值较高，其流动相流速始终高于高效液相色谱（HPLC）。在 SFC 中亚 2μm 颗粒的 2.1mm 内径的色谱柱典型的流量为 0.7~1.0mL/min。然而，由于 SFC 热梯度问题较小，较小内径的柱子很难填充，而且流动相的费用较低，因此在 SFC 中使用这类小内径的柱子并无多大诱惑。

在另一个极端情况，亚 2μm 颗粒填充的 4.6mm 内径的柱子最佳流速大于 5mL/min。目前，大多数 SFC 典型的最大流速为 4~5mL/min，过低甚至达不到最佳效果。研究表明，较高的流量会导致接头管路中出现严重的 ΔP。因此，一个很好的折衷方案是使用填充亚 2μm 颗粒内径较小的色谱柱。其中直径为 3mm 的柱子的最佳流速为 1.72mL/min，与 5μm 颗粒填充的 4.6mm 内径的柱子相似。由于这些类型的色谱柱的范德姆特曲线是非常平坦的，更高的流量可以得到更快的分析，而且几乎没有柱效损失。内径越大，色谱柱越容易填充。更大的尺寸也更符合目前泵的流动特性。

7.2 CO_2 泵

SFC 的新用户通常从实验室外安装的钢瓶开始。20℃时钢瓶的压力大约在 55bar，可以随着温度明显变化。在钢瓶中，CO_2 以高密度液态形式存在，与稍低密度的气态顶空相处于两相平衡（20℃时约为 0.8g/cm³ 和 0.15g/cm³）。为了减少配件没有压力调节器。

7.2.1 压缩比

往复泵的压缩比是（泵）气缸容积与活塞完全缩回（满）的比率除以活塞完全伸入气缸的容积（空）。现代 SFC 泵大多数是具有相对低压缩比的往复泵。活塞通常距离泵缸壁 1mm，并且从不接近汽缸的底部。在一个广泛使用的泵中，活塞外径为 3.2mm，最大行程长度为 1.25cm，而气缸内径为 5.0mm。忽略活塞末端与气缸底部之间的间隙，空容积约为 100μL，而全容积约为 245μL。因此，这种典型泵的压缩比小于 2.45。

7.2.2 流体温度对泵的影响

在离开钢瓶之后，温度的任何升高或二氧化碳压力的降低都会导致一些流体蒸发，这可能导致泵的空化，并且随后无流量。由于电子设备和电机散发的热量，HPLC 泵的内部温度通常会达到 30℃ 或更高。如果供应 CO_2 钢瓶温度为 20℃ 但泵处于 30℃，那么在往复循环期间，CO_2 在泵内的密度将由 55bar 的钢瓶压力决定。在这种条件下，CO_2 在泵内的密度将只有 0.152g/cm³（表 7.2）。

表 7.2 纯 CO_2 在各种温度和压力下的密度 [7]

压力/bar	温度/℃				
	-30	-20	5	10	30
20	1.078	1.032	0.0443	0.0430	0.0389
30	1.081	1.036	0.0742	0.0711	0.0623
40			2 相		
55			0.912	0.876	0.152
100			0.948	0.921	0.771
400			1.066	1.052	0.989
600			1.1113		

为了将 CO_2 的压力增加到 100bar，其密度为 0.771g/cm³（忽略由于压缩引起的任何加热），泵需要的压缩比>5（0.771/0.152）。泵送至 400bar 需要的压缩比>6.7。

显然，具有低压缩比的典型往复泵如果不进行任何改进，不能用于从高压钢瓶中泵送 CO_2。

但是，如果将流动相和泵头冷却至 10℃，则在再循环往复期间进入泵缸的 CO_2 密度约为 $0.876g/cm^3$，压缩比仅为 1.05，压力达到 100bar，压缩比为 1.2 时，压力达到 400bar。几乎所有制造 SFC 的 CO_2 泵的方法都将泵头温度降至 4~5℃，来获取更多的余地。许多 SFC 使用安装在高压气缸内的阀门上的 DIP 或喷射管取出液相，以尽量减少将所有流体转换成稠密液体所需的冷却功率。然而，一些 SFC 会取出蒸汽相，在使用前有效过滤，这样允许使用较低等级的二氧化碳。

7.2.3 大流量的 CO_2 的要求

如果 SFC 的使用率很高，那么使用钢瓶就会显得很不方便。如果以 2mL/min 的速度一天 24h 不间断的运行，则 22kg 的钢瓶瓶只可持续使用 7 天。需要存放和更换备用钢瓶。许多单位具有分析和/或半制备用的 SFC，通常不再使用高压（大气温度）钢瓶，而是使用杜瓦罐或是其他大体积的容器，有些可容纳多吨的 CO_2。整个设施有时采用焊接供应线，在多个实验室中分配 CO_2。这种基础设施开发可能需要大量的规划和施工时间。

大体积罐比杜瓦罐更方便，因为不需要使用升降车或其他大型工具。一辆大型卡车只需要定期给罐子充 CO_2 就行。钢瓶和杜瓦罐中的二氧化碳成本一般在 1 美元/kg 左右，而散装罐的成本可能低到 0.1 美元/kg。这种低成本与正庚烷或乙腈的成本相比非常有利，后者的成本远远超过 80 美元/L。

在杜瓦罐和散装罐中，CO_2 压力约为 20bar，并通过半连续内部沸腾的方式将 CO_2 冷却至 -20℃ 至 -30℃。任何往复泵都需要冷却到低于这些温度（低于 -30~-20℃）以保持流体处于液态以允许用低压缩比的往复泵泵送。CO_2 是一种非常差的润滑剂，会影响密封件的磨损，特别是在非常低的温度下。CO_2 泵中使用的活塞密封件与反相 HPLC 泵中使用的活塞密封件不同。泵密封件通常由超高分子质量聚乙烯制成。这种密封件在 -30~-20℃ 不能使用很长时间。

压缩机用于将压力提升至钢瓶压力或更高（+/55bar）的压力。压缩机通常具有比标准往复泵高得多的压缩比，并且可能不需要冷却。已经出现了许多商业气体输送系统（GDS）。商业 GDS 通常将进料压力从 20~30bar 提高到 75~100bar。计量泵头通常仍然是冷却的。

较老的 GDS 是大型气动放大器泵，非常嘈杂且效率低下。大量相对低压（约 7bar）的空气用于产生体积更小压力更高的 CO_2。因此，需要一个非常大的空气压缩机来产生足够的空气流来驱动这样的放大器泵，放大器泵又将 CO_2 供给计量泵（串联的三个泵）。然而，具有非常高的压缩比的合适的电驱动压缩机是商业上可获得的，其噪声小得多，效率更高，并且不需要冷却器。有些人可以在没有冷却器的情况下将压力从 20bar 增加到 400bar 以上。

7.2.4 压缩性

如已经指出的那样,冷却泵头并预先冷却流体会显著降低泵送 CO_2 所需的压缩比。然而,精确计量 CO_2 流量比简单地冷却流体和泵头要复杂得多,尽管在过去这通常(错误地)被认为是足够的。

泵的往复运动可以分为吸入冲程,压缩冲程和输送冲程。压缩和输送冲程都是活塞向前运动的一部分。压缩冲程将流体从初始压力预压缩到柱头压力。在压缩冲程期间没有流体离开泵,因此倾向于相对快速地执行以便试图保持恒定的流量与时间的关系。对于任何流体,现代泵几乎总是使用两个或多个泵头,以尽量减少或消除没有流体的死点。因此,当另一个泵头重新吸入时,一个泵头通常在输送。

用于压缩流体的冲程长度取决于流体的可压缩性。如果压缩冲程太短,则泵在压缩冲程期间不能达到柱头压力。然后必须浪费部分输送冲程以完成压缩。在这一部分的"输送"冲程期间实际上没有流体输出,泵的流量/冲程比设定值低。相反,如果压缩冲程太长,则泵输送的流量大于设定点。在任何一种情况下,通常存在显著的压力扰动,成分和流动不准确性,以及压力脉冲引起的 UV 噪声。使用两个或多个泵头通常不能消除这个问题。

为试图消除压缩性补偿中的误差,已经开发了各种泵送技术。这些泵的发展是过去 25~30 年间 SFC 发展的核心。HPLC 中使用的常规液体具有 $45×10^{-6}$/bar(水)和 $15×10^{-6}$/bar(庚烷)之间的可压缩性,并且相对独立于压力。压力每变化 1bar,密度也会随之变化。因此,在 1~1000bar,水的密度增加了约 4.5%,而在相同的压力变化范围内,庚烷的密度增加了 15%。泵在输送冲程期间基于每单位时间的体积排量来输送流量。如果压缩性补偿不充分,实际输送的体积将偏离设定点。组成和总流量都是不准确的,不准确程度将取决于泵压力。这对于 HPLC 和 SFC 都是如此,在 SFC 中更为严重。

即使冷却到 4~5℃,CO_2 的可压缩性也会因压力而变化很大。接近气缸压力(约 55bar),CO_2 的可压缩性可以超过水的可压缩性的 20 倍。在高压(即 400~600bar)下,可压缩性要小得多,接近普通液体,如庚烷。

7.2.4.1 等温与绝热压缩

泵送二氧化碳时会产生额外的复杂情况。最近出现了许多关于轴向和径向温度梯度的文章[8,9],这些温度梯度是当 CO_2 在柱压下降减压时形成的。使用纯二氧化碳,减压会导致大量冷却[8]。对于改性剂而言,可能存在冷却或升温[9]的情况,具体取决于成分。虽然这很容易被理解,但是大多数用户没有认识到从泵内的源压力(约 55bar)压缩到柱头压力期间可能存在更为剧烈的 CO_2 升温。从 55bar 压缩至 600bar 可使 CO_2 的温度升高超过 35℃。

如果压缩冲程缓慢发生,则有热量从流体流入泵壁的机会。在一个极端情况下,所产生的所有热量可以在压缩期间传递到泵硬件,并且是等温压缩。然而,不锈钢和CO_2都是不良导热体，使得等温操作不太可能。

如果压缩冲程非常迅速地发生，则压缩将基本上是绝热的，这意味着在压缩期间最小的热量将被传递到泵缸的壁中，并且流体将被加热多达35℃。在压缩冲程之后，泵减速以将CO_2输送到色谱柱。在此期间，一些热量将从流体转移到较冷的泵壁。流体随后冷却，并且在输送冲程期间其密度增加。即使体积流量（体积位移速率）恒定，质量流量也会在输送冲程期间发生变化。这往往会导致（可重复的）每个冲程中流量和成分的短期波动。

从初始温度为5℃开始，伴随着CO_2从50~600bar的绝热压缩，理论温度[10]增加，如图7.2所示的上部曲线。将其与CO_2的等温压缩和H_2O的绝热压缩进行比较，由图中的下两条曲线表示。

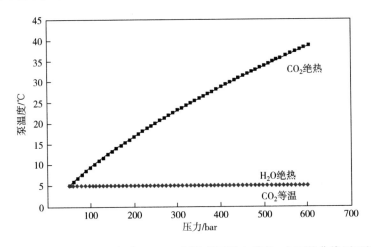

图7.2 如果二氧化碳从50bar压缩到600bar，则温度可能会升高。上面的曲线用于绝热压缩。大多数人都认为将泵头温度设置为某个值，例如5℃可以保证这个温度得以保持。另外两条曲线显示了具有等温压缩的CO_2和在相同压力范围内具有绝热压缩的水的温度的潜在变化。真正的压缩可能介于绝热和等温之间

假设理论等温压缩的压缩率值[10]远大于理论绝热压缩的压缩率值，如图7.3所示。在50bar时，CO_2的等温压缩性接近$1200×10^{-6}$/bar（约27倍水），而绝热压缩性略高于$400×10^{-6}$/bar（约9倍水）。在520bar下，绝热压缩性降低至$150×10^{-6}$/bar，这与庚烷的可压缩性相似。然而，等温压缩率保持在$176×10^{-6}$/bar，高于庚烷，即使在600bar也是如此。

真正的泵可能在真正等温和真正绝热之间的某处运行，并且取决于每个泵的流速、特定设计特性和构造材料。高流速可能有利于更接近绝热的操作。在任何情况下，与普通液体相比，泵送CO_2需要延长压缩性补偿。

7.2.4.2 压缩冲程长度

即使泵头和流体预冷到5℃，与HPLC或UHPLC相比，为了达到高压，仍需

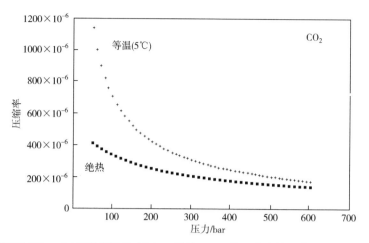

图 7.3 从 5℃ 和 50bar（大致高压气缸压力）开始，CO_2 的理论绝热和等温压缩性。实际的可压缩性介于两者之间，取决于泵头气缸壁损失的热量

要总泵冲程长度的一部分。压缩流体与压力所需的总冲程百分比如图 7.4 所示，用于 CO_2 的等温和绝热压缩以及水的等温压缩（最坏情况）。CO_2 的等温压缩从 50bar 开始，需要超过总冲程长度的 18% 才能达到 600bar。绝热压缩需要较小的冲程长度，约在 10%，而等温（最坏情况）压缩水需要不超过总冲程长度的 2.5%。

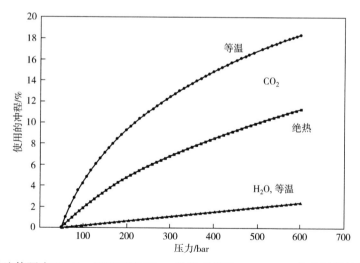

图 7.4 即使流体预冷至 5℃，用于压缩 CO_2，绝热或等温 50~600bar 的总行程长度的分数。在类似情况下将这些值与水进行比较

7.2.5 压力对组分的影响

即使具有完美的压缩性补偿，泵中的流体密度也随压力而变化。由于每种流体

的密度均会随压力变化,因此恒定的体积位移将导致 CO_2 与改性剂之间的摩尔比的变化,如表 7.3 所示。体积/体积设定值为含 20% 甲醇的 CO_2,在 100bar 时摩尔分数为 22.6%,在 500bar 时为 21.2%。使用 $120 \times 10^{-6}/bar$ 的甲醇压缩率计算结果,并使用来自 NIST 的 REFPROP 软件计算 CO_2 密度。

7.3 泵的驱动

现代 SFC 使用两个泵,一个用于泵送 CO_2,另一个用于泵送改性剂。每个泵通常具有多个异步操作的活塞。改性剂泵与 HPLC 泵相同,不再讨论。然而,有许多不同的方法来泵送二氧化碳。在所有情况下,CO_2 泵与主动入口止回阀不兼容,这种阀允许在每个冲程期间混合多个改性剂(四元梯度阀)。这种阀门与供应 CO_2 的高压不兼容,但可用于改性泵。

7.3.1 凸轮

许多较旧的泵采用两个或多个不对称凸轮安装在由单个恒速电机驱动的轴上。活塞组件跟踪每个凸轮的边缘,这将凸轮的椭圆旋转转换成活塞在泵缸中的线性往复运动,如图 7.5 所示。使用两个凸轮,一个凸轮相对于另一个凸轮安装 180°,因此一个活塞正在抽出,重新注入二氧化碳,而另一个正在向前移动,在柱头压力下输送流体。

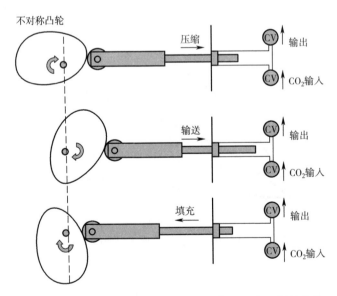

图 7.5 单个凸轮活塞的示意图。大多数泵将在单个轴上使用两个这样的凸轮,相隔 180° 安装,以泵送每种流体(四个凸轮,两个电动机用于二元混合物)。不按比例

表 7.3 当泵压变化时摩尔分数的变化

压力/bar	温度 5℃	CO₂ 体积分数 80%			泵头		CO₂ 体积分数 20%		
	密度	CO_2 的浓度/(mol/cm^3)	CO_2 的最低浓度/(mol/cm^3) mol CO_2/cm^3 mix	总浓度/(mol/cm^3) mol/cm^3	甲醇的摩尔分数	甲醇物质的量	甲醇的浓度/(mol/cm^3)	密度
100	0.94825	0.02155	0.01724	0.02227	22.60%	0.00495	0.02475	0.792
150	0.97738	0.02221	0.01777	0.02283	22.16	0.00503	0.02513	0.804
200	1.0007	0.02274	0.01819	0.02329	21.90	0.00506	0.02531	0.81
250	1.0203	0.02319	0.01855	0.02369	21.70	0.0051	0.0255	0.816
300	1.0374	0.02358	0.01886	0.02404	21.55	0.00514	0.02569	0.822
350	1.0526	0.02392	0.1914	0.02435	21.40	0.00518	0.02588	0.828
400	1.0663	0.02423	0.01938	0.02463	21.32	0.00521	0.02606	0.834
450	1.0789	0.02452	0.01962	0.02491	21.24	0.00525	0.02625	0.84
500	1.0905	0.02478	0.01982	0.02515	21.19	0.00529	0.02644	0.846
						0.00533	0.02663	0.852

44g/mol 和 32g/mol

注:随着柱头压力的变化,泵中每种流体的密度都会发生变化。甲醇密度为压缩率为 $120×10^{-6}$/bar 的密度。因此,对于恒定的体积排量泵,摩尔分数变化。

止回阀允许CO_2在源压力下在填充冲程期间流入泵，并在输送冲程期间流出泵。在填充冲程结束时，活塞改变方向，如图7.6所示。每个凸轮成形为使得活塞快速加速以将流体压缩至柱头压力。使用这种凸轮，压缩量是固定的。因此，这种泵仅在一个柱头压力下适当地压缩流体。在所有其他压力下，泵输送的流体多于或少于预期，如图7.6底部所示。这会影响总流量和成分，以及产生较大的压力波动和紫外检测器噪声。与更现代的方法相比，这种方法存在严重缺陷，应该避免。

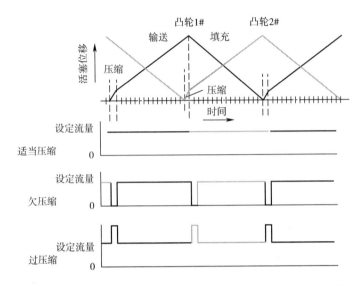

图7.6　顶部：活塞位移与时间的关系，单个轴/马达上有两个凸轮，泵送单个流体，底部：显示适当压缩性补偿，欠补偿或过补偿的影响。单轴上的这种双凸轮设计仅适当地补偿一个柱头压力下的可压缩性。在所有其他柱头压力下，泵要么补偿不足，要么过补偿，导致流量和成分不准确以及紫外线压力过大引起的噪音。当压缩性补偿不正确时，需要混合器来抑制流量/压力扰动，但是流量和成分将是不准确的

7.3.2　滚珠丝杠

滚珠丝杠或线性制动器在更昂贵的系统中已经在很大程度上取代了凸轮。由具有位置传感器的异步电机驱动的滚珠丝杠允许系统控制压缩冲程的长度和速度，从而允许在很宽的范围内调节可压缩性。

至少有一个商业系统使用状态方程（EOS），基于输送压力和泵头设定温度计算压缩率。然后推进活塞以补偿流体的理论压缩性。由于实际流体温度与设定温度不同（由于等温或绝热压缩的程度），理论上的最佳冲程长度可能是不正确的。随后，"下一个"压缩冲程的长度稍微变化，并测量所得压力峰值的幅度。该系统进一步使随后的压缩冲程的长度变得比理论值更长和更短，以凭经验找到使压力扰动最小化的压缩冲程长度（其对应于最佳压缩性补偿）。

有些系统使用两个啮合在一起并由单个电机驱动的滚珠丝杠，如图 7.7 所示。活塞是串联而不是平行的。第一个主活塞的冲程是次级活塞冲程容积的两倍，并且移动速度是图 7.8 顶部所示的两倍。在这种设计中，在主活塞的入口和出口上仅需要两个止回阀（每个流体）。只有主活塞执行压缩。当主活塞将流体输送到色谱柱时，次级活塞通过从初级活塞流出一半的流量来重新填充。当主活塞进行填充时，次活塞开始传送。

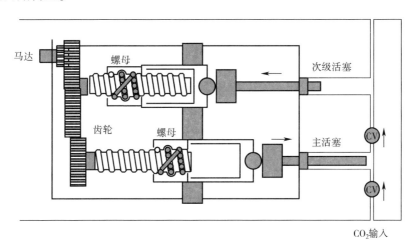

图 7.7　串联的滚珠丝杠示意图，用于 SFC 超过 20 年。当轴转动时，滚珠根据电动机的旋转方向向前和向后推动螺母（和活塞），将圆周运动转换成线性运动（返回弹簧未示出）。主活塞的移动速度是次级活塞（齿轮比）的两倍。这种布置只允许使用两个止回阀

该方法的问题在于，在压缩冲程期间，次级活塞从泵的下游抽出流体，导致到柱的瞬时负流动。由于二氧化碳比普通液体更易压缩，因此在 SFC 中这种效应比在 HPLC 中更明显，涉及总冲程长度的更大部分（见图 7.4）。为了补偿，在压缩冲程之后，主活塞注入额外的流体以弥补压缩期间的流体不足，如图 7.8 底部所示。这种补偿保持了流量和成分的准确性，但在流量和压力方面产生了显著的短期扰动，需要相对较大的混合体积来使得 UV 噪声最小化。大的混合体积意味着长梯度延迟。当使用内径较小的色谱柱时，这一点更为明显，例如 1mm 或甚至 2.1mm 的柱需要非常低的流速。使用这种柱子和泵时，低流速下的大混合体积会转化为长梯度延迟。

7.3.3　多个独立活塞/马达

许多泵使用单个马达（电机）来驱动多个活塞，主要是因为电机和驱动电子设备很昂贵。最近的分析型 HPLC 和几种 SFC 使用专用电机驱动每个活塞，因为电机和电子设备的成本显著下降，而所需的分析通量显著增加。使用较小的颗粒填料和内径较小的色谱柱时，必须进行性能改进。如图 7.9 所示。在某些情况下，

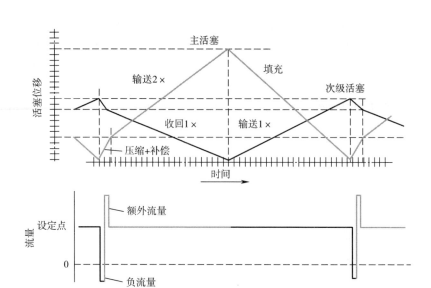

图 7.8 顶部：使用两个串联的滚珠丝杠进行活塞运动。主活塞移动速度是辅助活塞的两倍。只有主要活塞具有压缩行程。下图：流量与时间的关系。在初次输送期间，通过抽取主流量的一半来重新填充次级活塞。注意压缩过程中的负流量和额外的补偿流量。必须使用具有大体积的混合器对这些流动扰动进行平均。流量和成分是从来都不准确的

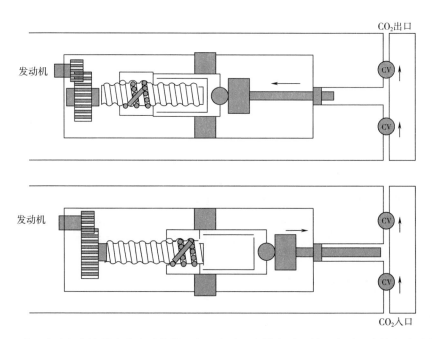

图 7.9 独立发动机允许最大的多功能性。当一个泵正在填充时，另一个泵正在输送流动相。填充后，将 CO_2 预压缩至柱头压力附近，然后等待。当输送活塞接近其行程末端时，它会减慢而另一个加速。由于没有负流量，因此压力或成分变化很小，对混合器的要求较低

每个泵头都有一个独立的压力传感器。在其他测量中，可以使用测量电流来确定实现类似压力所需的扭矩。当一个活塞正在输送时，另一个活塞重新填充并将流体预压缩到恰好在柱头压力之下，然后停止。当第一个活塞接近其传输冲程的末端时，它会减速，而第二个活塞加速并继续输送，如图 7.10 顶部所示。该方法有效地补偿了流体的可压缩性并将压缩与计量分开。

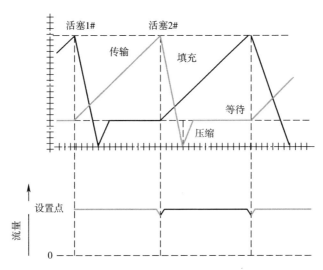

图 7.10　上图：使用两个独立电机和滚珠丝杠的活塞运动。下图：流量与时间的关系。这种方法对于消除 CO_2 和改性剂的压缩性补偿的影响是最理想的

这种方法在很大程度上消除了压力/流量峰值并使所需的混合体积最小化。令人惊讶的是，这种方法是几十年前（1982 年）开创的，其泵最初用于使照相胶片中涂布剂均匀流动 [11, 12]。多年前，Rainin 将这一概念发展为半固态 HPLC 泵（现已废弃的 Varian/Agilent SD-1）。大多数 UHPLC 现在使用这种方法，这可能是未来 HPLC 和 SFC 的标准。

7.3.4　预压助推器

最近开发的另一种用于预压缩 CO_2 的方法是在 CO_2 计量泵前面使用小型增压泵（压缩机）。这与将流体预压缩至恒定的，相对较低的压力（例如 75~100bar）的 GDS 不同，该增压器检测柱头压力并将 CO_2 预压缩至该压力下一点。CO_2 计量泵的压缩率设置为 0，主泵不会压缩 CO_2，而只会测量其流量。这消除了压缩和计量泵的常见流量和压力波动。改性剂泵仍然执行压缩和计量的功能，因此其作用类似于图 7.8 中描述的泵，但压缩冲程长度短得多。CO_2 和改性剂泵的活塞运动如图 7.11 的顶部所示，而 CO_2，改性剂和总流量在图的底部示出。这种方法几乎可以将任何 HPLC 泵用作 SFC，前提是 CO_2 泵的压缩性可以设置为零。事实上，使用高压缩比

增压器（压缩机）和下游计量泵可以消除对冷却器的任何需求。

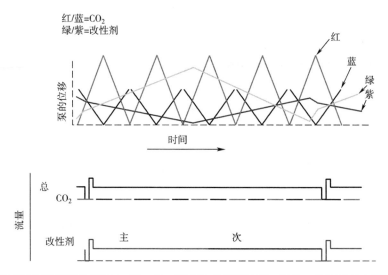

图 7.11 当使用压缩机预压缩 CO_2 时，CO_2 泵上没有压缩冲程。但是，改性泵存在压缩冲程。由于改性剂的可压缩性小得多，因此流动和组成的扰动不太明显，并且在改性泵频率下发生

流体经过预压缩，因此计量泵中没有绝热升温。CO_2 泵中的流体处于泵头温度，可能高于环境温度（约30℃）。如果压缩是绝热的，这可能与冷却至4℃或5℃的泵头的实际 CO_2 温度没有太大差别。CO_2 在冷却泵头的温度和密度取决于压缩冲程引起的升温程度。使用每种方法，流体头部的密度是不同的，即使所有方法中的压力都是柱压头。如果使用相同的体积位移速率与时间（设定流速）的密度不同，则结果是 CO_2 的质量流量的差异导致改性剂所占比例的差异，以及各种方法之间的总流量差异。

7.4 泵头冷却器

7.4.1 乙二醇循环浴

最早的冷却器通过几米有时未绝缘的管道将冷乙二醇溶液泵送到用螺栓固定在 CO_2 泵头上的热交换器（HX）。将乙二醇溶液冷却至−20℃。CO_2 也预先冷却，然后用不锈钢管输送到泵。循环浴的温度需要高于水的凝固点，以避免由于大气湿气的凝结而在管道和/或泵头上形成冰块，特别是在夏季。然而，在4℃或5℃时，水仍然冷凝，有时很严重，并且可能有问题，形成大量液态水。这种冷凝/冷冻倾向于使冷却系统效率低下，因为大部分冷却功率被浪费在冷凝液体。

在某些仪器中，螺栓固定式 HX 会干扰日常维护，例如更换止回阀，活塞和活

塞密封件。后来的一些方法将流体预冷器放置在泵头附近或泵头中。这种方法目前仍在使用，特别是在较大的系统上。乙二醇溶液的浴池往往体积大，杂乱且有些不方便。潜在用户应该评估这种方法是否是日常工作的问题。

7.4.2　CO_2膨胀

人们试图将一些 CO_2 扩散到泵头上的空腔中，使用低温阀和电子反馈回路冷却它。这确实允许低压缩比的往复泵输送 CO_2。虽然这似乎是一种有吸引力，简单且廉价的方法，但由于温度控制水平，因此流动稳定性不是很好。因此，这种方法局限于超临界流体萃取中使用的泵，其流速稳定性不太重要。

7.4.3　Peltier 冷却器

基于 Peltier 的冷却器仅在电流通过时在它们的两个平坦表面之间产生温差。这消除了泵送的冷却液，以及冷凝的大部分问题。然而，帕尔贴装置固有地效率低，并且随着两侧之间的温差增加而变得效率低下。此外，冷侧的任何水冷凝进一步限制了效率和可扩展性。到目前为止，Peltier 冷却器由于效率低而仅用于分析规模。

用于 SFC 泵的 Peltier 冷却器于 1992 年左右推出。Peltier 设备的冷侧用螺栓固定在绝缘泵头上，而热侧有一个 HX，高鳍片安装在它上面。高流量风扇将实验室空气吸入 HX，以消除散热片的热量。在某些仪器中，大型 HX 和绝缘材料妨碍了日常维护。

7.4.4　组合冷却器

最近的一种冷却器变体结合了前两种方法。与珀耳帖冷侧接触的冷板安装在泵头和绝缘垫片之间，将泵头与电机驱动器隔离。由于冷板位于泵头后面，因此日常维护（例如更换止回阀和主密封件，甚至活塞）仍然很简单。

所有这些都安装在一个停滞的空气绝缘外壳内。Peltier 的热侧安装在外壳外面，并与第二个 HX 接触。将乙二醇溶液通过该热侧 HX 泵送到散热器，风扇安装在仪器背面。在这种配置中，乙二醇温度总是比室温更高，消除了任何冷凝和氧化问题。

7.4.5　制冷冷却器

另一种方法是使用主动制冷系统在半制备色谱仪上冷却流体和泵头。制冷剂被压缩，然后在泵头上的 HX 中膨胀。这种制冷系统是可用的和可扩展的。可以使用非常小的系统，它应该可以适用于分析规模，但到目前为止还没有得到应用。对于较小和较大的系统，这可能是未来的方法。

7.5 混合器

从先前关于泵设计的讨论中可以明显看出，各种泵送方法的混合器存在很大差异。在压缩冲程期间产生显著压力/流量扰动的泵需要更大的混合器体积来减小扰动。用于这种泵的混合器的尺寸通常可以保持至少几个泵冲程。混合器通常是一个装有毫米大小钢球的短柱，如图 7.12 所示。在某些情况下，脉冲阻尼器也是混合器的一部分。

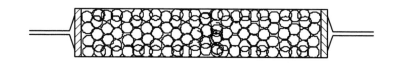

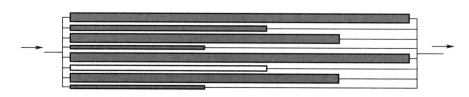

图 7.12　混合器。上图：传统混合器由一个小型 ID 色谱柱组成，填充有大型不锈钢球，可最大限度地提高由泵送方法不当引起的组分扰动的"谱带展宽"。下图：蚀刻的金属板，深度均匀。较长的蚀刻通道具有较宽的流动路径，以匹配较短长度通道的压降和较窄的宽度，从而减小混合器所需的总体积

混合器体积在梯度延迟方面很重要。有相对低容量的混合器，它们具有许多不同长度的内部流动路径，如图 7.13 所示。组合物扰动通过流动路径以不同的速度行进并因此混合。对于在每个活塞上带有马达的泵，这种波动可以是最小的并且可能不需要混合器。

7.6 自动进样器

在日常分析中，几乎没有人会定期进行手动注射。大多数样品都是液体。与 SFC 中使用的大多数其他设备一样，使用的自动进样器（ALS）与 HPLC 中使用的相同。但是，在某些情况下可能需要替代管道。SFC 和 HPLC 之间的显著差异在于大多数极性溶质溶解在极性样品溶剂中（比如甲醇）。这意味着样品溶剂比流动相强，这将导致早期洗脱峰的变形和/或效率损失。因此，SFC 中的进样量往往较小，通常小于 5μL，即使在 4.6mm 内径色谱柱上也是如此。

7 分析用超临界流体色谱仪的发展

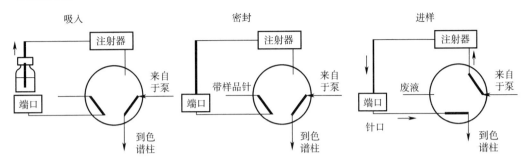

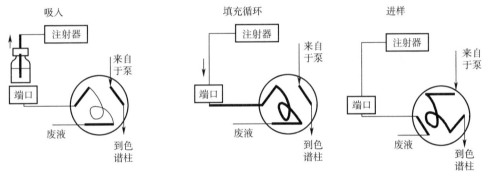

图 7.13 HPLC 中常见的一些自动进样器（上图）使用带有高压注射器的 2 位 5 端口 2 转子槽，但与 SFC 不兼容。SFC 自动进样器采用带 6 个端口的 2 位阀，带外部回路的 3 槽转子或 2 位内部回路阀

一些设计将针移动到样品上。其他人将样品移到针上。再现性和残留量与 HPLC 相似。一些早期的 ALS 使用简单的玻璃注射器。处于"上样"位置时，将样品吸入注射器中，然后将其推入外部环路，其通常为 5μL 或 10μL，安装在 2 位 6 通阀中的注射阀上。内部回路阀有时可选用于进较小的注射量。在样品上样过程中，流动相直接从泵转移到色谱柱。

当进样阀切换到"进样"位置时，流动相从泵通过进样环转移到柱上。只有进样环处于高压状态。

可以进行部分环进样，环路的一部分充满空气。由于流动相是高度可压缩的，当阀切换到"进样"位置时，流动相进入填充该空隙，导致瞬间压力下降。SFC 中没有泡沫，因为流动相将扩大以填补空间。

当阀切换回"上样"位置时，进样器应留在进样口，尽管这会使进样器暂时受到系统压力。当暴露在大气中时，留在环路中的流动相将膨胀约 500 倍。如果进样口没有针头，流动相会通过进样口扩展到实验室空气中。在进样口有针头的情况下，流动相可以安全地从废物端口排出。为了防止残留，需要用溶剂将进样器洗涤多次。

更好的方法是使用连接到双向阀的更大的进样器。该阀将进样器连接到溶剂清洗容器或连接到针头的柔性管。使用进样器将样品吸入针头，但没有进入进样器。然后将样品推入类似的2位6通阀的进样阀上的环中。通过这种方法，可以用溶剂预填充环，然后可以用样品部分地置换，用于部分环进样。注入样品后，针头和进样口很容易用储液器中的溶剂清洗。

一些现代HPLC自动进样器使用的方法是在2位5端口进样阀上没有外部回路。相反，高压针头和注射器以及连接它们的管子形成环，如图7.13上图所示。在样品上样过程中，流动相从泵直接转移到色谱柱。然后将针从高压针座中抽出，该针座连接到进样阀。将样品从样品瓶吸入针中，有时进一步吸入管中。针和管的体积通常为100μL或更小。取出样品后，将针头插回高压针座。当进样阀切换时，高压流动相从泵通过进样器，管道和针头以及针座，通过进样阀转移到柱上。当喷射阀切换回上样位置时，流体在针头，管子和进样器中将减压至大气压。在HPLC中，流动相几乎是不可压缩的，因此在减压后，针、管和进样器仍然充满液体流动相。在SFC中，针头、管道和进样器中高度压缩的流动相可膨胀达500倍，使进样器，管道和针头充满低密度气体。这种空进样器不能吸入液体样品。

必须重新检测此类自动进样器。注射阀中的两槽转子用标准的三槽转子代替，并且在进样阀上安装外部回路。流动相不再通过注射器、管道和针头转移。进样器、管和针都充满溶剂。样品被吸入针中，然后排入外部环。进样器、管道和针头永远处于高压。需要单独的低压清洗泵来冲洗系统，并使进器针头和管道充满清洗溶剂。

7.7 柱温箱和色谱柱

流动相温度对溶质选择性有显著影响。在一个实例中，某一个温度下三种化合物是共洗脱，但是温度仅提高5℃，这三个化合物得到基线分离。虽然这是极端情况，但温度是仅次于改性剂的第二个最有用的控制变量。此外，基于CO_2的流动相的密度根据温度和压力而变化，其程度远大于HPLC中使用的流动相。因此，SFC包括一个恒温柱室，使用Peltier元件和电阻加热器的组合来仔细控制柱温。典型的温度范围为10℃或20℃至80℃或90℃。

许多较旧的SFC仪器使用搅拌式空气柱温箱，具有更高的温度上限，这种柱温箱通常用于气相色谱仪（GC）。这对于使用纯CO_2进行压力编程特别有用。许多这样的旧应用程序与现代柱室不兼容。

最近的报道[8,9]清楚地表明，特别是对于亚2μm的颗粒，流动相可以在沿着色谱柱的减压过程中根据组成进行加热或冷却。轴向温度梯度不会影响效率。然而，如果形成径向温度梯度，则由于黏度和线速度的径向梯度也会形成，因此存在很大的柱效损失的可能性。结果，相同峰的不同元素将以不同的线速度行进，从而扭曲峰形。因此，建议尽可能绝对地操作色谱柱。通过防止柱表面的热量损失或增加，不会形成径向梯度。因此应避免使用过去常见的搅拌式空气烘箱。

在少数情况下，柱子用泡沫橡胶绝缘材料绝缘。然而，对于大多数日常工作而言，简单地将柱与仪器内壁隔离就可以在停滞的空气烘箱中进行，如图 7.14 所示。在进入色谱柱之前，流体应通过热交换器（HX）或其他加热方式预热至所需的初始温度。在该图中，演示了通过 HX 指定的 RHX 的流程，但是使用了其他配置。即使具有适度的热梯度，来自柱温箱中的停滞空气与柱之间的热流也很少。然而，沿着不锈钢柱管的热传导可能潜在地导致形成径向梯度。

7.8 紫外可见检测器

SFC 中使用的紫外可见（UV-Vis）检测器与 HPLC 中使用的相同，不同之处在于流通池必须能够承受高压。一般情况下，为确保流通池能够承受泵或系统背压的最大压力，流通池窗口应由透明石英材料等制成，能够将光线传递到至少 190nm，流通池窗口通常至少 6mm 厚。

二极管阵列检测器（DAD 或 PDA）是很常见的。现代检测器覆盖的波长范围从 190nm 到可见的 750nm 或更长波长的可见光。

DAD 通常不是经典的双光束设计，其中来自灯的光束被分开以使一部分通过流动池和样品到达光传感器，而另一部分直接传递到光传感器，或者可能通过没有样品的流动池。这在很大程度上消除了灯输出中的任何闪烁。相反，用户也可以选择样品没有吸收的波长，从样本信号中减去该参考信号。这种方法在很大程度上与双光束方法相同，因为灯在所有波长处都会闪烁。

为获得最大灵敏度，许多二极管的信号应对信号和参考值进行平均。如果可以设置狭缝宽度，则应将其设置为与样本光束的带宽相同的宽度。收集光谱时，样品光束的带宽和狭缝宽度应尽可能窄，以便看到任何精细结构。

现代检测器使用数字滤波器 在 SFC 检测器中使用了许多不同类型的数字滤波器。对于快速色谱，具有高斯核的加权移动平均滤波器可能是最好的。上升时间（从阶跃函数的 10% 到 90% 响应的时间）需要适合采样率。上升时间为 0.025 ~ 0.031s 的探测器可供选择。

7.8.1 柱后温度的调节和折射率

密度以及 CO_2 的折射率（RI）强烈依赖于温度（和压力）。在 SFC ［13］中使用的区域，CO_2 的折射率从 1.06 ~ 1.24 不等，这是一个非常宽的范围。与纯二氧化碳相比，最常见的 HPLC 溶剂的 RI 在 1.33~1.39 之间，范围要窄得多。然而，由于 CO_2 通常与液体有机溶剂状甲醇混合，因此在 SFC 检测器中可以实现更大范围的 RI。

通常设定的柱温会与环境温度相差较远。如果离开柱的流体与检测器流通池的温度基本上不同，则可能导致显著的 UV 噪声。流体在一个温度下，与流通池内另一个温度下的流体混合，导致 RI 的短期变化，导致 UV-Vis 噪声。

实际上，一些检测器制造商会加热光学平台以改善环境抑制（漂移）。流通池温度一般在 35~55℃ 之间。因此，与检测器流通池温度相比，离开柱的流体可以太冷或太热。离开色谱柱的流体温度可以使用另一个热交换器（HX）调节到检测器流通池温度，以使柱后流动相温度与流通池温度相匹配，从而消除这种潜在的噪声源。如图 7.14 中所示，其中 HX 在柱室内。

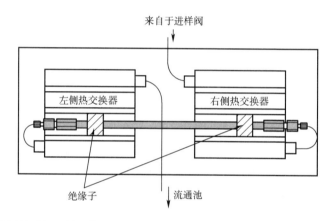

图 7.14 普通柱温箱或恒温柱温箱配置：使用右侧热交换器（RHX）将流动相预热至设定点，并使用左侧热交换器（LHX）使柱后流体温度与流通池温度相匹配

可替换地，流通池设计成与光学平台绝缘。然后，进入的流动相成为控制流通池温度的主导力。虽然这使得流通池更不易受噪声影响，但仍然建议将柱后温度与固有的检测器流通池温度匹配或几乎匹配。

7.8.2 相分离

在一些特殊情况下，例如安装在质谱仪排气羽流中的探测器，探测器的内部温度可能达到很高，例如 55℃。在低出口压力下，流动相可以分解成两相，有效地破坏分离或引起过大的噪音。在这种情况下，简单地将压力提高 10~20bar 可以消除这个问题。

7.8.3 锥形与锥形流通池

几年前人们认识到圆柱形流动路径可能是 RI 变化引起的噪声的原因。当它进入流通池时弯曲的光可以从圆柱形流通池的壁上反射并丢失。通过沿着流通池的长度逐渐增加内径,任何明显弯曲的光都不会撞到墙壁而不会丢失。因此,圆锥形流动路径[14]已成为常态。然而,用于 SFC 的流体都具有比 HPLC 中通常使用的液体更低的 RI,这导致光的弯曲稍微更少。与 HPLC 相比,在 SFC 中对锥形流通池的需求不太明显,但由于 SFC 中使用的大多数(如果不是全部)流通池最初设计用于 HPLC,大多数(如果不是全部的话)具有锥形流路。这倾向于简化温度优化。然而,仍然可以使用圆柱形流路流通池,并且通过仔细的温度优化,与锥形流通池相比,可以产生相同的低噪声[13]。

7.9 背压调节器

在大气条件下,CO_2 是一种溶剂难以溶解的气体。当它保持液体状密度时,它仅表现出有趣的溶剂特性。这需要最小大约 (80 ± 20) bar 的压力(取决于温度),但实际上最常用的压力在 100~150bar 之间。有时使用固定限流器甚至针阀来提升系统压力,但控制不良并且缺乏通用性。对于固定限流器,流量或成分的任何变化都会导致出口压力发生变化。手动针阀需要加热并且容易导致溅射,流量波动和显著的压力波动,这会产生 UV-Vis 检测器噪声。这些设备导致了许多需要花费数年时间才能克服的误解。此类设备不应在 SFC 中使用。

SFC 要求安装在任何 UV-Vis 检测器之后的 BPR 至少能够提供 100~150bar 压力。优选使用能够承受更高压力的 BPR,例如 400bar。早期的 BPR 是机械的,但是流动路径很大。现代 BPR 都是电子可调的。这可以追溯到 20 世纪 80 年代和 90 年代,当时使用纯二氧化碳的程序变压非常普遍。柱出口压力通常从相对较低的压力(如 60~80bar)到泵的全压能力(400~600bar)。大多数这样的应用也使用更高的温度,例如 100~150℃,其中密度与压力的关系是相对线性的。这些应用已经失宠,现在已经很少使用,主要是由于硬件的限制,而不是应用程序。然而,由于至少有一家仪器制造商提供压力编程,因此将来可能会恢复这种能力。

改性剂的特性和组成是改变选择性和保留性的主要手段。当使用二元或三元流体时,压力成为次要控制变量[15],通常对保留或选择性的影响很小。压力的微小变化(25bar)往往影响很小,特别是对选择性的影响。压力具有显著影响的唯一地方是将方法从具有标准管道的大颗粒的柱转移到具有更小颗粒且具有更多限制性管道的柱子中。在那种情况下,柱出口压力可能发生更大的变化,并且实际的柱出口压力变得不清楚。在这种情况下,一些峰,特别是早期洗脱峰,有时会合并。

对于日常工作,可以通过适当的机械 BPR 简单地固定柱出口压力,并在相同的出口压力下进行所有实验而不会严重损失性能。然而,当使用纯 CO_2 作为流动相时,压力/密度是改变相对非极性溶质的溶剂强度的主要手段。

7.9.1 机械稳定性

BPR可能是SFC中最难设计的部分。这可能会让许多读者感到惊讶，因为它似乎是一个相当平凡，易于理解的设备。当流动相在孔壁与某种别针之间膨胀或隔膜部分堵塞孔时，就会出现问题。所涉及的距离是微米。流体正试图膨胀，使其达到1马赫，即声速。冲击波可以从间隙的不同位置连接和分离，将其撕开。

产生的力是很大的，并且管路中的任何易受影响的材料会受到侵蚀和腐蚀而产生降解。材料必须是惰性的并且足够坚固以承受强大的力量。这是20世纪80年代到20世纪90年代大部分时期SFC的致命弱点，工程师投入数十年的精力才找到解决方案。尝试了数百种材料，由于成本高，结果仍然是专有的。现在可以提供非常强大的BPR。

早期的一种解决方法是在牺牲机械BPR前使用电子BPR。电子BPR仅在相当窄的密度范围内（$0.1 \sim 1 g/cm^3$）控制压力，而大部分向环境的膨胀发生在更便宜的机械BPR的下游。大多数损伤发生在较低的压力下，速度要高得多。

将一段管子放置在电子BPR的下游通常是有帮助的，该管子具有足够的压降以使BPR的出口保持在20~60bar以上。在2~5mL/min时，通常可以使用20cm的170μm管子。在大多数情况下，这种管道不会干扰任何BPR后的检测器或峰值收集，因为混合流体的速度非常高，在非常短的时间内清除管道。大气的冷凝水经常在该管道上产生，需要进行处理。

7.9.2 压力噪声

与柱后温度优化一样，BPR引起的任何压力噪声都会导致任何UV-Vis检测器流通池和检测器噪声的RI变化［16］。一些现代BPR可以在200bar时控制背压波动在±0.05bar（0.75 psi），从而产生非常低的压力噪声。

7.10 其他

7.10.1 废物收集

离开背压调节器的废液迅速膨胀汽化500倍。夹带在该气体中的是改性剂和可能的添加剂和样品。在某些情况下，可能会形成含有危险化学品的气溶胶。这些都不应该被排放到实验室空气中。因此，应将废物转移到带有入口和出口管的封闭瓶中。液体将滴出以收集液体废物，同时气体从顶部排放到通风橱或通向外部的通风口。在液体废物中鼓泡有助于除去气溶胶。排出的CO_2含有高达3%的汽化改性剂。

7.10.2 泄漏

如前所述，基于CO_2流动相的黏度远低于HPLC中使用的溶剂的黏度。许多

HPLC 配件不是为这种低黏度流体设计的。因此，经常需要过度拧紧配件以阻止气体泄漏，这往往会缩短配件的使用寿命。随着超高性能 LC 的出现，出现了许多配件设计，由 Vespel 等制成的套管更不易泄漏。尽管已使用 PEEK 管和熔融石英内衬 PEEK 管，但不建议使用 PEEK 套管。

现代 HPLC 具有泄漏传感器，当检测到液体泄漏时，泄漏传感器关闭系统。这种传感器在 SFC 中或多或少是无用的，其中泄漏几乎总是气态的。找到泄漏的最有效方法是在每个配件上涂抹几滴肥皂水并寻找气泡。即使非常小的气泡也应该消除。由于绝热冷却，较大的泄漏可能会冻结，然后反复解冻，从而产生嘈杂的 UV 基线。大的泄漏是不可接受的。

参考文献

[1] Kirkland JJ. Ultrafast reversed-phase high-performance liquid chromatographic separations: an overview. J Chromatogr Sci 2000; 38: 53544.

[2] Tarafder A, Kaczmarski K, Poe DP, Guiochon G. Use of the isopycnic plots in designing operations of supercritical fluid chromatography. V. Pressure anddensity drops using mixtures of carbon dioxide and methanol as the mobile phase. J Chromatogr A 2012; 1258: 13651.

[3] Berger TA. Instrument modifications that produced reduced plate heights, 2 with sub-2μm particles and 95% of theoretical efficiency at k52 in supercritical fluid chromatography. J Chromatogr A 2016; 1444: 12944.

[4] Poe DP, Martire DE. Plate height theory for compressible mobile phase fluids and its application to gas, liquid and supercritical fluid chromatography. J Chromatogr 1990; 517: 329.

[5] DePauw R, Choikhet K, Desmet G, Broeckhoven K. Occurrence of turbulent flow conditions in supercritical fluid chromatography. J Chromatogr A 2014; 1361: 27785.

[6] Halasz I, Endele R, Asshauer J. Ultimate limits in high-pressure liquid chromatography. J Chromatogr 1975; 112: 3760.

[7] Encyclopedie de Gaz, Air Liquide. Available online.

[8] Poe DP, Veit D, Ranger M, Kaczmarski K, Tarafder A, Guiochon G. Pressure, temperature and density drops along supercritical fluid chromatography columns in different thermal environments. III. Mixtures of carbon dioxide and methanol as the mobile phase. J Chromatogr A 2014; 1323: 14356.

[9] Colgate SO, Berger TA. On axial temperature gradients due to large pressure drops in dense fluid chromatography. J Chromatogr A 2015; 1385: 94102.

[10] Lemmon EW, Huber ML, McLinder MO. NIST Reference Database 23: reference fluid thermodynamic and transport properties-REFPROP, Version 9.1. National Institute of Standards and Technology, Standard Reference Data Program, Gaithersburg, 2013.

[11] Eburn, Jr. WH, Kalenik SP. Constant flow pumping apparatus. US Patent 4, 321, 014, December 31, 1979.

[12] Carpenter CW. Bumpless pump apparatus adjustable to meet slave system requirements. US Patent 4, 127, 360, December 16, 1976.

[13] Berger TA. Minimizing ultraviolet noise due to mismatches between detector flow cell and post column mobile phase temperatures in supercritical fluid chromatography: effect of flow cell design. J Chromatogr A 2014; 1364: 24960.

[14] Nelson KE. Novel photometric system. US Patent 4, 011, 451, October 24, 1975.

[15] Berger TA. In: Packed column SFC. Smith RM, Series Editor, RSC chromatography monographs. Cambridge, UK, Royal Society of Chemistry; 1995. pp. 145, 166.

[16] Berger TA, Berger BK. Minimizing UV noise in supercritical fluid chromatography. I. Improving back pressure regulator pressure noise. J Chromatogr A 2011; 1218: 23206.

8 SFC联用的检测器：质谱

V. Desfontaine, J.-L. Veuthey and D. Guillarme
School of Pharmaceutical Sciences, University of Geneva,
University of Lausanne, Geneva, Switzerland

8.1 引言

在过去几年中，SFC重新受到关注，主要是由于色谱仪器主要制造商引入了最先进的系统[1]。此外，这些仪器现在可以与最新一代填充亚2μm全多孔和亚3μm表面多孔颗粒的色谱柱完全兼容[2,3]。当现代超临界流体色谱（SFC）系统和最先进的色谱柱技术结合时，可以获得非常高的动力学性能（至少相当于或甚至优于超高效液相色谱）。SFC以前的一些限制，如紫外检测器灵敏度差，技术可靠性有限和定量能力弱等，均可以得到很好的解决[4,5]。

除了SFC与更常用的反相液相色谱（RPLC）的良好互补性外，该技术还可以与各种检测器兼容[6]。其中质谱（MS）被认为是最强大的检测器之一，这要归功于其灵敏度高，选择性好和通用性强[7~8]。而且，该检测器已成为复杂基质中痕量化合物确定的金标准。例如，MS检测器已经系统地用于生物分析，药物代谢研究，多残留筛选，植物提取物表征和"组学"方法，如代谢组学，蛋白质组学和脂质组学[9,10]。与LC-MS相比，超临界流体色谱-质谱（SFC-MS）的潜力尚未得到充分研究，但前景很好，特别是在替代选择性和LC-MS的互补性方面。如图8.1所示，大约25%的SFC论文使用MS作为检测器，由于最近商业化的新的SFC-MS产品和技术解决方案的出现，这一数字预计将在未来增长。

本综述的目的是总结以前和现在SFC-MS在仪器和应用方面实践。为此详细介绍了SFC-MS中不同的电离源［电子轰击、化学电离、电喷雾电离（ESI）、大气压化学电离（APCI）等］，质量分析器（四极杆、离子阱、飞行时间、串联和混合），和接口（直接耦合、使用补偿泵、柱后分离等），重点是SFC-MS的应用。然后，将讨论SFC-MS相对于LC-MS的优点，例如增强的灵敏度或降低的基质效应。最后，还将提供SFC-MS在各个领域的一些有前景的应用，如脂质组学、代谢组学、生物分析、食品和环境分析。

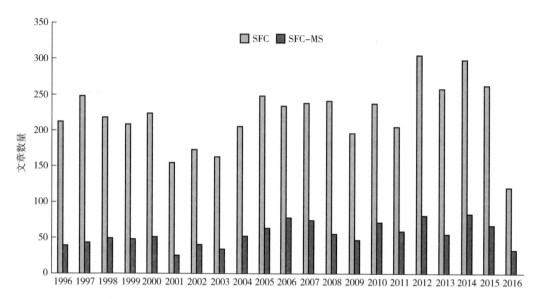

图 8.1 过去 20 年中每年在 SFC 和 SFC-MS 领域发表的论文数量。对于每一年，左侧的条形图是用关键字"超临界流体色谱法"搜索得到的，而右侧的条形图是用关键字"MS"获得的（引自：*Scifinder scholar Date of information gathering*：*July 2016.*）

8.2 SFC-MS 中的离子源

在 20 世纪 80 年代早期，Novotny 和 Lee 引入了毛细管 SFC（cSFC）的概念，其中包括使用毛细管或开放管柱以及纯超临界 CO_2 的流动相 [11~14]。cSFC 仪器非常接近 GC，因此，cSFC-MS 使用 GC 型电离源进行，例如电子轰击（EI）和化学电离（CI）。如今，SFC 专门用于填充柱（pSFC），使用类似 LC 的仪器 [15, 16]。pSFC-MS 目前使用大气压电离（API）源，API 常用于 LC-MS（见图 8.2）。因为，目前 SFC-MS 操作最普遍的电离源是 API 源，本章仅讨论这种类型。SFC 中 API 源的明显好处是在雾化/蒸发过程中 CO_2 的"自挥发效应"。

SFC 与 MS 结合非常简单，因为 CO_2 具有高挥发性，因此在电离过程中 SFC 流出物很容易转化为气相。与 LC-MS 类似，SFC-MS 最常用的电离源是 ESI，APCI 和大气压光电离（APPI）。如图 8.2 所示，电离源的选择主要基于待测化合物的分子质量和极性，以及它们在溶液中的可电离性和流动相流速，在 SFC 中流速可以相当高。然而，对于给定的物质，仍然难以预测哪种电离源（即 APPI、APCI 或 ESI）将提供最佳结果。只有初步测试才能选择最佳的电离源。与 LC-MS 相比，这三种 API 源无须在 SFC-MS 中做任何进一步修改即可使用，但可能需要一些特定条件来连接 SFC 和 MS（参见本章第 8.3 节）以增强电离并获得稳定的基线。

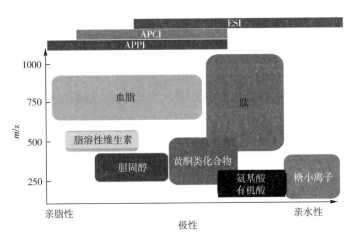

图 8.2 大气压电离技术在特定化合物类别中的应用范围与其分子质量和极性有关

8.2.1 电喷雾电离源

电喷雾（ESI）的成功始于 Fenn 等人的工作，他于 2002 年获得诺贝尔化学奖，并表明由于存在多电荷离子，大蛋白质的分子质量可以通过质量限制低至 2000u 的仪器来确定 [17, 18]。最初，ESI 被认为是专用于蛋白质分析的电离源。后来，它的用途扩展到中等极性，乃至离子物质的化合物分析（见图 8.2）。

ESI 可被认为是最温和的电离技术。通常通过迫使分析物的溶液通过小毛细管来进行，使得流体喷射到电场中，从而产生细小的带电液滴。在喷射毛细管的尖端和对电极之间施加电场（几千伏）。根据所选择的极性模式，电喷雾液滴具有过量的正电荷或负电荷。在喷射孔中在大气压下形成的初始液滴很大（1~10μm）并且由于在大气压下干燥气体中溶剂的简单蒸发而尺寸减小。随着液滴收缩，离子（不挥发）被保留并且它们的浓度增加。因此，当达到瑞利稳定性极限时（电解质溶液中的相似电荷之间的排斥力克服溶剂的内聚力的点），液滴分解成约 100nm 的许多较小液滴（库仑爆炸）。最后，当溶剂完全蒸发时，气相分析物分子具有附着的残余电荷并且可以被引向质量分析器。在 ESI 中，只有挥发性添加剂如乙酸铵、甲酸铵、氨、甲酸可以相对低的浓度（最大 5~20mmol/L）加入到 SFC 流动相中。

Grand-Guillaume Perrenoud 等人最近的一项研究表明 SFC-ESI/MS 比 LC-ESI/MS 更稳定 [19]。实际上，当电喷雾条件（去溶剂化气体的温度和流量，毛细管电压）有意地偏离最佳值时，与 SFC-ESI/MS 相比，LC-ESI/MS 的灵敏度降低更明显。这可能是由于 LC 流动相含有对去溶剂化要求更高的水。

ESI 的一个重要特征是它是浓度型检测器，对浓度响应，不是对进入离子源的样品总量响应 [20]。此外，当进入离子源的流量减少到每分钟仅几微升时，灵敏度增加。对于高于 500μL/min 的流速（通常是 SFC 的情况），灵敏度通常会降低，但这一情况可以通过 SFC 流动相的高挥发性来补偿，SFC 的流动相通常是由 CO_2 混合一定比例的甲醇（MeOH）组成。

8.2.2 大气压化学电离源

APCI 是一种基于大气压下气相离子分子反应的电离技术 [21]。它是接近化学电离（CI）的电离方法，CI 源通常用于 GC-MS，但 APCI 是在大气压下进行。通过溶剂喷雾上的电晕放电产生离子。如图 8.2 所示，APCI 主要用于中等极性到非极性化合物的电离，具有相对低的分子质量（高达 1500u），因为它仅产生单电荷离子。

在 APCI 中，溶液中的分析物被引入气动雾化器中，在那里它们通过高速氮气束转化成小液滴。在加热的汽化室中对液滴进行去溶剂化后，用电极施加电晕放电并发生电离。蒸发的流动相充当电离气体，电离气体再与样品分子发生分子离子反应，使样品离子化。

从历史的角度来看，上一代 SFC-MS 仪器在 2010 年左右商业化之前，APCI 一直是 SFC-MS 中使用最广泛的电离源。这种情况可以解释为 APCI 是一个质量型的电离源，它可以适应相对较高的流速（通常高达 2mL/min），更适合低至中等极性化合物。巧合的是，SFC 具有比 LC 更高的最佳流速（通常高 3~5 倍），并且对于低至中等极性的化合物提供合适的保留。这就是 APCI 被认为是 SFC-MS 最佳电离技术的原因，并应用于众多领域 [22~24]。但是今天，许多 SFC-MS 应用都涉及药物化合物，因此 ESI 成为最普遍的电离源（见图 8.3）。

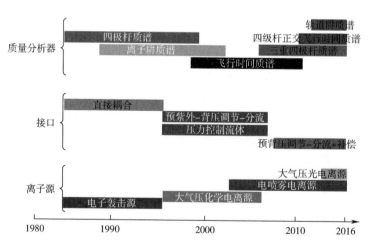

图 8.3 自 20 世纪 80 年代以来，SFC-MS 中使用最广泛的电离源、质量分析仪和接口的演变

8.2.3 大气压光电离源

APPI 源是最新的大气压电离源之一 [25，26]。基本原理在于使用光子电离

气相分子。溶液中的样品首先通过加热的雾化器蒸发，类似于APCI。然后，分析物与放电灯发出的光子（而不是APCI中电晕针放电产生的电子）相互作用，并在一系列气相反应后，样品分子被电离。APPI有可能电离不能在ESI或APCI中电离的化合物，特别是非极性物质（如图8.2所示）。

然而，分析物直接电离显然不够有效。因此，必须在样品进入MS检测器之前，添加与样品相比具有相对高浓度的掺杂剂（甲苯和丙酮），从而使电离效率提高10~100倍。与APCI相比，APPI对实验条件更敏感，溶剂、添加剂、掺杂剂或缓冲组分的性质可以强烈影响电离过程的选择性和灵敏度。因此，APPI可被视为ESI和APCI的互补技术，可用于非极性化合物。APPI被发现特别适合类黄酮、类固醇、多环芳烃、脂溶性维生素以及一些药物及其代谢产物等的分析。迄今为止，SFC仅与APPI/MS结合用于测定脂溶性维生素[27]和化合物形态[28]。

8.3 超临界流体色谱-质谱联用中的接口

专门设计的连接SFC和MS的接口应能够管理SFC流动相的可压缩性，并尽可能保持色谱分离的完整性。因此，通过合适的接口，可以将背压的变化对保留时间和选择性的影响降到最小。此外，当SFC流动相从色谱柱中流出时，气体的压力被释放，密度降低，CO_2可以蒸发，并且任何溶解的化合物都可以沉淀。因此，接口必须解决这个问题[29]。最后，当SFC流动相由高比例的CO_2（非质子溶剂）组成时，电喷雾离子化效率很低。通过添加补偿溶剂可以显著增强离子化效率。

8.3.1 SFC-MS中可使用的接口

Pinkston于2005年发表了一篇有趣的综述，强调了SFC-MS接口的主要优点和缺点[30]。图8.4说明了用于SFC-MS的四种主要类型的接口。虽然我们还可以设想其他几种接口，但均会对色谱保真度、灵活性、灵敏度和用户友好性产生显著影响[19]。

用于连接SFC和MS的最简单的接口在于使用被动的背压调节器（BPR）将来自SFC的所有流量注入MS。在这种情况下，背压可以通过一个具有足够几何形状（长度和内径）的限流管来控制，并直接送到MS源以保持色谱完整性（保留和选择性）。这种称为"直接耦合"的接口如图8.4A所示。如图8.3所示，该接口在SFC-MS发展的早期使用，使用相对较长的且小ID（25~75μm）的熔融二氧化硅限制器（几十厘米）。然而，通过这种直接耦合，电离效率受流动相组成及其流速的影响很大。此外，该接口的灵活性较差，因为在改变流动相流速或组成时应改变被动BPR的管道几何形状。最后，这种简单接口的MS响应不稳定，因此仅推荐用于定性应用[31]。

第二种接口称为"pre-UV-BPR-split"。在这种配置中，毛细管连接在SFC柱出口和零死体积 T 形单元之间,可以使得流动相分离。流路的一部分流向 MS 入口,而另一部分通过 UV 检测器(如果需要)流向背压调节器(BPR)。图 8.4B 所示为该接口的示意图。因为分离器处于被动 BPR 的控制之下,所以使用该接口可以获得相对较好的灵活性,如文献报道 [32, 33]。只要传输线中的死体积最小化,色谱分离就保持不变。此外,必须选择传输线的尺寸以避免分析物沉积和相变(蒸发)。该接口的另一个缺点是分流比随流动相压力变化而变化,同时也随分流点到 MS 入口的传输线的限制的变化而变化。前者是可预测的,而后者则不可预测 [30]。

连接 SFC 和 MS 的第三种方法是使用压力调节流体接口。使用零死体积连接器将与 CO_2 混溶的低流量液体("压力调节流体")与柱流出物混合。可与 CO_2 混溶的液体用作压力调节器,然后将所有流出物泵送到电离源中。"压力调节流体"接口的示意图如图 8.4C 所示。在该接口中,从三通到 MS 入口的传输线的尺寸决定了色谱流出物流量,压力调节流体流量和柱后压力的可用范围 [30]。通过这种设计,在接口的出口附近主动控制压力,避免了使用没有主动压力控制的长传输线,然后使得相变和频带展宽的可能性最小化。此外,将整个样品转移到电离源而没有任何分流。然而,尽管具有这些益处,压力调节流体接口由于以下原因而不是"用户友好的":(1)传输线的尺寸决定了兼容的流速/压力组合的范围,并且应该偶尔改变;(2)这种方法需要一个能够提供无脉冲流量的附加泵;(3)额外的压力调节流体流量增加了电离源中的溶剂负荷。

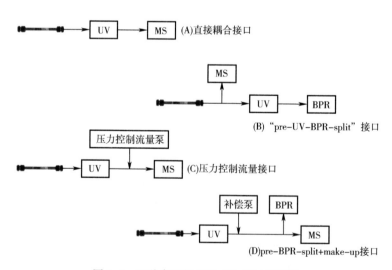

图 8.4　四种常用的 SFC-MS 接口流程图

最后一种接口是现代 SFC-MS 仪器上最广泛使用的接口,其已在 Agilent, Waters 和 Shimadzu 获得应用。在该接口中,UV 检测器位于柱出口之后。该接口由位于 UV 和 MS 检测器之间的两个零死体积的 T 型接头组成。可以在上游 T 型接头处添加与二氧化碳混溶的补偿溶剂，补偿溶剂由等度泵输送。然后该补偿溶液与色谱流出物混合，以在低百分比的 MeOH 下提高电离产率，并避免在 CO_2 减压过程中分析物沉积。下游 T 型接头用作分流器。实际上，总流量的一部分流向 MS，而其余流量流向 BPR。由于 BPR 位于 SFC 色谱柱的下游，因此可保持色谱完整性。该接口称为具有补偿泵的预 BPR 分离器。将 SFC-MS 接口加热至 60℃ 可以很好的解决柱出口处洗脱液膨胀导致的冷却问题。加热接口减少了因为流动相减压冷却而导致的峰展宽［19］。该功能可在 Agilent SFC-MS 仪器上使用。据报道，这种"pre-BPR-split+make-up"接口在保留时间和峰面积重现性方面是最可靠的。由于其高灵敏度，线性和稳定性好，因此建议将此配置用于定性和定量分析［31］。

8.3.2 pre-BPR-split+make-up 接口

"pre-BPR-split+make-up"接口是当今最流行的接口。Grand-Guillaume Perrenoud 等人最近对这个接口进行了详尽的评估［19］。在该装置中可以使用各种类型的补偿溶剂，但是质子溶剂如 MeOH 使用最多，因为高比例的 MeOH 可以限制流动相的密度和洗脱强度沿着毛细管下降。此外，存在额外的补偿溶剂的情况下灵敏度会增加，因为 MeOH 充当质子源，增强了电离过程。最后，"pre-BPR-split+make-up"接口是色谱性能，灵活性和检测灵敏度方面的最佳折衷方案。

由于设计的原因，"pre-BPR-split+make-up"接口的操作直接受色谱参数的影响。为了更好地理解该接口的操作原理，我们模拟了每个单位时间内进入电离源的 MeOH 的体积含量，并且对于不同的流动相组成和流速的结果如图 8.5 所示（SFC 和补偿泵）。如所预期的，随着补偿泵流速或 SFC 流动相中 MeOH 含量的增加，进入电离源的 MeOH 的量也随之增加。另一方面，当流动相中 MeOH 含量固定时，SFC 流动相流速增加会导致进入电离源的 MeOH 的量随之减少。这与 BPR 始终保持恒定的出口背压有关，因此，MS 毛细管接收的流量较小。在图 8.5 中的所有条件下，并且由于分流比与 BPR 的动态匹配，进入电离源的 MeOH 的量倾向于被调平（在典型操作条件下为 125~300μL/min）。该 MeOH 流速非常适合避免 CO_2 减压所导致的分析物沉淀，并确保在电离过程中形成最佳的 ESI 喷雾和良好的质子转移，从而在 SFC-ESI/MS 中实现高灵敏度。

图 8.6 显示了使用"pre-BPR-split+make-up"接口时不同的 SFC 流动相和补偿剂的分流比（对质量流检测器很重要，如 APCI/MS）和稀释因子（与浓度型检测器相关，如 ESI/MS）。如图 8.6A 所示，BPR 和 MS 之间的分流比在 2~8 之间，具体取决于流量设置。关于 MS 检测灵敏度，朝向 BPR 的高分流比对于质量流敏感电离技术（APCI）可能是关键的。实际上，因为只有有限量的分析物会被导向 MS 探针，所以预期的灵敏度损失将与分流比成比例，但仍然总是低于 1 个数量级。基于这一观察，很明显"pre-BPR-split+make-up"接口（图 8.4D）肯定不是 APCI 操作的最佳选择。实际上，"直接耦合"（图 8.4A）和"压力控制流体"（图

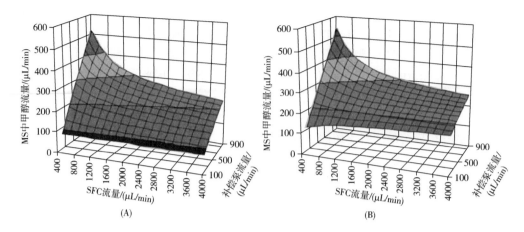

图 8.5 使用"pre-BPR-split+make-up"接口计算进入 ESI 探针的总 MeOH 量,作为 SFC 流动相流速(x 轴)和补偿泵流速(y 轴)的函数,用于两种不同的 SFC 流动相(CO_2/MeOH)组合物,(A)为 95/5(体积比),(B)为 80/20(体积比),背压为 150bar[引自:*Grand-Guillaume Perrenoud A, Veuthey JL, Guillarme D. Coupling state-of-the-art supercritical fluid chromatography and mass spectrometry: from hyphenation interface optimization to high-sensitivity analysis of pharmaceutical compounds. J Chromatogr A 2014; 1339: 17484* [Ref. 19]. Copyright 2014, with permission from Elsevier.]

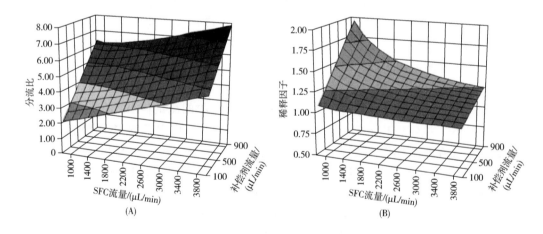

图 8.6 "pre-BPR-split+make-up"接口中分流比(A)和稀释因子(B)的模型,SFC 流动相流速(x 轴)和补偿泵流量(y 轴)之间的函数。流动相组成为 CO_2/甲醇(90/10,体积比),背压 150bar[引自:*Grand-Guillaume Perrenoud A, Veuthey JL, Guillarme D. Coupling state-of-the-art supercritical fluid chromatography and mass spectrometry: from hyphenation interface optimization to high-sensitivity analysis of pharmaceutical compounds. J Chromatogr A 2014; 1339: 17484* [Ref. 19]. Copyright 2014, with permission from Elsevier.]

8.4C）接口更适合于最大化 APCI 的灵敏度，因为整个流出物被送到 MS 入口。

图 8.6B 展示了由补偿溶剂和流动相结合产生的稀释效应，这降低了流动相中分析物的浓度。这种稀释效应对于 ESI 是至关重要的，因为它是浓度型电离技术。稀释因子通过不同 SFC 流动相和补偿溶剂流速计算得到。如图 8.6B 所示，在"pre-BPR-split+make-up"接口中稀释因子总是合理的，即使在极端条件下仍然低于 2。该结果证明"pre-BPR-split+make-up"接口特别适合于 SFC-ESI/MS 操作。还值得一提的是，对于恒定的补偿溶剂流量（常见情况），梯度洗脱模式中保留时间较长的峰可能比保留时间较短的峰稀释倍数更大。

8.4 SFC-MS 中的质谱

质谱的主要功能是根据离子源中产生的离子的质荷比（m/z）来分离离子。质谱的特点是具有多种功能，包括分辨率、质量范围、质量准确度、线性动态范围、灵敏度和采集速度。分辨率可以描述为特定峰的半峰全宽（FWHM）除以其 m/z 值，而质量准确度定义为真实计算的单同位素质量与实验值之间的差异，表示为百万分率（ppm）。

今天，有五种主要类型的质量分析器可用于 SFC-MS 操作，即单四极杆（Q）、离子阱（IT）、飞行时间（TOF）、静电轨道阱质谱和离子回旋共振（ICR）。质谱可分为两大类，即低分辨率和高分辨率质谱。低分辨率质谱包括四极杆和离子阱，可提供 1000 的分辨率。当需要定量测定时，这种类型的质谱通常用于靶向分析（生物分析、药物代谢、多残留筛选等）。高分辨率质谱仪器主要包括飞行时间和轨道飞行器，分辨率范围为 10000～200000，而 ICR 分辨率高达数百万。这些质谱主要用于非靶向应用（代谢组学、脂质组学、植物分析等），这些应用主要是定性的，不需要进行彻底的定量评估。图 8.3 显示了在不同阶段主要用于 SFC-MS 的质谱分析仪。

到目前为止，ICR 质谱几乎没有与 SFC 结合 [34～36]，主要是由于成本高（购买和运营成本）和复杂性，而且由于其有限的采集速度（降低分辨率可以获得更高的采集速度），与现代 SFC 产生的窄峰不相容。因此，本章将不再详细讨论这种类型的分析仪。

8.4.1 单四极杆质谱

单四极杆质谱使用射频交流电（AC）和直流（DC）电压作为质量过滤器，用于分离离子。四极杆由四根平行杆组成。正 DC 电压施加在两个相对的杆上，并且相同的负 DC 电压值施加在另外的两个杆上。AC 连接到所有四个杆。四极杆上的 DC 和 RF 电位组合可以设置为仅通过选定的 m/z 比。所有其他离子通过四极杆质量分析器时没有稳定的轨迹，并且会与四极杆碰撞，永远不会到达探测器。

单四极杆无疑是研发实验室中最简单，最便宜，最强大，最普遍的质谱，但它的灵敏度有限，分辨率和质量准确度都很差。在 SFC-MS（20 世纪 80、90 年代）的早期，SFC 与单四极杆的联用非常普遍，因为它很容易被现有软件控制，并且很容易适应本章所述的离子源和接口 [37]。然而，今天这种联用方式仅有少数研究小组采用 [38]，可能是由于单四极杆质谱的选择性有限以及优质的串联四极杆分析仪更普遍。

8.4.2 离子阱质谱

在市场上，有两种类型的离子阱，即球形和线性离子阱。两者都通过将离子存储在阱中并通过在一系列定时事件中使用 DC 和 RF 电场来操纵它们。然后，可以扫描 RF 和 DC 电位，以将连续的 m/z 比率从阱中弹出到检测器中。球形离子阱的主要限制是空间电荷效应。实际上，由于空间电荷限制，在球形离子阱中只有一定数量的离子可以存储在给定体积中。这导致具有潜在 m/z 偏移的分辨率损失。相比之下，线性离子阱具有更好的离子存储容量。

离子阱质谱非常紧凑。它能够进行多级质谱分析，并提供相对较高的灵敏度。然而，由于众多可能的设置（激发、捕获和检测条件），其定量性能和动态范围相对较差并且离子阱分析仪仍然比四极杆更难操作。过去使用离子阱进行 SFC-MS 操作 [39, 40]，但今天它们经常被三重四极杆仪器取代，它们更快，更灵敏。

8.4.3 飞行时间质谱（TOF）

飞行时间质谱测量不同质量的离子从电离源移动到检测器所花费的时间。有三个主要特征可以解释 TOF 实现的高质量精度和分辨率，即反射，延迟提取和正交加速 [41, 42]。反射器（离子镜）聚焦具有相同 m/z 比但具有不同动能的离子，从而提高分辨能力。应用短延迟以进一步减少单个离子的动能扩散，这被称为离子的延迟提取。正交加速度无疑是将 ESI，APCI 或 APPI 产生的连续离子束转换成与 TOF 分析仪直接兼容的脉冲束的最佳方法。

TOF 的固有特性是其在扫描模式下的高灵敏度（检测到所有离子），理论上无限质量范围以及高采集速度（现代仪器的占空比可达到 100Hz）。此外，高端 TOF 仪器可提供 40000~60000 的分辨能力和低于 2mg/kg 的质量精度。TOF 的唯一缺点是其动态范围和定量性能有限。TOF 分析仪已用于 SFC-MS [32, 43]，但今天往往被 QqTOF/MS 取代。

8.4.4 静电轨道阱质谱

静电轨道阱质谱是最新的质谱，由 Makarov 于 2000 年开发 [44, 45] 并于 2005 年商业化。简而言之，静电轨道阱质谱通过在中心电极周围径向捕获离子来运行。该质量分析仪仅使用静电场（DC）来限制和分析离子。最终根据离子的谐波振荡频率沿着电场轴测量 m/z 值。

静电轨道阱质谱具有 100000~240000 的极高分辨率，质量精度低于 1mg/kg。此外，它具有高空间电荷容量，使该仪器适用于解决最困难的分析问题。然而，这种仪器仍然非常昂贵且难以使用，至少对于初学者而言。与四极杆和 TOF 仪器相比，静电轨道阱质谱分析仪的另一个缺点是其低采集速率，这使得它们与 UHPSFC 中产生的窄峰不相容（至少对于第一代）。到目前为止，它仅用于少数 SFCMS 应用 [46~48]，涉及农药、油砂分析和脂质组学的测定。

8.4.5 串联四极杆质量分析器

MS/MS 使用两组分析器，可以有选择地检测离子碎片。两个串联质谱（也称为串联 MS）的耦合可以使用相同的质谱（QqQ）或两个不同的质谱（QqTOF）来完成，这些质谱被称为混合质谱。对于解离实验，最常见的活化方法是碰撞诱导解离（CID），其中将惰性气体引入碰撞室，其中低能量（10~100eV）和前体离子与惰性气体分子之间发生碰撞。

今天，用于复杂基质中痕量分析的最广泛使用的 MS/MS 仪器是三重四极杆（QqQ），其中第一和第三四极杆是质量选择装置，第二个四极杆用作碰撞池。QqQ 特别适用于定量分析，因为它能够在高选择性单反应监测（SRM）模式下工作。在 SRM 模式下，灵敏度非常好，可以达到非常高的采集速率（每次转换低至 1ms），可用于复杂多组分混合物的定量分析。

QqQ 的替代品是 QqTOF，其中第三个四极杆被 TOF 取代。QqTOF 仪器相对于 QqQ 的主要优势之一是 TOF 的高分辨率，通常在 20000~40000 范围内。可以分辨出具有相同标称质量的离子的干扰峰，从而改善信噪比。

串联质谱（QqQ 和 QqTOF）近年来变得越来越流行，是在 SFC-MS 操作应用中使用最广泛的仪器 [49~54]。

8.5 LC-ESI/MS 与 SFC-ESI/MS 的对比

8.5.1 灵敏度

与 LC 相比，SFC 因其选择性好，通量高以及溶剂消耗少而受到重视。然而，在过去几十年中，其应用受到制约的主要因素之一是与 HPLC 相比，对紫外线敏感性较差 [55]。不过，在 MS 检测方面，有一些令人信服的论据支持 SFC。SFC 中使用的流动相由大部分挥发性 CO_2 组成，其在 API 源中立即蒸发，将分析物留在有机助溶剂部分（通常为 MeOH）中。这是有益的，因为与 RPLC 中使用的含水流动相相比，单独的有机溶剂有利于源中的去溶剂化，而 RPLC 中使用的水更难以蒸发。与 RPLC-MS 相比，这种现象显然有利于提高 SFC-MS 的灵敏度。然而，SFC 的缺点是难以在不影响色谱峰质量的情况下增加进样量。实际上，虽然在 LC 中注入 10μL 或更多的样品来提高灵敏度是很常见的，但在 SFC 中只能注入 1 或 2μL 以避免峰值失真。在最近一项关于兴奋剂控制分析的研究 [51，52] 中，与 SFC-MS 相比，LC-MS 由于具有较高的负载能力，因此灵敏度较高。此外，在 SFC-MS 中使用的色谱柱内径（3mm）通常大于 LC-MS 中使用的色谱柱内径（2.1mm）[56]。柱体积的这种差异在 SFC-MS 中增加了稀释因子，这可能会进一步降低灵敏度。

一般情况下，很难推断使用相同的 MS 检测时，SFC 的灵敏度就一定比 LC 的更好，因为这与化合物和设备配置有很大的关系。一些早期研究表明，使用 ESI-MS/MS [57] 或 APCI-MS [22]，SFC 在灵敏度方面与 LC 相当，同时带来其他优势（通量、选择性）。其他一些研究表明，SFC-MS 可以提高灵敏度。2006 年，Coe 等人报道了采用 SFC-APCI-MS/MS 手性分析华法林，其灵敏度与相应的 LC 方法相比明显提高 [58]。最近，最先进的 SFC 系统的出现也提高了 SFC 的性能，从而提高了 SFC 与 LC 两种技术之间的比较次数。最近的一项研究表明，随着现代 SFC 系统的灵敏度提高，使得液相色谱无法检测到的低浓度的分析物可以得到很好的定性和定量 [59]。然而，也有一些相反的例子，与 SFC-MS 相比，LC-MS 显示出更高的灵敏度 [38，52]。在这两种情况下，MS 源的设计似乎更具有重要意义：使用更新的装置，含水流动相的去溶剂化得到了增强，这有利于 LC 灵敏度的提高。

例如，最近有报道 LC-MS/MS 和 SFC-MS/MS 灵敏度的差异 [50]。使用老式 MS 设备，SFC 对 65% 的化合物显示出更高的灵敏度，然而，使用更新的 MS 仪器，该数据降至 38%（见图 8.7）。

几个参数对于在 SFC-MS 中实现高灵敏度非常重要。如前所述，在接口处添加补偿溶剂可以强烈增强 MS 信号，因为在梯度洗脱中，早期洗脱的化合物经 CO_2 减压后，有机溶剂的量非常少，并且化合物可能沉积。此外，必须调整该补偿溶剂的组成和流速。MeOH 或乙醇（EtOH）通常是最广泛使用的。流动相中助溶剂和添加剂的性质也会影响 MS 的灵敏度，在方法开发过程中应进行优化 [49，60]。通常优选

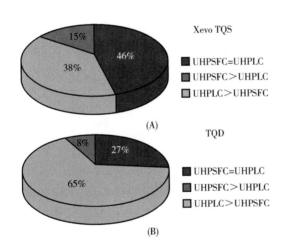

图 8.7 UHPSFC-MS/MS 和 UHPLC-MS/MS 中两种不同的三重四极杆灵敏度的对比，Waters Xevo TQS（A）和 Waters TQD（B）（引自：*Nováková L, Rentsch M, Grand-Guillaume Perrenoud A, Nicoli R, Saugy M, Veuthey JL, Guillarme D. UHPSFC-MS/MS for screening of doping agents. II: analysis of biological samples. Anal Chim Acta 2015; 853: 64759* [*Ref. 50*].)

MeOH 作为助溶剂，因为它提供高电离效率，而且铵盐也常被加入到助溶剂中，因为它们有很好的 MS 相容性可以提供良好的峰形。少部分水也可以提高 MS 灵敏度。最后，MS 参数必须与 SFC 的流动相相适应 [60]，虽然 SFC-MS 的最佳 MS 参数通常与 LC-MS 的最佳 MS 参数非常相似 [19]。

8.5.2 基质效应

通过 MS 检测获得的定量结果的可靠性实际上可以通过所谓的基质效应 (ME) 来校正。"基质"是指样品中除感兴趣的分析物之外的所有组分，其可能干扰目标物的定量。ME 的概念最初是由 Kebarle 等人在 1993 年提出的，定义为内源性存在于基质中的共流出化合物对电离效率和电离源再现性的影响 [61]。换句话说，当来自基质的组分与分析物同时洗脱时，与单独洗脱的分析物相比，它可以诱导分析物电离的增加（增强）或减少（抑制）[62]。存在于生物体液中的内源性磷脂对小分子 MS 信号的重要影响是生物分析领域中的常见实例。这种现象可能损害方法的准确性，精确度和灵敏度，并且必须加以解决。

目前有多种方法可以用来评估基质效应。提取后加入法是一种定量测定基质效应的方法，由 Matuszewski 等人在 2003 年引入 [63]。原理是通过一方面在提取基质中加入给定浓度的分析物而另一方面在纯溶剂或流动相中也加入给定浓度的分析物，比较两组溶液中分析物的 MS 信号。如果纯溶剂中的信号高于提取基质中的信号，则存在离子抑制。

可以考虑不同的策略来克服基质效应。第一个是在可能的情况下切换电离源。由于在源和/或去溶剂化中的离子形成期间可能发生基质干扰，因此一些电离源比其他电离源更不易于产生基质效应。实际上，在 ESI 过程中，分析物必须在溶液中获得电荷，然后作为离子转移到气相中。这就是为什么 ESI 最容易受到基质效应的影响 [64]，如果切换到 APCI 或 APPI，电离在气相中发生，这可能是解决这个问题的合适替代方案。然而，基质效应仍然在 APCI 和 APPI 的气相中发生，并且一些研究甚至揭示了 ME 也依赖于源设计，并且在某些情况下，APCI 对 ME 比 ESI 更敏感 [65]。总之，电离源切换是克服 ME 的良好替代方案，但不能完全保证，因为 ME 过程将因分析物而异。

第二种可能的方法是在进样之前改变或改善样品处理。很明显，如果样品得到很好的净化，其大部分内源成分得到清除，基质效应可以很大程度上得到降低。多种样品制备技术，如固相萃取 (SPE)、液液萃取 (LLE)、蛋白质沉淀 (PPT) 或支撑液体萃取 (SLE)，如今在不同的应用领域中非常普遍 [66]。同时采用多种净化方式可以更好地去除对目标物产生干扰的内源性化合物。然而，这些技术大多数需要进行浓缩，目标物浓缩的同时，基质成分也得到浓缩。因此，由于干扰化合物的浓度较高，这可能具有相反的效果并使得基质效应增强。这就是为什么应根据分析物结构和基质类型选择正确的样品前处理方法。

第三，减少基质效应最好的一种方法——内标法。内标用于校正样品预处理和基质相关信号变化过程中的分析物损失[67]。更确切地说，已经证明稳定同位素标记的内标（分析物的几个氢原子被其稳定同位素取代）最适合MS检测[68,69]。这些内标的主要缺点是同位素内标很难获得和成本较高。此外，一些研究表明ME可能会对分析物及其氘代内标产生不同的影响，从而导致校正不正确[70]。

最后，可以通过改变色谱分离来克服基质效应。实际上，使用不同的色谱技术可以使分析物与干扰基质化合物分离，从而更好地电离目标化合物。已经有学者用亲水作用液相色谱（HILIC）研究了这一点，因为保留机制不同，它是RPLC的良好替代品[71,72]。相反，几乎没有学者对SFC中的ME进行评估，并与LC相比较。只有少数论文提出了不同技术之间ME的系统比较[50~52]。在这些研究中，SFC的基质效应通常比RPLC的基质效应低。因为RPLC的保留机制与大多数提取技术的原理类似，因此，在色谱分析中，从基质中提取的杂质更容易在目标物附近洗脱。SFC不是这种情况，它依赖于不同的机制（极性保留）。一般情况下，SFC可能更适合于降低RPLC中分析的极性化合物的基质效应。实际上，ME的主要发生在分析的最初几分钟，因为许多污染物是极性的，特别是在生物分析中，保留较差的分析物更容易产生基质效应。这些分析物在SFC中保留得到改善，可以将它们与干扰物分开[73]。

8.6 SFC-MS/MS 的应用

8.6.1 手性 SFC-MS

对映选择性分离是SFC发展的第一个跳板。正相HPLC长期以来一直是分离对映体的参考技术，尽管它有许多缺点（使用大量有毒溶剂、平衡时间长等）。第一个手性SFC分离是在1985年实现的[74]。从那以后，对手性SFC的兴趣从未停止过增长，今天，SFC被认为是对映体分离的首选，主要是因为与LC相比，运行时间的大幅缩短，以及应用在制备色谱时，其通量和成本等方面得到大幅改进。此外，SFC的另一个优点是可与MS检测器进行连接，这对于正相HPLC仍然很困难。Baker和Pinkston是最早研究手性SFC与MS检测器偶联的人员[75]。目前，大多数手性SFC-MS应用都存在于制药行业，尤其是药物开发部门[76]。它也被广泛用于对映选择性药物合成以跟踪对映体过量[77]。

手性分离时使用MS检测器的目的不是增加对映体之间的选择性，因为两个分子具有相同的质量。主要优点是：（1）可以同时注射几对对映体（样品汇集策略）来增加实验通量，并通过MS选择性来区分它们[33]；（2）与紫外检测器相比，可以提高分析物的可检测性。特别是在药代动力学研究中对生物体液中的低浓度水平分析物［57，58，78，79］；(3) 将对映体与复杂混合物中的其他非手性杂质分离［80，81］。对于手性筛选，该系统通常是自动化的，可以同时优化不同的色谱柱和流动相［33，82，83］。

8.6.2 生物分析和脂质组学

生物体液（如血浆、血清、血液、尿液或胆汁）中药物浓度的测定是药物开发的重要方面之一。例如，在药代动力学和代谢研究中，临床和临床前试验以及兴奋剂控制分析中均需要大量进行生物体液中药物浓度的测定。生物样品是复杂的基质，因为目标化合物的浓度非常低（ng/mL级）以及可能含有产生干扰的许多内源性物质。因此，MS 检测器由于其高选择性和灵敏度而在该领域中广泛使用。

LC-MS 是分析复杂的生物基质的"金标准"，与 LC-MS 相比，SFC-MS 几乎不用于分析复杂的生物基质［84，85］。然而，近年来人们对 SFC-MS 在生物分析中的应用越来越感兴趣。已经有各种详尽的综述列出了 SFC-MS 在不同的生物分析［5，86，87］和代谢［88，89］研究中的应用。尽管 MS 选择性很高，但在分离之前通常需要进行样品预处理，如第 5.2 节所述。在这些萃取程序的最后阶段通常使用有机溶剂（SPE 常用 MeOH 或乙腈，和 LLE 中常用乙酸乙酯、己烷或庚烷）。这些类型的溶剂适合在 SFC 中直接进样。因此，可以跳过 LC-MS 进样之前通常需要进行的溶剂置换步骤，从而减少样品制备时间。

最近的一些文献报道显示与 SFC 耦合的 MS 检测器呈现多样化趋势：高分辨 MS 与 SFC 连接用于生物流体的分析［47，90，91］日益增多，并且最近在 SFC-MS 添加了离子迁移率作为附加维度用于分离非甾体选择性雄激素受体调节剂［92］。

SFC 具有强大存在性的另一个领域是脂质组学。脂质是 SFC 早期分析的首批化合物之一，由于它们的高疏水性，它们易溶于 cSFC 中使用的超临界 CO_2 流动相［92］。如今，Bamba 等人对 pSFC 在生物样品中的分析进行了广泛的研究［47，94~97］。另一个研究小组最近还发表了一种方法，能够在一次运行中分离出含 436 种脂质的 24 种脂类［98］（见图 8.8）。最近也有报道关于 SFC 中脂质组学的综述［99］。

SFC-MS 在代谢组学［91，100］和兴奋剂控制分析［49~52］领域也有一些应用。对于兴奋剂，已有学者成功从尿液中提取了 200 多种目标化合物，并使用 SFC-MS/MS 进行分析。对于特定类别的兴奋剂（雄激素合成代谢类固醇）分析［52］，SFC-MS/MS、LC-MS/MS 和 GC-MS/MS 这三种方法在选择性，灵敏度和基质效应方面表现出截然不同的结果（见图 8.9）。

8.6.3 非手性 SFC-MS 在药物分析中的应用

即使手性分离在过去几十年中一直是 SFC 的主力，但学者对非手性 SFC 也越

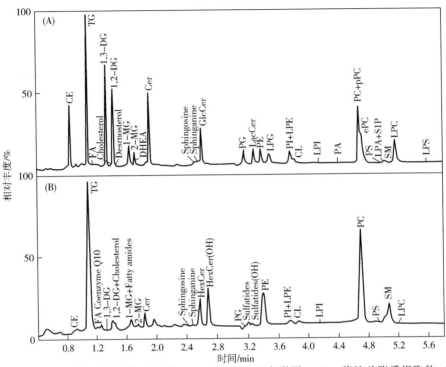

图 8.8 脂质类混合标准溶液的正离子 UHPSFC/ESI-MS 色谱图（A），猪脑总脂质提取物（B）。UHPSFC 条件：Acquity BEH UPC² 柱（100mm×3mm，1.7μm，水），流量 1.9mL/min，柱温 60℃，背压 1800 psi，改性剂 MeOH-H₂O（99:1，体积比）30mmol/L 醋酸铵：0min，1%；5min，51%；6min，51%。峰：CE—胆固醇酯；TG—三酰基甘油；FA—脂肪酸；DG—二酰基甘油；MG—单酰甘油；DHEA—脱氢表雄酮；Cer—神经酰胺；GlcCer—葡萄糖神经酰胺；HexCer—己糖神经酰胺；PG—磷脂酰甘油；LacCer—乳糖神经酰胺；pPE—1-链烯基-2-酰基磷脂酰乙醇胺（缩醛磷脂）；ePE—1-烷基-2-酰基磷脂酰乙醇胺（醚）；PE—磷脂酰乙醇胺；LPG—溶血磷脂酰甘油；PI—磷脂酰肌醇；LPE—溶血磷脂酰乙醇胺；CL—心磷脂；LPI—溶血磷脂酰肌醇；PA—磷脂酸；PC—磷脂酰胆碱；pPC—1-链烯基-2-酰基磷脂酰胆碱；ePC—1-烷基-2-酰基磷脂酰胆碱；PS—磷脂酰丝氨酸；LPA—溶血磷脂酸；S1P—鞘氨醇-1-磷酸；SM—鞘磷脂；LPC—溶血磷脂酰胆碱；LPS—溶血磷脂酰丝氨酸（引自：Lísa M, Holčapek M. Anal Chem 2015; 87: 718795 [Ref. 98].）

来越感兴趣。Pinkston 等人通过筛选大型药物化合物库，他们首次证明了 SFC-MS 与 LC-MS 相比具有很大潜力 [37]。该研究的目的是证明即使在处理极性化合物时，LC-MS 和 SFC-MS 之间的"命中"（洗脱和检测的化合物）数量也非常相似。从此以后，非手性 SFC 越来越受欢迎，但主要是与紫外检测器联用。一些使用单四极杆的应用也有报道，但仍然很少 [37, 38, 101]。然而，作为紫外检测器的替代品，最近商业化廉价和紧凑的单四极杆可能会令很多分析实验室感兴趣，并将其作为药物杂质分析的一种候选方法 [102, 103]。

MS 检测也可以应用于制备型 SFC。与 LC 纯化的原理相同，这些系统在药物开

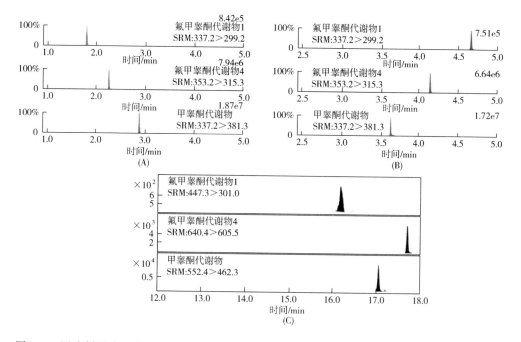

图 8.9 尿液样品中添加有 10ng/mL 甲睾酮及其 2 种代谢物的 UHPLC-MS/MS 色谱图（A），UHPSFC-MS/MS 色谱图（B），和 GC-MS/MS 色谱图（C）（引自：*Desfontaine V, Nováková L, Ponzetto F, Nicoli R, Saugy M, Veuthey JL, Guillarme D. Liquid chromatography and supercritical fluid chromatography as alternative techniques to gas chromatography for the rapid screening of anabolic agents in urine. J Chromatogr A 2016; 1451: 14555* [Ref. 52].)

发实验室中特别受到重视 [104, 105]。

8.6.4 食品和环境分析

SFC-MS 在食品或环境样品分析中的应用是最近才出现的，大多数研究都是在 2011 年之后进行的。而且，脂质的分析是将 SFC-MS 应用于农业和食品样品的第一个原因 [106, 107]，其次是农药 [48]。对某些农药进行对映体分离的需求也有助于 SFC-MS 在该领域的兴起 [108~110]。

8.7 结论

老式的 SFC-UV（以及 SFC-MS 在某种程度上）因其灵敏度太低，导致应用受到影响。近年来几项新的技术性突破已经规避了灵敏度这一问题并使得基线更稳定。目前，SFC-MS 可用于各种分析，包括疏水性物质（如脂类，脂溶性维生素或多环芳烃）的正相分离，以及使用相对高含量的甲醇作为流动相改性剂（高达

40%）和少量水作为添加剂来反相分析中等极性物质（如药物、农药、天然产物）。由于分析检验人员使用该技术的经验越来越多，SFC-MS 现在正进入更成熟的发展阶段。使用 SFC-MS 的单位已经促使供应商生产出更加强大和完全集成的系统，与 LC-MS 相比，它可以提供相当甚至更高的性能。

参考文献

[1] Nováková L, Grand-Guillaume Perrenoud A, Francois I, West C, Lesellier E, Guillarme D. Modern analytical SFC using columns packed with sub-2μm particles: a tutorial. Anal Chim Acta 2014; 824: 18-35.

[2] Grand-Guillaume Perrenoud A, Veuthey JL, Guillarme D. Comparison of ultra-high performance supercritical fluid chromatography and ultra-high performance liquid chromatography. J Chromatogr A 2012; 1266: 158-167.

[3] Grand-Guillaume Perrenoud A, Farrell WP, Aurigemma CM, Aurigemma NC, Fekete S, Guillarme D. Evaluation of stationary phases packed with superficially porous particles for the analysis of pharmaceutical compounds using supercritical fluid chromatography. J Chromatogr A 2014; 1360: 275-287.

[4] Grand-Guillaume Perrenoud A, Veuthey JL, Guillarme D. The use of columns packed with sub-2μm particles in supercritical fluid chromatography. Trends Anal Chem 2014; 63: 44-54.

[5] Desfontaine V, Guillarme D, Francotte E, Nováková L. Supercritical fluid chromatography in pharmaceutical analysis. J Pharm Biomed Anal 2015; 113: 5671.

[6] Lesellier E, Valarche A, West C, Dreux M. Effects of selected parameters on the response of the evaporative light scattering detector in supercritical fluid chromatography. J Chromatogr A 2012; 1250: 220-226.

[7] Holčapek M, Jirásko R, Lísa M. Recent developments in liquid chromatographymass spectrometry and related techniques. J Chromatogr A 2012; 1259: 3-15.

[8] Rodriguez-Aller M, Gurny R, Veuthey JL, Guillarme D. Coupling UHPLC with MS (/MS): constraints and possible applications. J Chromatogr A 2013; 1292: 2-18.

[9] Guillarme D, Schappler J, Rudaz S, Veuthey JL. Coupling ultra-high pressure liquid chromatography with mass spectrometry. Trends Anal Chem 2010; 29: 15-27.

[10] Pitt JJ. Principles and applications of liquid chromatography-mass spectrometry in clinical biochemistry. Clin Biochem Rev 2009; 30: 19-34.

[11] Novotny M, Springston SR, Peaden PA, Fjeldsted JC, Lee ML. Capillary supercritical fluid chromatography. Anal Chem 1981; 53: 407A-414A.

[12] Peaden PA, Fjeldsted JC, Lee ML, Springston SR, Novotny M. Instrumental aspects of capillary supercritical fluid chromatography. Anal Chem 1982; 54: 1090-1093.

[13] Springston SR, Novotny M. Kinetic optimization of capillary supercritical fluid chromatography using carbon dioxide as the mobile phase. Chromatographia 1981; 14: 679-684.

[14] Peaden PA, Lee ML. Theoretical treatment of resolving power in open tubular column super-

critical fluid chromatography. J Chromatogr 1983; 259: 1-16.

[15] Gere DR, Board R, McManigill D. Supercritical fluid chromatography with small particle diameter packed columns. Anal Chem 1982; 54: 736-740.

[16] Crowther JB, Henion JD. Supercritical fluid chromatography of polar drugs using small-particle packed columns with mass spectrometric detection. Anal Chem 1985; 57: 2711-2716.

[17] Mann M, Meng CK, Fenn JB. Interpreting mass spectra of multiply charged ions. Anal Chem 1989; 61: 1702-1708.

[18] Fenn JB, Mann M, Meng CK, Wong SF, Whitehouse CM. Electrospray ionization for mass spectrometry of large biomolecules. Science 1989; 246 (4926): 64-71.

[19] Grand-Guillaume Perrenoud A, Veuthey JL, Guillarme D. Coupling state-of-the-art supercritical fluid chromatography and mass spectrometry: from hyphenation interface optimization to high-sensitivity analysis of pharmaceutical compounds. J Chromatogr A 2014; 1339: 174-184.

[20] Kelly MA, Vestling MM, Fenselau C, Smith PB. Electrospray analysis of proteins: a comparison of positive-ion and negative-ion mass spectra at high and low pH. Org Mass Spectrom 1992; 27 (10): 1143-1147.

[21] Dzidic I, Desiderio DM, Wilson MS, Crain PF, McCloskey J. Mass standards for chemical ionization mass spectrometry. Anal Chem 1971; 43 (13): 1877-1879.

[22] Anacleto JF, Ramaley L, Boyd RK, Pleasance S, Quilliam MA, Sim PG, et al. Analysis of polycyclic aromatic compounds by supercritical fluid charomatography/mass spectrometry using atmospheric-pressure chemical ionization. Rapid Comm Mass Spectrom 1991; 5: 149-155.

[23] Ventura MC, Farrell WP, Aurigemma CM, Greig MJ. Packed column supercritical fluid chromatography/mass spectrometry for high-throughput analysis. Part 2. Anal Chem 1999; 71 (19): 4223-4231.

[24] Dost K, Davidson G. Development of a packed-column supercritical fluid chromatography/ atmospheric pressure chemical-ionisation mass spectrometric technique for the analysis of atropine. J Biochem Biophys Methods 2000; 43 (1-3): 125-134.

[25] Robb DB, Covey TR, Bruins AP. Atmospheric pressure photoionization: an ionization method for liquid chromatography2mass spectrometry. Anal Chem 2000; 72 (15): 3653-3659.

[26] Marchi I, Rudaz S, Veuthey JL. Atmospheric pressure photoionization for coupling liquid-chromatography to mass spectrometry: a review. Talanta 2009; 78: 1-18.

[27] Mejean M, Brunelle A, Touboul D. Quantification of tocopherols and tocotrienols in soybean oil by supercritical-fluid chromatography coupled to high-resolution mass spectrometry. Anal Bioanal Chem 2015; 407 (17): 5133-5142.

[28] Cho Y, Choi MH, Kim B, Kim S. Supercritical fluid chromatography coupled with in-source atmospheric pressure ionization hydrogen/deuterium exchange mass spectrometry for compound speciation. J Chromatogr A 2016; 1444: 123-128.

[29] Kott L. An overview of supercritical fluid chromatography mass spectrometry (SFC-MS) in the pharmaceutical industry. Am Pharm Rev 2013; .

[30] Pinkston JD. Advantages and drawbacks of popular supercritical fluid chromatography/ mass interfacing approaches—a user's perspective. Eur J Mass Spectrom 2005; 11 (2): 189-197.

[31] Dunkle M, Vanhoenacker G, David F, Sandra P. Agilent 1260 Infinity SFC/MS Solution—superior sensitivity by seamlessly interfacing to the Agilent 6100 Series LC/MS system. Agilent Appl Note 2011; 5990-7972EN.

[32] Bolanos BJ, Ventura MC, Greig MJ. Preserving the chromatographic integrity of high-speed supercritical fluid chromatography separations using time-of-flight mass spectrometry. J Comb Chem 2003; 5 (4): 451-455.

[33] Zhao Y, Woo G, Thomas S, Semin D, Sandra P. Rapid method development for chiral separation in drug discovery using sample pooling and supercritical fluid chromatographymass spectrometry. J Chromatogr A 2003; 1003: 157.

[34] Lee ED, Henion JD, Cody RB, Kinsinger JA. Supercritical fluid chromatography/ Fourier transform mass spectrometry. Anal Chem 1987; 59 (16): 1309-1312.

[35] Laude DA, Pentoney SL, Griffiths PR, Wilkins CL. Supercritical fluid chromatography interface for a differentially pumped dual-cell Fourier transform mass spectrometer. Anal Chem 1987; 59 (18): 2283-2288.

[36] Baumeister ER, West CD, Ijames CF, Wilkins CL. Interface for SFC and FTMS. Anal Chem 1991; 63: 251-255.

[37] Pinkston JD, Wen D, Morand KL, Tirey DA, Stanton DT. Comparison of LC/MS and SFC/MS for screening of a large and diverse library of pharmaceutically relevant compounds. Anal Chem 2006; 78 (21): 7467-7472.

[38] Spaggiari D, Mehl F, Desfontaine V, Grand-Guillaume Perrenoud A, Fekete S, RudazS, et al. Comparison of liquid chromatography and supercritical fluid chromatography coupled to benchtop single quadrupole mass spectrometer for in vitro CYP-mediated metabolism assay. J Chromatogr A 2014; 1371: 24456.

[39] Morgan DG, Harbol KL, Kitrinos Jr NP. Optimization of a supercritical fluid chromatograph-atmospheric chemical ionization mass spectrometer interface using an ion trap and two quadrupole mass spectrometers. J Chromatogr A 1998; 800: 39-49.

[40] Xu X, Roman JM, Veenstra TD, Van Anda J, Ziegler RG, Issaq HJ. Analysis of fifteen estrogen metabolites using packed column supercritical fluid chromatography-mass spectrometry. Anal Chem 2006; 78 (5): 1553-1558.

[41] Bristow AWT. Accurate mass measurement for the determination of elemental formula—a tutorial. Mass Spectrom Rev 2006; 25 (1): 99-111.

[42] Jiwan JLH, Wallemacq P, Hérent MF. HPLC-high resolution mass spectrometry in clinical laboratory? Clin Biochem 2011; 44 (1): 136-147.

[43] Klink D, Schmitz J. SFC-APLI- (TOF) MS: hyphenation of supercritical fluid chromatography to atmospheric pressure laser ionization mass spectrometry. Anal Chem 2016; 88: 1058-1064.

[44] Makarov A. Electrostatic axially harmonic orbital trapping: a high-performance technique of mass analysis. Anal Chem 2000; 72 (6): 1156-1162.

[45] Hardman M, Makarov A. Interfacing the orbitrap mass analyzer to an electrospray ion source. Anal Chem 2003; 75 (7): 1699-1705.

[46] Pereira AS, Martin JW. Exploring the complexity of oil sands process-affected water by high

efficiency supercritical fluid chromatography/orbitrap mass spectrometry. Rapid Comm Mass Spec 2015; 29 (8): 735-744.

[47] Yamada T, Uchikata T, Sakamoto S, Yokoi Y, Nishiumi S, Yoshida M, et al. Supercritical fluid chromatography/Orbitrap mass spectrometry based lipidomics platform coupled with automated lipid identification software for accurate lipid profiling. J Chromatogr A 2013; 1301: 237-242.

[48] Ishibashi M, Izumi Y, Sakai M, Ando T, Fukusaki E, Bamba T. High-throughput simultaneous analysis of pesticides by supercritical fluid chromatography coupled with high-resolution mass spectrometry. J Agric Food Chem 2015; 63 (18): 4457-4463.

[49] Nováková L, Grand-Guillaume Perrenoud A, Nicoli R, Saugy M, Veuthey JL, Guillarme D. UHPSFC-MS/MS for screening of doping agents. I: investigation of mobile phase and MS conditions. Anal Chim Acta 2015; 853: 637-646.

[50] Nováková L, Rentsch M, Grand-Guillaume Perrenoud A, Nicoli R, Saugy M, Veuthey JL, et al. UHPSFC-MS/MS for screening of doping agents. II: analysis of biological samples. Anal Chim Acta 2015; 853: 647-659.

[51] Nováková L, Desfontaine V, Ponzetto F, Nicoli R, Saugy M, Veuthey JL, et al. Fast and sensitive supercritical fluid chromatography—tandem mass spectrometry multiclass screening method for the determination of doping agents in urine. Anal Chim Acta 2016; 915: 102-110.

[52] Desfontaine V, Nováková L, Ponzetto F, Nicoli R, Saugy M, Veuthey JL, et al. Liquid chromatography and supercritical fluid chromatography as alternative techniques to gas chromatography for the rapid screening of anabolic agents in urine. J Chromatogr A 2016; 1451: 145-155.

[53] Hedrick J, VanAnda J, Brand T. Qualitative analysis of fish oil triglycerides with supercritical fluid chromatography and Q-TOF MS. Agilent Appl Note 2014; 5991-5183EN.

[54] Grand-Guillaume Perrenoud A, Guillarme D, Veuthey JL, Barron D, Moco S. Ultrahigh performance supercritical fluid chromatography coupled with quadrupoletime- of-flight mass spectrometry as a performing tool for bioactive analysis. J Chromatogr A 2016; 1450: 101-111.

[55] Dispas A, Lebrun P, Ziemons E, Marini R, Rozet E, Hubert P. Evaluation of the quantitative performances of supercritical fluid chromatography: from method development to validation. J Chromatogr A 2014; 1353: 78-88.

[56] Grand-Guillaume Perrenoud A, Hamman C, Goel M, Veuthey J-L, Guillarme D, Fekete S. Maximizing kinetic performance in supercritical fluid chromatography using state-of-the-art instruments. J Chromatogr A 2013; 1314: 288-297.

[57] Hoke SH, Pinkston D, Bailey RE, Tanguay SL, Eichhold TH. Comparison of packedcolumn supercritical fluid chromatography-tandem mass spectrometry with liquid chromatography-tandem mass spectrometry for bioanalytical determination of (R)- and (S)-ketoprofen in human plasma following automated 96-Well solid-phase extraction. AnalChem 2000; 72: 4235-4241.

[58] Coe RA, Rathe JO, Lee JW. Supercritical fluid chromatographytandem mass spectrometry for fast bioanalysis of R/S-warfarin in human plasma. J Pharm Biomed Anal 2006; 42 (5): 573-580.

[59] Doué M, Dervilly-Pinel G, Pouponneau K, Monteau F, Le Bizec B. Analysis of glucuronide and sulfate steroids in urine by ultra-high-performance supercritical-fluid chromatography hyphenated tandem mass spectrometry. Anal Bioanal Chem 2015; 407: 4473-4484.

[60] Hsieh Y, Favreau L, Schwerdt J, ChengKC. Supercritical fluid chromatography/ tandem mass spectrometric method for analysis of pharmaceutical compounds in metabolic stability samples. J Pharm Biomed Anal 2006; 40: 799-804.

[61] Kebarle P, Tang L. From ions in solution to ions in the gas phase—the mechanism of electrospray mass spectrometry. Anal Chem 1993; 65 (22): 972A-986A.

[62] Hall TG, Smukste I, Bresciano KR, Wang Y, McKearn D, Savage RE. Identifying and Overcoming Matrix Effects in Drug Discovery and Development. In: Prasain JK, editor. Tandem mass spectrometry: applications and principles. InTech; 2012. p. 389-420.

[63] Matuszewski BK, Constanzer ML, Chavez-Eng CM. Strategies for the assessment of matrix effect in quantitative bioanalytical methods based on HPLC - MS/MS. Anal Chem 2003; 75 (13): 3019-3030.

[64] King R, Bonfiglio R, Fernandez - Metzler C, Miller - Stein C, Olah T. Mechanistic investigation of ionization suppression in electrospray ionization. J Am Soc Mass Spectrom 2000; 11: 942-950.

[65] Mei H, Hsieh Y, Nardo C, Xu X, Wang S, Ng K, et al. Investigation of matrix effects in bioanalytical high-performance liquid chromatography/tandem mass spectrometric assays: application to drug discovery. Rapid Commn. Mass Spectrom 2003; 17 (1): 97-103.

[66] Nováková L, Vlcková H. A revwangiew of current trends and advances in modern bio-analytical methods: chromatography and sample preparation. Anal Chim Acta2009; 656 (1-2): 8-35.

[67] Xu RN, Fan L, Rieser MJ, El-Shourbagy TA. Recent advances in high-throughput quantitative bioanalysis by LCMS/MS. J Pharm Biomed Anal 2007; 44 (2): 342-355.

[68] Matuszewski BK. Standard line slopes as a measure of a relative matrix effect in quantitative HPLCMS bioanalysis. J Chromatogr B 2006; 830: 293-300.

[69] Stokvis E, Rosing H, Lopez-Lazaro L, Schellens JH, Beijnen JH. Switching from an analogous to a stable isotopically labeled internal standard for the LC-MS/MS quantitation of the novel anticancer drug Kahalalide F significantly improves assay performance. Biomed Chromatogr 2004; 18: 400-402.

[70] Wang S, Cyronak M, Yang E. Does a stable isotopically labeled internal standard always correct analyte response?: a matrix effect study on a LC/MS/MS method for the determination of carvedilol enantiomers in human plasma. J Pharm Biomed Anal 2007; 43 (2): 701-707.

[71] Havlíková L, Vlčková H, Solich P, Nováková L. HILIC UHPLCMS/MS for fast and sensitive bioanalysis: accounting for matrix effects in method development. Bioanalysis 2013; 5 (19): 2345-2357.

[72] Periat A, Kohler I, Thomas A, Nicoli R, Boccard J, Veuthey JL, et al. Systematic evaluation of matrix effects in hydrophilic interaction chromatography versus reversed phase liquid chromatography coupled to mass spectrometry. J Chromatogr A 2016; 1439: 42-53.

[73] Periat A, Grand-Guillaume Perrenoud A, Guillarme D. Evaluation of various chromatographic approaches for the retention of hydrophilic compounds and MS compatibility. J Sep Sci 2013; 36: 3141-3151.

[74] Mourier PA, Eliot E, Caude MH, Rosset RH, Tambute AG. Supercritical and subcritical

fluid chromatography on a chiral stationary phase for the resolution of phosphine oxide enantiomers. Anal Chem 1985; 57: 2819-2823.

[75] Baker TR, Pinkston JD. Development and application of packed column supercritical fluid chromatography/pneumatically assisted electrospray mass spectrometry. J Am Soc Mass Spectrom 1998; 9 (5): 498-509.

[76] Bolaños B, Greig M, Ventura M, Farrell W, Aurigemma CM, Li H, et al. SFC/MS in drug discovery at Pfizer, La Jolla. Int J Mass Spectrom 2004; 238 (2): 85-97.

[77] Alexander AJ, Staab A. Use of achiral/chiral sfc/msfor the profiling of isomeric cinnamonitrile/hydrocinnamonitrile products in chiral drug synthesis. Anal Chem.

[78] Chen J, Hsieh Y, Cook J, Morrison R, Korfmacher WA. Supercritical fluid chromatography-tandem mass spectrometry for the enantioselective determination of propranolol and pindolol in mouse blood by serial sampling. Anal Chem 2006; 78 (4): 1212-1217.

[79] Yang Z, Xu X, Sun L, Zhao X, Wang H, Fawcett JP, et al. Development and validation of an enantioselective SFC-MS/MS method for simultaneous separation and quantification of oxcarbazepine and its chiral metabolites in beagle dog plasma. J Chromatogr B 2016; 1020: 36-42.

[80] Brondz E, Ekeberg D, Bell DS, Annino AR, Hustad JA, Svendsen R, et al. Nature of the main contaminant in the drug primaquine diphosphate: SFC and SFC-MS methods of analysis. J Pharm Biomed Anal 2007; 43: 937-944.

[81] Garzotti M, Hamdan M. Supercritical fluid chromatography coupled to electrospray mass spectrometry: a powerful tool for the analysis of chiral mixtures. J Chromatogr B 2002; 770: 5361.

[82] Zeng L, Xu R, Laskar DB, Kassel DB. Parallel supercritical fluid chromatography/ mass spectrometry system for high-throughput enantioselective optimization and separation. J Chromatogr A 2007; 1169: 193-204.

[83] Laskar DB, Zeng L, Xu R, Kassel DB. Parallel SFC/MS-MUX screening to assess enantiomeric purity. Chirality 2008; 20 (8): 885-895.

[84] Desfontaine V, Nováková L, Guillarme D. SFC-MS versus RPLC-MS for drug analysis in biological samples. Bioanalysis 2015; 7 (10): 1193-1195.

[85] Nováková L. Challenges in the development of bioanalytical liquid chromatography mass spectrometry method with emphasis on fast analysis. J Chromatogr A 2013; 1292: 25-37.

[86] Abbott E, Veenstra TD, Issaq HJ. Clinical and pharmaceutical applications of packed column supercritical fluid chromatography. J Sep Sci 2008; 31: 1223-1230.

[87] Ríos A, Zougagh M, de Andrés F. Bioanalytical applications using supercritical fluid techniques. Bioanalysis 2010; 2 (1): 9-25.

[88] Matsubara A, Fukusaki E, Bamba T. Metabolite analysis by supercritical fluid chromatography. Bioanalysis 2010; 2 (1): 27-34.

[89] Taguchi K, Fukusaki E, Bamba T. Supercritical fluid chromatography/mass spectrometry in metabolite analysis. Bioanalysis 2014; 6 (12): 1679-1689.

[90] Jumaah F, Larsson S, EssénS, Cunico LP, Holm C, Turner C, et al. A rapid method for the separation of vitamin D and its metabolites by ultra-high performance supercritical fluid chromatographymass spectrometry. J Chromatogr A 2016; 1440: 191-200.

［91］ Jones MD, Rainville PD, IsaacG, Wilson ID, Smith NW, Plumb RS. Ultra high resolution SFCMS as a high throughput platform for metabolic phenotyping: application to metabolic profiling of rat and dog bile. J Chromatogr B 2014; 966: 200-207.

［92］ Beucher L, Dervilly-Pinel G, Cesbron N, Penot M, Gicquiau A, Monteau F, et al. Specific characterization of non-steroidal selective androgen peceptor modulators using supercritical fluid chromatography coupled to ion-mobility mass spectrometry: application to the detection of enobosarm in bovine urine. Drug Test Anal 2016; Available from: http://dx.doi.org/10.1002/dta.1951.

［93］ Giron D, Link R, Bouissel S. Analysis of mono-, di- and triglycerides in pharmaceutical excipients by capillary supercritical fluid chromatography. J Pharm Biomed Anal 1992; 10: 821-830.

［94］ Matsubara A, Uchikata T, Shinohara M, Nishiumi S, Yoshida M, Fukusaki E, et al. Highly sensitive and rapid profiling method for carotenoids and their epoxidized products using supercritical fluid chromatography coupled with electrospray ionization-triple quadrupole mass spectrometry. J Biosci Bioeng 2012; 113 (6): 782-787.

［95］ Uchikata T, Matsubara A, Fukusaki E, Bamba T. High-throughput phospholipid profiling system based on supercritical fluid extractionsupercritical fluid chromatography/ mass spectrometry for dried plasma spot analysis. J Chromatogr A 2012; 1250: 69-75.

［96］ Lee JW, Nishiumi S, Yoshida M, Fukusaki E, Bamba T. Simultaneous profiling of polar lipids by supercritical fluid chromatography/tandem mass spectrometry with methylation. J Chromatogr A 2013; 1279: 98-107.

［97］ Bamba T, Lee JW, Matsubara A, Fukusaki E. Metabolic profiling of lipids by supercritical fluid chromatography/mass spectrometry. J Chromatogr A 2012; 1250: 212-219.

［98］ Lísa M, Holčapek M. High-throughput and comprehensive lipidomic analysis using ultrahigh-performance supercritical fluid chromatography - mass spectrometry. Anal Chem 2015; 87 (14): 7187-7195.

［99］ Laboureur L, Ollero M, Touboul D. Lipidomics by supercritical fluid chromatography. Int J Mol Sci 2015; 16 (6): 13868-13884.

［100］ Sen A, Knappy C, Lewis MR, Plumb RS, Wilson ID, Nicholson JK, et al. Analysis of polar urinary metabolites for metabolic phenotyping using supercritical fluid chromatography and mass spectrometry. J Chromatogr A 2016; 1249: 141-155.

［101］ Huang Y, Zhang T, Zhou H, Feng Y, Fan C, Chen W, et al. Fast separation of triterpenoid saponins using supercritical fluid chromatography coupled with single quadrupole mass spectrometry. J Pharm Biomed Anal 2016; 121: 22-29.

［102］ Lemasson E, Bertin S, Hennig P, Boiteux H, Lesellier E, West C. Development of an achiral supercritical fluid chromatography method with ultraviolet absorbance and mass spectrometric detection for impurity profiling of drug candidates. Part I: optimization of mobile phase composition. J Chromatogr A 2015; 1408: 217-226.

［103］ Lemasson E, Bertin S, Hennig P, Boiteux H, Lesellier E, West C. Development of an achiral supercritical fluid chromatography method with ultraviolet absorbance and mass spectrometric detection for impurity profiling of drug candidates. Part II. Selection of an orthogonal set of stationary phases. J Chromatogr A 2015; 1408: 227-235.

[104] Van Anda J. Use of SFC/MS in the purification of achiral pharmaceutical compounds. Am Pharm Rev 2010; 13 (6): 111-115.

[105] Ebinger K, Weller HN, Kiplinger J, Lefebvre P. Evaluation of a new preparative supercritical fluid chromatography system for compound library purification: the TharSFC SFC-MS Prep-100 system. J Lab Autom 2011; 16 (3): 241-249.

[106] Lee JW, Uchikata T, Matsubara A, Nakamura T, Fukusaki E, Bamba T. Application of supercritical fluid chromatography/mass spectrometry to lipid profiling of soybean. J Biosci Bioeng 2012; 113 (2): 262-268.

[107] Tu A, Du Z, Qu S. Rapid profiling of triacylglycerols for identifying authenticity of edible oils using supercritical fluid chromatography-quadruple time-of-flight mass spectrometry combined with chemometric tools. Anal Methods 2016; 8: 4226-4238.

[108] Liu N, Dong F, Xu J, Liu X, Chen Z, Tao Y, et al. Stereoselective determinationof tebuconazole in water and zebrafish by supercritical fluid chromatography tandem mass spectrometry. J Agric Food Chem 2015; 63 (28): 6297-6303.

[109] Chen X, Dong F, Xu J, Liu X, Chen Z, Liu N, et al. Enantioseparation and determination of isofenphos - methyl enantiomers in wheat, corn, peanut and soil with supercritical fluid chromatography/tandem mass spectrometric method. J Chromatogr B Analyt Technol Biomed Life Sci 2016; 10151016: 13-21.

[110] Pan X, Dong F, Xu J, Liu X, Chen Z, Zheng Y. Stereoselective analysis of novel chiral fungicide pyrisoxazole in cucumber, tomato and soil under different application methods with supercritical fluid chromatography/tandem mass spectrometry. J Hazard Mater 2016; 311: 115-124.

9 制备型超临界流体色谱原理

A. Tarafder
Waters Corporation, Milford, MA, United States

9.1 引言

在本节及后续几节,我们将简要讨论制备型超临界流体色谱(SFC)的一些基本概念,并以此为后续章节中的进一步讨论做好铺垫。我们希望此处提供的这些素材能够帮助您在使用制备型 SFC 系统时找到更有依据的分离方法。

9.1.1 制备型 SFC 系统的布局

图 9.1 [1] 展示了一个制备型 SFC 系统的布局。用两个不同的泵将流动相输送到系统,一个输送液态 CO_2,另一个则输送有机助溶剂。为确保泵输送的流体处于液态,泵入口管线处的二氧化碳温度保持在较低的温度(如 4℃)下。这个温度并没有工业标准值,会因供应商的不同而有所不同。当两种液体混合后,流动相会流动至进样器,将来自进样器的样品推动至色谱柱,再分别进入紫外检测器和自动背压调节器(ABPR)。在馏分收集系统中,不同组分的洗脱带在 ABPR 出口

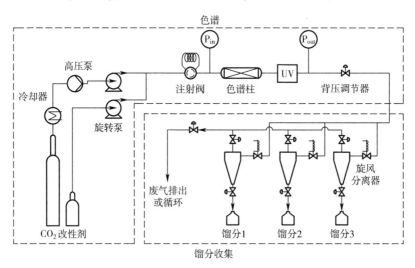

图 9.1 制备型 SFC 系统(引自:*Reprint from Design of preparative-supercritical fluid chromatography. J Chromatogr A* 2012;*1250*:227-49.)

处得以收集。需要注意的是这仅仅是一个常规的布局。针对不同的供应商，进样和馏分收集装置可能不同。此外，还需注意的是在整个制备系统中，除馏分收集装置外，其他所有部件在分析装置中都是相同的，这并不是分析系统的常规特征。

9.1.2 分析和制备型色谱

9.1.2.1 分析和制备型仪器

尽管分析和制备型仪器的主要组成部分与其功能都有一一对应的关系，但系统处理的体积可能会有很大不同。例如，分析型 SFC 系统中的标准体积流量为 0.5~3mL/min。然而，对于制备型 SFC 系统，标准体积流量通常采用几百到几千毫升每分钟的流速。从仪器的角度来看，所有组件都进行了相应的放大，但制备型 SFC 系统的精密度通常低于分析型 SFC 系统。

9.1.2.2 分析分离和制备分离

无论是 LC 或 SFC，分析分离和制备分离的主要区别在于分离的规模和目的。对于制备分离而言，固定相利用率的最大化是它的一个重点，但这并不是分析分离优先要考虑的事项。对于分析分离，样品通常在极稀的浓度下进样，且进样量很小，以确保所有峰均具有足够的分离度。而对于制备分离来讲，则是侧重于分离和收集一个或几个峰的组分，其目标是最大限度地利用时间和原料。这会导致进样浓度过高或进样量过大，导致如图 9.2 所示的固定相过载的现象。分析分离时样品是被稀释的，因此样品分子与固定相表面相互作用不受其他样品分子的影响（见图 9.2A）。而对于制备分离，溶液是浓缩的，一种溶质与固定相的相互作用会受到其他溶质分子的影响。如图 9.2B 所示的例子，由于分子到达固定相表面的途径受到其他分子的阻碍，故在被固定相保留之前它会移动到不太拥挤的区域。或者，它可以取代已经被保留的分子，而被取代的分子则在继续被保留之前进一步向前移动。这种称为"竞争效应"的现象导致了谱带展宽，该谱带前沿浓度很高，随后的拖尾则浓度逐渐降低。需要注意的是，在时间轴上，谱带的方向是相反的。这部分内容将在第 9.3.4 节中讨论。

9.1.3 制备型 LC 和 SFC

LC 和 SFC 系统之间的主要区别在于，SFC 中的流动相具有较高的可压缩性。制备型 LC 流动相也可以压缩，例如，纯甲醇在 40℃ 和 2000psi（译者注：1psi = 6894.76Pa）下的等温压缩率为 8.0763×10^{-6}（1/psi）。但是，基于二氧化碳的流动相的可压缩性则要高得多，例如，即使使用摩尔百分数为 50% 的甲醇，在相同条件下，二氧化碳与甲醇混合物的压缩率为 1.4065×10^{-5}（1/psi）。流动相的可压缩性带来了一些设计性挑战，这将在 9.3 节中进行讨论。

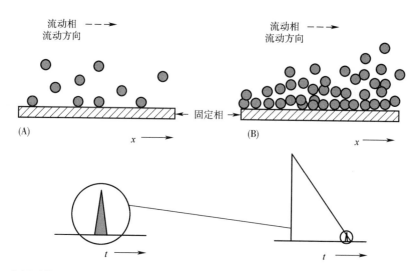

图 9.2 分析系统（A）和制备系统（B）中固定相表面上溶质分子移动的示意图。稀释溶液产生高斯峰，但过载溶液导致谱带增宽和谱带内溶质浓度的不均匀分布

9.2 影响制备型 SFC 性能的因素

一般来讲，直接影响制备型 SFC 系统性能的因素是（1）溶剂输送系统；（2）样品溶解度和进样机制；（3）分离条件。所有这些因素在通用色谱系统中都有影响，但对于制备型 SFC 来讲，前文讨论的两个背景因素（大体积或高浓度进样以及流动相的可压缩性）会影响所有的这些因素，并引出了制备型 SFC 设计和操作挑战。控制制备型 SFC 设计和操作的所有因素的示意图如图 9.3 所示。稍后的章节将讨论进样量过大和可压缩性对这些性能因素的影响。

9.2.1 溶剂输送系统

溶剂输送系统决定着流动相的流速及其组成。由于 CO_2 具有可压缩性，会导致制备型 SFC 系统性能的巨大差异。在一定压力下，保持一定的二氧化碳输送量是非常困难的。这就是为什么大多数用于制备型系统的二氧化碳泵由质量流量计控制的原因。然而，主要问题在于制备型系统的系统设计是在分析系统中设计的分离方法的指导下进行的（第 9.3 节将更多地介绍这部分内容），并且市售分析仪器一般装有体积流速相关组件。目前，在分析色谱中，流速或控速组件都指的是体积。使用质量流速和相应组件的色谱仪器这一任务可能会使那些被误解的技术更加显得格格不入，这可能是分析仪器供应商选择停留在体积领域内的原因。

在制备型分离方法的开发过程中，应该注意到这一区别 [2, 3]。如果将分析方法转换为制备方法，则需要知道分析系统确切的质量组成，并且在制备系统中

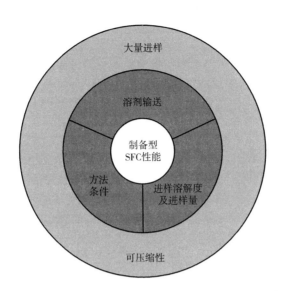

图9.3 直接控制制备型SFC性能的因素（1）溶剂输送系统；（2）进样溶解度和进样量；（3）方法条件。影响所有这些因素的主要背景因素是进样量过多或进样浓度过大以及流动相的可压缩性

应使用相同的质量组成。为了开展这项任务，我们首先从色谱数据系统（CDS）测量并记录了CO_2泵头的温度和压力。然后使用在线资源（例如NIST Chemistry WebBook [4]），计算了在该温度和压力下的密度。助溶剂（如：甲醇）的密度值也可以从NIST获得[4]。基于这些密度值，可以由体积组成计算得出质量组成。例如，如果测得的泵出口压力（系统压力）为4500psi，CO_2泵头温度维持在13℃，当助溶剂泵头温度为20℃时，CO_2的密度为1.013g/mL，甲醇的密度为0.817g/mL[4]。对于CO_2与甲醇的体积组成之比为90:10的系统，在该条件下的质量组成则为91.8:8.2。但是，如果CO_2泵头温度为24℃，而其他部分保持不变，则CO_2密度为1.07g/mL，CO_2与甲醇的质量组成则为92.2:7.8。如果目标化合物得以充分分离，从体积组成到质量组成的这种变化可能并不重要，但如果有与目标化合物洗脱时间非常接近的杂质存在，这种变化就显得非常重要，不可忽视。

9.2.2 样品溶剂和进样机制的选择

样品溶剂与流动相不匹配是SFC进样机制存在的一个典型问题。与液相色谱不同，液相色谱通常采用流动相溶剂制备样品，而CO_2的可压缩性使其无法成为样品溶剂，除非采用萃取进样机制。一般的解决方案是将样品混合物溶解在助溶剂中。在大多数情况下，样品更易溶于不同的溶剂（不是流动相组成的一部分）中。在所有情况中，阀门后的进样体积会在溶质塞两侧产生溶剂失配现象。LC的典型进样模式是混合流进样。尽管这种模式经常被采用，却会导致峰的严重失真，尤其是在于进样量大的情况下［1］。正如 Rajendran［1］指出的那样，在进样期间，样品混合物存在于样品溶剂的塞子内。当把样品混合物以及样品溶剂进样至色谱柱后，所有物质都会在流动相的驱动下沿着色谱柱迁移。根据样品混合物和样品溶剂的相对保留方式，保留特征可以分为三种情况［1］。

情况1：与样品溶剂相比，样品混合物保留值较大。
情况2：样品混合物和溶剂具有相似的保留值。
情况3：与样品溶剂相比，样品混合物保留值较小。

在此请注意，样品混合物是需要进行分离的化合物的混合物。对于那些样品溶剂保留较大或保留较小的情况，我们可以认为这与进样的组分相关。对于样品溶剂和混合物相同的情况，则可以与进样溶剂和目标化合物进行比较。

Rajendran［1］利用色谱平衡理论计算了溶剂失配对样品的色谱带形状的影响。图9.4显示了两种化合物之间的这种效应，其中一种化合物比另一种化合物的保留值大，但与样品溶剂相比，两者保留的更多。对于一定的进样体积，溶质带的后部在流动相内移动，而前部在进样溶剂带内至少移动一定距离（见图9.4）。

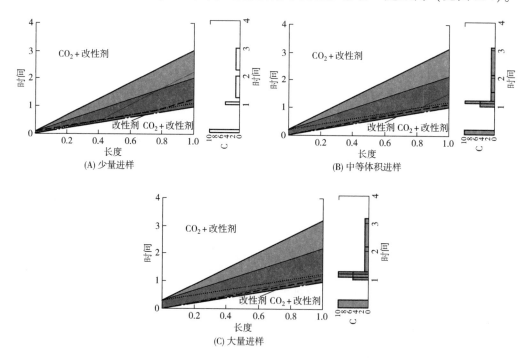

图9.4　进样机制和进样量如何影响制备型 SFC 中谱带轮廓的证明。这些图不仅显示了柱内溶质带的位置和延伸随时间变化的函数，也显示了色谱柱出口。此外还显示了进样溶剂带（首次洗脱），保留较少的化合物（再次洗脱）和更多保留的化合物（第三次洗脱）的移动。所计算的洗脱曲线列于右侧。通过比较（A），（B）和（C）可以得到进样体积大小的影响（引自：*Reprint form Rajendran A. Design of preparative-supercritical fluid chromatography，J Chromatogr A 2012；1250：227-49.*）

由于溶质的保留在进样溶剂中较低,与流动相相比,溶质带剖面由于这种标记效应而变宽。从图 9.4C 可以看出,当注入量足够大时,溶质带的前端根本不会退出进样溶剂带。这种情况会导致洗脱曲线失真。使用所谓的"改性剂流"进样的仪器,将样品与 CO_2 流混合之前注入助溶剂流中,可以在很大程度上解决这个问题。

9.2.3 方法条件的选择

方法条件的选择对制备型 SFC 的性能影响最大。大量注入和可压缩性这两个因素应该得以解决以达到更理想的分离条件。这将在下一章节详细介绍。

9.3 设计制备型 SFC 的方法

本部分将介绍两种不同的设计制备型 SFC 系统的方法。第一种方法是工业中常用的"基于规则的方法";第二种方法是"基于数学模型的方法",这也是几个学术团体多年来一直在努力研究的方法并取得了极具前景的成果。在介绍这两种方法之前,我们需要阐明制备型 SFC 方法的设计任务。

9.3.1 制备型 SFC 方法的设计任务

制备型色谱分离设计的主要挑战是系统太大导致无法直接开发和优化分离方法。这就是制备型方法设计常用分析仪器且总是在分析尺度上进行方法开发和优化步骤的原因。这意味着制备型 SFC 方法设计的主要任务是直接将分析方法复制到制备级,或根据分析结果设计制备方法。这些是基于规则以及基于模型的方法的前提。

对于基于模型的方法来讲,最好使用纯化合物,分析结果用于在不同的操作条件下对系统进行"表征"。对于转移到制备型系统的基于规则的方法,则是用来优化方法。需要注意的是,这两种方法的重点仅在于调整方法条件以实现制备的特异性分离。基本标准是分析系统和制备系统中的固定相应该是相同的。两种方法虽然考虑到了所有的物理特性(例如:密度)随系统变化而变化的情况,但还是采用假设平均条件来应对变化。

9.3.2 热力学和传递性质的作用

在色谱系统内部,所有基本的分子相互作用或运动可以大致分为(1)热力学现象和(2)传递现象[5]。热力学现象表示溶质与流动相和固定相之间物理化学的相互作用。对于溶剂的特定混合物,这些相互作用则是由组成、密度和温度三种状态条件控制的。另一方面,传递现象代表控制色谱床内分子运动的所有因素。这些分子不仅受到与热力学现象相同的状态控制,还受颗粒和色谱床的几何形状以及流动相流速的影响。后续章节在讨论基于规则和基于模型的方法时,将经常提到色谱效应物理现象的这些区别。

9.3.3 基于规则的方法

在此，基于规则的方法是根据可用于设计制备型 SFC 方法的多种规则而来。通常这些规则经过几个简单的步骤（例如：乘以某个因子）就可以从分析方法参数中得到制备方法参数。尽管这些规则中的大多数都是经验性的，在不同的实验室内开发和使用且很少发表，但在开放领域发布的一些规则有一定的理论基础。本节内容涵盖了这些规则背后的理论。

9.3.3.1 转移等度洗脱方法的放大规则

制备型 SFC 的放大规则可以直接遵循制备型 LC 的放大规则。对于流动相组分和所有状态条件保持不变的等度洗脱方法的转移，放大程序着重于缓解传递现象的几何变化。

根据现有的做法，Guillarme 等人［6］编写了一套在反相液相色谱法（RPLC）中的方法转移规则。由于放大可以解释为从分析系统到制备系统的方法转移，因此相同的规则也适用于制备方法设计。仪器供应商通常会建议将这些规则应用于液相色谱系统中的方法转移和放大。其规则为：

（1）在制备系统中保持相同的固定相（化学性质、配体、孔径等）。
（2）为流动相选择相同的质量或摩尔组成。
（3）制备系统的柱长（L）与粒径（d_p）之比 L/d_p 应与分析系统相同。
（4）两个系统中线速度的降低（ud_p/D_m）应该相同，其中 u 是线速度，D_m 是流动相中的溶质扩散率。
（5）两个系统的进样量和色谱柱空隙体积之间的比例应当相同。

规则（1）和（2）是任何色谱方法转移或放大操作的先决条件。规则（3）和（4）源自 Giddings 提出的简化的 van Deemter 方程。需要注意的是，只有要在制备和分析系统中保持相同的最佳色谱柱效率时才需要遵守规则（3）和（4）［7］。规则（5）是为了确保制备系统中相同的色谱柱容量过载。这些规则的效用将进一步讨论。

根据上述规则，我们可以确定制备系统的一些方法参数。制备系统的流速可以基于维持两个系统之间相同的降低线速度来计算。假定预先选择了粒径和柱直径：

$$Q_P = Q_A \frac{d_{p,A}}{d_{p,P}} \left(\frac{D_P}{D_A}\right)^2 \tag{9.1}$$

式中　P 和 A——制备和分析系统；
　　　　Q——体积流量；
　　　　d_p——颗粒直径；
　　　　D——色谱柱直径。

请注意，在实际情况下，需要特别注意系统（包括仪器和色谱柱）允许的最大操作流速。对于从分析到制备规模的转移，可能不需要设置流速以保持相同的最佳柱效率，因为在后一种系统中，峰展宽主要取决于柱过载，而不是柱效[5]。

制备系统的色谱柱长度可以从中计算：

$$L_P = L_A \frac{d_{p,P}}{d_{p,A}} \tag{9.2}$$

式中 L——柱长。

通常情况下，计算制备系统的进样量需与制备系统柱体积的增加相匹配。

$$V_{inj,P} = V_{inj,A} \frac{L_P}{L_A} \left(\frac{D_P}{D_A}\right)^2 \tag{9.3}$$

式中 V_{inj}——进样量。

请注意，对于制备型SFC，还需要考虑其他标准，这些标准将在大量进样的影响一节中作进一步描述。

9.3.3.1.1 可压缩性的影响

为了减轻SFC流动相可压缩性的影响，我们补充一个额外的规则：

（6）柱内流动相的平均密度应当相同。

在文献[7]中提出了一种计算柱内加权平均密度的详细过程。然而，在大多数情况下有一种更简单的方法，即在两个系统中保持相同的平均压力就足够了[8]。以这种方式，不需要知道或计算流动相的密度。为了匹配制备系统中的平均压力，ABPR压力应迭代调整。下面的公式有助于估算制备系统的新ABPR压力[7]。

$$(P_{ABPR,P})_{i+1} = (P_{ABPR,P})_i + \left[\left(\frac{P_{sys,A} + P_{ABPR,A}}{2}\right) - \left(\frac{(P_{sys,A})_i + (P_{ABPR,P})_i}{2}\right)\right] \tag{9.4}$$

式中 $(P_{ABPR,P})_{i+1}$ 和 $(P_{ABPR,P})_i$——制备系统中第($i+1$)次和第i次迭代的ABPR压力；

$(P_{sys,P})_i$——制备系统中第i次迭代的系统压力；

$P_{sys,A}$ 和 $P_{ABPR,A}$——分析系统的系统压力和ABPR压力。

9.3.3.1.2 大量进样的影响

虽然规则（5）表明制备系统中的进样量可以从分析进样量直接放大，但这是一种简单化的观点。下面列出了确定制备进样量需要考虑的两点：

- 由于前文讨论的溶剂不匹配带来的显著影响，因此进样量受到以下两点的控制：(1)注入混合流或改性流的模式；(2)与进样溶质相比，进样溶剂的保留因子。

- 在可能的情况下，最好使用最高浓度的进样溶液。虽然在制备型SFC中，这可能会受到系统内溶质沉淀和结晶的限制。

9.3.3.2 传递梯度方法的放大规则

为了将梯度方法从分析系统转移到制备系统，Guillarme 针对填充小颗粒的短柱 [9] 制定的以下规则也适用。在梯度传递期间，需要提供等度保持时间和梯度持续时间这两个附加参数。

(1) 在制备系统中的等度保持应按分析系统的驻留体积进行调整。
(2) 制备系统中的部分持续时间应确保梯度扫描体积的缩放。

这两个规则用于确保在制备系统中重建柱体积的分析梯度。柱内的热力学平衡由流动相扫描体积控制。由于分析系统和制备级系统的流动相流速不同，色谱柱尺寸也不同，因此应调整梯度时间以保持溶剂组成随扫描或柱体积变化。

以下等式可用于确定制备型 SFC 梯度保持时间和梯度持续时间。

$$t_{i,P} = \left(t_{i,A} + \frac{V_{d,A}}{Q_A}\right)\frac{L_P}{L_A}\frac{d_{p,P}}{d_{p,A}} - \frac{V_{d,P}}{Q_P} \quad (9.5)$$

$$t_{g,P} = t_{g,A}\frac{L_P}{L_A}\frac{d_{p,P}}{d_{p,A}} \quad (9.6)$$

尽管这些规则都是为 LC 开发的，但是只要两个系统的平均密度保持相同，那么这些规则同样适用于制备型 SFC。需要注意的是，流动相的压力和密度在梯度操作期间是动态变化的。为了匹配分析和制备系统之间压缩性的最终变化，理想情况下，应考虑它们作为时间函数的平均密度之间的差异，然而，这一点很难实现。解决该问题的一种方法是测量起始和终止梯度浓度下的平均压力。应调整制备系统的 ABPR 压力，以确保制备系统中这两个平均值的平均值与分析系统中的平均值相同。

9.3.4 建模方法的理论

9.3.4.1 什么是基于建模的方法？

基于模型的方法的主要目的是（1）利用当前对色谱柱内溶质分子的物理化学行为的理解，以及（2）利用台式计算机超群的计算能力来开发预测工具。如果该虚拟工具或计算机工具足够强大，那么就可以通过预测的实验条件的结果来取代真实的实验设置。

模型是一组数学方程，代表色谱床内溶质运动的理化行为。对于制备色谱，这些方程通常是偏微分方程（PDE）。当对方程进行求解时，它们可以估算柱内部和出口处的带宽以及浓度分布。从这些结果中，可以绘制出模拟的色谱图或跟踪色谱柱内所有色带的整个运动。此外，结果可用于分析一种方法在回收率（产率），生产率，目标物纯度等方面的预计性能。计算机实验可以快速评估手头的问题并提出优化的解决方案。此外，色谱柱内部带运动的详细结果有助于对一个过程产生有用的见解，这些见解通过真实实验是不太可能产生的，或者可能非常复杂。

基于模型的方法遵循图 9.5 中所示的主要步骤。第一步是选择一个能够可靠地预测手头复杂的物理性问题，且可以通过分析或数值方式求解这些问题的数学模型。然后需要对模型进行"表征"，这意味着我们需要根据一组预先设计的实验生成的数据估算模型的某些"特征参数"的值，并将此运用到真实的实验中。这是必不可少的一步，因为模型的详细程度不足以捕获色谱柱内的分子动态行为。具有该要求的模型需要大量的计算，通常来讲不用于设计目的。作为折衷方案，我们尝试通过含有一些系数的函数预估溶质的特征色谱行为。通常是在分析系统中应用实验结果来估算这些系数的值。一旦完成该"表征"步骤，该方程即可用作该实验装置的模拟器。

接下来便是使用此虚拟设置检测最佳操作条件。大多数情况下，这是通过优化程序完成的。优化程序调整主要的操作变量，直至达到运行系统预设的最佳条件。需要注意的是，虽然基于模型的方法适用于分析系统的实验数据，但它不仅限于设计重现分析性能的制备条件。基于模型的方法开发了一种与分析方法完全

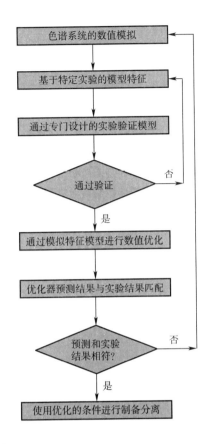

图9.5 流程图显示了基于模型的方法的主要步骤（引自：Tarafder A, Hudalla C, Iraneta P, Fountain KJ. A scaling rule in supercritical fluicl chromatography I. Theory for is ocratic systems. J Chromatogr A 2014; 1362: 278-93.）

不同的方法，以达到制备分离的特定目标。鉴于对色谱行为的物理理解水平和计算能力的可用性，基于模型的方法非常有效。但为了能够使其被广泛接受，我们还需强大且自我支持的程序，且这些程序最好不需要用户干预。

9.3.4.2 模型是如何开发的

该模型是通过在柱内的薄横截面上求解质量平衡方程而开发的。图9.6表示横截面积为 A 的色谱床。流动相和溶质带从柱的入口进入色谱柱并通过该柱，最后移动到出口。为了达到质量平衡，我们假设在任意选择的位置，其柱内部有一个无限小的长度（Δz）。在任何时刻（例如 t），从离开体积的总质量中减去进入无

穷小体积的溶质的总质量便是净质量累积量（如果质量的输入速率小于离开色谱柱的质量输出速率，则为耗尽）。该等式的详细推导可通过其他途径［5］获得，此处不再进一步讨论。针对于 SFC 的质量平衡方程［10］为：

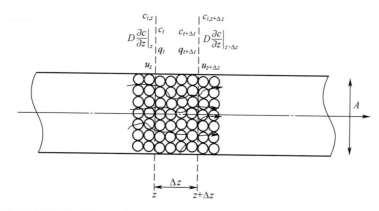

图 9.6　溶质通过色谱柱无限薄切片的运动示意图。流动相与溶质带一起从左侧进入切片并从右侧离开。流入和流出的质量流率导致切片的质量积累或消耗的差异

$$\frac{\partial c_i}{\partial t} + \frac{(1-\varepsilon)}{\varepsilon}\frac{\partial q_i}{\partial t} + \frac{\partial[c_i u(\rho)]}{\partial x} = \frac{\partial}{\partial x}\left[D_{a,i}(\rho)\frac{\partial c_i}{\partial x}\right] \tag{9.7}$$

式中　c_i ——组分 i 在流动相中的浓度，g/mL；
　　　q_i ——组分 i 在固定相中的浓度，g/mL；
　　　t ——时间坐标，min；
　　　u ——流动相的空隙速度，cm/min；
　　　x ——空间坐标，cm；
　　　i ——组分；
　　　ε ——柱的空隙分数；
　　　ρ ——流动相的密度，g/mL；
　　　$D_{a,i}$ ——组分 i 的表观扩散系数，cm²/min。

该等式表明流动相速度和表观扩散系数是沿色谱柱不断变化的，并且随密度的变化而变化。如果沿柱的密度分布可以表示为 x 的函数，则 u 可表示为 $u(x) = G/\rho(x)$，其中 $\rho(x)$ 是沿柱子方向的密度分布，G 是质量流量。同理，$D_{a,i}$ 也可以表示为 x 的函数。

虽然这些详尽的考虑会使得方程在大多数条件下更加准确，但沿着柱子的压力和密度分布近似是线性的。而且边界条件的线性平均值可以近似于色谱柱内部的整体色谱条件。该简单假设可以应用是因为其有效范围涵盖了现代 SFC 的操作条件［8］。这个假设也可将式（9.7）简化为式（9.8）：

$$\frac{\partial c_i}{\partial t} + \frac{(1-\varepsilon)}{\varepsilon}\frac{\partial q_i}{\partial t} + u(\bar{\rho})\frac{\partial c_i}{\partial x} = D_{a,i}(\bar{\rho})\frac{\partial c_i^2}{\partial x^2} \tag{9.8}$$

式中 $\bar{\rho}$——柱内流动相的平均密度，g/mL。

注意，该模型假设颗粒孔内的质量传递无穷大，由于流动相的扩散性非常高，因此对 SFC 来讲大致有效。此外还需注意一点，此 PDE 无法通过分析求解，因此需要应用数值求解的方法，本节稍后将对此进行讨论。

9.3.4.3 体积和固定相浓度之间的关系——等温线

在式（9.8）中，c_i 和 q_i 都是空间和时间的函数。因此，求解式（9.8）可以得到柱内任意位置和时间下溶质 i 的浓度数据。

接下来开始求解式（9.8）。首先需要估算特征参数 $[\varepsilon, u(\bar{\rho}),$ 和 $D_{a,i}(\bar{\rho})]$ 的值。之所以被称为特征参数是因为它们代表了将系统表征为一组特定的柱子和流动相属性的值。但仍然有两个变量（c_i 和 q_i）尚未解决。解决方法为：添加另一组关联了 c_i（体积浓度）和 q_i（固定相上的溶质浓度）的方程。因为在等温条件下假设与 c_i 平衡，所以这些方程称为平衡等温线。这个等式的一般表达式为：

$$q_i = f(\bar{c}) \tag{9.9}$$

式中 $\bar{c}$——溶液中所有溶质的浓度阵列。

如引言中所述，这种溶质分子保留对所有其他溶质浓度的依赖性，这对于制备色谱来讲是非常典型的。根据文献结果，制备型 SFC 中的大多数保留行为都被鉴定为 Langmuir 或双 Langmuir 等温线。例如，Lochmüller 和 Mink [11] 在 CO_2 温度为 60℃，压力为 2000~4000psi，流速为 3mL/min 的条件下测量了 Partisil-10 硅胶上干燥乙酸乙酯的等温线，该等温线遵循 Langmuir 行为。Jha 和 Madras [12] 测量了萘、联苯、2,6-二甲基萘、蒽、六氯苯、五氯苯酚、水杨酸和 DDT 分别在土壤、ODS（C_{18} 键合硅胶）、活性炭和沸石上的吸附超临界区域的压力和温度范围。他们发现所有数据都符合 Langmuir 模型。最近，Wenda 等人 [13] 使用 Langmuir 等温线来表征氟比洛芬在 Chiralpak AD-H 上的吸附。Enmark 等人 [14] 使用双 Langmuir 模型拟合安替比林在 Kromasil 硅胶柱上的吸附行为。请注意，在制备型 LC 中，特别是对于手性分离，不同且更复杂的等温线行为并不罕见 [15]。最有可能在制备型 SFC 中发生的是质量过载不足导致的某些 LC 分离中观察到的复杂的保留行为。由于 Langmuir 和双 Langmuir 等温线的相关性，在本章中，我们将重点讲述。

9.3.4.3.1 Langmuir 等温线

Langmuir 等温线是柱过载的一种经典视图。假定保留的分子在固定相的所有可用位点上形成单层。来自主体的任何分子必须替换保留的分子以保留或必须移动到下一个可用的位点 [5]。此行为可以通过以下等式表示：

$$q(c) = \frac{q_s Kc}{1 + Kc} \tag{9.10}$$

式中 q——固定相上的溶质浓度；

q_s——固定相上溶质的饱和浓度；

K——脱附平衡常数与移动相和固定相之间的溶质分子的吸附速率。

固定相上的溶质浓度随着其在本体中的浓度而不断增加,直至达到饱和容量(参见图9.7A)。注意,有时因子q_sK表示为H,其中H是亨利常数。H还表示在无限稀释时流动相和固定相之间的平衡关系$q = Hc$。还需注意,保留因子k与H相关,关系式为$k = HF$,其中$F = \dfrac{1-\varepsilon}{\varepsilon}$是相位比。与$k$相比,$H$与本体属性无关,例如$\varepsilon$。所以$H$是一个与热力学相关的常数。换句话说,在相同的物理条件下,对于具有不同ε的两个柱子,k的值可以不同,但H不应该改变。

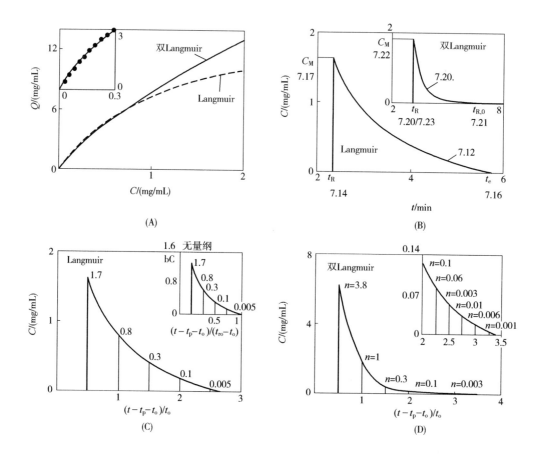

图9.7 Langmuir 和双 Langmuir 等温线的不同方面。图(A)描绘了固定相(q)上的溶质浓度与流动相(c)上的溶质浓度的变化。图(B)分别描述了遵循 Langmuir 和双 Langmuir(插入)等温线的溶质的洗脱曲线或色谱图。图(C)和图(D)描绘了相同的色谱图,但这里的时间轴是无量纲的(引自:Reprint from reference Guiochon G, Felinger A, Katti AM, Shirazi DG. Fundamentals of preparative and nonlinear chromatography, 2nd ed. The Netherlands: Elsevier; 2006.)

所有等温线参数 H，K 或 q_s 取决于状态条件，T，ρ 和组成。对于纯二氧化碳，Rajendran 等人 [16] 将亨利常数表述为恒定温度下关于 ρ 的函数：

$$H_i = H_i^0 \left(\frac{\rho^0}{\rho}\right)_i^b \tag{9.11}$$

对于含有 CO_2 和助溶剂的溶剂，Henry 常数可以描述为 [16]：

$$H_i = \frac{1}{a_i c_m + d_i} \left(\frac{\rho^0}{\rho}\right)_i^b \tag{9.12}$$

9.3.4.3.2 双 Langmuir 等温线

双 Langmuir 等温线是 Langmuir 等温线的延伸。由于不同的因素，对于所有溶质来讲可用于分离的固定相表面可能不均匀。例如，对于具有中等密度的手性配体（例如：Pirkle 相）的手性固定相（CSP），可以用手性配体覆盖一部分 CSP 表面，这会导致对映选择性相互作用。然而，在许多情况下，非选择性位点的密度可以足够大以提供对一种对映体的选择性保留 [5]。由于这样的表面具有两种不同的保留位点，它们可以独立地表现并且都遵循 Langmuir 模型的基本保留行为，因此可以应用双 Langmuir 等温线 [5]。此行为可以通过以下等式表示：

$$q = \frac{q_{s,a} K_a c}{1 + K_a c} + \frac{q_{s,b} K_b c}{1 + K_b c} \tag{9.13}$$

下标 a 和 b 代表两种类型的保留位点。双 Langmuir 等温参数对密度和共溶剂浓度的依赖性应与 Langmuir 等温参数的相似。

9.3.4.3.3 多组分等温线

前面描述的两个等温线是单组分等温线，这意味着它们仅代表纯溶质的平衡关系。在制备分离时，存在的多种组分，如前所述，尤其是在较高浓度下，它们影响彼此的保留行为。因此，在对多组分保留行为进行建模时，我们必须考虑这种影响。基于实验结果测量，计算多组分等温线是异常繁琐的工作。一种更简单的方法是采用理想的吸附溶液（IAS）理论 [17]，根据单组分等温线的参数配置多组分等温线。例如，基于 IAS 理论，当组分单独存在时，对于二元等温线来讲，两个溶质都遵循 Langmuir 等温线，可以写成：

$$q_i = \frac{q_{s,i} K_i c_i}{1 + K_1 c_1 + K_2 c_2} \tag{9.14}$$

式中 i = 1，2，下标 1 和 2 代表两个组成部分。注意，等温线参数也是特征参数，因为它们的值对既定的一组溶质和分离条件是特定的。

9.3.4.4 模型方程的求解

前面描述的模型方程 [见式（9.8）] 以及合适的等温方程需求得数值解。有很多不同类型的求解数值的方法，例如，有限差分法（FD），正交配置法（OC）等 [5]。在此，我们将对有限差分法进行简短的概述。

要使用 FD 解决 PDE，我们需要对空间和时域进行离散化。解决此类初始值问题（IVP）的可靠且强大的求解器可在商业上获得。例如，Wenda 等人 [13] 使用

IMSL（国际数学和统计库）的 DIVPAG 解决 SFC 的初值问题。DIVPAG 使用 Adams-Moulton 或 Gear 的后向微分公式（BDF）方法求解常微分方程（ODE）的 IVP。

9.3.4.5 表征模型的步骤——创建模拟器

在已知特征参数［床空隙率（ε），间隙速度（u），表观扩散系数（$D_{a,i}$），溶质的饱和容量（$q_{s,i}$）和平衡常数（K_i）］的值的情况下，上述数值解法可以从主方程［式（9.8）］和相关的等温方程中解得变量 c_i 和 q_i 的值。估算这些参数的数值的过程称为模型"表征"，因为这些值特定于一组实验条件和溶质分子，该方程可以模拟特定于那些条件和溶质的色谱行为。在本节的其余部分中，讲述了估计这些特征参数的方法。

9.3.4.5.1 估算床空隙率（ε）

柱空隙体积的准确信息对于从实验结果中正确估计等温线参数是非常重要的。由于没有绝对标度，因此被测样品混合物的保留行为并相对于未保留化合物的保留量进行估算。通常使用扰动峰来确定非保留化合物 t_0 的洗脱时间，但是当流动相是纯 CO_2 或具有低百分浓度的共溶剂时，Vajda 和 Guiochon［18］建议使用一氧化二氮作为标记物。N_2O 的检测可以在 $195\sim210nm$ 的波长范围内进行。使用峰值扰动的方法来确定具有可压缩流动相的 t_0，其结果可能是错误的［18］。

9.3.4.5.2 估计间隙速度 $u(\bar{\rho})$

流经 SFC 柱的间隙速度不是恒定的，而是沿着长度变化。这是因为流动相的密度沿着柱的压降而变化。可以将间隙速度分布视为密度 $u(\bar{\rho})$ 的函数，更实际的方法是使用柱的平均密度来测量速度。测量平均密度的便捷方法是测量柱的入口和出口处的压力。在大多数情况下，沿柱的压力变化可以近似为线性，因此边界压力的线性平均值可以提供柱内的平均压力［7］。第二个假设是柱内的条件是等温的。除非系统在高压缩性条件下运行，否则这几乎是正确的［19］。根据这个压力和温度，可以根据可靠的状态方程（EOS）测量密度。对于 MeOH/CO_2 混合物，NIST 使用 Kunz 和 Wagner 模型［20］公布了［4］数据，用于计算混合物密度。其他混合物的数据不可用，但可以使用其他 EOS 估算近似值。

该过程的第二步是计算系统的质量流量。可以假设质量流率在整个系统中保持恒定，因此可以在任何合适的位置测量。最方便但最昂贵的方法是在线安装精确的质量流量计（例如来自 Bronkhorst High-Tech B.V., Ruurlo, Netherlands 的 Bronkhorst mini CORI-FLOW）并记下数据。如果没有，还可以通过测量 CO_2 泵的泵头温度和压力。大多数情况下，它们由仪器数据系统提供，其值应足够接近实际值。请注意，尽管压力传感器数据更准确，但温度数据可能会低于实际温度。如果泵的传热系统不稳定，实际的 CO_2 温度将高于 CDS 所示的温度。根据测量或估算的质量流量以及估算的柱内的平均密度，可以通过 $\bar{Q} = G/\bar{\rho}$ 计算平均体积流量，其中 $\bar{Q}$ 是平均体积流量，G 是质量流量，$\bar{\rho}$ 柱内的平均密度。平均间隙速度可由

$u(\bar{\rho}) = \bar{Q}/A\varepsilon$ 计算得出,其中 A 是横截面积。

9.3.4.5.3 估算表观扩散系数 $[D_{a,i}(\bar{\rho})]$

柱平均密度的表观扩散系数 $D_{a,i}(\bar{\rho})$ 可以根据理论塔板数(HETP)或板高数据估算。在柱子中有多种方法可以通过注入稀释样品来计算柱 HETP。一种易于自动化的方法是瞬间加入法。根据溶质的实验洗脱曲线计算的第二个时刻可表示为:

$$\sigma_i^2 = \frac{\sum_{j=1}^{n} c_{i,j}(t_{i,j} - \mu_i)^2 \Delta t_{i,j}}{\sum_{j=1}^{n} c_{i,j} \Delta t_{i,j}} \tag{9.15}$$

式中　σ_i^2 ——峰值方差;

$t_{i,j}$ 和 $c_{i,j}$ ——洗脱曲线的时间和信号;

　　μ_i ——第一个时刻,即峰值的保留时间;

　　$\Delta t_{i,j}$ ——轮廓的时间间隔。

注意,这里假设混合物中的不同溶质具有不同的表观扩散系数,因此要测量各个峰的 σ_i^2。在真实实验中,可以选择中间峰来表示所有溶质的 $D_{a,i}$。

由 σ_i^2,该平均密度下的 HETP 可以通过下式计算:

$$HETP_i(\bar{\rho}) = \frac{\sigma_i^2}{\mu_i^2} L \tag{9.16}$$

式中　L ——柱长。

表观扩散系数 $D_{a,i}(\bar{\rho})$ 可由 $HETP_i(\bar{\rho})$ 计算得出:

$$D_{a,i}(\bar{\rho}) = \frac{HETP_i(\bar{\rho})}{2.0} u(\bar{\rho}) \tag{9.17}$$

9.3.4.5.4 估算等温线和等温线参数

平衡等温线和等温线参数可以通过多种方法进行估算。通过静态法或通过色谱(动态)法测量本体浓度和保留浓度之间的浓度分布。静态方法需要单独的实验设置并且非常耗时,此处不再进一步讨论。在动态方法中,有正面分析(FA)法和特征点洗脱(ECP)法,此外在保留制备型 SFC 文献 [14, 21, 22] 中还报道了时间法(RTM)和反向法(IM)。FA 是最准确的,但另一方面也是最依赖实验的方法。IM 法则是从光谱的末端开始,不需要太多的实验操作,很大程度上取决于计算能力。在本章中,我们仅对 FA 和 IM 方法进行简单介绍。

在 FA 中,为了测量化合物的等温线,将化合物的纯溶液连续通过柱子,直到柱子完全饱和,且柱出口处的入口溶质浓度穿透。突破轮廓的前沿时间随后被测得。该操作以不同浓度(从低到高)进行,以确定在宽范围浓度下的等温线。使用 FA 法,测量的溶质的固定相浓度可作为进样浓度的函数。该方法可以准确定量地确定等温线，但也需要大量的纯化组分。在一开始就有相当长的时间和足够纯净的混合物成分的情况下，应使用 FA 方法来确定单组分等温线。

图 9.8 展示了通过 FA 法确定 SFC 中的平衡等温线的实验装置。该装置具有两个泵，一个（P1）用于输送液态二氧化碳，另一个（P2）用于输送溶解在共溶剂中的进样样品（S）。泵出口的两股料流在输送到柱（C）之前混合（M）。由于进样与 CO_2 混合且连续的输送到柱中，因此此处不需要单独的注入机制。在通过 ABPR 引到废物之前，检测器（D）监测柱的出口。需注意，最好使用窄孔径柱进行 FA 程序，这样可以显著节省突破分析所需的有价值的纯化合物，并最大限度地减少溶剂浪费。FA 法是一种非常耗力的过程，因为它需要一系列已知浓度的溶液。另一种方法是使用色谱设置，使用计算机控制的梯度输送系统，可以精确地提供已知浓度的梯度。

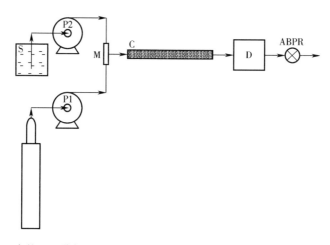

图 9.8　通过 SFC 中的正面分析（FA）法确定化合物的平衡等温线的实验装置。P1，P2—泵；S—样本；M—搅拌机；C—柱子；D—探测器；ABPR—自动化背压调节器

估算色谱柱内溶质浓度的过程是从穿透曲线的保留时间中得到的。图 9.9A 显示了纯化合物的穿透曲线随进样浓度增加的变化趋势。对于遵循 Langmuir 等温线平衡的行为，洗脱曲线的前部会随着进样浓度的增加而逐渐洗脱。对于固定相浓度的确定来讲，应记录每种浓度的穿透洗脱时间（t_1，t_2，t_3…）。注意，尽管在图 9.9A 中，穿透曲线有明显的陡峰，但实际上它们是分散的。因此，保留时间是在稳定期的半高处测量的。为了能更准确地测量保留时间，还应校正柱外滞留时间。固定相浓度是根据式（9.18）的穿透时间测量的。

$$q_1 = \frac{V_1 - V_0 - V_{sys}}{V_s} \tag{9.18}$$

式中　V_1——直到 t_1 时刻通过柱子的流动相的体积；

V_0——根据 t_0 计算的柱的空体积；

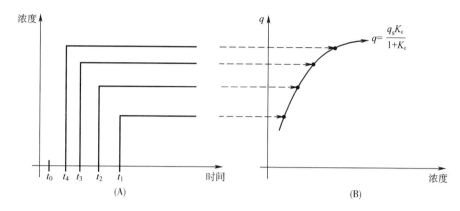

图9.9 （A）穿透曲线随着进样浓度增加变化趋势示意图。沿时间轴指示的时间表示对应于不同进样浓度的柱空隙体积（t_0）和穿透时间。（B）来自突破数据的固定相浓度与进样浓度的示意图。还在图（B）中示出了连接实验获得的点的曲线，其可以与表示Langmuir等温线的等式拟合

V_{sys}——系统体积；

V_s——固定相的体积。

V_1，V_0和V_{sys}可以分别通过t_1，t_0和t_{sys}乘以柱中的平均体积流速（$\overline{Q}$）计算得出。一旦计算出所有进样浓度的q值，我们就可以绘制出如图9.9B所示的曲线。为了确定等温线，这些实验点应用合适的方程加以拟合，该方程代表了平衡等温线。注意，通过增加共溶剂中溶质的浓度，可以在共溶剂与CO_2的不同百分比下测量平衡等温线。

SFC中FA法的典型问题是缺乏适当用于长时间进样的机制。在LC中，将进样直接在流动相溶液中混合并通过泵送至柱子中。因此，对于LC和FA的设置，不需要图9.8的P1和M。P2的出口物料可以直接送入色谱柱。在SFC中，在共溶剂中混合的化合物必须通过混合器（M），在其中与CO_2混合以制备最终的进样溶液。根据仪器的不同，这些混合器的体积可能非常大并最终导致分散，从而导致计算错误。例如，Kamarei等人报道了参考文献［21］中的一组Naproxen等温线。后续出版物［22］阐述了一种具有较小混合体积的装置并证明了在穿透前沿中的分散效果。图9.10说明了使用小型动态混合器设置和大型静态混合器设置获得的突破轮廓之间的差异。

FA是准确的，但它需要大量的时间和纯化合物来进行测量。从工业角度来讲，这种方法是不可行的。由于IM法的实验研究需要最少的溶质和溶剂并且它可以直接从过载色谱图中获得等温参数，因此，该方法适用于工业应用。IM通过迭代方式求解PDE［见式（9.8）］并确定特征参数（$D_{a,i}$，$q_{s,i}$和K_i），从这些参数的初始估计开始，然后尝试匹配实验和模拟的配置文件。以这种方式，如果直接问题解决方案是从已知的等温线模型和参数计算谱带轮廓，则IM以"反向"方式解决

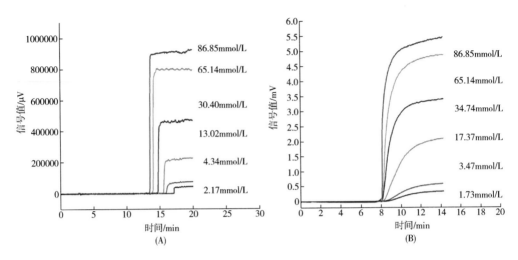

图 9.10 两个仪器设置的正面分析（FA）结果。（A）采用较小的混合体积（250μL），（B）较大混合体积（4mL）的标准设备设置（引自：*Reprint from reference Kamarei F，Gritti F，Guiochon G，Burchell J. Accurate measurements of frontal analysis for the determination of adsorption isotherms in supercritical fluid chromato graphy. J Chromatogr A 2014；1329：71-77.*）

该问题。

在 IM 中，以逐渐增加的过载方式注入样品混合物并记录它们的洗脱曲线。然后使用模拟模型和本节开头所阐述的参数进行初始估算，生成第一个模拟的洗脱曲线。然后将模拟曲线与实验曲线进行对比，从中计算它们的差异。然后使用优化程序通过提供这些参数的不同数值使差异最小化。

IM 的主要困难在于它依赖于计算的部分。虽然 FA 在标准分离实验中更容易理解和操作，但对于 IM，用户可能需要对模拟模型和最小化程序（主要是它们的缺点）进行权衡，以通过该方法获得可靠的结果。例如，用户需要了解等温线的合理性以及关于等温线参数的合理值。首先，在 IM 中，用户必须先验地选择等温线。尽管存在估计等温线的指导原则，但选择等温线很重要。然后，在拟合过程中，由于多个参数可能对带的形状产生类似的影响，如果优化过程不够强大，则可能导致估计的所有参数值不可用。例如，传输参数（$D_{a,i}$）和等温线参数（$q_{s,i}$ 和 K_i）的不同组合可以使优化器在匹配模拟和实验轮廓的同时减少类似的误差。这称为补偿效应，并且在优化过程中，它可以使优化器得到解决方案，尽管在数值上正确，但这些解决方案没有物理相关性。

在优化期间避免补偿效应的方法是初始估计（1）等温线的类型；（2）尽可能接近的特征参数。前面已经讨论了估算床空隙率（ε），间隙速度（u）和表观扩散系数（$D_{a,i}$）的方法。计算这些因子的方法可用于 IM 研究。研究者可以使用 $D_{a,i}$ 的值；在这种情况下，优化器的变量数减少为等温参数 H，K 或 q。从保留因子值的分析实验中可以获得准确的 H 值：

$$H = \left(\frac{\varepsilon}{1-\varepsilon}\right)k \qquad (9.19)$$

只需要估算饱和容量（$q_{s,i}$）或平衡常数（K_i）即可。该方法可以显著降低参数估计中的补偿效果。

关于平衡等温线的确定，我们可以通过下文得到一些启发。例如，图 9.7 显示了 Langmuir 和双 Langmuir 等温线之间的重要区别。当用固定相上的溶质浓度对于流动相中的溶质浓度作图时（见图 9.7A），Langmuir 等温线能更快地达到饱和。从图中可以看出，q 的微小变化相对于 c 的线性增加，表明固定相达到极限饱和状态。双 Langmuir 等温线的色谱图（见图 9.7B）显示了色谱带的细长尾部的这种效应。确定溶质是否遵循 Langmuir 或双 Langmuir 行为的定量方法是绘制 Scatchard 图（对 q/c 与 q 的值进行绘图）[5]。如果图是线性的，则溶质遵循 Langmuir 等温线。如果该图是非线性的，则遵循双 Langmuir 或其他类型的等温线。

IM 还取决于优化程序的稳健性。有许多优化方法可以使用 [5]。这些方法大致分为两类：（1）确定性方法，例如 Marquardt 方法、Conjugate 梯度算法和 Nelder-Mead 下降单纯形法等；（2）基于种群的随机技术，例如遗传算法、群体优化法和蚁群优化法等。基于群体的优化器需要大量的计算过程，但是它们更适合检测实际解决方案。确定性方法从单点估计开始，如果初始估计不够接近，则更容易出错。有关 IM 的更多信息和安装使用，读者可以参考文献 [1, 14, 5]。

9.4　结论

制备型 SFC 的理论可以从两种不同的方法进行解释，一种是基于规则的方法，另一种是基于模型的方法。基于规则的方法使用简单的代数规则将分析方法直接转移到制备规模。另一方面，基于模型的方法使用更加严谨的数学方程（主要是偏微分方程）来表示色谱柱内部的分子行为。使用基于模型的方法，可以利用计算机实验装置，这可以用来确定制备分离的最佳操作条件。这里讨论的两种方法都直接源自现有的制备型 LC 设计方法。通过将 LC 模型参数表示为平均密度的函数，考虑了区分 SFC 与 LC 的唯一因素，即可压缩性的影响。

参考文献

[1] Rajendran A. Design of preparative-supercritical fluid chromatography. J Chromatogr A 2012; 1250: 22749.

[2] Enmark M, Asberg D, Leek H, Ohlen K, Klarqvist M, Samuelsson J, et al. Evaluation of scale-up from analytical to preparative supercriticalfluid chromatography. J Chromatogr A 2015; 1425: 2806.

[3] Tarafder A, Guiochon G. Accurate measurements of experimental parameters in supercritical fluid chromatography. I. Extent of variations of the mass and volumetric flow rates. J Chromatogr A 2013; 1285: 14858.

[4] Lemmon EW, McLinden MO, Friend DG. Thermophysical properties of fluid systems. NIST Chemistry WebBook, NIST Standard Reference 39.

[5] Guiochon G, Felinger A, Katti AM, Shirazi DG. Fundamentals of preparative and nonlinear chromatography. 2nd ed. Amsterdam, The Netherlands: Elsevier; 2006.

[6] Guillarme D, Nguyen DT-T, Rudaz S, Veuthey J-L. Method transfer for fast liquid chromatography in pharmaceutical analysis: Application to short columns packed with small particle. Part I: Isocratic separation. Eur J Pharm Biopharm 2007; 66: 47582.

[7] Tarafder A, Hudalla C, Iraneta P, Fountain KJ. A scaling rule in supercritical fluid chromatography. I. Theory for isocratic systems. J Chromatogr A 2014; 1362: 27893.

[8] Tarafder A, Hill J. Scaling rule in SFC. II. A practical rule for isocratic systems. J Chromatogr A 2016; submitted.

[9] Guillarme D, Nguyen DT-T, Rudaz S, Veuthey J-L. Method transfer for fast liquid chromatography in pharmaceutical analysis: application to short columns packed with small particle. Part II: gradient experiments. Eur J Pharm Biopharm 2007; 66: 47582.

[10] Rajendran A, Kräuchi O, Mazzotti M, Morbidelli M. Effect of pressure drop on soluteretention and column efficiency in supercritical fluid chromatography. J Chromatogr A 2005; 1092: 14960.

[11] Lochmüller CH, Mink LP. Adsorption isotherms of ethyl acetate modifier on silicafrom supercritical carbon dioxide. J Chromatogr 1987; 409: 5560.

[12] Jha SK, Madras G. Modeling of adsorption equilibria in supercritical fluids. J Supercrit Fluids 2004; 32: 1616.

[13] Wenda C, Rajendran A. Enantioseparation of flurbiprofen on amylose-derived chiral stationary phase by supercritical fluid chromatography. J Chromatogr A 2009; 1216: 87508.

[14] Enmark M, Forssen P, Samuelsson J, Fornstedt T. Determination of adsorption isotherms in supercritical fluid chromatography. J Chromatogr A 2013; 1312: 12433.

[15] Tarafder A, Mazzotti M. A method for deriving explicit binary isotherms obeying the ideal adsorbed solution theory. Chem Eng Technol 2012; 35: 1028.

[16] Rajendran A, Mazzotti M, Morbidelli M. Enantioseparation of 1-phenyl-1-propanol on chiralcel od by supercritical fluid chromatography I. Linear isotherm. J Chromatogr A 2005; 1076: 1838.

[17] Myers AL, Prausnitz JM. Thermodynamics of mixed-gas adsorption. AIChE J 1965; 11: 121.

[18] Vajda P, Guiochon G. Determination of the column hold-up volume in supercritical fluid chromatography using nitrous-oxide. J Chromatogr A 2013; 1309: 96100.

[19] Tarafder A, Iraneta P, Guiochon G, Kaczmarski K, Poe DP. Estimations of temperature deviations in chromatographic columns using isenthalpic plots. I. Theory. J Chromatogr A 2014; 1366: 12635.

[20] Kunz O, Klimeck R, Wagner W, Jaeschke M. The gerg-2004 wide-range equation of state for natural gases and other mixtures, Tech. rep., GERG Technical Monograph15. Fortschr-Ber

VDI. Dusseldorf: VDI-Verlag; 2007.

[21] Kamarei F, Tarafder A, Gritti F, Vajda P, Guiochon G. Determination of the adsorption isotherm of the naproxenenantiomers on (s, s) -whelk-o1 in supercritical fluid chromatography. J Chromatogr A 2013; 1314: 27687.

[22] Kamarei F, Gritti F, Guiochon G, Burchell J. Accurate measurements of frontal analysis for the determination of adsorption isotherms in supercritical fluid chromatography. J Chromatogr A 2014; 1329: 717.

10 制备型超临界液相色谱的实践意义和应用

E. R. Francotte
Francotte Consulting, Basel, Switzerland

10.1 引言

自近200年前Cagniard de la Tour首次报道临界状态现象以来，超临界流体的特殊性质一直都令科学家们十分着迷[1]。然而，直到最近，超临界液相色谱（SFC）才最终被认为是一种可靠的、有效的分离技术，如今更是成为其它色谱方法的补充甚至是替代。虽然许多物质都具有临界点（液体-蒸气临界温度和压力）[2]，但CO_2一直是色谱用途的首选液体。选用CO_2的原因如下：（1）其临界温度和压力与色谱仪兼容，对待分析或纯化的化合物无破坏性；（2）反应性低；（3）毒性低；（4）不可燃；（5）丰富且廉价。原则上来讲SFC并不仅限于CO_2，但由于大多数SFC应用都使用CO_2作为超临界流体，故大多数使用者在谈论SFC时都默认使用了含有CO_2的SFC。SFC的低黏度和高扩散性等有利特性，现已在分析型SFC中得到充分利用，使用的现代仪器性能与超高效液相色谱（UPLC）相似，有时甚至比后者更好[3]。然而，对于制备型级别的应用，SFC有更多的优势。这可能是为什么SFC的复兴实际上是由于其用于制备型分离，特别是用于分离对映体的原因。作为手性分离成功实施的后续，填充柱SFC（pSFC）的应用目前正在许多工业研究组织中快速发展。

10.2 制备型SFC简史

SFC已存在很长时间了。Klesper等人于1962年首次报道了SFC的应用，实际上是使用氯氟甲烷作为超临界流体，制备分离镍噻吩卟啉Ⅱ和镍中卟啉二甲酯[4]。在首次出版后的长达20年的时间里，一直都未在填充柱SFC领域取得过重大进展。直到20世纪80年代初期，研究人员又对填充柱SFC产生了浓厚的兴趣。几个研究小组研究了填充毛细管SFC，但他们只是专注于分析应用。SFC的先驱之一Larry Taylor曾对这一发展的历史作了综述[5]。随着Terry Berger的推动[6]和由法国ProChrom开发的制备型SFC仪器的推出，第一批商业制备仪器的出现改变了这种情况[7]。在1980年至2000年期间，很多出版物会定期报告制备型SFC的应用，但这似乎并未得到工业领域的青睐。

早期的手性 SFC 在 1985 年 Rosset 小组的研究和第一份制备型手性 SFC 分离出版物出版后［8］，才促使不同的研究小组更深入地研究制备型手性 SFC 在填充柱上的潜力。1993 年，我们与 ProChrom 合作，进行了首批之一的制备型 SFC 手性分离工作，采用叠式进样法，用纤维素 3，5-二甲基苯基氨基甲酸酯柱分离药物愈创甘油醚的对映体。然而，气溶胶的形成和低回收率相关的技术问题遏制了该技术的发展。除了缺乏稳健性、仪器成本和昂贵的 CO_2 输送基础设施外，回收问题无疑是该技术在制药行业发展缓慢的主要原因。此外，当时对环境因素缺乏关注也不利于推广 SFC 技术。

最后，改进后的制备型色谱仪器被引入该领域，这使得人们对利用 SFC 分离立体异构体产生了浓厚的兴趣。从 21 世纪开始，越来越多的制药公司逐渐采用在手性固定相上制备分离立体异构体，如今，它是这些分离的主要技术。在此期间，分析型 SFC 仪器的性能和可靠性仍然低于 HPLC 的标准，但它足以用于作为开发和测定所收集馏分的光学纯度的方法。

使用 pSFC 的制备型非手性纯化在 1990 年之前早已存在，但是应用的数量非常有限，并且几乎完全被制药和农业化学工业所忽视。因为快速色谱法和反相 HPLC 是这两大行业中所用的黄金标准。制备型 SFC 作为反相 HPLC 的替代物的一个主要限制是商业上可用的市售仪器缺乏质量导向分馏。当处理含有各种杂质的复杂混合物时，质量导向分馏是必须的。2009 年，随着第一台采用质量导向分馏的制备型 SFC 仪器的推出，这一空白才被填补。这彻底改变了制备型非手性纯化领域，特别是在制药行业，SFC 的应用范围正在迅速扩大。

10.3 一般考虑因素

如今，SFC 是药物研发环境和其他生命科学领域中制备型手性分离的首选方法，因为它完全符合现阶段药物开发的要求，即快速处理许多样品，而同时用量相对较少。对于非常大量（数十千克或吨）的级别，其他技术如连续多柱色谱（SMB，varicol）应当是首选。许多研究实验室现在也越来越多地采用制备型 SFC 进行制备型非手性纯化，这些实验室已经认识到填充柱 SFC 的众多优点，例如高扩散性、低压降、平衡时间短、溶剂消耗少以及溶剂可快速去除。除了这些技术优势之外，较低的溶剂成本、较低的可燃性和毒性、安全性以及对环境的影响低都使得 SFC 成为一种有吸引力的分离技术。

无论何种手性或非手性分离分析的应用，制备型 SFC 都具有优于 HPLC 的多种优势。

10.3.1 速度

由于超临界 CO_2 的黏度低（接近气态），因此可以在非常高的流速下工作，这是 HPLC 无法实现的。因此，SFC 运行时间会明显缩短，纯化或分离速率平均快 3~4 倍。SFC 用于制备应用的另一个显著优点与所纯化的化合物的回收过程有关。实际上，由于 CO_2 几乎瞬间被除去，必须蒸发的有机相比 HPLC 过程中的有机相小得多。

10.3.2 安全

安全性也是 SFC 的一个优势。构成 SFC 流动相的主要成分 CO_2 是不可燃的，并且比 HPLC 中使用的大多数有机溶剂毒性低得多。如：正相 HPLC 中的烷烃（庚烷、己烷）具有神经毒性；反相 HPLC 中最常用的有机成分乙腈是吸入性和接触性（皮肤渗透）的高毒性物质。在操作人员处理大量溶剂的制备型应用中，溶剂的可燃性和毒性都是非常重要的考虑因素。

10.3.3 样品稳定性/质量

在制备型 HPLC 中，酸性或碱性添加剂通常用来抑制由于分析物与固定相表面上的硅烷醇基团不利的相互作用而产生的峰拖尾或变形效应。因此，在制药领域中最常见的碱性化合物以盐的形式被分离出来（最常见的是三氟乙酸盐）。由于三氟乙酸对生物细胞有毒，必须在测试前除去，因此便需要额外的纯化步骤。而使用 SFC，通常不需要使用添加剂，也就简化了目标化合物的分离。因此，作为制备手性或非手性分离/纯化方案的一部分，我们尽量避免使用添加剂。此外，该方案可以使酸或碱敏感化合物的分解最小化。

10.3.4 效率

由于 SFC 中的低压降（低黏度），可以使用小粒径填料或使用较长（串联）的色谱柱，这两者都可以显著提高柱效。在 SFC 中，通常使用 $5\mu m$ 颗粒用于制备色谱柱。即使选择性很低，但其更高的柱效也有利于良好的分离。

10.3.5 成本

成本无疑是制备色谱中的关键因素。使用 CO_2 在正相色谱中代替有机溶剂可以节省 70%~90% 的溶剂成本。与反相 HPLC 相比，SFC 的成本降低则不明显，因为反相 HPLC 所用的水是廉价溶剂。然而，从分离的组分中除去水是一种高耗能的过程。根据我们的估计，反相 HPLC 中蒸发除水所需的能量比在 SFC 中蒸发少量改性剂所需的能量要高七倍。此外，与 HPLC 相比，SFC 中的废物处理大大减少。这也是一个不可忽视的成本因素。

10.3.6 对环境的影响

SFC 通常被认为是一种绿色技术，因为它对环境产生了积极影响。虽然过去常常被忽视，但环境因素依然是当今几乎所有工业和私营部门的主要关注点。SFC 显然有助于减少溶剂用量和有机溶剂排放量。此外，因为有机溶剂废料通常在其他色谱过程中使用后燃烧，所以减少处置废料也间接地有助于减少 CO_2 排放。值得强调的是，在这种情况下，SFC 不会产生 CO_2，它只是利用现有的 CO_2，且其主要是大型工业过程中产生的副产品。

10.3.7　CO_2 的供应

对于制备型应用，所需的超临界 CO_2 量明显高于分析型的用量。因此，我们需要对 CO_2 供应设施进行调整。当人们开始使用制备型 SFC 时，这方面往往会被低估，而建立大型 CO_2 运输平台所产生的成本是 SFC 设施总投资的重要部分。最常见的设置包括能够输送大量 CO_2 的 CO_2 气缸歧管系统或连接到增压泵的大型储罐（最大体积达几立方米）。在这两种情况下，CO_2 可以直接以液态或气态来输送，使用时再将其压缩（SFC 仪器）。

10.3.8　设备

Lazarescu 等人已经回顾了制备型 SFC 设备的历史和演变［10］。基本上相同的制备型 SFC 系统可用于非手性纯化或手性分离。仪器选择由具体的应用（例如样品量和生产量）决定。如果需要质量导向的分馏，那么我们的选择会受到许多限制，因为并非所有制备型仪器都提供该选项。

如今，各种仪器制造商都提供制备型 SFC 系统（表 10.1）。这些系统的一般特征在于它们可以处理的超临界流体的最大流速，从用于分析单元系统的每分钟几毫升到用于专用大型仪器的 3L/min。小容量仪器（10~20mL/min）与典型的分析柱一起使用，在内径达 10mm 的柱内将几微克与几毫克的物质分离开来。中等容量的仪器（80~200mL/min）通常与内径为 15~30mm 的柱子组合使用。对于较大的系统（350~3000mL/min），可以使用内径在 30~50mm（350~1000mL/min）或高达 100mm（3000mL/min）的柱子。

表 10.1　目前市场中可提供的制备型 SFC 设备

系统	制造商	最佳色谱柱尺寸（内径/mm）	最大 CO_2 流率	改性剂流率/（mL/min）	检测（标准或可选）	馏分	CO_2 回收
CSP-4000 Semi-Prep Analytical and semi-prep	Jasco（Japan）	4~10	1~20mL/min		UV, PDA, ELSD, MS*, FID, CD	8 或开放床	

续表

系统	制造商	最佳色谱柱尺寸（内径/mm）	最大CO_2流率	改性剂流率/（mL/min）	检测（标准或可选）	馏分	CO_2回收
PR-4088 Prep	Jasco (Japan)	10~30	150mL/min	0~50	UV, PDA, ELSD, MS*, FID, CD	8	
Supersep 150	Novasep (France)	20~30	30~150g/min	0~80	UV, ELSD	5+废液	可选
Supersep 400	Novasep (France)	30~50	100~400g/min	0~160	UV, ELSD	5+废液	标准
Supersep 1000	Novasep (France)	50~80	250~1000g/min	0~400	UV, ELSD	5+废液	标准
Supersep 3000	Novasep (France)	80~100	600~3000g/min	0~1000	UV, ELSD	5+废液	标准
Hybrid 10~150 Analytical and semi-prep	PicSolution (France)	10~30	150mL/min	0~50	UV, MS*	4+废液	可选
PREP 100	PicSolution (France)	10~30	100mL/min	0~50	UV, MS*	6或开放床	可选
PREP 150	PicSolution (France)	10~30	150mL/min	0~50	UV, MS*	6或开放床	可选
PREP 200	PicSolution (France)	20~30	200mL/min	0~100	UV, MS*	4+废液	标准
PREP 400	PicSolution (France)	30~76.5	400mL/min	0~250	UV	4+废液	标准
PREP 600	PicSolution (France)	30~76.5	600mL/min	0~250	UV	4+废液	标准
PREP SFC BASIC Analytical and semi-prep	SepiaTec (Germany)	4~10	20mL/min	0~13	UV, ELSD, MS* (ESI, APCI)	8或开放床	可选
PREP SFC 100	SepiaTec (Germany)	10~30	100mL/min	0~66	UV, ELSD, MS* (ESI, APCI)	8或开放床	可选

续表

系统	制造商	最佳色谱柱尺寸（内径/mm）	最大CO_2流率	改性剂流率/（mL/min）	检测（标准或可选）	馏分	CO_2回收
PREP SFC 360	SepiaTec（Germany）	25~50	360mL/min	0~240	UV, ELSD, MS*	8	标准
Prep 15 SFC Analytical and semi-prep	Waters（USA）	4~20	15mL/min	0~15	UV, PDA, ELSD, MS*	开放床	不回收
Investigator SFC System	Waters（USA）	4~10	15mL/min	0~15	UV, PDA, MS	6	不回收
SFC 80q	Waters（USA）	19	80g/min	4~70	UV	6+废液	可选
SFC 100	Waters（USA）	20~30	100g/min	5~55	PDA, MS*	开放床	可选
SFC 200q	Waters（USA）	30	150g/min	4~70	UV	5+废液	可选
SFC 350	Waters（USA）	50	300g/min	20~200	UV	5+废液	可选

注：* 采用质量定向分馏。

10.3.9 进样

当需要多次进样来处理整个样品时，叠式进样模式通常被用于制备型 SFC 中。它要求在完成前一次运行之前注入样品溶液，以使生产量和生产率最大化。虽然它并不常用于 LC，但它或多或少是 SFC 的标准。最常见的进样模式是混合流和改性流。两种方法曾被进行过比较。虽然 Miller 和 Sebastian［11］发现改性流进样通常表现出更高的性能，但 Cox 得出结论，两种进样模式之间几乎没有差异［12, 13］。最近 Shaimi 和 Cox 开发了一种新的进样技术，使用萃取器在进样前将干燥样品溶解在超临界流体中。该技术具有良好的重现性和峰形［13］。另一种称为双线进样（DLI）的新进样方法由 Jasco［14］开发出来，并在样品进样器中加入了旁路管线。该方法对于保留时间短的峰特别有效，此外，进样体积在制备型 SFC 中的影响也被科研人员进行了研究［15，16］并与柱过载［17］进行了比较。

10.3.10 馏分收集

对于馏分收集，小型仪器通常以开放床形式操作，而较大规模的仪器通常配备最初由 Perrut 开发的旋风分离器,以解决液态 CO_2 减压期间气溶胶形成的问题 [18]。

10.3.11 检测

SFC 几乎兼容所有检测方法。除 DAD（UV）外,最常见的检测方法有质谱（MS）、光散射 [19]、偏振测定 [20, 21]、圆二色光谱 [22] 和化学发光法 [23] 也已用于制备型 SFC。极化检测在制备手性 SFC 分离中的应用如图 10.1 所示。

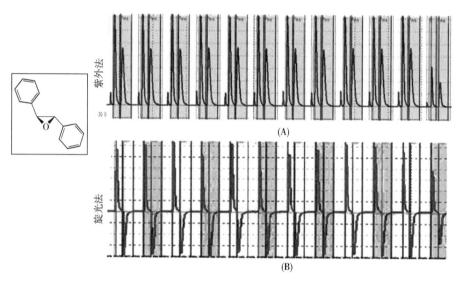

图 10.1 通过制备型 SFC 在 Chiralpak AD-H（30±250）mm 上分离 1g 外消旋反式二苯乙烯。叠式注射（40mg）和基于 UV（A）和极化（B）检测的馏分收集。条件：75g CO_2 和 16.5mL MeOH/min（引自：*Wentz ES. Multimode collections in prep SFC working towards open access SFC Sub-2μm particles for SFC. Frist International Conference on Packed Column SFC, Pittsburgh, 23-25 september 2007.*）

将 MS 与制备型 SFC 仪器联用是一项巨大的挑战,尽管半固态 SFC-MS 的可行性和实用性在大约 15 年前就得到证实 [24],但在几年前才在商业仪器上得到应用。然而,那时它是一个自制的装置 [24, 25],而现在它则可以在几个中小规模的制备型 SFC 仪器上使用并且可常规使用。

10.4 填充柱 SFC 的制备型手性分离

Fuchs 等人于 1991 年报道了第一次手性制备型分离。在接下来的 15 年中,仅仅是报告了一些其他的应用。其中包括 Francotte 与 ProChrom 于 1993 年合作分离愈创甘油醚对映体的研究（与 Miller［27］进行的研究类似）［9］，以及其他一些应用［28-30］。然而，pSFC 的复苏可归因于外消旋化合物制备型分离的成功。当第一台台式制备型 SFC 仪器于 1992 年左右上市时［31］，制药行业的科学家很快意识到该技术在速度、成本和绿色方面的潜力，21 世纪以来，绿色这一主题与工业界联系越来越紧密。尽管这些设备没有如今的设备那么强大，但鉴于 SFC 的优势，它们的缺点已被接受。考虑到大多数手性制备型 HPLC 分离是在正相条件下以烃溶剂为主要组分作为流动相进行的，这一"商机"的应用能够迅速获得成功并不令人惊讶。这一特性极大地促进了使用者在选择方法时逐步倾向 SFC。

如今，大多数生命科学公司已完全采用制备型 SFC 进行毫克到千克级别的手性分离，可以认为手性分离拯救了 SFC 技术。

10.4.1 手性固定相

对映选择性 SFC 分离很显然需要使用手性固定相（CSPs）。值得庆幸的是，大多数应用于 HPLC 的 CSP 都可用于 SFC，所以也就不存在专门为 SFC 设计的手性固定相。然而，与主要使用 10μm 粒径的 HPLC 不同，使用较小的粒径（通常为 5μm）已经或多或少地成为制备型 SFC 的标准。较小的粒径在提高柱效方面是非常有利的。此外，为了应对与 SFC 中压缩气体性质相关的风险问题，还必须对色谱柱硬件进行调整。小粒径和更高的耐压性这两种特性导致色谱柱制造商需要调整色谱柱性能以支持 SFC 应用。尽管有许多手性固定相（CSP）可用，但只有那些具有足够负载能力的手性固定相才是对 SFC 有用的。该限制类似于制备型 HPLC。与 HPLC 类似，几乎所有制备型手性 SFC 分离（95%）都是在基于多糖的 CSP 上进行的（图 10.2）。基于多糖的相最初是由 Daicel 在日本引入，但现在只有几家制造商提供与 Daicel 类似的通用 CSP。关于使用刷型相的应用已经有了一些相关的报道（图 10.2）［32］。新的环果聚糖-［33］和两性离子喹啉基［34］固定相已用于分析型 SFC，但据我们所知，迄今为止还未有过制备型 SFC 实际应用方面的报道。

许多基于多糖的 CSP 可以作为涂覆材料或以固定形式获得。在涂覆的 CSP 中，直链淀粉的 3,5-二甲基苯基氨基甲酸酯衍生物由于其高成功率至今仍然是最受欢迎的 CSP。该系列的第一个涂层阶段（源自于 Yoshio Okamoto 及其同事［35, 36］的研究）于 1981 年在市场上推出（Daicel），大多数商业上的固定化多糖相都是由 Francotte 及其同事开发的方法［37, 43］获得的。特别是固定化的纤维素 3,5-二氯苯基氨基甲酸酯衍生物具有广泛的手性识别能力。针对固定化的多糖 CSP，最近其他一些固定化多糖相已被发布出来作为补充［43, 44］。与涂覆相不同，固定化多糖相几乎耐受任意种类的溶剂（例如氯化溶剂、乙酸乙酯、四氢呋喃、二噁烷或二甲氧基甲烷）。Francotte 等人对手性 HPLC［40~42］以及后来的手性 SFC［45］都强调了这一点。该特征为优化选择性和保留时间以及目标化合物的溶解度提供

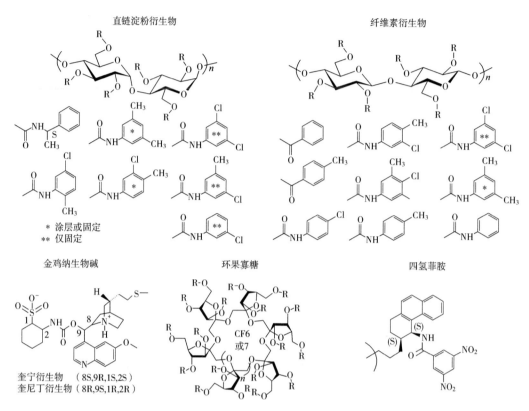

图 10.2 制备型对映选择性填充柱 SFC 分离的手性固定相结构

了额外的优势,这是制备型分离的关键因素 [46~52]。在任何情况下,由于目前没有方法能够预测在特定相或特定分离条件下外消旋物的分离,因此每种新应用都或多或少需要进行筛选。

10.4.2 制备型手性 SFC 的工艺流程

手性分离的标准方法如图 10.3 所示。上样后,样品量可在选择的手性柱(有各种改性剂组合,可加添加剂,也可不加)上进行得出。一旦确定了分离条件,一般是通过重复进样少量样品进行制备分离。合并后的组分蒸发后,便可对分离的单一对映异构体的光学纯度进行测定。通常来讲,对于手性分离,UV 检测是足够的;而对于含有除目标对映体以外的杂质的混合物,MS 是非常有用的。

10.4.3 固定相筛选和方法优化

与制备型手性分离一样,第一步是确定合适的 CSP 和合适的色谱条件,如改性剂、添加剂、温度和流速。随后,在选择性和分辨率方面,常常采用微调来优化分离条件。由于叠式进样是制备型 SFC 常用的模式,通常还需通过调节流速和

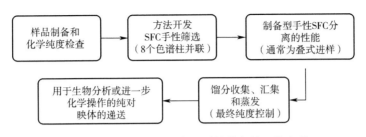

图 10.3　方法开发和制备型手性分离的工艺流程

改性剂组成来优化保留时间。碱性或酸性添加剂也可能有助于改善分离效果（选择性）和峰形。Berger 和 Deye［53］以及 Stringham 和同事［54~56］都对碱性和酸性添加剂在 SFC 系统中的影响进行了研究。通常使用的添加剂有三氟乙酸、甲酸、乙磺酸、三乙胺、二乙胺和异丙胺。但是，对于制备分离，应谨慎使用碱性或酸性添加剂。与分析分离不同，制备分离的最终目的是分离纯化化合物的完整形式。由于大多数添加剂具有化学活性，因此可以进行化学转化。此外，由于溶质与流动相在制备型分离中保留的时间较长，那么无论是在柱内还是在馏分蒸发过程中，降解都可能会变得更加明显。例如，许多羧酸具有用醇改性剂酯化的倾向，并且可以延长后纯化过程。如果可能的话，建议避免在制备型分离中使用添加剂。但是，在某些情况下，可能还是会需要使用少量添加剂来改善峰形。

Hamman［57］和 Ventura 等人［58］建议使用挥发性添加剂（如：氢氧化铵和氨），这些添加剂可通过蒸发轻易消除，以尽量减少样品暴露于潜在活性添加剂中，并避免纯化样品中残留的添加剂含量过高。一些学术和工业研究小组提出了手性方法开发的通用筛选方案［59~72］。此外还有许多制药公司根据实践经验阐述了自己的方法。所有方法都非常相似，初步筛选会发现，几乎所有方法都包括了基于多糖的固定相。然而，手性柱领域是一个不断发展的动态市场，必须定期对设置进行调整。大多数用户采用了配备切换阀或并联系统的自动串行色谱柱筛选装置，可同时筛选多达 5 个色谱柱。5 年多以来，我们的标准筛选方法由高性能仪器组成，能够同时运行 8 个色谱柱［59，73］。该方法可以快速鉴定最佳条件（手性柱、流动相），以用于从毫克到数百克级别的制备型分离。手性筛选结果的典型如图 10.4 所示。使用商业 SFC 仪器在 8 个不同的柱上筛选外消旋化合物，其具有 6 种不同的流动相（42min 内 48 种不同的条件）。使用短柱（150mm×4.6mm），在 5min 内梯度加入 5%~40%（体积分数）的改性剂，每个柱上的流速为 3mL/min（每次运行 7min）。

随着多糖基固定相的引入，使用强溶剂化改性剂的可能性几乎是不受限的［45，59，60］。这种改性剂的典型应用实例如图 10.5 所示。许多用户已经利用"非常规"改性剂在多糖基固定相的 CSP 上进行了 SFC 手性分离［46~52］。因为生产率通常受到外消旋体在流动相中溶解性差的限制，因此多糖基固定相的优点

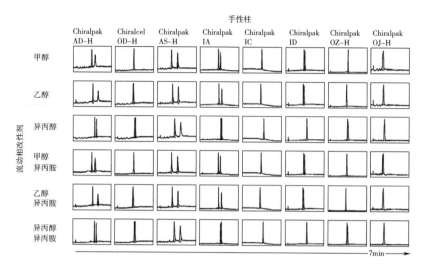

图 10.4 在 Sepmatix 8×Screening SFC 系统（Sepiatec，Berlin，Germany）上平行手性筛选输出的屏幕截图。柱子规格：4.6mm×150mm；CO_2/改性剂在 7min 内按 5%~40% 的梯度注入；流速：3mL/min；注入：将 60μL 分别注入到 8 个柱子上

对于制备型分离特别有价值［45］。

10.4.4 制备型应用（叠式进样）

大多数制药实验室完全采用制备型 SFC 进行手性分离［27，45，73~81］，该技术是药物发现的首选方法，因为它完全符合药物开发现阶段的要求，即快速处理样品量相对较小而种类繁多的样品。该技术广泛应用于从几克到千克的量。制备型 SFC 仪器具有在每分钟 10mL 至几升的流速下操作的能力，以满足在不同规模下的工作需求。与 HPLC 不同的是，SFC 通常使用短柱，并结合叠式进样实现少量多次进样，从而缩短循环时间，以获得 SFC 的高生产率。一个典型的例子如图 10.6 所示［73］。该案例中，将乙醇（体积分数 5%）用作改性剂，在 Chiralpak AD-H 柱上等度分离 50g 手性药物中间体。在每次运行中，向图 10.6 中所示的 240 个叠式进样器中的 32 个进样 208mg。分离的对映体的优势构型大于 99%。该应用证明了在这种情况下 SFC 的高效率，即每千克 CSP 每天可产生 2.3kg 的外消旋物。

目前报道的制备型手性 SFC 实际应用的数量相对有限，迄今为止都并未反映出该技术的实际利用。考虑到大多数的大型制药公司和许多专业合同研究组织每年用 SFC 分离数百或数千种手性物质的对映体，只有极少部分的应用是在公共领域。这些应用范围很广，从几毫克到几百克甚至几千克。有几本书的一些章节［82~84］和综述文章［75，77~78，85~88］中都涵盖了这一主题。迄今都尚未报道中试规模级别（>10kg）的手性分离。在最近的一些报道中，应用包括分离抗病毒剂甲壳素的对映体［89］、新型 $\sigma1$ 受体激动剂［90］、根霉素的对映体，并通

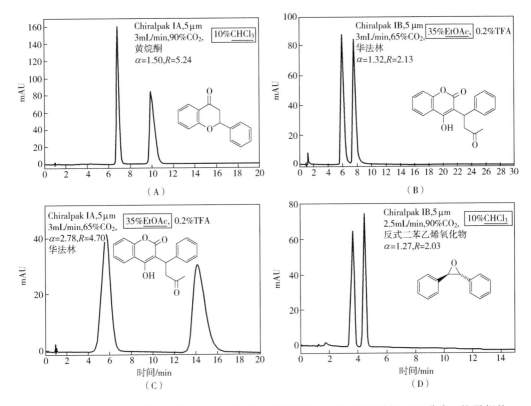

图 10.5 使用非典型改性剂对固定化纤维素和直链淀粉基 CSP 进行手性 SFC 分离。柱子规格：4.6mm×250mm，5μm；流速：3mL/min；（A）Chiralpak IA 上的黄烷酮，CO_2/氯仿 = 90/10；（B）在Chiralpak IB 上的华法林，CO_2/乙酸乙酯/ TFA =65/35/0.2；（C）在 Chiralpak IA 上的华法林，CO_2/乙酸乙酯/ TFA 65/35/0.2；（D）Chiralpak IB 上的反式二苯乙烯氧化物，CO_2/氯仿 =90/10（引自：Francotte E，Diehl G. Extending the SFC applicability in the field of enantioselective separation. Lecture presented at the znd International Conference on Packed-Column SFC, Inrich Switzerland, 1-2 October 2008.）

过振动圆二色谱确定其绝对构型［91］；制备手性放射性标记前体［92］；拆分外消旋三环吲哚化合物［18 F］GE-180 并对作为正电子发射断层扫描（PET）成像剂的对映体进行性能评估［93］；在 Chiralpak AD［94］上以千克规模分离糖皮质激素受体调节剂合成中的关键中间体；以及拆分作为肿瘤化学程序一部分的外消旋间苯二酚酰胺［95］。

除了科学期刊上的出版物外，"绿色化学小组"的网站也是一个有价值的信息来源（http：//www.greenchemistrygroup.org/）。从收集和下载的过去 9 年的报告中发现了许多的实际应用案例，并证明了 SFC 在制药行业中的充分应用。出于知识产权的原因，所分离的对映体结构没有在报告中显示。一系列会议也报告了 SFC 在分离药物对应异构体中的应用，其分离的量达几百克到几千克。

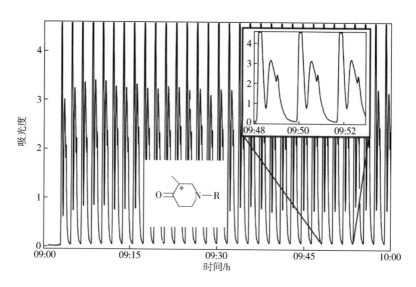

图10.6 Chiralpak AD-H 上 50g 外消旋 4-哌啶酮衍生物的制备性手性 SFC 拆分。柱子规格：30mm×250mm；仪器：Thar SFC 200；流动相：含 5%乙醇的二氧化碳（等度）；流速：120mL/min；循环时间 1.8min。叠式注射模式，240 次注射（显示 32 次注射），每次 208mg。生产率：6.8g/h≈2.33kg/24h/kg CSP

SFC 和 LC 的比较研究由不同的制药公司进行，研究结果都证实 SFC 在生产率、速度和溶剂消耗方面具有卓越的优势［27，32，59，96~98］。根据应用情况估计，SFC 中的有机溶剂消耗和运行成本降低了 70%~95%，生产率提高了 7~40 倍，处理时间快了 2~8 倍。尽管 SFC 是制药公司的首选方法，但手性 HPLC 仍然是一种补充技术，因为有些在 SFC 条件下几乎不溶的化合物不能通过 SFC 分离，而有些化合物可以通过 HPLC 能更好地分离。

对于非常大量（数十千克或吨）的药物分离，其他技术如连续多柱色谱（SMB，Varicol）则是优选，且生产率更高［98］。众所周知，模拟移动床色谱（SMB）在溶剂消耗方面特别有效，而且，溶剂几乎可以完全回收。而对于小规模的制备分离，CO_2 通常不会回收，这是大规模应用的规则。

10.5 填充柱上的制备型非手性 SFC 纯化

制备型非手性 SFC 纯化已经存在了 30 多年，但主要应用于亲脂性化合物［5，31］。在此期间，反相 HPLC 成为了一种高效且通用的纯化技术。反相 HPLC 具有使用准通用固定相（C_{18}）和由乙腈与水的混合物组成的通用流动相的优点。它还与 MS 检测兼容。由于这一系列原因，反相 HPLC-MS 成为在药物研究、开发以及许多其他研究环境中纯化少量（几毫克至几克）物质的标准方法。它还在试验和生产规模上有各种应用。然而，在将 SFC 应用于手性分离之前，人们已经认识到 SFC 用于纯化目的的潜力。例如，在 1977 年，Hartmann 和 Klesper 报道了 SFC 对苯乙烯低聚物的制备型分离［99］。

10.5.1 非手性 SFC 纯化的固定相

在 SFC 非手性纯化的早期应用中，主要是使用二氧化硅和十八烷基硅氧烷键合的二氧化硅材料等有限数量的固定相。随着人们对分析型和制备型 SFC 越来越感兴趣，情况便发生了变化，固定相的使用种类急剧增加并且数量不断扩大。这种数量膨胀是由于需要更高效和更具选择性的固定相以应对具有不同官能团（例如：酸性、碱性、中性、体积小、体积大等）的各种化学物质。该特征对于那些用于生物测试的化合物是非常重要的，因为它们通常从多种复杂的合成方法中获得。在这种情况下，回收率和纯度是最重要的。这些限制的存在就需要我们为每种样品的开发"量身定制"纯化方法。大规模分离同样也应当考虑该问题，其中影响成本的每个运行因素都很重要。Poole［100］、West 和 Lesellier［101~104］提出了 SFC 固定相的分类。大多数可用的固定相已根据其极性（这是选择性的关键参数）进行分类。该特征为优化分离混合物各个组分的选择性提供了一个很好的切入点，但它也强调了正确的色谱柱化学成分对非手性 SFC 成功应用的重要性。应用的方法类似于手性化合物的方法，并且是从分析柱的筛选开始。色谱柱制造商显然已经意识到这个新兴市场的机遇，SFC 的非手性纯化色谱柱数量在过去 5 年中迅速增长。

然而，未来可能会出现一些色谱柱化学物质作为色谱柱的首选。图 10.7 显示了可用于制备型非手性纯化的固定相的结构。该清单并非详尽。尽管它们具有相同的基本结构，但是来自不同供应商的某些相可能表现出不同的属性［101~104］。有几种相是特定制造商专有的。Princeton Chromatography 公司提供最广泛的非手性 SFC 色谱柱。图 10.8 说明了在六种不同的色谱柱化学上分离四种化合物的混合物，并清楚地证明了选择性可以通过选择色谱柱化学物质来调节。这些固定相的化学功能（图 10.7）非常的多样化（中性、酸性、碱性、极性、非极性），并且，我们基于数万个样品纯化的实践经验表明，有些色谱柱更适合于碱性化合物，有些更适合于酸性化合物，有些则适用于这两种类型［59，60］。目前可用的非手性固定相的系统评价由不同的组［105~107］完成，但如前所述，色谱柱化学领域是动态的，并且没有发现通用的固定相。此外，评估通常用选定的"模型化合物"的混合物进行，所用的"模型化合物"应当反映各种分子结构。实际上，待纯化的混合物通常由在非选择性化学反应过程中产生的结构相关物质组成。我们发现三个色谱柱的组合可以实现药物化学家所需的几乎 90% 的混合物的纯化。三个固定相分别是碱性相 PEI，离子相 C_{18}-WCX 和 BEH 二氧化硅相（图 10.7）。2-乙基吡啶、4-乙基吡啶、丙基 - 吡啶基脲和二氨基相对于某些物质的分离也非常有用。

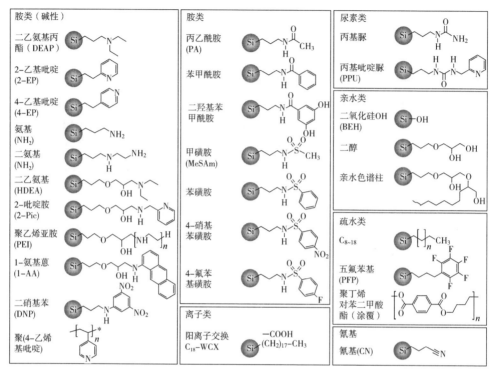

图 10.7 非手性 SFC 纯化固定相的化学功能

除了非手性相之外，手性相（例如：基于多糖的固定相）也经常会用于非手性纯化，因为手性相可能表现出很好的选择性。有关区域异构体、非对映异构体和代谢物的分离实例已在参考文献［59，60，73，108，109］中给出。手性固定相上的非手性分离的两个例子如图 10.9 所示。

10.5.2 制备型非手性纯化

特别是在 20 世纪 80 年代早期的法国，制备型 SFC 纯化领域的研究正进行得如火如荼［7，110，111］。制备型 SFC 的先驱 Perrut 曾对在 1989 年之前该技术的发展状况作了综述［7］。当时的主要重点是为了大规模应用开发高效且具有竞争力的过程。1990 年报道了从小麦胚芽油中分离生育酚［112］和通过 SFC 分离柠檬油［113］。甲基丙烯酸甲酯低聚物［114］和功能性硅烷和膦［115］的分离和纯化也在同一时期被进行了研究。因为当时的人们认为 CO_2 的弱极性更适合纯化非极性化合物，所以，大多数应用都是针对亲脂性物质进行的。

1990 年至 1999 年期间，将制备型 SFC 用于小规模应用的兴趣并不高涨；主要障碍与技术缺陷（压力调节、进样、气溶胶形成等）有关。尽管如此，科研人员还是进行了各种不同尺度范围（从几毫克到几百克）的非手性混合物纯化应用来

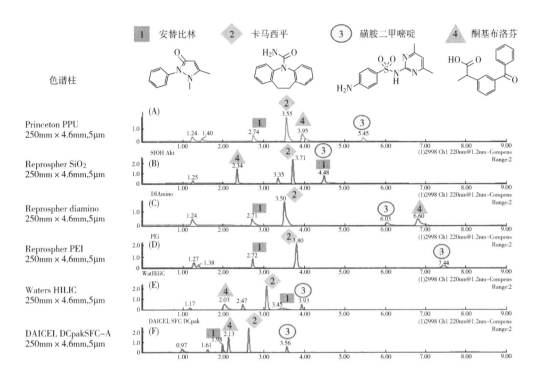

图 10.8 使用 Waters Method Station X5 SFC（Waters Corporation，Milford，MA，USA）在六个不同柱化学上分离四种测试化合物的混合物的 SFC。柱子规格：4.6mm×250mm；流动相：CO_2/MeOH = 90∶10；流速：6mL/min。（A）Princeton PPU，5μm，（B）Reprospher（Dr. Maisch）SiO_2，5μm，（C）Reprospher（Dr. Maisch）Diamino，5μm，（D）Reprospher（Dr. Maisch）聚乙烯亚胺 PEI，5μm，（E）WatersHILIC，5μm，（F）DAICEL DCpak SFC-A，5μm

纯化不同的分子，例如分离类固醇激素［116，117］、合成的低聚物［118］、调味品、食品成分［119］。罗卡等人早已阐述了制备型 SFC 用于分离化学混合物中微量杂质的潜力［120］。甚至有报道称使用氨作为超临界流体分离 11C 标记的化合物［121］。从 1997 年开始，人们越来越关注利用 SFC 从鱼油中纯化二十二碳六烯酸（DHA）［122］。DHA 是一种 ω-3 脂肪酸，在人脑和其他器官中具有重要的生物学功能。近期 SFC 的应用包括合成中间体的纯化、天然产物的分离［123~127］、肽的纯化［128］、异源衍生物糖苷的分离［129］以及代谢物或药物相关杂质的分离，以便进行后期鉴定［130~133］。图 10.10 说明了天然产物的分离［123］，图 10.11 说明了合成中间体的纯化实例。

10.5.3 使用 MS 定向分馏的制备型 SFC 纯化

利用 SFC 作为纯化极性化合物的工具是一个相对较新的概念。随着 2009 年

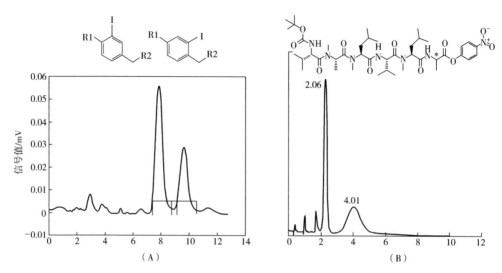

图 10.9　手性固定相的非手性分离。(A) 三取代苯基衍生物的区域异构体。Chiralpak IC；流动相：CO_2/ 2-丙醇/ 2-丙胺 = 75 : 25 : 0.25。(B) 小肽的差向异构体。Chiralpak IA；流动相：CO_2/2-丙醇 = 80 : 20。流速：3mL/min。星号表示分子的差向异构中心的位置

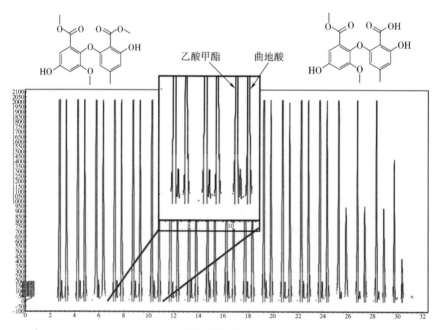

图 10.10　在 MiniGram Mettler Berger 上分离真菌代谢物 (asterric acid 和甲基 asterrate)。样品 71.8mg；二醇基柱 (250mm×7.8mm)；叠式注射 (203)；流速：10mL/min CO_2 (含 15%MeOH) (引自：Wang Y, Stutz G, Roggo S, Diehl G, Francotte E. Development of SFC for high throughput purification in natural product drug discovery Lecture presented at the znd International Conference on Packed-Column SFC, Zurich, Switzerland, 1-2 October 2008.)

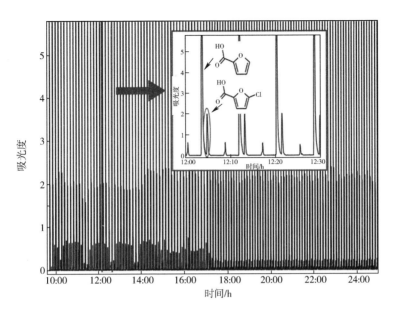

图10.11 通过制备型SFC分离42.9g的2-糠酸和5-氯-2-糠酸的混合物。柱子规格：普林斯顿2-乙基吡啶，5μm，30mm×250mm；流动相：CO$_2$/乙醇/TFA=86∶14∶0.1，126g CO$_2$/min；循环时间：7min；430次叠式注射100mg（显示120次连续堆叠注射）

第一台配备质量导向分馏的制备型SFC仪器的推出，才在该领域取得了突破性进展。巧合的是，由于全球范围内存在着乙腈短缺的问题，刺激了替代RP-HPLC纯化方法的探索。对环境因素的日益关注也是其动力的源泉。多年来，开发一种强大可靠的提供质量定向分馏的制备型SFC-MS仪器是一项严峻挑战。对于通过SFC质量导向的分馏来制备复杂混合物的非手性纯化是非常有必要的。一些研究小组特别是在组合化学工程的背景下已成功开发了自己的SFC-MS纯化系统[24，25]，但这些仪器无法被国际组织所接受，并且在样本量的适用性方面还受到很多限制。

专用的制备型SFC-MS仪器的引入给该领域带来了巨大的变化。几个小组或多或少同时评估了该新仪器的适用性，尽管SFC技术和反相纯化技术的模式完全不同，但SFC技术还是替代了药物化学中"无与伦比"的反相纯化技术[73，134~138]。所有小组都证明，通过制备型反相HPLC-MS和SFC-MS纯化小样品混合物，其在纯度和回收率方面提供了相同的性能，但平均而言SFC比RP-HPLC快三倍。我们发现某些化合物用SFC获得的回收率更高，而其他化合物则用RP-HPLC回收率更高[73]。后来Francotte等人研究表明在每年提交的数千个样品的药物研发环境中，约80%可通过制备型SFC-MS纯化[139]。最近Ross等人开发了一个平台，使用相同的SFC-MS仪器并使用通用方法每年可纯化超过90000个小尺寸样品[140]。非手性制备型SFC的成功和快速发展得益于改进的SFC仪器和新固定相的相应发展。

10.5.4 中型制备型非手性 SFC 的工作流程

由于制备型 SFC-MS 纯化的一般工作流程仅是在不同用户之间略有差异，因此我们在药物发现中应用小尺寸样品的工作流程可以说是代表了该种方法［59］。工作流程如图 10.12 所示。

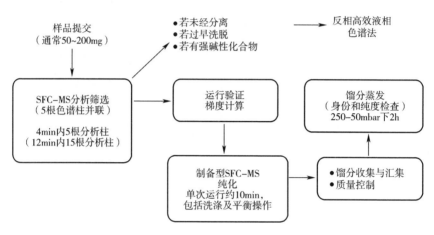

图 10.12　非手性 MS 触发的 SFC 纯化的一般工作流程

样品上样（通常为 50~200mg）后，科研人员开始筛选不同色谱柱上固定相的修饰。由于无法预测混合物的每种组分在特定固定相上的保留，因此重要的是依靠有效的筛选平台尽可能地了解目标分析物的分离情况。该化合物的分子质量为选择最佳色谱柱和色谱条件提供了关键信息。使用配备 5 个并联色谱柱的市售 SFC-MS 系统，可以非常容易地进行这种操作。当首选的一组 5 个柱子不成功时，可以选择切换第二、第三组的 5 个柱子。在鉴定出最佳色谱柱的修饰后，进行验证运行以收集数据并计算制备型纯化的最佳梯度。该种梯度计算是必要的，这是因为当前可用的 SFC-MS 并联筛选单元上没有流量控制，从而导致了并联的每个柱子中的流量不一定相同。梯度计算程序是根据经验确定的，并且每个程序对某个仪器、柱子和样品量而言都是特定的［59］。图 10.13 显示了从分析柱筛选到最终制备型分离的非手性 SFC 纯化的典型应用。如今，非手性 SFC 替代了用于药物化学中至少 75% 的小分子纯化所用的 RP-HPLC。应用范围也在不断扩大，涵盖药物分子和中间体、天然产物、代谢物和小线性肽或环肽（图 10.14）。

在每个制备型 MS 触发 SFC-100 仪器上，每年可以纯化一到两千个小量样品（50~200mg）。24h 的总平均周转时间包括方法开发、制备分离、馏分分离、蒸发、干燥和质量控制，这些可以通过分析型 SFC 或 RP-HPLC 的正交法进行。纯化过程

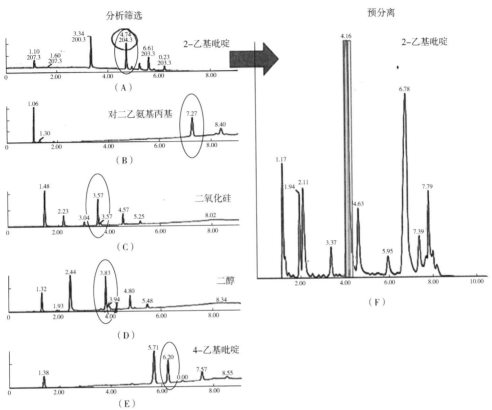

图 10.13 在 Waters X5 工作站（平行筛选的 5 个色谱柱）上进行非手性 SFC 纯化的方法开发（SFC-MS），目标化合物用红色圈出；柱子规格：250mm×4.6mm；流速：20mL/min；梯度：6min 内 5%~50% MeOH。(A) 2-乙基吡啶；(B) 对二乙氨基丙基；(C) 二氧化硅；(D) 二醇；(E) 4-乙基吡啶；(F) 在 2-乙基吡啶柱上进行制备纯化，250mm×30mm。流速 100mL/min（引自：Francotte E. Why should sfc be the first technology choice for the purification of pharmaceuticals?. Lecture presented at the 8th International Conference on Packed-Column SFC, Basel, Switzerland, 10 October 2014.）

的速度、分离物质的高纯度和 TFA（已知在大多数生物学测试中通常是有毒的）的缺失在药物研发特别有益。

　　从 RP-HPLC 到 SFC 的转变可视为是向"绿色"的转变，因为 SFC 平均消耗的有机溶剂减少了约 20%。此外，在 RP-HPLC 制备型应用中，水的去除是耗能过程，比 SFC 样品蒸发需要多约 7 倍的能量。基本上，SFC 不限于小量样品，相同的工艺流程适用于大规模制备型 SFC-MS 仪器。

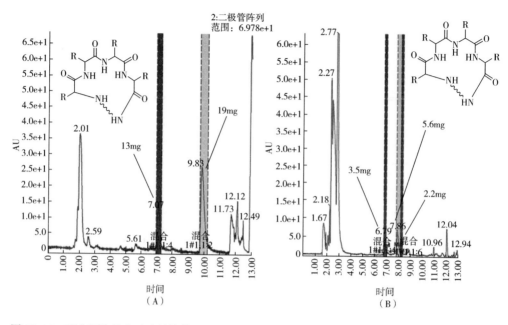

图 10.14 两个环肽的非对映异构体的分离。（A）柱子规格：普林斯顿 4-乙基乙烯基（4EP），250mm×30mm，5μm，梯度：10min 内 14%~24%MeOH。将样品（50mg）溶于 MeOH／二氯甲烷＝1∶2 的溶液中。（B）柱子规格：普林斯顿 4-乙基乙烯基（4EP），250mm×30mm，5μm，梯度：10min 内 9%~14%MeOH。将样品（30mg）溶于 MeOH∶二氯甲烷＝1∶2 的溶液中（引自：*Francotte E, Adam I, Mann T, Wolf T. SFC evolving as the prevailing purification technique in medicinal chemistry. Lecture at the 6th International Conference on Packed-Column SFC, Brussels, Belgium, October 4-5, 2012.*）

10.6 高通量非手性超临界流体色谱纯化

在高通量合成中，通常产生多种不同的化合物（样品），且每种样品的量往往很少，因此必须纯化这种样品混合物。鉴于这些要求，一些科学家一直在寻找快速纯化技术。在这种情况下，使用制备型 SFC 进行高通量纯化吸引了许多化学团体的参与。早在 17 年前，Coleman 就提出了一种使用 SFC 对综合化学库中的样品进行高通量纯化的通用方案［141］。高纯度物质可以被快速分离到几十毫克的水平。一年后，Berger 等人在半制备型 SFC（最多 50mg 化合物）中开发了一种新的自动化馏分收集分离器，以避免气溶胶形成的问题［142］。Kassel 和他的团队通过引入质量导向分馏来改进系统［24］。其他小组开发了具有紫外触发馏分收集的高通量 SFC 纯化平台［25，143~145］。纯化几乎都是在努力寻求发现的活动背景下进行的，这种活动中会产生大量潜在新药库并且必须使用通用方法快速纯化，而无须柱筛选并且解决回收率低和纯度低的问题。Thar（现为 Waters）推出的新型

SFC-MS Prep-100 系统为这种纯化设定了新标准。最近 Ross 等人使用这种基于 MS 的制备型 SFC 仪器,并采用通用方案[140],成功开发了一个平台,每年纯化超过 90000 个样品(10~20mg 量)。

10.7 模拟移动床色谱(SMB)制备型 SFC

作为成功开发 SMB 用于液相色谱,特别是手性分离色谱的合理结果,SFC 由 Novasep 在法国发展起来[146,147],几年后在德国汉堡技术大学[148]也发展了类似的成果。这两个组都证明了进行超临界流体 SMB(SF-SMB)的可行性,但考虑到技术挑战以及与绿色理念相比 LC-SMB 效益不显著的事实,研究兴趣仍然不足,因为后一种技术在溶剂消耗和溶剂回收(高达 99.5%)方面的效率很高。Peper 等人进行了批量 SFC 和 SMB-SFC 之间的比较,结论是批量 SFC 可提供更高的生产率[149,150]。尽管如此,来自台湾义守大学的梁的团队对 SFC-SMB 依旧很感兴趣。他开发了 SF-SMB 工艺,用于分离药学上感兴趣的物质,如芝麻素和芝麻酚林[151]或白藜芦醇和大黄素[152]。

10.8 大规模和工业应用

尽管 SFC 已经在许多公司中成功的得到了应用,达到了分离千克规模对映体的中试规模,但仍未被用作生产中的纯化技术。一些大型制备规模的 SFC 单元可能已在工业中得以应用,只是还尚未报道。在报道的少数半工业应用中,二十二碳六烯酸(DHA)和二十碳五烯酸(EPA)的纯化可能是最相关的(图 10.15)。对这些高价值化合物分离的兴趣始于日本,并于 1997 年建成了一个试点单位[122]。Akio 等人研究了通过 SFC 从金枪鱼油中分离 DHA-乙酯和 EPA-乙酯在技术和经济方面的可行性[153]。Lembke 使用长 1.15m、内径为 10cm 的柱子开发了一个生产单元,并以 200kg/h 的流速运行[154]。与 HPLC 相比,该过程将生产成本降低了 75%。大规模 SFC 分离的其他实例,包括杀虫剂胡椒基丁醚的纯化以及顺式和反式卟啉的分离[155]。在使用 25cm×10cm(内径)的柱子(C_{18})、CO_2 流速为 90kg/h、循环时间为 2min 的条件下,每天可生产 1.42kg 纯化胡椒基丁醚。有关大规模 SFC 纯化的更多信息,请参阅 Jusforgues[155]和 Cox[83]等人的综述文章。

Ng 在 2008 年苏黎世会议上报道了从棕榈油中分离植物营养素(胡萝卜素、维生素 E、甾醇、角鲨烯、α-生育酚、α-生育三烯酚、γ-生育酚和 γ-生育三烯酚)的中试规模的实验[156],所使用的是 SFC 600 单元,其柱内径为 35cm,流速为 600kg CO_2/h。最近该过程的一些细节已被报道[157]。

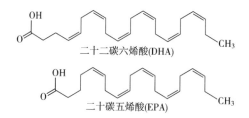

图 10.15　二十二碳六烯酸（DHA）和二十碳五烯酸（EPA）的化学结构

10.9　结论

　　对于从毫克到千克规模的制备型手性分离，填充柱 SFC 技术应当是首选。当分离过程中需要用含有大量醇的流动相或用于非常大规模的分离（SMB）时，HPLC 仍然是一项补充技术。对于小型和中等大小分子的非手性纯化，许多实验室成功开发的制备型 MS 触发的 SFC 平台已呈现出 SFC 作为首选的趋势，而反相液相色谱（RP-HPLC）正趋向于第二选择。不适合 SFC 处理的样品才会使用 RP-HPLC。制备型 SFC 的成功无法通过出版物的数量来估算，因为大多数应用是在工业中进行的，并且由于知识产权原因而未公开。对于非常大规模的应用，仍然需要探索 SFC 的范围和限制条件。然而，可以预见的便是 SFC 将取代 RP-HPLC 用于进一步的研究应用。即使 RP-HPLC 仍然是一种补充技术，SFC 显然正在改变纯化世界的面貌，如果它符合我们的目的，那么具有无可争辩的环境和经济优势的 SFC 技术应该被优先考虑。无论如何，SFC 现在似乎已经克服了障碍，并且不太可能像过去那样长时间陷入萧条阶段。当下，我们对社会的认知日益增强，在关于全球变暖和能源浪费问题的大背景下，这让我们必须支持能耗更低、更具可持续性的工艺流程。

参考文献

　　[1] Cagniard de la Tour C. Presentation of some results obtained by the combined actionof heat and compression on certain liquids, such as water, alcohol, sulfuric ether, and distilled petroleum spirit. Annales de chimie et de physique 1822；21：12732.

　　[2] Critical point (thermodynamics)，https：//en. wikipedia. org/wiki/Critical_ point_ (thermodynamics) .

　　[3] Grand-GuillaumePerrenoud A, Hamman C, Goel M, Veuthey JL, Guillarme D, Fekete S. Maximizing kinetic performance in supercritical fluid chromatography using state-of-the-art instruments. J Chromatogr A 2013；314：28897.

　　[4] Klesper E, Corwin AH, Turner DA. High pressure gas chromatography above critical tempera-

tures. J Org Chem 1962; 27: 7001.

[5] Taylor LT. Supercritical fluid chromatography for the 21st century. JSupercrit Fluids 2009; 47: 56673.

[6] Berger TA. Packed column SFC. Letchworth, UK: Royal Society of Chemistry; 1995.

[7] Berger C, Perrut M. Preparative supercritical fluid chromatography. J Chromatogr 1990; 505 (1): 3743.

[8] Mourier PA, Eliot E, Caude MH, Rosset RH, Tambute AG. Supercritical and subcritical fluid chromatography on a chiral stationary phase for the resolution of phosphine oxide enantiomers. Anal Chem 1985; 57: 281923.

[9] Jusforgues P, Shaimi M, Barth D. Preparative supercritical fluid chromatography: grams, kilograms, and tons! . In: Anton K, Berger C, editors. Supercritical fluid chromatography with packed columns. New York: Marcel Dekker, Inc; 1998. p. 417.

[10] Lazarescu V, Mulvihill MJ, Ma L. Achiral preparative supercritical fluid chromatography. In: Webster GK, editor. Advances and applications in pharmaceutical analysis: supercritical fluid chromatography. Singapore: Pan Standford Publishing; 2014. p. 1008.

[11] Larry M, Ian S. Evaluation of injection conditions for preparative supercriticalfluidchromatography. J Chromatogr A 2012; 1250: 25663.

[12] Shaimi M, Cox GB. PIC Solution Inc. , Application Note 6/13.

[13] Shaimi M, Cox GB. Mixed-stream vs modifier stream injections injection by extraction: a novel sample introduction technique for preparative SFC. Chromatogr Today November/December 2014; 4245.

[14] Horikawa Y, Kamezawa K, Kanomata T, Bounoshita M, Saito M. Novel injection method in preparative supercritical fluid chromatography. Poster presented at the 2nd International Conference on Packed-Column SFC. Zurich, Switzerland, 12 October 2008. Available from, http: //www. jascoinc. com/docs/application-notes/ InjectionMethod_ PrepSFC. pdf.

[15] Dai Y, Li G, Rajendran A. Peak distortions arising from large-volume injections in supercritical fluid chromatography. J Chromatogr A 2015; 1392: 919.

[16] Hirata Y, Kawaguchi Y, Kitano K. Large volume injection for preparative supercritical fluid chromatography. Chromatographia 1995; 40 (1/2): 426.

[17] Vajda P, Kamarei F, Felinger A, Guiochon G. Comparison of volume and concentration overloadings in preparative enantio-separations by supercritical fluid chromatography. J Chromatogr A 2014; 1341: 5764.

[18] Perrut M. Procédé d'extraction-séparation-fractionnement par fluides supercritiques et dispositif pour sa mise en oeuvre. French Patent 8, 510, 468, (1985); Eur. Pat. 8, 640, 139, (1986).

[19] Chen R, Cole J. Feasibility of using ELSD to trigger fraction collection in small-scale purification by SFC. LC-GC Europe 2009; 22 (7): 33.

[20] Yanik GW. Polarimetric detection in supercritical fluid chromatography. In: Webster GK, editor. Advances and applications in pharmaceutical analysis: supercritical fluid chromatography. Singapore: Pan Standford Publishing; 2014. p. 33346.

[21] Wentz ES. Multimode collections in prep SFC working towards open access SFC Sub-2 um particles for SFC. First International Conference on Packed Column SFC, Pittsburgh, 23-25 September 2007. Slides available from, http://www.greenchemistrygroup.org/past-conferences.

[22] Kanomata T, Silverman C, HorikawaY, Saito H, Bounoshita M, Saito M. Advantages of Circular Dichroism (CD) Detection for the Determination of Fractionation Timing in Preparative Supercritical Fluid Chromatography (Prep-SFC) for Chiral Separations. Poster presented at First International Conference on Packed Column SFC, Pittsburgh, 23-25 September 2007. Available from, http://www.greenchemistrygroup.org/past-conferences. or LCGC The Peaks, December 2007: 722.

[23] Mikita I, Masataka M, Toshihiro N. A chemiluminescence reaction analyzer for a supercritical fluid. Bunseki Kagaku 1995; 44: 916.

[24] Wang T, Barber M, Hardt I, Kassel DB. Mass-directed fractionation and isolation of pharmaceutical compounds by packed-column supercritical fluid chromatography/ mass spectrometry. Rap Comm Mass Spect 2001; 15 (22): 206775.

[25] Zhang X, Towle MH, Felice CE, Flament JH, Goetzinger WK. Development of a mass-directed preparative supercritical fluid chromatography purification system. J Comb Chem 2006; 8 (5): 70514.

[26] Fuchs G, Doguet L, Perrut M, Tambute A, Le Goff P. Enantiomer fractionation by preparative supercritical fluid chromatography. Proceedings 2nd international symposium on supercritical fluids, Boston (MA). 2022 May 1991.

[27] Miller L, Potter M, Barnhart W, Gahm K, Eschelbach J. Application of SFC in pharmaceutical discovery and early development. 1st International Conference on Packed Column SFC. September 25, 2007., http://www.greenchemistrygroup.org/past-conferences.

[28] Whatley J. Enantiomeric separation by packed column chiral supercritical fluid chromatography. JChromatogr A 1995; 697: 2515.

[29] Geiser F, Schultz M, Betz L, Shaimi M, Lee J, Champion W. Direct, preparative enantioselective chromatography of propranolol hydrochloride and thioridazine hydrochloride using carbon dioxide-based mobile phases. J Chromatogr A 1999; 865: 22733.

[30] Saito M, Yamauchi Y, Higashidate S, Okamoto I. Preparative supercritical fluid chromatography and its applications to chiral separation. In: Hatano H, Hanai T, editors. International symposium on chromatography, the 35th anniversary of the research group on liquid chromatography in Japan, Yokohama, January 22-25, 1995; 863866.

[31] Berger TA. The past, present, and future of analytical supercritical fluid chromatography. Chromatogr Today 2014; 7 (3): 269.

[32] Wu DR. Chiral supercritical fluid chromatography in drug discovery: from analytical to multigram-scale. 1st International Conference on Packed Column SFC. September 25, 2007., http://www.greenchemistrygroup.org/past-conferences.

[33] Sun P, Wang C, Breitbach ZS, Zhang Y, Armstrong D. Development of new HPLC chiral stationary phases based on native and derivatized cyclofructans. Anal Chem 2009; 81: 1021526.

[34] Zhang T, Holder E, Franco P, Lindner W. Zwitterionic chiral stationary phases based on cinchona and chiral sulfonic acids for the direct stereoselective separation of amino acids and other

amphoteric compounds. J Sep Sci 2014; 37: 123747.

[35] Okamoto Y, Kawashima M, Hatada K. Useful chiral packing materials for high-performance liquid chromatographic resolution of enantiomers: phenylcarbamates of polysaccharides coated on silica gel. J Am Chem Soc 1984; 106 (18): 53579.

[36] Okamoto Y, Yashima E. Polysaccharide derivatives for chromatographic separation of enantiomers. Angew Chem Int Ed 1998; 37: 102043.

[37] Francotte E, Zhang T. Patent, PCT Int. Appl. WO 9704011, 1997.

[38] Francotte ER. Enantioselective chromatography: an essential and versatile tool for the analytical and preparative separation of enantiomers. Chimia 1997; 5: 71725.

[39] Francotte ER. Enantioselective chromatography as a powerful alternative for the preparation of drug enantiomers. J Chromatogr A 2001; 906: 37997.

[40] Francotte E, Huynh D. Immobilized halogeno-phenylcarbamate derivatives of cellulose as novel chiral stationary phases for enantioselective drug analysis. J Pharm Biomed Anal 2002; 27: 4219.

[41] Francotte E, Huynh D, Wetli H. G. I. T Multi-parallel chiral screening. Screening of chiral Stationary and mobile phases for method development of preparative separations. Lab J Eur 2006; 10: 468.

[42] Wetli H, Francotte E. Automated screening platform with isochronal-parallel analysis and conditioning for rapid method development of preparative chiral separations. J Sep Sci 2007; 30: 125561.

[43] Amoss C, Cox G, Franco P, Zhang T. CHIRALPAKs ICTM—An Immobilized Polysaccharide Chiral Stationary Phase with a Unique Chiral Selector LCGC's The Application Notebook (September 2008).

[44] Zhang T, Nguyena D, Franco P, Isobe Y, Michishita T, Murakami T. Cellulose tris (3, 5-dichlorophenylcarbamate) immobilised on silica: a novel chiral stationary phase for resolution of enantiomers. J Pharm Biomed Anal 2008; 46: 88291.

[45] Francotte E, Diehl G. Extending the SFC applicability in the field of enantioselective separations. Lecture presented at the 2nd International Conference on Packed Column SFC, Zurich, Switzerland, 12 October 2008. Slides available from, http://media.wix.com/ugd/2239fc_c0b2afbc6f5c48aeb4fde1a662f0 5798.pdf.

[46] Cox GB. Solvent and stationary phase selectivity in enantioselective SFC. 1st International Conference on Packed-Column SFC, Pittsburgh, USA. 2325 September 2007. , http://www.greenchemistrygroup.org/past-conferences.

[47] Miller L. Evaluation of non-traditional modifiers for analytical and preparativeenantioseparations using supercritical fluid chromatography. J Chromatogr A 2012; 1256: 2616.

[48] Al-Othman ZA, Ali I, Asim M, Khan TA. Recent trends in chiral separations on immobilized polysaccharides CSPs. Comb Chem High Throughput Screening 2012; 15 (4): 33946.

[49] Huang J, Yuan M. Separation of substituted phenylpiperazine derivatives with immobilized polysaccharide-based chiral stationary phases by supercritical and subcritical fluid chromatography. J. Chinese Pharm Sci 2013; 22 (3): 24450.

[50] Miller L. Use of dichloromethane for preparative supercritical fluid chromatographic enanti-

oseparations. J Chromatogr A 2014; 1363: 32330.

[51] Lee JT, Watts WL, Barendt J, Yan TQ, Huang Y, Riley F, et al. On the method development of immobilized polysaccharide chiral stationary phases in supercritical fluid chromatography using an extended range of modifiers. J Chromatogr A 2014; 1374: 23846.

[52] Da Silva JO, Coes B, Frey L, Mergelsberg I, McClain R, Nogle L, et al. Evaluation of nonconventional polar modifiers on immobilized chiral stationary phases for improved resolution of enantiomers by supercritical fluid chromatography. J Chromatogr A 2014; 1328: 98103.

[53] Berger T, Deye J. Role of additives in packed column supercritical fluid chromatography: suppression of solute ionization. J Chromatogr 1991; 547: 37792.

[54] Stringham R. Chiral separation of amines in subcritical fluid chromatography using polysaccharide stationary phases and acidic additives. J Chromatogr A 2005; 1070: 16370.

[55] Ye Y, Lynam K, Stringham R. Effect of amine mobile phase additives on chiral subcritical fluid chromatography using polysaccharide stationary phases. J Chromatogr A 2004; 1041: 21117.

[56] Blackwel JA, Stringham RW, Weckwerth JD. Effect of mobile phase additives in packed-column subcritical and supercritical fluid chromatography. Anal Chem 1997; 69: 40915.

[57] Hamman C, Schmidt Jr DE, Wong M, Hayes M. The use of ammonium hydroxide as an additive in supercritical fluid chromatography for achiral and chiral separations and purifications of small, basic medicinal molecules. J Chromatogr A 2011; 1218: 788694.

[58] Ventura M, Murphy B, Goetzinger W. Ammonia as a preferred additive in chiral and achiral applications of supercritical fluid chromatography for small, drug-like molecules. J Chromatogr A 2012; 1220: 14775.

[59] Francotte E. Why should sfc be the first technology choice for the purification of pharmaceuticals? Lecture presented at the 8th International Conference on PackedColumn SFC, Basel, Switzerland, 10 October 2014. Slides available from, http://media.wix.com/ugd/2239fc_ 6eee04127c92436ab62 c550d8b8a9317.pdf.

[60] Francotte E. Practical advances in SFC for the purification of pharmaceutical molecules. LCGC Europe 2016; 29 (4): 194204.

[61] Woods RM, Breitbach ZS, Armstrong DW. Comparison of enantiomeric separations and screening protocols for chiral primary amines by SFC and HPLC. LCGC Europe 2015; 28 (1): 2633.

[62] De Klerck K, Vander Heyden Y, Mangelings D. Pharmaceutical-enantiomers resolution using immobilized polysaccharide-based chiral stationary phases in supercritical fluid chromatography. J Chromatogr A 2014; 1328: 8597.

[63] Sharp VS, Hicks N, Stafford J. A multimodal liquid and supercritical fluid chromatography chiral separation screening and column maintenance strategy designed to support molecules in pharmaceutical development (Part 1). LCGC Europe 2013; 26 (11): 60818.

[64] DeKlerck K, Tistaert C, Mangelings D, Vander Heyden Y. Updating a generic screening approach in sub- or supercritical fluid chromatography for the enantioresolution of pharmaceuticals. J Supercrit fluids 2013; 80: 509.

[65] Subbarao L, Wang Z, Chen R. Multi-channel SFC system for fast chiral method development and optimization. LCGC Special Issues on Supercritical Fluid Chromatography (SFC), Application Note-

book, 2010 (November), 2024.

[66] Hamman C, Wong M, Aliagas I, Ortwine DF, Pease J, Schmidt DE, et al. The evaluation of 25 chiral stationary phases and the utilization of sub-2.0μm coated polysaccharide chiral stationary phases via supercritical fluid chromatography. J Chromatogr A 2013; 1305: 31019.

[67] Franco P, Zhang T. Common screening approaches for efficient analytical method development in LC and SFC on columns packed with immobilized polysaccharidederived stationary phases. In: Scriba GK, editor. Chiral separations: methods and protocols. Methods in Molecular Biology, vol. 970. Springer Science 2013. p. 11326.

[68] Speybrouck D, Corens D, Argoullon JM. Screening strategy for chiral and achiral separations in supercritical fluid chromatography mode. Curr Topics Med Chem 2012; 12 (11): 125063.

[69] Hicks MB, Zhang Y, Moore D, Apedo A. Advancing SFC method development with a multi-column supercritical fluid chromatography with gradient screening. Am Pharm Rev 2011; 14 (6).

[70] Webster GK, Kott L. Method development for pharmaceutical chiral chromatography. In: Ahuja S, Scypinski S, editors. Separation Science and Technology. Handbook of Modern Pharmaceutical Analysis, vol. 10. Elsevier 2011. p. 25182.

[71] Kiplinger JP, Lefebvre PM, Kavrakis SK. Toward development of "generic" separation methods for achiral pharmaceutical analysis using SFC. Poster presentation at SFC 2009., http://media.wix.com/ugd/2239fc_ 6f38e23017ff49c38ea3e91b01580116.pdf.

[72] Ning J, Schafer W, Welch C, Gong X. Parallel SFC method development screening for enhanced speed and quality. SFC 2011, July 2022, 2011, New York City. Slides available from, http://media.wix.com/ugd/2239fc_ 3942a40defba42e49aa7d93ada306602.pdf.

[73] Francotte E, Diehl G. SFC: The universal purification technique? Lecture at the 4th International Conference on Packed-Column SFC, Stockholm, Sweden September 1516, 2010. Slide available can be loaded from, http://media.wix.com/ugd/2239fc_ fc3a01aa76d5458a86c0f0eaeac983e8.pdf.

[74] Miller L. Pharmaceutical purifications using Preparative Supercritical Fluid Chromatography. Chimica Oggi 2014; 32 (2): 236.

[75] Villeneuve M, Schmidt R, Zhao Y. Introduction of unique Analytical and Preparative SFC units. Lecture presented at the 5th International Conference on Packed-Column SFC, New York, USA, 2022 July 2011. Slide available from, http://media.wix.com/ugd/2239fc_ 896087ae6931466d8c871ff783b75295.pdf.

[76] Van Anda J. The use of supercritical fluid chromatography (SFC) for chiral pharmaceutical analytical and preparative separations. Am Pharm Rev 2009; 12: 4853.

[77] Miller L, Potter M. Preparative chromatographic resolution of racemates using HPLC and SFC in a pharmaceutical discovery environment. J Chromatogr B 2008; 875: 2306.

[78] Wu DR, Leith L, Balasubramanian B, Palcic T, Wang-Iverson D. The impact of chiral supercritical fluid chromatography in drug discovery: from analytical to multigram scale. Am Laborat 2006; 38: 246.

[79] Seest E, Belvo M, Perun T, McDermott P. Green lab scale chiral chromatography: comparison of purification techniques for cost effective and efficient processing of samples while minimizing environmental impact. Lecture presented at the 5th International Conference on Packed-Column

SFC, New York, USA, 2022 July 2011. Slides available from, http://media.wix.com/ugd/2239fc_d6b5ee0432a5472-da202 e1f2d9318ed1. pdf.

[80] Welch C, Leonard W, DaSilva J, Biba M, Albaneze-Walker J, Henderson D, et al. Preparative chiral SFC as a green technology for rapid access to enantiopurity in pharmaceutical process research. LCGC Europe 2005; 18: 26472.

[81] DaSilva JO, Yip HS, Hegde V, Zaks A. Supercritical fluid chromatography (SFC) as a green chromatographic technique for support in rapid development of pharmaceutical candidates. Lecture Presented at the 2nd International Conference on Packed Column SFC, Zurich, Switzerland, 12 October 2008. Slides available from, http://media.wix.com/ugd/2239fc _ 233026ba94ee41a5b79b463c0de9b66a. pdf.

[82] Villeneuve MS, Miller LA. Preparative-scale supercritical fluid chromatography. In: Cox GB, editor. Preparative enantioselective chromatography. Blackwell Publishing; 2005. p. 20523.

[83] Ventura MC. Chiral preparative supercritical fluid chromatography, . In: Webster GK, editor. Advances and applications in pharmaceutical analysis: supercritical fluid chromatography. Singapore: Pan Standford Publishing; 2014. p. 17193.

[84] Phinney KW, Stringham RW. Chiral separations using supercritical fluid chromatography. In: Subramanian G, editor. Chiralseparation techniques. 3rd ed. Weinheim: Wiley-VCH; 2007. p. 13554.

[85] Plotka JM, Biziuk M, Morrison C, Namiesnik J. Pharmaceutical and forensic drug applications of chiral supercritical fluid chromatography. TrAC, Trends Anal Chem 2014; 56: 7489.

[86] Phinney KW. Enantioselective separations by packed column subcritical and supercritical fluid chromatography. AnalBioanal Chem 2005; 382 (3): 63945.

[87] Freund E, Abel S, Huthmann E, Lill J. Chiral chromatography in the early phases of pharmaceutical development. Chimica Oggi 2009; 27 (5): 624.

[88] Da Silva JO, Yip HS, Hegde V. Supercritical fluid chromatography (SFC) as a green chromatographic technique to support rapid development of pharmaceutical candidates. Am Pharm Rev 2009; 12 (1): 98104.

[89] Lixing N, Zhong D, Shuangcheng M. Improved chiral separation of (R, S) -goitrin by SFC: an application in traditional Chinese medicine. J Anal Meth Chem 2016; 5782942/15782942/5.

[90] Rossi D, Marra A, Rui M, Brambilla S, Juza M, Collina S. "Fit-for-purpose" development of analytical and (semi) preparative enantioselective high performance liquid and supercritical fluid chromatography for the access to a novel σ1 receptor agonist. J Pharm Biomed Anal 2016; 118: 3639.

[91] Krief A, Dunkle M, Sandra P, Bahar M, Bultinck P, Herrebout W. Elucidation of the absolute configuration of rhizopine by chiral supercritical fluid chromate ography and vibrational circular dichroism. J Sep Sci 2015; 38 (14): 254550.

[92] Shoup TM, McCauley JP, Lee Jr DF, Chen R, Normandin MD, Bonab AA, et al. Synthesis of the dopamine D2/D3 receptor agonist (1) -PHNO via supercritical fluid chromatography: preliminary PET imaging study with [3-11C] - (1) PHNO. Tetrahedron Lett 2014; 55 (3): 6825.

[93] Chau WF, Black MA, Clarke A, Durrant C, Gausemel I, Khan I, et al. Exploration of the impact of stereochemistry on the identification of the novel translocator protein PET imaging agent [18F]

GE-180. Nucl Med Biol 2015; 42 (9): 71119.

[94] de Mas N, Natalie KJ, Quiroz F, Rosso VW, Chen DC, Conlon DA. A partial classical resolution/preparative chiral supercritical fluid chromatography method for the rapid preparation of the pivotal intermediate in the synthesis of two nonsteroidal glucocorticoid receptor modulators. Org Proc Res Dev 2016; 20 (5): 9349.

[95] Cho-Schultz S, Patten MJ, Huang B, Elleraas J, Gajiwala KS, Hickey MJ, et al. Solution-phase parallel synthesis of Hsp90 inhibitors. J Comb Chem 2009; 11 (5): 86074.

[96] Black R, Esser C, Morris J, Leonard WR Jr, Sajonz P, Helmy R, et al. Chiral SFC in support of drug discovery: basic research through preclinical development. Lecture at the 1st International Conference on Packed Column SFC. September 25, 2007. Slides available, http://www.greenchemistrygroup.org/past-conferences.

[97] Farrell B, Riley F. Unleashing the power ofsfc: a case study in drug discovery and development. Lecture at the 1st International Conference on Packed Column SFC. September 25, 2007. Slides available from, http://www.greenchemistrygroup.org/past-conferences.

[98] Yan TQ, Orihuela C, Swanson D. The application of preparative batch HPLC, supercritical fluid chromatography, steady-state recycling, and simulated moving bed for the resolution of a racemic pharmaceutical intermediate. Chirality 2008; 20 (2): 13946.

[99] Hartmann W, Klesper E. Preparative supercritical fluid chromatography of styrene oligomers. J Polym Sci Polym Lett. 1977; 15 (12): 71319.

[100] Poole CF. Stationary phases for packed-column supercritical fluid chromatography. J Chromatogr A 2012; 1250: 15771.

[101] West C, Lesellier E. Chemometric methods to classify stationary phases for achiral packed column supercritical fluid hromatography. J Chemom 2012; 26: 5265.

[102] West C, Lesellier E. A unified classification of stationary phases for packed column supercritical fluid chromatography. J Chromatogr A 2008; 1191: 2139.

[103] Khater S, West C, Lesellier E. Characterization of five chemistries and three particle sizes of stationary phases used in supercritical fluid chromatography. J Chromatogr A 2013; 1319: 14859.

[104] West C, Khalikova MA, Lesellier E, Heberger K. Sum of ranking differences to rank stationary phases used in packed column supercritical fluid chromatography. J Chromatogr A 2015; 1409: 24150.

[105] Korsgren P, Lanborg Weinmann A. Column selection for achiral purification using SFC-MS. Am Pharm Rev 2012; 15 (4).

[106] McClaina R, Hyunb MH, Lib Y, Welch CJ. Design, synthesis and evaluation of stationary phases for improved achiral supercritical fluid chromatography separations. J Chromatogr A 2013; 1302: 16373.

[107] Ebinger K, Weller HN. Comparative assessment of achiral stationary phases for high throughput analysis in supercritical fluid chromatography. J Chromatogr A 2014; 1332: 7381.

[108] Regalado EL, Welch CJ. Separation of achiral analytes using supercritical fluid chromatography with chiral stationary. TrAC, Trends Anal Chem 2015; 67: 7481.

[109] Shibata T, Shiruka S, Ohnishi A, Mukarami Y, Ueda K. Achiral SFC on polysaccharide

phases. Lecture Presented at the 9th International Conference on Packed column SFC, Philadelphia, Pensylvannia 2015. Slides available from, http：// media. wix. com/ugd/2239fc_ b5a4641c46d24e92a3b2 e6fdd3d6c6d1. pdf.

［110］ Jusforgues P, Berger C, Perrut M. New separation process：preparative supercritical fluid chromatography. Chem Ingen Techn 1987；59：6667.

［111］ Jusforgues P. Preparative supercritical fluid chromatography：principles, potential, and development. Spectra 2000 1992；166：536.

［112］ Saito M, Yamauchi Y. Isolation of tocopherols from wheat germ oil by recycle semipreparative supercritical fluid chromatography. JChromatogr 1990；505（1）：25771.

［113］ Yamauchi Y, Saito M. Fractionation of lemon-peel oil by semi-preparative supercritical fluid chromatography. JChromatogr. 1990；505（1）：23746.

［114］ Ute K, Miyatake N, Asada T, Hatada K. Stereoregular oligomers of methyl methacrylate. 6. Isolation of isotactic and syndiotactic methyl methacrylate oligomers from 19-mer to 29-mer by preparative supercritical fluid chromatography and their thermal analysis. Polym Bull（Berlin, Germany）1992；28（5）：561.

［115］ Fritz G, Feucht G. Analytical and preparative separation of functionalcarbosilanes and phosphines by means of SFC（supercritical fluid chromatography）. Zeit Anorg Allgem Chem 1991；593：6989.

［116］ Hanson M. Small-scale preparative supercritical fluid chromatography of cyproterone acetate. Chromatographia 1995；40（3/4）：13942.

［117］ Hanson M. Micropreparative supercritical fluid chromatography as a bench-scale method for steroid purification. LC-GC 1996；14（2）152, 154, 156, 158.

［118］ Ihara E, Tanabe M, Nakayama Y, Nakamura A, Yasuda H. Characterization of lactone oligomers isolated by preparativeSFC. Macrom Chem Phys 1999；200（4）：75862.

［119］ Flament I, Keller U, Wunsche L. Use of semi-preparative supercritical fluid chromatography for the separation and isolation of flavor and food constituents. In：Rizvi SSH, editor. Supercritical fluid processing of food and biomaterials. New York：Springer；1994, p. 6274.

［120］ Cretier G, Neffati J, Rocca JL. Preparative LC and preparative SFC：two complementary techniques in the fractionation of an impurity from a major component. J Chromatogr Sci 1994；32（10）：44954.

［121］ Jacobson GB, Markides KE, Langstrom B. Supercritical fluid synthesis and online preparative supercritical fluid chromatography of 11C-labeled compounds in supercritical ammonia. Acta Chem Scand 1997；51（3, Suppl）：41825.

［122］ Kadota Y, Tanaka I, Ohtsu Y, Yamaguchi M. Separation of polyunsaturated fatty acids by chromatography using a silver-loaded spherical clay. I. Pilot-scale preparation of high-purity docosahexaenoic acid by supercritical fluid chromatography. Nihon Yukagakkaishi 1997；46（4）：397403.

［123］ Y Wang, G Stutz, SRoggo, G Diehl, E Francotte. Development of SFC for high throughput purification in natural product drug discovery. Lecture presented at the 2nd International Conference on Packed- Column SFC, Zurich, Switzerland, 12 October 2008. Slides available from, http：// media. wix. com/ugd/2239fc_ c1832bef0ef548aba914f87bc86c870d. pdf.

[124] Song W, Qiao X, Liang WF, Ji S, Yang L, Wang Y, et al. Efficient separation of curcumin, demethoxycurcumin, and bisdemethoxycurcumin from turmeric using supercritical fluid chromatography: from analytical to preparative scale. J Sep Sci 2015; 38 (19): 34503.

[125] Vicente G, Garcia‐Risco MR, Fornari T, Reglero G. Isolation of carsonic acid from rosemary extracts using semi‐preparative supercritical fluid chromatography. J Chromatogr A 2013; 1286: 20815.

[126] Pokrovskii OI, Krutikova AA, Ustinovich KB, Parenago OO, Moshnin MV, Gonchukov SA, et al. Preparative separation of methoxy derivatives of psoralen using supercritical-fluid chromatography. Russ J Phys Chem B 2013; 7 (8): 90115.

[127] Wang Z. Supercritical fluid chromatography—a powerful tool forpolymethoxyflavone analysis and isolation. Lecture presented at the 3rd International Conference on Packed‐Column SFC. Philadelphia, PA, USA. July 2223, 2009. Slides available from, http://media.wix.com/ugd/2239fc_180972ec65134882a1acad3b88b03557.pdf.

[128] Patel MA, Riley F, Ashraf‐Khorassani M, Taylor LT. Supercritical fluid chromatographic resolution of water soluble isomeric carboxyl/amine terminated peptides facilitated via mobile phase water and ion pair formation. J Chromatogr A 2012; 1233: 8590.

[129] Montanes F, Rose P, Tallon S, Shirazi R. Separation of derivatized glucoide anomers using supercritical fluid chromatography. J Chromatogr A 2015; 1418: 21823.

[130] Terfloth G. Preparative isolation of impurities. In: Smith RJ, Webb ML, editors. Analysis of drug impurities. Oxford: Blackwell Publishing; 2007. p. 21534.

[131] Zelesky T. Supercritical fluid chromatography (SFC) as an isolation tool for the identification of drug related impurities. Am Pharm Rev 2008; 11 (7): 5660, 62.

[132] Buskov S, Hasselstrom J, Olsen CE, Sorensen H, Sorensen JC, Sorensen S. Supercritical fluid chromatography as a method of analysis for the determination of 4‐hydroxybenzylglucosinolate degradation products. J Biochem Biophys Meth 2000; 43 (13): 15774.

[133] Klobcar S, Prosen H. Isolation of oxidative degradation products of atorvastatin with supercritical fluid chromatography. Biomed Chromatogr 2015; 29 (12): 19016.

[134] Aurigemma C. Breaking the flow ratebarrier: utilization of high flow mass‐directed sfc for pharmaceutical applications. Lecture at the 3rd International Conference on Packed‐Column SFC. Philadelphia, PA, USA. July 2223, 2009. Slides available from, http://media.wix.com/ugd/2239fc_af89841a5cc843f4842e24142ce3bec0.pdf.

[135] Ma L, Lazarescu V, Mulvihill MJ. Toward a "Universal Approach" for massdirected sfc purification of small molecule compound libraries. Lecture at the 4th International Conference on Packed‐Column SFC, September 1516, 2010 Stockholm, Sweden. Slides available from, http://media.wix.com/ugd/2239fc_764d60b4afcf4f73aec61e83f4918955.pdf.

[136] Mich A, Matthes B, Chen R, Buehler S. A comparative study on the purification of library compounds in drug discovery using mass‐directed preparative SFC and preparative RPLC. LC‐GC Europe 2010; 1213.

[137] Van Anda J. Use of SFC/MS in the purification of achiral pharmaceutical compounds. Am Pharm Rev 2010; 13: 11115.

[138] Ebinger K, Weller HN, Kiplinger J, Lefebvre P. Evaluation of a new preparative supercritical fluid chromatography system for compound library purification: the TharSFC SFC-MS Prep-100 system. J Lab Automat 2011; 16 (3): 2419.

[139] Francotte E, Adam I, Mann T, Wolf T. SFC evolving as the prevailing purification technique in medicinal chemistry. Lecture at the 6th International Conference on Packed-Column SFC, Brussels, Belgium, October 45, 2012. Slides available from, http://greenchemistrygroup.org/pdf/2012/Francotte.pdf.

[140] Rosse G. Maximizing efficiency in drug discovery: SFC-MS as the technique of choice for small molecules purification. Lecture at the 9th International Conference on Packed-Column SFC. Philadelphia, PA, USA, July 23, 2015. Slide available from, http://media.wix.com/ugd/2239fc_ 9c99ce71471742199f2637d 360a10cb5.pdf.

[141] Coleman K. High-throughput preparative separations from combinatorial libraries. Analusis 1999; 27 (8): 71923.

[142] Berger TA, Fogleman K, Staats T, Bente P, Crocket I, Farrell W, et al. The development of a semi-preparatory scale supercritical-fluid chromatograph for highthroughput purification of 'combichem' libraries. J Biochem Biophys Meth 2000; 43 (1-3): 87111.

[143] Hochlowski J, Olson J, Pan J, Sauer D, Searle P, Sowin T. Purification of HTOS libraries by supercritical fluid chromatography. J Liq Chromatogr Rel Techn 2003; 26 (3): 33354.

[144] Hochlowski J. High-throughput purification: triage and optimization. In: B. Yan, editor. Analysis and purification methods in combinatorial chemistry. Chemical Analysis, vol. 163. New York: John Wiley & Sons; 2004. p. 28106.

[145] Ventura M, Farrell W, Aurigemma C, Tivel K, Greig M, Wheatley J, et al. High-throughput preparative process utilizing three complementary chromatographic purification technologies. J Chromatogr A 2004; 1036 (1): 713.

[146] Clavier JY, Nicoud RM, Perrut M. A new efficient fractionation process: the simulated moving bed with supercritical eluent. Process Technology Proceedings 1996, 12 (High Pressure Chemical Engineering), p. 42934.

[147] Clavier JY, Nicoud RM, Perrut M. A New efficient fractionation process: the simulated moving bed with supercritical eluent. In: von Rohr PR, Trepp C, editors. High pressure chemical engineering. London: Elsevier Science; 1996. p. 42934.

[148] Depta A, Giese T, Johannsen M, Brunner G. Separation of stereoisomers in a simulated moving bed-supercritical fluid chromatography plant. J Chromatogr A 1999; 865: 17586.

[149] Peper S, Johannsen M, Brunner G. Preparative chromatography with supercritical fluids. Comparison of simulated moving bed and batch processes. J Chromatogra A 2007; 1176 (1-2): 24653.

[150] Johanssen M. Supercritical fluid chromatography: from analytical tool to industrial separation processes. Lecture presented the 4th International Conference on Packed-Column SFC, Sept. 15-16, 2010 Stockholm, Sweden. Slides available from, http://media.wix.com/ugd/2239fc_ ca204fa5d0e146 128a97c132d290d00f.pdf.

[151] Liang MT, Liang RC, Huang LR, Hsu PH, Wu YH, Yen HE. Separation ofsesamin and

sesamolin by a supercritical fluid-simulated moving bed. Am J Anal Chem；3：9318.

[152] Liang MT, Liang RC, Yu S, Yan R. Separation of resveratrol and emodin by supercritical fluid-simulated moving bed chromatography. JChromatogr Sep Tech 2014; 4 (3): 15.

[153] Alkio M, Gonzalez C, Jantti M, Aaltonen O. Purification of polyunsaturated fatty acid esters from tuna oil with supercritical fluid chromatography. J Am Oil Chem Soc 2000; 77 (3): 31521.

[154] Lemke P. Production of high purity n-3 fatty acid-ethyl esters by process scale supercritical fluid chromatography. In: Anton K, Berger C, editors. Supercritical fluid chromatography with packed columns. New York: Marcel Dekker; 1998. p. 42943.

[155] Jusforgues P, Shaimi M, Barth D. Preparative supercritical fluid chromatography: grams, kilograms, and tons！. In: Anton K, Berger C, editors. Supercritical fluid chromatography with packed columns. New York: Marcel Dekker; 1998. p. 40327.

[156] Ng MH, Choo YM, Yahaya H. Pilot scale supercritical fluid chromatography: anexperience. Lecture presented at the 2nd International Conference on Packed Column SFC. Zurich, Switzerland, 12 October 2008. Slides available from, http://media.wix.com/ugd/2239fc_8387fad969ff45afab2a826ab7712a4a.pdf.

[157] Ng MH, Choo YM. Chromatography for the analyses and preparative separations of palm oil minor components. Am J Anal Chem 2015; 6: 64550.

11 超临界流体色谱方法验证

A. Dispas[1], P. Lebrun[2] and P. Hubert[1]
1 University of Liège, Liège, Belgium   2 Arlenda SA, Louvain-la-Neuve, Belgium

11.1 引言

方法验证是分析方法生命周期中的主要步骤之一（图 11.1）。美国药典公约（USP）定义了方法验证的概念如下：分析方法验证是一个通过实验室研究来证明程序的性能参数符合期望的分析应用要求的过程 [1]。美国食品与药物管理局（FDA）给出了更为通用的定义：方法验证是一个阐述分析方法适合于其使用目的的过程 [2]。所有的管理机构 [FDA，EMA（欧洲药品管理局）]，GMP（药品生产质量管理规范）都要求对分析方法进行验证，但是对于所需要的验证标准的深入评估和方法验收的定义仍然存在很多不清楚的地方 [1~7]。本章的第一个目的是概述验证概念并提出一种最先进的验证方法，如总误差法。接下来，对超临界流体色谱方法验证进行深入讨论。

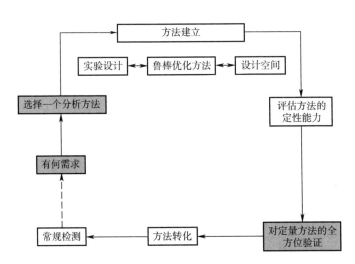

图 11.1 分析方法生命周期

11.2 验证标准

11.2.1 专属性

国际药品技术要求协调组织（ICH）是对专属性这样定义的：当预料到一些组分可能存在时，准确无误的检测被分析物的能力[4]。该组分可能包括基质化合物、降解产物、杂质等。当涉及到色谱技术如 SFC 时，可以用选择性这个词来代替专属性。事实上，专属性测试应确保所有可能检测到的化合物至少达到基线分离。SFC 的选择性/专属性是由色谱的选择性和检测手段（比如 UV 检测器、ELSD 检测器或者是 MS 检测器）的专属性来决定的。专属性是一个首先要验证的标准，只有专属性得到有效验证，才能保证待测成分的定性确证和准确定量。

11.2.2 响应方程

响应方程（标准曲线）表示了待测成分在样品中的浓度和响应（如峰面积）之间的关系。在对验证数据进行处理之前，应首先选好响应方程。这一步至关重要，因为不准确性和偏倚的重要来源可能归因于所选择校准曲线的统计模型。

11.2.3 精密度

美国药典公约（USP）对精密度的定义是：当方法同时应用于同一类型的多个样品时，分析方法单个检测间的结果一致程度。精密度是对随机误差的一个评估，采用测试结果的（相对）标准偏差进行衡量。根据测试条件的不同，精密度可以定义为 3 个层次进行考察：（1）重复性指在同样的操作条件下（同样的分析方法、同样的样品、同样的实验室、同样的分析人员、同样的仪器装备），在较短时间间隔内得到的独立结果之间的精密程度。重复性又称为方法内精密度。（2）中间精密度指在独立的样品在不同时间（或者是不同的分析人员在不同的仪器装备上操作），采用同样的分析方法在较短时间间隔内得到的独立结果之间的精密程度。中间精密度是对实验室间的条件波动的一种评估。当然，中间精密度包含了重复性（方法内精密度）。在一些文献中，中间精密度又被称为方法间精密度，因为它的判定准则包含了重复性的一些标准，但其实这是一种错误的称法。（3）重现性指在由不同的实验室，不同的分析人员和仪器装备得到的独立检验结果之间的精密程度。重现性是包含在共同实验中的一个判定标准，比如药典方法的标准化。

11.2.4 正确性

真实性表示从一系列测试结果获得的平均值与作为常规真实值或可接受参考值（例如，国际标准或药典标准）之间的接近或一致的程度。真实性是对系统误差的评估，采用偏差或回收率来进行衡量。正确性的概念也被称为准确性（见 11.2.5）。特别是在监管文件中使用不同的术语时，真实性和准确性标准之间存在一些混淆。在这一节中，为了避免更多的混淆，即使参考文献中提到的是准确性，我们仍然系统性的应用真实性这个词。

11.2.5 准确性

准确度表示所测量的值与作为常规真实值或可接受的参考值之间的一致性的接近程度。美国药典公约（USP）对准确性的定义是：采用分析方法获得的检测结果与真实值之间的接近程度。由于不可能将单个结果中的不同类型误差割裂开来，因此准确性是用来同时表示系统误差和随机误差的大小程度。准确度可以被定义为真实性和精密度的总和 [5]。

11.2.6 线性

分析规程的线性是该规程直接的、或通过明确给出的数学转换而间接地，得出与特定范围内的样品中待分析物浓度呈比例关系的测试结果的能力 [1]。因此，线性标准指的是在所考察的剂量范围内，引入的浓度与观察到的浓度之间的线性关系。USP 在定义中使用"比例"这个词，实际上是使这个定义较为通用，但是更确切地说则是，引入的浓度和观察到的浓度都应该接近于一个标识线，这个标识线的截距等于 0，斜率等于 1。线性标准不是指的分析响应和浓度之间的关系，它们之间的关系是响应方程（见 11.2.2）。在一些情况下，为了获得浓度和信号值之间的线性，需要进行数学转换。一个典型的例子就是 SFC 分析时，使用蒸发光散射检测器（ELSD），此时无论是浓度还是峰面积都要进行对数转换。ICH 要求在对方法线性进行评估的时候，至少要使用 5 级浓度。

11.2.7 测定范围

当使用此分析方法在上述提及的验证标准（比如精密度、真实性、准确性、线性）条件下能够得到可接受的结果得到证实的情况下，才能够建立其范围或剂量区间。在药学分析领域对于此有一些指导准则。例如，在下述情况下，应考虑最小浓度范围。

(1) 药物（原料）或成品的分析：范围应覆盖目标成分浓度的 80%~120%。

(2) 内容物均一性的分析：范围应覆盖目标成分浓度的 70%~130%（对于某些药物制剂，应进行更宽浓度范围的考察）；

(3) 溶出度测试：范围应在指定范围的±20%；

(4) 杂质含量分析：范围应从报告值到指定值的 120%。

11.2.8 定量限

能够测定两个定量限：定量低限（LLOQ）和定量高限（ULOQ），这两个定量限分别代表样品中待测成的测定结果在准确性上可以接受的较低浓度和较高浓度。定量限定义了计量范围（见11.2.7）。

11.2.9 检出限

检出限指的是在可接受的精密度和准确性条件下，能够被检出但又不定量的最小浓度（LOD）。检出限（LOD）和定量限（LOQ）可以通过一些方法进行测定[1, 4~8]。

11.2.10 耐受性

分析方法的耐受性是衡量此方法的某些参数在微小的，随机变化的条件下，其不受影响的能力，同时也是其在正常使用过程中可靠性的标志。早期对于方法耐受性的评估是在方法验证之后。通过ICH Q8[9]得知，现在USP建议在方法建立过程中对耐受性进行考察。

11.3 总误差法

如前所述，在文献中，关于分析方法的验证已经有了较为详细的描述。然而，尽管有很多规范性文件（GMP，ISO，FDA，ICH，等），验证方案和方法验收标准的判定仍然存在很多疑问。在这种情况下，法国药物科学与技术学会（SFSTP）提出了一个协调一致的方法用于定量分析方法的验证[10~13]。对于方法验证进行定义要考虑到分析方法的最终目的，比如说，常规检测：验证的目的是给实验室和监管机构"保证"，在常规分析中进行的每一项测试都将足够接近待分析样本的未知真实值，或者差异至少会低于方法预期使用时可接受的限度。这个定义给方法验证提供了一个新的视角，侧重于方法的最终目标。然后，SFSTP委员会根据ICH的建议，采用明确的决策工具，提出了一个重点关注风险管理的新验证策略[14]。在这方面，未来USP和ICH指南的版本将包括总误差法。本章将提供一些统计解释，感兴趣的读者阅读具体的参考文献[8~13]。

11.3.1 一个分析方法建立的目标

第一步要对方法的真正目的进行定义。对于定量方法，其目的是能够提供准确的结果。用数学术语来说，测量值（X）和未知的"真实值"（μ_T）之间的差异必须低于可接受的限值λ：

$$|X - \mu_T| < \lambda \tag{11.1}$$

在对可接受的限值进行定义时要考虑到分析方法的目的和要求。法规文件，特别是在制药领域的法规文件都对此提供了一些限制要求（如原料药活性成分为±2%，配方药活性成分为±5%，防腐剂为±10%）。值得注意的是，这些要求主要关注的是待分析的产品是什么。因此，分析方法应该比这些要求具有更好的性能，只有这样，才能在可接受的优质水平上对产品进行表征。

11.3.2 总误差

分析方法的总误差与得到的值与作为常规真值或接受的真值之间的一致性密切相关。所观察到的一致性的接近程度是建立在系统误差和随机误差（比如说总误差）的综合基础之上的。用数学语言来讲，所观察到的结果（X_i）可以被看作是由未知真值（μ_T），测量平均值（X_M）与真值（μ_T）之差，以及变异性 [$\sigma^2 = \Sigma(X_i-X_M)^2/(n-1)$] 构成。换而言之，测量值（$X_i$）是由样品未知真值（$\mu_T$），方法偏差和精密度决定的。式（11.2）和图11.2对总误差的概念进行了总结：

$$X_i = \mu T + 偏差 + 精密度 \leftrightarrow X_i - \mu_T = 总误差 \qquad (11.2)$$

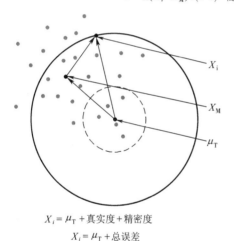

图 11.2 总误差示意图

采用这种验证方法，需要在每一个浓度水平对反算浓度（又称为观察到的浓度）进行统计学计算，按照验证标准进行评估。

11.3.3 验证方案

由于验证应该反映未来的日常分析，需要对样品进行重新组合制作。这些重新组合的溶液被称为"验证标准品"：采用已知量的待测成分对基质进行加标得到。在数据处理过程中，这些验证标准品就是未知样品。验证方案也应该包括之前通过参考方法（如 USP 专刊中所推荐的方法）测定过的实际样品。这些样品的浓度通过标准溶液建立的响应方程反算得出。反算得出的浓度被用来对其它的验证标准进行计算。

值得注意的是，总误差验证方法可以使用一个实验设计来执行方法验证。实际上就是说所有验证标准都使用"一体化"验证设计同时进行评估。因此，这个方法功能强大，相对于传统的，"一次验证一个标准"的方案省时省力。

11.3.4 判定准则

如前所述,验证策略的主要关注点之一是提出一个判定工具。一些人在 β-期望容忍区间基础上提出了一个可靠的决断工具 [10~13, 15, 16]。

$$E\hat{\mu}_M, \hat{\sigma}_M(P_X[\hat{\mu}_M - k\hat{\sigma}_M < X < \hat{\mu}_M + k\hat{\sigma}_M | \hat{\mu}_M, \hat{\sigma}_M |]) = \beta \quad (11.3)$$

在这个公式中,k 是一个已知定值,数值处于这个容忍区间的预期比例就等于 β [17]。如果 β-期望容忍区间包含在可接受的限值范围内,则结果在可接受限值范围内的预期比例至少高于 β。β 值由分析人员确定,分析人员在确定的同时应对风险进行管控。

几乎在所有的情况下,都需要对一个范围内的数据进行评估。因此,在验证步骤中,分析人员应该准备不同浓度含量(要覆盖所考察的整个浓度范围)的样品,在每一个浓度水平上都要对 β 期望容忍区间进行计算。然后通过连接所有浓度水平的 β 期望容忍区间的上限和 β 期望容忍区间的下限来获得准确度区间。

图 11.3 为准确度区间的示意图。图中对每一个浓度水平上的 β 期望容忍区间都进行了标识。该方法对于含量在 β 期望容忍区间内,且 β 期望容忍区间处于可接受的限值范围内的样品是有效的。这个验证方法也可以确认出最高定量限和最低定量限,而这两个限值也对应为所测定的含量范围上下限。此外,在这个准确度示意图中,每一个浓度水平上每次测定的系统误差是由相对偏差表示(连续线),随机误差则由分散性来表示(虚线)。并且,需要记住的是,通过这种奇特而简单

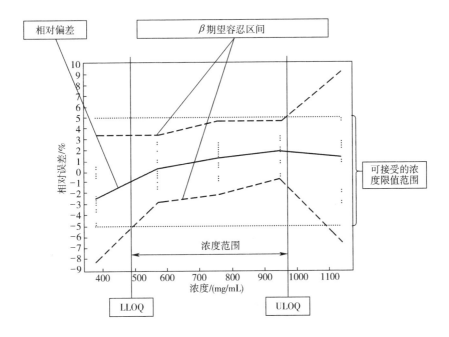

图 11.3 准确度示意图

的工具，完成了所有 ICH 要求的验证标准。

最后，这种预测方法能够对未来常规检测结果处于可接受限值范围内的 β 比例进行评估。因此，这个验证方法关注了方法验证的真实目的：保证方法在未来常规检测过程中具有给出准确、可靠数据的能力。

11.4 耐受性优化策略

在药物研发领域已经很好的建立起了质量源于设计（QbD）的概念。ICH Q8 R2 对 QbD 进行了定义：QbD 是一种基于合理科学和质量风险管理的系统化开发方法，旨在预先确定目标，并强调对产品和过程的认识及过程控制。并且，QbD 的概念最近被引入分析方法的开发和验证领域 [19，20]。实际上，方法分析也可以看作是一个过程，通过这个过程需要得到一个质量上可以接受的产品。Borman 等 [21] 提出用于生产过程的 QbD 的概念也同样适用于分析方法。借助误差传播这一手段进行风险管理的实验设计（DoE）是对 QbD 环境中的过程或方法进行优化的关键 [22]。

在这个背景下，设计空间（DS）被认为是分析方法开发的重要构成部分 [20，23]。设计空间定义如下：已被证明有质量保障作用的物料变量和工艺参数的多维组合和交互作用 [18]。因此，DS 是物料变量的实验领域的一个子空间，而物料变量已被证明有质量保障作用。如前所述，设计空间可以被定义为实验领域的一个范围 χ，在这个范围内关键质量参数（CQA）在可接受的标准 Λ 内的后验概率高于指定质量水平的概率值 π，以此为条件可对实验中所得到的数据进行选择。

$$\text{设计空间} = \{x_0 \in \chi : P(\text{关键质量参数} \in \Lambda \mid x_0, \text{数据}) \geq \pi\} \quad (11.4)$$

CQA 提供了关于分析方法总体成果的一些指标。在色谱领域，这个关键质量参数可能是保留时间（R_s）或者是一对临界峰的分离程度（S），或者是其他一些标准，如峰宽，不对称性，那么此时在上述公式中可接受的标准 Λ 则为 $R_s>1.5$ 和/或 $S>0$。在这种情况下，给出关键质量参数在可接受区间的预计概率结果，可以建立重量保证。对于色谱方法开发，设计空间可以定义为能够保证色谱分离效果的参数的空间。因此，在设计空间范围内，方法的耐受性可以得到保证。

图 11.4 显示了一个分析设计空间的例子，关键质量参数（比如 S）的预测概率等于可接受的标准（$S>0$）。在这个例子中，对实验领域子空间的两个参数：如压力（bar）、时间梯度（min）也进行了研究。设计空间（黑线包围范围）代表着可以保证所有的峰得到分离的色谱条件所处的区域，因此，设计空间也是方法的耐受性区间。

前面说到方法的耐受性是在验证步骤之前或者是在验证过程中进行的。关于

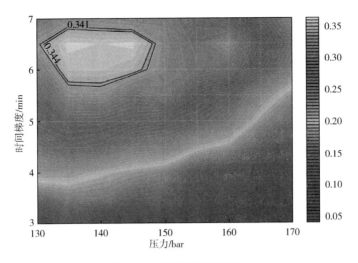

图 11.4　设计空间示意图

SFC 方法的耐受性研究报道较少 [24]。但是，现在 USP 对方法耐受性评估提出要求，要求这一过程在开始方法验证之前，即开发/优化步骤期间进行操作 [1]。前面已经描述了耐受性优化过程中的关键点，特别是在 SFC 方法开发中 [25~27]。在这种情况下，如果已经做过方法耐受性优化并且找到可接受的保证水平 π，则不再需要进行耐受性研究。采用设计空间策略可以满足 USP 推荐要求，与此同时可以使方法运行周期加速（图 11.1）。最近，Hubert 等 [28] 提出了一个混合 QbD 策略，将耐受性优化和方法验证结合起来。这个策略可以使整个设计空间内的色谱条件都得到验证。这个报道中的方法优化和验证步骤都是首次提出，且完全符合 USP 要求。更进一步的研究是应用方面的考察，尤其是在 SFC 方法建立中如何操作这个新的结合方法。实际上，对设计空间方法学所提供的方法的深度理解，是对未来在常规检测中使用这个方法的质量保证。

11.5　方法转化

在制药工业上，虽然方法会在实验内使用，但是方法开发和验证步骤并不一定在此操作。进一步说则是，药品生产地点很多，方法要在所有的质量控制实验室内良好转化。方法从发出实验室（比如，科研实验室）到接收实验室 [比如，质量控制实验室（QC）] 的转化是方法运行周期的重要步骤。通常来讲，方法转化是方法验证和常规使用的中间步骤。这个步骤应该确保接收实验室所得到的数据可靠，且接近发出实验室得到的结果。这个实验室应该对方法实施和得到可靠数据的能力提供保证。方法转化的方法学在其他地方有详细描述 [29, 30]。

11.6 SFC 方法验证

在 2010 年，对 SFC 关注度的再次兴起，导致了相关报道的大量增加。起初主要的研究集中在技术的基础研究方面（比如，动力学表现、相互作用机理），近来，集中在 SFC 的定量分析。本章将对 SFC 定量分析开发的方法进行概述，并对方法中所描述的验证方案进行重点介绍。表 11.1 对所提到的方法验证进行了总结。

表 11.1　超临界流体（SFC）方法验证总结

参考文献	样品/基质	待测成分	指南/管制性文件	选择性	真实性	精密度/重复性	中间精密度	线性	准确性	检出限	定量限	耐受性
[31]	小鼠肝脏	极性脂类	N/A			√	√	√	√			
[32]	血浆	维生素 D 及其代谢产物	N/A			√		√				
[33]	血浆	R/S 型苄丙酮香豆素	N/A	√	√	√					√	√
[34]	小鼠血浆	阿糖胞苷	N/A		√	√						
[35]	血浆	银杏内脂及其代谢物	N/A		√	√						√
[36]	血浆	联苯双酯	N/A		√	√		√				
[37]	比格犬血浆	奥卡西平及其手性代谢产物	N/A		√	√		√				
[38]	尿液	兴奋剂	N/A		√			√	√			
[39]	尿液	兴奋剂	N/A		√	√						
[40]	化妆品	紫外吸收剂	N/A		√							
[41]	化妆品	维生素原 B_5	ICH	√		√	√	√		√		
[42]	植物产品	合成大麻	N/A		√			√	√			
[43]	蜂制品或环境样品	呋虫胺及其手性代谢物	N/A		√	√			√	√		
[44]	微藻类	类胡萝卜素	ICH		√	√	√	√		√		
[45]	含有辣椒的样品	非法染料	FDA（生物分析方法）	√	√	√	√		√			

续表

参考文献	样品/基质	待测成分	指南/管制性文件	选择性	真实性	精密度/重复性	中间精密度	线性	准确性	检出限	定量限	耐受性
[46]	原料药	莫米松糠酸酯和杂质	N/A		√	√		√			√	
[47]	原料药	R/S型噻吗洛尔	欧洲药典	√	√	√	√			√		√
[48]	原料药	手性药物	GMP		√	√				√		√
[49]	原料药和片剂	阿戈美拉汀	ICH		√	√	√	√		√		
[50]	可的松乳膏	氢化可的松	N/A	√		√		√				
[51]	药物制品	类视黄醇	N/A	√	√	√				√		
[52]	片剂	氯唑沙宗,扑热息痛,醋氯芬酸	ICH		√	√				√	√	
[53]	药用水性制剂	药物成分AZY	ICH,FDA	√	√	√	√					√
[54]	药片	异烟肼,吡嗪酰胺	ICH,欧洲药典	√	√	√	√					√
[27]	胶囊	阿莫西林	ICH,法国药物科学与技术学会(SFSTP)	√	√	√	√	√		√		√
[55]	原料药	焦谷氨酸衍生物	SFSTP	√	√	√	√	√	√	√		
[56]	医疗器材	塑化剂	SFSTP		√							
[57]	胶囊	硫酸奎宁	ICH,法国药物科学与技术学会(SFSTP)	√	√	√	√	√	√	√		

11.6.1 常规方法

11.6.1.1 生物分析方法验证

方法验证是一个覆盖了所有应用领域的大命题。一些感兴趣的生物分析研究对 SFC 方法验证的内容进行了报道［31~39］。需要在实施真正的验证方案之前的第一个验证标准为方法的专属性/选择性。当对生物样品（如血浆、血、尿液等）进行检测的时候，必须要对基质成分进行检测，确保干扰物质是否存在，这里要用到至少 6 个单独来源的适宜空白基质。每一个空白基质样品都要分别测定，对其中的干扰物质进行评估。欧洲药品评估局（EMEA）对此提出了一些指导原则：当待测成分响应低于最低定量限 20%或低于内标 5%时，干扰成分的存在是允许的。遗憾的是，在所报道的生物学分析方法中没有对专属性标准进行系统性的评估。

生物分析通常都使用色谱与质谱检测器联结进行操作。因此，对于基质效应的考察，需要用到至少 6 个批次单独来源的空白基质（沉淀的空白基质不能使用）。实际上，在液相色谱质谱（LC-MS）中所观测到的基质效应，如基质抑制或基质增强效应，在 SFC-MS 应用中也有报道［38］。对每个批次，每种成分（包括内标）的基质效应，都可以通过下式进行计算：

$$基质效应\ ME(\%) = \frac{加入到基质中得到的待测成分的峰面积(萃取出来的)}{标准溶液中待测成分的峰面积(没有基质存在条件下)} \times 100 \quad (11.5)$$

归一化的基质效应可以通过将待测成分的基质效应除以内标物的基质效应计算得到。基质效应既要在低浓度条件下（接近定量下限），也要在高浓度条件下（接近定量上限）进行测定，这样才能够覆盖住整个的浓度范围。"相对"基质效应（ME_{REL}）可以通过公式 $ME_{REL} = ME - 100$ 计算得到。如果得到的值为正值则等同说明有信号增强，如果为负值，则为信号抑制作用。非常有意思并值得注意的是，通过研究 SFC-MS 中的基质效应，并与 LC-MS 中的进行比较发现，同样的成分在两种测定条件（SFC 和 LC）下的质谱响应具有差异。通常来讲，在 SFC 中观察到的基质效应要小于 LC 中观察到的［38］。

在生物样品分析中，一般要求前处理过程要有提取步骤。因此，必须要对提取效率进行测定，只有这样才能对方法的真实性进行合理的评估。对每一种待测成分（包括内标），提取效率（RE）由下式计算：

$$提取效率\ RE(\%) = \frac{在基质中加标的待测成分峰面积(预提取)}{在基质中加标的待测成分峰面积(提取的)} \times 100 \quad (11.6)$$

为了对待测成分准确定量，需要考虑重要的基质效应（ME）和提取效率（RE）。实际上，相关的 ME 和 RE 值意味着浓度相同，在基质和标准溶液中观察到的信号将是不同的，这也说明偏差的存在。对于这些现象的控制有一些推荐方法，可以计算校正因子，抵消不完全提取所带来的结果，也可以阻止一些已知来源的偏差的产生（如基质增强或抑制）。标准加入法或基质校正标准曲线都是可以使基质效应尽可能降低的实践方法。

一些关于验证方案和验证标准的报道存在着很多混淆的地方。比如，Lee 等 [31] 提出了一种分析小鼠肝脏中极性脂质化合物的 SFC-MS/MS 方法。遗憾的是，在方法验证过程中，研究采用的是含有待测成分的标准储备溶液，但是实际样品分析的是小鼠肝脏。很明显，验证步骤中所使用的标准储备液不能够对真实的样品进行模仿。至于说到验证的首要标准专属选择性，都没有经过测试，这也说明这个方法不能够对真实样品进行分析。Jumaah 等 [32] 提出了一种对人血浆中维生素 D 及其代谢产物进行定量的方法。这个研究没有对方法的选择性进行评估，只是采用了血浆加标样品对方法进行了部分程度的验证。但是，维生素 D 及其代谢产物都是内源性物质，在所研究的血浆样品中都有可能存在。应该对不加标的血浆样品进行测试，用于评估这些内源性成分本身的浓度。由于加标血浆是由溶剂为甲醇的标准溶液进行定量的，因此会有正向偏差产生。真实性标准和基质效应在这个研究中也没有进行评估。正如这个研究的作者所说，他们只对方法进行了部分验证，要实现维生素 D 及其代谢产物的准确定量，还有很多工作是必须要做的。Liu 等 [35] 报道了一则关于银杏内酯定量的药代动力学研究，该研究没有进行选择性/专属性评估。此外，研究中报道的偏差值较大（<|20%|），这表明有基质效应的存在。

在手性分析方面，Coe 等 [33] 报道了一个对人血浆中 R/S 华法林钠进行定量的方法。它的验证方案非常全面，包含对 10 个批次血浆的选择性，基质效应以及提取效率。报道中的一个有趣的概念是对众所周知的共同给药药物的选择性进行测试。报道也对真实性，重复性和中间精密度进行了测定。包含全误差的准确性标准没有进行测定。采用不同的分析人员，两台 SFC 设备，以及不同的 APCI 源配 MS 检测器对方法的耐受性进行了测定。Yang 等 [37] 提出了一个对狗血浆中奥卡西平代谢产物手性分离的方法。按照 EMEA 要求对方法的选择性进行了评估，其它一些验证标准，如真实性和精密度（日内和日间）都进行了研究。

最后是一个近期提出的方法，采用 SFC-MS/MS 对尿液中的兴奋剂进行测定 [38，39]。这个方法的验证也不是很合适，但是在对方法的真实性（基质效应和提取效率）评估上做了大量的工作。该报道对在生物分析领域中建立 SFC-MS 分析方法的全验证起了一个良好的带头作用。

11.6.1.2　不同基质的方法验证

SFC 技术可以用在多种类型样品上。有报道建立了一个 SFC 分析方法对化妆品中的紫外吸收剂进行测定。SFC 与蒸发光散射检测器相连接，采用指数-指数响应方程进行计算。该报道没有经过任何选择性的评估（至少进一针安慰剂基质），就对实际样品进行操作。另外，在常规测定中还发现方法存在着正负偏差（高于估计值或低于估计值）。这些结果都表明，即使不是处于管理严格的制药领域，分析方法的验证也是必不可少的。同样是化妆品检测，有报道采用优化后的 SFC 方法检测化妆品配方中维生素 A 原（β-胡萝卜素）的手性对映体 [41]。在这个研究中采用了安慰剂配方对方法的选择性进行评估，结果表明在待测成分的保留时间上没有干扰峰的存在。采用 F 检验法对响应线性（待测成分峰面积/内标峰峰面积对浓度）进行了验证，结果表明斜率存在显著差异。但是，结果的线性没有按照要求进行测定（见 11.2.6）。精密度和准确性也进行了测定。

在对天然产物进行分析时 [42~44]，不易进行方法验证，因为安慰剂基质很难得到。Toyo'oka 等 [42] 提出了一个采用 SFC-MS 对大麻素类成分进行测定的可靠的分析方法，并宣称已应用于实际样品。由于这个研究采用在香草茶中添加大麻素来进行研究，因此，这个方法能否准确定量存在疑问。这个研究没有针对真正的大麻类植物进行选择性和基质效应的评估。来自大麻科的合法植物更适合模拟样品基质。研究进行了一些关于精密度方面的测试，但是没有对精密度进行正式的评估。这个研究的结论是本方法可靠，适用于定性和定量分析，但是并没有客观论证有力支持这种结论。Abrahamsson 等 [44] 报道了一种测定微藻中类胡萝卜素的 SFE-SFC 方法。方法的验证除了选择性标准，都是按照 ICH 指南进行操作的，这主要是因为缺乏安慰剂样品。由于在样品中添加含有待测成分的标准储备液时，AUC（ROC 曲线下面积）也随之增加，因此，所观测到的信号可以被认为就是待测成分，那么自然这个方法也可以被认为是对此类成分具有选择性。

最后，就是 Khalikova 等 [45] 提出的一种方法，即采用 SFC 测定不同香料制剂中的非法染料。所有的验证都是按照 FDA 中的要求来进行操作的。没有计算准确性（总误差）。对比分析了超高效 SFC 和超高效 LC 之间的定量能力，后者被认为是 SFC 的一个参考技术。在应用方面，考虑到精密度标准和检出限，LC 的表现要优于 SFC。通常来说，由于超临界流体的光学性能，SFC-UV 的检测能力要低于 LC-UV [27, 45]。

11.6.1.3　制药方法验证

由于 SFC 现在被认为是药物分析领域的一项有前景的技术，因此采用 SFC 进行药物测定的报道还处于增长阶段。遗憾的是，所提出的方法并没有根据监管机构的要求进行适当的验证。

一些研究提出的是用于药品原材料质量控制的 SFC 方法。Wang 等 [46] 提出了一种控制糠酸莫米松及其相关杂质的方法。报道只对部分方法验证进行了描述，包括真实性、重复性以及定量限的测定。可是我们认为至少在杂质测定中，检出限还是很有用的（报道中没有提及）。使用此方法控制糠酸莫米松原料药，仍需要对方法进行完整的验证。在手性分离领域，Marley 等 [47] 提出了一种对映选择性 SFC 分离方法对噻吗洛尔进行分离，用于替代药典中描述的正相 LC 方法。在选择性的评估上，采用了一种溶液，其中包含所有与噻吗洛尔有关的杂质，代表潜在的干扰物质。对流速、温度和背压进行了人为的变化，进行了耐受性测试。选择色谱参数（相对保留时间和分离度）和重复性作为标准对方法耐受性进行评估。

报道中有意思的一点是对响应因子的评估。这个方法的目的是采用 S 构型的噻吗洛尔标准品对 S 和 R 型噻吗洛尔进行定量。每种对映体的 UV 响应不同,那么就可以使用与标准溶液浓度相比较,峰面积的差异来计算相对响应因子(RRF),而这种标准溶液含有相同浓度的 S 和 R-噻吗洛尔。

采用同样的方法,Hicks 等[48]提出了一个在手性物质合成过程中对对映体杂质进行估量的方法。精密度的可接受限定为≤25%,偏差的可接受限定为≤15%。由于考虑到是对原材料进行分析,因此这种可接受限已经是较为宽松的。另外,如果将总误差,包括精密度和真实性也考虑进来的话,那么应该设置的可接受限为 40%。但是,正如作者所说,在药品原材料 GMP 分析领域,这个数字是不可能接受的。希望所呈现的结果大大低于所设置的限值。最后,以测定阿戈美拉汀杂质为例,文章对比分析了目前较新的超高效 LC 技术和超高效 SFC 技术[49]。UHPLC-UV 相对于 UHPSFC 的灵敏度更高一些,但是 SFC 在精密度上更胜一筹。

那么制药分析的下一个步骤就是对成品药的质量控制。文献中报道了不同药物基质中定量测定的验证。De Phillipo 等[50]提出了一个测定药膏中的氢化可的松的 SFC 方法。他们的研究表明不存在基质效应,因为所有的辅料都在死时间内得到洗脱。但是,为了证实这种现象,必须要对真实性标准进行评估。报道对重复性和响应线性标准都进行了研究。报道中所观测的浓度范围较宽,为 80~2000μg/mL,这种浓度范围就与药品的质量控制(已知的目标浓度)关系不大了。Méjean 等[51]研究了油溶液中亲脂性维生素(类维生素 A)的测定。研究中使用峰面积对浓度的响应线性对每种分析物进行方法线性的评估。但是,所选择的响应函数是使用 $1/含量^2$ 作为加权因子的最小二乘线性回归。在这里,结果的线性更适合对 ICH 所要求的模型的充分性进行评估[4]。需要注意的是,响应函数的线性不需要获得结果的线性。结果的线性应通过使用校准模型与计算浓度绘制出的反算浓度来评估。其次,研究在真实性(相对偏差从 -20% 到 6%)和精确度(RSD<10%)获得的值并不完全符合定量分析的监管要求。研究在这些数据基础上对基质效应进行评估,并判断不存在基质效应。这个研究中的偏差就是对系统误差的估计,而如果能确定误差的来源,这种误差都是能够降低/避免的。在此例中,如果能够配置基质校正标准曲线对真实性标准进行测定,就比较有意义,即如果采用基质校正标准曲线进行计算,偏差降低了,那么就应该怀疑有基质效应的存在。Desai 等[52]提出了一个片剂中抗炎药的测定方法。出乎意料的是,研究并没有对同一浓度水平上的精密度和真实性进行测定。对于药物基质中活性成分的测定,根据 EMA 和 ICH 的要求,方法应该在目标浓度的 80%~120% 剂量范围内有效。更实用的方法是使用相同的浓度水平在所需剂量范围内(或更大的剂量范围)对方法进行评估验证。另外,报道中所获得的日间精密度 RSD 值要低于日内精密度值,这也表明方法的精密度估计存在着不准确的地方。为避免这些问题,一般建议在一个单一组合实验设计中对日内和日间波动进行计算。Mukherjee 等

[53] 提出了一个采用 SFC 对水性方剂中的药物进行测定的方法。方法采用标准溶液对真实性标准进行评估，而这不能代表真实的样品。最后，是 Prajapati 等 [54] 提出的一个方法，采用 SFC-MS/MS 测定片剂中的抗结核药。在这个研究中，对选择性和真实性标准都进行了适宜的评估。但是，与 SFC 仪器的技术规格和文献中报道的典型数据相比，代表着中间精密度的 RSD 值（RSD<0.22%）似乎过低了。必须深入研究验证方案和计算结果才能正确解释这些发现。

11.6.2 总误差法

对于很多分析技术，尤其是 LC，已经详实记录了总误差验证方法的兴趣。也有一些报道采用其对 SFC 方法进行验证。在对原料药中对映异构体进行分离的过程中，Baudelet 等 [55] 采用全误差法对 SFC 和 LC 的定量能力进行了比较（图 11.5）。结果表明，LC 的检测剂量范围更宽一点，这主要是因为，相对于 SFC-UV，LC-UV 检测灵敏度更高的原因。因此，测试的较低浓度水平设定为 LC 的 5 倍。SFC 方法在剂量为 0.1~0.75mmol/L 范围内都是有效的。因此，SFC 可用作本研究中有效技术，对原料的对映体纯度进行测定。在精密度的比较上，LC（重复性平均 RSD 为 0.90%，中间精密度 1.62%）要略好于 SFC（重复性平均 RSD 为 1.34%，中间精密度 1.81%）。在 SFC 分析上，作者使用了混合仪器（具有大进样环的分析和半制备系统），而这个仪器有点过时。在这种情况下，LC 对进样体积优异的把控能力就能部分解释其在验证中与 SFC 表现不同的原因。

也有报道对液相和超临界流体色谱与 ELS 检测器连接对医疗设备中的塑化剂的测定进行比较 [56]。报道中主要的内容是采用储备液来配置验证标准溶液。由于验证应该反映方法在未来常规条件下的使用情况，验证标准溶液应尽可能与未来的样品相似。在这个研究中，PVC 医疗设备中的塑化剂是采用氯仿提取，然后直接进 SFC 进行分析。但是，却采用以丙酮为溶剂的塑化剂储备液进行方法验证。因此，这个验证不能够说明方法具有对医疗设备中的塑化剂进行检测的能力，因为选择性和其他一些验证标准都没有进行合适的评估。

最后，是对药品配方中活性有效成分的定量方法 [27, 57]。第一个方法使用设计空间对一些抗生素药物的分离进行了优化。然后对胶囊中阿莫西林的测定方法进行了全面的验证。考虑到 EMA 对药品的接受限值为 ±5%，SFC 方法在目标浓度的 80%~120% 范围内都是有效的（图 11.6A）。因此，SFC 方法在这里可以用来对药品进行质量控制。然而在第一个方法中，特别是涉及到灵敏度和测定范围，UHPLC-UV 的性能则更为优越。这个研究中的主要问题是药物化合物的盐在通常用于 SFC 的有机溶剂混合物中的溶解度。报告首次提出采用准确度分析方法对药物进行验证，这也引出了两个基本性的问题：首先，要提高 SFC-UV 的检测能力，一些工作是必须要做的；另外就是药物化合物的制备需要有替代方案。根据这些结果，报告重点对药物化合物定量的关键方法参数进行了研究。第二个方法工作

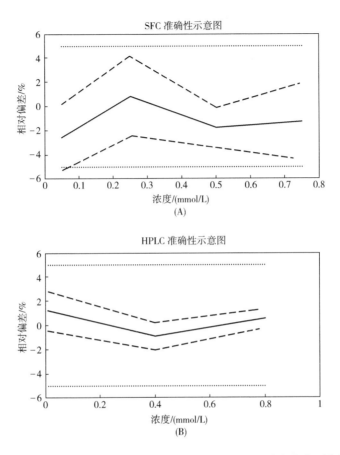

图 11.5 采用 SFC 和 LC 对对映体进行测定时的准确性示意图（测定中考虑到线性回归）。图中点线代表着可接受限，设置为 5%，实线代表着相对偏差，虚线代表 β 期望容忍区间限（引自：*Baudelet D, Schifano-Faux N, Ghinet A, Dezitter X, Barbotin F, Gautret P, et al. Enantioseparation of pyroglutamide derivatives on polysaccharide based chiral stationary phases by ultra-high-performance chromatography and supercritical fluid chromatography: a comparative study. J Chromatogr A 2014; 1363: 257-69 [55].）*

[57] 的主要目的是提出一个不采用非极性溶剂（如正己烷）而制备药物化合物（成盐状态）的方案。实验结果表明了对新一代 SFC 固定相的兴趣，在新的固定相上，待测成分可以获得较窄的峰型，因此也可以提高测定的灵敏度。采用硫酸奎宁作为模型化合物，根据准确度分析方法验证了样品制备方案（包括水和短链脂肪醇）和最佳色谱方法。当可接受限为 ±5% 时（图 11.5B），方法在目标浓度的 70%~130% 范围内都是有效的。这些结果都预示 SFC 定量分析是可行的。

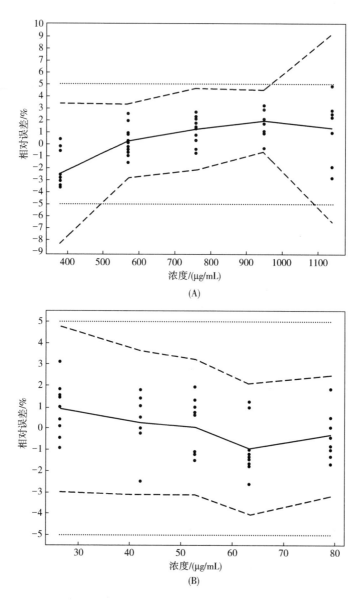

图 11.6 采用 SFC 方法对胶囊中的阿莫西林（A 参考文献 [27]）和胶囊中的喹啉（B 参考文献 [57]）进行测定时的准确性示意图（测定时考虑到线性回归）。图中点线代表着可接受限，设置为 5%，实线代表着相对偏差，虚线代表 β 期望容忍区间限

11.7 结论

SFC 作为一种定量技术的潜力现已得到很好的证实，一些报告也对此进行了证

明。在技术层面，由于超临界流体的光学性质，能否采用SFC-UV检测器对于样品检验仍然是该技术的弱点。但是，色谱功效的提高有助于形成尖锐对称的峰型，也会得到更高的检测信号。在方法验证方面，对于可接受限和分析方法有效性评估的定义，在SFC大部分研究领域内都存在着混淆不清的状态。需要强调的一个问题是对于一个完整的验证方案的选择，这其中包括对重组样品（验证标准品）的选择，要使其尽可能反映未来真实样品的特征。然后就是在进行定量方法的验证之前，要对方法的选择性进行系统性的评估。方法的定性能力评估后，必须要做的就是选择一个良好的响应函数，而这个工作需要在对验证数据进行数学分析前完成。最后，正如文献中所说，总误差法是一个更强大的验证策略。准确性验证方法作为一个决策工具，应该在SFC方法验证中系统性的使用。

参考文献

[1] USP 38, Chapter 1225—Validation of Compendial Procedures.

[2] Analytical procedures and methods validation for drugs and biologics—guidance for industry. U. S. Department of Health and Human Services, Food and Drug Administration; July 2015, http：//www.fda.gov/downloads/drugs/guidancecomplianceregulatoryinformation/guidances/ucm386366.pdf.

[3] Eudralex Volume 4, Part 1—Chapter 6: Quality control, October 2014, http://ec.europa.eu/health/files/eudralex/vol-4/2014-11_vol4_chapter_6.pdf.

[4] International conference on harmonization of technical requirements for registration of pharmaceuticals for human use. Validation of analytical procedures: text and methodology Q2 (R1), 2005; http://www.ich.org/fileadmin/Public_Web_Site/ICH_Products/Guidelines/Quality/Q2_R1/Step4/Q2_R1_Guideline.pdf.

[5] SO 17025, General requirements for the competence of calibration and testing laboratories, 2005.

[6] Rozet E, Ceccato A, Hubert C, Ziemons E, Oprean R, Rudaz S, et al. Analysis of recent pharmaceutical regulatory documents on analytical method validation. J Chromatogr A 2007; 1158: 11125.

[7] Bouabidi A, Rozet E, Fillet M, Ziemons E, Chapuzet E, Mertens B, et al. J Chromatogr A 2010; 1217: 318092.

[8] Vial J, Jardy A. Experimental comparison of the different approaches to estimate LOD and LOQ of an HPLC method. Anal Chem 1999; 71: 26727.

[9] International conference on harmonization of technical requirements for registration of pharmaceuticals for human use, Pharmaceutical development Q8 (R1), 2009; http://www.ich.org/fileadmin/Public_Web_Site/ICH_Products/Guidelines/Quality/Q8_R1/Step4/Q8_R2_Guideline.pdf.

[10] Hubert P, Nguyen-Huu JJ, Boulanger B, Chapuzet E, Chiap P, Cohen N, et al. Harmonization of strategies for the validation of quantitative analytical procedures—a SFSTP proposal

part I. J Pharm Biomed Anal 2004；36：57986.

[11] Hubert P, Nguyen–Huu JJ, Boulanger B, Chapuzet E, Chiap P, Cohen N, et al. Harmonization of strategies for the validation of quantitative analytical procedures—a SFSTP proposal part II. J Pharm Biomed Anal 2007；45：7081.

[12] Hubert P, Nguyen-Huu J-J, Boulanger B, Chapuzet E, Cohen N, Compagnon P-A, et al. Harmonization of strategies for the validation of quantitative analytical procedures—a SFSTP proposal part III. J Pharm Biomed Anal 2007；45：8296.

[13] Hubert P, Nguyen-Huu J-J, Boulanger B, Chapuzet E, Cohen N, Compagnon P-A, et al. Harmonization of strategies for the validation of quantitative analytical procedures—a SFSTP proposal part IV. J Pharm Biomed Anal 2008；48：76071.

[14] International conference on harmonization of technical requirements for registration of pharmaceuticals for human use, Quality Risk management Q9, 2005；http：//www.ich.org/fileadmin/Public_Web_Site/ICH_Products/Guidelines/Quality/Q9/Step4/Q9_Guideline.pdf.

[15] Boulanger B, Devanaryan V, Dewé W, Smith W. Statistical considerations in analytical method validation, in Pharmaceutical Statistics, SAS Press, p. 6994.

[16] USP 1210, Statistical tools for procedure validation, chapter in process revision.

[17] Mee RW. β-Expectation and β-content tolerance limits for balanced one-way ANOVA pandom model. Technometrics 1984；26：2514.

[18] International conference on harmonization of technical requirements for registration of pharmaceuticals for human use. Pharmaceutical development Q8 (R2), 2009.

[19] Nethercote P, Ermer J. Quality by design for analytical methods：implications for method validation and transfer. Pharm Tech 2012；36：525.

[20] Rozet E, Lebrun P, Debrus B, Boulanger B, Hubert P. Design spaces for analytical methods. Trends Anal Chem 2013；42：15767.

[21] Borman P, Truman K, Thompson D, Nethercote P, Chatfield M. The application of Quality by Design to analytical methods. Pharm Tech 2007；31：14252.

[22] Peterson JJ. What your ICH Q8 Design Space needs：a multivariate predictive distribution. Pharm Manuf 2010. Date of publication：25 JUNE 2010.

[23] Lebrun P, Boulanger B, Debrus B, Lambert P, Hubert P. A Bayesian design space for analytical methods based on multivariate models and predictions. J Biopharm Stat 2013；23：133051.

[24] Dejaegher B, Heyden YV. Ruggedness and robustness testing. J Chromatogr A 2007；1158：13857.

[25] Dispas A, Lebrun P, Sassiat P, Ziemons E, Thiébaut D, Vial J, et al. Innovative green supercritical fluid chromatography development for the determination of polar compounds. J Chromatogr A 2012；1256：25360.

[26] Dispas A, Lebrun P, Andri B, Rozet E, Hubert P. Robust method optimization strategy, a useful tool for method transfer：the case of SFC. J Pharm Biomed Anal 2014；88：51924.

[27] Dispas A, Lebrun P, Ziemons E, Marini R, Rozet E, Hubert P. Evaluation of the quantitative performances of supercritical fluid chromatography：from method development to validation. J Chromatogr A 2014；1353：7888.

[28] Hubert C, Houari S, Rozet E, Lebrun P, Hubert P. Towards a full integration of optimization and validation phases: an analytical-quality-by-design approach. J Chromatogr A, Vol. 1395, p. 22 May 2015, 8898.

[29] Rozet E, Dewé W, Ziemons E, Bouklouze A, Boulanger B, Hubert P. Methodologies for the transfer of analytical methods: a review. J Chromatogr B 2009; 877: 221423.

[30] Rozet E, Mertens B, Dewe W, Ceccato A, Govaerts B, Boulanger B, et al. The transfer of LC-UV method for the determination of fenofibrate and fenofibric acid in Lidoses: use total error as decision criterion. J Pharm Biomed Anal 2006; 42: 6470.

[31] Lee JW, Nishiumi S, Yoshida M, Fukusaki E, Bamba T. Simultaneous profiling of polar lipids by supercritical fluid chromatography/tandem mass spectrometry with methylation. J Chromatogr A 2013; 1279: 98107.

[32] Jumaah F, Larsson S, Essén S, Cunico LP, Holm C, Turner C, et al. A rapid method for the separation of vitamin D and its metabolites by ultra-high performance supercritical fluid chromatography-mass spectrometry. J Chromatogr A 2016; 2440: 191200.

[33] Coe RA, Rathe JO, Lee JW. Supercritical fluidchromatography-tandem mass spectrometry for fast bioanalysis of R/S-warfarin in human plasma. J Pharm Biomed Anal 2006; 42: 57380.

[34] Hsieh Y, Li F, Duncan CJG. Supercritical fluid chromatography and highperformance liquid chromatography/tandem mass spectrometric methods for the determination of cytarabine in mouse plasma. Anal Chem 2007; 79: 385661.

[35] Liu X-G, Qi L-W, Fan Z-Y, Dong X, Guo R-Z, Lou F-C, et al. Accurate analysis of ginkgolides and their hydrolyzed metabolites by analytical supercritical fluid chromatography hybrid tandem mass spectrometry. J Chromatogr A 2015; 1388: 2518.

[36] Liu M, Zhao L, Yang D, Ma J, Wang X, Zhang T. Preclinical pharmacokinetic evaluation of a new formulation of bifendate solid dispersion using a supercritical fluid chromatography-tandem mass spectrometry method. J Pharm Biomed Anal 2014; 100: 38792.

[37] Yang Z, Xu X, Sun L, Zhao X, Wang H, Fawcett JP, et al. Development and validation of an enantioselective SFC-MS/MS method for simultaneous separation and quantification of oxcarbazepine and its chiral metabolites in beagle dog plasma. J Chromatogr B; Vol. 1020, p. 1 May 2016, 3642, http://dx.doi.org/10.1016/j.jchromb.2016.03.013.

[38] Novakova L, Rentsch M, Perrenoud AG-G, Nicoli R, Saugy M, Veuthey J-L, et al. Ultra high performance supercritical fluid chromatography coupled with tandem mass spectrometry for screening of doping agents. II: analysis of biological samples. Anal Chim Acta 2015; 853: 64759.

[39] Novakova L, Desfontaine V, Ponzetto F, Nicoli R, Saugy M, Veuthey J-L, et al. Fast and sensitive supercritical fluid chromatography—tandem mass spectrometry multiclass screening method for the determination of doping agents in urine. Anal Chim Acta 2016; 915: 10210.

[40] Lesellier E, Mith D, Dubrulle I. Method developments approaches in supercritical fluid chromatography applied to the analysis of cosmetics. J Chromatogr A 2015; 1423: 15868.

[41] Khater S, West C. Development and validation of a supercritical fluid chromatography method for the direct determination of enantiomeric purity of provitamin B5 in cosmetic formulations with mass spectrometric detection. J Pharm Biomed Anal 2015; 102: 3215.

[42] Toyo'oka T, Kikura-Hanajiri R. A reliable method for the separation and detection of synthetic cannabinoids by supercritical fluid chromatography with mass spectrometry, and its application to plant products. Chem Pharm Bull 2015; 63: 7629.

[43] Chen Z, Dong F, Li S, Zheng Z, Xu Y, Xu J, et al. Response surface methodology for the enantionseparation of dinotefuran and its chiral metabolite in bee products and environmental samples by supercritical fluid chromatography/tandem mass spectrometry. J Chromatogr A 2015; 1410: 1819.

[44] Abramsson V, Rodriguez-Meizoso I, Turner C. Determination of carotenoids in microalgae using supercritical fluid extraction and chromatography. J Chromatogr A 2012; 1250: 638.

[45] Khalikova MA, Satinsky D, Solich P, Novakova L. Development and validation of ultra-high performance supercritical fluid chromatography method for determination of illegal dyes and comparison to ultra-high performance liquid chromatography method. Anal Chim Acta 2015; 874: 8496.

[46] Wang Z, Zhang H, Liu O, Donovan B. Development of an orthogonal method for mometasone furoate impurity analysis using supercritical fluid chromatography. J Chromatogr A 2011; 1218: 231119.

[47] Marley A, Connolly D. Determination of (R)-timolol in (S)-timolol maleate active pharmaceutical ingredient: validation of a new supercritical fluid chromatography method with an established normal phase liquid chromatography method. J Chromatogr A 2014; 1325: 21320.

[48] Hicks MB, Regalado EL, Tan F, Gong X, Welch CJ. Supercritical fluid chromatography for GMP analysis in support of pharmaceutical development and manufacturing activities. J Pharm Biomed Anal 2016; 117: 31624.

[49] Plachka K, Chrenkova L, Dousa M, Novakova L. Development, validation and comparison of UHPSFC and UHPLC methods for the determinataion of agomelatine and its impurities. J Pharm Biomed Anal 2016; 125: 37684.

[50] DePhilippo T, Chen R. Separation and quantitative determination of hydrocortisone in Cortizone 10 Plus creme by supercritical fluid chromatography (SFC). LCGC Europe, 21. 2008. p. 378.

[51] Méjean M, Vollmer M, Brunelle A, Touboul D. Quantification of retinoid compoundsby supercritical fluid chromatography coupled to ultraviolet diode array detection. Chromatographia 2013; 76: 1097105.

[52] Desai PP, Patel NR, Sherikar OD, Mehta PJ. Development and validation of packed column supercritical fluid chromatographic technique for quantification of chloroxazone, paracetamol and aceclofenac in their individual and combined dosage forms. J Chromatogr Sci 2012; 50: 76974.

[53] Mukherjee PS. Validation of direct assay of an aqueous formulation of a drug compound AZY by chiral supercritical fluid chromatography (SFC). J Pharm Biomed Anal 2007; 43: 46470.

[54] Prajapati P, Agrawal YK. SFC-MS/MS for identification and simultaneous estimation of the isoniazid and pyrazinamide in its dosage form. J supercrit fluids 2014; 95: 597602.

[55] Baudelet D, Schifano-Faux N, Ghinet A, Dezitter X, Barbotin F, Gautret P, et al. Enantioseparation of pyroglutamide derivatives onpolysaccharide based chiral stationary phases by ultra-high performance chromatography and supercritical fluid chromatography: a comparative study. J Chromatogr A 2014; 1363: 25769.

[56] Lecoeur M, Decaudin B, Guillotin Y, Sautou V, Vaccher C. Comparison of high-performance liquid chromatography and supercritical fluid chromatography using evaporative light

scattering detection for the determination of platicizers in medical devices. J Chromatogr A 2015; 1417: 10415.

[57] Dispas A, Lebrun P, Sacré P-Y, Hubert P. Screening study of SFC critical method parameters for the determination of pharmaceutical compounds. J Pharm Biomed Anal 2016; 125: 33954.

[58] European Medicines Agency. Guideline on bioanalytical method validation; 2011.

[59] AFNOR NF. V03-110 (2010), Protocole de caractérisation en vue de la validation d'une méthode d'analyse quantitative par construction du profil d'exactitude.

12 立体异构体的拆分

C. M. Galea, Y. Vander Heyden and D. Mangelings
Vrije Universiteit Brussel (VUB), Brussels, Belgium

12.1 引言

立体异构是指异构体分子的原子排布方式，异构体具有相同的分子构造，但具有不同的三维空间排布。两个围绕立构中心互为镜像，而彼此不能重合的分子对，称为对映异构体，也称为对映体。如果异构体分子中存在多个立构中心或者拥有一个两端原子排列不对称的碳碳双键，则被称为非对映异构体或非对映体。一个分子存在不可重合的异构体，这种现象称之为手性。

手性是生物体的一个基本特征，蛋白质和碳水化合物都具有手性。生物体对不同的对映体会展现出不同的生物反应。由于它们的三维空间原子排布不同，对映体能够以不同的方式与受体相互作用，从而引发不同的响应。在20世纪60年代以前，开发的手性药物通常都是外消旋物。然而，沙利度胺的悲剧使人们意识到，不同的药物对映体具有不同的药理活性，将手性药物作为单一对映体给药是更正确的做法[1]。如今，对于每一种具有手性活性的药物组分，均应开发其对映体选择性分离、定性和定量的方法。用于对映体分离的技术很多，例如，结晶、动力学拆分、膜分离和色谱法等。手性分离的主要应用是医药工业中药物对映体的分离。在其他工业领域中也有一些手性分离的需求，比如说，农用工业中对映杀菌剂或杀虫剂的分离，食品工业里食品添加剂或香料中的手性氨基酸的分离。而对于非对映异构体的分离，目前主要的技术是色谱法。

长期以来，高效液相色谱（HPLC）都是立体选择性分离的主要手段。但HPLC方法也存在着一些缺点，如平衡和分离所需时间较长、使用的有机试剂有毒或易燃，以及效率偏低等。而随着仪器的发展和改进，人们对超临界流体色谱技术潜在优势的认识也逐步加深，超临界流体色谱正逐渐成熟，并慢慢成为立体选择性分离的首选方法[2]。

由于临界温度和临界压力较低，二氧化碳（CO_2）被用来作为超临界流体色谱的主要流动相组分。它还有一个优点是，当压力降低时二氧化碳易挥发，从而减少废弃物的排放[3]。此外，二氧化碳在使用后可以进行回收和纯化，便于在制备过程中重复利用，从而降低生产成本。正因为二氧化碳的这些优势，超临界流体色谱被认为是一项绿色技术[4]。

本章将讨论在超临界流体色谱上用于对映体和非对映异构体拆分的各种方法。在手性环境中，对映体分子对具有不同的性质，可以通过手性方法分离它们；非对映体分子对则具有相同的性质，但是采用经典的非手性方法也是有可能将它们分离的。非对映体分离的相关研究与对映体分离相比数量较少，所以本章只有一小部分是关于非对映体分离的应用。

12.2 立体异构

立体异构体可以被分为两大类，对映体和非对映体（图 12.1）[5]。对映体或旋光异构体是由一个中心原子（通常是碳）与四个不同的原子或基团连接而成。这个中心碳原子一般被称作不对称或手性碳原子，也被称为立构中心或立体中心 [6，7]。对映体的构型由其手性碳原子上取代基的优先级而决定，分为两种，R 型和 S 型，这两种构型互为镜像，而无法重合。两种构型的对映体以相等的比例混合得到外消旋混合物，外消旋混合物是没有旋光性的 [6，7]。

另一方面，非对映体是具有两个或两个以上的立构中心的化合物，基于每个立构中心都有其相应的 R 或 S 构型（图 12.1）。由于每个立构中心都可能为 R 或 S 构型，拥有两个立构中心的分子就可能会产生一共四种异构体 [6，7]。如果一种化合物拥有两个对映体分子对，那么它应该同时拥有四个非对映体分子对。非对映体之间不仅密度、熔点以及水中溶解度等理化性质存在不同，与手性和非手性试剂之间的化学作用也存在着差异。

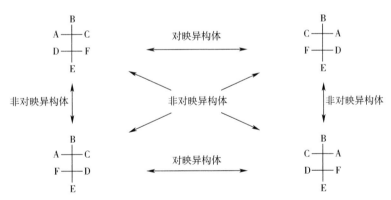

图 12.1 立体异构——对映异构体和非对映异构体之间的差异机制

12.3 对映异构体的拆分

对映体具有相同的沸点，因此无法用蒸馏法进行分离；它们与非手性色谱固定相的亲和作用相似，用该类型固定相也无法拆分。手性拆分常用的方法有：结晶法、动力学拆分法、膜分离法和色谱法。

结晶法是在外消旋混合物的过饱和溶液中加入目标对映异构体的单一晶体作为晶种，使得纯晶体以受控的方式生长，通过循环重复这个过程，可以得到光学纯度高达90%的晶体［8］。在千克级或更高级别的手性拆分中，对映选择性结晶法的应用大约占1/5［9］。这项技术工艺简单、制造成本低廉，因此逐渐普及。但是为了达到令人满意的材料回收率，必须采用分步结晶的培养方式，这无疑将导致生产的时间和成本增加［8，9］。

动力学拆分是利用手性催化剂或酶试剂选择性地与外消旋体中的一个对映体发生反应，从而将另一对映体从富含异构体的原料和产物的混合物中分离出来［10］。但由于这种技术方法开发耗时较长，且适合用于选择性反应的试剂有限，其应用受到一定的限制。

合成的对映选择性膜，有液态膜也有固态膜，允许某些特定的对映异构形态通过，从而达到拆分的目的。相比于其他分离技术，膜分离技术具有能够连续作业、处理能力强、能耗低、使用方便等优点。液态膜上一般含有对映体识别载体，如手性冠醚或环糊精等。液态膜的对映性选择渗透性很高，但耐用性低。相比之下，固态膜更加稳定，便于推广使用［11，12］。

通常，色谱法比较容易开发，也是最普遍的方法，对于分析级和制备级的分离均可适用，便于从实验室转化到更高的层次。色谱拆分对映体的方法又可被分为间接法和直接法。

间接法是将单一光学纯试剂和目标对映体衍生化反应生成共价键合的非对映体衍生物，然后根据其理化性质的差异，使用非手性相进行分离［13］。这些衍生物的拆分可采用多种不同的分离技术，如薄层色谱（TLC）、高效液相色谱（HPLC）、气相色谱（GC）和超临界流体色谱（SFC）等。

如果生成的衍生物具有强烈的紫外吸收或荧光，采用间接手性分离法则有利于提升检测的灵敏度。但间接法对试剂的旋光纯度要求很高，因为试剂中的杂质会与目标对映体反应生成多种非对映体。现有可用的衍生化试剂有9-氟乙基氯甲酸酯（FLEC）、2，2，4，6-四-O-乙酰基-β-D-吡喃葡萄糖基异硫氰酸酯（GITC）和Marfey试剂［14］。间接法还有一些其他的限制，比如它需要衍生化反应快速完全、反应过程中可能生成副产物、以及试剂昂贵等，这都降低了其吸引力［14］。

直接法是基于手性选择剂与对映体之间能形成临时的不稳定的非对映体络合物。直接手性拆分可进一步细分为使用手性固定相（CSPs）法和手性流动相添加剂法两种。手性固定相法是将手性选择剂涂敷或键合到固定相基质（通常是硅基）上。手性流动相添加剂方法是在流动相中加入手性选择剂，搭配非手性固定相进行拆分。尽管手性流动相添加剂法在超临界流体色谱中也有一些应用，但是该方法有两个主要的缺点。其一，这类添加剂在超临界流体色谱的常用流动相中的溶解度往往很小[15,16]；其二，由于需要从收集到的复杂组分中将目标对映体分离出来，对应的方法开发往往冗长，制备规模级别也很难扩大[17]。鉴于添加剂法存在的这些缺陷，使得手性固定相法就成为超临界流体色谱中对映体拆分的首选方法。

12.4 手性固定相

超临界流体色谱分离采用的手性柱可大致分为毛细管柱和填充柱两种。毛细管柱的样品容量有限，不适用于制备级别[18]。为了优化分离时间，毛细管柱的流体线速率可能需要设为最佳线速率的10~20倍。另外，毛细管的重现性差，应用范围有限，目前在石油工业以外应用很少。

在填充柱超临界流体色谱中，用于毛细管柱下游的固定节流器被压力调节器所取代[20]。填充柱的发展过程中还解决了一些与改性剂添加、样品注入和自动化等相关的问题。20世纪90年代，液相色谱型的手性固定相开始广泛应用于超临界流体色谱，填充柱也由此获得了主导地位[19]。

根据柱中所含的手性选择剂的类型，可将用于对映体拆分的填充柱进一步分成几类（表12.1）。最常见的是多糖基手性固定相，它由直链淀粉或纤维素的衍生物组成，涂覆或固定在硅胶支架上。其他的大分子选择剂，如合成聚合物和蛋白质，也有一些应用。大环状手性选择剂（如环糊精和糖肽）和低分子选择剂（如Pirkle或brush型CSPs）在超临界流体色谱中不太常用。为了适应对映体拆分的特异性，发展多种多样的手性固定相十分重要。下文将对手性选择剂的种类及其应用进行综述。

表12.1 商业化SFC用手性选择剂列表

选择剂类型	CSPs商品名	选择剂
多糖型选择剂	Lux Cellulose-1（曾用名：Sepapak 1） Chiralcel OD-H； Chiralpak IB RegisCell Kromasil CelluCoat	纤维素-三（3,5-二甲基苯基氨基甲酸酯）
	Chiralpak AD-H； Chiralpak IA Kromasil AmyCoat RegisPack	直链淀粉-三（3,5-二甲基苯基氨基甲酸酯）
	Lux Cellulose-2（曾用名：Sepapak 2） Chiralcel OZ-H	纤维素-三（3-氯-4-甲基苯基氨基甲酸酯）

续表

选择剂类剂	CSPs 商品名	选择剂
多糖型选择剂	Chiralcel OX-H Lux Cellulose-4（曾用名：Sepapak 4）	纤维素-三（4-氯-3-甲基苯氨基甲酸酯）
	Lux Amylose-2（曾用名：Sepapak 3） Chiralpak AY-H RegisPack CLA-1	直链淀粉-三（5-氯-2-甲基苯基氨基甲酸酯）
	Chiralcel-OJ-H Lux cellulose-3	纤维素-三（4-甲基苯甲酸酯）
	Sepapak 5 Chiralpak IC	纤维素-三（3,5-二氯苯基氨基甲酸酯）
	Chiralpak AS-H	直链淀粉-三［(s)-α-甲基苯基氨基甲酸酯］
	Chiralpak ID	直链淀粉-三（3-氯苯基氨基甲酸酯）
	Chiralpak IE	直链淀粉-三（3,5-二氯苯基氨基甲酸酯）
	Chiralpak IF	直链淀粉-三（3-氯-4-甲基苯基氨基甲酸酯）
糖肽类	Chirobiotic T	替考拉宁
	Chirobiotic T2	替考拉宁
	Chirobiotic R	瑞斯托菌素 A
	Chirobiotic V	万古霉素
	Chirobiotic TAG	替考拉宁苷元
环糊精类	Sumichiral OA-7500	七（2,3,6-三-O-甲基）-β-环糊精
	β-Cyclose-OH T	单取代-2-O-戊烯基-β-环糊精
	β-Cyclose-6-OH T	单取代-6-O-戊烯基-β-环糊精
	β-Cyclose-2-OH	氧化-单取代-2-O-戊烯基-β-环糊精
	β-Cyclose-6-OH	氧化-单取代-6-O-戊烯基-β-环糊精
	MPCCD	单取代-6-（3-甲基咪唑）-6-脱氧苯基氨基甲酰-β-环糊精氯
	MDPCCD	单取代-6-（3-甲基咪唑）-6-脱氧-（3,5-二甲基苯基氨基甲酰）-β-环糊精氯
	OPCCD	单取代-6-（3-辛基咪唑）-6-脱氧苯基氨基甲酰-β-环糊精氯
	ODPCCD	单取代-6-（3-辛基咪唑）-6-脱氧-（3,5-二甲基苯基氨基甲酰基）-β-环糊精氯
	Cyclobond I 2000 RN	(R)-萘乙基氨甲酰-β-环糊精
	Cyclobond I 2000 SN	(S)-萘乙基氨甲酰-β-环糊精

续表

选择剂类剂	CSPs 商品名	选择剂
环果聚糖类	Larihc CF7-DMP	3,5-二甲基苯基氨基甲酸酯-环七果糖
	Larihc CF6-P	烷基衍生化的环六果糖
	Larihc CF6-RN	R-萘乙基功能化的环六果糖
Pirkle 型选择剂	R,R Whelk-O1 或 S,S Whelk-O1	1-(3,5-二硝基苯甲酰胺)-1,2,3,4-四氢化菲
	R,R Whelk-O2	1-(3,5-二硝基苯甲酰胺)-四氢化菲
	Chirex 3005	R-1-萘基甘氨酸和 3,5-二硝基苯甲酸
	ChyRoSine-A	3,5-二硝基苯甲酰酪氨酸
离子交换选择剂	Chiralpak QD-AX	O-9-(叔丁基氨基甲酰)奎纳定
	Chiralpak QN-AX	O-9-(叔丁基氨基甲酰)奎宁
	Chiralpak ZWIX (+)	奎宁衍生 (S,S)-反式-2-氨基环己烷磺酸
	Chiralpak ZWIX (−)	奎宁衍生 (R,R)-反式-2-氨基环己烷磺酸

12.4.1 多糖衍生物

多糖基手性固定相是超临界流体色谱法分离对映体中最常用的固定相。之所以颇具吸引力,是因为它具有应用范围广、重复性好、负载高和可用性好等优势[17]。未衍生的纤维素和直链淀粉的对映识别能力有限,它们的螺旋结构过密,以至于对映体分子很难进入,进而难以被识别。通过在多糖链段上引入给电子基团(如烷基基团)或吸电子基团(如卤素或三氟甲基),能够提升多糖相在对映选择性相互作用上的适用范围[21,22]。一些多糖基固定相现已商用,可直接从各制造商处购买(表 12.1)。

由于结合位点众多,衍生化多糖的手性识别机制非常复杂,目前尚未完全清楚。其机制可能是,对映体分子先进入多糖的螺旋结构内,再通过其芳香基和羰基官能团与选择剂之间发生 π-π 相互作用,氢键的供体和受体基团也可能对手性识别有所贡献。多糖相的灵活性和它的球体结构有助于其手性识别能力,对非手性的相互作用也有一些小的促进[23,24]。

大多数多糖基手性相都是将手性选择剂涂敷在硅胶基质上。但这类手性固定相只能与那些在正相和反相中常用的极性溶剂配合使用。通过将手性选择剂与硅胶基质共价键合形成固定的相,这个问题可以得到缓解[25]。键合型的多糖基固定相能够和一些非常用的溶剂搭配使用,如二氯甲烷、氯仿、乙酸乙酯、四氢呋喃、二氧六环、甲苯和丙酮等。而当涂敷型的手性固定相暴露在这些非常用溶剂中时，物理吸附在其上的手性选择剂会发生膨胀、溶解和洗脱，最终导致色谱柱的毁坏。键合固定相与非常用溶剂的搭配使用有可能会改善分析物的溶解度（对于制备级分离，这是至关重要的）[26, 27]。此外，这些非常规溶剂的使用还可能带来分离效率的提升或额外的对映选择性，从而提高检测的分辨率。

12.4.2 环状低聚糖类

12.4.2.1 环糊精

环糊精具有由一定数量的吡喃葡萄糖单元组成的立体环状分子结构。环糊精的内腔疏水，外沿因含有羟基而显亲水性。疏水性的空腔可以包络客体分子的疏水部分，而外部的羟基可通过氢键和偶极-偶极相互作用与分析物发生反应，从而起到选择剂的作用[28]。一般情况下，环糊精是通过间隔臂与硅胶基质连接起来[29]。

在超临界流动相的弱极性环境下，天然环糊精与分析物无法形成包合物，这限制了环糊精手性固定相的应用。人们通过物理涂敷法发展了一系列阳离子型环糊精相，这些固定相具有更强的手性识别能力。它们包括单取代-6-（3-甲基咪唑）-6-脱氧苯基氨基甲酰-β-环糊精氯化物（MPCCD）、单取代-6-（3-甲基咪唑）-6-脱氧-（3，5-二甲基苯基氨基甲酰）-β-环糊精氯化物（MDPCCD）、单取代-6-（3-辛基咪唑）-6-脱氧苯基氨基甲酰-β-环糊精氯化物（OPCCD）、以及单取代-6-（3-辛基咪唑）-6-脱氧-（3，5-二甲基苯基氨基甲酰基）-β-环糊精氯化物（ODPCCD）[30, 31]。除此之外，还有两种利用自由基共聚反应生成的共价键合的阳离子环糊精相，被用于分离黄酮和氨基酸衍生物以及噻嗪类化合物[32]。

12.4.2.2 环果聚糖

环果聚糖具有由六个或六个以上的D-呋喃果糖单元以β-2,1键连接而成的环状结构（图12.2）。这类手性选择剂的环状结构中含有不同数量的呋喃果糖单元，每个呋喃果糖单元含有四个手性中心和三个可以用来衍生化的羟基[33]。衍生化后的环果聚糖手性相有氨基甲酸异丙酯-环六果糖（CF-P），R-萘乙基-氨基甲酸酯-环六果糖（CF-RN）和二甲基苯基氨基甲酸酯-环七果糖（CF-DMP），其中数字表示D-呋喃果糖单元的数量。与天然结构相比，衍生后的环果聚糖相的对映选择性更强。

Vozka等对比了CF-DMP手性固定相在超临界流体色谱和高效液相色谱中的应用效果，并通过建立线性自由能关系来研究在不同的流动相组成下各种相互作用对目标物保留的影响[34]。结果表明，在超临界流体色谱中CF-DMP固定相对流动相中特定组分的吸附作用更强。分散作用在两种色谱中的影响相似。固定相与溶质的n-和/或π-电子对发生相互作用的倾向，只在超临界流体色谱中是显著的[34]。

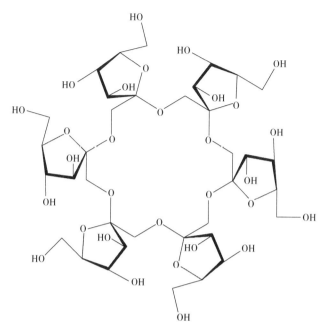

图 12.2 环六果糖的分子结构

在最近的一项研究中，研究者利用环果聚糖手性相在正相色谱（NPLC）和超临界流体色谱中分别对 α-芳基酮进行拆分 [35]。许多具有生物活性的天然产物中都含有 α-芳基化羰基，酮基的芳基化会生成外消旋混合物。采用环果聚糖相，在正相色谱中 21 种 α-芳基酮中的 17 种获得了基线分离，在超临界流体色谱中只有 10 种获得基线分离 [35]。

12.4.3 糖肽类

大环类抗生素，如万古霉素（图 12.3）、替考拉宁、替考拉宁苷元、瑞斯托霉素等，也用作手性固定相，在超临界流体色谱中有着广泛的应用。这类相一般含有许多手性中心，且对映选择性广泛。这类化合物含有一种类似的分子结构，即由数个糖肽大环稠合而成的糖苷配基以及与其相连的糖类基团。大环类抗生素作为手性选择剂一般键合在硅胶基质上，在常规分离条件下能够保持稳定，但是达到平衡所需的时间较长 [28，36]。其对映体识别的主要相互作用包括氢键、偶极-偶极和 π-π 相互作用、疏水作用和空间排斥反应 [37]。这些大环抗生素对多种手性化合物（如氨基酸、β 受体阻滞剂、手性杂环化合物和药物）表现出良好的选择性 [38]。

12.4.4 低分子质量选择剂

Pirkle 型或刷型固定相的工作原理是基于与分析物的特定手性相互作用。它们

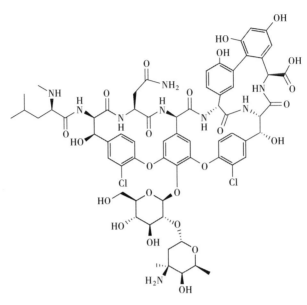

图 12.3　万古霉素的分子结构

一般具有类似的结构特征，由一条单链共价连接在硅胶基质上，单链上具有 π-给体或 π-受体的芳香族基团，以及由氢键和偶极堆叠作用力诱导的功能基团。Pirkle 相与分析物之间的相互作用主要有 π-π 相互作用，氢键和偶极相互作用，这些作用力在非极性溶剂环境下才能较好体现，所以在早期的报道中填充柱超临界流体色谱大多采用此类固定相进行对映体分离［39］。之后，越来越多选择性更广、效率更高的 Pirkle 型固定相被开发出来。

Pirkle 型相被成功应用到了超临界流体色谱的外消旋体筛分领域。有人对比了高效液相色谱和超临界流体色谱中，搭配四种不同的多糖固定相（Chiralcel OD 和 OJ，Chiralpak AS 和 AD-H）的手性柱［(R, R)-Whelk-O1］对苄氧羰基（cbz）保护的手性胺对映体的分离效果［40］。在 Chiralpak AD 或 Chiralpak AD-h 柱上，所有胺的苄氧羰基衍生物均能得到良好的分离。在 Chiralpak AS 和 Whelk-O1 柱上，胺对映体衍生物无法全部分离，仅有一半能够基线分离。该研究结果表明，开发新方法时，应对高效液相色谱和超临界流体色谱法平行进行研究。

12.4.5　离子交换相

离子化合物（例如酸）常使用合成聚合物类手性相、衍生化的直链淀粉或纤维素相或大环糖肽相来进行分离。奎宁（Chiralpak QN-AX）和奎纳定（Chiralpak QD-AX）基的手性相（图12.4）是弱阴离子交换剂，可用于酸性化合物的手性分离［41］。通过改变改性剂中同离子和反离子（添加剂）的量和种类可对化合物的保留时间进行调节，而不影响其对映选择性。离子交换相在高效液相色谱和超临界流体色谱模式中均有良好的应用。相比之下，超临界流体色谱模式具有无盐流动相的优势，因为其流动相中存在原位产生的瞬态离子，比如由二氧化碳和甲醇反应生产的甲基碳酸［41］。这些瞬态的酸和盐类物质的浓度可以通过改变极性有机改性剂的量、碱性添加剂的浓度以及系统压力和温度来进行控制。

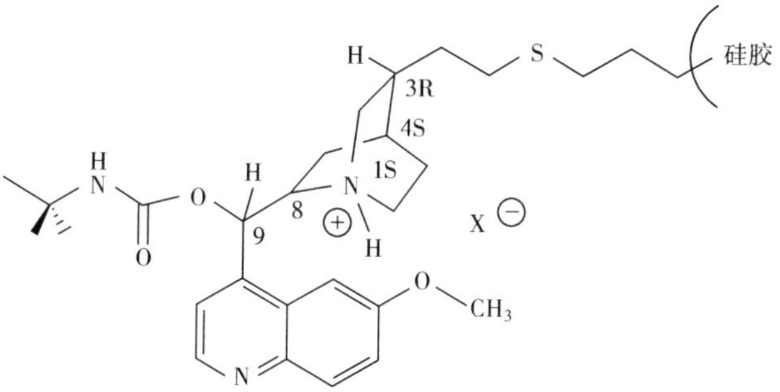

图 12.4　奎宁和奎纳定-氨基甲酸基手性固定相。Chiralpak QN-AX：(8S，9R)，奎纳定衍生物；Chiralpak QD-AX：(8R，9S)，奎纳定衍生物［42］

在亚临界流体色谱中，基于丁香酸的强阳离子交换型手性相被用于胺类化合物的分离［43］。分离过程存在一种离子交换保留机制，即改性剂中胺类添加剂浓度的系统变化与分析物保留因子的变化之间存在相关性，该机制遵循化学计量置换模型。利用高效液相色谱和亚临界流体色谱法在强阳离子交换型手性相上分离各种手性胺是进行下一步研究的基础［44］。

12.4.6　分子印迹聚合物

分子印迹聚合物（MIP）手性相的机理是基于一种对映体与另一种的结合作用。最初，开发 MIP 手性相是用于样品制备，为了从复杂基质中分离特定的对映体［45］。

Ellwanger 等［46］制备了一种基于外消旋的普萘洛尔和苯丙氨酸苯胺的 L-对映体的 MIP 固定相，并将其应用于超临界流体色谱上对映体的拆分。研究表明，MIP 手性相的应用存在着一些局限性，即峰形展宽和取决于样本尺寸的保留依赖性。在另一项研究中，MIP 手性相被用于超临界流体色谱上麻黄素的拆分［47］。峰型不对称和效率低下被认为是 MIP 固定相发展中普遍存在的主要问题。

12.4.7　含亚 2μm 颗粒的手性相

在快速、高效分离对映体的高通量筛选方法中，一种很有前景的方法是将手性选择剂固定在完全多孔的或核壳结构的小颗粒上，而非传统的 3 或 5μm 颗粒［48，49］。1.9μm 硅胶颗粒的应用有助于在合理效率下进行亚分钟级手性分离。替考拉宁和替考拉宁苷元相被固定在 1.9μm 颗粒上，并用于手性杂环化合物（如恶唑啉酮和海因）的分离，其分离的塔板数可高达 190000 [38]。一种亚 2μm 的 Whelk-O1 手性固定相被应用于 120 多种不同物理化学性质的药物外消旋体的筛选 [49]。在 7min 的梯度洗脱下，63% 的消旋体获得部分或基线分离，85% 的中性和酸性的外消旋物被拆分，甚至是在 Pirkel 型固定相中难以拆分的碱性化合物也表现出部分分离 [49]。

12.5 手性 SFC 的色谱参数

12.5.1 流动相

二氧化碳是超临界流体色谱中常用的流动相。由于它的极性与己烷相当，因此当洗脱极性化合物时，需要在流动相中添加极性改性剂 [50]。改性剂的使用会提升流动相的临界参数，常常使工作条件转化成亚临界状态。幸运的是，超临界流体在亚临界条件下工作时仍能保持其优点 [51, 52]。甲醇是最常用的改性剂，也可以选择其它溶剂，如乙醇、异丙醇、乙腈等。改性剂的加入会改变流动相的极性、密度和溶解能力，从而影响分析物的保留。此外，改性剂还可能吸附在手性固定相上，改变选择剂的三维结构，进而改变其对映选择性 [17, 51, 53]。一般情况下，以二氯甲烷或四氢呋喃作为改性剂不会降低外消旋物拆分的平均选择性。但在某些情况下，当非醇类改性剂与固定型和涂覆型的多糖手性相的搭配使用时，与甲醇改性剂相比，选择性发生了显著的变化 [54]。Byrne 等人 [55] 以 2,2,2-三氟乙醇为改性剂，在一系列涂覆型的多糖基和 Pirkle 型手性相（如 Chiralcel-OD-H、Chiralcel-OJ-H、Sepapak-3 和 Whelk-O1）上对醇敏感化合物进行拆分。含有醇敏感基团的化合物在醇类改性剂存在的情况下可能发生酯交换、亲核裂解或取代反应。

12.5.2 添加剂

仅仅只往流动相中添加极性改性剂可能无法达到理想的分离效果。含有碱性（胺）官能团的目标物可能会和固定相中的硅基产生强烈的相互作用，最终以扭曲的峰型洗脱或完全无法洗脱。为解决这个问题，可以往改性剂中加入少量的（通常在 0.1%~2.0%）极性添加剂。极性添加剂的加入可以抑制流动相中分析物的电离，或抑制固定相中硅烷醇基团的电离 [56]。酸性添加剂一般用于酸性化合物，而碱性添加剂用于碱性化合物。酸性化合物可能不需要添加剂，因为在甲醇存在下二氧化碳具有酸性 [57]。常用的酸性添加剂是三氟乙酸和甲酸，常用的碱性添加剂是异丙胺和三乙胺。酸性和碱性添加剂也有同时使用的案例。例如，在利用多糖基手性固定相进行酸性、碱性、中性和两性化合物分离的时候，三氟乙酸与异丙胺就被搭配起来使用 [58]。但由于将这类添加剂从固定相或含分析物的馏分中除去比较困难，因此一般优先选择挥发性添加剂，如无水胺类 [59] 或氢氧化铵［60］等，这类添加剂更容易从流动相中去除，从而简化了生产制备过程后期的纯化。此外，铵盐或其他挥发性添加剂也适用于质谱的检测［2］。

在改性剂中加入少量的水有助于极性化合物的洗脱［61］。尽管水在超临界的二氧化碳中溶解性很差，但在包括有机溶剂的三元混合剂中，它能够提高流动相的溶解能力，从而简化制备过程中的净化步骤，并适用于质谱法［2］。尽管目前将水作为添加剂的效果还没有被广泛研究，但从已有的结果看来这种方法似乎很有前景。

添加剂不仅适用于含有多糖选择剂的手性相，也可与其他手性相搭配使用。例如，乙酸可作为添加剂用于环糊精类手性相上黄烷酮、噻嗪类和氨基酸衍生物的分析［32］；三甲胺用于环果聚糖手性相上 α-芳基酮对映体的分离［35］；异丙胺和乙酸用于麻黄碱分子印迹固定相中麻黄碱对映体的拆分［47］。

12.5.3 柱温和背压

在超临界流体色谱发展初期，柱温一般采用相对较低的温度（20～25℃），但近些年一般用 30～40℃［17］。值得注意的是，分离温度并非一定要高于二氧化碳的临界温度，因为在亚临界状态下也能得到和超临界状态下同样良好的分离效果［17］。手性分离所采用的温度通常参考制造商推荐的手性固定相最高使用温度。对于在室温下无法完成的特别困难的拆分和在室温下立体稳定的组分，可以采用低于环境的温度［37］。West［62］等研究了温度对氯代多糖基手性固定相上氟代吲哚类对映体分离的影响。在研究的温度范围内（0～50℃），保留因子和分离因子的变化较小，而效率的变化很大。然而，温度的影响很大程度上取决于固定相、流动相和分析物。有人采用实验设计（DoE）方法研究了温度、压力和助溶剂对反式二苯乙烯氧化物和 1,1′-联-2-萘酚的分析级和制备级分离的影响［63］。结果表明，保留因子受助溶剂的用量和压力的影响最大，而选择性则受助溶剂的用量和温度的影响最大。

关于柱压对手性拆分的影响已有大量的相关研究［63～65］。一般认为，升高柱压会导致保留因子的降低。当然这也同时取决于其他的实验条件，比如温度和改性剂浓度［37］。Tarafder 等人［66］使用等密度图（恒定密度图）来更直观地了解不同操作条件下压力如何影响柱保留。在 20℃ 时，随着柱入口压力的增加，密度增加，导致保留因子的降低。而在更高的温度下，对于相同的入口压力变化，保留因子的变化幅度则要大得多。这是因为在 20℃ 时，将压力从 2000psi 增加到 3000psi 时，二氧化碳的密度增加了 5.2%；但是，在 50℃ 时二氧化碳的密度增加了 19%［66］。

12.5.4 流量

由于二氧化碳的黏度低，常规仪器也可以采用 25mL/min 的流速。可能是由于超临界流体的扩散系数比液体的高，超临界流体色谱中 Van Deemter 曲线的斜率小于高效液相色谱中的典型值，因此可以采用较高的流速在保持柱效率的同时，缩短分离时间［67］。超临界流体色谱中，流速的变化引起流动相密度的变化，从而影响洗脱强度，进而改变柱保留和选择性［17］。

12.6 与其他技术的比较

色谱技术目前仍然是立体选择性拆分最方便和性价比最高的方法。除了超临界流体色谱法，常用的还有高效液相色谱（HPLC）法和气相色谱（GC）法。此外，还有逆流色谱（CCC）、薄层色谱（TLC）、毛细管电泳（CE）和毛细管电色谱（CEC）等［68，69］。在接下来的章节中，我们将会比较超临界流体色谱与 LC 和 GC 的主要色谱分离技术。

12.6.1 液相色谱法

在药物开发、农药分析、食品添加剂评价、天然产物研究、农用化学品和污染分析等领域，液相色谱仍然是手性拆分的主流技术。这主要是因为它速度快，灵敏度高和再现性好［27］。在高效液相色谱分离中占据主导地位的是基于多糖和环糊精的手性固定相。除此之外，基于蛋白质、配体和离子交换以及大环抗生素的手性固定相也有着广泛的应用［70］。相比于高效液相色谱的流动相，二氧化碳的超临界流体流动相具有黏度低、扩散系数高、传质性能好等优点［71］，这也是超临界流体色谱能成功应用于对映体拆分的原因。与超临界流体色谱类似，高效液相色谱也可通过增大色谱柱尺寸和其他通量提升技术来有效提高原料的处理量，以满足药物研发各个阶段的需求［36］。随着亚二微米填料在液相色谱中的应用逐渐广泛，又发展出了超高效液相色谱（UHPLC）。然而，对手性固定相中的传质机理目前还缺乏足够的了解，这也是开发用于手性分离的亚 $2\mu m$ 填料的一个障碍［71］。

许多研究工作比较了不同手性相和不同测试样品在液相色谱和超临界流体色谱的效果。例如，使用 Chiralpak AD［直链淀粉-三（3,5-二甲基苯基氨基甲酸酯）］相，研究了在高效液相色谱和超临界流体色谱上抗溃疡药物的对映分离［72］。使用正相流动相只能分离四种药物中的两种，而使用超临界流体色谱可以在短时间内分离所有四种药物。另一项研究里，使用 Chiralpak AD-H 分别在超临界流体色谱和高效液相色谱上对手性脯氨酸衍生物进行了分离［73］。超临界流体色谱法的分辨率较高且分离时间较短，而液相色谱法的定量限较低。

由于二氧化碳的非极性，超临界流体色谱法常被认为是类正相分离技术［19，61，74］。研究表明，与液相流动相（如庚烷、乙醇或异丙醇等）相比，二氧化碳-改性剂二元流动相的洗脱能力较弱，因此超临界流体色谱和正相色谱的保留机理不同，在对映体拆分上也存在着差异。超临界流体色谱和正相色谱的流动相组分吸附于手性固定相上的方式不同，从而也以不同的方式改变手性固定相的极性和三维结构。与正相色谱相比，超临界流体色谱的保留时间更长，塔板数更高。而它们的分离因子可能是完全不同的，也可能是相似的［75］。

这两种技术还可以组合起来作为一种综合的方法（LC-SFC）用于复杂混合物的分析。Venkatramani 等人［76］开发了一种新的 LC-SFC 界面，可用于药物的手性-非手性同步分离。在第一维中，在反相色谱上采用 Acquity HSS T3（硅基三官能团 C_{18} 烷基相）柱进行非手性分离；在第二维中，在超临界流体色谱上使用 Chiralcel OD3［直链淀粉-三（3，5-二甲基苯基氨基甲酸酯）］相进行手性分离。这个二维系统的成功应用归功于一系列的小体积捕集柱，利用这些捕集柱可将多种馏分从第一维的反相柱转移到第二维的超临界流体色谱手性相柱里（图 12.5）。

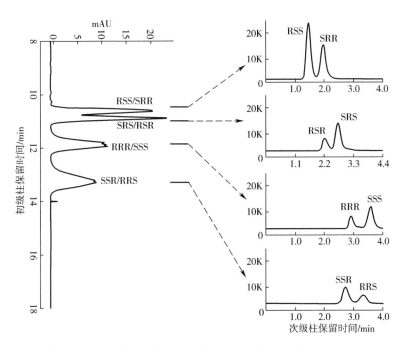

图 12.5　使用二维 LC-SFC 界面有效分离两种立体异构体。初级维度的 RPLC 拆分了四个非对映异构体对，次级维度的 SFC 拆分了相应的对映异构体对［76］

12.6.2　气相色谱法

由于特有的高效率以及多种类型手性固定相的发展，气相色谱是拆分挥发性手性化合物的一种强有力的技术［77~80］。它适用于在液相色谱中难以分离的非芳香族化合物的拆分。但是气相色谱有一个很大的缺点，就是它只适用于热稳定和挥发性的分析物，无论这个分析物是原始状态还是衍生化之后。而超临界流体色谱则没有这个限制。例如，在气相色谱法中，α-氨基酸必须首先转化为挥发性衍生物，如 N-烷氧羰基-O-烷基酯转化为 N-全氟酰基-O-烷基酯［81］。此外，毛细管气相色谱的扩展也有一定的困难［36］。

与气相色谱相比，超临界流体色谱的效率相对较低，这是由于超临界流体的黏度比气体高，因而传质速率较低。但是超临界流动相的洗脱强度可以通过改变一些系统参数来进行调节，从而为分离的优化提供了更多的可能性［17］。超临界流体色谱使用的温度比气相色谱的低，这可能有助于分辨率的改善，但同时由于流体黏度的增加会降低其传质速率，所以也会损失部分效率。

12.7 立体选择 SFC 研究进展

12.7.1 柱串联

超临界流体流动相的低粘度和高扩散性十分有利于色谱柱的串联耦合，能在不增加柱压力的情况下即达到塔板数增加的效果［67］。手性超临界流体色谱中串联柱的应用有两种方式：（1）手性柱和非手性柱的串联；（2）两个或多个手性柱的串联。

非手性相和手性相的组合使用可提高对映选择性并增加塔板数［82］。Alexander 和 Staab［83］采用一个复合的非手性/手性 SFC/MS 法，从肉桂腈和氢化肉桂腈的三步合成反应的混合物中，将反应中间体一次性分离出来。非手性相为硅基相，手性相是 Chiralcel OD-H。利用非手性柱和手性柱的串联使用，对映体和非对映体都能得到有效分离，而分离时间却没有显著的增加。Welch 等［84］开发了一种超临界流体色谱串联柱筛选工具，其中有 10 种不同的单一手性柱和 25 种不同的串联柱组合方案可用于立体异构体复杂混合物的分离。实验者可以通过使用简单的软件指令在超临界流体色谱的仪器上进行各种不同的串联柱排布。

12.7.2 制备型超临界流体色谱

与传统的制备级液相色谱相比，制备级超临界流体色谱可显著降低制造成本和污染。此外，超临界流体色谱的样品负载能力和生产力可达到液相色谱的 5~10 倍。近年来，超临界流体色谱的发展正是利用了它的高速、低溶剂成本、易于除去残留的流动相等优点。小规模提纯通常采用堆叠进样的方式；而对于高价值药物的大批量生产，模拟移动床-超临界流体色谱法（SMB-SFC）具有可与模拟移动床-液相色谱媲美的潜力［82］。

12.7.2.1 堆叠进样

堆叠进样是适用于新药快速开发的一套方法，尤其适用于手性分离。采用这种方法，在分析型 SFC 柱上重复引入小剂量样品，可以在短时间内富集大量纯化的对映体［82］。堆叠进样被应用于衍生化 β-甲基苯丙氨酸的四种立体异构体的纯化[85]。此方法可以纯化超过 10g 的样品,总回收率大于 90%。获得的衍生化氨基酸对映体纯度能够达到 99.9%,可用于反应合成新的化学产品。在另一项研究中,研究者采用 25 个循环的堆叠进样,在 Chiralpak AD 柱上对含有柑橘黄酮和 3,5,6,7,8,30,30-七甲氧基黄酮的残留物进行了分离[86]。大量的聚甲基黄酮、蜜橘黄素和 5,6,7,40-四甲氧基黄酮从橘皮提取物中被同时分离了出来。这类化合物具有广谱的生物活性,因而其大规模提取方法的发展格外受人关注。

12.7.2.2 超临界流体模拟移动床色谱法

模拟移动床技术是多柱结构,适用于大规模生产(20kg 级以上)[87]。与单柱色谱法中的固定床设计不同,模拟移动床是利用一定的结构,达到使固定相和流动相逆向流动的目的[88,89]。由于实际上不可能移动固定相,因此是采用在固定的固体床之间切换进料和产品的端口来模拟移动。图 12.6 显示了一个四区域的结构,模拟移动床每个区域有两根色谱柱[88]。每个区域又被分为几个子区域,用来模拟固定相的逆向运动。操作过程是使轻组分(B)向流动相移动,在萃余液出口收集。重组分(A)向固定相的方向移动,在萃取液端口收集。

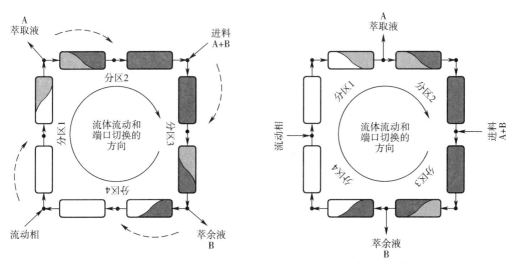

图 12.6 每区域双柱/四区域的模拟移动床(SMB)的工作原理示意图[88]

Depta 等[90]在 1999 年首次发布了工厂级的 SMB-SFC 的细节。他们测试了该系统分离叶绿醇顺反异构体的效果,得到的馏分纯度可达 99%。随后该团队还研究了改性剂种类、改性剂含量和色谱柱设置对 SMB-SFC 工艺的生产率的影响[91]。首先,采用低浓度的叶绿醇异构体验证方法的可行性,随后进料浓度提升至 54g/h 每升固定相。另一项 SMB-SFC 的应用中,在低浓度进料的条件下,苯基-1-丙醇对映体被纯化,获得的提取物纯度达到 99.5%[92]。

与 SMB-HPLC 相反,SMB-SFC 采用流动相的压力梯度作为改变选择性的一个重要因素。压力、温度和有机改性剂的比例会影响超临界流动相的密度。流动相密度的微小变化对流动相的溶剂化能力和分辨率都有很大影响[93]。

12.8 SFC立体异构应用综述

表12.2为超临界流体色谱的对映体应用的综述。表12.2分为几个子类别，分别列举了不同领域的应用，主要为制药、食品和农业。表中所列并未覆盖全部研究，重点关注的是过去十年中开展的研究，旨在说明超临界流体色谱应用的未来发展趋势。

表12.2 对映体在各个领域的应用综述

分析物	固定相	分析条件	参考文献
药物			
利尿剂：苄氟噻嗪、三氯噻嗪、阿尔噻嗪、吲达帕胺、氯噻酮	共价键合的阳离子6A-(3-乙烯基咪唑)-6-脱氧-苯基氨基甲酸酯-β-环糊精氯手性固定相	流动相：CO_2 + 10%甲醇；流速：1mL/min；温度：40℃；压力：150bar	[32]
非甾体类抗炎药：氟比洛芬，布洛芬，萘普生	Chiralpak QN-AX和Chiralpak QD-AX手性固定相（150mm×4mm i. d.）	流动相：CO_2 + 25%甲醇，200mmol/L甲酸，100mmol/L氨；流速：4mL/min；温度：40℃；压力：150bar	[41]
精神活性物质：甲氧麻黄酮、4-甲基乙卡西酮、1-苯基-2-甲氨基-1-丁酮、1-苯基-2-甲氨基-1-戊酮	萘基手性离子交换型手性固定相	流动相：甲醇/乙腈（1/9），50mmol/L甲酸，25mmol/L二乙胺；流速：1mL/min；温度：20℃；	[100]
卡马西平及六种同系物	Chiralpak IB（150mm×4.6mm，3μm）	流动相：CO_2 + 乙醇，(25mmol/L异丁胺)；梯度：1%~40%/5min；流速：3mL/min；温度：40℃；	[101]
5-甲基-5-苯海因	Chirobiotic T 和 Chirobiotic TAG（50mm × 4.6mm i. d.，1.9μm）	Chirobiotic T 流动相：CO_2：甲醇：三氟乙酸：三乙胺（60：40：0.1：0.1）；流速：7.0mL/min；室温；压力：80bar Chirobiotic TAG 流动相：CO_2：甲醇（60：40）；流速：7.0mL/min；室温；压力：80bar	[38]

续表

分析物	固定相	分析条件	参考文献
醇敏感化合物：伊拉地平，非洛地平	Chiralpak IA 和 Chiralpak IC 和 Whelk-O1（S，S）（250mm×4.6mm i.d.）	流动相：CO_2 + 20% 三氟乙醇；流速：3mL/min；温度：40℃；压力：100bar	[55]
多肽：9种脯氨酸衍生物	Chiralpak AD-H（250mm×4.6mm i.d.，5μm）	流动相：CO_2 + 5% 乙醇（0.1% 三氟乙酸）；流速：2.5mL/min；温度：35℃；压力：100bar	[73]
抗溃疡药：兰索拉唑	Chiralpak AD（250mm×4.6mm i.d.，10μm）	流动相：CO_2 + 20% 甲醇；流速：2mL/min；温度：35℃；压力：200bar	[102]
抗疟疾药：伯氨喹	Chiralpak AD-H（250mm×4.6mm i.d.，5μm）	流动相：CO_2 + 20% 甲醇（0.4% 二乙胺）；流速：4mL/min；温度：35℃；	[103]
内用酸性AZY药物水剂	Chiralpak AD-H（250mm×4.6mm i.d.，5μm）	流动相：CO_2 + 30% 乙醇（0.3% 二甲基乙胺）；流速：3mL/min；温度：40℃；压力：100bar	[104]
β-受体阻滞剂：阿替洛尔，美托洛尔，普萘洛尔	Chiralpak IB（250mm×4.6mm i.d.，5μm）	流动相：CO_2 + 18% 甲醇（0.5% 三氟乙酸和氨（2:1））；流速：1.5mL/min；温度：40℃；压力：172bar	[105]
农用化学品			
农药：禾草灵，苯霜灵，三氯杀虫酯，腈菌唑，苯醚甲环唑	Chiralpak IB-H（250mm×4.6mm i.d.，5μm）	流动相：CO_2 + 10% 异丙醇；流速：2mL/min；温度：35℃；压力：150bar	[106]
三种新烟碱类杀虫剂	Chiralpak AD 和 Chiralcel IB（250mm×4.6mm i.d.，5μm）	流动相：CO_2 + 20% 或 30% 乙醇；流速：2mL/min；温度：35℃；压力：150bar	[107]
杀菌剂：咪康唑、益康唑、硫康唑	Chiralpak AD（250mm×4.6mm i.d.，10μm）	流动相：CO_2 + 10% 甲醇；流速：2mL/min；温度：35℃；压力：200bar	[108]

续表

分析物	固定相	分析条件	参考文献
三唑类杀菌剂：戊唑醇	Chiralpak IA-3（150mm×4.6mm i.d., 3μm）	流动相：CO_2 + 13% 甲醇；流速：2mL/min；温度：30℃；压力：152bar	[109]
三唑类杀菌剂：粉唑醇	Chiralpak IA-3（150mm×4.6mm i.d., 3μm）	流动相：CO_2 + 12% 甲醇；流速：2.2mL/min；温度：30℃；压力：152bar	[110]
食品分析			
维生素 K_1	RegisPack（250mm×4.6mm i.d., 5μm）	流动相：CO_2 + 5% 甲醇；流速：2mL/min；温度：30℃；压力：150bar	[111]
食品添加剂中的芳香族氨基酸：DL-苯丙氨酸，DL-色氨酸	Chirobiotic T2（250mm×2.1mm i.d., 5μm）	流动相：CO_2 + 40% 改性剂（90% 甲醇/10% 水）；流速：2mL/min；温度：35℃；压力：100bar	[112]
γ-内酯香料	Chiralpak AD（250mm×4.6mm i.d., 10μm）	流动相：CO_2 + 1%~4% 异丙醇；流速：1.5mL/min；温度：30℃；压力：120bar	[113]
螺环萜类香料	Chiralpak IA 和 IF（250mm×4.6mm i.d., 5μm）	流动相：CO_2 和各种改性剂；梯度；流速：2.5mL/min；温度：30℃；压力：138bar	[114]
δ-内酯香料	Chiralcel OB（250mm×4.6mm i.d., 10μm）	流动相：CO_2 + 1%~3% 异丙醇；流速：1.0~1.5mL/min；温度：30~33℃；压力：可变	[115]
葫芦巴内酯香料	Chiralpak AD-H（250mm×4.6mm i.d., 5μm）	流动相：CO_2 + 3% 甲醇；流速：2mL/min；温度：30℃；压力：90bar	[116]
其他			
维生素 B_5 在化妆品配方中的应用	Chiralpak IA（250mm×4.6mm i.d., 3μm）	流动相：CO_2 + 11% 甲醇；流速：2.3mL/min；温度：25℃；压力：150bar	[117]
泛滥毒品：甲基苯丙胺	Trefoil AMY1（150mm×2.1mm i.d., 2.5μm）	流动相：CO_2+乙醇（1%环己胺）；梯度：8%~30%/6min；流速：2.5mL/min；温度：40℃；压力：138bar	[118]

12.9 非对映异构体的拆分

对映体分离的文献报道很多，但是关于非对映体分离的文献却十分有限。大量的化合物以非对映体的形式存在，而单一纯非对映异构体往往无法通过化学合成得到。另外，由于选择性不完全，在复杂产物的合成过程中除了目标产物以外往往会同时生成多种立体异构的杂质。这时，就需要对非对映异构体进行有效的分离。在超临界流体色谱中采用手性[94~97]和非手性相[98]拆分非对映异构体都已有相关的研究。表12.3为超临界流体色谱中非对映体分离应用的综述。值得格外关注的是，当使用手性相分离含有外消旋或对映体化合物的复杂混合物时，混合物中的对映体在手性相上可能会被拆分，也可能不会。这时可以采用手性相的外消旋版本来解决。在外消旋版的固定相上，非手性组分、非对映体和构造异构体能够被拆分，但这种固定相不具备分离对映体的能力[99]。

表12.3 非对映体在各个领域的应用综述

分析物	固定相	流动相	参考文献
同分异构的肉桂腈/氢化肉桂腈产物	Chiralcel OD-H 柱（150mm×32.0mm i.d.，5μm）连接硅胶柱（150mm×4.6mm i.d.，5μm）	流动相：CO_2+5%~15%甲醇；流速：1mL/min；温度：30℃；压力：120bar	[83]
来自实时药物研发过程的258个含有非对映异构体对的合成研究样品	XBridge HILIC, Cosmosil PYE（150mm×4.6mm，5μm）	流动相：CO_2+甲醇（10mmol/L 乙酸铵）；梯度：5%~60%/6min；流速：5mL/min；温度：35℃；压力：100bar	[98]
脱氧鸟苷和4-羟基壬烯醛的加合物	Lux Cellulose-2（250mm×4.6mm）	流动相：CO_2+10%丙醇（0.1%二乙胺）；流速：3.5mL/min；温度：40℃；压力：100bar	[95]
Narangin 非对映异构体	Chiralpak IC（250mm×30mm，5μm）	流动相：CO_2+40%甲醇（5%水）；流速：70mL/min；温度：35℃；压力：100bar	[119]
氟维司琼非对映异构体	Chiralpak AD-H（150mm×4.6mm，5μm）	流动相：CO_2+25%甲醇：乙腈（95：5）；流速：2.5mL/min；温度：55℃	[96]

Regalado 和 Welch 研究了在非手性的 UHPLC 和 SFC 上几种固定相和流动相组合搭配下三环-呋喃异构体的分离。根据筛选结果，四种三环-呋喃异构体的混合物基本上无法分离，只有在使用 Luna CN 相的 SFC 中实现了部分的分离[94]。而在手性 SFC 中，所有的同分异构体都在 Chiralcel OJ 相上得到了基线分离（图12.7），100mg 的混合物获得制备级的纯化。

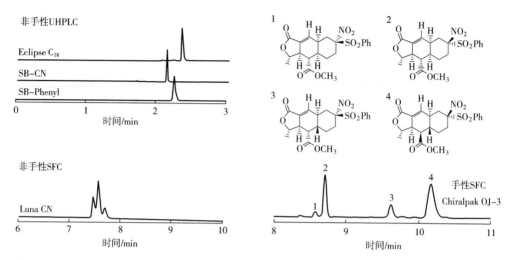

图 12.7 三环呋喃异构体混合物在反相非手性 UHPLC-DAD 和手性 SFC-DAD 的色谱图。UHPLC 法采用水搭配 5%~95%乙腈梯度（0.1%磷酸）流动相；SFC 法采用二氧化碳搭配 1%~40%的丙醇梯度（25mmol/L 异丁胺），分离时间 5min [94]。IUPAC 名：(1) 甲基（3S, 3aR, 4S, 4aR, 7S, 8aS）-3-甲基-7-硝基-1-氧代-7-（苯氧亚磺酰基）-1H, 3H, 3aH, 4H, 4aH, 5H, 6H, 7H, 8H, 8aH-萘 [2, 3-c] 呋喃-4-羧酸盐；(2) 甲基（3S, 3aR, 4S, 4aR, 7R, 8aS）-3-甲基-7-硝基-1-氧代-7-（苯氧亚磺酰基）-1H, 3H, 3aH, 4H, 4aH, 5H, 6H, 7H, 8H, 8aH-萘 [2, 3-c] 呋喃-4-羧酸盐；(3) 甲基（3S, 3aR, 4R, 4aR, 7S, 8aS）-3-甲基-7-硝基-1-氧代-7-（苯氧亚磺酰基）-1H, 3H, 3aH, 4H, 4aH, 5H, 6H, 7H, 8H, 8aH-萘 [2, 3-c] 呋喃-4-羧酸盐；(4) 甲基（3S, 3aR, 4R, 4aR, 7R, 8aS）-3-甲基-7-硝基-1-氧代-7-（苯氧亚磺酰基）-1H, 3H, 3aH, 4H, 4aH, 5H, 6H, 7H, 8H, 8aH-萘 [2, 3-c] 呋喃-4-羧酸盐

Rao 等 [96] 利用 SFC 对氟维司琼的非对映体进行分离。他们使用 Chiralpak AD-H 多糖相和 25% 的 MeOH/ACN（95/5）共溶剂，在不到 8min 的时间里分离出了氟维司琼亚砜 A 和 B。结果表明该方法具有良好的特异性、精确性、准确性、线性和稳健性，适用于对生产批次的常规质量控制。在 Ebinger 和 Weller [98] 的一项研究中，他们使用非手性 SFC 和非手性 HPLC 对超过 205 个合成非对映体混合物进行分离，并测定其成功率。无保护的硅胶和 2-芘基-乙基固定相，配合梯度流动相，分离出的化合物数量是 RPLC 的两倍。这项研究仅仅是基于非常有限的一系列固定相和流动相。因此，还需要更多采用不同实验条件的后续研究来帮助证实该研究结果。

12.10 结论

随着人们对将超临界流体作为色谱分离洗脱剂的重新关注，手性化合物的相

关研究越来越多。这主要是因为仪器的改进和多种类型手性固定相的发展。尽管目前超临界流体色谱的大多数手性分离的完成是基于多糖基相，其他手性固定相（例如 Pirkle 型和抗生素基相）也有相关的应用。相比于用于手性分离的其他技术，超临界流体色谱拥有溶剂消耗和成本较低、浪费较少的优点。与 HPLC 相比，超临界流体色谱的柱效和分离效率更高。与 GC 相比，SFC 不局限于热稳定或挥发性化合物的分析。总而言之，SFC 在许多应用的常规手性分析中已经占有一席之地。由于新的手性固定相和新技术的出现，例如亚二微米颗粒的使用，SFC 在手性分离中的应用范围正在逐步发展。

参考文献

［1］ Yamada T, Okada T, Sakaguchi K, Ohfune Y, Ueki H, Soloshonok VA. Efficient asymmetric synthesis of novel 4-substituted and configurationally stable analogues of thalidomide. Org Lett 2006；8：5625-8.

［2］ Nováková L, Grand-Guillaume Perrenoud A, Francois I, West C, Lesellier E, Guillarme D. Modern analytical supercritical fluid chromatography using columns packed with sub-2μm particles：a tutorial. Anal Chim Acta 2014；824：18-35.

［3］ Taylor LT. Supercritical fluid chromatography. Anal Chem 2010；82：4925-35.

［4］ Yan TQ, Orihuela C. Rapid and high throughput separation technologies—steady state recycling and supercritical fluid chromatography for chiral resolution of pharmaceutical intermediates. J Chromatogr A 2007；1156：220-7.

［5］ McNaught AD, Wilkinson A. 2nd ed IUPAC：compendium of chemical terminology（the "Gold Book"）, vol. 2193. Oxford：Blackwell Scientific Publications；1997.

［6］ Smith MB, March J. Stereochemistry. March's advanced organic chemistry. 6th ed. Hoboken, New Jersey：Wiley-Interscience；2007. p. 136-233.

［7］ Carey FA, Sundberg RJ. Stereochemistry, conformation, and stereoselectivity. advanced organic chemistry. Part A：structure and mechanisms. 5th ed. Charlottesville, Virginia：Springer Science and Business Media；2007. p. 119-240.

［8］ Shekunov BY, York P. Crystallization processes in pharmaceutical technology and drug delivery design. J Cryst Growth 2000；211：122-36.

［9］ Rekoske JE. Chiral separations. Am Inst Chem Eng J 2001；47：2-5.

［10］ Keith JM, Larrow JF, Jacobsen EN. Practical considerations in kinetic resolution reactions. Adv Synth Catal 2001；343：5-26.

［11］ Koter I. Separation of enantiomers by chirally modified membranes. In：Koter I, editor. Proceedings of the 23rd international symposium on physico-chemical methods of separation-ARS Separatoria. Poland：Nicolaus Copernicus University in Torun；2008. p. 384.

［12］ Afonso CAM, Crespo JG. Recent advances in chiral resolution through membranebased approaches. Angew Chem Int Ed Engl 2004；43：5293-5.

［13］ Gorog S, Gazdag M. Enantiomeric derivatization for biomedical chromatography. J Chromatogr

B 1994; 659: 51-4.

[14] Ilisz I, Berkecz R, Péter A. Application of chiral derivatizing agents in the high-performance liquid chromatographic separation of amino acid enantiomers: a review. J Pharm Biomed Anal 2008; 47: 1-15.

[15] Gyllenhaal O, Karlsson A. Enantiomeric separations of amino alcohols by packedcolumn SFC on Hypercarb with L- (1) -tartaric acid as chiral selector. J Biochem Biophys Methods 2002; 54: 169-85.

[16] Sun Q, Olesik SV. Chiral separation by simultaneous use of vancomycin as stationary phase chiral selector and chiral mobile phase additive. J Chromatogr B 2000; 745: 159-66.

[17] West C. Enantioselective separations with supercritical fluids—review. Curr Anal Chem 2014; 10: 99-120.

[18] Phinney KW. SFC of drug enantiomers. Anal Chem 2000; 75: 204-11.

[19] Taylor LT. Supercritical fluid chromatography for the 21st century. J Supercrit Fluids 2009; 47: 566-73.

[20] Terfloth G. Enantioseparations in super- and subcritical fluid chromatography. J Chromatogr A 2001; 906: 301-7.

[21] Chankvetadze B. Chloromethylphenylcarbamate derivatives of cellulose as chiral stationary phases for high-performance liquid chromatography. J Chromatogr A 1994; 670: 39-49.

[22] Chankvetadze B, Yashima E, Okamoto Y. Dimethyl-, dichloro- andchloromethylphenylcarbamates of amylose as chiral stationary phases for high-performance liquid chromatography. J Chromatogr A 1995; 694: 101-9.

[23] West C, Zhang Y, Morin-Allory L. Insights into chiral recognition mechanisms in supercritical fluid chromatography. I. Non-enantiospecific interactions contributing to the retention on tris- (3, 5-dimethylphenylcarbamate) amylose and cellulose stationary phases. J Chromatogr A 2011; 1218: 2019-32.

[24] West C, Guenegou G, Zhang Y, Morin-Allory L. Insights into chiral recognition mechanisms in supercritical fluid chromatography. II. Factors contributing to enantiomer separation on tris- (3, 5-dimethylphenylcarbamate) of amylose and cellulose stationary phases. J Chromatogr A 2011; 1218: 2033-57.

[25] Thunberg L, Hashemi J, Andersson S. Comparative study of coated and immobilized polysaccharide-based chiral stationary phases and their applicability in the resolution of enantiomers. J Chromatogr B 2008; 875: 72-80.

[26] Zhang T, Kientzy C, Franco P, Ohnishi A, Kagamihara Y, Kurosawa H. Solvent versatility of immobilized 3, 5-dimethylphenylcarbamate of amylose in enantiomeric separations by HPLC. J Chromatogr A 2005; 1075: 65-75.

[27] Cavazzini A, Pasti L, Massi A, Marchetti N, Dondi F. Recent applications in chiral high performance liquid chromatography: a review. Anal Chim Acta 2011; 706: 205-22.

[28] De Klerck K, Mangelings D, Vander Heyden Y. Supercritical fluid chromatography for the enantioseparation of pharmaceuticals. J Pharm Biomed Anal 2012; 69: 77-92.

[29] Schneiderman E, StalcupAM. Cyclodextrins: a versatile tool in separation science. J

Chromatogr B 2000; 745: 83-102.

[30] Ong T-T, Wang R-Q, Muderawan IW, Ng S-C. Synthesis and application of mono-6- (3-methylimidazolium) -6-deoxyperphenylcarbamoyl-beta-cyclodextrin chloride as chiral stationary phases for high-performance liquid chromatography and supercritical fluid chromatography. J Chromatogr A 2008; 1182: 136-40.

[31] Wang R-Q, Ong T-T, Ng S-C. Synthesis of cationic beta-cyclodextrin derivatives and their applications as chiral stationary phases for high-performance liquid chromatography and supercritical fluid chromatography. J Chromatogr A 2008; 1203: 185-92.

[32] Wang R-Q, Ong T-T, Ng S-C. Chemically bonded cationic β-cyclodextrin derivatives and their applications in supercritical fluid chromatography. J Chromatogr A 2012; 1224: 97-103.

[33] Janeckova L, Kalikova K, Vozka J, Bosakova Z, Tesarova E. Characterization of cyclofructan-based chiral stationary phases by linear free energy relationship. J Sep Sci 2011; 34: 2639-44.

[34] Vozka J, Kalikova K, Roussel C, Armstrong DW, Tesǎrová E. An insight into the use of dimethylphenyl carbamate cyclofructan 7 chiral stationary phase in supercritical fluid chromatography: The basic comparison with HPLC. J Sep Sci 2013; 36: 1711-19.

[35] Breitbach AS, Lim Y, Xu Q, Kürti L, Armstrong DW, Breitbach ZS. Enantiomeric separations of α-aryl ketones with cyclofructan chiral stationary phases via high performance liquid chromatography and supercritical fluid chromatography. J Chromatogr A 2016; 1427: 45-54.

[36] Zhang Y, Wu DR, Wang-Iverson DB, Tymiak AA. Enantioselective chromatography in drug discovery. Drug Discov Today 2005; 10: 571-7.

[37] Płotka JM, Biziuk M, Morrison C, Namieśnik J. Pharmaceutical and forensic drug applications of chiral supercritical fluid chromatography. Trends Anal Chem 2014; 56: 74-89.

[38] Barhate CL, Wahab MF, Breitbach ZS, Bell DS, Armstrong DW. High efficiency, narrow particle size distribution, sub-2μm based macrocyclic glycopeptide chiral stationary phases in HPLC and SFC. Anal Chim Acta 2015; 898: 128-37.

[39] Mourier PA, Eliot E, Caude MH, Rosset RH, Cedex P, Tambute AG, et al. Supercritical and subcritical fluid chromatography on a chiral stationary phase for the resolution of phosphine oxide enantiomers. Anal Chem 1985; 57: 2819-23.

[40] Kraml CM, Zhou D, Byrne N, McConnell O. Enhanced chromatographic resolution of amine enantiomers as carbobenzyloxy derivatives in high-performance liquid chromatography and supercritical fluid chromatography. J Chromatogr A 2005; 1100: 108-15.

[41] Pell R, Lindner W. Potential of chiral anion-exchangers operated in various subcritical fluid chromatography modes for resolution of chiral acids. J Chromatogr A 2012; 1245: 175-82.

[42] Lämmerhofer M, Pell R, Mahut M, Richter M, Schiesel S, Zettl H, et al. Enantiomer separation and indirect chromatographic absolute configuration prediction of chiral pirinixic acid derivatives: limitations of polysaccharide-type chiral stationary phases in comparison to chiral anion-exchangers. J Chromatogr A 2010; 1217: 1033-40.

[43] Wolrab D, Kohout M, Boras M, Lindner W. Strong cationexchange-type chiral stationary phase for enantioseparation of chiral amines in subcritical fluid chromatography. J Chromatogr A 2013;

1289: 94-104.

[44] Wolrab D, Macíková P, Boras M, Kohout M, Lindner W. Strong cation exchange chiral stationary phase—a comparative study in high-performance liquid chromatography and subcritical fluid chromatography. J Chromatogr A 2013; 1317: 59-66.

[45] Maier NM, Lindner W. Chiral recognition applications of molecularly imprinted polymers: a critical review. Anal Bioanal Chem 2007; 389: 377-97.

[46] Ellwanger A, Owens PK, Karlsson L, Bayoudh S, Cormack P. Application of molecularly imprinted polymers in supercritical fluid chromatography. J Chromatogr A 2000; 897: 317-27.

[47] Ansell RJ, Kuah JKL, Wang D, Jackson CE, Bartle KD, Clifford AA. Imprinted polymers for chiral resolution of (6) -ephedrine, 4: packed column supercritical fluid chromatography using molecularly imprinted chiral stationary phases. J Chromatogr A 2012; 1264: 117-23.

[48] Regalado EL, Welch CJ. Pushing the speed limit in enantioselective supercritical fluid chromatography. J Sep Sci 2015; 38: 2826-32.

[49] Sciascera L, Ismail O, Ciogli A, Kotoni D, Cavazzini A, Botta L, et al. Expanding the potential of chiral chromatography for high-throughput screening of large compound libraries by means of sub-2μm Whelk-O 1 stationary phase in supercritical fluid conditions. J Chromatogr A 2015; 1383: 160-8.

[50] Majewski W, Valery E, Ludemann Hombourger O. Principle and applications of supercritical fluid chromatography. J Liq Chromatogr Relat Technol 2005; 28: 1233-52.

[51] Lesellier E, West C. The many faces of packed column supercritical fluid chromatography—a critical review. J Chromatogr A 2015; 1382: 2-46.

[52] Berger TA. Packed column SFC. Delaware, USA: The Royal Society of Chemistry; 1995.

[53] Maftouh M, Granier-Loyaux C, Chavana E, Marini J, Pradines A, Vander Heyden Y, et al. Screening approach for chiral separation of pharmaceuticals. Part III. Supercritical fluid chromatography for analysis and purification in drug discovery. J Chromatogr A 2005; 1088: 67-81.

[54] Miller L. Evaluation of non-traditional modifiers for analytical and preparative enantioseparations using supercritical fluid chromatography. J Chromatogr A 2012; 1256: 261-6.

[55] Byrne N, Hayes-Larson E, Liao W-W, Kraml CM. Analysis and purification of alcohol-sensitive chiral compounds using 2, 2, 2-trifluoroethanol as a modifier in supercritical fluid chromatography. J Chromatogr B 2008; 875: 237-42.

[56] Phinney KW, Sander LC. Additive concentration effects on enantioselective separations in supercritical fluid chromatography. Chirality 2003; 15: 287-94.

[57] Phinney KW. Enantioselective separations by packed column subcritical and supercritical fluid chromatography. Anal Bioanal Chem 2005; 382: 639-45.

[58] De Klerck K, Mangelings D, Clicq D, De Boever F, Vander Heyden Y. Combined use of isopropylamine and trifluoroacetic acid in methanol-containing mobile phases for chiral supercritical fluid chromatography. J Chromatogr A 2012; 1234: 72-9.

[59] Ventura M, Murphy B, Goetzinger W. Ammonia as a preferred additive in chiral and achiral applications of supercritical fluid chromatography for small, drug-like molecules. J Chromatogr A 2012; 1220: 147-55.

[60] Hamman C, Schmidt DE, Wong M, Hayes M. The use of ammonium hydroxide as an additive in supercritical fluid chromatography for achiral and chiral separations and purifications of small, basic medicinal molecules. J Chromatogr A 2011; 1218: 7886-94.

[61] Tarafder A. Metamorphosis of supercritical fluid chromatography to SFC: an overview. Trends Anal Chem 2016; 81: 3-10.

[62] West C, Bouet A, Routier S, Lesellier E. Effectsof mobile phase composition and temperature on the supercritical fluid chromatography enantioseparation of chiral fluoro-oxoindole-type compounds with chlorinated polysaccharide stationary phases. J Chromatogr A 2012; 1269: 325-35.

[63] A°sberg D, Enmark M, Samuelsson J, Fornstedt T. Evaluation of co-solvent fraction, pressure and temperature effects in analytical and preparative supercritical fluid chromatography. J Chromatogr A 2014; 1374: 254-60.

[64] Wang C, Zhang Y. Effects of column back pressure on supercritical fluid chromatography separations of enantiomers using binary mobile phases on 10 chiral stationary phases. J Chromatogr A 2013; 1281: 127-34.

[65] Enmark M, A°sberg D, Samuelsson J, Fornstedt T. The effect of temperature, pressure and co-solvent on a chiral supercritical fluid chromatography separation. Chromatogr Today 2014; 7: 14-17.

[66] Tarafder A, Hill JF, Iraneta PC, Fountain KJ. Use of isopycnic plots to understand the role of density in SFC - I. Effect of pressure variation on retention factors. J Chromatogr A 2015; 1406: 316-23.

[67] Lesellier E. Retention mechanisms in super/subcritical fluid chromatography on packed columns. J Chromatogr A 2009; 1216: 1881-90.

[68] Declerck S, Vander Heyden Y, Mangelings D. Enantioseparations of pharmaceuticals with capillary electrochromatography: a review. J Pharm Biomed Anal 2016; 130: 81-99.

[69] Albals D, Vander Heyden Y, Schmid MG, Chankvetadze B, Mangelings D. Chiral separations of cathinone and amphetamine-derivatives: comparative study between capillary electrochromatography, supercritical fluid chromatography and three liquid chromatographic modes. J Pharm Biomed Anal 2016; 121: 232-43.

[70] Ward T, Ward K. Chiral separations: a review of current topics and trends. Anal Chem 2011; 84: 626-35.

[71] Cavazzini A, Marchetti N, Guzzinati R, Pierini M, Ciogli A, Kotoni D, et al. Enantioseparation by ultra-high-performance liquid chromatography. Trends Anal Chem 2014; 63: 95-103.

[72] Toribio L, del Nozal MJ, Bernal JL, Alonso C, Jiménez JJ. Comparative study of the enantioselective separation of several antiulcer drugs by high-performance liquid chromatography and supercritical fluid chromatography. J Chromatogr A 2005; 1091: 118-23.

[73] Zhao Y, Pritts WA, Zhang S. Chiral separation of selected proline derivatives using a polysaccharide-type stationary phase by supercritical fluid chromatography and comparison with high-performance liquid chromatography. J Chromatogr A 2008; 1189: 245-53.

[74] Periat A, Grand-Guillaume Perrenoud A, Guillarme D. Evaluation of various chromatographic approaches for the retention of hydrophilic compounds and MS compatibility. J Sep Sci 2013; 36:

3141-51.

[75] Khater S, Lozac'h M, Adam I, Francotte E, West C. Comparison of liquid and supercritical fluid chromatography mobile phases for enantioselectove separations on polysaccharide stationary phases. J Chromatogr A 2016; 1467: 463-72.

[76] Venkatramani CJ, Al-Sayah M, Li G, Goel M, Girotti J, Zang L, et al. Simultaneous achiral-chiral analysis of pharmaceutical compounds using two-dimensional reversed phase liquid chromatography-supercritical fluid chromatography. Talanta 2016; 148: 548-55.

[77] Xie S-M, Zhang Z-J, Wang Z-Y, Yuan L-M. Chiral metal-Organic frameworks for high-resolution gas chromatographic separations. J Am Chem Soc 2011; 133: 11892-5.

[78] Xie S-M, Zhang X-H, Zhang Z-J, Zhang M, Jia J, Yuan L-M. A 3-D open-framework material with intrinsic chiral topology used as a stationary phase in gas chromatography. Anal Bioanal Chem 2013; 405: 3407-12.

[79] Huang K, Zhang X, Armstrong DW. Ionic cyclodextrins in ionic liquid matrices as chiral stationary phases for gas chromatography. J Chromatogr A 2010; 1217: 5261-73.

[80] Yao C, Anderson JL. Retention characteristics of organic compounds on molten salt and ionic liquid-based gas chromatography stationary phases. J Chromatogr A 2009; 1216: 1658-712.

[81] Schurig V. Gas chromatographic enantioseparation of derivatized α-amino acids on chiral stationary phases—past and present. J Chromatogr B 2011; 879: 3122-40.

[82] Ren-Qi W, Teng-Teng O, Weihua T, Siu-Choon N. Recent advances in pharmaceutical separations with supercritical fluid chromatography using chiral stationary phases. Trends Anal Chem 2012; 37: 83-100.

[83] Alexander AJ, Staab A. Use of achiral/chiral SFC/MS for the profiling of isomeric cinnamonitrile/hydrocinnamonitrile products in chiral drug synthesis. Anal Chem 2006; 78: 3835-8.

[84] Welch CJ, Biba M, Gouker JR, Kath G, Augustine P, Hosek P. Solving multicomponent chiral separation challenges using a new SFC tandem column screening tool. Chirality 2007; 189: 184-9.

[85] Nogle LM, Mann CW, Watts WL, Zhang Y. Preparative separation and identification of derivatized β-methylphenylalanine enantiomers by chiral SFC, HPLC and NMR for development of new peptide ligand mimetics in drug discovery. J Pharm Biomed Anal 2006; 40: 901-9.

[86] Li S, Lambros T, Wang Z, Goodnow R, Ho C-T. Efficient and scalable method in isolation of polymethoxyflavones from orange peel extract by supercritical fluid chromatography. J Chromatogr B 2007; 846: 291-7.

[87] Yan TQ, Orihuela C, Swanson D. The application of preparative batch HPLC, supercritical fluid chromatography, steady-state recycling, and simulated moving bed for the resolution of a racemic pharmaceutical intermediate. Chirality 2008; 146: 139-46.

[88] Rajendran A. Design of preparative-supercritical fluid chromatography. J Chromatogr A 2012; 1250: 227-49.

[89] Kalíková K, Slechtová T, Vozka J, Tesařová E. Supercritical fluid chromatography as a tool for enantioselective separation: a review. Anal Chim Acta 2014; 821: 1-33.

[90] Depta A, Giese T, Johannsen M, Brunner G. Separation of stereoisomers in a simulated mov-

ing bed-supercritical fluid chromatography plant. J Chromatogr A 1999; 865: 175-86.

[91] Johannsen M, Peper S, Depta A. Simulated moving bed chromatography with supercritical fluids for the resolution of bi-naphthol enantiomers and phytol isomers. J Biochem Biophys Methods 2002; 54: 85-102.

[92] Rajendran A, Peper S, Johannsen M, Mazzotti M, Morbidelli M, Brunner G. Enantioseparation of 1-phenyl-1-propanol by supercritical fluid-simulated moving bed chromatography. J Chromatogr A 2005; 1092: 55-64.

[93] Juza M, Mazzotti M, Morbidelli M. Simulated moving-bed chromatography and its application to chirotechnology. Tibtech 2000; 18: 108-18.

[94] Regalado EL, Welch CJ. Separation of achiral analytes using supercritical fluid chromatography with chiral stationary phases. Trends Anal Chem 2015; 67: 74-81.

[95] Christov PP, Hawkins EK, Kett NR, Rizzo CJ. Simplified synthesis of individual stereoisomers of the 4-hydroxynonenal adducts of deoxyguanosine. Tetrahedron Lett 2013; 54: 4289-91.

[96] Venkata Narasimha Rao G, Gnanadev G, Ravi B, Dhananjaya D, Manoj P, Indu B, et al. Supercritical fluid (carbon dioxide) based ultra performance convergence chromatography for the separation and determination of fulvestrant diastereomers. Anal Methods 2013; 5: 4832-7.

[97] Zhao Y, McCauley J, Pang X, Kang L, Yu H, Zhang J, et al. Analytical and semipreparative separation of 25 (R/S) -spirostanol saponin diastereomers using supercritical fluid chromatography. J Sep Sci 2013; 36: 3270-6.

[98] Ebinger K, Weller HN. Comparison of chromatographic techniques for diastereomer separation of a diverse set of drug-like compounds. J Chromatogr A 2013; 1272: 150-4.

[99] Pirkle WH, Dappen R, Reno DS. Applications for racemic versions of chiral stationary phases. J Chromatogr 1987; 407: 211-16.

[100] Wolrab D, Frü hauf P, Moulisová A, Kuchǎr M, Gerner C, Lindner W, et al. Chiral separation of new designer drugs (cathinones) on chiral ion-exchange type stationary phases. J Pharm Biomed Anal 2016; 120: 306-15.

[101] Regalado EL, Helmy R, Green MD, Welch CJ. Chromatographic resolution of closely related species: drug metabolites and analogs. J Sep Sci 2014; 37: 1094-102.

[102] Toribio L, Del Nozal MJ, Bernal YL, Alonso C, Jiménez JJ. Semipreparative chiral supercritical fluid chromatography in the fractionation of lansoprazole and two related antiulcer drugs enantiomers. J Sep Sci 2008; 31: 1307-13.

[103] Brondz I, Ekeberg D, Bell DS, Annino AR, Hustad JA, Svendsen R, et al. Nature of the main contaminant in the drug primaquine diphosphate: SFC and SFC-MS methods of analysis. J Pharm Biomed Anal 2007; 43: 937-44.

[104] Mukherjee PS. Validation of direct assay of an aqueous formulation of a drug compound AZY by chiral supercritical fluid chromatography (SFC). J Pharm Biomed Anal 2007; 43: 464-70.

[105] Svan A, Hedeland M, Arvidsson T, Jasper JT, SedlakDL, Pettersson CE. Rapid chiral separation of atenolol, metoprolol, propranolol and the zwitterionic metoprolol acid using supercritical fluid chromatography—tandem mass spectrometry—application to wetland microcosms. J Chromatogr A 2015; 1409: 251-8.

[106] Jin L, Gao W, Yang H, Lin C, Liu W. Enantiomeric resolution of five chiral pesticides on a Chiralpak IB-H column by SFC. J Chromatogr Sci 2011; 49: 739-43.

[107] Zhang C, Jin L, Zhou S, Zhang Y, Feng S, Zhou Q. Chiral separation of neonicotinoid insecticides by polysaccharide-type stationary phases using high-performance liquid chromatography and supercritical fluid chromatography. Chirality 2011; 221: 215-21.

[108] Toribio L, Del Nozal MJ, Bernal JL, Alonso C, Jiménez JJ. Enantiomeric separation of several antimycotic azole drugs using supercritical fluid chromatography. J Chromatogr A 2007; 1144: 255-61.

[109] Liu N, Dong F, Xu J, Liu X, Chen Z, Tao Y, et al. Stereoselective determination of tebuconazole in water and zebrafish by supercritical fluid chromatography tandem mass spectrometry. J Agric Food Chem 2015; 63: 6297-303.

[110] Tao Y, Dong F, Xu J, Liu X, Cheng Y, Liu N, et al. Green and sensitive supercritical fluid chromatographic—tandem mass spectrometric method for the separation and determination of flutriafol enantiomers in vegetables, fruits, and soil. J Agric Food Chem 2014; 62: 11457-64.

[111] Berger TA, Berger BK. Chromatographic resolution of 7 of 8 stereoisomers of vitamin K1 on an amylose stationary phase using supercritical fluid chromatography. Chromatographia 2013; 76: 549-52.

[112] Sánchez-Hernández L, Bernal JL, Del Nozal MJ, Toribio L. Chiral analysis of aromatic amino acids in food supplements using subcritical fluid chromatography and Chirobiotic T2 column. J Supercrit Fluids 2016; 107: 519-25.

[113] Xie J, Cheng J, Han H, Sun B, Yanik GW. Resolution of racemic γ-lactone flavors on Chiralpak AD by packed column supercritical fluid chromatography. Food Chem 2011; 124: 1107-12.

[114] Schaffrath M, Weidmann V, Maison W. Enantioselective high performance liquid chromatography and supercritical fluid chromatography separation of spirocyclic terpenoid flavor compounds. J Chromatogr A 2014; 1363: 270-7.

[115] Xie J-C, Cheng J, Sun B-G. Resolution of racemic δ-lactone flavors on Chiralcel OB by packed column super critical fluid chromatography. Eur Food Res Technol 2009; 230: 521-6.

[116] Xie J, Han H, Sun L, Zeng H, Sun B. Resolution of racemic 3-hydroxy-4, 5-dimethyl-2 (5H)-furanone (sotolon) by packed column supercritical fluid chromatography. Flavour Fragr J 2012; 27: 244-9.

[117] Khater S, West C. Development and validation of a supercritical fluid chromatography method for the direct determination of enantiomeric purity of provitamin B5 in cosmetic formulations with mass spectrometric detection. J Pharm Biomed Anal 2015; 102: 321-5.

[118] Li L. Enantiomeric determination of methamphetamine, amphetamine, ephedrine, and pseudoephedrine using chiral supercritical fluid chromatography with mass spectrometric detection. Microgram J 2015; 12: 1-4.

[119] Liu J, Regalado EL, Mergelsberg I, Welch CJ. Extending the range of supercritical fluid chromatography by use of water-rich modifiers. Org Biomol Chem 2013; 11: 4925-9.

13 石油产品的超临界流体色谱分析

D. Thiebaut

CNRS, UMR8231 CBI CNRSESPCI, PSL Research University, Paris, France

13.1 引言

超临界流体色谱（SFC）真正应用于石油化合物的分离始于20世纪80年代。SFC使用纯二氧化碳作为流动相，在分离碳氢化合物和石油领域相关化合物方面结合了气相色谱（GC）和液相色谱（LC）的优势[1]：它具有相似甚至优于LC的效率[2]，它可以使用LC和GC的检测器，它使用的超临界流体（SFs）作为密度较大的流动相使其具有像LC那样可调节的溶解力；因此SFC可以作为连接GC和LC的桥梁[3]。

如今，大部分SFC应用都会将极性添加剂加入到二氧化碳中来扩大流动相的极性范围[4]。色谱类杂志上发表应用的数量，综述中"纯的CO_2如今已经基本不再使用，而添加溶剂改性的CO_2则较为常用……"这样的描述[5]，以及通过修改类似或者基于LC的系统来构建商业化SFC系统的设计都体现了这种现状。最近SFC的"再生"与这些具有商业可行性的新型系统是有一定关系的。然而，对于纯CO_2的使用者来说，可能会发现一些流动相没有使用改性剂的系统因为不能实现分离过程中压力/密度程序控制而没有研究意义。随后我们会了解到，使用纯CO_2进行石油分析时，不论研究对象是哪些化合物，密度程序控制在大多数情况下都是必要的。尤其对于像模拟蒸馏这样分子质量范围分布较宽化合物的分离，密度程序控制是至关重要的。

SFC仍然是石油应用中的一个待开发领域，也是因为它结合了类似LC的流动相和GC的检测器，而在商业化SFC系统中还未实现；随后案例中会展示不能从GC柱洗脱的高分子质量化合物可以从SFC柱洗脱，并且非常灵敏的通用型GC检测器火焰离子化检测器（FID）可以做简单的碳氢化合物族组成鉴定。石油相关化合物的SFC分离一般都是GC衍生的分离方式，例如模拟蒸馏（Simdis），或者类似LC的分离方式，例如碳氢化合物族组成分离。填充的液相色谱柱和气相色谱毛细管开管柱在石油化合物的SFC分析[1, 6~10]中都有应用，也各有优缺点。不过在SFC中，填充柱比毛细管开管柱更容易操控，它的分离速度比毛细管柱更快[3]并且它在LC和SFC中的效率一致[2]；更进一步对于改性剂的使用来说，药物分析，尤其是手性分离规范中要求SFC使用与LC中一样的填充柱（必须在此指出使用 SFC 方法取代 LC 方法也是值得考虑的，从减少试剂损耗和成本方面，或者环境方面均有益处。大部分正相 LC 分离方法经过很简单的优化过程就可以被 SFC 方法代替 [4]）。

在石油分析领域，模拟蒸馏是一项常规 GC 应用 [11]；然而，SFC 非常适合于较重的碳氢化合物分离，例如碳原子数超过 80~100，必须经过裂解才能从高温 GC（HTGC）洗脱这类碳氢化合物。SFC 可以在远低于 HTGC 的温度下在填充柱或开管柱上完成它们的洗脱。由于 SFC 可以洗脱碳原子个数从 20 到 200 的碳氢化合物，对于重馏分的模拟蒸馏来说它是比 GC 更好的选择。

石油工业中研究最多的 LC 应用之一是碳氢化合物族组成分析 [1, 10]。SFC 用于这种族组成分析的最大优势是可以使用 FID 作为检测器以及流动相二氧化碳的性质：由于对大部分碳氢化合物的响应因子相似，FID 很容易对碳氢化合物族组成定量。因此 SFC 长期以来被 ASTM 列为这个应用的标准方法。

SFC 在族组成分析应用方面的关键点是不同种类碳氢化合物之间的选择性。通过使用不同的流动相和固定相以及使用柱串联或多维模式可以研究并提高这种选择性。此外，也可以通过将紫外（UV）检测和 FID 结合的多重检测提高族组成分析的选择性。使用包含原子发射检测（AED），傅里叶变换红外光谱（FTIR），质谱（MS），UV 和 FID 的"联用（hypernated）"系统可以有效改善润滑剂的分析 [1]。

二氧化碳作为流动相的另一个有趣特性是与 GC 的联用：SFC 与 GC 的联用在 SFC 发展的很早期就已被报道 [12, 13]。近来，SFC 已成功与全二维气相色谱（GC×GC）联用 [11]。作为流动相的超临界二氧化碳在降压后转化为气体，使得 SFC 和 GC 的联用显而易见可以实现。这种策略的特性会在重馏分油和减压馏分油的族组成分析中显示出来。SFC 可先根据极性（双键数目、极性功能团等）进行分离，再在线传输到 GC×GC。由于 GC×GC 具有非常优异的分离性能，它可以鉴别每一种烃族类型，从而（1）对不同烃族类型简单定量（2）绘制每一类烃的模拟蒸馏曲线。

最后还有一点值得注意，建立一个 SFC×SFC 系统可以提供和 GC×GC 系统相同的性能。像 GC×GC 系统那样，SFC×SFC 系统一维使用长色谱柱，在对一维流出物调制之后，二维只需相当快的分离过程即可完成。

我们会对 SFC 在石油工业最有吸引力的趋势和应用进行综述：模拟蒸馏、族组成分析和相关应用，包括使用高分辨质谱的多重检测，将 SFC 与 GC×GC 联用以改善不同族组成分离，SFC×GC 和具有前景的 SFC×SFC。为帮助领域内的新来者理解，文中也会提供一些与使用开管毛细管柱或传统填充柱与 FID（或其他需要降压并且在某些情况下检测前对流动相分流的检测器）结合相关的技术资料。

13.2 技术部分：超临界流体色谱和火焰离子化检测器的联用

在 SFC 发展的早期阶段就已出现 SFC 和 FID 的联用技术。然而，需要说明的是，尽管一些制造商同时生产 SFC 和 GC，可以对仪器进行适当的调整以适应两者联用，使用 FID 作为检测器的 SFC 已不再是可商业化购买的仪器。

并且，由于模拟蒸馏可以在开管毛细管 SFC 系统中高效进行，在其操作条件下，SFC 是一个运行在高温高压下的微型化色谱技术；因此像纳升-液相色谱技术那样，尽管使用的 SFC 系统相当简单（图 13.1），仍然需要一些防范措施。毫无疑问，用于模拟蒸馏的装置也可以应用于所有使用毛细管柱或微型填充柱的 SFC-FID 应用。

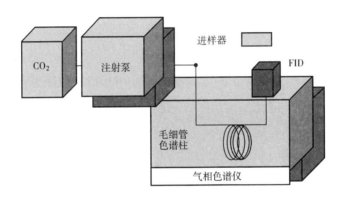

图 13.1 开管毛细管柱或微型填充柱 SFC 模拟蒸馏使用的仪器示意图（引自：Dulaurent A, Dahan L, Thiébaut D, Bertoncini F, Espinat D. Extended simulated distillation by capillary supercritical fluid chromatography. Oil Gas Sci Technol 2007；62：33-42 [15]. Copyright 2007 IFP Energies Nouvelles.）

当模拟蒸馏和许多需要分离饱和烃的应用使用 FID 检测器时，色谱柱出口必须连接一个固定的限流器（积分型或多孔型 [10]），它可以传输超临界流体并使其在 FID 进气管处降压气化；为了限制检测器的死体积，限流器出口必须位于进气管顶端几毫米处，将色谱柱流出物传输至检测器 [14]。使用纯 CO_2 作为流动相，只需要一个泵输送二氧化碳。模拟蒸馏时，泵的最大操作压力越高越好，一般高于 60MPa，并且必须进行压力程序控制。使用注射泵可以满足操作要求 [15]。

13.2.1 SFC-FID 使用小内径色谱柱（微柱色谱）

（1）使用高压注射泵可以准确输送极低流速（低于 0.1μL/min），不需要在柱前分流泵流量。很重要的一点是，系统内压力取决于固定限流器的规格和流动相的流速：压力和色谱柱内流速是相关的；增加分离过程中泵流速可以很容易地实现压力/密度梯度变化。使用泵配套的软件可以直接程序控制压力或密度。

（2）在色谱柱前使用分流器（像纳升液相色谱那样）使 HPLC 使用的往复泵可运用于大部分商业化的 SFC 系统中；软件控制的自动化压力调节器通过分流实现压力/密度的程序化控制。然而，压力调节器和传统的往复泵的压力限制往往较低，一般在40~60MPa 范围内（有文献报道使用改造后的超高效液相色谱往复泵使用压力可超过 50MPa，但是泵头的某些部件寿命可能会受损［18］）。对于模拟蒸馏应用，SFC 所用泵应能承受可承受的最高压力。因此，压力调节器应能承受和泵相似的压力；必须指出一点，通常情况下，需要高于 0.25~0.5mL/min 的流速来维持压力调节器的正常运转。

在这两种情况下，每天都应该进行测试性的分离和检测器的 CO_2 气体流速测量；使用注射泵时也必须检查小内径色谱柱内流速的准确性，因为当流速很低时流量测量计的可靠性是存疑的。使用往复泵时微柱内的流速与分流流速相比可以忽略；色谱柱内的泄漏或堵塞对分流测得的流速影响不明显。

13.2.2　使用常规尺寸高效液相色谱柱（2.1~4.6mm 内径）

可使用常规 SFC 系统或改造后的超高效液相色谱系统［18］。为了使用 FID 检测器，色谱柱出口安装有分流器，将 CO_2 以每分钟 10~50mL 的速度输送入检测器（像 GC 检测器操作那样，在出口的分流器和检测器的进气管中测得的流速以气体流速来表示）；必须优化空气和氢气流速，有两个目的：（1）在整个分离过程使用的压力范围内获得稳定的火焰（2）像 GC 那样，使检测器有最大响应值［14］。值得强调的是，同样的装置可用于串联任何需要在检测前降压的检测器，例如原子发射检测器（AED），硫化学发光检测器（SCD）等。使用新型色谱柱（填充柱或开管毛细管柱），固定的限流器可以在数月时间内以固定流速稳定输送流体［15,19,20］。

色谱柱、进样器和连接的管道系统必须能够承受分离过程的最大操作压力。由于模拟蒸馏需要高温进样，转子密封圈、定子和注射器等的寿命都会缩短；与常规操作条件相比必须更加频繁地更换这些配件。GC 或 LC 的各种类型连接器均可使用。由于模拟蒸馏的高温高压操作条件，不能使用 PEEK 材质的管路。适当条件下可以使用 GC 套管加固连接。

样品/溶剂：为了减小溶剂峰，采用 FID 检测时一般使用二硫化碳（CS_2），因为它的响应很低（像 CO_2 一样）。因此，在定量时，根据不同样品进样量，某些情况下可以忽略 CS_2 的响应峰。模拟蒸馏的 Polywax 标准溶液可以在 100℃溶解于二甲苯；进样阀也应保持高温，避免在此处沉淀。模拟蒸馏中较重样品如减压渣油（沸点>700℃）可以在此条件下完全溶解，但是检测时需要较高的浓度［15］。

任何商品化的配备有 FID 的气相色谱仪都可使用。一台未改造的瓦里安的气相色谱仪已经成功使用多年［14，15］；Hewlett-Packard/Berger 仪器公司的老式而稳健的 SFC 系统提供 FID 检测器，为了补偿 CO_2 降压的热量损失，仪器中配备了第二个加热区域。

13.3 模拟蒸馏

模拟蒸馏是一种分析石油类样品的标准化 GC 方法。在 ASTM 方法中有相关描述［11］。它被广泛应用于评估多种不同类型的样品、原料、炼油和转化过程中馏分。它的基本原理是将样品色谱图和一组正构链烷烃沸点和洗脱温度或保留时间的标准曲线对比；标准曲线中使用的正构链烷烃的色谱图与样品分析时的操作条件一致。结果得到样品的烃分布（质量分数）和该部分的沸程（以常压当量沸点，AEBP 来表示）曲线。操作时使用合适的色谱柱和实验条件可以使模拟蒸馏结果与 ASTM D2892［21］的实沸点蒸馏曲线保持良好一致性。使用 GC 模拟蒸馏可以达到的终沸点是 538℃ 以上（ASTM D2887［22］），而实际蒸馏的 ASTM D2892 方法是 400℃，使用低压条件（约 10Pa）的 ASTM D5236［23］可达 565℃。使用高温 GC 技术的方法（ASTM D6352［24］，7169［25］，7500［26］），当柱箱温度高达 450℃ 并使用非极性的专用固定相时，可以测定更高的常压当量沸点，约 700℃；然而，高分子质量烃类（HMHs）在高温操作条件下有发生裂解反应的可能［27］，但是对结果也许只有很小的影响［28］；必须使用高稳定性的 GC 色谱柱。

使用纯二氧化碳作为流动相的 SFC 具有流动相溶剂强度可变的特点，从这方面来看，它相比 GC 技术具有不可超越的优势。二氧化碳的极性随操作条件变化，极性下限跟正戊烷相当，上限至少可以达到甲苯的极性水平。也正因如此 CO_2 是烃类的良好溶剂，SFC 可以在远低于 GC 的温度洗脱高分子质量烃类。SFC 模拟蒸馏可以使用开管毛细管 GC 色谱柱或者液相填充柱。无论使用哪种类型的色谱柱，在模拟蒸馏的分离过程都需要压力/密度程序控制来洗脱宽沸程分布的化合物。需要强调的是，对于准确的模拟蒸馏程序，同样沸点的化合物会同时流出，与它们的结构无关；这种现象受"模拟蒸馏选择性"影响。不希望出现的"模拟蒸馏选择性"如相同沸点化合物具有不同保留时间或化合物具有相同保留时间但沸点不同。

13.3.1 填充柱

将微型或窄径填充柱 SFC（pSFC）用于模拟蒸馏应用是相当直接的方法，因为填充柱的装载量较高，所以不需要分流进样。1988 年 Schwartz 发表了第一篇关于填充柱 SFC 模拟蒸馏的报道［29］：使用 1mm 内径、填充聚硅氧烷的色谱柱将正烷烃 C_{108} 从聚乙烯 PE740 中洗脱出来。SFC 模拟蒸馏的进一步发展中使用烷基键合的硅胶固定相填充的小口径色谱柱（微径色谱柱）。

主要的结果和一些评论总结在表 13.1 中。

表 13.1 填充柱 SFC 模拟蒸馏的主要发表结果

参考文献	色谱柱箱温度	洗脱的含碳样品	评价	最终压力/MPa
[16]	填充柱 C_{18} 键合硅胶柱	C_{100} Polywax 655	FID/UV （分流）	36
[30]	C_{11} 键合硅胶柱 填充毛细管柱 180℃	C_{132} Polywax 100	进样温度：130℃	>50
[31]	多种链长度 填充毛细管柱 120℃	C_{130} Polywax	使用 C_6 填充毛细管色谱柱得到的相对标准偏差（RSD）更好	41.5
[32]	C_4 键合硅胶柱 定制毛细管色谱柱 160~170℃	C_{136} Polywax 1000	常规分析 C_{80}~C_{120} 键合烷基链长度 > C_4，选择性更好 键合烷基链越长，保留能力越强	48

引自：Thiébaut D. Separation of petroleum products involving supercritical fluid chromatography. J Chromatogr A 2012；1252：17788；Thiébaut D. Gas chromatography and 2D gas chromatography for petroleum industry. Paris：Technip；2013.

使用烷基键合固定相的 SFC 表现出非水反相液相色谱的性质；烷基链越长，烃类的保留作用就越强；没有观察到下限 [31,32]。从这个角度考虑，Huynh 等 [32] 优先选择连接较短烷基链，如丁基的固定相，这样有利于重烃类的洗脱：在相当高的温度（170℃）下操作，可以使烷烃 C_{136} 洗脱，而不是较低温度（130℃）下烷烃 C_{106} 的洗脱。然而，流动相温度越高，在分离过程维持色谱柱中较高 CO_2 密度需要的操作压力也越高；这样会达到整个系统（泵、注射器、色谱柱）的压力限制。然而，Shariff 等 [31] 强调了使用键合长烷基链，如 C_8 或更多碳原子的烷基时会出现相同沸点的不同化合物间保留作用的最小差异（"模拟蒸馏选择性"）。由于保留作用随键合烷基链长度变长而增强，选择烷基链长度时必须有所折衷 [32]：为了使化合物保留作用较弱，使用去活化的键合 C_4 烷基的硅胶柱来保持最终操作压力在 50MPa 左右（这个值超出了一些 SFC 往复泵的压力限制，但是一些注射泵允许更高的工作压力）；"模拟蒸馏选择性"低于 10℃。没有报道过较重的芳烃化合物出现沉淀的现象；但还是强烈推荐在油品或标准样品进样后再进一个空白样。SFC 结果与 GC 结果一致 [32]。

较重化合物在填充柱 SFC 中比在 GC 中的洗脱温度低得多。

非极性烷基键合硅胶固定相使烃类洗脱时的"模拟蒸馏选择性"最小化；纯 CO_2 作为非水性流动相，可以在较高温度（超过 150℃）下使用且不会导致色谱性

能下降 [32]；所以这种色谱柱可以用于日常分析。

然而，理想的日常 SFC-模拟蒸馏设备和色谱柱应该能在较高压力下操作：这些设备包括压力调节器至少应能承受 60MPa 的压力，这样可以在 50MPa 左右的压力下正常工作。而且，进样系统应允许高温进样（像合成高分子的体积排阻色谱）。UHPLC 的进样器和泵能满足应用要求。最近报道了使用填料尺寸小于 2μm 的填充柱快速分离 C_{16} 到 C_{80} 的标准烷烃混合物的方法 [18]。使用 C_{18} 色谱柱分离时间不足 4min，而使用 C_4 键合柱只需 2.5min；使用从 80~300bars 的密度梯度和 100℃ 的温度。据我们所知，这是这种类型标准混合物最快的分离过程，与之相比，GC 中用时 4min 的分离过程，最后的流出物只达到 C_{60} [33]。因此，这种填充柱 SFC 模拟蒸馏方法值得进一步研究，包括提高流动相的温度和压力来扩展洗脱化合物的质量范围，这些操作条件要求有允许压力梯度控制的高压系统。

13.3.2 毛细管色谱柱

总的来说，开管毛细管 SFC（cSFC）在 SFC 应用中并不普及：25 年来，SFC 的主要应用都使用 LC 填充柱和极性添加剂，通常用来分离药用化合物。近期大部分 SFC 文献都没有讨论毛细管色谱柱 [4]。然而，模拟蒸馏似乎是开管毛细管 SFC 应用的最后一个待开发市场。cSFC 模拟蒸馏的主要结果总结在表 13.2 中。

表 13.2 开管毛细管柱 SFC 模拟蒸馏的主要发表结果

作者（年份）[参考文献]	固定相	色谱柱温度/℃	最大压力/MPa	洗脱的最重链烷烃（沸点/℃）
Raynie (1991) [34]	正辛基聚硅氧烷	150	32	C_{100} (719)
Shariff (1994) [31]	正辛烷聚硅氧烷	NA	NA	C_{90} (700)
Bouigeon (1996) 未发表结果	SB-辛基 5% 苯基-甲基聚硅氧烷 聚二甲基硅氧烷	180	50	C_{96} (712) C_{92} (704) C_{108} (732)
Dahan (2002) [35]	5% 苯基-甲基聚硅氧烷	160	55	C_{120} (750)
Dulaurent (2005) [15]	5% 苯基-甲基聚硅氧烷	160	55	C_{126} (759)

引自：Thiébaut D. Separation of petroleum products involving supercritical fluid chromatography. J Chromatogr A 2012；1252：177 88；Thiébaut D. Gas chromatograp6hy and 2D gas chromatography for petroleum industry. Paris：Technip；2013.

所有应用案例中都使用非极性固定相，包括辛烷基，操作条件与上述填充柱 SFC 模拟蒸馏相似：高温（>100℃）洗脱 C_{100} 以上的高分子质量烃类需要很高的压力，分离过程中必须通过压力程序控制增加流动相密度。

据报道称，对比实沸点蒸馏和 SFC 模拟蒸馏得到的从萘到䓛的芳香烃类沸点，使用辛烷基键合相比聚二甲基硅氧烷和苯甲基聚硅氧烷固定相的结果偏差更低 [31, 34, 36]。

cSFC 模拟蒸馏洗脱的最重的链烷烃是 C126，使用 5%的苯基聚二甲基硅氧烷固定相，CO_2 压力控制程序从 10min 起以 13.3bar/min 的速度从 100bar 升高到 550bar（图 13.2A）。操作温度高达 160℃。鉴定大概 120 个碳原子的链烷烃是可以做到的；更重的链烷烃能够洗脱出来但是无法溶解，因而不能对其进行鉴定。

更令人关注的是实际样品在同样操作条件下的色谱图：真空蒸馏的色谱图（图 13.2B）证明高分子质量烃类被洗脱；在色谱图的最后三分之一，估计超过 200 个碳原子的化合物（沸点>900℃）被洗脱；由于它们的沸点超过了图 13.2A 展示的标准色谱图建立的校准范围，因此校准曲线必须通过对数回归外推 [15]。整个校准曲线由两部分组成，第一部分的标准物质（<C_{100}）可以在色谱图上识别，第二部分标准物质的保留时间必须外推得到。C_{100} 和 C_{200} 之间的数据点用来检验模型的准确性。应该强调的是，在高分子质量范围内大部分标准化合物的实沸点蒸馏都是不可行的，必须使用校准曲线来预测 [32]。通过对比模拟蒸馏曲线的方法可以对比不同来源的真空蒸馏残余物的组成区别 [15]。

高分子质量烃类有缺乏实沸点蒸馏数据的内在不确定性和较差的分辨率，由低分子质量化合物构成的样品也存在较轻化合物在溶剂峰末尾流出的相关难题。为了解决这个问题，曲线的起始部分（不超过 2 个数据点）使用同一个样品的 GC 模拟蒸馏曲线校正，因为在 GC 模拟蒸馏中没有较轻化合物和溶剂峰的洗脱干扰。因此 SFC 和 GC 曲线可以重叠。当 C 原子个数超过 120 时无法从 GC 获取信息 [15]。

报道的含硫化合物的模拟蒸馏在相似条件下进行：SCD 与开管毛细管 SFC 联用 [11] 监测三种真空残余物的痕量硫。像经典的模拟蒸馏那样，绘制样品累计硫含量与参考物质（烷烃）的沸点（或碳原子数）的曲线。SFC-SCD 检测的目标残余物的总硫含量与提供的样品信息一致（在 2.5%~5.6%）。由于含硫化合物和不含硫化合物的响应比值（S/C）超过 10^5，没有明显的溶剂峰信号（二甲苯），因此低沸点烷烃标准物质和溶剂峰之间没有信号干扰。所以不需要再使用 GC 信息来校正 SFC 数据。由于样品硫含量很高，经典蒸馏曲线和硫蒸馏曲线很相似，几乎完全重合。因此可以推测几乎所有被检分子都含有一个硫原子。

然而，该方法的信噪比不足以监控硫含量较低的样品。

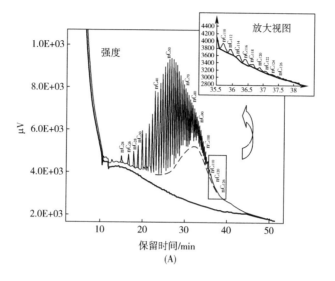

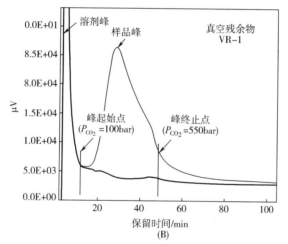

图 13.2 毛细管 SFC 对重质样品模拟蒸馏：（A）标准链烷烃样品的校准色谱图示例。（B）真空蒸馏残余物的开管毛细管 SFC 色谱图。条件：色谱柱 DB 55m×0.05mm，0.2μm；流动相 CO_2，温度 160℃，压力程序从 10min 开始以 13.3bar/min 速率升至 550bars（引自：Dulaurent A, Dahan L, Thiébaut D, Bertoncini F, Espinat D. Extended simulated distillation by capillary supercritical fluid chromatography. Oil Gas Sci Technol 2007；62：33-42. Copyright 2007 IFP Energies Nouvelles.）

13.4 使用超临界流体色谱进行族组成分析和相关应用

13.4.1 原理

族组成分析指的是不同烃类的分离和定量，如饱和烃、烯烃、芳香烃和"极性（或树脂）"化合物。一些主要烃类还可以进一步分为亚类：饱和烃可分为直链烷烃、支链烷烃和环烷烃，芳香烃可分为单环、二环、三环和多环芳香烃。饱和烃、烯烃、芳香烃、树脂和沥青质族组成分离的相应缩略词是 SAR、SARA 或者 SOARA。因为 SFC 像 GC 那样，可以使用 FID，定量时不需要校正不同烃类的响应值，所以它应用于族组成分析非常高效。LC 使用示差折光检测器需要进行校正，结果可能会有偏差 [10, 36]。

SFC 可用于中间馏分和重组分的族组成分离。燃料油中族组成分离的标准方法 ASTM D5186 于 1991 年发布 [37]。方法目的是总的芳香和非芳香成分含量的测定。这个方法的更新定期发布，应用范围也已经扩展到航空涡轮机燃料和混合组分油；方法目的已扩展到非芳香烃、单环和多环芳香烃的测定。

方法 D6550 [38] 和 D7347 [39] 分别是 SFC 检测汽油和变性乙醇中烯烃含量的方法；它们需要对分离过程进行改进以将烯烃从非芳香成分中分离出来。

Robert 报道了很多方法 [10]。这一章节重点内容是 ASTM 方法中适用于轻质和重质样品、烯烃的 SFC 应用，和一些最近的趋势（1）分离过程改进或加速，（2）扩展到更重组分的应用，或者（3）将 SFC 与 GC×GC 联用或发展 SFC×GC 或 SFC×SFC 以提高分离能力。

13.4.2 超临界流体色谱用于族组成分离

13.4.2.1 轻组分（汽油、柴油溜分油、航空煤油等）

13.4.2.1.1 ASTM D5186 方法

ASTM D5186 方法 [37] 中对非芳香烃、单环和多环芳烃的成功分离有判断准则。分离效果的评价基于选择的测试化合物分离出各组分的分辨率。ASTM D5186-03 规定非芳香烃（正十六烷）和单环芳烃（甲苯）之间的分辨率必须大于 4，单环芳烃（四氢化萘）和多环芳烃（萘）之间分辨率必须大于 2。这同时意味着所有在正十六烷前流出的化合物都应该是饱和烃，它们会被归属为非芳香烃。保留时间在正十六烷和萘之间的化合物归属为单环芳烃；保留时间在萘之后到最后回到基线之间的峰归属为多环芳烃。

使用高比表面未键合硅胶和 30℃ 二氧化碳作为流动相的吸附色谱法可以很容易达到 ASTM D5186 规定的分辨率 [10, 40, 41]。方法中也建议了几种合适的固定相。然而，使用单烃族组成分离色谱柱（250mm×4.6mm）分析柴油溜分油时，只能得到非芳香烃组分和单环芳烃之间的部分分辨率 [42]。因此有一些改变二氧化碳洗脱强度来提高不同烃类之间选择性的工作：流动相是二氧化碳和六氟化硫的混合物［42］；这个改变使得 ASTM D5186 方法可以扩展到除烯烃外所有芳香组分的检测，因为使用纯的六氟化硫烯烃只能将烯烃从烷烃中部分分离［43］。然而，并不推荐使用这种包含腐蚀性六氟化硫的混合物作为流动相。

13.4.2.1.2　分离过程的改进：串联柱、固定相和检测

通过两种不同类型的色谱柱串联使用，实现了对柴油中烃类的分离。

串联使用氰丙基键合硅胶柱和未键合硅胶柱提高了不同种类芳烃之间的选择性［44，45］。

由于 SFC 色谱柱中压降较低，它可以使用比 LC 中更长的色谱柱［4，46］。使用更长色谱柱可以提高整体分辨率，但是会延长分离时间，并使烃类峰扩宽而给定量带来困难。

改善芳香烃和饱和烃区分能力的另一种方式是使用双检测模式，UV 和 FID。这种方法在大约 25 年前提出并报道在 Hewlett Packard［47］和 Analytical Control［48］的应用指南和一项美国专利［49］中。还有报道称使用 UV 检测和两个硅胶柱串联可测定非芳香组分中共轭二烯烃［50］；Paproski 等也实施了该应用［51，52］。

Paprosky 等［51］研究了代替硅胶或与硅胶联合使用的固定相：二氧化钛、二氧化锆以及它们与硅胶一起使用，按照 ASTM D5186 方法的要求将其用于柴油中烃族组成分离。其中，二氧化钛色谱柱和硅胶色谱柱联合使用改善了实验样品中最重的柴油烃族间的分辨率，得到的结果最好。

Paprosky 等［52］还研究了硅胶整体柱或填充有更小硅胶颗粒的色谱柱对加速分离过程的影响。正如他们预期的，使用硅胶整体柱可以将分离时间减少 13 倍；然而，由于硅胶整体柱的表面积更小，得到的分辨率低于使用硅胶色谱柱的结果，因此它不能代替硅胶色谱柱。此工作中填充二氧化碳-硅胶固定相的较短色谱柱获得了比之前工作中较长色谱柱［51］更好的分辨率和选择性。

13.4.2.1.3　超临界流体色谱和高分辨质谱联用

除了 UV 和 FID 检测外，SFC 和场电离-飞行时间高分辨质谱（FI-TOF HRMS）联用也被报道用于石油中间馏分的定量分析［53］。SFC 将石油中间馏分分离为饱和烃和单环到三环芳烃，FI-TOF HRMS 对 SFC 流出的烃族进行软电离，得到相应的分子离子峰。色谱高分辨率和 TOF 质谱准确的质量测定提供了基本的组成成分信息。然而，还需要 SFC-FID-UV 并进行碳数校正来完成饱和烃和芳香烃亚类的定量。

13.4.2.1.4　超临界流体色谱和全二维气相色谱联用（SFC-GC×GC）

为了改善 GC×GC 对柴油溜分油中饱和烃类、芳香烃类及其亚类的分析性能，法国石油和新能源研究院 IFPen 尝试在饱和烃和不饱和烃进入 GC×GC 前对其进行预分离。他们首先证明了 GC 只能对碳原子数小于 15 的烃类组分预分离［54］，随

后开始研究 SFC [55]。因此，在 Levy 等 [12, 13] 关于 SFC-GC 联用的先驱工作基础上，他们完成了 SFC 与 GC×GC 在线联用。由于 SFC 使用纯二氧化碳流动相，SFC 与 GC 或 GC×GC 联用只需要对 SFC 流动相降压使其在 GC×GC 色谱进样器处转化为气相；不需要专用的接口。为了实现溶质从 SFC 到 GC×GC 的转移，在 GC×GC 进样器处内置了积分限流器；GC×GC 色谱柱箱的低温功能使 SFC 色谱柱流出物可在 GC×GC 柱箱内低温聚焦。分析组分从 SFC 色谱柱转移到 GC×GC 引起的带展宽非常不明显，以至于很难将 SFC 在线联用得到的 GC×GC 色谱图与直接进样得到的色谱图区分开 [55, 56]。由于在柴油溜分油样品族组成分析中，SFC 只分离饱和烃和不饱和烃。因此每个样品只需要两次 GC×GC 分离：饱和组分转移到第一个 GC×GC 系统色谱柱内，不饱和组分从 SFC 色谱柱反吹到同一个柱温箱中的第二个 GC×GC 系统色谱柱内。在两种 SFC 组分分别转移到两个与 GC×GC 色谱柱系统（所谓的"双 GC×GC 装置"）连接的进样器后，可以在一次运行中完成测定；因为在 SFC 分离作用下，这种方法能够测定原本会共流出的烃类，所以目前已经报道了碳原子数和族类型不同的卓越研究成果；SFC 分离轻质循环柴油溜分油得到饱和和不饱和组分，它们的 GC×GC 色谱图 13.3 显示，环烷烃类确实会和芳香烃类一起流出，烯烃类会和直链和支链烷烃类一起流出 [55]。

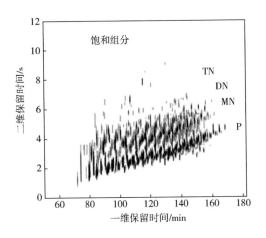

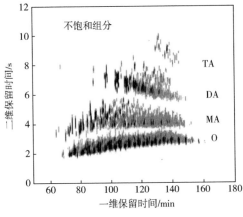

图 13.3　SFC-双 GC×GC 分析轻质循环油得到的饱和和不饱和组分的二维色谱图（引自：Adam F, Bertoncini F, Thiébaut D, Espinat D, Hennion MC. Supercritical fluid chromatography hyphenated with twin comprehensive two-dimensional gas chromatography for ultimate analysis of middle distillates. J Chromatogr A 2010；1217：1386-1394. Copyright 2010 Elsevier B. V.）

Sasol 用 SFC-GC×GC 技术分析煤油 [57]。作者使用了程序升温汽化（PTV）进样器以提高 SFC 组分中化合物进入一维色谱柱的效率。与 [55] 中使用低温

GC 柱温箱相比，使用 PTV 进样器可以更好地捕获挥发性有机物，并且减少了冷却剂的消耗量。作者还报道称因为使用 SFC 在 GC×GC 前预分离相比 HPLC 预分离可以减少不饱和烃类中流出含氧化合物的干扰，所以使用 SFC 得到的结果更可靠。

13.4.2.2 烯烃的测定

烯烃在未加工原油中含量很低，但是会在裂解过程积聚［58］。为了评估燃料质量和采用合适的加工过程，必须监控烯烃在石油产品中的含量。因为烯烃很难从饱和烃中完全分离出来，尤其是在沸点分布较宽的油品中，并且烯烃与环烷烃的分子质量相同，所以对它的详细分析至今仍然具有挑战性。因此本章节中对烯烃的测定做了一些讨论。

Norris 和 Rawdon 在 1984 年报道了在 SFC 中使用载银硅胶柱对汽油中的烯烃和芳香烃的特定保留［59］。对烯烃的保留作用来于银离子和 π 供体烯烃、芳香烃加合物的形成。在这个工作的基础上，报道了包括多维方法［60］、二氧化碳/六氟化硫混合物［61］等多个研究工作，还发表了测定汽油中烯烃和芳烃的 ASTM D6550 方法［38］。ASTM D6550 方法通过转换阀连接两根色谱柱：一根高表面积未键合硅胶色谱柱用于保留芳烃和含氧化合物，一根 Ag^+ 强阳离子交换色谱柱或载银未键合硅胶色谱柱用于捕获烯烃。色谱柱通过转换阀串联。在合适的阀驱动设置下，色谱柱发生切换使饱和烃先从双柱系统中流出；然后芳烃和含氧化合物从硅胶柱反吹到检测器；最后，系统从载银色谱柱反吹到检测器。必须在开始应用这个复杂的分离模式前使用由目标烃类化合物组成的性能测试混合物对其进行优化并确定参数。

为了解决从变性乙醇中分离烯烃的问题，在之前方法基础上进行修改后发布了 ASTMD7346 方法［39］。这个方法将聚乙烯醇键合的硅胶填充柱加入到之前的硅胶和载银色谱柱系统上游以捕获乙醇，烃类则进入硅胶色谱柱。然后，烃类保留在硅胶柱的同时将乙醇反吹到检测器。随后冲洗硅胶柱使分离像 ASTM D6550 方法那样继续进行从而分离饱和烃、芳烃和烯烃。使用溶解在乙醇中的烃类（不超过 2%）作为性能测试混合物进行方法设置。

最近［58］报道了 ASTM D6550 方法和 FI-TOF MS 结合用于催化裂解实验得到的总石油液体产物中烯烃和其他烃类的详细分析。SFC 使用一根负载银的硅胶柱和四根硅胶柱与一根二硝基苯氨基丙基键合硅胶柱串联进行多维操作（图 13.4），能够将石油样品分裂为饱和烃、芳香烃和烯烃。作者指出 SFC 分离克服了烯烃和环烷烃在质谱峰归属分配上的混淆问题。如图 13.5 所示，SFC-FID 对三种主要烃类进行准确定量；色谱图上的报告数值代表使用 FID 和 TOF MS 峰面积对每种烃类进行定量的结果；两种不同检测器得到的数值之间的差异显示 TOF MS 在没有使用合适定量因子的情况下不能用于定量分析，并确认了 FID 对烃类定量分析的结果。

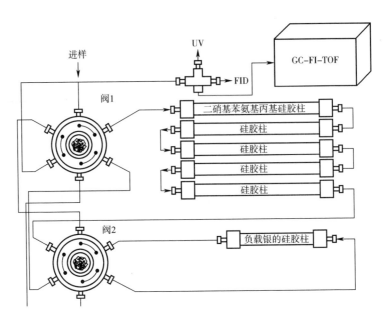

图13.4 多维SFC用于烯烃分离（引自：Qian K, DiSanzo FP. Detailed analysis of olefins in processed petroleum streams by combined multi-dimensional supercritical fluid chromatography and field ionization time-of-flight mass spectrometry. Energy Fuels 2016；30：98-103. Copyright 2016 American Chemical Society.）

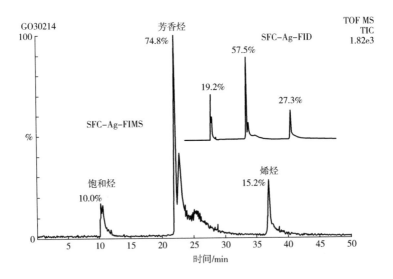

图13.5 使用图13.4所示多维SFC得到的总石油液体产物的总离子流色谱图和FID定量结果（引自：Qian K, DiSanzo FP. Detailed analysis of olefins in processed petroleum streams by combined multi-dimensional supercritical fluid chromatography and field ionization time-of-flight mass spectrometry. Energy Fuels 2016；30：98-103. Copyright 2016 American Chemical Society.）

13.4.2.3 重质样品

油品碳原子数分布越宽,复杂程度也越高,所以重质样品的族组成分离更加困难。因此前面轻质样品和烯烃分离中描述的多维分离原理同样适用于重质样品族组成分离。主要区别在于替换掉硅胶柱以降低对极性物质的保留作用,像 Skaar 等[62]建立的用于原油族组成分离的方法。至少氰丙基键合的硅胶柱等正相色谱柱是优于硅胶柱的。Dutriez 等[63~66]最近采用这种方法,建立了与 Adam 等分析柴油馏分油的系统相似的在线多维 SFC-GC×GC 系统分析减压馏分油。

这种方法通常使用两柱或三柱系统。简单一些的系统使用氰丙基键合硅胶柱和载银硅胶柱,以两个六通阀连接。首先极性化合物被氰丙基固定相捕获,烃类流出并转移至载银硅胶柱。当饱和烃类从第二根色谱柱流出后马上转换六通阀,反吹吸附在载银硅胶柱上的不饱和烃类和保留在氰丙基色谱柱上的极性化合物。使用这种系统分析减压馏分油可使饱和烃、不饱和烃和极性组分达到基线分离(图 13.6)。分析重质样品使用的 SFC 条件(250bars,65℃)与轻质样品族组成分离的操作条件(150bars,30℃)差别较大[41]。由于 GC×GC 强大的分离能力,可对不同烃类化合物进行详细分析并提供烃类分布的更多信息。对于复杂一些的系统,多维 SFC 中会增加一个阀来连接氨丙基键合硅胶柱,对载银硅胶柱中被反吹出来的芳香烃根据其芳环个数进行亚类分离[11]。

为了对系统中得到的 SFC 组分进行 GC×GC 分析,设计了一个可中间收集 SFC 组分的专用接口[66]。这个接口可以暂时将每个 SFC 组分储存在收集环内,并且将其导入 GC×GC 系统中。因此这种新接口使 GC×GC 在分析某个 SFC 组分时,其他 SFC 组分保存在收集环中。将待测组分转移到 GC×GC 色谱柱的过程与 SFC-GC×GC 分析柴油馏分油中饱和和不饱和组分的过程相似。

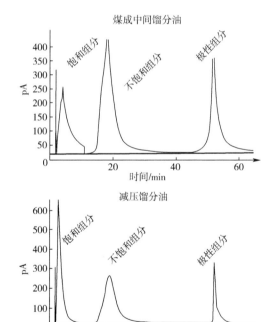

图 13.6 在线 GC×GC 前联用二维 SFC 对减压馏分油中重质组分进行族组成分离。分离压力 250bars,温度 65℃ (引自:Omais B,Dutriez T,Courtiade M,Charon N,Ponthus J,Dulot H,et al. SFC-GC×GC to analyse matrices from petroleum and coal. LC GC Europe 2011;24 (7):352-65 [65].)

由于近期 GC×GC 在高沸点化合物分离方面有研究进展，这套系统已经应用于重质减压馏分油分析［67~69］。当然，如果没有 SFC 在 GC×GC 分析前对烃类的选择性分离，这样详细的分析也是无法完成的。这个分析需要花费的代价包括相当复杂的仪器和每个样品超过一次 GC×GC 分析的时间。当收集的组分数量增加，方法向全 SFC-GC×GC 或 SFC×GC×GC 方向发展。

13.4.2.4 非常规物质的分离

13.4.2.4.1 商业汽油中的含氧化合物

研究者建立了一个全 SFC×GC 仪器用于商业汽油中极性化合物的详细分析［70］。第一维色谱使用多孔层开管硅胶色谱柱（30m，0.32mm 内径）和亚临界 CO_2 流动相分离极性含氧化合物。第二维色谱使用电阻加热的非极性 GC 色谱柱根据化合物极性进行快速 GC 分离。在截流模式下将 5s 的 SFC 组分转移到 GC 色谱柱。例如，图 13.7 展示的商业化汽油的色谱图：醚类完全从共流出的脂肪烃和芳香烃类化合物中分离出来了。据报道醚类还可以从包含醛类或醇类的化合物中分离出来，羧酸类也可以从硅胶色谱柱中洗脱。这个工作完美展示了色谱柱和色谱技术有价值的正交结合。

13.4.2.4.2 燃料中脂类的分析

SFC 是脂类分析常用的技术。洗脱极性脂类可能需要极性添加剂（Holcapek［71］最近报道了一个引人瞩目的分离工作），生物柴油中使用的脂肪酸甲酯（FAMEs）不需要添加剂即可洗脱。

（1）航空煤油中的 FAMEs

Langley 及其同事［72］最近报道了令人印象深刻的 3min 分离航空煤油中菜籽油脂肪酸甲酯（RME）和椰油脂肪酸甲酯的工作。目前测定航空煤油中 RME（US ASTM 1655 和 DEF STAN 91-91）的国际标准方

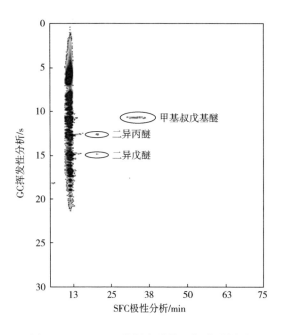

图 13.7 SFC×GC 分析商品化无铅汽油样品，显示存在甲基叔戊基醚、二异丙醚和二异戊醚。操作条件：SFC 分析，流动相 CO_2，压力 150atm，温度 28℃。收集流经 PLOT 色谱柱的 5s 组分。GC 重复温度控制程序，以 450℃/min 速率从 -50℃升温至 250℃；载气为氢气（引自：*Venter A, Makgwane PR, Rohwer ER. Group-typeanalysis of oxygenated compounds with a silica gel, gel porous layer open tubular column and comprehensive two-dimensional supercritical fluid and gas chromatography. Anal Chem 2006；78：2051-2054. Copyright 2006 American Chemical Society.*）

法是 GC-MS（IP585/10）。由于燃料基质组成复杂，所以方法要求的温度变化梯度较小（50min），并且 GC 方法只能对较低碳原子数脂肪酸甲酯（$C_8 \sim C_{14}$）定量检测。而超高效超临界流体色谱-质谱（UHPSFC-MS）方法比标准方法快 20 倍左右。作者还指出 SFC-MS 方法对总 FAME 含量检测的线性范围可低至 100mg/kg，并与标准方法具有可比性，线性良好。

（2）生物柴油燃料（B100）

有报道评估了使用 UHPSFC 与填充直径低于 $2\mu m$ 颗粒的色谱柱，以及二极管阵列 UV 检测器、蒸发光散射检测器（ELSD）或高分辨质谱检测器分析大豆油、玉米油、芝麻油和烟草籽油中的酰基甘油［73］。因为不需要进行族组成分析，作者没有使用 FID 检测器，而是使用 LC 检测器，可以用改性剂乙腈以 2%~20% 的梯度添加到流动相 CO_2 中。据报道称，使用一根末端未封闭的 C_{18} 色谱柱（3.0mm×150mm）在不超过 10min 的分离时间内得到了非常好的目标化合物分辨率；因为随着酰基甘油自由羟基数增多，保留时间增长，推测分离过程是部分正相分离。该方法不需要衍生化步骤，使用 ELSD 可以对残留的单酰、二酰、三酰甘油和丙三醇分别以 0.02%（质量分数）和 0.05%（质量分数）的检出限定量。因此这个方法可以和监控生物柴油 B100 纯度的 ASTM D6751 方法要求相匹配。

13.4.2.4.3 煤焦油馏分油

煤液化产品属于新一代替代性燃料。然而，它们的组成与石油燃料不同：它们主要是由环烷烃、芳香烃、稠环烷烃和芳烃以及带有氮原子或氧原子的杂原子化合物组成的，其中直链烷烃含量很低。在烷基化的酚类和呋喃结构中有氧存在。因此，对这种类型燃料中含氧种类物质的鉴定和定量对于了解它们的性质从而发展其作为替代性燃料的用途非常重要。由于它们属于石油相关样品，石油工业使用与常规油样品一样的基于蒸馏的命名法来描述加工过程中得到的不同组分。

（1）SFC-GC×GC 用于中间馏分测定

Omais 等最近研究了 SFC 用于煤焦油馏分油分析［65］。他们研究了 SFC 使用三种极性固定相对样品中可能存在的非常规化合物的分离性能。因此研究了包括键合吡啶硅胶在内的非常规固定相用于 SFC 族组成分离。图 13.8A 简要展示了研究的色谱柱的分离特性。对于吡啶色谱柱来说，饱和烃与固定相没有强相互作用，因此流出很快；硅胶与极性化合物有较强亲和性，因此可以部分分离测试化合物。氰基键合相的保留作用不足以对化合物不同物质种类提供足够的选择性（这种中间极性的固定相应用于正相和反相 LC 中）。如预期所料，所有固定相都强烈保留含氮化合物，尤其是未键合硅胶。对硅胶来说，O—H⋯N 氢键比 O—H⋯O 氢键强（29kJ/mol 对比 21kJ/mol），因此吡啶键合固定相能够完全分离酚类。在 GC×GC 前的 SFC 中应用吡啶色谱柱能使酚类化合物完全流出，并且色谱峰（从 40~46min）可与烃类分离开；在 GC×GC 的分离作用下，可以在不受其他化合物干扰的情况下收集酚类（色谱图中除酚类外没有其他物质）［65］；如果需要对酚类化合物详细分析，可对 GC×GC 进一步优化以得到更好鉴定效果。

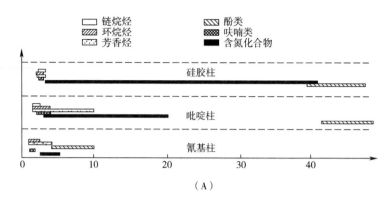

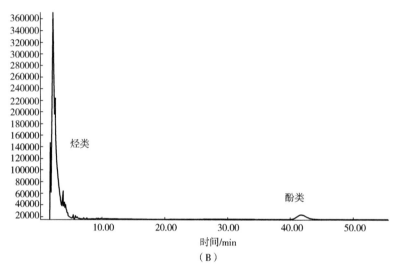

图 13.8　（A）煤成油中间馏分油中不同种类组分代表物流出区域示意图；（B）使用键合吡啶固定相分析煤成油中间馏分油的 SFC-FID 色谱图，展示了酚类和烃类之间的高分辨率（引自：*Omais B, Dutriez T, Courtiade M, Charon N, Ponthus J, Dulot H, et al. SFC-GC×GC to analyse matrices from petroleum and coal. LC GC Europe 2011*；24（7）：352-65.）

（2）SFC×SFC 用于减压馏分测定

为了分析更重组分，使用两台常规 SFC 建立了一个 SFC×SFC 系统，两个分离过程之间没有降压（与 Hirata 等［74］报道的 SFC×SFC 工作不同）。系统是在在线全二维 LC 基础上搭建的，使用类似 LC×LC 的接口［75］；它包含一个两环的转换阀以收集一维色谱流出物并随后将其转移到二维色谱；像在 GC×GC 中那样，二维色谱中组分的分离时间必须足以收集下一个一维色谱流出物组分。因为一维色谱中使用的色谱柱是常规直径，在调制前必须对一维色谱柱内流速进行分流。两个维度内色谱的分离情况都可以用 UV 检测器监控；在第二维色谱中，对主流进行分流以使用 FID 检测烃类。FID 数据可用来做二维分离的彩色点状图。有报道对接口进行改造，在两个维度色谱间实现溶质聚焦（主动调制）[76]。图 13.9 中，与 Guibal 等 [75] 报道的减压馏分的 GC×GC 色谱图相比，使用主动调制方法得到的色谱图中尺寸缩小的样品点证明了该方法对分离性能的明显改善。尽管初步工作的结果充满前景，但是这个系统太复杂，不适合日常分析使用。

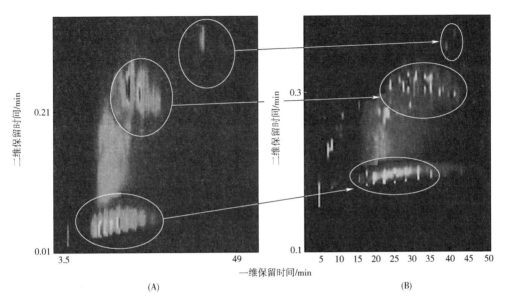

图 13.9　煤焦油减压馏分的全二维 SFC 色谱图。(A) 未使用主动调制；(B) 使用主动调制。流动相为压力程序控制的二氧化碳，温度 60℃；一维色谱系统，三根 Ascentis Express 熔融核色谱柱（15cm×4.6mm，2.7μm）；二维色谱系统，Syncronis 硅胶色谱柱，5cm×2.1mm，1.8μm；CO_2 流速：1.6mL/min。调制周期：21s

13.5　基础油和润滑油添加剂的分离

润滑油，如用于汽车发动机中的，都是复杂的混合物；它们是由基础油和很多不同种类的添加剂组成的混合物。基础油可能包含复杂的油类成分，且添加剂约占润滑油组成的 25%，因此对润滑油进行分析很困难。

直接检测方法，如 UV 或红外光谱 [77] 和 NMR [78]，通过碳或其他元素检测，可以快速得到润滑油简要信息，但是它们的特异性较低。色谱方法，GC [79~81] 和 LC [82~84] 可以用来对添加剂（大部分是聚合物添加剂）进行分离和鉴定，但是它们不能完全测定润滑油的组成 [85，86]。

因为已经建立起良好的 SFC 族组成分离技术，能够解决一些分析方面的挑战，可以将其应用于润滑油的分析。SFC 另一个重要的优势是它与 GC 和 LC 中使用的大部分检测器都是兼容的。有研究建立了一个二维色谱柱转换系统使极性固定相（未键合硅胶）捕获极性添加剂，基础油被部分分离反吹添加剂并将其转移到非极性固定相（一根封口硅胶 C_{18} 色谱柱）[20]。在不添加极性改性剂的条件下洗脱：可以使用特定检测器来改善整体分析效果，因为样品复杂度很高，即使使用二维色谱也无法避免某些成分共流出。使用纯的 CO_2 和完全去活的 C_{18} 固定相使较强极性物质流出，与 [73] 中使用分离酰基酯类的色谱柱不同，残留的硅醇对其分离机理有一定影响。

13.5.1 多联系统

除了烃类分析必须使用的 FID 和 UV 检测外，SFC 还与 AED，MS 和 FTIR 联用。与 FTIR 联用时，为了使其能够承受 SFC 使用的压力，对高压池进行了改造 [10]。

AED 使用微波诱导等离子体；[19] 报道了它与 SFC 的联用。对于熟悉 SFC-FID 的操作者来说，AED 与 SFC 适配需要优化同样的参数，如检测器中限流器的位置，流速 [流出物、等离子气体（He 和 Ar）和 AED 的常规反应气体、O_2、H_2] 和波长；其他操作条件像 GC-AED 操作那样设置。缺点有：(1) 在等离子体中引入 CO_2 使其能量衰退造成的单损耗；(2) CO_2 连续而特定的发射对某些元素的干扰。主要发生在 170~200nm 波段。因此氮的检测波长选择 388nm（等离子体中形成的 CN 的发射），而不是 174nm [19]。研究发现向 He 中添加 Ar 可以降低 CO_2 的干扰 [19, 87]。有报道描述了离子阱质谱与 SFC 联用使用大气压化学电离源（APCI）的全部优化和实验条件 [88]。还有报道研究了使用补充流体的影响 [89]：有趣的是，当流动相进入离子源时，如果不向其添加补充液，因为 CO_2 中痕量水可以形成 $(M+H)^+$ 加合物或者与 CO_2 发生电荷转移产生 $(M)^{·+}$ 离子 [90~92]，电离仍能发生。使用特殊设备可以在超临界流体条件下自动调节 MS 运转参数，像 SFC 分离时（存在超临界 CO_2）的溶剂条件 [88, 89, 92]。当 SFC 应用自动调整条件时，根据目标化合物不同检测灵敏度可提高 1.5~7.7 倍 [88, 92]。

在 [1, 88, 92, 93] 中展示了联用系统 FID-UV-FTIR-AED-MS-SFC。

13.5.2 基础油

对于矿物来源的基础油来说，首先使用前面描述过的 ASTM D5186 方法进行分析。由于它对矿物来源基础油的族组成分离分辨率不足 [87, 88, 92]，需要对其进行改进，比如使用载银硅胶色谱柱和多维分离模式。

对合成基础油来说，通过压力程序控制使用未键合硅胶柱可对聚 α-烯烃和脂肪烃部分分离，并得到它们浓度的估算值 [87, 88, 92]。

对于包含生物酯类的基础油，可以通过它们在 FTIR 中明显的特征曲线，即羰基在 $1736cm^{-1}$ 的伸缩振动峰，对其进行监控 [92, 93]（图 13.10）。

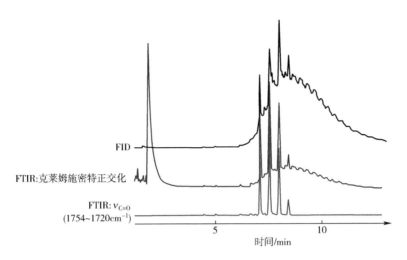

图 13.10　半合成基础油中的酯类分离，使用联用的 SFC 色谱柱 Capcell Pak C_{18}（250mm× 4.6mm），温度 80℃，压力控制程序以 20bars/min 速率从 100 升至 300bars，CO_2 流速为 2mL/min（引自：Lavison-Bompard G, Bertoncini F, Thiébaut D, Beziau JF, Carrazé B, Valette P, et al. Hypernated supercritical fluid chromatography: potential application for car lubricant analysis. J Chromatogr A 2012; 1270: 318-23. Copyright 2010 Elsevier B. V.）

13.5.3　添加剂

加入到基础油中的添加剂的作用是捕获颗粒物，改善高温和低温黏度，提高抗氧化能力，减少发动机磨损等。对于汽车制造商来说，对添加剂进行监控可以（1）更好地理解它们的影响（2）研究它们的性质和（3）研究它们在发动机中的老化情况。

在建立的 SFC 联用系统中（图 13.12），大部分使用的检测器对监控不同种类的添加剂都发挥着重要作用。AED 对监控 Zn、S、P 和 N（通过 CN）[19, 92~94] 很有用，这样可以确定谱图中特定的流出区域，以简化 FTIF 和/或 MS 的解谱。

进一步观察各种检测器得到的信息，也不能忽视 UV 检测得到的数据。例如，在 254nm UV 检测得到的使用过和未使用过的润滑剂的色谱图（图 13.11）有明显区别；在用的润滑剂中检测不到 Irganox L57 和二硫代磷酸锌；出现保留作用更强的化合物说明在老化标准化测试中产生了新的化合物种类。某些可能是含氮化合物。

从 MS 得到的信息对化合物结构鉴定很重要，例如图 13.12 展示的 Irganox L57 添加剂，和 [92, 93] 中的 Lowinox DLTDP 添加剂。

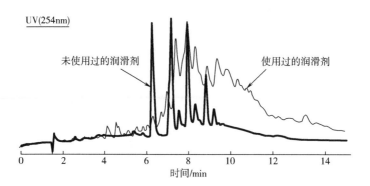

图 13.11 SFC/UV 对比分析未使用过的（信号较低的粗线）和使用过的（信号较高的细线）润滑剂。与图 13.10 所用条件一致（引自：Lavison-Bompard G, Bertoncini F, Thiébaut D, Beziau JF, Carrazé B, Valette P, et al. Hypernated supercritical fluid chromatography: potential application for car lubricant analysis. J Chromatogr A 2012; 1270: 318-23. Copyright 2010 Elsevier B. V.）

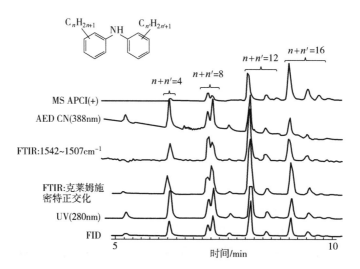

图 13.12 SFC/FID/UV/FTIR/AED/MS 联用分析 Irganox L57 添加剂。与图 13.10 所用条件一致（引自：Lavison-Bompard G, Bertoncini F, Thiébaut D, Beziau JF, Carrazé B, Valette P, et al. Hypernated supercritical fluid chromatography: potential application for car lubricant analysis. J Chromatogr A 2012; 1270: 318-23. Copyright 2010 Elsevier B. V.）

13.6 结论和展望

SFC 是对 LC 和 GC 的补充性技术；然而，因为超临界 CO_2 是有溶剂化作用的稠密流体，SFC 对于重质烃类的分析优于 GC。SFC 可以在超过 900℃的较宽沸程内进行模拟蒸馏，并实现了高效的重质组分族组成分离，而且这两种情况下都可以像 GC 那样使用 FID。对于烃类分离尤其是定量分析来说，这是超越 LC 和质谱的关键性优势。所以 ASTM 发布了使用 SFC 的标准方法，并且 SFC 可以应用于日常分析。

令人遗憾的是，SFC 最常用的检测能力主要使用纯 CO_2 作为流动相获得，然而目前大部分应用需要使用改性剂。因此，大部分商业化系统不能提供这些检测能力，而且只有一少部分有经验的团队使用联用系统，大部分在研究性实验室中。

SFC 在分析像石油组分这样的复杂混合物的联用技术中发挥重要作用：对这些样品来说，分离效率并不是唯一重要的评判标准（在这点上，SFC 因为可以使用更长的色谱柱，相比 LC 具有压倒性优势）；通过与 GC×GC ［11］和 LC×LC ［95］这样的不同分离原理联用获得选择性证明了它的分离能力；本章中还展示了 SFC-GC×GC，SFC×LC 和 LC×SFCC ［4］等联用系统。尽管 SFC×SFC 复杂度较高，它的可行性和分离能力已经得到了证实。

致谢

本章作者感谢所有参与本章内容中提及研究工作的人员。他尤其感谢当时和他一起从事 SFC 相关工作的学生和博士后：法国国际石油研究院的 Frederick Adam，Thomas Dutriez，Badaoui Omais 和 Laure Mahe；巴黎高等理工化工学校的 Rachid MHamdi，Vy-Khanh Huynh，Fabrice Bertoncini，Gwenaelle Lavison，Laure Dahan，Alina Dulaurent，Jiri Urban，Cedric Sarazin，Pierre Guibal 和 Orjen Petkovic；以及他们在法国国际石油研究院的主管 Fabrice Bertoncini，Marion Courtiade，Hughes Dulot，Cyril Dartiguelongue，Jeremie Ponthus，Eric Robert 和 Vincent Souchon；最后还有他在巴黎高等理工化工学校的同事 Patrick Sassiat 和 Jerome Vial。

参考文献

［1］Thiébaut D. Separation of petroleum products involving supercritical fluid chromatography. J Chromatogr A 2012；1252：177-88.

［2］Lambert N, Felinger A. Performance of the same column in supercritical fluid chromatography and in liquid chromatography. J Chromatogr A 2015；1409：234-40.

［3］Taylor LT. Supercritical fluid chromatography for the 21st century. J Supercrit Fluids 2009；47：566-73.

［4］Lesellier E, West C. The many faces of packed column supercritical fluid chromatography—a critical review. J Chromatogr A 2015；1382：2-46.

［5］Berger TA. Minimizing ultraviolet noise due to mismatches between detector flow cell and post column mobile phase temperatures in supercritical fluid chromatography：effect of flow cell design. J Chromatogr A 2014; 1364: 249-60.

[6] Smith RD, Wright BW, Yonker CR. Supercritical fluid chromatography: current status and prognosis. Anal Chem 1988; 60: 1323A-36A.

[7] Chester TL, Pinkston JD, Raynie DE. Supercritical fluid chromatography and extraction. Anal Chem 1998; 70: 301-20.

[8] Peaden PA. Simulated distillation of petroleum and its products by gas and supercritical fluid chromatography: a review. J High Resolut Chromatogr 1994; 17: 203-11.

[9] Roberts I. Chromatography in the petroleum industry. Amsterdam: Elsevier; 1995.

[10] Robert E. Practical supercritical-fluid chromatography and extraction. Reading: Harwood Academic Publishers; 1999.

[11] Thiébaut D. Gas chromatography and 2D gas chromatography for petroleum industry. Paris: Technip; 2013.

[12] Guzowski JP, Huhak WE. On-line multidimensional supercritical fluid chromatography capillary gas chromatography. J High Resolut Chromatogr 1987; 10: 337-41.

[13] Levy JM, Cavalier RA, Bosch TN, Rynaski AM, Huhak WE. Multidimensional supercritical fluid chromatography and supercritical fluid extraction. J Chromatogr Sci 1989; 27: 341-6.

[14] Thiébaut D, Caude M, Rosset R. Couplage de la chromatographie en phase dioxide de carbone supercritique avec la détection par ionisation de flamme: application à l'analyse des produits pétroliers. Analusis 1987; 15: 528-39.

[15] Dulaurent A, Dahan L, Thiébaut D, Bertoncini F, Espinat D. Extended simulated distillation by capillary supercritical fluid chromatography. Oil Gas Sci Technol 2007; 62: 33-42.

[16] Hewlett Packard Application notes 228-169 SFC of polywaxes and heavy petroleum fractions and 228-176, separation of Polywax 655 by capillary SFC; 1992.

[17] Kelemidou K, Severin D. Simulated distillation by chromatography with supercritical fluid on high boiling petroleum fractions. Erdöl Erdgas Kohle 1996; 112: 25-7.

[18] Sarazin C, Thiébaut D, Sassiat P, Vial J. Feasibility of ultra-high performance supercritical carbon dioxide chromatography at conventional pressures. J Sep Sci 2011; 34: 1773-8.

[19] Bertoncini F, Thiébaut D, Caude M, Gagean M, Carraze B, Beurdouche P, et al. Online packed column supercritical fluid chromatography-microwave-induced plasma atomic emission. J Chromatogr A 2001; 910: 127-35.

[20] Lavison G, Bertoncini F, Thiébaut D, Beziau JF, Carrazé B, Valette P, et al. Supercritical fluid chromatography and two-dimensional supercritical fluid chromatography of polar car lubricant additives with neat CO_2 as mobile phase. J Chromatogr A 2007; 1161: 300-7.

[21] ASTM D2892. Standard test method for distillation of crude petroleum; 2005.

[22] ASTM D2887. Standard test method for boiling range distribution of petroleum fractions by gas chromatography; 2008.

[23] ASTM D5236. Standard test method for distillation of heavy hydrocarbon mixtures; 2007.

[24] ASTM 6352. Standard test method for boiling range distribution of petroleum distillates in boiling range from 174 to 700℃ by gas chromatography; 2009.

[25] ASTM 7160. Boiling point distribution of samples with residues such as crude oils and atmos-

pheric and vacuum residues by high temperature gas chromatography; 2005.

[26] ASTM 7500. Standard test method for determination of boiling range distribution of distillates and lubricating base oils—in boiling range from 100 to 735℃ by gas chromatography; 2008.

[27] Schwartz MM, Brownlee HE, Boduszynski RG, Su F. Simulated distillation of high boiling petroleum fractions by capillary supercritical fluid chromatography and vacuum thermal gravimetric analysis. Anal Chem 1987; 59: 1393-401.

[28] Carbognani L, Lubkowitz J, Gonzalez MF, Perreira-Almaro P. High temperature simulated distillation of athabasca vacuum residue fractions. Bimodal distributions and evidence for secondary "on-column" cracking of heavy hydrocarbons. Energy Fuels 2007; 21: 2831-9.

[29] Schwartz HE. Simulated distillation by packed column supercritical fluid chromatography. J Chromatogr Sci 1988; 26: 275-9.

[30] Sotty Ph, Rocca J. L., Grand C. 15th Riva del Garda; 1993.

[31] Shariff SM, Tong D, Bartle KD. Simulated distillation by supercritical fluid chromatography on packed capillary columns. J Chromatogr Sci 1994; 32: 541-6.

[32] Huynh V. K. PhD Dissertation, Université Pierre et Marie Curie. Paris; 1998.

[33] DiSanzo F., Nicholas M., Cadoppi A., Munari F. Oral communication, 32nd Int. Symp. on Capillary Chromatography. Riva Del Garda; 2008.

[34] Raynie DE, Markides KE, Lee ML. Boiling range distribution of petroleum and coal-derived heavy ends by supercritical fluid chromatography. J Microcol Sep 1991; 3: 423-33.

[35] Dahan L. PhD Dissertation, Université Pierre et Marie Curie. Paris; 2004.

[36] Thiébaut DRP, Robert EC. Group-type separation andsimulated distillation: a niche for SFC. Analusis 1999; 27: 681-90.

[37] ASTM 5186. Standard test method for determination of the aromatic content and polynuclear aromatic content of diesel fuels and aviation turbine fuels by supercritical fluid chromatography; 2009.

[38] ASTM 6550. Standard test method for determination of olefin content of gasolines by supercritical-fluid chromatography; 2005.

[39] ASTM 7346. Standard test method for determination of olefin content in denatured ethanol by supercritical fluid chromatography; 2008.

[40] Di Sanzo FP, Yoder RE. Determination of aromatics in jet and diesel fuels by supercritical fluid chromatography with flame ionization detection (SFC—FID): a quantitative study. J Chromatogr Sci 1991; 29: 4-7.

[41] M'Hamdi R, Thiébaut D, Caude M. Packed column SFC of gas-oils. (Ⅰ) Hydrocarbon group separation using pure carbon dioxide. J High Resolut Chromatogr 1997; 20: 545-54.

[42] M'Hamdi R, Thiébaut D, Caude, Robert E, Grand C. Packed column SFC of gas oils. Part Ⅱ: Experimental design optimization of the group-type analysis using CO_2-SF_6 as the mobile phase. J High Resolut Chromatogr 1998; 21: 94-102.

[43] Schwartz HE, Brownlee RG. Hydrocarbon group analysis of gasolines with microbore supercritical fluid chromatography and flame ionization detection. J Chromatogr 1986; 353: 77-93.

[44] Chen EN, Cusatis PD, Popiel EJ. Validation of the aromatic ring distribution in diesel fuel refinery streams by supercritical fluid chromatography and mass spectrometry. J Chromatogr 1993; 637:

181-6.

[45] M'Hamdi R. PhD Dissertation. Université Pierre et Marie Curie, Paris; 1996.

[46] Bouigeon C, Thiébaut D, Caude M. Long packed column supercritical fluid chromatography: influence of pressure drop on efficiency. Anal Chem 1996; 68: 3622-30.

[47] Klee M., Wang M. Z. Optimisation of group seprartions for determination of the aromatics content in diesel fuels. Hewlett Packard Application note 228-167; 1992.

[48] Analytical Control Application notes 9317-9318; 1993.

[49] Shultz W. W., Genowitz M. W. Method for quantitatively determining the amount of saturates, olefins, and aromatics in a mixture thereof. US Patent 5, 190, 882; 1993.

[50] Albuquerque FC. Determination of conjugated dienes in petroleum products by supercritical fluid chromatography and ultraviolet detection. J Chromatogr Sci 2003; 26: 1403-6.

[51] Paproski RE, Cooley J, Lucy CA. Comparison of titania, zirconia, and silica stationary phases for separating diesel fuels according to hydrocarbon group-type by supercritical fluid chromatography. J Chromatogr A 2005; 1095: 156-63.

[52] Paproski RE, Cooley J, Lucy CA. Fast supercritical fluid chromatography hydrocarbon group-type separations of diesel fuels using packed and monolithic columns. Analyst 2006; 131: 422-8.

[53] Qian K, Diehl JW, Dechert GJ, DiSanzo FP. The coupling of supercritical fluid chromatography and field ionization time-of-flight high-resolution mass spectrometry for rapid and quantitative analysis of petroleum middle distillates. Eur J Mass Spectrom 2004; 10: 187-96.

[54] Vendeuvre C, Bertoncini F, Espinat D, Thiébaut D, Hennion MC. Multidimensional gas chromatography for the detailed PIONA analysis of heavy naphtha: hyphenation of an olefin trap to comprehensive two-dimensional gas chromatography. J Chromatogr A 2005; 1090: 116-25.

[55] Adam F, Bertoncini F, Thiébaut D, Espinat D, Hennion MC. Supercritical fluid chromatography hyphenated with twin comprehensive two-dimensional gas chromatography for ultimate analysis of middle distillates. J Chromatogr A 2010; 1217: 1386-94.

[56] Adam F., PhD Dissertation, Université Pierre et Marie Curie; 2008.

[57] Potgieter H, van der Westhuizen R, Rohwer E, Malan D. Hyphenation of supercritical fluid chromatography and two-dimensional gas chromatography-mass spectrometry for group type separations. J Chromatogr A 2013; 1294: 137-44.

[58] Qian K, DiSanzo FP. Detailed analysis of olefins in processed petroleum streams by combined multi-dimensional supercritical fluid chromatography and field ionization time-of-flight mass spectrometry. Energy Fuels 2016; 30: 98-103.

[59] Norris TA, Rawdon MG. Determination of hydrocarbon types in petroleum liquids by supercritical fluid chromatography with flame ionization detection. Anal Chem 1984; 56: 1767-9.

[60] Anderson PE, Demirbücker M, Blomberg LG. Characterisation of fuels by multi-dimensional supercritical fluid chromatography and supercritical fluid-mass spectrometry. J Chromatogr 1993; 641: 347-55.

[61] Fuhr BJ, Klein LL, Reichert C, Lee SW. Determination of aromatic types in middle distillates by supercritical fluid chromatography. LC-GC 1990; 8: 800-4.

[62] Skaar H, Norli HR, Lundanes E, Greibrook T. Group separation of crude oil by supercritical

fluid chromatography using packed narrow bore columns, column switching, and backflushing. J Microcol Sep 1990; 2: 222-8.

[63] Dutriez T, Thiébaut D, Courtiade M, Dulot H, Bertoncini F, Hennion MC. Supercritical fluid chromatography hyphenated to bidimensional gas chromatography in comprehensive and heart-cutting mode: design of the instrumentation. J Chromatogr A 2012; 1255: 153-62.

[64] Dutriez T, Thiébaut D, Courtiade M, Dulot H, Bertoncini F, Hennion MC. Application to SFC-GC×GC to heavy petroleum fractions analysis. Fuel 2013; 104: 583-92.

[65] Omais B, Dutriez T, Courtiade M, Charon N, Ponthus J, Dulot H, et al. SFC-GC×GC to analyse matrices from petroleum and coal. LC GC Europe 2011; 24 (7): 352-65.

[66] Dutriez T., Courtiade M., Thiébaut D., Dulot H., Bertoncini F. Dispositif de couplage modulable entre des chromatographies en phase supercritique et en phase gazeuse bidimensionnelle, méthode pour réaliser une analyse quantitative en 3D. French Patent FR1002248; 2010.

[67] Dutriez T, Courtiade M, Thiébaut D, Dulot H, Bertoncini F, Vial J, et al. High temperature two dimensional gas chromatography of hydrocarbons up to nC60 for analysis of vacuum gas oils. J Chromatogr A 2009; 1216: 2905-12.

[68] Mahé L, Courtiade M, Dartiguelongue C, Ponthus J, Souchon V, Thiébaut D. Overcoming the high-temperature two-dimensional gas chromatography limits to elute heavy compounds. J Chromatogr A 2012; 1229: 298-301.

[69] Boursier L, Souchon V, Dartiguelongue C, Ponthus J, Courtiade M, Thiébaut D. Complete elution of vacuum gas oil resins by comprehensive high-temperature two-dimensional gas chromatography. J Chromatogr A 2013; 1280: 98-103.

[70] Venter A, Makgwane PR, Rohwer ER. Group type analysis of oxygenated compounds with a silica gel, gel porous layer open tubular column and comprehensive two-dimensional supercritical fluid and gas chromatography. Anal Chem 2006; 78: 2051-4.

[71] Lísa M, Holčapek M. High-throughput and comprehensive lipidomic analysis using ultrahigh-performance supercritical fluid chromatography-mass spectrometry. Anal. Chem. 2015; 87: 7187-95.

[72] Ratsameepakai W, Herniman JM, Jenkins TJ, Langley GJ. Evaluation of ultrahigh-performance supercritical fluid chromatography-mass spectrometry as an alternative approach for the analysis of fatty acid methyl esters in aviation turbine fuel. Energy Fuels 2015; 29: 2485-92.

[73] Ashraf-Khorassani M, Yang J, Rainville P, Jones MD, Fountain KJ, Isaac G, et al. Ultrahigh performance supercritical fluid chromatography of lipophilic compounds with application to synthetic and commercial biodiesel. J Chromatogr B 2015; 983-984: 94-100.

[74] Hirata Y, Hashiguchi T, Kawata E. Development of comprehensive two-dimensional packed column supercritical fluid chromatography. J Sep Sci 2003; 26: 531-5.

[75] Guibal P, Thiébaut D, Sassiat P, Vial J. Feasability of neat carbon dioxide packed column comprehensive two dimensional supercritical fluid chromatography. J Chromatogr A 2012; 1255: 252-8.

[76] Petkovic O., Guibal P., Sassiat P., Vial J., Thiébaut D. Active modulation in neat carbon dioxide packed column comprehensive two dimensional supercritical fluid chromatography. To be submitted.

[77] Bansal V, Chopra A, Sastry MIS, Kagdiyal V, Sarpal AS. Detailed characterisation of sulphur

and nitrogen components in a multifunctional, ashless lubricant additive by spectroscopic and chromatographic techniques. Tribotest 2003; 9: 317-32.

[78] Sarpal AS, Kapur GS, Chopra A, Jain KS, Srivastava SP, Bhatnagar AK. Hydrocarbon characterization of hydrocracked base stocks by one- and twodimensional N. M. R. spectroscopy. Fuel 1996; 75: 483-90.

[79] Wolf M, Ries M, Heitmann D, Schreiner M, Thoma H, Vierle O, et al. Application of a purge and trap TDS-GC/MS procedure for the determination of emissions from flame retarded polymers. Chemosphere 2000; 41: 693-9.

[80] Thiébaut B, Lattuati-Derieux A, Hocevar M, Vilmont L. Application of headspace SPME-GC-MS in characterisation of odorous volatile organic compounds emitted from magnetic tape coatings based on poly (urethane-ester) after natural and artificial ageing. Polym Test 2007; 26: 243-56.

[81] Lehrle RS, Duncan R, Liu Y, Parsons IW, Rollinson M, Lamb G, et al. Mass spectrometric methods for assessing the thermal stability of liquid polymers and oils: study of some liquid polyisobutylenes used in the production of crankcase oil additives. J Anal Appl Pyrolisis 2002; 64: 207-27.

[82] Carbognani L. Preparative isolation and characterization of zincdialkyldithiophosphates from commercial antiwearadditives. J Sep Sci 2003; 26: 1575-81.

[83] Schlummer M, Brandl F, Mäurer A, Eldik RJ. Analysis of flame retardant additives in polymer fractions of waste of electric and electronic equipment (WEEE) by means of HPLC-UV/MS and GPC-HPLC-UV. J Chromatogr A 2005; 1064: 39-51.

[84] Block C, Wynants L, Kelchtermans M, De Boer R, Compernolle F. Identification of polymer additives by liquid chromatography-mass spectrometry. Pol Deg Stabil 2006; 91: 3163-73.

[85] Permanyer A, Douifi L, Lahcini A, Lamontagne J, Kister J. FTIR and SUVF spectroscopy applied to reservoir compartmentalization: a comparative study with gas chromatography fingerprints results. Fuel 2002; 81: 861-6.

[86] Lambropoulos N, Cardwell TJ, Caridi D, Marriott PJ. Separation of zinc dialkyldithiophosphates in lubricating oil additives by normal-phase high-performance liquid chromatography. J Chromatogr 1996; 749: 87-94.

[87] Bertoncini F. PhD dissertation. Université Pierre et Marie Curie, Paris; 2002.

[88] Lavison-Bompard G, Thiébaut D, Beziau JF, Carrazé B, Valette P, Duteurtre X, et al. Hyphenation of APCI-MS to supercritical fluid chromatography for polar car lubricant additives with neat CO_2 as mobile phase. J Chromatogr A 2009; 1216: 837-44.

[89] Morgan DG, Harbol KL, Kitrinos Jr. NP. Optimization of a supercritical fluid chromatograph-atmospheric pressure chemical ionization mass spectrometer interface using an ion trap and two quadrupole mass spectrometers. J Chromatogr A 1998; 800: 39-49.

[90] Sadoun F, Virelizier H, Arpino PJ. Packed-column supercritical fluid chromatography coupled with electrospray ionization mass spectrometry. J Chromatogr A 1993; 647: 351-9.

[91] Sjoberg PJR, Markides KE. Capillary column supercritical fluid chromatography-atmospheric pressure ionisation mass spectrometry Interface performance of atmospheric pressure chemical ionisation and electrospray ionisation. J Chromatogr A 1999; 855: 317-27.

[92] Lavison G. PhD dissertation. Université Pierre et Marie Curie, Paris; 2004.

[93] Lavison‑Bompard G, Bertoncini F, Thiébaut D, Beziau JF, Carrazé B, Valette P, et al. Hypernated supercritical fluid chromatography: potential application for car lubricant analysis. J Chromatogr A 2012; 1270: 318-23.

[94] Bertoncini F, Thiébaut D, Gagean M, Carrazé B, Valette P, Duteurtre X. Easy hyphenation of supercritical fluid chromatography to atomic emission detection for analysing lubricant additives. Chromatographia 2001; 53: 427-33.

[95] Mondello L. Comprehensive chromatography incombination with mass spectrometry. Hoboken, NJ: Wiley; 2011.

14 脂类的分离

T. Yamada[1], K. Taguchi[1] and T. Bamba[1,2]
1 Osaka University, Suita, Osaka, Japan 2 Kyushu University, Fukuoka, Japan

14.1 引言

14.1.1 脂类的多样性和复杂性

"脂类代谢途径"研究联盟（LIPID MAPS）将脂类划分为 8 类 [1]。脂肪酸类、甘油脂类、甘油磷脂类、鞘脂类、糖脂类和具有酮乙基子单元的聚酮类，以及结构单元为异戊二烯固醇类和孕烯醇酮脂类。进一步可将每一大类划分为二级、三级和四级小类，显示出了脂类的多样性。

不同种类的脂类在生物系统和它们的运转中都扮演着重要的角色。包括脂肪酸在内的脂肪酰基类物质和它们的功能变体，影响着多个代谢过程。脂肪酸的功能与碳链长度（碳原子数）、不饱和度（双键数目）和双键构型（位置和顺/反）有关。甘油脂类由几种中性脂类组成，通过甘油骨架上酯化脂肪酸的 β-氧化作为一种能量来源。甘油磷脂类、鞘脂类和固醇脂类是细胞膜的主要成分，偶尔会传导信号。因此脂类是代谢分析中最重要的目标分子之一。近年来，以全面系统分析生物系统内单个脂质分子种类为目标的脂质组学获得了许多研究进展。

脂类有结构衍生物和同样结构单元的同分异构体，但是它们的生物功能往往差异很大，甚至完全相反。因此将不同分子种类从含有结构衍生物的复杂混合物中分离出来是脂类生物化学领域内的关键性任务。

14.1.2 脂类分析的质谱相关技术

脂类分析曾使用过 UV 检测器、蒸发光散射检测器和荷电气溶胶检测器。对每种检测技术来说，保留时间都是鉴别单种脂类分子的关键因素。但是，当目标物种类较多或需要全面的脂类分析时，只使用保留时间不足以鉴别每种脂类分子。像之前提到的，脂类分子的结构多种多样，因此很难准备所有种类分子的标准物质来确认其保留时间。这种情况下就需要另一种信息来帮助进行分子鉴定。质谱（MS）可以用于测定分子质量和子结构，有助于鉴定不同分子种类以及提高检测方法的选择性和特异性。

使用大气压化学电离源（APCI）的 MS 已经用于分析中性脂类，而电喷雾电离源（ESI）对中性脂类和极性脂类都可以分析。因此如果目标物中有多种脂类，ESI应是首选的电离源。

通常MS进行脂类分析利用母离子和子离子的信息来鉴定分子种类。三重四极杆质谱（TQ MS），飞行时间质谱（TOF MS）和离子阱傅里叶变换质谱（Orbitrap-FT MS）已经用于脂类分析。

TQ MS有两个四极杆质量分析器，可以在第一个四极杆中选择特定荷质比的母离子，然后在第三个四极杆中产生相应的子离子碎片。因此，TQ MS可以很高的选择性检测单种脂类分子，并且能在一次运行中选择很多母离子/子离子对。它是多种脂类目标分子分析的有力工具。然而，在TQ MS中，离子通过一个四极杆需要大概1u的窗口，很难对同分异构的分子种类进行鉴别。

TOF MS和Orbitrap-FT MS可以提供准确的质量分析，并且结合全扫描和子离子扫描，有助于全面的脂类分析。这些不同的扫描方式使质量准确性和分辨率更高，缩小了可能的组成范围，可以鉴定分子种类中的特定子结构。因此，这些技术可为鉴定脂类分子种类提供有用信息。然而，这些仪器相对价格较贵，并且由于它们的扫描速度与TQ MS相比较低，谱图中可能会产生有问题的窄峰。

质谱是脂类分析的有力工具。因为有很多不同的选择，所以要根据每种脂类分离目的的不同选择合适的技术。与具有强大分离能力的合适仪器联用会进一步促进MS在脂类分析中的应用。

液相色谱-质谱（LC-MS）已经广泛应用于脂类分析。色谱对不同种类分子进行分离进一步提高了特异性并降低了MS中可能产生的基质效应。然而，LC并不适用于很多脂类分子的分离，需要的分离时间过长。

超临界流体色谱（SFC）非常适合于在复杂混合物中分离多种脂质分子。SFC的流动相超临界二氧化碳（$SCCO_2$）具有扩散系数很高并且黏度很低，可以快速、高分辨地分离各种脂类分子。以二氧化碳和甲醇改性剂作为洗脱剂进行梯度洗脱有利于分离较宽极性分布范围的脂类。本章重点讲述SFC在脂类分析方面的应用。

14.2　SFC-MS方法用于多种脂类分析

14.2.1　脂肪酸

许多代谢过程中都有脂肪酸参与。它们的功能随碳链长度、不饱和度和双键的位置和构型不同而变化。因此分离出单个分子种类的脂肪酸对代谢分析很重要。

有SFC相关报道中使用未封端的十八烷基键合硅胶（ODS）柱和添加0.01%（体积分数）甲酸的甲醇改性剂[2]，依据游离脂肪酸的碳链长度、不饱和度和双链构型不同对其进行分离。值得注意的是，双键位置不同的同分异构体使用反相液相色谱（RPLC）无法进行区分，但使用SFC方法就可以成功区分二者（图14.1）。例如，ω-6脂肪酸类是促炎性的，而ω-3脂肪酸类是抗炎性的。因此对这种生物功能相反的同分异构体的色谱分离有助于它们的详细代谢分析。气相色谱也能够分离一些脂肪酸的同分异构体；但是在分析前必须先对分析物进行衍生化处理。使用 SFC-MS 分析则不需要复杂的衍生化过程。

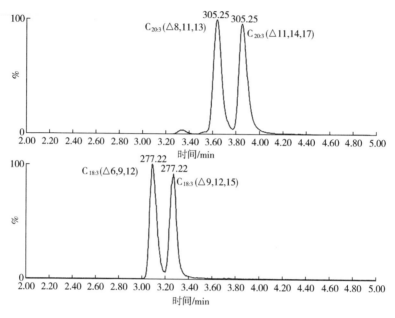

图 14.1 提取离子色谱图展示根据双键在碳链上位置不同分离同分异构的游离脂肪酸分子种类（引自：*Ashraf-Khorassani M*，*Isaac G*，*Rainville P*，*Fountain K*，*Taylor LT. J Chromatogr B* 2015；997：45.）

14.2.2 酰基甘油

酰基甘油是食用油和植物油的主要成分，通过脂肪酸的 β-氧化在能量储备方面扮演重要的角色。因此对与甘油发生酯化反应的脂肪酸的组成和分布测定非常关键。由于 CO_2 具有疏水性，SFC 适用于三酰甘油（TAGs）、二酰甘油（DAGs）、单酰甘油（MAGs）、单半乳糖二酰甘油（MGDGs）和双半乳糖二酰甘油（DGDGs）的高通量分离 [3, 4]。使用 ODS 或苯基色谱柱基于这些分子种类的碳链长度和不饱和度对其进行分离（图 14.2）[3, 5]。值得注意的是，使用 C_{30} 色谱柱可以高分辨地分离脂肪酸部分相同但在甘油骨架上位置不同的 TAG 位置异构体（图 14.3）[6]。分析时间与 LC 方法相比更短。

正相色谱柱也可用于 TAGs 分离。因为 TAGs 具有高度疏水性，在正相 LC 色谱柱上保留能力很弱，所以用正相 LC 分离 TAGs 效果较差。但是 SFC 使用 2-乙基吡啶（2-EP）色谱柱可以将其分离开（图 14.4）[7]。在这个方法中，脂肪酰基部分碳链较长的 TAGs 保留时间（RTs）更长，跟在反相色谱柱中情况一致。相反的，

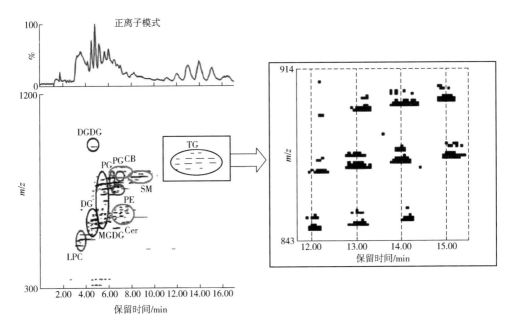

图 14.2 使用 ODS 色谱柱对标准混合物进行 SFC-MS 分析得到的基峰离子（BPI）色谱图和二维展示

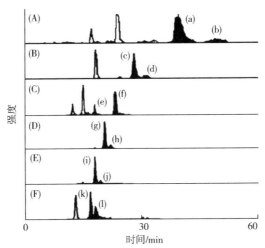

图 14.3 6 对 TAG 位置异构体的多反应监测（MRM）色谱图。棕榈油和菜籽油中 [（A）TAG 54∶1,（B）TAG 52∶1,（C）TAG 52∶3,（D）TAG 50∶1,（E）TAG 50∶2,（F）TAG 50∶3)]。(a) TAG 18∶0/18∶1/18∶0,（b) TAG 18∶0/18∶0/18∶1,（c) TAG 18∶0/18∶1/16∶0,（d) TAG 18∶0/16∶0/18∶1,（e) TAG 18∶0/18∶3/16∶0,（f) TAG 18∶0/16∶0/18∶3,（g) TAG 16∶0/18∶1/16∶0,（h) TAG 16∶0/16∶0/18∶1,（i) TAG 16∶0/18∶2/16∶0,（j) TAG 16∶0/16∶0/18∶2,（k) TAG 16∶0/18∶3/16∶0 和 (l) TAG 16∶0/16∶0/18∶3（引自：Lee JW, Nagai T, Gotoh N, Fukusaki E, Bamba T. *J Chromatogr B Analyt Technol Biomed Life Sci* 2014；966：193.）

随着脂肪酰基部分不饱和度增加，RTs 也更长，流出顺序与反相色谱柱中结果相反。通常随脂肪酰基部分碳链长度增长，不饱和度也增加；因此，使用反相色谱柱时许多分子种类会共流出。2-EP 色谱柱为生物样品复杂混合物中 TAGs 的分离提供了良好的选择性。

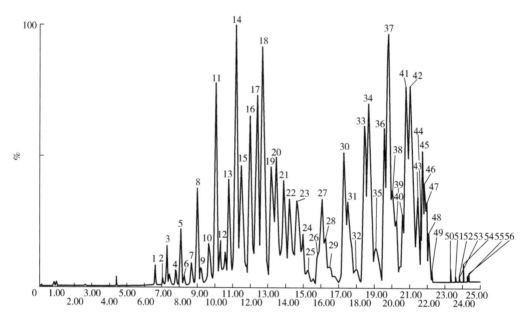

图 14.4　牛乳脂肪脂类提取物中三酰甘油和二酰甘油的基峰离子（BPI）色谱图（引自：Zhou Q, Gao B, Zhang X, Xu Y, Shi H, Yu LL. Food Chem 2014；143：199.）

SFC 也可鉴定食用油中酰基甘油的结构类似物脂肪酸氯丙酯类［8］。SFC 能够快速同时分离单酯类、二酯类和三酯类，这在一次 LC 运行中很难完成。

14.2.3　磷脂类和鞘脂类

磷脂类和鞘脂类是细胞膜的主要成分，在细胞信号传导方面有重要作用。极性头部和脂肪酰基部分等亚结构的结合增强了分子种类的结构多样性和复杂性，使其可以分为几个不同种类：甘油磷脂、鞘氨醇碱、神经酰胺、神经鞘磷脂和鞘糖脂。另外，氧化应激过程会产生氧化态的磷脂。很多分子种类的不同官能团部分，如氢氧化物、环氧化物和过氧化物都有大量结构和位置异构体。因此，需要能够分离极性分布范围很宽的目标物的分析方法，对磷脂类和鞘脂类进行分析。因为 SFC 的流动相极性可以通过改变 CO_2 和改性剂的比例来调整，所以它是分析极性脂类的理想选择。

分析磷脂类和鞘脂类有两种分离模式。使用正相色谱柱可以根据这些脂类分子的极性头部进行分离（图 14.2 和图 14.5），而反相色谱柱基于它们的脂肪酰基部分进行分离[3]。然而，使用一根极性嵌入的 ODS 色谱柱可以同时基于极性脂类分子的极性头部和脂肪酰基部分使其分离开（图 14.6）[9]。因此，SFC 仅使用一根色谱柱即可在较短时间内对极性脂类分子实现高分辨分离，而二维 LC 分离需要两根色谱柱，且时间更长。

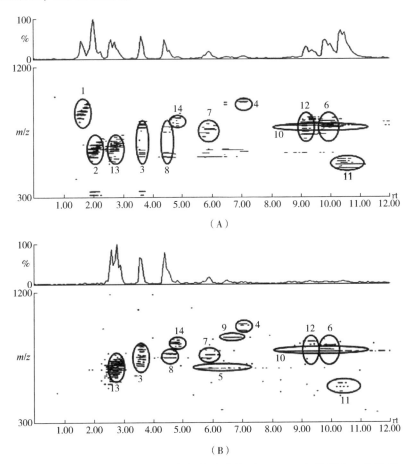

图 14.5 SFC-MS 使用氰基柱分析标准混合物的基峰离子（BPI）色谱图和二维展示。1—三酰甘油（TAG）；2—二酰甘油（DAG）；3—半乳糖甘油二酯（MGDG）；4—双半乳糖甘油二酯（DGDG）；5—磷脂酸（PA）；6—卵磷脂（PC）；7—脑磷脂（PE）；8—磷脂酰甘油（PG）；9—磷脂酰肌醇（PI）；10—磷脂酰丝氨酸（PS）；11—溶血卵磷脂（LPC）；12—鞘磷脂（SM）；13—神经酰胺（Cer）；14—脑苷脂（CB）（引自：Xu X, Roman JM, Veenstra TD, Van Anda J, Ziegler RG, Issaq HJ. Anal Chem 2006；78：1553.）

SFC 也非常适合氧化态磷脂同分异构体的分离。在 SFC 中使用一根 2-EP 色谱柱已经可以成功分离 LC 中难以分离的环氧化物位置异构体（图 14.7）[10]。据推测带正电的色谱柱固定相和带负电的氧化态磷脂之间的相互作用有助于产生良好的分离效果。因此 SFC 又一次准确鉴定了同分异构分子种类。

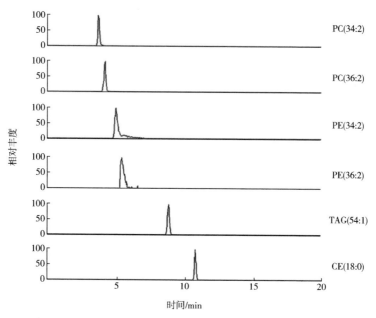

图14.6 SFC-MS 使用极性嵌入的 ODS 色谱柱分析标准脂类混合物的提取离子（BPI）色谱图。PC—卵磷脂；PE—脑磷脂；TAG—三酰甘油；CE—胆固醇酯（引自：*Yamada T, Uchikata T, Sakamoto S, Yokoi Y, Nishiumi S, Yoshida M, et al. J Chromatogr A 2013；1301：237.*）

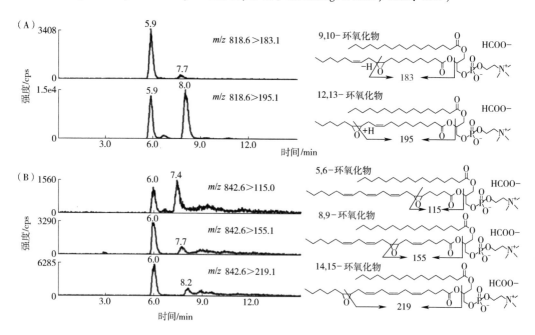

图14.7 （A）棕榈酰基-亚油酰基和（B）棕榈酰基-花生酰基-卵磷脂（PC）环氧化物的位置异构体的多反应监测（MRM）色谱图（引自：*Uchikata T, Matsubara A, Nishiumi S, Yoshida M, Fukusaki E, Bamba T. J Chromatogr A 2012；1250：205.*）

磷脂类和鞘脂类的一些分类，包括磷脂酰丝氨酸（PS）、磷脂酸（PA）和磷酸神经酰胺（C1P）等，由于与色谱柱固定相的相互作用太强，经常会出现拖尾峰。可以对极性官能团进行硅烷化或甲基化处理来解决这个问题（图14.8和图14.9），这样得到的色谱峰更窄，也改善了分离检测效果［11，12］。

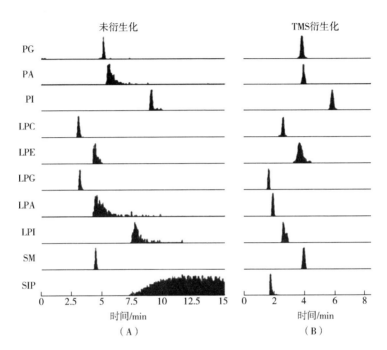

图14.8　（A）未衍生化和（B）三甲基硅烷（TMS）衍生化的标准样品混合物中极性脂类的多反应监测（MRM）色谱图（引自：Lee JW, Yamamoto T, Uchikata T, Matsubara A, Fukusaki E, Bamba T. J Sep Sci 2011；34：3553.）

14.2.4　固醇脂类和孕烯醇酮脂类

固醇脂类，例如胆固醇和它的衍生物，包含一个由四个碳环组成的基本结构，称为环戊烷多氢菲。固醇脂类作为膜脂类的重要组成部分和信号传导分子，具有不同的生物功能。

孕烯醇酮脂类是由五碳前驱体合成的；异戊烯二磷酸酯和二甲基丙烯基二磷酸。目前已知这些前驱体的两条合成路径，但是它们主要是通过甲瓦龙酸路径产生的。类胡萝卜素作为抗氧剂，和维生素E、维生素K以及泛醌都属于这类脂质。

SFC已经被用于分析固醇脂类和孕烯醇酮脂类。类固醇类的极性分布很宽，且具有结构相似之处。因此很难同时分离多种类固醇。SFC可以同时分离较宽极性范围的化合物，也同样适用于类固醇分析。

Scalia等在1990s证明了可以用SFC分离胆汁酸，并报道了使用氰丙基硅氧烷

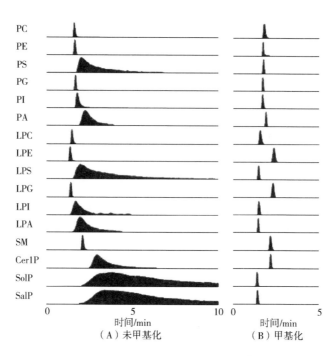

图14.9 （A）未甲基化和（B）甲基化的标准样品混合物中极性脂类的多反应监测（MRM）色谱图。PC—卵磷脂；PE—脑磷脂；PS—磷脂酰丝氨酸；PG—磷脂酰甘油；PI—磷脂酰肌醇；PA—磷脂酸；LPC—溶血卵磷脂；LPE—溶血磷脂酰乙醇胺；LPS—溶血磷脂酰丝氨酸；LPG—溶血磷脂酰甘油；LPI—溶血磷脂酰肌醇；LPA—溶血磷脂酸；SM—鞘磷脂；Cer1P—神经酰胺-1-磷酸酯；So1P—神经鞘氨醇-1-磷酸酯；Sa1P—二氢神经鞘氨醇-1-磷酸酯（引自：*Lee JW, Nishiumi S, Yoshida M, Fukusaki E, Bamba T. J Chromatogr A 2013*；1279：98.）

色谱柱或苯基色谱柱对五种未结合的胆汁酸的分离。因为很多雌激素类物质结构相似，对雌激素酮、雌二醇、雌三醇和它们的代谢物的同时分离非常困难。但是，Xu等使用配备一根氰丙基硅氧烷色谱柱和一根二醇色谱柱串联系统的SFC成功分离了15种雌激素代谢物，色谱柱均为2.1mm内径，150mm长，填充颗粒尺寸5μm[13]。尽管该方法串联使用两根色谱柱，较快的流速（2mL/min）使分离时间不超过10min。因为流动相CO_2黏度低且扩散系数高，SFC可以使用更长的色谱柱或串联的多个色谱柱而不受流速的限制，因此促进了高通量的分离。在雌激素分析案例中，使用尺寸低于2μm的填充颗粒和键合五氟苯酚的表面带电杂化色谱柱，可以进一步提高检测通量，在1.6min内对9种雌激素类物质完成了超快分离[14]。

前面提到的分析目标物只有未结合的雌激素，有研究证明SFC也适用于结合型类固醇的分离。结合是一种重要的代谢反应，也是控制具有强生理活性的类固醇浓度的机理。因此分析结合型类固醇很重要。Scalia等在20世纪90年代报道了使用一根ODS色谱柱分离8种结合型胆汁酸的工作。Doue等在21世纪10年代建立了分析两类结合型类固醇，包括雄甾烷、雌甾烷的葡糖苷酸酯和硫酸酯以及它们的同分异构体的SFC方法。其中使用2-EP色谱柱分离了10种结合硫酸的化合物形式，使用硅胶色谱柱分离了8种结合葡糖苷酸的化合物形式。

这些研究清楚地说明了SFC适合用于类固醇分析，但是它们都没能完成未结合形式和结合形式的共同分析。然而进一步研究揭示出SFC有同时分析未结合和结合型类固醇的潜力［15］。

图14.10展示的是第一个用SFC分析25种胆汁酸的SFC-ESI-MS/MS方法，在一次运行中同时分析了结合型和未结合的胆汁酸。如图14.11所示，该方法还应用于大鼠血清分析。

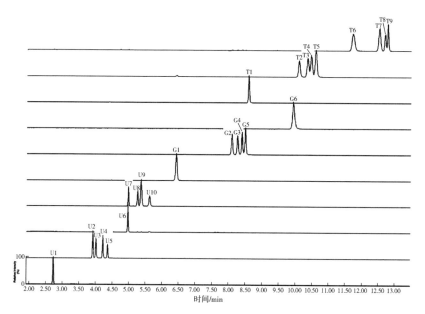

图14.10 25种胆汁酸的标准混合物的多反应监测（MRM）色谱图。U1—LCA；U2—DCA；U3—CDCA；U4—UDCA；U5—HDCA；U6—7-oxo-DCA；U7—βMCA；U8—ωMCA；U9—CA；U10—αMCA；G1—GLCA；G2—GDCA；G3—GCDCA；G4—GUDCA；G5—GHDCA；G6—GCA；T1—TLCA；T2—TDCA；T3—TCDCA；T4—TUDCA；T5—THDCA；T6—TβMCA；T7—TωMCA；T8—TCA；T9—TαMCA。梯度条件：5%~25%（4.5min），25%（1.5min），25%~37.5%（2.5min），37.5%（1min），37.5%~40%（1min），40%（1.5min），40%~50%（0.5min），50%（1min），50%~5%（0.5min），5%（1min）。流速：2.0mL/min，色谱柱温度：70℃，背压调节器（BPR）：13.8MPa。［引自：Taguchi K, Fukusaki E, Bamba T. *J Chromatogr A* 2013；*1299*：103.］

因为SFC使用的流动相极性较低，它长期以来被认为是适合于疏水性化合物分析的技术。这个研究证明优化了色谱柱、改性剂和添加剂等方法条件后，同时分析胆汁酸及其结合物都是可行的。SFC不仅仅适用于固醇类脂质的分析，它还适

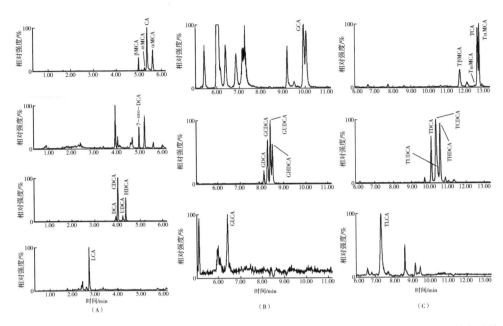

图 14.11 大鼠血清中胆汁酸的多反应监测（MRM）色谱图。(A) 未结合的胆汁酸，(B) 甘氨酸结合型，(C) 牛磺酸结合型（引自：Taguchi K, Fukusaki E, Bamba T. J Chromatogr A 2013；1299：103.）

用于很宽的极性范围内化合物的同时分析。最近有工作使用 SFC 分析含有孕烯醇酮脂类的脂溶性维生素（FSV）和水溶性维生素（WSV）。

维生素是人体正常生长、自我修护和运转所必需的膳食营养。根据维生素的溶解性可以把它们分为 FSV 和 WSV。这两类维生素的水溶性明显不同，如表 14.1 所示它们的 $\lg P$ 数值在 $-2\sim10$ 范围内。巨大的极性差异使得同时分析 FSV 和 WSV 难度很大。

表 14.1　维生素的分类

	维生素	分类	$\lg P$
1	视黄醇（维生素 A）	FSV	6.38
2	视黄醇醋酸酯（维生素 A 醋酸酯）	FSV	6.56
3	视黄醇棕榈酸酯（维生素 A 棕榈酸酯）	FSV	10.12
4	α-生育酚	FSV	7.59
5	麦角钙化醇（维生素 D_2）	FSV	8.84
6	维生素 K_1	FSV	8.48
7	维生素 K_2	FSV	9.01
8	β-胡萝卜素	FSV	9.72
9	硫胺素	WSV	-2.11
10	核黄素	WSV	-1.05
11	烟酸	WSV	0.29

续表

	维生素	分类	lg$P$
12	烟酰胺	WSV	−0.45
13	泛酸	WSV	−1.12
14	吡哆醇	WSV	−0.57
15	生物素	WSV	0.17
16	氰钴胺（维生素 B_{12}）	WSV	0.67
17	抗坏血酸（维生素 C）	WSV	−1.58

引自：*Taguchi K, Fukusaki E, Bamba T. J Chromatogr A 2014；1362：270.*

然而，使用 SFC 可以在一次运行中同时分析 FSV 和 WSV [16]。其中流动相梯度变化，从几乎 100% CO_2 开始，到结束时是 100%甲醇，因此可以在一次运行中同时分析极性差异很大的待测物。

如图 14.12 所示，使用未封端的 C_{18} 色谱柱同时分析了 FSV 和 WSV。为了疏水相互作用使用了十八烷基硅烷键合色谱柱，保留了 FSV。由于未封端固定相上残留有硅醇基团，该色谱柱也可以保留亲水性化合物。

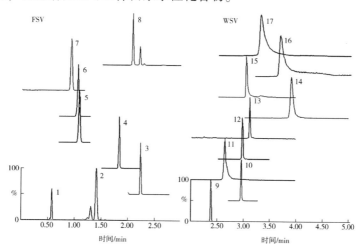

图 14.12　17 种维生素的多反应监测（MRM）色谱图。1—维生素 A 醋酸酯；2—维生素 A 棕榈酸酯；3—维生素 D_2；4—维生素 E；5—维生素 K_2；6—维生素 K_1；7—醋酸维生素 E；8—β-胡萝卜素；9—烟酰胺；10—烟酸；11—维生素 B_6；12—泛酸；13—生物素；14—维生素 B_1；15—维生素 B_2；16—维生素 B_{12}；17—维生素 C。方法条件如下：改性剂：0.2%甲酸铵的甲醇/水（95/5，体积比）溶液；梯度条件：2%（0.5min），2%~30%（2.0min），30%~85%（0.8min），85%（2.7min），85%~100%（0.2min），100%（1.3min），100%~2%（1min），2%（1.5min）；流速：1.2mL/min；色谱柱温度：40℃；背压：15.2MPa（6.0min），15.2%~10.3MPa（0.2min），10.3MPa（1.6min），10.3%~15.2MPa（0.5min），15.2MPa（1.7min）。FSV，脂溶性维生素；WSV，水溶性维生素（引自：*Taguchi K, Fukusaki E, Bamba T. J Chromatogr A 2014；1362：270.*）

目前已有很多关于 SFC 分离孕烯醇酮脂类的研究。类胡萝卜素及其环氧产物可能会造成氧化应激发生，Matsubara 等建立了分析它们的方法，并将其用于血清样品检测 [17, 18]。此外，有报道关于快速分离生育酚及其同分异构形式的方法，且该方法已用于人体血清分析 [19]。也有关于测定食品中孕烯醇酮脂类方法的报道 [20~22]。

14.2.5 聚酮类

柑橘多甲氧基黄酮是植物产生的黄酮类物质，其特征是结构中存在数个甲氧基基团。因为这些分子对人类细胞具有抗炎性和抗突变性等积极作用，所以将其分离出来是很有意义的。可以使用 SFC 以 CO_2-MeOH 或纯 CO_2 为流动相在高柱温（150℃）下分析多甲氧基黄酮 [23]。已经证明了可以使用 CO_2 和乙醇在高温（80℃）和高压（30MPa）下提取这些分子。

14.3 在线 SFE-SFC-MS 方法用于脂类分析

14.3.1 SFE 和 SFC 在线联用

由于 CO_2 的极性低、扩散系数高，超临界流体萃取（SFE）适合对疏水化合物进行快速有效提取，且选择性很高。另外，与传统液液萃取方法相比，减少了有机溶剂的消耗量。SFE 已经被用于类胡萝卜素和脂肪酸的提取 [24, 25]。通过在萃取过程中使用更高比例的改性剂，SFE 也可用于亲水性代谢物提取 [26]。

在线 SFE-SFC-MS 分析可以在较短时间内完成提取、分离和分析的连续步骤，避免了光解和氧化的可能性。这意味着 SFE-SFC-MS 特别适合用于热不稳定和可被氧化的疏水化合物的高通量分析。本小节对在线 SFE-SFC-MS 方法在脂类分析中的应用进行了综述。

14.3.2 辅酶 Q10 的高准确性氧化还原态分析

辅酶 Q10（CoQ10）作为一种酶的辅因子在线粒体呼吸链中发挥重要的作用。它以一种还原型和一种氧化型存在；CoQ10 的氧化还原态（例如，这两种形式的比值）与一些疾病相关。因此医学研究中需要对未被氧化的还原态 CoQ10 进行准确分析。

SFE 在没有氧气和光照的封闭系统中提取分析物，使得在线 SFE-SFC-MS 与离线 SFE-SFC-MS 相比还原态的回收率更高，不易因氧化降解（图 14.13）[27]。因此在线 SFE-SFC-MS 适合对 CoQ10 进行氧化还原态分析。

14.3.3 干血浆采样中磷脂类的高通量分析

干血浆采样（DPS）作为一种平价的血液采样方法，用作生物标志物筛查和诊断。

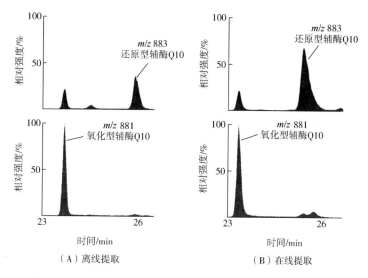

图 14.13 光合细菌海红菌中辅酶 Q10 和还原型辅酶 Q10 的提取离子色谱图，（A）离线提取（使用正己烷）（B）在线提取（引自：Matsubara A，Harada K，Hirata K，Fukusaki E，Bamba T. *J Chromatogr A* 2012；1250：76.）

磷脂类分析是使用在线 SFE-SFC-MS 和 DPS 的典型应用。使用这种方法可以在 20min 内检测到 DPS 中超过 130 个分子种类，并且 SFE 的回收率远高于液液萃取［28］。

建立这个方法的主要困难是优化萃取条件和分离条件以获得较高的萃取效率和良好的峰型。选择了一根 HILIC 色谱柱来保留目标物磷脂类，并分离其他分子种类。然而，因为萃取出的磷脂类在萃取过程中没有保留在色谱柱中，最佳萃取条件［加入 15%（体积分数）甲醇改性剂］下产生的色谱峰却较宽（图 14.14）。因此为了使峰型更窄，萃取条件中降低了加入改性剂的比例。

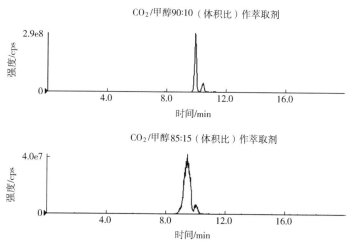

图 14.14 使用不同比例的 CO_2 和甲醇作萃取剂得到的磷脂类分子的提取离子色谱图

14.4　SFC-MS 方法在生命科学方面的应用

使用 SFC-MS 分析脂类已经应用于病理学和生理学研究。对正常的和心肌梗死型渡边兔（WHHLMI）中收集的血浆和脂蛋白的 SFC-MS 分析揭示出其中脂蛋白组分的脂类组成发生了特殊变化［29］。在 WHHLMI 兔血浆中观测到烷基卵磷脂、ω-6 脂肪酸磷酯和缩醛磷脂等生物活性脂类含量升高。另外，低密度脂蛋白（LDL）中缩醛磷脂酰乙醇胺的含量比极低密度脂蛋白（VLDL）中的含量高。

SFC-MS 方法还用于植物树叶、豌豆、血浆、肝脏和大脑中的脂类分析［3～5，9］。通过 MS 和软件工具的结合可以鉴定每个样品脂类提取物中数以百计的分子种类。SFC-MS 有希望成为各类研究领域中多种样品的高通量分析的有力工具。

14.5　总结和展望

本章对 SFC-MS 方法用于脂类分析的应用进行了综述。SFC 在极性范围较宽的脂类的同时分析，同分异构分子种类的高分辨率分离和复杂脂类混合物的高通量分析方面都具有优势。在线联用 SFE 和 SFC 可以对热不稳定和易被氧化的代谢物进行更快速和准确的分析、定量。

对 SFC 分离机理的具体阐述有助于发展分析其他目标物的方法，通过结合几种不同的固定相可以改进对同分异构体和结构类似物的分离效果。

参考文献

［1］Fahy E, Cotter D, Sud M, Subramaniam S. Biochim Biophys Acta 2011；1811：637.

［2］Ashraf-Khorassani M, Isaac G, Rainville P, Fountain K, Taylor LT. J Chromatogr B 2015；997：45.

［3］Bamba T, Shimonishi N, Matsubara A, Hirata K, Nakazawa Y, Kobayashi A, et al. J Biosci Bioeng 2008；105：460.

［4］Lísa M, Holcapek M. Anal Chem 2015；87：7187.

［5］Lee JW, Uchikata T, Matsubara A, Nakamura T, Fukusaki E, Bamba T. J Biosci Bioeng 2012；113：262.

［6］Lee JW, Nagai T, Gotoh N, Fukusaki E, Bamba T. J Chromatogr B Analyt Technol Biomed Life Sci 2014；966：193.

［7］Zhou Q, Gao B, Zhang X, Xu Y, Shi H, Yu LL. Food Chem 2014；143：199.

［8］Hori K, Matsubara A, Uchikata T, Tsumura K, Fukusaki E, Bamba T. J Chromatogr A 2012；1250：99.

［9］Yamada T, Uchikata T, Sakamoto S, Yokoi Y, Nishiumi S, Yoshida M, et al. J Chromatogr A 2013；1301：237.

[10] Uchikata T, Matsubara A, Nishiumi S, Yoshida M, Fukusaki E, Bamba T. J Chromatogr A 2012; 1250: 205.

[11] Lee JW, Yamamoto T, Uchikata T, Matsubara A, Fukusaki E, Bamba T. J Sep Sci 2011; 34: 3553.

[12] Lee JW, Nishiumi S, Yoshida M, Fukusaki E, Bamba T. J Chromatogr A 2013; 1279: 98.

[13] Xu X, Roman JM, Veenstra TD, Van Anda J, Ziegler RG, Issaq HJ. Anal Chem 2006; 78: 1553.

[14] NovákováL, Chocholous P, Solich P. Talanta 2014; 121: 178.

[15] Taguchi K, Fukusaki E, Bamba T. J Chromatogr A 2013; 1299: 103.

[16] Taguchi K, Fukusaki E, Bamba T. J Chromatogr A 2014; 1362: 270.

[17] Matsubara A, Bamba T, Ishida H, Fukusaki E, Hirata K. J Sep Sci 2009; 32: 1459.

[18] Matsubara A, Uchikata T, Shinohara M, Nishiumi S, Yoshida M, Fukusaki E, et al. J Biosci Bioeng 2012; 113: 782.

[19] Pilarováa V, Gottvalda T, Svobodaa P, Novákb O, Benešovác K, Bělákovác S. Anal Chim Acta 2016; 934: 252.

[20] Geea PT, Liewb CY, Thongc MC, Gayd MCL. Food Chem 2016; 196: 367.

[21] Li B, Zhao H, Liu J, Liu W, Fan S, Wu G, et al. J Chromatogr A 2015; 1425: 287.

[22] Jumaah F, Plaza M, Abrahamsson V, Turner C, Sandahl M. Anal Bioanal Chem 2016; 408: 5883.

[23] Hadj-Mahammed M, Badjah-Hadj-Ahmed Y, Meklati BY. Phytochem Anal 1993; 4: 275.

[24] Cao X, Ito Y. J Chromatogr A 2003; 1021: 117.

[25] Careri M, Furlattini L, Mangia A, MusciM, Anklam E, Theobald A, et al. J Chromatogr A 2001; 912: 61.

[26] Matsubara A, Izumi Y, Nishiumi S, Suzuki M, Azuma T, Fukusaki E, et al. J Chromatogr B 2014; 969: 199.

[27] Matsubara A, Harada K, Hirata K, Fukusaki E, Bamba T. J Chromatogr A 2012; 1250: 76.

[28] Uchikata T, Matsubara A, Fukusaki E, Bamba T. J Chromatogr A 2012; 1250: 69.

[29] Takeda H, Koike T, Izumi Y, Yamada T, Yoshida M, Shiomi M, et al. J Biosci Bioeng 2015; 120: 476.

15 天然产物的分离

M. Ganzera and A. Murauer
University of Innsbruck, Innsbruck, Austria

15.1 引言

　　天然产物，毫无疑问对于医疗保健和药物研究来说是必不可少的，其或是本身就代表着生物活性成分，亦或是能成为进一步产品开发的起点。据报道，大多数（约80%）商品化药物来源于天然产物[1]，Lachance等甚至称它们为优势结构。它们通过生物合成中间体与不同蛋白质的有序结合进行生物合成，因此天然产物更像是具备改变自身功能的潜力，使其成为用于药物发现的有希望的导向[2]。天然产物来源于一级或二级新陈代谢，它们的数量和结构多样性是庞大而无止境的；对于结构多样性，它可以从精油中相当简单的单萜烯到像银杏叶中的银杏内酯一样的复杂结构。此外，草药提取物通常多种成分，包括通常浓度很低的生物活性化合物。即使在同一物种内，也取决于采集季节，土壤或气候条件等因素的自然变化，使分析进一步复杂化。事实表明，任何适用于天然产物分析的技术必须满足对选择性、通用性和效率的高要求。该领域使用最广泛的研究技术是高效液相色谱（HPLC），通常搭载质谱（MS）检测[3]，其高灵敏度和分析速度满足所有要求，尤其当固定相采用亚$2\mu m$颗粒时效果更为显著。其他常用的分析技术包括气相色谱（GC）和毛细管电泳（CE），这些技术虽然偶尔得到应用，但其仍很大程度上受到被分析物特性的制约（化合物的挥发性、可电离程度等）[4]。天然产物分析的更具有奇特性的选项包括毛细管电色谱（CEC）和超临界流体色谱（SFC）。第一种是色谱和电泳的混合技术，但由于所需固定相（毛细管）在市场上不易购买到，因此其实质应用是有限的[5]。另一方面，过去几年来SFC的应用在可控范围内也呈持续增长的趋势。这一趋势清楚地表明了最近的技术进步和这种分离技术的总体优势。为了证实这些结论，本章总结了SFC在天然产物分析中最相关和有趣的应用，尤其是（药用）植物中化合物的分析。酯类化合物的分离本章并未涉及，这部分内容将在别章讨论。

15.2 选择性应用

15.2.1 生物碱

1987年发表了首次采用SFC分离生物碱的报道之一[7]。这篇研究中Holzer和他的同事使用了经典的气相色谱柱（10m×50μm的石英毛细管柱，涂覆了0.25μm的交联聚硅氧烷或SB-联苯30的薄膜）。纯CO_2作为流动相（130℃，压力梯度以3bar/min的速度从100bar升至280bar，流动相速度1.84cm/s）并搭载氢火焰离子化检测器（FID）。这种设置类似于SFC的OTC（开管柱）变体，流行于SFC早期，如今已很少使用。分离时间需要80min，比较耗时，但是该方法能够分离8种吡咯里西啶生物碱且灵敏度较高（LOD为1~3ng）。仅一年之后，填充柱就应用于鸦片生物碱（那可汀、罂粟碱、蒂巴因、可待因、隐名碱和吗啡）的分离，以及它们在罂粟草中提取物的鉴定[8]。采用颗粒大小为10μm的氨丙基硅氧烷键合硅胶柱作为固定相，CO_2/甲醇/甲胺/水（82.95/16.25/0.50/0.30）的组合作为流动相，可将它们在不到3min的时间内快速分离。但考虑到分辨率，作者更倾向使用无键合的硅胶材料（LiChrosorb Si 60, 5μm）作为固定相，虽然分离时长增加至11min，但仍然是HPLC所需时间的一半。

近期的文献中相关内容就比较少了，但即便如此，仍然有一些有趣且创新技术的相关报道。有三项研究都重点介绍了SFC-MS的应用，其中一项报道了雷公藤根皮中倍半萜吡啶生物碱含量的测定[9]。这种植物在治疗感冒、水肿、痈的中药中发挥了重要作用；采用SFC-DAD-MS/MS可以鉴定出几种亚型中含有的70种以上的生物碱。为了在乙烯桥联杂化材料上（Aquity UPC^2 BEH-2EP）分离，采用的是CO_2和甲醇的梯度洗脱流动相，采用MS检测器的正电喷雾电离（ESI）模式监测200~500u的质量范围。Zhao等报道了采用SFC-MS对铁棒锤中五种有毒生物碱的定量分析[10]，固定相和流动相与前面提到的相同，只在甲醇中加入10mmol/L乙酸铵以改善峰形和促进离子化；分离时间为4min，LOD为0.03~0.07ng/mL，这种方法是建立HPLC方法的极佳替代方法，特别是由于所有验证标准都得到了很好的满足，并且获得了高度可重复的定量结果。乌头碱被认为是植物中的主要生物碱，其浓度高达154μg/g。第三篇有关SFC-MS的报道就是着重于颠茄提取物中阿托品的测定[11]。使用超临界CO_2与15%甲醇、0.5%三氟乙酸和0.5%二乙胺作为流动相，5μm氰丙基硅氧烷键合的二氧化硅吸附剂（色谱柱）作为固定相可以获得最佳分辨率。检测器更应当采用正离子模式下的APCI（大气压化学电离源），能够得到阿托品（进样10μL）的LOD为700pg。这项研究至少发表在15年前，它可能不再能反映有关仪器设计或色谱柱技术的最先进技术了。

还有一些研究报道了使用印迹聚合物对麻黄素异构体的分离[12]或SFC和

UPLC 的联用技术［13］；后者更具有实际相关性，它应用于胡椒（荜茇）中胺类生物碱的定性分析，由于其结构相似，取得较高的列正交性是此研究的一个目标。柱子选择的是 XAmide 柱（150×4.6mm，5μm，Acchrom，第一维：SFC）和 HSS T3 柱（100×2.1mm，1.8μm，Waters，第二维：UPLC）相结合；两者都是离线连接的，也就意味着 SFC 的流出物在 0.5min 的间隔进行手动分馏，然后干燥的部分再重新溶解，进行液相色谱分析。尽管复杂，但作者认为该方法有几个方面的优势：它具有一维分离不能实现的高分辨能力；可升级到制备规模；且允许检测低丰度化合物。

15.2.2 类胡萝卜素

类胡萝卜素由于其非极性的结构特征，是 SFC 的理想目标物。它们可分为两大类：叶黄素类（含氧分子）和胡萝卜素类（仅基于碳和氢的结构），在藻类，植物和微生物中被发现为天然脂溶性色素。它们不能被人体合成，因此要通过食物（胡萝卜、橙子、番茄等）摄取。首先，α-和β-胡萝卜素或β-隐黄质等衍生物是维生素 A 的前体；其次，它们具有许多所需的药理作用。它们是抗氧化剂，因此有利于预防癌症、硬化症、阿尔茨海默病或皮肤老化。它们对光合作用的巨大生态意义以及它们在鸟类和爬行动物着色中的所起的作用也不容忽视。早期 SFC 研究主要将类胡萝卜素用于方法学研究，涵盖诸如温度、压力或改性剂对顺/反式异构体的分离［14］或不同固定相对选择性和保留［15，16］的影响等课题。他们描述了不同来源的常规 HPLC 吸附剂（RP18，3 或 5μm 粒径）的使用，其结论如下：SFC 中主要分离机制是分区，吸附仅仅是次要的。选择性不会因压力或温度而改变，但受改性剂使用的影响。使用乙腈、甲醇和二氧化碳的三元混合物作为流动相，最有望解决类胡萝卜素异构体分离的问题。Abrahamson 及其同事将实验室建立的超临界流体萃取（SFE）装置和商品化 SFC 仪器（Thar Investigator）结合起来分析微藻 Scenedesmus sp 中的八种类胡萝卜素［17］。这些化合物首先使用含有 10%乙醇的 CO_2 从冷冻干燥的材料中提取，然后通过 SFC 使用串联的两根柱子（SunFire C_{18} 和 Viridis SFC 二氧化硅 2-乙基吡啶，均来自 Waters）将目标分析物（虾青素、β-胡萝卜素、角黄素、海胆酮、叶黄素、新黄质、紫黄质和玉米黄质）分离。即使两根柱子的长度均为 25cm，也可以将流速设定为 5mL/min（CO_2/甲醇，梯度洗脱），以便所有化合物能在 15min 内分离（图 15.1）。实验发现，柱温对于获得满意结果十分重要；尤其对于β-胡萝卜素，在较低的温度下（28℃），它与新黄质共流出，而在 40℃时，它与叶黄素无法实现分离。LOD 值范围在 0.02~0.05mg/L，与常规 RP-HPLC 相当，回收率（99%~103%）和重复性（$\sigma_{rel} \leq 2.4\%$）结果都在可接受范围。在所研究的物种中，叶黄素（436.1μg/g）和新黄质（670.8μg/g）被确定为主要类胡萝卜素。膳食补充剂中相同或相关的化合物同样采用 SFC 来检测［18］。首先，作者筛选了 8 种固定相（包括来自 Waters 的

Torus 色谱柱,粒径均为 1.7 或 1.8μm),并优化了分离时的共溶剂、压力、流速和温度。采用 SFC 典型的分离程序[色谱柱:Acquity UPC² HSS C_{18} SB,150mm×3.0mm,1.8μm;包含 CO_2 和甲醇/乙醇(1:2)的二元流动相;流速:1.0mL/min;进样量:1μL;背压:152bar]。定量检测时需先将产品(药片或胶囊)碎成粉末后溶解在 DMSO/水(3:1)溶液中,然后溶液在二氯甲烷/乙醇(1:2)中液液分层,取上清液进行分析。所有样品均含有 0.1% 的抗氧化剂 BHT(丁基化羟基甲苯),并且以 β-apo-80-胡萝卜素作为内标以校正提取过程中可能造成的损失。方法的主要优点是操作简单且分离时间短(10min 9 种类胡萝卜素),尤其能够分离像 α-和 β-胡萝卜素、或叶黄素和玉米黄质这样的异构体,叶黄素和玉米黄质甚至在 C_{30} 的固定相上都分离困难,因此通常都推荐用 HPLC 法分离。

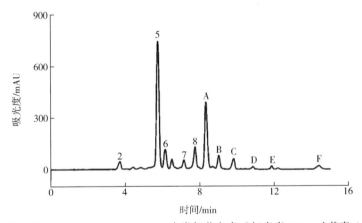

图 15.1 SFC 技术检测 microalgae Scenedesmus 中类胡萝卜素[虾青素(2),叶黄素(5),玉米黄质(6),β-胡萝卜素(7),新黄质(8)];化合物 A-F 是未经定性的叶绿素(引自:Reproduced with permission of Elsevier Abrahamsson V, Rodriguez-Meizoso I, Turner C. Determination of carotenoids in microalgae using supercritical fluid extraction and chromatography. J Chromatogr A, 2012, 1250: 63-68 [17].)

Matsubara 等人在两个刊物上都报道了采用 SFC-MS 技术分析类胡萝卜素。他们起初关注于快速检测绿藻莱茵衣藻丙酮提取物中的七种常见类胡萝卜素[19]。采用整体柱固定相有利于提高产量和分辨率,同时四极杆质谱具有足够的选择性和灵敏度(LOD 低于 50pg)。流动相由二氧化碳和含有 0.1% 甲酸铵的甲醇组成,后者也用作补充液并以 0.1mL/min 的流速注入 ESI 源。由于整体柱的背压较低,因此可以将柱流速提高至 9mL/min,或使用三根柱连接,都不会超过仪器的压力限制。即便文献中没有给出定量结果,但创新的固定相和 SFC-MS 的结合具有非常大的应用前景。在 2012 年的一项研究中,测定了人类血清中类胡萝卜素及其环氧衍生物(降解产物和氧化应激标记物)[20]。后者由于其浓度低且与羟基类胡萝卜素的分离差,因此采用常规方法分析是非常棘手的。由于通过 APCI 未能观察到一些结构特异性产物离子,因此对于 MS 检测来说采用正离子模式下的 ESI 源是首选。下面是评估最佳色谱条件。AC-30（YMC Carotenoid）和 ODS（Merck Puroshere RP-18e）柱都具备足够的分离选择性，选择后者是因为其分离时间更短（20min）。最适宜的流动相组成与早期研究中相同，但对于血清样品，一些类胡萝卜素的精确检测受到几种异构体的干扰，这些干扰可以通过 MRM（多反应监测，multiple reaction monitoring）监测特定产物离子得到解决。因此，实现了在人血清中成功检测和定量五种主要的类胡萝卜素（α-胡萝卜素、β-胡萝卜素、β-隐黄质、叶黄素和玉米黄质）和六种环氧类胡萝卜素。该方法提供了浓度低于 fmol 级别的低检出限，0.1mL 的样品量就足够完成分析。

15.2.3 精油

大多数精油是由复杂的挥发性化合物的混合物组成，通常属于萜类（单萜或倍半萜）、香豆素或苯丙酸类。它们在植物中所占比例从完全不存在或微量（例如，在香蜂花中占 0.05%）到超过 15%（例如在 nutmeg, Myristica fragrans 中）。它们具有独特的气味，用于香水、香料，或用于治疗轻微的健康问题（胃痛、口腔或咽喉感染等）。由于它们的亲脂特性，它们可以通过超临界流体（SFE）从植物材料中提取，这种方式被多次讨论［21］同时也是鉴于潜在理论方面的考虑［22］。20 世纪 90 年代中期的两份报告描述了 SFC 和 GC 联用技术在分析柑橘［23］或云莓（Rubus chamaemorus）精油［24］中挥发物中的应用。其设置参数十分相似，例如：在后一种毛细管中，SFC（SB-氰丙基-25，10m×50μm，Dionex）用于精油的预分离；首先洗脱的挥发物被捕获在短（2m）且低温（22℃）的 SE-54 柱上，然后再热解吸进行 GC 分析。基于数据库匹配，利用 GC-MS 鉴定了 70 多种化合物。1997 年，Blum 等人报道了一种改进的界面与 OTC 相结合的 SFE-MS 型柱用于分离精油［25］；通过在其装置中加入保留间隙使得灵敏度增加近 10 倍；为了验证实用性，其分析了百里香（Thymus vulgaris）提取物，但没有进行定量或方法学验证。在另一项基础研究中，柑橘精油、柠檬烯和芳樟醇的主要成分被用于研究在超临界二氧化碳存在下硅胶上的 SFC 吸附机理［26］。实验室建立的双柱系统（预柱和吸附柱）用于研究温度和压力对吸附平衡、质量传递性质、颗粒内及分子扩散系数的影响。采用非常规的 SFC-傅里叶变换红外光谱联用（SFC-FTIR）技术来表征啤酒花中的精油（Humulus lupulus；［27］）。首先，样品在 80℃的恒定烘箱温度和压力梯度（80bar 维持 10min，然后以 3bar/min 升至 350bar）下，以不含改性剂的超临界 CO_2 为流动相，利用 OTC SFC 在 SB-Phenyl-5 柱（10m×50μm，0.25μm）上分离；采用流动单元界面记录在线 IR 光谱，将光谱与沉积在 AgCl 盘上的膜所记录的主要油成分的谱图谱进行比对。有趣的是，在 SFC-FTIR 光谱中，大多数波段的波数会高出大约 8~10 /cm，而对于这种偏差未作出解释。该方法适用于区分不同啤酒花品种的精油，并且可以鉴定出一种主要成分α-胡萝卜素，相比其他几种化合物只能是部分鉴别。

近年来，对精油成分的研究主要集中在呋喃香豆素的检测上［28］。使用柠檬精油残留、意大利柠檬油馏分的残留作为样品，开发并比较了用于分析该复杂基质的不同方法；从等度洗脱或两步梯度到具有正交固定相的二维设计。而最后一个方法是，首先在乙基吡啶相［2-乙基吡啶（EP），Princeton Chromatography］上手动分馏具有不同极性的化合物，然后在第二步中在来自Supelco的五氟苯基相（Discovery HS F5）上分离各级分；流动相是91∶9的CO_2和乙醇。然而，第一根柱子（250mm×4.6mm，5μm）就已经能够在不到10min的时间内鉴定出16种呋喃香豆素（图15.2）。这些研究测定了多种固定相，并考察了改性剂浓度、温度、出口压力和流速相对保留因子（lg$k$）的影响。这些作者指出在SFC中选择最佳固定相的特殊重要性；首先，流动相中缺水会产生比HPLC更多变的相互作用；其次，即使名义上使用的材料相同，它们也会导致显著不同的分离情况。

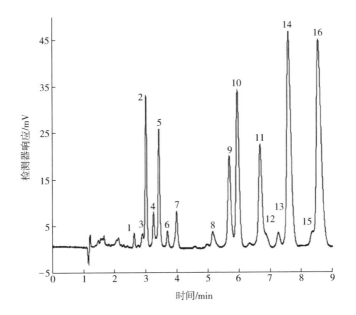

图15.2 柠檬精油残留中呋喃香豆素的SFC分析；主信号峰：8-geranyloxypsoralen（2），byakangelicol（5），oxypeucedanin hydrate（9），citropten（10），oxypeucedanin（11），5-geranyloxy-7-methoxycoumarin（14），and bergamottin（16）（引自：*Reproduced with permission of Elsevier Desmortreux C, Rothaupt M, West C, Lesellier E. Improved separation of furocoumarins of essential oils by supercritical fluid chromatography. J Chromatogr A, 2009, 1216: 7088-95* ［28］.）

15.2.4 其他

蒽醌代表了一类重要的天然产品，因为它们是常用的泻药如番泻叶（Cassia

angustifolia, Cassia acutifolia），芦荟（Aloe ferrox, Aloe barbadensis）和大黄（Rheum officinale, Rheum palmatum）中的活性成分。大黄中的主要 aglyca（大黄酚、大黄素、大黄素、芦荟大黄素和大黄酸）可在在小粒径（1.8μm）的 SFC 特异性固定相（Acquity UPC^2 HSS C$_{18}$ SB, Waters），采用包含 CO_2、甲醇和 0.05%二乙胺的流动相，在 5min 内完成分离分析［29］。使用流速为 2mL/min 的梯度洗脱进行分离。该方法有较高的选择性、精确度和准确性（回收率 95.4%~103.1%），柱上 LOD 低于 0.5ng，适用于植物原料的分析，且无须任何特殊的样品净化过程。定量结果具有较好的重复性（σ_{rel}≤2%），并且与公布的数据一致（水解前样品中的总含量为 0.32%~0.73%）。

绿僵菌素是类具有杀虫和植物毒性活性的环状十六肽。它们由昆虫病原真菌绿僵菌属 *Metarhizium brunneum* 作为次级代谢产物产生，其用作防治金龟子和花园金龟子的生物害虫防治剂。通过对 SFC 在绿僵菌素分析领域应用的考察，证明这种方法可以鉴定纯化的 *Metarhizium brunneum* 培养液中的 13 种衍生物［30］。使用五种化合物（绿僵菌素 A、绿僵菌素 B、绿僵菌素 D 和绿僵菌素 E 以及绿僵菌素 E-二醇）作为参考物质，可以通过 SFC-DAD-MS/MS 尝试鉴定其他物质。后者亦可通过 Acquity UPC^2 与以 ESI 正离子模式的 Xevo TQD 三重四极杆质谱仪耦合实现，甲醇作为补充溶剂。流动相与单独 SFE 实验的流动相（CO_2 和甲醇/乙腈为 8/2 的混合物）相同；仅在 SFE-MS 分析时，加入 0.02%甲酸代替 0.02%TFA 加入改性剂中；使用二极管阵列检测器实现化合物的方法验证和定量。作者罗列出了许多相比已建立的 UPLC 方法的优势（更短的分析时间，更快的平衡，更高的通量），但灵敏度略低（UPLC 的检出限为 0.1~1.4μg/mL；SFC 的检出限为 4.4~6.5μg/mL）。这个结果通过注射 1μL 后观察 SFC-DAD 的灵敏度降低得以解释。

事实上对于天然产物来说，手性亦可确定其药理学活性。其中一个例子就是板蓝根，也被称为菘蓝的一种植物；从它的叶子和根部可以产生蓝色染料，是治疗发烧的亚洲传统医学的重要药物。它们含有两种含硫的恶唑烷对映体，R-和 S-甲壳素作为活性成分，具有显著不同的生物活性。R-变异体（epigoitrin）是抗病毒的，而 S-甲状腺素是致甲状腺肿因子（即由于甲状腺激素的产生中断而增加甲状腺组织）。两种对映体的定量对质量控制十分重要；采用（S, S）-Whelk-O1色谱柱（4.6mm×50mm, 10μm）作为手性固定相、简单的二氧化碳-甲醇梯度作为流动相的 SFC 能够在不到 6min 的时间内完成分离［31］；检测在 244nm（DAD）下进行，同时也在具有 APCI 源的单四极杆 MS（正模式）进行；无疑后者的灵敏度要高 50 倍，但其他验证参数（相关系数、重复性、精确度等）是比对的上的。定量分析了三种称为"板蓝根"的商业化粉末制剂，其中一种完全不含甲状腺素，余下组分中 R-甲状腺素虽较占优势，但最大含量时也只有 0.03%，浓度相当低。

15.2.5 包含黄酮类在内的酚类化合物

黄酮类化合物是植物中广泛分布的次级代谢产物，但它们永远不会被细菌和真菌合成。它们具有广泛的药理活性，可概括为"抗氧化剂"，因此，每天摄入约1g，对健康饮食的十分重要。黄酮类化合物的丰富来源是甜橙，其中红皮素是主要化合物之一。有研究描述了在小鼠尿液中由肝P450酶进行生物转化（去甲基化）过程中形成的主要代谢物的SFC分离。通过SFC和HPLC评估手性和非手性柱用于3′-去甲基雪花素和4′-去甲基肾上腺素的色谱分离；只有手性固定相（Chiralpak AD-H柱，250mm×4.6mm，5μm，Chiral Technologies）与SFC组合才能提供有效的分离；使用具有20%甲醇的超临界CO_2作为洗脱液，将温度、流速和压力分别设定为30℃，2.0mL/min和100bar。在此条件下可以分离两种异构体，保留时间相差10min；浓度为28.9μg/mL时，发现4′-去甲基肾上腺素是样品中的主要代谢产物[32，33]。

Ganzera研究了SFC对异黄酮的分离[34]，这些化合物在色酮支架的C-3位置而不是C-2位置具有苯基残留，并且由于它们的激素样活性，它们被归属于植物雌激素组。它们存在于药用植物中，用于治疗更年期症状，例如潮热，骨质流失或情绪波动。使用包含CO_2和甲醇与0.05%磷酸的梯度洗脱，在Acquity UPC^2 BEH柱（100mm×3.0mm，1.7μm）上能够9min内基线分离九种异黄酮（糖苷配基和糖苷）。柱温保持在50℃，检测波长254nm；在验证后（例如，柱上LOD≤0.2ng）通过分析含有红色蜂窝（Trifolium pratense），大豆（Glycine max）和野葛（Pueraria lobata）提取物的膳食补充剂证实了该方法的实际适用性（图15.3）。

芒果叶中的多酚含有黄嘌呤芒果苷，槲皮素糖苷和其他酚类化合物（五倍子酸、五倍子酸甲酯等），其在试验工厂规模下用RP-SFC分馏[35]。使用25cm×3cm、粒径为5μm的Synergi Hydro-RP C_{18}硅胶柱；除了分离时间过长，约450min，其他参数是传统SFC的典型参数；例如，使用含0.5%甲酸的CO_2-甲醇作为流动相，以梯度模式（5%~50%改性剂）进行洗脱。在运行开始时，将粗提物（30mg）用填充材料干燥，粉末在常温常压下于柱顶部进行分馏，以5min的间隔收集级分，并通过HPLC-MS分析它们的组成。由于所研究的酚类化合物极性高，它们在流动相中的溶解度低且含量高，使得分离效果很差。但是该项工作是SFC的第一个半工业应用，其能够将芒果叶提取物分馏至不同的化合物类别（酚酸，二苯甲酮和氧杂蒽酮）。

还要提及的是两项与天然产品无直接关系的关于SFC的研究工作。他们的研究侧重于水中因工业废水或农药的使用而引入的五氯苯酚（PCP）或4-硝基苯酚（4-NP）等有毒酚类污染物的测定。Bernal等设计了通过两个六端口旋转阀实现固相萃取（SPE）和SFC-DAD的在线耦合，并使用这种设置来定量环境保护局指定的水中作为优先污染物的11种酚类化合物。将水样品在20μm PLRP-S材料上渗滤，然后将吸附的酚在两个相互连接的LiChrospher Diol柱上完全分离（250×4.6mm，5μm，流速为2.4mL/min，温度为40℃）；检出限为0.5~5mg/L[36]。另一方面，Ramsey及其同事采用相似的预浓缩方法，通过SFE-SFC-MS测定2,

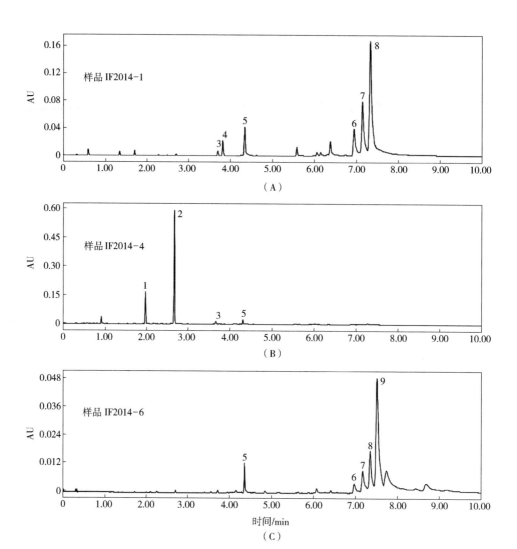

图 15.3　采用 SFC 对包含大豆（A）、（B）、野葛（C）提取液的膳食补剂中异黄酮的测定［鹰嘴豆素 A（1），芒柄花黄素（2），染料木黄酮（3），黄豆黄素（4），黄豆苷元（5），染料木苷（6），黄豆黄苷（7），黄豆苷（8），和葛根素（9）］（引自：Reproduced with permission of Elsevier Ganzera M. Supercritical fluid chromatography for the separation of isoflavones. J Pharm Biomed Anal, 2015, 107: 364-69 [34].）

4-二溴苯酚、2,4,5-三氯苯酚和 4-硝基苯酚；此方法需要两个 Appex 氨基 RP 柱，其中一个作为捕获柱；在负 APCI 模式下可以检测到低至 μg/L 水平（40μg/L）的污染物 [37]。

15.2.6 非挥发性萜类和类固醇

三萜酸，特别是桦木酸和铂酸，由于它们被确定为有效和选择性的 HIV-1 抗病毒药物，而受到越来越广泛的关注。2001 年，发表了分析几种酸（桦木油、齐墩果酸、熊油酸和美登木酸）的毛细管 SFC 方法。该研究的重点是利用标准品去优化分离条件，但是缺少在植物样品的应用。该研究中，以二氧化碳作为流动相，所有三萜烯在 13min 内从涂覆有交联的 5%苯基-95%乙基聚硅氧烷的 LM-5 毛细管柱（20m×0.10mm）上洗脱；柱温恒定为 80℃，检测器（FID）保持在 310℃。采用 FID 检测器的原因是分析物均不具有发色团 [38]。Lesellier 等发表了另一种用于监测此类化合物的检测器，蒸发光散射检测（ELSD），用于分离苹果渣提取物中的三萜类化合物 [39]。苹果皮尤其富含这些化合物，并且作为苹果汁生产的副产品而能够大量获得。该研究筛选了 7 种色谱柱，同时优化了分离条件（流动相：含 3%甲醇的 CO_2；温度：20℃；流速 3mL/min；背压：120bar），最终确定采用 Synergi Polar-RP 柱（250mm×4.6mm，5μm）；它使得 SFC-ELSD 能够在不到 20min 的时间内分离出齐墩果酸、红霉素、β-氨基酸、熊果酸、山楂醇、桦木酸、肉毒杆菌和 lupeol 以及其他三萜类的标准混合物。使用 AB Sciex API 3000 三重四极杆质谱仪通过流动注射分析（FIA）可以初步鉴定其他化合物。对于不同苹果品种的定性比较表明了三萜的组成没有显著差异。其他相关的 SFC 应用包括假马齿苋中的苦艾素 A3 和假马齿苋皂苷 Ⅱ 的分析 [40]；SFC-MS 对银杏内酯及其水解代谢产物的分析 [41]；香樟中的异香草三萜的手性分离 [42]；及不同中药植物中三萜皂苷的含量测定 [43]；最后一个例子因为使用了含水的流动相而更受到关注。作者的目的是开发一种适用于分析从宽叶阔叶树、人参和西洋参（人参皂苷）中分离的皂苷的方法。在方法开发过程中，他们观察到少量的水有利于提高色谱性能和 MS 灵敏度。例如，九种地榆皂苷，大概三到四种糖残余的糖苷，可以在 Zorbax RX-SIL 柱（150mm×4.6mm，5μm）上用含有 10%水和 0.05%甲酸的 CO_2/甲醇的流动相进行分离。在 10min 内，改性剂含量从 30%增加至 50%，柱温、流速和背压分别调至 20℃、3mL/min 和 160bar。酸的加入显著提高了 MS 响应，但同时一些化合物如地榆皂苷 C/G 和阔叶冬青苷 Q/H 的分辨率也随之降低，因此使用 0.05%的甲酸是个比较折中的办法。与已建立的反相 LC-MS 方法相比，该 SFC-MS 方法仅需要一半的分析时间（见图 15.4）。

SFC 的应用不局限于小分子化合物，还可应用于诸如像聚异戊二烯醇这种较大结构化合物的分析。聚异戊二烯醇又被称为橡胶，是 1,4-聚异戊二烯醇的线性聚合物，有趣的是，随着植物种类（巴西橡胶树、杜鹃花、杜仲等）的不同，聚异戊二烯的类型和聚合度也会发生变化。Bamba 等发表了几篇关于这一主题的论文，其中一篇论文研究了大肠杆菌中聚异戊二烯异构体的发生 [44]。苯基烷基硅氧烷键合的二氧化硅吸附剂（Inertsil Ph-3）能够实现许多聚合度高至 30 的反式和顺式

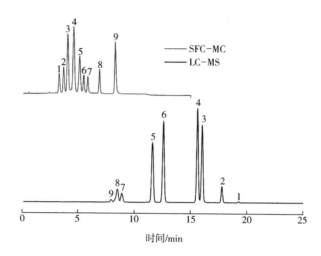

图 15.4　SFC-MS 和 LC-MS 分离宽叶阔叶树的叶子中 9 种地榆皂苷的比较；出峰情况：地榆皂苷 F（1）、地榆皂苷 A（2）、ilekudinoside G（3）、地榆皂苷 E（4）、地榆皂苷 C（5），地榆皂苷 G（6），阔叶冬青苷 Q（7），阔叶冬青苷 H（8），和地榆皂苷 O（9）（引自：Reproduced with permission of Elsevier Huang Y, Zhang TT, Zhou HB, Feng Y, Fan CL, Chen WJ, et al. Fast separation of triterpenoid saponins using supercritical fluid chromatography coupled with single quadrupole mass spectrometry. J Pharm Biomed Anal, 2016, 121：22-29 [43].)

异戊烯醇的分离，而在反相色谱下这些分离几乎不可能实现。制备型 SFC 可以在相同的固定相上与 NMR 联用用于结构的分析。同时在植物中首次证实存在长链多反式异戊二烯。在后续研究中，该方法扩展到含有 100 多种单体的结构更大的聚合物 [45]。色谱条件相似，不同的是使用四氢呋喃代替乙醇作为改性剂，通过 MALDI-TOF-MS 计算平均分子质量。

　　螺甾醇皂苷归类为类固醇，目前被发现是在山药科、龙舌兰科、葱科和百合科的许多药用植物中的生物活性成分。分析的主要难度是分离 25 种 R/S 非对映异构体。通过串联使用两个手性柱（Chiralpak IC，250mm×4.5mm，5μm），利用 SFC 可以实现对胡芦巴种子的分析。还有工作研究了"仅"含有一种外消旋体的预纯化混合物中的六对非对映异构体 [46]；通过 ELSD 可实现检测，该系统适用于分析和半制备，无须进行大的修改，仅需要对样品量进行调整。Zhu 等人将 UHPLC 和 UHPSFC 用于分离相同的皂苷 [47]。他们发现 UHPSFC 对糖苷配基中羟基的数量和位置十分灵敏；UHPLC 作为补充是因为 BEH C_{18} 色谱柱的结果主要受分析物中双键数的影响。关于 SFC 固定相的选择，HSS C_{18} SB 柱能够分离单独的皂苷元，而具有多达四种糖的螺甾醇皂苷可以在 Torus Diol 柱上分离；同样使用 ELSD 进行检测，其他设置是 SFC 的典型设置；研究中未提出在植物提取物中的应用。在较早的出版物（>15 年）中，使用具有甾体结构的药物作为标准，他们使用了毛细管 SFC 与电子捕获［48］、磷选择性检测器［49］的联用技术，或研究填充柱的保留行为［50］。最近，人尿中合成代谢类固醇的代谢产物采用了高灵敏度（葡萄糖醛酸苷的 LOD：0.5ng/mL，硫酸盐：0.1ng/mL）和高效率（分离时间：15min）的 SFC-MS 法。在背压调节器后立即注入补充溶剂，即含有 0.1%甲酸的水甲醇混合物（1:1）［51］。

15.2.7 维生素

脂溶性维生素 A、维生素 D、维生素 E 和维生素 K 的分离十分具有挑战性，因为它们具有相似的结构（例如，双键的数量或构型不同）和稳定性有限；其分析通常通过使用正相或反相液相色谱搭载 UV-vis、荧光或 MS 检测器来实现。GC 方法之前也有报道，但通常需要在分析之前衍生化热敏性维生素。而 SFC 是检测维生素的最佳技术，可能最关键的原因是在 SFC 分析过程中排除了氧气且使热量最小化；其优势是具有更短的萃取时间和更高的选择性。因此，利用该技术可以分析具有分子质量在相当范围的维生素，而无须样品预处理或衍生化［52］。

1997 年，报道了通过 SFC-1H-NMR 分离出五种维生素 A 乙酸酯的顺式/反式异构体。通过使用特殊设计的耐压连续流动 NMR 探头可以实现这种不常见的联用方式，在超临界状态下可以获得 1.5Hz 的信号线宽度［53］。为确保流动池（体积为 120μL 的 533mm 蓝宝石管）中的超临界条件，需要将温度保持在 37℃。色谱系统通过 3m PEEK 管连接到探针，避免了任何磁场干扰。对于 SFC 分离，使用多孔层肽和蛋白质的 18 柱（250mm×4.6mm）用于 SFC 分离，具体参数为 CO_2 为 130bar、温度为 60℃，流速为 0.65mL/min，分析的样品是热异构化的维生素 A。主要异构体能够在 25min 内洗脱出，得到的 NMR 谱质量与液体中记录的质量相当。二氧化碳作为洗脱剂的主要优点是可以在不需要溶剂抑制的情况下观察整个 NMR 光谱范围。

2016 年，Jumaah 及其同事发布了第一种用于分离维生素 D 代谢物的 SFC-MS 方法［54］。这项工作十分有意义，因为维生素 D_2 和维生素 D_3 的羟基化代谢物是实际的生物活性形式。大多数现有方法只能测定总维生素 D 代谢物而无法区分维生素 D_2 和维生素 D_3，即使是标准方法 HPLC-MS 也需要耗时的衍生化步骤或使用同位素标物。通过 SFC 9 种维生素 D 代谢物不需要衍生化即可在 8min 内得到分离（R_s>1.5）（如图 15.5）。使用 Torus 1-氨基蒽（1-AA）柱进行分离，并详细研究了分离条件。据推测，维生素代谢物的不饱和键与固定相中蒽芳环之间的 π-π 相互作用对分离机理有显著贡献。出口压力（200bar）、柱温（35℃）和流速（2mL/min）对早期洗脱的化合物的保留和选择性具有实质性影响。由于 APCI 的质量流量依赖性，SFC-APCI 的灵敏度比 SFC-ESI 低 6 倍（均在正离子模式下）；使用这种方法，可以测定人血浆样本中的维生素 D_3［(6.6±3.0) ng/mL］、24,25-二羟维生素 D_3［(23.8±9.2) ng/mL］和 1-羟基维生素 D_2［(5.4±2.7) ng/mL］。

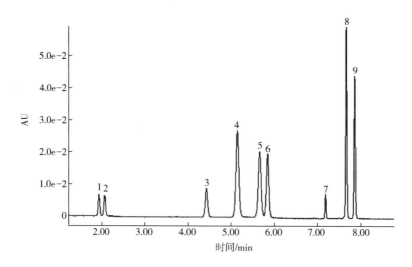

图 15.5 维生素 D_3 (1)、维生素 D_2 (2) 和它们的代谢产物 [25OHD2 (3), 25OHD3 (4), 1OHD3 (5), 1OHD2 (6), 24, 25 (OH) 2D3 (7), 1, 25 (OH) 2D2 (8), 1, 25 (OH) 2D3 (9), and 1, 24 (OH) 2D3 (10)] (引自: *Reproduced with permission from Elsevier Jumaah F, Larsson S, Essen S, Cunico LP, Holm C, Turner C, et al. A rapid method for the separation of vitamin D and its metabolites by ultra-high-performance supercritical fluid chromatography-mass spectrometry. J Chromatogr A, 2016, 1440: 191-200 [54].*)

还有两篇期刊中实现了 SFC 对维生素 K 异构体的分析。一篇侧重于在具有 1.8μm 粒径的 RX-Sil 柱上分离维生素 K_1 的顺式和反式异构体 [55]；该方法的分离时间仅为 2min，至少比先前报道的 HPLC 法快三倍。在后续工作中又研究了维生素 K_1 的不同立体异构体 [56]；这种维生素的侧链含有两个手性中心，通过 SFC 可以分离八种立体异构体中的至少七种。用 Sigma 的商品化维生素 K_1 的单一对映体标准品作为样品，反式-4R, 11R-喹醌大概占总峰面积的 58%；顺式/反式异构体的比例大约为 11/89。该信息十分有用，因为直到现在还不清楚前面提到的维生素对映体是否具有生物活性。

维生素 E 并不是指单一化合物，其包括生育酚和生育三烯酚等；两者均基于色原烷醇环系统，其中生育酚具有饱和侧链，生育三烯酚具有带三个双键的侧链。对于每个组已知的有四个典型（α, β, γ 和 δ），取决于色原烷醇亚结构的取代模式。它们是重要的抗氧化剂，常用于许多食品中（例如小麦胚芽或杏仁油）。Yarita 等报道了采用 SFC 测定植物油中的生育酚的方法 [57]。他们包括两个泵（用于 CO_2 和甲醇）、混合器、样品环（20μL）、柱温箱和紫外检测器，以及限流器（200mm×50μm 毛细管）的定制设备来控制流速。通过这种简单的设置，他们能够在 5μm 的 ODS 吸附剂上在 15min 内分离出四种生育酚，定量结果几乎与正相 HPLC 相同。后来有报道采用 SFC-MS 同时分析大豆油中的生育酚和生育三烯酚

[58]。色谱条件是 SFC 的典型条件，不同的是使用了氨基丙基硅氧烷键合的吸附剂柱（Luna NH_2，150mm×2mm，3μm），并采用 APPI（大气压光电离）模式的 MS 进行检测。作者评估了 ESI 源、APCI 源和 APPI 源的效率，发现后者更加稳健和灵敏。通过 SFC-APPI-MS 测定的 LOD 值（例如，β-生育酚的 LOD 为 10μg/L）与标准 LC-MS 方法报道的数量级相同；此外，在满足所有验证标准的同时，能够在 5min 内实现实际样品中八种化合物的分离和定量。最后，在 Ibanez 发表的一项研究中，评估了不同固定相分析生育酚类似物的潜力 [59]。通过用不同量的聚乙二醇（Carbowax 20 M）涂覆 10μm 多孔二氧化硅颗粒（0.6nm 孔径）来制备固定相；而聚乙二醇是 GC 典型常用的固定相。使用四种生育酚的混合物，观察到固定相涂层比例由 3% 增加到 10% 时，会使分辨率随之提高；但超过这个值会影响结果。这种可调节的极性和选择性被认为是主要优势，尤其当传统的 RP-18 吸附剂如 Spherisorb ODS2 无法分离维生素 E 异构体。但是研究中缺乏在植物源样品中的应用。

15.3 结论

在总结基于现有文献的 SFC 对天然产物分析的相关性时，很明显它提供的不仅仅是作为正相液相色谱的替代品。即使大多数成功分析的分析物是非极性类型（类胡萝卜素，脂溶性维生素等），也同样适用于如皂苷或生物碱等极性化合物。此外，适应性固定相、检测器或连接方法存在的巨大差异，使得在许多情况下，SFC 可被视为 UPLC 或 UPLC-MS 等最先进技术的可接受替代品。SFC 的一些特征如其绿色特性、制备应用的可扩展性以及解决手性化合物的潜力，是其与其他现有方法的最大区别。因此，这种强大且用户友好的技术在研究和常规分析中发挥更大作用只是时间问题。

参考文献

[1] Bauer A, Broenstrup M. Industrial natural product chemistry for drug discovery and development. Nat Prod Rep, 2014, 31: 35–60.

[2] Lachance H, Wetzel S, Kumar K, Waldmann H. Charting, navigating, and populating natural product chemical space for drug discovery. J Med Chem, 2012, 55: 5989–6001.

[3] Steinmann D, Ganzera A. Recent advances on HPLC/MS in medicinal plants analysis. J Pharm Biomed Anal, 2011, 55: 744–57.

[4] Ganzera A. Quality control of herbal medicines by capillary electrophoresis: potential, requirements and applications. Electrophoresis, 2008, 29: 3489–503.

[5] Ganzera M, Nischang I. The use of capillary electrochromatography for natural product analysis—theoretical background and recent applications. Curr Org Chem, 2010, 14: 1769–80.

[6] Hartmann A, Ganzera M. Supercritical fluid chromatography—theoretical background and applications on natural products. Planta Med, 2015, 81: 1570-81.

[7] Holzer G, Zalkow LH, Asibal CF. Capillary supercritical fluid chromatography of pyrrolizidine alkaloids. J Chromatogr, 1987, 400: 317-22.

[8] Lanicot JL, Caude M, Rosset R. Separation of opium alkaloids by carbon dioxide sub- and supercritical fluid chromatography with packed columns. J Chromatogr, 1988, 437: 351-64.

[9] Fu Q, Li ZY, Sun CC, Xin HX, Ke YX, Jin Y, et al. Rapid and simultaneous analysis of sesquiterpene pyridine alkaloids from Tripterygium wilfordii Hook. f. using supercritical fluid chromatography-diode array detector-tandem mass spectrometry. J Supercrit Fluid, 2015, 104: 85-93.

[10] Zhao TJ, Qi HY, Chen J, Shi YP. Quantitative analysis of five toxic alkaloids in Aconitum pendulum using ultra-performance convergence chromatography (UPC2) coupled with mass spectrometry. RSC Adv, 2015, 5: 103869-75.

[11] Dost K, Davidson G. Development of a packed-column supercritical fluid chromatography/ atmospheric pressure chemical-ionisation mass spectrometric technique for the analysis of atropine. J Biochem Bioph Meth, 2000, 43: 125-34.

[12] Ansell RJ, Kuah JKL, Wang DW, Jackson CE, Bartle KD, Clifford AA. Imprinted polymers for chiral resolution of (1/-) -ephedrine, 4: packed column supercritical fluid chromatography using molecularly imprinted chiral stationary phases. J Chromatogr A, 2012, 1264: 117-23.

[13] Li KY, Fu Q, Xin HX, Ke YX, Jin Y, Liang XM. Alkaloids analysis using off-line two-dimensional supercritical fluid chromatography x ultra-high performance liquid chromatography. Analyst, 2014, 139: 3577-87.

[14] Aubert MC, Lee CR, Krstulocic AM, Lesellier E, Pechard MR, Tchapla A. Separation of trans/cis-alpha-and beta-carotenes by supercritical fluid chromatography - 1. Effects of temperature, pressure and organic modifiers on retention of carotenes. J Chromatogr, 1991, 557: 47-58.

[15] Lesellier E, Tchapla A, Pechard MR, Lee CR, Krstulocic AM. Separation of trans/cis alpha- and beta-carotenes by supercritical fluid chromatography; II. Effect of type of octadecyl-bonded stationary phase on retention and selectivity of carotenes. J Chromatogr, 1991, 557: 59-67.

[16] Lesellier E, Krstulocic AM, Tchapla A. Influence of the modifiers on the nature of the stationary phase and the separation of carotenes in sub-critical fluid chromatography. Chromatographia, 1993, 36: 275-82.

[17] Abrahamsson V, Rodriguez-Meizoso I, Turner C. Determination of carotenoids in microalgae using supercritical fluid extraction and chromatography. J Chromatogr A, 2012, 1250: 63-8.

[18] Li B, Zhao HY, Liu J, Liu W, Fan S, Wu GH, et al. Application of ultra-high performance supercritical fluid chromatography for the determination of carotenoids in dietary supplements. J Chromatogr A, 2015, 1425: 287-92.

[19] Matsubara A, Bamba T, Ishida H, Fukusaki E, Hirata K. Highly sensitive and accurate profiling of carotenoids by supercritical fluid chromatography coupled with mass spectrometry. J Sep Sci, 2009, 32: 1459-64.

[20] Matsubara A, Uchikata T, Shinohara M, Nishiumi S, Yoshida M, Fukusaki E, et al. Highly sensitive and rapid profiling method for carotenoids and their epoxidized products using supercritical fluid

chromatography coupled with electrospray ionzation-triple quadrupole mass spectrometry. J Biosci Bioeng, 2012, 113: 782-7.

[21] Fornari T, Vicente G, Vazquez E, Garcia-Risco MR, Reglero G. Isolation of essential oil from different plants and herbs by supercritical fluid extraction. J Chromatogr A, 2012, 1250: 34-48.

[22] Sovova H. Modeling the supercritical fluid extraction of essential oils from plant materials. J Chromatogr A, 2012, 1250: 27-33.

[23] Yarita T, Nomura A, Horimoto Y. Type analysis of citrus essential oils by multidimensional supercritical fluid chromatography/gas chromatography. Anal Sci, 1994, 10: 25-9.

[24] Manninen P, Kallio H. Supercritical fluid chromatography-gas chromatography of volatiles in cloud berry (Rubus chamaemorus) oil extracted with supercritical carbon dioxide. J Chromatogr A, 1997, 787: 276-82.

[25] Blum C, Kubeczka KH, Becker K. Supercritical fluid chromatography-mass spectrometry of thyme extracts (Thymus vulgaris L.). J Chromatogr A, 1997, 773: 377-80.

[26] Sato M, Goto M, Kodama A, Hirose T. Chromatographic analysis of limonene and linalool on silica gel in supercritical carbon dioxide. Sep Sci Technol, 1998, 33: 1283-301.

[27] Auerbach RH, Dost K, Davidson G. Characterization of varietat differences in essential oil components of Hops (Humulus lupulus) by SFC-FTIR spectroscopy. J AOAC Int, 2000, 83: 621-6.

[28] Desmortreux C, Rothaupt M, West C, Lesellier E. Improved separation of furocoumarins of essential oils by supercritical fluid chromatography. J Chromatogr A, 2009, 1216: 7088-95.

[29] Aichner D, Ganzera M. Analysis of anthraquinones in rhubarb (Rheum palmatum and Rheum officinale) by supercritical fluid chromatography. Talanta, 2015, 144: 1239-44.

[30] Taibon J, Sturm S, Seger C, Werth M, Strasser H, Stuppner H. Supercritical fluid chromatography as an alternative tool for the qualitative and quantitative analysis of Metarhizium brunneum metabolites from culture broth. Planta Med, 2015, 81: 1736-43.

[31] Wang R, Runco J, Yang L, Yu K, Li YM, Chen R, et al. Qualitative and quantitative analyses of goitrin-epigoitrin in Isatis indigotica using supercritical fluid chromatography-photodiode array detector-mass spectrometry. RSC Adv, 2014, 4: 49257-63.

[32] Wang Z, Li S, Jonca M, Lambros T, Fergusson S, Goodnow R, et al. Comparison of supercritical fluid chromatography and liquid chromatography for the separation of urinary metabolites of nobiletin with chiral and non-chiral stationary phases. Biomed Chromatogr, 2006, 20: 1206-15.

[33] Li S, Wang Z, Sang S, Huang MT, Ho CT. Identification of nobiletin metabolites in mouse urine. Mol Nutr Food Res, 2006, 50: 291-9.

[34] Ganzera M. Supercritical fluid chromatography for the separation of isoflavones. J Pharm Biomed Anal, 2015, 107: 364-9.

[35] Fernandez-Ponce MT, Casas L, Mantell C, de la Ossa EM. Fractionation of Mangifera indica Linn polyphenols by reverse phase supercritical fluid chromatography (RPSFC) at pilot plant scale. J Supercrit Fluids, 2014, 95: 444-56.

[36] Bernal JL, Nozal MJ, Toribio L, Serna ML, Borrull F, Marce RM, et al. Determination of phenolic compounds in water samples by online solid-phase extraction—supercritical- fluid chromatography with diode-array detection. Chromatographia, 1997, 46: 295-300.

[37] Ramsey ED, Minty B, Mccullagh MA, Games DE, Rees AT. Analysis of phenols in water at the ppb level using direct supercritical fluid extraction of aqueous samples combined online with supercritical fluid chromatography-mass spectrometry. Anal Commun, 1997, 34: 3-6.

[38] Tavares MCH, Yariwake Vilegas JH, Lancas FM. Separation of underivatized triterpene acids by capillary supercritical fluid chromatography. Phytochem Anal, 2001, 12: 134-7.

[39] Lesellier E, Destandau E, Grigoras C, Fougere L, Elfakir C. Fast separation of triterpenoids by supercritical fluid chromatography/evaporative light scattering detector. J Chromatogr A, 2012, 1268: 157-65.

[40] Agrawal H, Kaul N, Paradkar AR, Mahadik KR. Separation of bacoside A3 and bacopaside II, major triterpenoid saponins in Bacopa monnieri, by HPTLC and SFC. Application of SFC in implementation of uniform design for herbal drug standardization, with thermodynamic study. Acta Chrom, 2006, 17: 125-50.

[41] Liu XG, Qi LW, Fan ZY, Dong X, Guo RZ, Lou FC, et al. Accurate analysis of ginkgolides and their hydrolyzed metabolites by analytical supercritical fluid chromatography hybrid tandem mass spectrometry. J Chromatogr A, 2015, 1388: 251-8.

[42] Qiao X, An R, Hunag Y, Ji S, Li L, Tzeng YM, et al. Separation of 25R/S-ergostane triterpenoids in the medicinal mushroom Antrodia camphorata using analytical supercritical-fluid chromatography. J Chromatogr A, 2014, 1358: 252-60.

[43] Huang Y, Zhang TT, Zhou HB, Feng Y, Fan CL, Chen WJ, et al. Fast separation of triterpenoid saponins using supercritical fluid chromatography coupled with single quadrupole mass spectrometry. J Pharm Biomed Anal, 2016, 121: 22-9.

[44] Bamba T, Fukusaki E, Kajiyama S, Ute K, Kitayama T, Kobayashi A. The occurrence of geometric polyprenol isomers in the rubber-producing plant, Eucommia ulmoides Oliver. Lipids, 2001, 7: 727-32.

[45] Bamba T, Fukusaki E, Nakazawa Y, Sato H, Ute K, Kitayama T, et al. Analysis of longchain polyprenols using supercritical fluid chromatography and matrix-assisted laser desorption ionization time-of-flight mass spectrometry. J Chromatogr A, 2003, 995: 203-7.

[46] Zhao Y, McCauley J, Pang X, Kang LP, Yu HS, Zhang J, et al. Analytical and semipreparative separation of 25 (R/S) - spirostanolsaponin diastereomers using supercritical fluid chromatography. J Sep Sci, 2013, 36: 3270-6.

[47] Zhu LL, Zhao Y, Xu YW, Sun QL, Sun XG, Kang LP, et al. Comparison of ultra-high performance supercritical fluid chromatography and ultra-high performance liquid chromatography for the separation of spirostanol saponins. J Pharm Biomed Anal, 2016, 120: 72-8.

[48] Baiocchi C, Giacosa D, Roggero MA, Marengo E. Analysis of steroids by capillary supercritical fluid chromatography with flame-ionization and electron-capture detectors. J Chrom Sci, 1996, 34: 399-404.

[49] David PA, Novotny M. Analysis of steroids by capillary supercritical fluid chromatography with phosphorus-selective detection. J Chromatogr, 1989, 461: 111-20.

[50] Hanson M. Aspects of retention behaviour of steroids in packed column supercritical fluid chromatography. Chromatographia, 1995, 40: 58-68.

[51] Doue M, Dervilly-Pinel G, Pouponneau K, Monteau F, Le Bizec B. Analysis of glucuronide and sulfate steroids in urine by ultra-high-performance supercritical-fluid chromatography hyphenated tandem mass spectrometry. Anal Bioanal Chem, 2015, 407: 4473-84.

[52] Turner C, King JW, Mathiasson L. Supercritical fluid extraction and chromatography for fat-soluble vitamin analysis. J Chromatogr A, 2001, 936: 215-17.

[53] Braumann U, Händel H, Strohschein S, Spraul M, Krack G, Ecker R, et al. Separation and identification of vitamin A acetate isomers by supercritical fluid chromatography—1H NMR coupling. J Chromatogr A, 1997, 761: 336-40.

[54] Jumaah F, Larsson S, Essen S, Cunico LP, Holm C, Turner C, et al. A rapid method for the separation of vitamin D and its metabolites by ultra-high performance supercritical fluid chromatography-mass spectrometry. J Chromatogr A, 2016, 1440: 191-200.

[55] Berger T, Berger B. Two minute separation of the cis- and trans-isomers of vitamin K1 without chlorinated solvents or acetonitrile. Chromatographia, 2013, 76: 109-15.

[56] Berger TA, Berger BK. Chromatographic resolution of 7 of 8 stereoisomers of vitamin K1 on an amylose stationary phase using supercritical fluid chromatography. Chromatographia, 2013, 76: 549-52.

[57] Yarita T, Nomura A, Abe K, Takeshita Y. Supercritical fluid chromatographic determination of tocopherols on an ODS-silica gel column. J Chromatogr A, 1994, 679: 329-34.

[58] Mejean M, Brunelle A, Touboul D. Quantification of tocopherols and tocotrienols in soybean oil by supercritical-fluid chromatography coupled to high-resolution mass spectrometry. Anal Bioanal Chem, 2015, 407: 5133-42.

[59] Ibanez E, Palacios J, Reglero G. Analysis of tocopherols by on-line coupling supercritical fluid extraction—supercritical fluid chromatography. J Microcolumn Sep, 1999, 11: 605-11.

16　制药中的应用

L. Nováková and K. Plachká
Charles University, Hradec Králové, Czech Republic

16.1　引言

16.1.1　药物开发

药物开发是将新药引入市场和患者的过程。首先，在药物发现阶段鉴定先导化合物；随后，配方成剂型、临床前研究和临床试验如图16.1所示。在成功完成这些阶段并准备适当的文件（新药申请，NDA）后，该药物随后被药品监管机构批准并投放市场［1］。

药物开发第一阶段的主要目标是发现活性化学实体（先导化合物）。先导化合物有多种来源：（1）随机筛选（植物、动物、微生物、合成物质）；（2）观察已知药物或其代谢物的副作用；（3）具有已知药理特性的天然产品；（4）天然抗体的结构；（5）生物信息学方法；（6）基于受体的配体蛋白设计。下一阶段，合成并测试先导化合物的系列类似物［2］。通过使用体外生物测定和（或）药理学测试进行筛选来选择一些有效候选物［3］；然后将有希望的候选化合物配制成药物产品。该过程中，将含有各种赋形剂的先导化合物组合以产生药物制剂［4］。所有这些物质必须是兼容的，并且配制的药物产品必须是稳定的且易于患者使用的。除此之外，配方研究也侧重于其他可影响药物生物利用度的因素，例如粒度、pH和溶解度。该配方确保了在临床试验之前有适当的药物传输数，随后根据在临床前和临床试验期间获得的发现再进行修改［5］。在这个阶段需要进行几种类型的稳定性研究，包括短期稳定性、长期药物和药物产品稳定性研究、光稳定性和温度循环研究。强制降解研究用于开发灵敏和特定的分析方法，用于定性和定量杂质和降解产物［6，7］。

配制的候选药物进行临床前试验，目的是为了获得候选药物的吸收、分布、代谢和排泄（ADME）的初步信息，评估急性和短期毒性并确定致死剂量。在该阶段使用各种剂量进行体外（试管或细胞培养）以及体内（动物）实验。在下一阶段，药物在人体上进行测试（临床试验阶段Ⅰ~Ⅲ）。在阶段Ⅰ中，将药物施用于健康志愿者，以确定随着增加剂量增加相应的生物利用度、剂量和副作用；在第二阶段（100~300名患者志愿者）中，评估治疗特定疾病的有效性并确定副作用；

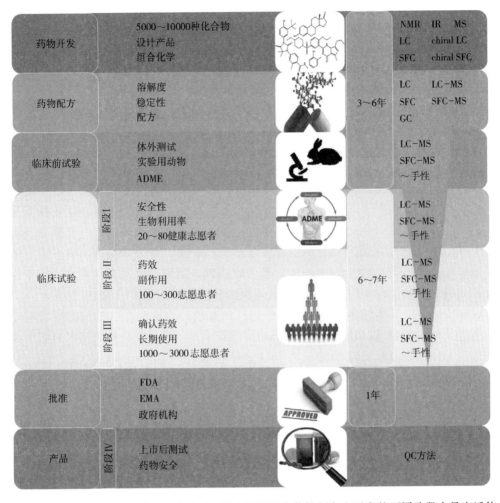

图 16.1 药物研发的各个阶段。在最后一栏中显示了在药物研究和开发的不同阶段中最广泛使用的分析方法

在第三阶段，数千名患者志愿者确认所有副作用以及长期使用的不良反应。在临床前和临床试验期间的测试需要监测来自实验动物或人类受试者的体液（例如血浆、血清、组织提取物和尿液）中的药物浓度［1，2］。因此，样品制备技术和色谱方法在药物开发的这些阶段是必不可少的。在推向市场之前，新药必须得到药品监管机构的批准。注册申请中需要有药物安全性和效率的证据以及制造方案和质量控制方法的说明，以确保药物的特性、含量、质量和纯度。为了确保生产阶段的药物质量，分析方法的开发对于确认药物制造设备的清洁度和药物制造过程中的过程控制是必要的；所有这些信息都是申请文件（NDA）的一部分。即使在批准后，该药物也要进行额外的上市后测试，称为临床试验阶段Ⅳ［1］。

16.1.2　药物开发的监管

药物开发过程中的监管目标是确保批准用于市场的药物是安全、有效和高质量的。主要的药品监管机构是美国食品与药物管理局（FDA）[1] 和欧洲的欧洲药品管理局（EMA）[8]，其他大多数国家都有自己的药品监管机构。为了在全世界实现更大程度的协调并确保以最具资源效率的方式开发和登记安全、有效和高质量的药品，国际人用药品技术要求协调理事会（ICH）[9] 于 1990 年成立。ICH 汇集了监管机构和制药行业，讨论药物注册的科学和技术方面的问题。ICH 的主要目标是提出建议，以便在医药产品注册的技术指南和要求的解释和应用方面实现更大程度的协调，从而减少或避免在新的人类药物的研究和开发过程中进行的重复测试。这些指导方针符合监管程序的主要目标，侧重于质量、疗效和安全性，因此分为质量（Q）、安全（S）、疗效（E）和多学科（M）[9]。质量指南（Q1~Q12）专注于质量问题，例如稳定性研究、杂质、方法的验证、良好生产的规范和规格等。安全指南（S1~S11）涉及致癌性、遗传毒性及其他毒性、安全性研究。疗效指南（E1~E18）涉及临床试验。多学科指南（M1~M9）涵盖了不同于以往任何一个群体的多种主题。这些包括例如遗传毒性杂质、基因治疗或电子标准等 [9]。EMA 和 FDA 均采用了其中多项指南。开发药学分析方法的最重要指南包括 Q1A 和 Q1C 稳定性 [6，7]，Q2 分析验证 [10]，Q3A、Q3B、Q3C 和 Q3D 杂质 [11，12]，M7 遗传毒性杂质 [13]，以及 Q6A 和 Q6B 规格 [14]。

16.1.3　药物开发的分析方法

通过不同的分析方法评估药物成分和药物产品的质量以及它们在生物体液中的浓度。基于 Q2 ICH 指南的药物开发中最常见的分析程序包括：（1）鉴定试验，（2）杂质含量的定量试验，（3）杂质控制的限值试验和（4）药物成分或药物产品中的活性成分（活性药物成分，API）的定量试验。最终，也可以确定另一种选定的组分，例如赋形剂。所有这些方法都需要进行适当的验证，包括确定典型参数，如准确度、精密度、特异性、检测限（LOD）和定量限（LOQ）、线性和范围（见表 16.1）。但是，方法验证的范围取决于特定的方法本身 [10]。这些分析程序相结合，提供有关原料、赋形剂和 API 的特性、纯度、含量和稳定性的信息。在合成过程和储存期间，可能会产生更多的杂质，因此必须与 API 同时监测，并且应报告任何高于报告阈值的杂质量和总杂质量。报告阈值基于最大日剂量计算，当最大日剂量为≤2g 时为 0.05%，最大日剂量>2g 时为 0.03%。基于药物成分的每日剂量，一旦杂质含量超过 0.05%~0.1%（定性阈值），必须识别杂质；且一旦杂质含量再次超过 0.05%~0.15%（定量阈值），必须对杂质进行定量 [11]。由于药物产品更复杂，由一种或多种 API 和至少一种药物赋形剂组成，因此 API 和药物产品的分析通常需要不同的分析方法，同时还要考虑各种形式的药物产品，如溶液、片剂、胶囊、丸剂、输液、滴剂、软膏、乳膏、栓剂等。在此阶段，除了API之外，还必须监测降解产物。其报告阈值同样取决于每日剂量，最大日剂量≤1g时为0.1%，最大日剂量>1g时为0.05%，同时定性和定量阈值也相应较高[12]。类似的规则同样适用于手性杂质。当药物成分主要是其中一种对映体时，相反的对映体被排除在定性之外[14]，在ICH Q3指南中给出了药物成分和药物产品的定性阈值[11, 12]。最近一组有潜在遗传毒性特定的杂质引起了人们的广泛关注。具有潜在遗传毒性的杂质是可能在人类中引起癌症的化合物，它们可能诱导基因突变，染色体断裂和（或）染色体重排；由于其显著的毒性，其报告、鉴别和定性限都非常低；若是长期使用该药物的情况，定性阈值的限值对应的遗传毒性杂质的摄入水平为1.5μg/d [13]。

显然易见，对含有API、杂质和（或）其他赋形剂的混合物的分离要求很高，尤其是在考虑分离速度和高通量的相关需求时；当被监测分析物的物理化学性质（$\lg P$、pK_a、M_W）变异性较大（一种混合物中不同分子质量的酸性、碱性和中性结构），或者结构差异可忽略不计的情况下（各种结构异构体），会面临不同程度的挑战。API或药品的杂质分析需要将所有潜在杂质和（或）降解产物与API完全分离，并且要求有足够的方法灵敏度以获得报告阈值。此外，虽然1.5的分辨率通常被用作适当分离的验收标准，但对于API和相邻杂质的分离是不够的。对于外消旋的杂质，由于其两种异构体具有相同的物理化学性质，而在常规非手性分离系统中具有相同的保留行为，因此需要具有光学选择性的方法对其分离[15, 16]。

直到最近，HPLC/UHPLC与各种检测技术相结合的分析方法被认为是黄金标准，常用的检测技术主要是UV（紫外线）或MS（质谱）。虽然UV检测对于大多数应用是足够的，但是当需要更高的灵敏度或选择性时，例如在确定基因毒性杂质的情况下，采用MS检测十分重要。包括RP（反相）、NP（正相）和HILIC（亲水相互作用色谱）等不同分离模式决定的方法开发的灵活性，结合不同固定相和相对宽范围的优化参数（即流动相组成，pH，梯度洗脱曲线和温度）能够实现各种物理化学性质不同的化合物的分离。然而，尽管HPLC具有不同分离模式的灵活性，但其也并非能够分离药物产品或临床样品所需的所有组分。利用不同色谱模式的正交选择性，特别是不同的分离方法十分重要。如今，超临界流体色谱（SFC）/超高性能超临界流体色谱（UHPSFC）已成为药物和药品质量控制的可行选择，详情请参阅第16.3节[15, 16]。

虽然Q2 ICH指南更适用于药物原材料和药物产品，但在EMA [17]和FDA指南[18]中更好地解决了生物原料中API及其代谢物的测定问题。采用这种生物分析方法来确定药物代谢动力学特征、代谢特征，以及分离可能具有不同药理活性和（或）以不同速率代谢的对映体。根据EMA的定义，这些分析数据可能需要用来支持新的活性物质、仿制药的应用以及授权药品的变更；动物毒理动力学研究和临床试验（包括生物等效性研究）的结果用于制定能够支持药物或产品安全性和有效性的关键决策[17]。因此从使用动物模型的临床前评估开始就需要应用生物分析方法，之后再应用于所有临床试验阶段。生物样品很复杂，通常含有低浓度（ng/mL 的水平或更低）的目标分析物；因此由于干扰化合物的存在，经常需要样品前处理甚至分析物预富集的步骤以净化基质。因此许多方法都需要提高灵敏度和选择性，而 LC-MS 目前是大多数情况下的首选方法。使用选择性 SRM（选择反应监测）或具有窄提取窗口（如 10mu）的高分辨率质谱（HRMS）的三重四极杆分析仪是定量生物分析的两种主要方法。LC-MS 方法的主要瓶颈是基质效应的存在；因此基质效应的评估已成为方法验证的一个组成部分（见表 16.1）。由于来自基质（或其他来源）的共洗脱化合物的存在，这些化合物可以改变信号响应，从而导致离子抑制或增强[17，18]，从而基质效应可能是严重定量错误的根源。当存在基质效应时，大多数重要的验证参数（包括准确度、线性度、针针精密度、日间精密度和灵敏度）可能会受到负面影响。在此方面，正如下面 16.4 节中将要讨论的，由于 SFC 提供了对 RP-HPLC 的正交选择性，它已成为减少/消除基质效应的合适替代方案。

表 16.1 不同机构对方法验证要求的比较

参数	ICH	FDA	FDA 限量	EMA	EMA 限量
准确度/%	3×3	3×5	±15%，LOQ ±20%	4×5	±15%，LOQ ±20%
精密度/%RSD	3×3	3×5	<15%，LOQ <20%	4×5	<15%，LOQ <20%
回收率/%	×	3	精确、一致	×	
选择性	√	6	无干扰	6	无干扰
校正曲线线型	5×3	6~8	正确度±15%，LOQ 20%	6×3	正确度±15%，LOQ 20%
LOQ	√	√	正确度±20%，精密度<20%	√	正确度±20%，精密度<20%
基质效应/%	×	√	确保不存在基质效应	2×6	<15%
残留	×	×	×	√	对准确度和精密度无影响
稀释倍数	×	√	确保方法的线性	5	正确度±15%，精密度<15%
稳定性	×	√	*	√	*

这些数字描述了浓度水平的数量乘以所请求的重复次数。√表示对此参数有要求；×表示没有要求；* 表示需要非常详细的稳定性研究，包括标准品的储存和标准工作溶液的稳定性，分析物在基质中的稳定性、长期储存稳定性、在自动进样器中的稳定性，冻融循环稳定性等。参考 Nova-ova L. Challenge 中侧重快速分析的生物分析液相色谱-质谱法的开发，对其进行改进和更新。J Chromatogr A 2013；1292：25-37 [19] 和其他适用的指南。

16.2 SFC 在新药研发中的应用

开发阶段通常是候选药物及其结构类似物（合成化合物数据库）的合成和随后的结构确认。新开发和合成的药物候选物的鉴别需要好的方法特异性和定性能力；通常需要红外光谱（IR）、核磁共振（NMR）和 MS（尤其是 HRMS）数据的结合。在 MS 之前经常使用色谱技术以确保干扰物的分离。LC 是目前首选技术。然而，由于 SFC 不同的分离选择性、广泛的适用性以及分析在 RP-HPLC 中过强保留的低极性化合物的可能性，而将在未来收到更广泛的应用。在体外生物测定中成功的候选药物需要进一步测试，并且药物应该能够获得纯的单体对映体，因为 FDA 要求评估立体异构体的各个对映体 [20]。

16.2.1 SFC 在对映体纯度检测中的应用

立体化学在选择用于临床试验的先导化合物中起着重要作用。人体是立体特异性的，因此对映体经常表现出非常不同的生物活性，那是因为它们与酶的活性位点相互作用，导致药理活性和药代动力学和药效学效应的差异。因此，手性是影响药物特征、作用、代谢和毒性的关键因素。在许多情况下，一种对映体可以产生所需的治疗效果，而另一种对映体可能是无活性的或甚至是有毒的。分离和测试单一对映体药物的药理学性质、代谢和毒性的重要性已成为制药工业的标准 [20~22]。分析对映体可以采用正相和反相 LC、气相色谱（GC）、薄层色谱（TLC）、毛细管区带电泳（CZE）和 SFC [22]。SFC 与 LC 相比具有许多优势，与 LC 的常用溶剂相比，SFC 的流动相因含有大比例的二氧化碳而具有更低的黏度和更高的扩散性；因而可以使用更高的流速而不会损失分辨率和效率；更快的平衡时间是能够提高效率的另一个优势。此外，能够增加纯化程度，是 CZE 或 GC 所不具备的进一步的优势 [15, 23, 24]。用于分离药物对映体的各种 SFC 应用在文献 [24~28] 中进行了综述，并在本书的单独章节中进行了讲解。

在探索过程中，需要进行对映体分离的化合物的数量可能很大，化合物的种类很多（包括原料和中间体），通常只有少量可用，并且非手性纯度可能低于 90%。非手性杂质会严重干扰手性方法的开发。开发快速筛选方案的方法，是为了有效地应对这些困难。这些筛选策略并非旨在实现最佳分离，而是为了快速确定能实现可接受分离的条件，作为进一步开发方法的起点 [23]。通常筛选包括使用不同的固定相和流动相的组合实现有限数量的快速分离。目前有大量的手性固定相，包括多糖、低聚糖（环糊精和环果聚糖）、大环糖肽、Pirkle 型和蛋白质键合相 [22, 25]。由于化合物对手性固定相依赖性产生于有机改性剂对保留和对映体选择性的影响，并且其通常难以预测，因此在初始筛选条件期间必须测试各种有机改性剂。West 等人针对三-（3,5-二甲基苯基氨基甲酸酯）直链淀粉和基于纤维素的手性固定相的研究，提出了对 SFC 中手性识别机制的一些见解［29］。SFC 中的手性分离在本书的第 12 章"立体异构体的分离"中详细介绍。表 16.2 简要总结了用于药物分析中 SFC 筛选方法分离的典型色谱条件。

基于直链淀粉和纤维素的多糖手性固定相（详见表 16.2）应用最为广泛。尽管通用方法更受欢迎［31~33］，在一些方法中仍然采用了分离酸性、碱性和中性化合物的分离程序［23，30］。通用方法通过使用添加剂辅助筛选，不需要对化合物进行分类。使用挥发性添加剂（如氨［34，35］或挥发性缓冲剂）以促进 SFC 与 MS 的偶联以及制备应用的趋势越来越明显；等度和梯度洗脱都可以与后者一起使用，以提供更大的灵活性和更快的分离。使用亚 $2\mu m$ 颗粒手性固定相［36］或平行多柱筛选系统［37，38］，可以进一步提高筛选效率。

表 16.2 药物分析中手性 SFC 分离的典型色谱条件

	手性选择剂		商品化色谱柱	
固定相	直链淀粉-三（3,5-二甲苯基氨基甲酸酯）		Chiralpak AD, Chiralpak IA, Amycoat	
	直链淀粉-三（3-氯苯基氨基甲酸酯）		Chiralpak ID	
	直链淀粉-三（5-氯-2-甲基苯基氨基甲酸酯）		Chiralpak AY, Lux Amylose 2	
	直链淀粉-三（3,5-二氯苯基氨基甲酸酯）		Chiralpak IE	
	纤维素-三（3,5-二甲苯基氨基甲酸酯）		Chiralcel OD, Chiralpak IB, Lux-Cellulose 1	
	纤维素-三（3-氯-4-二甲苯基氨基甲酸酯）		Chiralcel OZ, Lux-Cellulose 2	
	纤维素-三（3,5-二氯苯基氨基甲酸酯）		Chiralpak IC	
	纤维素-三（4-甲基苯甲酸酯）		Chiralcel OJ, Lux-Cellulose 3	
有机改性剂	甲醇，乙醇，异丙醇 乙腈 醇类混合物，醇类和乙腈的混合物			
	酸性化合物	碱性化合物	中性化合物	通用方法
添加剂 0.1%~1%	TFA 乙酸	DEA, TEA, IPA NH_4OH 异丁胺	不需要	IPA/TFA DEA/TFA TEA/TFA AmAc, AmF
温度	20~40℃			
BPR	100~150bar			

注：TFA，三氟乙酸；DEA，二乙胺；TEA，三甲胺；IPA，异丙胺；AmAc，醋酸铵；AmF，甲酸铵；BPR，背压。

16.2.2 制备型 SFC 在化合物纯化中的应用

制备型 SFC 已在第 9 章制备型 SFC 的理论方面和第 10 章制备型 SFC 的实际应用中详细讨论。因此这里只是简要总结,以强调其在制药行业中的重要性。制备型色谱法通常用于从几克/天到几吨/天的规模的纯化。对于小规模方法(通常每天最多数十千克),使用单列过程;而对于较大规模的,则需要复杂的多列过程。工艺或制备规模分离的选择取决于生产率、溶剂消耗、设计的复杂性和成本因素[39]。非手性和手性化合物的纯化均能够使用制备型 SFC。

尽管已有很多方法来分离单一对映体,但是在手性固定相上使用 LC 或 SFC 进行的对映体已经成为在特别是在药物开发阶段快速获得含量有限的纯对映体的应用最广泛的技术。在开发阶段,将获得纯对映体所需的时间最小化是至关重要的。此外,光学选择性色谱能够分离出高纯度的对映体,这对于生物学、药理学和毒理学评价都相当重要。如今,SFC 已成为制药行业中分离对映体的主要技术。与 LC 相比有几个优点:(1)流速提高能够提高生产率;(2)常用的基于 CO_2 的流动相使该方法更环保且更节约成本;(3)分离后通过降低压力即可轻松除去 CO_2,得到含有改性剂的高浓度产物,且改性剂也易于除去。此外,制备型 SFC 使用的溶剂体积比制备型 LC 使用的少 2~10 倍。大多数制备型 SFC 手性分离使用基于多糖或 Pirkle 型的固定相,因为它们具有高负载能力,能够分离更大量的外消旋体[22,40~42]。

药物开发阶段高通量组合合成的主要目标是为下一步测试提供候选药物。但这些药物通常不足以用于生物筛选,因为杂质会使结构-活性相关性数据的解释严重复杂化。为了提供能够用于生物筛选的高纯度化合物数据库,通常要使用 LC 或 SFC 进行纯化。除了已经讨论过的制备型 SFC 的益处之外,在非手性纯化方面的进一步优势还有,即使是在 RP-HPLC 的水溶液流动相中溶解度低或稳定相差,又或者在 RP-HPLC 中不保留或无法分析的被分析物,均有可能在 SFC 中实现分析[43]。

16.3 SFC 在药物和药品分析中的应用

虽然长期以来在对药物开发的方面 SFC 一直是手性分析和纯化的首选方法,但由于其灵敏度、重现性、准确性和稳健性的局限,在受监管的制药实验室中实施该技术的速度较慢。如第 16.1.2 节所述,这些局限不符合监管机构关于适当的方法验证和稳健性的要求。实际上,与 LC-UV 系统相比,SFC 系统的一个显著局限性是 UV 检测的灵敏度较低,主要与较高的基线噪声有关;这种噪声源于压力波动造成的折射率和密度变化。过去几年中,使用新的 BPR 设计实现更精确的压力控制,使这个问题得到了显著改善;连同一些改进方案,如改性剂的脱气和流动相与检测器温度的热匹配，使得新 SFC 系统的基线噪声得到很大改善。新的 BPR 设计也极大地提高了系统稳定性和保留时间的可重复性。自大概 2012 年以来，新一代分析型 SFC 仪器的商业化促进了 SFC 在 GMP（良好生产规范）环境中的使用。此外，UHPSFC 即被设计为亚 2μm 颗粒固定相与其适用的 SFC 平台的结合［15，44］。

SFC 在药物分析中的分离潜力和适用性已经在许多以各种药物或 QC 样品的标准混合物为研究对象的基础研究中体现［45］。这些化合物被用作探针来研究 SFC 系统的各个变量，如固定相［46，47］、流动相组成［47~49］、流动相添加剂的影响［48，50］、压降的影响和温度，以及不同检测系统的评估（例如，蒸发光散射检测器（ELSD）［51］和带电气溶胶检测器（CAD）［52］）。另一方面，尽管 SFC 具有明显的优势，但是关于 SFC 在分析真实样品的潜力以及严格从方法验证的角度来说对方法性能的研究仍然非常少见。

尽管通常来说，采用 SFC 的文章数量显著增加（2012 年之前每年 30~40 篇，2012 年之后每年 70~80 篇），但仍主要用于基础研究和对映体分离，而不是用于定量分析和药剂质量控制（QC）方法的杂质分析（见图 16.2）。我们认为，SFC 用于药物分析的报告数目并不代表其在制药行业的使用，因为有很多制药公司在使用 SFC 方法，但并未发表其工作研究［15］。迄今为止发表的一些综述［15，45，53，54］也支持这一结论。

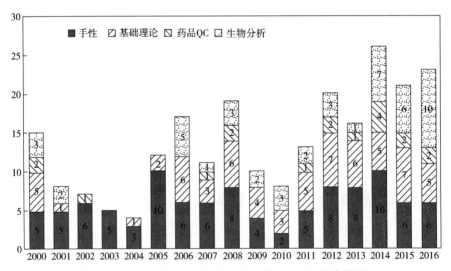

图 16.2　在各药物分析领域发表的关于 SFC 的文章数量

如第 16.1.3 节所述，药物开发的不同阶段使用各种药物成分和药物产品的质量控制方法。主要区别在于该方法是否仅针对一种 API 的定量，以及其他组分，例如药物分析，稳定性指示方法和溶出度研究；或者该方法是否用于杂质分析，如质量的情况、控制方法和强制降解研究;针对这些方法有进一步的讨论。

16.3.1 采用 SFC 进行药物和药品分析

药物成分和药物产品分析的分析方法必须遵循第 16.1.2 节中讨论的要求,并且必须经过彻底验证。ICH 指南 [10] 要求测定准确度、精密度、线性、线性范围和选择性。在这种情况下,由于 API 的浓度非常低,就不需要最终灵敏度及 LOQ 和 LOD 的确定。另一方面,为确保不发生 API 和杂质/降解产物的共流出,方法选择性极其重要。

使用 CO_2 作为流动相,SFC 具有与正相色谱基本相同的极性特征;SFC 可用于分离极性和非极性物质。但为了能够洗脱相对极性化合物,需要加入有机改性剂。有机溶剂如醇(甲醇、乙醇、异丙醇)和乙腈用于改善溶剂强度;其中甲醇是首选,因为它具有更高的洗脱强度、低黏度和有利于 MS 检测的特性。通常在流动相中加入少量添加剂,以确保可电离化合物的峰型对称。分析酸性化合物时,添加剂使用如甲酸、乙酸或三氟乙酸;碱性化合物则建议使用二乙胺、异丙胺或三乙胺。最近,挥发性缓冲剂(甲酸铵、乙酸铵)由于也能与 MS 检测器兼容,已成为改善酸性和碱性化合物峰形的最常用方法。分析极性化合物的另一种选择是使用水作为添加剂;水不能与 CO_2 完全混溶,但可以以合理的比例(15%)添加到含有 CO_2 和有机溶剂的 SFC 流动相中 [15,44,55]。

尽管添加剂主要作用是确保峰型窄且对称,但它们也会影响分析物的洗脱顺序。图 16.3 说明了乙酸铵、甲酸铵和甲酸铵+5%水分别在两种固定相上对 API 及其六种杂质的分离的影响。当乙酸铵被甲酸铵替代时,在 BEH 2-EP 固定相的分离得到改善,并且通过向甲酸铵中加入 5%的水改善了杂质 2 和 3 之间的分辨率;在 CSH PFP 固定相上加水导致了一对关键化合物的共流出,在此例中是 API 和杂质 5 的共流出。只有当乙酸铵被甲酸铵代替时,这些化合物才能以较优的分辨率分离。然而,正如将在第 16.3.2 节中讨论的内容,基于不同的分析物类型和实验条件的研究会得出不同的结论。因此,更需要通过实验来考察添加剂的影响。

在 SFC 方法开发中,分离的选择性主要由固定相的类型和流动相组成(改性剂和添加剂及其浓度)决定;微调参数包括温度、压力和梯度斜率 [44]。具体内容在第 5 章 "超临界流体色谱的方法开发" 中。在方法开发和分离效率方面,SFC 是 LC 的补充选择。如前所述,实践中限制 SFC 应用的是先前 SFC 平台的定量特征和低稳健性。

最近只有少数文献讨论了用于药物分析控制的 SFC 方法的开发和验证。一篇文献报道了对单独和联合剂型中的氯唑沙宗、对乙酰氨基酚和醋氯芬酸的定量方法 [57]。这些方法在准确性、精确度和线性方面符合 ICH 指南的严格标准;然而最重要的不足是,方法的选择性在这种情况下被忽略。此外,尚不清楚方法评估准确度和精确度的验证参数,使用的是实际样品还是仅使用标准混合物。在另一

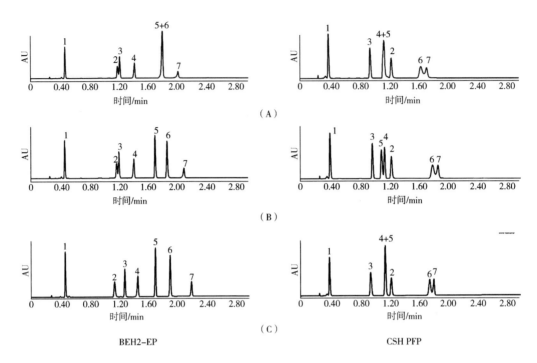

图 16.3 添加剂类型对采用 UHPSFC 法在 BEPS 2-EP 和 CSH PFP 两种固定相上 API 及其杂质的分离的影响。(A) 20mmol/L 乙酸铵；(B) 20mmol/L 甲酸铵；(C) 20mmol/L 甲酸铵和 5%水。(1) 腈类；(2) 二聚物；(3) 酰胺，(4) 阿戈美拉汀 (API)；(5) 酸；(6) 胺；(7) AgoSalt (引自：Unpublished figure created from the data obtained in Plachka K, Chrenkova L, Dousa M, Novakova L. Development, validation and comparison of UHPSFC and UHPLC methods for the determination of agomelatine and its impurities. J Pharm Biomed Anal. 2016, 125: 376-84 [56].)

项研究中，SFC-MS/MS 用于剂型中异烟肼和吡嗪酰胺的定性和定量 [58]。方法验证包括选择性和稳健性，符合 ICH 指南的要求。由于采用了 MS/MS 检测，也应评估基质效应。也有文献报道了雷米普利和替米沙坦在其剂型中的分析和含量均一性的测定 [59]。该方法经过适当验证，适用于联合和单独剂型的常规 QC 分析。Dispas 等 [60] 报道了使用总误差方法针对几种抗生素药物进行完全验证。UHPSFC 和 UHPLC 两种高效方法，在定量、方法验证和真实样品的应用几个方面进行了比较；两种方法均适用于质量控制的目的，UHPLC 的性能稍好一些，但是 UHPSFC 的方法灵敏度较低。但介于该研究的目标是 QC 测试方法，因此这不是问题。

当然，开发多用途的质量控制方法是未来的期许，即在一个步骤中同时进行测定和杂质分析。这可能也是迄今为止报道的 SFC 药物测定控制方法较少的部分原因。但在某些情况下，考虑到方法开发的耗时及经济成本原因，常规实践中还是会优先选择使用两种不同的方法。

16.3.2 采用 SFC 进行杂质分析

API 的合成通常是多步骤的过程，这个过程不太可能是经济的，且合成过程中也不可能只得到低浓度且在受控水平的残留杂质。杂质可能在合成、纯化或储存期间产生，组成可能包括来自合成、降解产物和（或）配体中的原料、副产物、催化剂、试剂和（或）中间体［11］。药物产品的生产过程也是一样。尽管仔细选择配方、制造工艺和包装，由于环境中氧气和水分的存在会导致某些形式的降解，例如水解和氧化［16］。杂质的鉴定和表征十分重要，它可以确保在服用药物时杂质的存在不会引起药理学或毒理学的不良反应。此外，也必须考虑杂质对生产过程的影响。鉴定和表征需要符合生产计划，且应在第一次人体临床试验之前完成。杂质控制在 Q3 ICH 指南［11，12］有相关规定，详细内容在第 16.1.2 节中有讨论。

对药物中所有杂质进行全面检测是一项具有挑战性的任务。为了最大限度地降低杂质峰出现在活性成分峰处或其他杂质处而未被注意的可能性，通常使用不止一种色谱系统；通常建议尽可能使用正交的色谱条件组合［16］。药物成分和药物产品的杂质分析还必须遵循监管机构的严格要求，经过彻底的方法验证，证明该方法能够在其他分析物存在的情况下明确评估每种分析物。在这种情况下，ICH 指南［10］要求确定准确度、精密度、线性、线性范围和选择性，类似于 LOD 和 LOQ 的分析和测定。杂质分析中的方法灵敏度非常重要，正如第 16.1.2 节中所述，定量杂质峰所需的标准十分严格。特异性是杂质分析中使用的方法的关键要素，也是最具挑战性和耗时的任务之一。确保方法特异性的一种方法是开发具有不同保留机制的两种正交色谱方法，例如图 16.4 所采用的 UHPSFC 和 UHPLC。

科学界对该研究课题的兴趣见证了 SFC 对杂质分析的重要性。有几个课题组都在专注于开发用于非手性杂质分析的通用 SFC 筛选方法［46，48，61，62］。虽然这些研究使用的基本上是人为的混合物或大量药物的集合，并且不分离真正的 API／杂质混合物，但它们在确定初始 SFC 筛选条件方面非常有用。Lemasson 等［48］研究了流动相组成；该研究在洗脱能力、峰形、UV 基线漂移以及基于 S/N 的 UV 和 MS 响应等条件中运用了 Derringer 期望函数。在众多所测试的添加剂中，最终确定乙酸铵和氢氧化铵为最佳添加剂，并在大量的固定相上做了进一步的评估。两种添加剂效果相当，使用乙酸铵得到的色谱质量稍好一点。最后，选择乙酸铵与 2%（体积分数）水的混合物作为最优的添加剂。在文献［61］中，甲酸铵被确定为最优的添加剂。此外，添加水更有利于峰形和固定相的稳定性。为了确定正交固定相，在两项研究中对 20 多个固定相进行了详细评估［46，62］。Lemasson 等［46］提出了两个固定相，即 Acquity UPC^2 HSS C$_{18}$ SB 和 Nucleosil HILIC，而 Galea 等［62］提出了一组六个固定相，包括 Luna Silica、Sunfire C$_{18}$、Luna NH$_2$、Interstil-Phenyl、Luna HILIC 和 Luna CN。但这些研究都没有涉及杂质的定量分析。

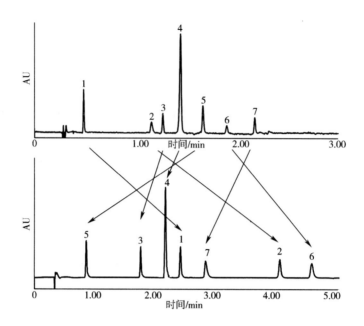

图 16.4　UHPSFC（上图）和 UHPLC（下图）间分离选择性的比较。（1）腈；（2）二聚物；（3）酰胺；（4）阿戈美拉汀（API）；（5）酸；（6）胺；（7）AgoSalt（引自：*Unpublished figure created from the data obtained in Plachka K, Chrenkova L, Dousa M, Novakova L. Development, validation and comparison of UHPSFC and UHPLC methods for the determination of agomelatine and its impurities. J Pharm Biomed Anal, 2016, 125：376-84*［56］.）

最初，SFC 很少用于杂质分析，部分原因是当时可用的仪器有限。2000 年和 2001 年报告了首批采用 SFC 进行的杂质分析。然而，这些方法仅涉及用于分离杂质的方法开发和相对于 API 的杂质浓度的评估，而没有进行全面的方法验证。但两种方法都为杂质的测定提供了意料之外的良好的灵敏度。在第一种情况下，相对于 API，化合物 SC-65872 达到 0.01%［63］；而在第二种情况下，相对于 API，散装和片剂中异山梨醇-5-单硝酸酯和相关化合物的含量高达 0.1%［64］。进样浓度分别相对较高，分别为 12.5mg/mL 和 10mg/mL。在这两项研究出现后，SFC 的杂质分析报告在 2011 年左右开始变得稀少。最近，一些文献将研究重心涉及了杂质分析的各个方面，包括针对特定应用的方法开发、定量方面和考虑低浓度杂质的方法验证（见表 16.3）。表 16.3 中总结的分离条件发生了很大的变化，并不总是与先前基础研究中引用的结论相对应；这归因于特定方法的开发是决定于所分析的某类特定化合物以及这些化合物的物理化学性质。

Wang 等［65］描述了 2011 年第一次使用 SFC 进行的综合杂质分析方法，测定糠酸莫米松中的杂质；方法需要较高的样品浓度来监测响应面积是 API 的 0.05% 的潜在痕量杂质。该方法得到部分验证，并与 UHPLC 方法进行了比较；使用 UHPLC 和 SFC 分离所有杂质，SFC 的分离时间更短（SFC 为 15min，UHPLC 为

50min)。研究发现 UHPLC 和 SFC 方法具有良好正交选择性（$R^2 = 0.2163$），在将 SFC 和 LC 方法作比较的其他研究也有提及（参见图 16.4）。所有方法都证明了在不同载进样量下定量杂质均有足够的灵敏度（见表 16.3）。采用 SFC 的杂质分析方法通常更快 [56, 65, 66, 68]，而 UHPLC 的灵敏度更高。与 UHPLC 相比，SFC 的另一个优势是色谱图中峰的分布更均匀，系统峰更少，方法开发更容易 [56, 67]。而对于其他验证参数，两种方法相当，如在低浓度杂质下的保留时间和峰面积重复性、方法精度和准确度。这表明 SFC 是药物质量控制中杂质分析的可行和补充选项，但仍需要进一步研究和方法验证。到目前为止，没有关于使用 SFC 测定遗传毒性杂质的报道。

表 16.3　SFC 的杂质分析方法概述，分离条件和相对于 API 的杂质百分比水平

被分析物	固定相	流动相	相对于 API 的百分比水平（进样浓度）	参考文献
阿戈美拉汀+6 种杂质	BEH 2-EP（100mm×3.0mm，1.7μm）	CO_2/MeOH + 20mmol/L AmF + 5% H_2O	0.5%定量（0.05mg/mL）	[56]
糠酸莫米松+5 种杂质	硅胶（250mm×4.6mm，5μm）	CO_2/MeOH	0.1%定量（2mg/mL）	[65]
1. API+6 种杂质 2. 阿立哌唑 + 8 种杂质	1. Diethylaminopropyl（150mm×4.6mm，5μm） 2. Aminophenyl（150mm×4.6mm，5μm）	1. CO_2/MeOH + 1% H_2O 2. CO_2/MeOH + 0.3% IPA + 5% ACN	0.1% LOD（≤2mg/mL）	[66]*
拉米夫定+6 种杂质 依法韦仑+6 种杂质	2-EP（150mm×4.6mm，3μm）	CO_2/MeOH + 10mmol/L AmAc + 0.1% IPA	0.02%报告限值 0.05%~0.1%定量（0.3 或 0.6mg/mL）	[67]*
利福平+4 种杂质	Torus diol（100mm×3.0mm，1.7μm）	CO_2/MeOH + 0.1% AmF + 2% H_2O	0.006% LOD（10mg/mL）	[68]

注：AmF—甲酸铵；AmAc—醋酸铵；IPA—异丙胺。
* 该方法涉及定量方面，但尚未完全验证。

有趣的是，在 ICH 指南中对杂质是手性还是非手性未做明确区分。然而，制药工业中存在一种增长的趋势，即以单一对映体形式生产药物以改善其治疗特性，例如相比外消旋混合物可以降低剂量要求或获得更快的反应 [69]。与对映选择性合成相关的进展使得仅含有活性对映体的新登记药物增加。对于某些药物，既可以使用外消旋混合物，也可使用其单一对映体形式。对于含有单一对映体的新药物/产品，另一种对映体作为常规杂质处理，ICH Q3 指南中给出了鉴定阈值 [11, 12]。此外，在使用外消旋药物混合物的情况下，FDA 要求每种对映体单独研究其毒性，生物活性和药代动力学性质。很明显，手性纯度控制在药物开发的所有阶

段都是必不可少的。正如第 16.2.1 节中已经讨论的那样，这为 SFC 的应用开辟了一个很好的空间。更多细节在第 12 章立体异构体的分离和第 16.2.1 节中有讨论。

同样，开发多用途质量控制方法是现今的迫切需求，使具有足够的选择性和灵敏度能够在一步中完成手性和非手性杂质的所有测定和杂质分析。然而这种方法的开发十分困难，在科学文献和常规实践中都很少见。串联色谱排列的手性非手性使用 CHIROBIOTIC TAG 和 Spherisorb S4 SCX 柱在 30min 内测定丙酰肉碱和相关杂质［70］。使用手性-非手性的串联柱排列，实现了 30min 内在 CHIROBIOTIC TAG 和 Spherisorb S4 SCX 的组合柱上测定丙酰肉碱和相关杂质［70］。类似地使用三个串联柱（二醇柱和两个 Chiralcel OD），在 30min 内测定了米洛非班及其手性和非手性杂质［71］。使用二维 RP-HPLC×SFC 进行手性-非手性分析提供了另一种方法［72］。从第一维的 RP-HPLC 洗脱的峰在捕获柱上聚集成一个窄的区域，然后注入第二维 SFC 柱。第一维提供了非手性杂质信息，而第二维实现了对映体的分离，从而能够量化所有组分（图 16.5）。

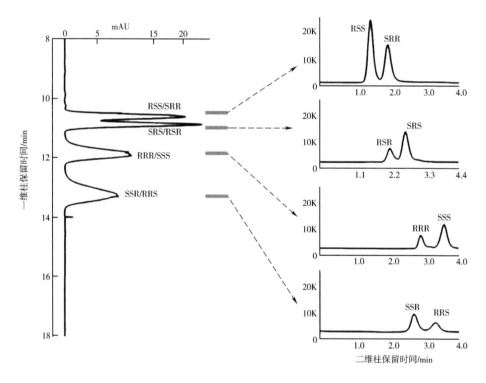

图 16.5 使用中心切割 2D LC-SFC 分离药物的 8 种立体异构体。一维 RP-HPLC 分辨出四个非对映异构体对，第二维 SFC 分辨出相应的对映体对（引自：*Reprinted from the reference with permission Venkatramani CJ, Al-Sayah M, Li G, Goel M, Girotti J, Zang L, et al. Simultaneous achiral-chiral analysis of pharmaceutical compounds using two-dimensional reversed phase liquid chromatography-supercritical fluid chromatography. Talanta, 2016, 148: 548-55*［72］.）

16.3.3 稳定性指示方法

稳定性指示方法是用来定量降解导致的 API 减少量的分析程序。该方法需要经过验证，确保其有能力监控药物成品和药物产品随时间变化的稳定性。稳定性指示方法应能准确测量 API 浓度的变化，不受降解产物、杂质和赋形剂的干扰 [73]。具有 UV 检测的 RP-HPLC 是该任务的选择方法；到目前为止，尚未报告使用 SFC 执行此任务。

16.4 SFC 在生物流体中的药物及其代谢物分析中的应用

16.4.1 SFC 分析中生物体液的样品制备

生物体液如全血、血浆、血清、尿液或唾液都是复杂样品，如果没有初步样品前处理，他们在大多数情况下不适用于色谱分析。用于药物分析的常见干扰化合物包括盐、磷脂和蛋白质。样品前处理步骤影响分析的所有后续步骤，对准确度和精确度有重要影响。由于被分析物通常浓度较低，而干扰化合物丰富，方法灵敏度和选择性是生物分析程序的关键参数。尽管 MS 检测灵敏度高、选择性高，但基质效应会严重影响方法的定量能力和灵敏度。精心设计的样品前处理技术应能够分离、清除和（或）预浓缩生物基质中的被分析物，同时去除干扰化合物 [19]。

生物分析中最常用的样品制备方法包括蛋白质沉淀（PP）、液液萃取（LLE）和固相萃取（SPE）。当 LC-MS 用于样品分析时，需要蒸发和复溶步骤以确保 RP-HPLC 流动相与大多数有机溶剂提取液兼容（PP 和 SPE 通常使用 ACN 或 MeOH；LLE 通常使用非极性溶剂，如乙酸乙酯、己烷或庚烷）[19]。由于这些溶剂与 SFC 流动相的更好的相容性，可以省略蒸发步骤，不需要样品预富集则可以减少样品前处理时间，提高样品检测通量。事实上，最近报道的研究证明了提取液采用 LLE 时使用己烷/异丙醇 [74] 为溶剂和采用 PP 时使用 ACN-MeOH (1∶1)[75] 或丙酮 [76] 作为溶剂的优势。随着现代质谱仪的灵敏度，即使样品在前处理期间发生样品稀释并不会影响最终的结果定量。但如果必须要进行样品预浓缩才能达到预期的方法灵敏度时，这种方法就不适用了。

尿液样品的样品稀释和进样方法使得 SFC 方法的使用受到限制。在 LC 中，通常用水进行稀释，一方面是考虑到峰形，另一方面，当选择稀释溶剂时，必须考虑有机溶剂沉淀盐的可能性，正如文献 [77] 中所述。虽然水与 SFC 的流动相不相容而似乎不适合作为 SFC 的溶剂，但当使用低进样量和样品浓度时，有数据表明对测试的 110 种兴奋剂中的大多数化合物来说，进样含水样品是可行的（图 16.6）。

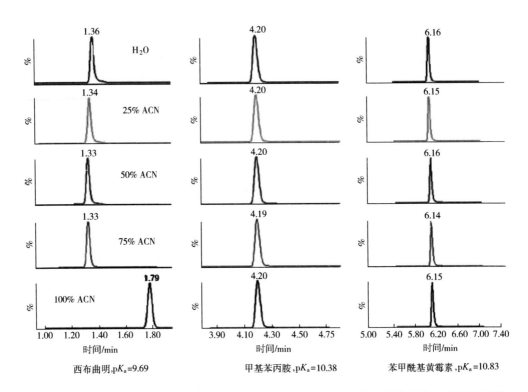

图 16.6 样品稀释剂依次对较快洗脱的化合物（西布曲明）、中度保留的化合物（甲基苯丙胺）和最晚洗脱的化合物（苯甲酰基黄霉素）的峰形的影响（引自：Redrawn based on the data from the reference Novakova L, Rentsch M, Grand-Guillaume Perrenoud A, Nicoli R, Saugy M, Veuthey LJ, et al. Ultra high performance supercritical fluid chromatography coupled with tandem mass spectrometry for screening of doping agents. II: analysis of biological samples. Anal Chim Acta, 2015, 853: 647-59 [77].)

16.4.2　SFC-MS 在定量生物分析中的应用

尽管最近 SFC-MS 使用显著增加（2014-2016，图 16.2），但与 LC-MS 相比使用仍然较少。到目前为止，只有三篇综述文章涉及 SFC 在生物分析的应用 [15, 53, 78]。使用 SFC 进行生物分析的主要吸引力是可获得代谢物分析的不同选择性 [79, 80]；分析 RP-HPLC 中有挑战性的化合物类别，如抗生素 [75]、脂质 [81] 和脂溶性维生素 [74, 82, 83]；能够定量手性药物及其代谢产物的方法 [84]。

与 LC-MS 相比，SFC 与 MS 的耦合似乎相对容易，因为流动相中含有高比例的挥发性 CO_2，可促使电离过程中的蒸发加强。此外，最初开发的用于 LC 的大气压电离源如 ESI（电喷雾电离）和 APCI（大气压化学电离），也非常适合与 SFC

耦合［85，86］。但也必须考虑 SFC 中由于流动相减压而导致分析物沉淀的可能性。Grand-Guillaume Perrenoud 等人［87］详细研究了 UHPSFC-MS 耦合方法（详见章节：联用检测器：质谱）。各个离子源的参数设置和流动相组成可以改变电离效率，从而改变 SFC-MS 中的灵敏度（与 LC-MS 同理）。由于 SFC-MS 是生物分析的一种新方法，因此大多数研究都侧重于各个参数的优化，如离子源设置、流动相组成、补偿溶剂组成、温度和 BPR 压力［74，75，79，80，82，84，87］。由于其应用领域的多样性及所涉及分析物的极性和其他物理化学性质分布范围相对宽泛，因此在生物分析中开发一些通用的 SFC 方法要困难得多（表 16.4）。

表 16.4　生物分析 SFC 方法综述论证了应用的多变性

被分析物	固定相	流动相	方法验证	基质效应	参考文献
维生素 E 生育三烯酚	BEH 2-EP（100mm× 3.0mm，1.7μm）	CO_2/MeOH + 10mmol/L AmF（95∶5 和 98∶2）	+	+	［74］
15 种磺胺类及其代谢物	BEH（100mm×3.0mm，1.7μm）	CO_2/EtOH 梯度洗脱	+	- PDA	［75］
辅酶 Q10	BEH 2-EP（100mm× 3.0mm，1.7μm）	CO_2/MeOH（85∶15）	+	+	［76］
极性尿代谢物	BEH, BEH 2-EP, CSH PFP, HSS C_{18} SB, BEH amide, BEH HILIC, BEH phenyl, HSS CN, Torus diol, Torus 2-PIC, Torus-DEA, Torus 1-AA	CO_2, MeOH, 水, FA, AA, AmF, AmAc, AmOH, IPA, IBA, IPeA	-	-	［79］
8 种基质和 8 种 CYP 特异性代谢物	HSS C_{18} SB（100mm× 3.0mm, 1.8μm） CSH PFP, BEH 2-EP, HSSCyano（100mm× 3.0mm, 1.7μm）	CO_2/MeOH CO_2/isopropanol+ 10mmol/L AmF±2%水	-	-	［80］
维生素 D 及其代谢物	1-AA（100mm×3.0mm，1.7μm）	CO_2/MeOH 梯度洗脱	+	-	［82］
17 种水溶-和脂溶-维生素	HSS C_{18} SB（100mm× 3.0mm, 1.8μm）	CO_2/MeOH 梯度洗脱 + 0.2% AmF + 5%水	-	-	［83］
奥卡西平和手性代谢产物	Trefoil Cel2（150mm× 3.0mm, 2.5μm）	CO_2/MeOH（60∶40）	+	+	［84］

续表

被分析物	固定相	流动相	方法验证	基质效应	参考文献
联苯双酯	HSS C_{18} SB（100mm×3.0mm, 1.8μm）	CO_2/MeOH（95∶5）	+	+	[88]
R-/S-华法林	Chiralpak AD（250mm×4.6mm, 5μm）	CO_2/EtOH（70∶30）	+	+	[89]
R-/S-普萘洛尔 R-/S-吲哚洛尔	Chiracel OD-H（250mm×4.6mm, 5μm）	CO_2/MeOH+0.2% DEA	+	+	[90]

注：AmF—甲酸铵；AmAc—醋酸铵；AmOH—氢氧化铵；AA—醋酸；FA—甲酸；DEA—二乙胺；IPA—异丙胺；IBA—异丁胺；IPeA—异戊胺。

据报道，通常使用包括乙酸铵和甲酸铵的挥发性添加剂有利于改善峰形和提高样品检测能力。此外，许多研究倾向于加入少量水（15%），可以有利于峰形的对称、固定相的稳定性和提高 MS 灵敏度 [79, 80, 83, 91]。此外，与单独的有机改性剂相比，流动相中的少量水提高了缓冲剂的溶解度。

有报道用于同时分析水溶性和脂溶性维生素的方法，采用超临界、亚临界和液体条件，使用以纯二氧化碳为起始的流动相梯度，以 100% 有机改性剂为终止。lg$P$ 范围从 -2.11~10.2 的 17 种维生素在 4min 内分离 [83]，如图 16.7 所示。

16.4.3 SFC-MS 中的基质效应

基质效应是使用 MS 作为检测技术的定量方法会存在的重要问题。它已在 LC-MS 领域得到广泛讨论，而在 SFC-MS 中迄今为止受到的关注较少（表 16.4）；缺乏 SFC 中基质效应基础理论的研究。尽管如今在生物分析方法中必须要确定基质效应 [17, 18]；但在早期的 SFC-MS 研究中它常常被忽略，直至最近才成为这些方法的固有部分 [74, 76, 84, 88]。一些研究仅关注 SFC 方法开发本身，没有任何定量方面和完整的方法验证。SFC-MS 中基质效应的报告首次发布于 2006 年。采用提取后加入法评估人血浆中华法林分析方法的基质效应，显示离子抑制 -24%~-33% [89]。采用柱后输注法评估小鼠血液中普萘洛尔和吲哚洛尔分析方法的基质效应，并确定不存在离子抑制效应 [90]。经过简单的稀释和喷射样品预处理和支持液体萃取后，尿液中的掺杂剂分别报告了基质效应的系统评价和 UHPSFC MS/MS, UHPLC MS/MS 和 GC-MS/MS 之间的比较 [90, 92]。经过对尿液样品进行简单的样品稀释、样品预处理和液体萃取后，系统的评价了尿液中兴奋剂检测方法的基质效应，并对 UHPSFC-MS/MS、UHPLC-MS/MS 和 GC-MS/MS 三种方法做出比较 [90, 92]。这两篇报告均对几种浓度水平的基质效应做出评价。结果显示，与 UHPLC-MS/MS 相比，UHPSFC-MS/MS 的基质效应的影响较低 [90, 92]。并指出 GC-MS 有更严重的基质效应 [92]（见图 16.8）；还需要进一

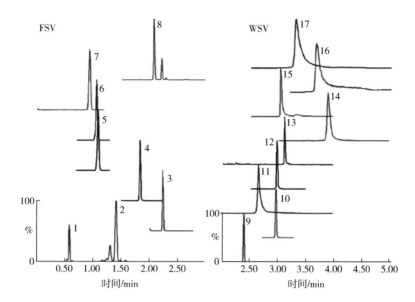

图 16.7 使用 100%CO_2 至 100% 有机改性剂的梯度分离 17 种维生素。色谱柱：HSS C_{18} SB；有机改性剂：甲醇/水（95/5），含 0.2% 甲酸铵；流速：1.2mL/min；温度：40℃。更多细节在参考文献 [83] 中给出。FSV—脂溶性维生素；WSV—水溶性维生素（引自：Adapted from the reference Taguchi K, Fukusaki E, Bamba T. Simultaneous analysis of water- and fatsoluble vitamins by a novel single chromatography technique unifying supercritical fluid chromatography and liquid chromatography. J Chromatogr A, 2014, 1362: 270-77 with permission.）

步的基础研究和跟其他技术的比较。

16.5 结论

SFC 是药物分析中的一项重要技术，通过引入改进的 SFC 仪器平台，其重要性仍在不断提高。它一直应用于对映体分离和纯化，并且与 LC 一起被确立为这些应用的首选技术。基于 CO_2 作为流动相的有利性质，SFC 拥有非常好的互补性和许多优点。最近，SFC 在药物分析其他领域的重要性也逐渐增加。虽然长期以来 SFC 的应用在临床和杂质分析方面受到限制，但这种趋势目前正在逆转；特别是在生物分析中，SFC-MS 方法的数量在增加，预计这将成为一种趋势；将来会需要更多经过验证的生物分析定量和杂质分析方法。此外，可以预期 SFC 在稳定性指示方法和遗传毒性杂质的测定中将有更广泛的应用。

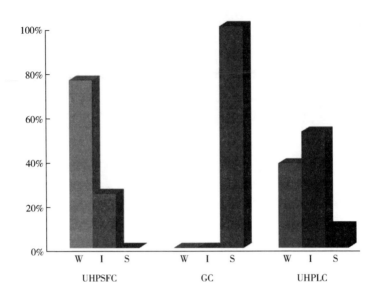

图 16.8 图形表示基质效应对 UHPSFC、UHPLC 和 GC 的重要性。弱基质效应（W）相当于 -20%<ME_{rel}<20%，中等程度基质效应（I）为 20%<｜ME_{rel}｜<100%，强基质效应（S）则高于 100%或低于-100%（引自：Adapted from the reference Desfontaine V, Nováková L, Ponzetto F, Nicoli R, Saugy M, Veuthey JL, et al. Liquid chromatography and supercritical fluid chromatography as alternative techniques to gas chromatography for the rapid screening of anabolic agents in urine. J Chromatogr A, 2016, 1451: 145-55 with permission.）

参考文献

[1] http://www.fda.gov/.

[2] Levin S. High performance liquid chromatography (HPLC) in the pharmaceutical analysis. Pharmaceutical sciences Encyclopedia. Published on-line, John Willey and Sons 2010.

[3] Edger J, Sedrani R, Wiesmann CH. The discovery of first-in-class drugs: origins and evolution. Nat Rev Drug Discov, 2014, 13: 577-87.

[4] Hassan BAR. Overview on pharmaceutical formulation and drug design. Pharmaceutica. Analytica Acta, 2012, 3: 10-11.

[5] Hwang R, Kowalski DL. Design of experiments for formulation, development. Pharm Technol, 2005, 2005: 1-4.

[6] International Conference on Harmonization of technical requirements for registration of pharmaceuticals for human use. ICH harmonized tripartite guideline, Q1A (R2): Stability testing of new drug substances and products; 2003.

[7] International Conference on Harmonization of technical requirements for registration of pharmaceuticals for human use. ICH harmonized tripartite guideline, Q1C: Stability testing for new dosage

forms; 1996.

[8] http://www.ema.europa.eu/ema/.

[9] http://www.ich.org/home.html.

[10] International Conference on Harmonization of technical requirements for registration of pharmaceuticals for human use. ICH harmonized tripartite guideline, Q2 (R1): Validation of Analytical Procedures: Text and Methodology; 2005.

[11] International Conference on Harmonization of technical requirements for registration of pharmaceuticals for human use. ICH harmonized tripartite guideline, Q3A (R2): Impurities in New Drug Substances; 2002.

[12] International Conference on Harmonization of technical requirements for registration of pharmaceuticals for human use. ICH harmonized tripartite guideline, Q3B (R2): Impurities in New Drug Products; 2003.

[13] International Conference on Harmonization of technical requirements for registration of pharmaceuticals for human use. ICH harmonized tripartite guideline, M7: Assessment and Control of DNA Reactive (Mutagenic) Impurities in Pharmaceuticals to Limit Potential Carcinogenic Risk; 2014.

[14] International Conference on Harmonization of technical requirements for registration of pharmaceuticals for human use. ICH harmonized tripartite guideline, Q6A (R2): Test Procedures and Acceptance Criteria for New Drug Substances and New Drug Products: Chemical Substances; 1999.

[15] Desfontaine V, Guillarme D, Francotte E, Nováková L. Supercritical fluid chromatography in pharmaceutical analysis. J Pharm Biomed Anal, 2015, 113: 56-71.

[16] Holm R, Elder DP. Analytical advances in pharmaceutical impurity profiling. Eur J Pharm Sci, 2016, 87: 118-35.

[17] Committee for medicinal products for human use. Guideline on bioanalytical method validation, EMA, London, UK; 2011.

[18] U.S. Department of Health and Human Services, Food and Drug Administration. Guidance for industry, Bioanalytical method validation; 2001.

[19] Novakova L. Challenges in the development of bioanalytical liquid chromatography-mass spectrometry method with emphasis on fast analysis. J Chromatogr A, 2013, 1292: 25-37.

[20] FDA's policy statement for the development of new stereoisomeric drugs. 1992; May 1, corrections made on 1997; January 3.

[21] Patel BK, Hutt AJ. Stereoselectivity in drug action and disposition: an overview. In: Reddy IK, Mehvar R, editors. Chirality in drug design and development. New York: Marcel Dekker Inc; 2004. p. 139-87.

[22] Zhang Y, Wu DR, Wang-Iverson DB, Tymiak AA. Enantioselective chromatography in drug discovery. Drug Discov Today, 2005, 10: 571-7.

[23] Zhao Y, Woo G, Thomas S, Semin D, Sandra P. Rapid method development for chiral separation in drug discovery using sample pooling and supercritical fluid chromatography-mass spectrometry. J Chromatogr A, 2003, 1003: 157-66.

[24] Płotka JM, Biziuk M, Morrison C, Namiesnik J. Pharmaceutical and forensic applications of chiral supercritical fluid chromatography. Trends Anal Chem, 2014, 56: 74-89.

[25] West C. Enantioselective separations with supercritical fluids—review. Current Anal Chem, 2014, 10: 99-120.

[26] Ren-Qui W, Teng-Teng O, Weihua T, Siu-Choon N. Recent advances in pharmaceutical separations with supercritical fluid chromatography using chiral stationary phases. Trends Anal Chem, 2012, 37: 83-100.

[27] DeKlerck K, Mangelings D, Vander Heyden Y. Supercritical fluid chromatography for the enantio separation of pharmaceuticals. J Pharm Biomed Anal, 2012, 69: 77-92.

[28] Kalıkova K, Slechtova T, Vozka J, Tesarova E. Supercritical fluid chromatography as a tool for enantioselective separation: a review. Anal Chim Acta, 2014, 821: 1-33.

[29] West C, Guenegou G, Zhang Y, Morin-Allory L. Insights into chiral recognition mechanism in supercritical fluid chromatography. II Factors contributing to enantiomer separation on tris- (3,5-dimethylphenylcarbamate) of amylose and cellulose stationary phase. J Chromatogr A, 2011, 1218: 2033-57.

[30] Maftouh M, Granier-Loyaux C, Chavana E, Marini J, Pradines A, Vander Heyden Y, et al. Screening approach for chiral separation of pharmaceuticals: Part III. Supercritical fluid chromatography for analysis and purification in drug discovery. J Chromatogr A, 2005, 1088: 67-81.

[31] DeKlerck K, Mangelings D, Clicq D, De Boever F, Vander Heyden Y. Combined use of isopropylamine and trifluoroacetic acid in methanol-containing mobile phases for chiral supercritical fluid chromatography. J Chromatogr A, 2012, 1234: 72-9.

[32] DeKlerck K, Tistaert CH, Mangelings D, Vander Heyden Y. Updating a generic screening approach in sub- or supercritical fluid chromatography for the enantioresolution of pharmaceuticals. J Supercrit Fluids, 2013, 80: 50-9.

[33] Klerck De, Vander Heyden Y, Mangelings D. Generic chiral method development in supercritical fluid chromatography and ultra-performance supercritical fluid chromatography. J Chromatogr A, 2014, 1363: 311-22.

[34] Ventura M, Murphy B, Goetzinger W. Ammonia as a preferred additive in chiral and achiral applications of supercritical fluid chromatography for small, drug-like molecules. J Chromatogr A, 2012, 1220: 147-55.

[35] Hamman C, Schmidt Jr DE, Wong M, Hayes M. The use of ammonium hydroxide as an additive in supercritical fluid chromatography for achiral and chiral separations and purifications of small basic medicinal molecules. J Chromatogr A, 2011, 1218: 7886-94.

[36] Hamman C, Wong M, Aliagas I, Ortwine DF, Pease J, Schmidt DE, et al. The evaluation of 25 chiral stationary phases and the utilization of sub-2.0μm coated polysaccharide chiral stationary phases via supercritical fluid chromatography. J Chromatogr A, 2013, 1305: 310-19.

[37] Zeng L, Xu R, Laskar DB, Kassel DB. Parallel supercritical fluid chromatography/mass spectrometry system for high-throughput enantioselective optimization and separation. J Chromatogr A, 2007, 1169: 193-204.

[38] Zhang Y, Watts W, Nogle L, McConnell O. Rapid method development for chiral separation in drug discovery using multi-column parallel screening and circular dichroism signal pooling. J Chromatogr A, 2004, 1049: 75-84.

[39] Rajendran A. Design of preparative - supercritical fluid chromatography. J Chromatogr A, 2012, 1250: 227-49.

[40] Miller L. Preparativeenantioseparations using supercritical fluid chromatography. J Chromatogr A, 2012, 1250: 250-5.

[41] White C. Integration of supercritical fluid chromatography into drug discovery as a routine support tool Part I. Fast chiral screening and purification. J Chromatogr A, 2005, 1074: 163-73.

[42] Speybrouck D, Lipka E. Preparative supercritical fluid chromatography: a powerful tool for chiral separations. J Chromatogr A, 2016. in press, http://dx.doi.org/ 10.1016/j.chroma.2016.07.050.

[43] Ventura M, Farrell W, Aurigemma C, Tivel K, Greig M, Wheatley J, et al. Highthroughput preparative process utilizing three complementary chromatographic purification technologies. J Chromatogr A, 2004, 1036: 7-13.

[44] Nováková L, Grand-Guillaume Perrenoud A, Francois I, West C, Lesellier E, Guillarme D. Modern analytical supercritical fluid chromatography using columns packed with sub-2μm particles: a tutorial. Anal Chim Acta, 2014, 824: 18-35.

[45] SalvadorA, Jaime MA, Becerra G, De La Guardina M. Supercritical fluid chromatography in drug analysis: a literature survey. Fresenius J Anal Chem, 1996, 356: 109-22.

[46] Lemasson E, Bertin S, Henning P, Boiteux H, Lesellier E, West C. Development of an achiral supercritical fluid chromatography method with ultraviolet absorbance and mass spectrometric detection for impurity profiling of drug candidates: Part II: selection of an orthogonal set of stationary phases. J Chromatogr A, 2015, 1408: 227-35.

[47] Berger TA, Deye J. Effects of column and mobile phase polarity using steroids as probes in packed-column supercritical fluid chromatography. J Chromatogr Sci, 1991, 29: 280-6.

[48] Lemasson E, Bertin S, Henning P, Boiteux H, Lesellier E, West C. Development of an achiral supercritical fluid chromatography method with ultraviolet absorbance and mass spectrometric detection for impurity profiling of drug candidates: Part I: optimization of mobile phase composition. J Chromatogr A, 2015, 1408: 217-26.

[49] Brunelli C, Yining Z, Brown MH, Sandra P. Pharmaceutical analysis by supercritical fluid chromatography: optimization of the mobile phase composition on a 2-ethylpyridine column. J Sep Sci, 2008, 31: 1299-306.

[50] Cazenave-Gassiot A, Boughtflower R, Caldwell J, Hitzel L, Holyoak C, Lane S, et al. Effect of increasing concentration of ammonium acetate as an additive in supercritical fluid chromatography using CO_2-methanol mobile phases. J Chromatogr A, 2009, 1216: 6441-50.

[51] Lesellier E, Valarché A, West C, Dreux M. Effects of selected parameters on the response of the evaporative light scattering detector in supercritical fluid chromatography. J Chromatogr A, 2012, 1250: 220-6.

[52] Brunelli C, Górecki T, Zhao Y, Sandra P. Corona-charged aerosol detection in supercritical fluid chromatography for pharmaceutical analysis. Anal Chem, 2007, 79: 2472-82.

[53] Abott E, Veenstra TD, Issaq HJ. Clinical and pharmaceutical applications of packedcolumn supercritical fluid chromatography. J Sep Sci, 2008, 31: 1223-30.

[54] Yaku K, Morishita F. Separation of drugs by packed-column supercritical fluid chromatography. J Biophys Methods, 2000, 43: 59-76.

[55] Lesellier E, West C. The many faces of packed column supercritical fluid chromatography—a critical review. J Chromatogr A, 2015, 1382: 2-46.

[56] Plachká K, Chrenková L, Douša M, Nováková L. Development, validation and comparison of UHPSFC and UHPLC methods for the determination of agomelatine and its impurities. J Pharm Biomed Anal, 2016, 125: 376-84.

[57] Desai PP, Patel NR, Sherikar OD, Metha PJ. Development and validation of packed column supercritical fluid chromatographic technique for quantitation of chlorzoxazone, paracetamol and aceclofenac in their individual dosage forms. J Chromatogr Sci, 2012, 50: 769-74.

[58] Prajapati P, Agrawal YK. SFC-MS/MS for identification and simultaneous estimation of the isoniazid and pyrazinamide in its dosage form. J Supercrit Fluids, 2014, 95: 597-602.

[59] Mehta S, Singh, Chikhalia K, Mehta P, Dadhania T. Determination of assay and uniformity of content of ramipril and telmisartan in their multiple dosage forms by a developed and validated supercritical fluid chromatographic technique. Anal Methods, 2014, 6: 7068-74.

[60] Dispas A, Lebrun P, Ziemons E, Marini R, Rozet E, Hubert P. Evaluation of the quantitative performance of supercritical fluid chromatography: from method development to validation. J Chromatogr A, 2014, 1353: 78-88.

[61] Dispas A, Lebrun P, Sacré PY, Hubert P. Screening study of SFC critical method parameters for the determination of pharmaceutical compounds. J Pharm Biomed Anal, 2016, 125: 339-54.

[62] Galea Ch, Mangelings D, Vander Heyden Y. Method development for impurity profiling in SFC: the selection of a dissimilar set of stationary phases. J Pharm Biomed Anal, 2015, 111: 333-43.

[63] Roston DA, Ahmed S, Williams D, Catalano T. Comparison of drug substance impurity profiles generated with extended length columns during packed-column SFC. J Pharm Biomed Anal, 2001, 26: 339-55.

[64] Gyllenhaal O, Karlsson A. Packed-column supercritical fluid chromatography for the analysis of isosorbide-5-mononitrate and related compounds in bulk substance and tablets. J Biochem Biophys Methods, 2000, 43: 135-46.

[65] Wang Z, Zhang H, Liu O, Donovan B. Development of an orthogonal method for mometasone furoate impurity analysis using supercritical fluid chromatography. J Chromatogr A, 2011, 1218: 2311-19.

[66] Alexander AJ, Hooker TF, Tomasella FP. Evaluation of mobile phase gradient supercritical fluid chromatography for impurity profiling of pharmaceutical compounds. J Pharm Biomed Anal, 2012, 70: 77-86.

[67] Alexander AJ, Zhang L, Hooker TF, Tomasella FP. Comparison of supercritical fluid chromatography and reverse phase liquid chromatography for the impurity profiling of the antiretroviral drugs lamivudine/BMS-986001/efavirenz in a combination tablet. J Pharm Biomed Anal, 2013, 78-79: 243-51.

[68] Li W, Wang J, Yan ZY. Development of sensitive and rapid method for rifampicin impurity analysis using supercritical fluid chromatography. J Pharm Biomed Anal, 2015, 114: 341-7.

[69] Sekhon BS. Exploiting the power of stereochemistry in drugs: an overview of racemic and enantiopure drugs. J Mod Med Chem, 2013, 1: 10-36.

[70] DAcquarica I, Gasparrini F, Giannoli B, Badaloni E, Galletti B, Giorgi F, et al. Enantio- and chemo-selective HPLC separations by chiral-achiral tandem-columns approach: the combination of CHIROBIOTIC TAGTM and SCX columns for the analysis of propionyl carnitine and related impurities. J Chromatogr A, 2004, 1061: 167-73.

[71] Ashraf-Khorassani M, Taylor LT, Williams DG, Roston DA, Catalano TT. Demonstrative validation study employing a packed column pressurized chromatography method that provides assay, achiral impurities, chiral impurity, and IR identity testing for a drug substance. J Pharm Biomed Anal, 2001, 26: 725-38.

[72] Venkatramani CJ, Al-Sayah M, Li G, Goel M, Girotti J, Zang L, et al. Simultaneous achiral-chiral analysis of pharmaceutical compounds using two-dimensional reversed phase liquid chromatography-supercritical fluid chromatography. Talanta, 2016, 148: 548-55.

[73] Blessy M, Patel RD, Prajapati PN, Agrawal YK. Development of forced degradation and stability indicating studies of drugs—a review. J Pharm Analysis, 2014, 4: 159-65.

[74] Pilařová V, Gottvald T, Svoboda P, Novák O, Benešová K, Běláková S, et al. Development and optimization of ultra-high performance supercritical fluid chromatography mass spectrometry method for high-throughput determination of tocopherols and tocotrienols in human serum. Anal Chim Acta, 2016, 934: 252-65.

[75] Yuan Z, Wei-E Z, Shao-Hui L, Zhi-Qin R, Wei-Qing L, Yu Z, et al. A simple, accurate, time-saving and green method for the determination of 15 sulfonamides and metabolites in serum samples by ultra-high performance supercritical fluid chromatography. J Chromatogr A, 2016, 1432: 132-9.

[76] Yang R, Li Y, Liu C, Xu Y, Zhao L, Zhang T. An improvement of separation and response applying post-column compensation and one-step acetone protein precipitation for the determination of coenzyme Q10 in rat plasma by SFC-MS/MS. J Chromatogr B, 2016, 1031: 221-6.

[77] Nováková L, Rentsch M, Grand-Guillaume Perrenoud A, Nicoli R, Saugy M, Veuthey LJ, et al. Ultra high performance supercritical fluid chromatography coupled with tandem mass spectrometry for screening of doping agents. II: analysis of biological samples. Anal Chim Acta, 2015, 853: 647-59.

[78] Ríos A, Zougagh M, de Andrés R. Bioanalytical applications using supercritical fluid techniques. Bioanalysis, 2010, 2: 9-25.

[79] Sen A, Knappy C, Lewis MR, Plumb RS, Wilson ID, Nicholson JK, et al. Analysis of polar urinary metabolites for metabolic phenotyping using supercritical fluid chromatography and mass spectrometry. J Chromatogr A, 2016, 1449: 141-55.

[80] Spaggiari D, Mehl F, Desfontaine V, Grand-Guillaume Perrenoud A, Fekete S, Rudaz S, et al. Comparison of liquid chromatography and supercritical fluid chromatography coupled to single quadrupole mass spectrometer for targeted in vitro metabolism assay. J Chromatogr A, 2014, 1371: 244-56.

[81] Bamba T, Lee JW, Matsubara A, Fukusaki E. Metabolic profiling of lipids by supercritical fluid chromatography/mass spectrometry. J Chromatogr A, 2012, 1250: 212-19.

[82] Jumaah F, Larsson S, Essén S, Cunico LP, Holm C, Turner CH, et al. A rapid method for

the separation of vitamin D and its metabolites by ultra-high performance supercritical fluid chromatography-mass spectrometry. J Chromatogr A, 2016, 1440: 191-200.

[83] Taguchi K, Fukusaki E, Bamba T. Simultaneous analysis of water- and fat-soluble vitamins by a novel single chromatography technique unifying supercritical fluid chromatography and liquid chromatography. J Chromatogr A, 2014, 1362: 270-7.

[84] Yang Z, Xu X, Sun L, Zhao X, Wang H, Fawcett JP, et al. Development and validation of enantioselective SFC-MS/MS method for simultaneous separation and quantification of oxcarbazepine and its chiral metabolites in beagle dog plasma. J Chromatogr B, 2016, 1020: 36-42.

[85] Chen R, A brief review of interfacing supercritical fluid chromatography with mass spectrometry. Chromatogr Today, 2009, 2: 11-15.

[86] Pinkston JD. Advantages and drawbacks of popular supercritical fluid chromatography interfacing approaches—a user's perspective. Eur J Mass Spectrom, 2005, 11: 189-97.

[87] Grand-GuillaumePerrenoud A, Veuthey JL, Guillarme D. Coupling state-of-the-art supercritical fluid chromatography and mass spectrometry: from hyphenation interface optimization to high-sensitivity analysis of pharmaceutical compounds. J Chromatogr A, 2014, 1339: 174-84.

[88] Liu M, Zhao L, Yang D, Ma J, Wang X, Zhang T. Preclinical pharmacokinetic evaluation of a new formulation of a bifendate solid dispersion using a supercritical fluid chromatography-tandem mass spectrometry method. J Pharm Biomed Anal, 2014, 100: 387-92.

[89] Coe RA, Rathe JO, Lee JW. Supercritical fluid chromatography-tandem mass spectrometry for fast bioanalysis of R/S warfarin in human plasma. J Pharm Biomed Anal, 2006, 42: 573-80.

[90] Chen J, Hsieh Y, Cook J, Morrison R, Korfmacher WA. Supercritical fluid chromatography-tandem mass spectrometry for the enantioselective determination of propranolol and pindolol in mouse blood by serial sampling. Anal Chem, 2006, 78: 1212-17.

[91] Nováková L, Grand-Guillaume Perrenoud A, Nicoli R, Saugy M, Veuthey JL, Guillarme D. Ultra high performance supercritical fluid chromatography coupled with tandem mass spectrometry for screening of doping agents. I: investigation of mobile phase and MS conditions. Anal Chim Acta, 2015, 853: 637-46.

[92] Desfontaine V, Nováková L, Ponzetto F, Nicoli R, Saugy M, Veuthey JL, et al. Liquid chromatography and supercritical fluid chromatography as alternative techniques to gas chromatography for the rapid screening of anabolic agents in urine. J Chromatogr A, 2016, 1451: 145-55.

17 在食品分析领域中的应用

J. Bernal, A. M. Ares and L. Toribio
University of Valladolid, Valladolid, Spain

17.1 引言

近年来，超临界液相色谱（SFC）的使用引起了食品领域研究人员越来越多的关注。该类型的色谱为某些化合物的液相色谱（LC）和气相色谱（GC）分离提供了一种替代方案。除了可以使用 CO_2（因其无毒、不会爆炸、相对便宜及易实现的实验条件等性质）这种常见的超临界流体的固有优势外 [1]，SFC 能够使用高流速而不会产生 LC 中的柱压降。因此能够在较短的分离时间内可以获得与 LC 相似或更好的效率而不需要大量的有机溶剂。此外，随着填充柱 SFC 的发展，其组件（进样器、填充柱、紫外检测器、电控背压）几乎与 LC 仪器的组件类似，使用有机改性剂来提高极性溶质的溶剂化能力并减少保留时间，目前普遍认为 SFC 是正相 LC 的绿色替代品，不存在大多数的相关问题 [2]。再者，SFC 无须 GC 所需的高温条件，从而避免了分析物的热降解或化学降解 [3]。此外，可以通过在 SFC 流动相中加入有机改性剂（如甲醇、异丙醇和乙腈）来分离中等极性的化合物 [3]。值得指出的是，在检测策略方面的最新进展，特别是与质谱联用（MS），以及集成 SFC 和超高效液相色谱（UHPLC）的超高效超临界液相色谱（UHPSFC）系统的商业化技术 [4] 也促进了 SFC 在食品分析领域的复兴。图 17.1 显示了近 5 年来 SFC 用于食品基质样品分析的相关出版物数量，可见该方面应用有所增加。2015 年和 2016 年出版物的数量与往年相比则是高得非常明显的。

这些研究可根据食物基质的性质分为：动物源性、植物源性（蔬菜、水果和相关产品）和其他源性（如膳食补充剂或饮料）。此外，必须指出的是，这些工作中有 60% 与植物源性基质有关（如图 17.2 所示）。

利用 SFC 在食品基质中研究了多种化合物，如营养化合物（脂类、多酚、生物胺等）、农药、防腐剂和色素等其他化合物（如图 17.3 所示）。

如前文所述，该章节主要是介绍过去 5 年内发表的关于 SFC 在食品分析领域的一些应用，先前的工作在参考文献 [1] 中早已进行了讨论。因此，本章根据不同类型的食品基质进行分类，特别注重所分析的化合物以及所使用的不同色谱柱、流动相和检测器。

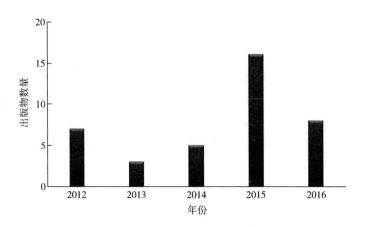

图 17.1 过去 5 年（2012—2016 年）使用 SFC 进行食品分析的已发表作品数量的演变（截至 2016 年 6 月底的数据）［引自：the databases ISI-Web of Knowledge, Scirus, and Scopus。搜索是使用关键字完成的：［（Supercritical Fluid Chromatography）or（SFC）］and ［（Food）or（Beverages）or（Drinks）or（Vegetables）or（Fruits））.］

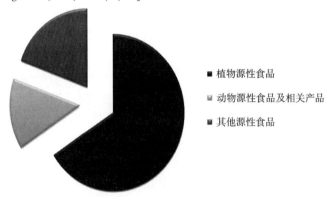

图 17.2 过去 5 年内使用 SFC 分析的食品基质汇总（截至 2016 年 6 月底的数据）

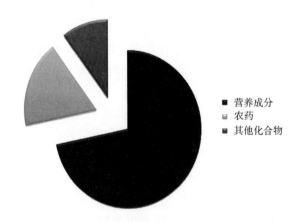

图 17.3 过去 5 年内使用 SFC 分析的化合物汇总（截至 2016 年 6 月底的数据）

17.2 动物源性食品及相关产品

动物源性食品是人类饮食中营养化合物的重要来源。动物产品是重要的脂类来源，如脂肪酸、甘油脂、甾醇或酚类物质等都无法由代谢获得。脂类是这类食品中需要进行分析的典型化合物，如表17.1所示，其中概述了与使用SFC分析动物来源食品有关的出版物。必须指出的是，脂质组学是对生物系统中细胞脂质通路和网络的大规模研究，因为脂质在人体内具有许多功能[5]，因此在过去的几

表17.1 SFC在动物源性食品分析中的应用

基体	目标分析物（序号）	固定相	流动相条件	仪器	参考文献
猪脑	脂类（436）	Acquity BEH UPC^2（100mm×3mm，1.7μm）	A：CO_2，B：含有30mmol/L的醋酸铵的甲醇/水（99:1，体积比） 梯度洗脱模式 温度：60℃；流速：1.9mL/min；背压：1800psi	UHPSFC-MS	[5]
鱼油	游离脂肪酸（31）	Acquity UPC^2 HSS C_{18} SB（150mm×3.0mm，1.8μm）	A：CO_2，B：含0.1%甲酸的甲醇溶液 梯度洗脱模式 温度：25℃；流速：1.0～1.2mL/min；背压：1500 psi	UHPSFC-ELSD/MS	[6]
碎牛肉	脂质A	Acquity UPC^2 BEH 2-EP（150mm×3.0mm，1.7μm）	A：CO_2，B：含0.2%二乙胺的甲醇溶液 等容洗脱模式 温度：34℃和40℃；流速：2.0mL/min；背压：2175 psi	SFC-MS/MS	[7]
蜂蜜和蜂花粉	二硝基呋喃和UF代谢产物	Trefoil AMY1_ 3.0（150mm×3.0mm，2.5μm）	A：CO_2，B：含0.2%甲酸的甲醇溶液 梯度洗脱模式 温度：26℃；流速：1.9mL/min；背压：2010psi	UHPSFC-MS/MS	[8]

注：A、B与流动相组分有关；ELSD—蒸发光散射检测；MS—质谱；MS/MS—串联质谱；SFC—超临界液相色谱；UHPSFC—超高效超临界液相色谱。

十年里人们对此越来越感兴趣。例如，最近的研究表明，与 GC-MS 相比，UHPSFC 与蒸发光散射（ELSD）和 MS 检测相结合，可用于鱼油样品中游离脂肪酸（FFA）的基线分离 [6]。该方法有助于对有益的 ω-3 和 ω-6 脂肪酸的分析以及鱼油降解的监测。

实验采用 Acquity UPC^2 HSS C_{18} SB（15mm×3.0mm，1.8μm）柱，流动相由压缩的 CO_2 和含有甲酸的甲醇组成，以梯度洗脱方式加入。加入甲酸既能抑制 FFA 的电离，又能改善峰形。UHPSFC 分析不仅比 GC 快，而且也无须衍生化。但是总结来说当 UHPSFC 与非特异性检测器（例如 ELSD）一起使用时难以识别组分（特别是部分溶解和/或共洗脱组分），并且样品检测性不如 MS 检测器好，后者可与 GC-MS 相媲美。此外，UHPSFC-MS 也可用于复杂样本（猪脑提取物）的综合脂质组学分析，以彰显该技术的应用前景 [5]。使用 Acquity BEH UPC^2（100mm×3mm，1.7μm）色谱柱进行分析，在梯度洗脱模式下将 CO_2 和以乙酸铵为添加剂的甲醇/水混合物作为流动相，并以此控制峰形和复合电离。UHPSFC-MS 方法可以鉴定分属于 24 种不同脂类的 436 种脂质。该方法的主要优点是非极性和极性脂类的分离时间短，可与先前建立的 MS 方法相媲美。此外，由于分级分离完全避免了离子的抑制作用，脂类的定量分析得到了明显的提高。然而，并不是所有的脂质对人体都有积极的作用。脂质 A 是细菌的有毒成分，有可能污染人类的饮食；其也是脂多糖的组成部分，也被称为内毒素，可引起发烧和炎症等症状 [7]。为了分析碎牛肉和生菜中脂质 A 的含量，一种以氰丙基（30mm×4.6mm，5μm）为色谱柱、采用等度条件和含有 0.2% 二乙胺甲醇的 CO_2 液相色谱联用（MS/MS）超临界流体色谱串联质谱（SFC-MS/MS）方法被提出，用于改进脂质 A 的洗脱。SFC-MS/MS 是一种快速分析脂质 A 的有效工具，只需要简单地提取程序而无须额外的清理。其他可能对健康产生不良影响的化合物（如杀虫剂）也已在食品中被进行了分析。UHPSFC-MS/MS 偶联是分析蜂产品（花粉和蜂蜜）和环境中手性新烟碱类杀虫剂及其代谢物 UF 的最快速、最生态友好型的选择 [8]。这一点很重要，因为呋虫胺和 UF 的总和也被推荐用于估计膳食摄入量和遵守最大残留限量。在这项研究之前，这些基质中两对对映体的残留水平是未知的。在梯度洗脱模式下，采用 Trefoil AMY1_ 3.0（150mm×3.0mm，2.5μm）色谱柱，以 CO_2 和甲醇为流动相，考察了 16 个手性柱对呋虫胺和脲醛的分离效果。采用三维响应面法对分离过程进行了优化。

17.3 植物源性食品及相关产品

食用植物性食物（蔬菜、水果和相关产品）对于人类饮食的平衡至关重要。它们对维持体内纤维、维生素和矿物质的水平有着不可或缺的作用，这类食物还有助于预防慢性疾病 [9]。在这些食品基质中被分析的化合物通常是天然化合物，特别是脂类物质，当然还对农药、色素和防腐剂进行了分析（如表 17.2 所示）。

表17.2 SFC 在植物源性食品分析中的应用

基体	目标分析物（序号）	固定相	流动相条件	仪器	参考文献
木瓜和牛油果	杀虫剂（5）	Viridis BEH 2-EP（100mm×4.6mm, 5μm）	A：CO_2，B：甲醇 梯度洗脱模式 温度：40℃；流速：1.5mL/min；背压：1500psi	UHPSFC-PDA	[3]
生菜	脂质A	Acquity UPC^2 BEH 2-EP（150mm×3.0mm, 1.7μm）	A：CO_2，B：含0.2%二乙胺的甲醇溶液 等度洗脱模式： 温度：34℃ 和 40℃；流速：2.0mL/min；背压P：2175psi	SFC-MS/MS	[7]
火炬花种子提取物	脂类（>50）	①Kinetex C_{18}（150mm×4.6mm, 2.6μm） ①Accucore C_{18} core shell（150mm×4.6mm, 2.6μm）	A：CO_2，B：甲醇 等度洗脱模式： 温度：9 和 17℃；流速：1.0~1.5mL/min；背压：1450psi	SFC-UV/MS	[10]
欧洲越橘	脂类（>200）	Acquity UPC^2 HSS C_{18} SB（100mm×3mm, 1.8μm）	A：CO_2，B：含2g/L甲酸铵的甲醇溶液 梯度洗脱模式 温度：35℃；流速：1.0mL/min；背压：2900psi	UHPSFC-MS	[11]
大豆	TAGs（13）	②Chromolith Performance RP-18e（100mm×4.6mm, NS）	A：CO_2，B：含0.1%（质量分数）甲酸铵的甲醇溶液 温度：35℃；流速：3mL/min；背压：NS	SFC-MS	[12]
植物油	TAGs 及 DAGs（>50）	Acquity UPC^2 BEH-2-EP（100mm×3.0mm, 1.7μm）	A：CO_2，B：甲醇/乙腈/甲酸（50：50：0.1，体积比） 梯度洗脱模式 温度：50℃；流速：1.2mL/min；背压：1600psi	UHPSFC-MS/MS	[13]
植物油	FFAs（8）	Acquity UPC^2 HSS C_{18} SB（100mm×3mm, 1.8μm）	A：CO_2，B：甲醇/乙腈（50：50，体积比） 含0.1%甲酸 梯度洗脱模式 温度：40℃；流速：1.6mL/min；背压：1500psi	UHPSFC-MS/MS	[14]

续表

基体	目标分析物（序号）	固定相	流动相条件	仪器	参考文献
植物油	3-MCPD FA esters (13)	Inertsil ODS-4 (250mm×4.6mm, 5μm)	A: CO_2, B: 含0.1%甲酸铵的甲醇溶液, C: 异丙醇（用于清洗） 梯度洗脱模式 温度: 35℃; 流速: 3.0mL/min; 背压: 1450psi	SFC-MS/MS	[15]
银杏叶提取物	萜内酯(5)和银杏酸(4)	Acquity UPC² BEH 2-EP (150mm×3.0mm, 1.7μm)	A: CO_2, B: 含10mmol/L醋酸铵的异丙醇/甲醇（50:50, 体积比） 梯度洗脱模式 温度: 30℃; 流速: 1.4mL/min; 背压: 1500psi	UHPSFC-PDA/MS	[16]
姜黄根	姜黄素类化合物(3)	Acquity UPC² BEH (100mm×3.0mm, 1.7μm)	A: CO_2, B: 含10mmol/L草酸的甲醇溶液 梯度洗脱模式 温度: 40℃; 流速: 0.9mL/min; 背压: 1800psi	UHPSFC-UV	[17]
芒果	多酚类化合物(14)	Synergi Hydro-RP C_{18} (250mm×30mm, 5μm)	A: CO_2, B: 含0.5%甲酸的甲醇溶液 梯度洗脱模式 温度: 40℃; 流速: 20g/min; 背压: 1450~5800psi	SFC-UV	[18]
发酵食品	生物胺(8)	Acquity UPC² HSS C_{18} SB (100mm×3mm, 1.7μm)	A: CO_2, B: 正己烷/异丙醇/氢氧化铵（70:30:0.15, 体积比） 梯度洗脱模式 温度: 50℃; 流速: 2.0mL/min; 背压: 2000psi	UHPSFC-DAD	[19]
欧洲防风草	C17-聚乙炔(2)	Viridis silica (250mm×4.6mm, 5μm)	A: CO_2, B: Acetonitrile 梯度洗脱模式 温度: 40℃; 流速: 5000mL/min; 背压: 1740psi	SFC-PDA/MS	[20]

续表

基体	目标分析物（序号）	固定相	流动相条件	仪器	参考文献
糙米[21]、洋葱[21]和菠菜[21, 22]	杀虫剂（17[21]；>400[22]）	Inertsil ODS-EP（250mm×4.6mm，5μm）	A：CO_2，B：含0.1%甲酸铵的甲醇溶液 梯度洗脱模式 温度：35℃；流速：3.0mL/min； 背压：NS	SFC-MS/MS	[21, 22]
番茄、黄瓜、苹果和葡萄	Flutrafiol对映体（2）	Chiralpak IA-3（150mm×4.6mm，3μm）	A：CO_2，B：甲醇 等容洗脱模式 温度：30℃；流速：2.2mL/min； 背压：2200psi	UHPSFC-MS/MS	[23]
小麦、玉米、花生	甲基异丙胺磷对映体（2）	Chiralpak IA-3（150mm×4.6mm，3μm）	A：CO_2，B：异丙醇 等容洗脱模式 温度：30℃；流速：2.2mL/min； 背压：2200psi	SFC-MS/MS	[24]
红辣椒、辣椒粉和胡椒	辣椒油树脂（NS）	③SB C_{18} and ③RX-Sil（100mm×3mm，1.8μm）	A：CO_2，B：异丙醇 梯度洗脱模式 温度：50℃；流速：1.95mL/min； 背压：2175psi	UHPSFC-DAD	[25]
辣椒酱/粉	非法染料（11）	Acquity UPC^2 CSH Fluoro-Phenyl（100mm×3mm，1.7μm）	A：CO_2，B：含2.5%甲酸的甲醇/乙腈（1：1，体积比） 梯度洗脱模式 温度：70℃；流速：2.0mL/min； 背压：2000 psi	UHPSFC-PDA	[26]

注：A、B与流动相组分有关；DAG—二酰甘油；FFA—游离脂肪酸；MS—质谱；MS/MS—串联质谱；3-MCPD FA—3-—氯丙烷-1-2-二醇脂肪酸；NS—未详细说明；PDA—光电二极管阵列检测器；SFC—超临界液相色谱；TAGs—三酰甘油；UHPSFC—超高效超临界流体色谱；UV—紫外检测器。

①分别用7个（6个Kinetex C_{18}和1个Accucore C_{18}）色谱柱和3个（Kinetex C_{18}）色谱柱连接进行SFC-MS和SFC-UV分析。

②使用了三个连锁柱。

③SB C_{18}和RX-Sil柱分别用于分析未皂化样品和皂化样品。

脂质构成了包括脂肪、脂肪酸、蜡、甾醇、脂溶性维生素、萜烯、单甘油、甘油二酯、磷脂、类胡萝卜素等一系列天然分子，脂质的一些生物学功能与能量储存、细胞膜组成和分子信号有关［27］。当通过 SFC 对脂质分析时，较其他方法拥有一系列优势：例如不存在衍生化步骤，与 ELSD 或 MS 等通用检测器可偶联，以及可同时分析不同脂类［28］。有几篇综述类文献讨论过这些优势［1，28-30］。文献［1］涵盖了截止至 2012 年的食品基质领域；文献［28］专门研究脂质组学，涵盖了截止至 2014 年的文献；文献［29］涵盖了截止至 2014 年对包括脂类在内的天然产物的研究分析；文献［30］主要是研究填充柱 SFC 在棕榈油微量组分（包括脂类，如甘油三酯、甘油二酯和 FFA）领域中的分析和制备分离中的应用。此外，还通过 SFC 对一种复合植物提取物［10］和越橘［11］中的几种脂类同时进行了分析。例如，SFC-UV 和 SFC-MS 系统用于鉴定 Kniphofia uvaria 种子提取物中的脂质衍生物［10］。将七个核壳柱（其中有 6 个 Kinetex C_{18}，150mm×4.6mm，2.6μm 色谱柱；1 个 Accucore C_{18} core shell，150mm×4.6mm，2.6μm 色谱柱）串联连接，通过 SFC-MS 分离油相；同时，用三个 Kinetex C_{18}（150mm×4.6mm，2.6μm）色谱柱进行 SFC-UV 分析。使用化学计量工具进行流动相组成和温度的优化。用 CO_2 对不同的改性剂进行了考察，其中用甲醇获得了最佳的分离效果。最终确定了主要的分子家族，主要成分是甘油三酯、甘油二酯和脂肪酸。结果表明 SFC 与 UV 和 MS 联用是分析植物油样品的一种较好的分析工具。实际上，该方法检测和鉴定了 50 多种化合物，与 HPLC 相比，大大减少了所用有毒溶剂的体积。此外，通过 UHPSFC-MS 和 GC-MS 分析了越橘超临界流体提取物中的几种脂类，其中流动相为 CO_2 和含甲酸铵的甲醇，采用梯度洗脱方式，色谱柱为 Acquity UPC^2 HSS C_{18} SB（100mm×3mm，1.8μm）。结果表明，在 GC-MS 分析之前进行的衍生化程序严重低估了越橘中的脂质含量。对相同提取物的 UHPSFC-MS 分析表明，越橘含有大量的类胡萝卜素、酯和磷脂，因为这些类胡萝卜素、酯和磷脂很容易被水解和甲基化为甘油而不能通过 GC-MS 检测到。脂质分析对于食品工业也很重要，以便鉴别和评价不同品种［12］或鉴定食用油的真实性［13，14］。例如，将 TAG 的含量用于大豆品种的详细表型分析［12］。为了分析不同大豆品种中的脂质，开发了一种基于 SFC-MS 的高通量、高分辨率的分析方法。用含甲酸铵的甲醇作为改性剂对不同的色谱柱（InertsilODS-4 色谱柱，XBridge C_{18} 色谱柱以及三根 Chromolith Performance RP-18e 串联色谱柱）进行了评价，在最短的时间内实现了色谱柱的分离。将 Chromolith Performance RP-18e 色谱柱串联是 TAGs 分析的最有效选择，提出的方法允许分离（<8min）并具有足够的 TAG 分辨率。另外，使用编程的锥形电压碎裂方法进行 MS 检测可以识别不同的 TAG。TAG 是油脂的主要成分，利用其在不同油脂中的分布特征，作为鉴别掺假的关键指标。

最近一种无须样品前处理的 UHPSFC-MS/MS 方法被开发出来，用于快速检测各种植物油中的 TAG 和甘油二酯（DAG）［13］。以分析鉴定食用油为目的，对三种不同极性的 Acquity UPC^2 色谱柱（HSS C_{18} SB，100mm×3mm，1.8μm；BEH，100mm×3mm，1.7μm；BEH 2-EP，100mm×3mm，1.7μm）的保留机制进行了评估,其条件是需要对主要 TAG 进行基线分离。选择 BEH-2-EP 色谱柱,在甲醇、乙腈和甲酸的混合作用下,反应性能最佳。对结果进行主成分分析(PCA),对 6 种不同类型的植物油进行了清晰的分类,说明了其在质量控制和真实性评价方面的潜力。同组研究人员还提出了一种直接检测植物油中 FFA 的 UHPSFC-MS/MS 方法[14]。人们对食品中的 FFA 含量是非常关注的,因为这与油的质量和可靠性有关。对分离的两个色谱柱(Acquity UPC^2 HSS C$_{18}$ SB,100mm×3mm,1.8μm 和 BEH 2-EP,100mm×3mm,1.7μm)进行了评估,所有 FFA 都不能在 BEH 2-EP 色谱柱上进行基线分离,尤其是一些位置异构体。此外还研究了四种不同的改性剂(甲醇、乙腈、甲醇/乙腈和含 0.1%甲酸的甲醇/乙腈),发现只有用甲醇/乙腈(含有 0.1%甲酸)时,α-C$_{18:3}$ 和 γ-C$_{18:3}$ 才能获得基线分离。此外,在没有甲酸的情况下,FFAs 出现较强的峰尾洗脱,并且选择性差,保留时间长。结果表明,优化后的 SFC 方法与 MS 联用,结合 PCA 分析,可用于各种食用油中个别饱和或不饱和 FFAs 的分离和定量研究。此外还用该技术测定了其他色谱技术(如 GC 或 LC)无法直接检测到的 FFAs;还通过 SFC-MS/MS 分析了作为精制食用油和脂肪中的工艺污染物 3-氯丙烷-1,2-二醇(3-MCPD)脂肪酸酯[15]。其目的是开发一种无须非挥发性电离试剂或耗时的样品制备程序的新方法。使用氰基色谱柱(Inertsil CN-3)、二醇色谱柱(Inertsil Diol)和几种十八烷基硅氧烷键合的二氧化硅(ODS)色谱柱(Inertsil ODS-4,Inertsil ODS-SP 和 Inertsil ODS-SP)考察了改性剂的类型和梯度条件。Inertsil ODS-4(250mm×4.6mm,5μm)因其在最短的时间内(<9min)显示出良好的分析物分离效果,被认为是最合适的色谱柱,其中选择的流动相由 CO$_2$ 和梯度洗脱模式下的两种改性剂组成,第一种改性剂是含甲酸铵的甲醇,用于分离和色谱柱调节;第二种改性剂是异丙醇,其主要用作清洁色谱柱。通过分析各种食用油(大豆、玉米和棕榈)中的 14 种脂肪酸酯来评估该方法的有效性。

萜烯是另一种脂类,曾在蔬菜中进行了研究。使用 UHPSFC-光电二极管阵列检测器(PDA)/ MS 方法[16]在银杏叶提取物中测定萜内酯、黄酮醇糖苷和银杏酸。这些提取物是从银杏的药用叶子中提取出来的,在许多草药和膳食补充剂中都能找到其身影。然而,银杏提取物中的每种成分对其治疗的贡献和作用的机理尚鲜为人知,因此需要一种可靠的分析方法来检测和定量这些化合物。使用 Waters Acquity UPC^2 BEH 2-EP(150mm×3.0mm,1.7μm)色谱柱以及由 CO$_2$、异丙醇和甲醇与乙酸铵的混合物组成的流动相实现它们的分离。结果表明,UHPSFC 可用于测定植物和商业膳食补充剂中的银杏酸和萜烯内酯浓度。采用单四极杆质谱仪对低浓度下的分析物进行了定量分析,而无须衍生化银杏酸,这与 GC 相比是一个非常重要的优势。此外,UHPSFC 的使用避免了在含有洗脱液的 RPLC 过程中可能发生的银杏内酯的水解。

除了脂类之外的其他天然化合物,如多酚[17,18]、生物胺[19]和聚乙炔

[20] 也已在植物源性的食品中进行了研究。姜黄素类化合物（姜黄素、去甲氧基姜黄素和双去甲氧基姜黄素）是在植物中发现的一种多酚化合物，具有多种促进健康的作用。特别是姜黄素，具有多种药理作用，如抗癌、抗氧化、抗炎和抗糖尿病活性。已经有文献报道了一种快速有效的 UHPSFC-UV 方法，用于直接从姜黄（Curcuma longa L.）的甲醇提取物中分离姜黄素、去甲氧基姜黄素和双去甲氧基姜黄素 [17]。分离策略包括两个步骤。首先，该方法在分析型 UHPSFC 仪器上得以开发和优化。

科研人员测试了几个具有相同尺寸（100mm×3.0mm）的亚 2μm 颗粒色谱柱（Acquity UPC² BEH，1.7μm；BEH 2-EP，1.7μm；HSS C_{18} SB，1.8μm），还测试了不同的改性剂，包括甲醇、乙醇和甲醇与乙腈的混合物。结果表明，以含草酸的甲醇和 CO_2 为流动相的 Acquity UPC² BEH 色谱柱的分离效果最好。其次，对制备型 SFC 的分析方法进行了放大和轻微的改进，并采用改进后的新色谱柱（Viridis BEH OBD 250mm×19mm，5μm）进行分离。用该方法从姜黄中提取到高纯度的姜黄素。采用类似的策略来分离杧果（Mangifera indica Linn）副产物，其中包括酚酸、类黄酮、氧杂蒽酮、二苯甲酮和没食子单宁，由于它们具有生物学特性，故具有很高的应用价值 [18]。化妆品或营养品中所使用的特定的有价值化合物家族的浓缩成分也类似地被分离出来。科研人员采用 Synergi Hydro-RP C_{18}（250mm×30mm，5μm）色谱柱，研究了一些 SFC 参数（压力、温度和流动相组成）对中试规模的芒果多酚分离的影响。以芒果多酚为原料，在优化的条件下对一种复合芒果叶提取物进行了分馏。研究结果表明，通过 SFC 分离芒果多酚需要不断调整改性剂（甲醇与甲酸）的浓度梯度。也采用相同的条件对芒果叶提取物进行分馏。该中试规模系统促进了大量芒果叶提取物的分馏，用以分离芒果多酚。

生物胺是在发酵食品中由于微生物代谢而产生的一类碱性含氮化合物。在食品加工过程中形成的生物胺对食品的香味有一定的作用；不过更重要的是，它们也是形成致癌 N-硝基化合物的潜在前体 [19]。因此，为了评估其毒理学风险及食物新鲜度，必须对生物胺进行分析。UHPSFC 是完成这项任务的有效工具 [19]。通过考察不同色谱条件（包括色谱柱的选择和流动相的选择等）下生物胺的分离效率，对具有亚 2μm 颗粒的不同色谱柱（Acquity UPC² BEH（100mm×3.0mm，1.7μm），BEH 2-EP（100mm×3.0mm，1.7μm），CSH 氟苯（150mm×3.0mm，1.7μm）和 HSS C_{18} SB（150mm×3.0mm，1.8μm））进行了评估。研究了包括甲醇、乙腈、甲醇与乙腈及正己烷与异丙醇的混合物在内的不同的助溶剂。HSS C_{18} SB 色谱柱的流动相是由呈线性梯度的 CO_2、正己烷和异丙醇的混合物组成，具有较好的分辨力和峰形。此外，因为生物胺的分离对 pH 具有一定的依赖性，所以有必要在共溶剂中加入氢氧化铵以提高某些化合物的分离度。另外，SFC 亦被用于纯化两种欧洲萝卜（Pastinaca sativa）的 C_{17}-聚乙酰炔类化合物（镰孢酚及假卡二醇），它们对人体有积极的健康作用（抗癌及抗炎作用），可用于制定这些化合物的分析标准[20]。这些标准在处理胡萝卜和芹菜废物的量化过程中是必不可少的。针对C_{17}-聚乙炔的SFC纯化,采用不同的色谱柱(10)和助溶剂(4)被采用以进行优化。结果表明,采用Viridis silica(250mm×4.6mm,5μm)色谱柱,以CO_2和乙腈为流动相梯度洗脱可以获得最佳的效果。这项工作为大规模纯化C_{17}-聚乙酰基化合物迈出了第一步。

在农产品中使用农药是减少农业生产损失的有效机制。然而,许多农药对人体是有毒的,故必须对农产品(特别是那些可能被人类消费的产品)中的农药残留进行监测。GC或LC与不同检测器的联用通常用于筛选和测量食品中的农药残留。近年来已经提出了几种使用SFC检测多残留的方法[3,21,22]。如:木瓜和鳄梨中的五种有机磷、氨基甲酸酯和三嗪类农药被UHPSFC-PDA测定出来[3]。科研人员评估了4个用于分离的色谱柱(两个具有极性基团的固定相(Viridis BEH 2-EP和Acquity UPC^2 BEH);一个由十八烷基硅氧烷键合的固定相(BEH C_{18})以及一个具有键合的极性基团和疏水链的固定相(Shield RP18))。后两个色谱柱因其对杀虫剂的分辨率低而被弃用。采用以CO_2和甲醇梯度为流动相的Viridis BEH 2-EP色谱柱(100mm×4.6mm,5μm),尽管其分离时间较长,但其提供了最佳的分离度和色谱峰对称性。糙米、洋葱和菠菜中17种具有广泛性质的农药(有机磷酸酯、氨基甲酸酯、联吡啶和拟除虫菊酯)被SFC-MS/MS测定出来[21]。科研人员对几个尺寸相同(250mm×4.6mm)的色谱柱进行了评价,并选择以CO_2及含甲酸铵的甲醇为流动相的Inertsil ODS-EP色谱柱作为农药同时分析的最有效体系。在一项相关研究[22]中,使用SFC-HRMS(高分辨率质谱)分析了菠菜提取物中的大量农药(>400)。由于不同农药成分在流动相中的溶解度差别较大,故分离采用梯度洗脱。结果表明,当对少量农药进行分析[21]时,单四极杆质谱计足以对农药进行检测。然而,当对选择性的要求很高时,那就需要高分辨率的质谱技术[22]。此外,研究表明需要通过GC-MS和LC-MS分别分析的农药可以通过SFC-MS/MS在短时间内同时进行分析。SFC-MS也测定了如植物基质中的拟除虫菊酯[31]、三唑[23]或有机磷[24]等特定的农药。例如,开发了一种UHPSFC-MS/MS法来测定蔬菜和水果中的粉唑醇对映体含量[23]。本研究为植物中粉唑醇旋光对映体的测定提供了一种新颖的绿色手性分析方法。SFC-MS/MS法被用于分离小麦、玉米和花生提取物中异戊二烯甲基残留物的旋光对映体[24],所采用的是以CO_2和异丙醇的等度流动相和ChiralpakIA-3色谱柱,分析时间较短。

辣椒粉、红辣椒和胡椒中的色素被UHPS测定出来[25,26]。测定色素是一个非常重要的问题,因为人们普遍担心在食品和饮料中使用了人造染料,这也导致了人们把色素的来源转向了天然产品。科研人员通过使用各种色谱柱和改性剂,快速分析了辣椒油树脂和皂化油树脂[25]。辣椒粉和辣椒油树脂的质量和价值取决于其颜色的深度,尽管其中还存在许多其他的有色成分,但主要是由辣椒黄素和辣椒玉红素这两种化合物引起的。为了优化分离，我们测定了具有相同尺寸及粒径（100mm×3mm，1.8μm）的色谱柱（SB-C_{18}，Eclipse Plus-C_{18}，Eclipse XDB-C_{18}，SB-CN，RX-Sil，and an Epic Diol HILIC）与不同的改性剂（异丙醇、甲醇、乙腈、丙酮、庚烷和乙酸乙酯）的分离效果。在 SB-C_{18} 柱上梯度洗脱得到的辣椒油树脂的分离效果最好，而裸硅胶对皂化油树脂的分离效果最好。上述两种分离所采用的流动相均是含有异丙醇的 CO_2。SFC 的分离速度比 HPLC 快 6 倍，还可以避免使用氯化溶剂。如：科研人员采用 UHPSFC 分析了 11 种非法的脂溶性红橙色染料，这些染料常见于辣椒香料中 [26]。通过用不同的改性剂（乙腈、甲醇、异丙醇和乙醇）梯度洗脱，在 Acquity UPC^2 CSH Fluoro-Phenyl（100mm×3mm，1.7μm）色谱柱上进行分离。在分辨率尚可的范围内，采用 CO_2 中含有甲酸的乙腈和甲醇混合物作为流动相分离效果最好。虽然 UHPSFC 检测法要比 UHPLC 检测法快，但是对于相同类型的检测，UHPSFC 检测法比 UHPLC 检测法的检测限要低。

17.4 其他源性食品基质

表 17.3 总结了 2012—2016 年期间 SFC 在分析其他食品基质（如膳食补充剂或饮料）中化合物的应用。在过去几年中，作为改善健康的一种方式，膳食补充剂消费量在过去几年中呈上升趋势。尽管这些产品中的许多产品都声称 100% 纯天然，但也有多次报道证实有掺假行为。要确定膳食补充剂的成分并保证其质量和安全，必须采用适当的分析方法。传统的高效液相色谱（HPLC）或气相色谱（GC）是首选的检测方法，但与 HPLC 相比，SFC 分离时间更短，这也使 SFC 成为一种非常有价值的替代工具。类胡萝卜素和异黄酮存在于许多膳食补充剂中。此外，类胡萝卜素具有许多相似的结构并且以许多结构异构体的形式存在，这些形式往往很难得以分离。具有亚 2μm 颗粒色谱柱的 UHPSFC 用于分离 9 种类胡萝卜素（包括胡萝卜素和叶黄素）[4]，所采用的是 Acquity UPC^2 HSS C_{18} SB 色谱柱（150mm×3.0mm，1.8μm），以 CO_2、甲醇和乙醇的混合物作为流动相，通过梯度洗脱进行良好的分离，并对 8 个固定相进行了评估。与 UHPLC 相比，分辨率得到改善且分离时间缩短。此外，α-胡萝卜素和 β-胡萝卜素得以基线分离，极性类胡萝卜素和低极性类胡萝卜素的洗脱顺序颠倒。UHPSFC 还明显降低了膳食补充剂中异黄酮的分离时间，并提高了分辨率 [32]。在 Acquity UPC^2 BEH 色谱柱（100mm×3.0mm，1.7μm）上以含 0.05%（体积分数）磷酸的甲醇为流动相进行梯度洗脱，8min 内分离出 9 种不同极性的异黄酮。与 UHPLC 相比，分离时间缩短了 3 倍。使用 Acquity UPC^2 BEH 2-EP（100mm×3.0mm，1.7μm）色谱柱，通过 UHPSFC 大豆胶囊及散装剂型的多烯磷脂酰胆碱中的不同类型磷脂 [33] 得以分析。正如预期的一样，与 UHPLC-ELSD 相比，UHPSFC-MS/MS 法的灵敏度和选择性均更优，且流动相的毒性较低、分离速度较快、峰形更尖锐、预处理更简单

（溶解无须衍生化）。再者，UHPSFC-MS/MS 法被用于测定生育三烯酚软胶囊中维生素 E 的含量，从而对该方法进行评估［34］。目前用于分析油脂中维生素 E 的官方方法大都是正相 HPLC 法，该法需要使用有毒溶剂。而且，在某些情况下，维生素 E 同系物的分辨率差是 HPLC 面临的一个问题。而采用 Acquity UPC^2 BEH 色谱柱（100mm×3.0mm，1.7μm）的 UHPSFC，以 CO_2 和甲醇组成的等度流动相，则可分离维生素 E 同系物。相比于 HPLC，该方法分析速度快 5 倍，更环保且成本更低。此外，用两种方法分析维生素 E 含量并没有显著的差异。

表 17.3　SFC 在其他源性食品分析中的应用

基体	目标分析物（序号）	固定相	流动相条件	仪器	参考文献
膳食补充剂	类胡萝卜素（9）	Acquity UPC^2 HSS C$_{18}$ SB（150mm×3.0mm，1.8μm）	A：CO_2，B：甲醇/乙醇（1：2，体积比） 梯度洗脱模式 温度：35℃；流速：1.0mL/min； 背压：220 psi	UHPSFC-PDA	［4］
膳食补充剂	萜内酯（5）银杏酸（4）	Acquity UPC^2 BEH 2-EP（150mm×3.0mm，1.7μm）	A：CO_2，B：含 10mmol/L 醋酸铵的异丙醇/甲醇（50：50） 梯度洗脱模式 温度：30℃；流速：1.4mL/min； 背压：1500psi	UHPSFC-PDA/MS	［16］
膳食补充剂	异黄酮类化合物（9）	Acquity UPC^2 BEH（100mm×3.0mm，1.7μm）	A：CO_2，B：含 0.05% 磷酸的甲醇溶液 梯度洗脱模式 温度：50℃；流速：2.0mL/min； 背压：2175psi	UHPSFC-PDA	［32］
PPC 胶囊	磷脂（11）	Acquity UPC^2 BEH column（100mm×3.0mm，1.7μm）	A：CO_2，B：含 10mmol/L 醋酸铵和 0.2% 甲酸的甲醇/乙腈/水（60：37.5：2.5，体积比） 梯度洗脱模式 温度：50℃；流速：1.0mL/min； 背压：1800psi	UHPSFC-Ms/MS	［33］
生育三烯酚软胶囊	生育酚（7）	Acquity UPC^2 BEH column（100mm×3.0mm，1.7μm）	A：CO_2，B：甲醇 等容洗脱模式 温度：50℃；流速：2.5mL/min； 背压：1800psi	UHPSFC-Ms/MS	［34］

续表

基体	目标分析物（序号）	固定相	流动相条件	仪器	参考文献
饮料	吸着物，安息香酸盐和咖啡因	Lichrospher Diol（250mm × 4.6mm，5μm）	A：CO_2，B：含0.1%乙酸的甲醇溶液 等容洗脱模式 温度：50℃；流速：3.5mL/min； 背压：2175psi	SFC-DAD	[35]

注：A、B与流动相组分有关；DAD—二极管阵列检测器；MS—质谱；MS/MS—串联质谱；PDA—光电二极管阵列检测器；SFC—超临界液相色谱；UHPSFC—超高性能超临界液相色谱。

SFC 和二极管阵列检测可以分析出几种食品基质（包括饮料）的食品防腐剂（苯甲酸和山梨酸）和咖啡因[35]。尽管苯甲酸和山梨酸抑制霉菌和酵母菌的生长，对抗多种细菌也有效，但在人类身上却引发了一些不良反应，因而其可用于食品的浓度受到了限制。对此，科研人员采用 Lichrospher Diol 色谱柱（250mm×4.6mm，5μm），以含0.1%乙酸的 CO_2 和甲醇为流动相，直接进样多种食品和饮料的液体样品，从而中对所含的苯甲酸、山梨酸和咖啡因进行了分离和定量。

17.5 结论

在本章中，我们概述了2012—2016年期间 SFC 在食品分析中的应用。在过去几年中，SFC 在食品领域中的应用数量急剧增加，这与 MS 检测器的联用以及 UHPSFC 系统和色谱柱的商业化息息相关。这些新工具使 SFC 成为 GC 及 HPLC 的更具潜力的替代品。目前，SFC 的应用仍然主要集中在分析植物源性食品中的脂质化合物，尽管由于 SFC 仪器的新进展，这种趋势正在缓慢改变。此外，与前几年（截至2012年）相比，在食品分析领域使用制备型 SFC 的情况并未像 UHPSFC 一样得以增加。在食品基质样品中，也没有在很大程度上发展出二维 SFC 和 SFC-HPLC 的应用。综上所述，最近 UHPSFC 系统的商业化以及与 MS 检测器的联用，极大地促进了 SFC 在食品分析方面的复兴。这一趋势，再加上新的固定相、检测器或仪器的不断发展，很可能会进一步促进 SFC 的使用。

参考文献

[1] Bernal JL, Martín MT, Toribio L. Supercritical fluid chromatography in food analysis. J Chromatogr A 2013；1313：2436.

[2] Armenta S, De la Guardia M. Green chromatography for the analysis of foods of animal origin. Trends Anal Chem 2016；80：51730.

[3] Pano-Farias NS, Ceballos-Magaña SG, Gonzalez J, Jurado JM, Muníz-Valencia R. Supercritical fluid chromatography with photodiode array detection for pesticide analysis in papaya and avocado samples. J Sep Sci 2015; 38: 12407.

[4] Li B, Zhao H, Liu J, Liu W, Fan S, Wu G, et al. Application of ultra-high performance supercritical fluid chromatography for the determination of carotenoids in dietary supplements. J Chromatogr A 2015; 1425: 28792.

[5] Lísa M, Holčapek M. High-throughput and comprehensive lipidomic analysis using ultrahigh-performance supercritical fluid chromatography-mass spectrometry. Anal Chem 2015; 87: 718795.

[6] Ashraf-Khorassani M, Isaac G, Rainville P, Fountain K, Taylor LT. Study of ultrahigh performance supercritical fluid chromatography to measure free fatty acids without fatty acid ester preparation. J Chromatogr B 2015; 997: 4555.

[7] Chen Y, Lehotay SJ, Moreau RA. Supercritical fluid chromatography-tandem mass spectrometry for the analysis of lipid A. Anal Methods 2013; 5: 68649.

[8] Chen Z, Dong F, Li S, Zheng Z, Xu Y, Xu J, et al. Response surface methodology for the enantioseparation of dinetofuran and its chiral metabolite in bee products and environmental samples by supercritical fluid chromatography/tandem mass spectrometry. J Chromatogr A 2015; 1410: 1819.

[9] Bernal J, Ares AM, Pól J, Wiedmer SK. Hydrophilic interaction liquid chromatography in food analysis. J Chromatogr A 2011; 1218: 743852.

[10] Duval J, Colas C, Pecher V, Poujol M, Tranchant JF, Lesellier E. Contribution of supercritical fluid chromatography coupled to high resolution mass spectrometry and UV detections for the analysis of complex vegetable oil-application for characterization of Kniphoria uvaria extract. C R Chimie 2016; 19: 111323.

[11] Jumaah F, Sandahl M, Turner C. Supercritical fluid extraction and chromatography of lipids in bilberry. J Am Oil Chem Soc 2015; 92: 110311.

[12] Lee JW, Uchikata T, Matsubara A, Nakamura T, Fukusaki E, Bamba T. Application of supercritical fluid chromatography/mass spectrometry to lipid profiling in soybean. J Biosci Bioeng 2012; 113: 2628.

[13] Tu A, Du Z, Qu S. Rapid profiling of triacylglycerols for identifying authenticity of edible oils using supercritical fluid chromatography-quadruple time-time-of-flight mass spectrometry combined with chemometric tools. Anal Methods 2016; 8: 422638.

[14] Qu S, Du Z, Zhang Y. Direct detection of free fatty acids in edible oils using supercritical fluid chromatography coupled with mass spectrometry. Food Chem 2015; 170: 4639.

[15] Hori K, Matsubara A, Uchikata T, Tsumura K, Fukusaki E, Bamba T. Highthroughput and sensitive analysis of 3-monochloropropane-1, 2. diol fatty acid esters in edible oils by supercritical fluid chromatography/tandem mass spectrometry. J Chromatogr A 2012; 1250: 99104.

[16] Wang M, Carrell EJ, Chittiboyina AG, Avula B, Wang YH, Zhao J, et al. Concurrent supercritical fluid chromatographic analysis of terpene lactones and ginkgolic acids in Ginkgo biloba extracts and dietary supplements. Anal Bioanal Chem 2016; 408: 464960.

[17] Song W, Qiao X, Liang WF, Ji S, Yang L, Wang Y, et al. Efficient separation of curcumin, demethoxycurcumin, and bisdemethoxycurcumin from turmeric using supercritical fluid chromatography:

from analytical to preparative scale. J Sep Sci 2015; 38: 34503.

[18] Fernández-Ponce MT, Casas L, Mantell C, Martínez de la Ossa E. Fractionation of Mangifera indica Linn polyphenols by reverse phase supercritical fluid chromatography (RP-SFC) at a pilot plant scale. J Supercrit Fluid 2014; 95: 44456.

[19] Gong X, Qi N, Wang X, Lin L, Li J. Ultra-performance convergence chromatography (UPC2) method for the analysis of biogenic amines in fermented foods. Food Chem 2014; 162: 1725.

[20] Bijttebier S, DHondt E, Noten B, Hermans N, Apers S, Exarchou V, et al. Automated analytical standard production with supercritical fluid chromatography for the quantification of bioactive C17-polyacetylenes: a case study on food processing waste. Food Chem 2014; 165: 3718.

[21] Ishibashi M, Ando T, Sakai M, Matsubara A, Uchikata T, Fukusaki E, et al. High-throughput simultaneous analysis of pesticides by supercritical fluid chromatography/tandem mass spectrometry. J Chromatogr A 2012; 1266: 1438.

[22] Ishibashi M, Izumi Y, Ando T, Fukusaki E, Bamba T. High-throughput simultaneous analysis of pesticides by supercritical fluid chromatography coupled with highresolution mass spectrometry. J Agric Food Chem 2015; 63: 445763.

[23] Tao Y, Dong F, Xu J, Liu X, Cheng Y, Liu N, et al. Green and sensitive supercritical fluid chromatography-tandem mass spectrometric method for the separation and determination of flutriafol enantiomers in vegetables, fruits and soil. J Agric Food Chem 2014; 62: 1145764.

[24] Chen X, Dong F, Xu J, Liu X, Chen Z, Liu N, et al. Enantioseparation and determination of isofenphos methyl enantiomers in wheat, corn peanut and soil with supercritical fluid chromatography-tandem mass spectrometric method. J Chromatogr B 2016; 1015-1016: 1321.

[25] Berger TA, Berger BK. Separation of natural food pigments insaponified and unsaponified paprika oleoresin by ultra high performance supercritical fluid chromatography. Chromatographia 2013; 76: 591601.

[26] Khalikova M, Šatínský D, Solich P, Nováková L. Development and validation of ultra-high performance supercritical fluid chromatography method for determination of illegal dyes and comparison to ultra-high performance liquid chromatrography. Anal Chim Acta 2015; 874: 8496.

[27] Ares AM, Nozal MJ, Bernal J. Extraction, chemical characterization and biological activity determination of broccoli health promoting compounds. J Chromatogr A 2013; 1313: 7895.

[28] Laboureur L, Ollero M, Toubul D. Lipidomics by supercritical fluid chromatography. Int J Mol Sci 2015; 16: 1386884.

[29] Hartmann A, Ganzera M. Supercritical fluid chromatography-theoretical background and applications on natural products. Planta Med 2015; 81: 157081.

[30] Ng MH, Choo YM. Packed supercritical fluid chromatography for the analyses and preparative separations of palm oil minor components. Am J Anal Chem 2015; 6: 64550.

[31] El-Saeid MH, Khan HA. Determination of pyrethroid insecticides in crude and canned vegetable samples by supercritical fluid chromatography. Int J Food Prop 2015; 18: 111927.

[32] Ganzera M. Supercritical fluid chromatography for the separation of isoflavones. J Pharm Biomed Anal 2015; 107: 3649.

[33] Jiang Q, Liu W, Li X, Zhang T, Wang Y, Liu X. Detection of related substances in polyene

phosphatidyl choline extracted from soybeans and in its commercial capsule by comprehensive supercritical fluid chromatography with mass spectrometry compared with HPLC with evaporative light scattering detection. J Sep Sci 2016; 39: 3507.

[34] Gee PT, Liew CY, Thong MC, Gay MCL. Vitamin E analysis by ultra-performance convergence chromatography and structural elucidation of novel α-tocodienol by high-resolution mass spectrometry. Food Chem 2016; 196: 36773.

[35] Berger TA, Berger BK. Rapid, direct quantitation of the preservatives benzoic and sorbic acid (and salts) plus caffeine in foods and aqueous beverages using supercritical fluid chromatography. Chromatographia 2013; 76: 3939.

18 使用 SFC 仪器进行物理化学性质测量

T. L. Chester
University of Cincinnati, Cincinnati, OH, United States

18.1 引言

开发涉及冷凝气体（无论是超临界还是近临界、纯的或混合的）新的分离或处理方法的工人都会面临优化该方法的艰巨任务。寻找最优条件必然需要知道或能正确估计必要的物理化学性质，并确定这些参数值可能允许的空间变动范围。其中的一些限制，例如最大压力，则是一个主要取决于设备能力的系统参数。一些参数受到设备能力和流体特性的综合限制。例如，最大流量可以通过调整泵的最大输送速率或泵的压力加以限制；这取决于系统的"流动阻力"和流体的黏度，而流体的黏度又取决于流体组分、温度和压力。这些参数之间的相互依赖性使方案的制定和流程的优化变得非常复杂。

文献可以提供一些关于大体积流体的性质，以及流体与溶质和边界相互作用的指导 [1]。然而，现今的研究中，任何一种特定流体系统的特性往往都未得到充分探索。然而，我们可以从类似系统的经验中猜测流体系统的总体表现，这最能使人们对正在研究的系统和操作参数的限度有具体的了解，以便能够探索最广泛的条件范围，追求最佳的方法性能。溶质、流体和相互作用等的重要特性可以用分析型 SFC 系统进行估算，在某些特定的情况下，没有专用的精确测定设备时的估算结果可能会相当准确。

18.2 简单案例：黏度估算

二元流体的黏度可以使用具有二元梯度泵送能力的填充柱 SFC 来估算 [2]。假设由柱外组分引起的压降可以忽略不计（或加以修正），并且黏度在很小的压力范围内几乎保持恒定，那么黏度（η）与压降（ΔP）之间存在着直接成比例关系，假设通过填充柱的流量为 F，则达西定律表述为：

$$\eta = \frac{C\Delta P}{F} \tag{18.1}$$

其中：

$$C = \frac{Ad_p^2}{\phi L} \tag{18.2}$$

式中 A——柱横截面积；

d_p——粒径；

ϕ——柱阻力因子；

L——柱长。

比例常数 C 可以通过在已知黏度的温度和出口压力下泵入纯 CO_2 的实验加以确定。然后，在保持总流量不变的前提下，可以使用 SFC 改性泵将其他流体组分加入到流体中，使压降随塔内流体黏度的变化成比例变化。如果待测定的流体具有两种组分，并且在实验温度和压力下已知两种纯组分的黏度，那么两点校准将提供一种更好的估算方法。如果混合流体比纯 CO_2 黏稠得多，可以通过改变流速的方式并通过式（18.1）进行计算。

这个例子说明了使用 SFC 设备进行此类估算的效用和潜在缺点。用这种方法估算黏度的质量，除其他条件外，主要取决于保持体积流速恒定并了解二元流动相的实际组成。SFC 仪器中使用的泵是非常精确的，但对于可压缩流体的流量却无法给出精确值（见第 18.7.2 节）。因此，这种技术只能提供一个较为粗略但仍然有效的估计值。

如果混合流体在测量过程中分离成两相或更多相，则该黏度估算技术以及之后将讨论的大多数其他估算技术也将失效。同样，在进行 SFC 测定时，相分离会导致无法使用的色谱结果（包括失真、不稳定的峰形、噪声和较差的重现性）出现。相反，在某些情况下，人为地在两相区（如液-气、L-V）区域操作，或许会获得一些独特的优点，例如在开管型 SFC（ot-SFC）中溶质聚焦[4~6]。一定程度地了解混合流体系统的相行为对于实际操作参数的确定以及在方法开发过程中提供最大的灵活性是非常有必要的。下一节简要总结了第 I 类二元相行为，随后用 SFC 仪器对临界线、相界、溶解度和二元扩散系数进行估算。

18.3 相行为的测定

18.3.1 第 I 类二元体系相行为

在压缩气体系统中进行液-液、液-气、液-液-气甚至是气-气分离都是有可能的，这主要取决于流体的组分、浓度、温度和压力。VanKonynenburg 和 Scott 描述了 6 种类型的液体二元混合物[7]。当两种组分作为液体混溶时，这就是最简单第 I 类二元体系。这些简单的系统是最容易理解和预测的。它们提供较大的单相范围，因此非常适合用作 SFC 和许多工艺应用中的二元流动相。然而，在 I 类系统中仍可能发生液-气分离，并且在色谱分离过程中，必须通过在相图的单相区域保持压力（P）、温度（T）和改性剂浓度来避免色谱分离。

图 18.1 是以压力（P）、温度（T）和组分（%b）为坐标绘制的 CO_2-甲醇相图。注意，在 SFC 中，流动相组成是以泵出口处测量的流动相中改性剂的体积分数表示的。此处，符号 a 和 b 分别表示主要流体（通常为 CO_2）和改性剂，%b 表示的是泵出口处改性剂流量的体积分数，x 是流动相中改性剂的摩尔分数。0 和 100%b 的极限平面是大家所熟知的纯 CO_2 和纯甲醇的 P-T 图，它们的沸腾线是在各自的 P-T 平面上 %b 轴两端的实线。

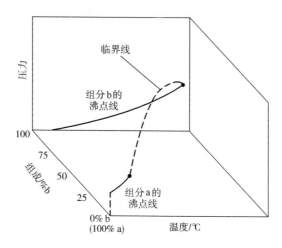

图 18.1　Ⅰ 类二元系统（如 CO_2-甲醇）的混合物临界点的轨迹跨越连接两个纯组分临界点的 P-T 组成空间。（图 18.2 中添加了两相 L-V 区域）（引自：Chester TL. Determination of pressure-temperature coordinates of liquid-vapor critical loci by supercritical fluid flow injection analysis. J Chromatogr A 2004；1037：393-403 [6].）

每一条沸腾线都终止于相应纯组分的临界点。跨越组成维度的每种二组分混合物都有其自身的临界点。混合临界点的轨迹将两个纯组分的临界点连接起来，跨越了相图的中间部分。该临界轨迹由图 18.1 中的虚线表示。

对于这两种纯流体，液-气两相相平衡的条件仅存在于各自的沸腾线上，即二维空间（P-T）中的一条线上。然而，如图 18.2 所示，二元混合物的液-气平衡区域在三维（P-T-组分）空间中占有一定的体积。两相区在阴影表面的内部，其中显示了等温线、等值线和等压线，该图在 25℃ 处截断，以显示该温度下的等温线。

图中阴影部分的所有点都存在液-气平衡，并且在阴影部分内部的 P-T-%b 坐标不存在均匀流体。相反，液相和气相是分开的。给定 P-T-%b 坐标的两相组成由连接线与表面的交点决定：连接线通过坐标点绘制并与 %b 轴平行。在这种情况下，气相通常是富含 CO_2 的易挥发组分。液相和气相的数量比取决于 %b。临界线 CO_2 一侧的相界面是露点表面。需要注意的是露点表面在阴影区域下方并不断延伸，最后终止于甲醇沸腾线。临界轨迹的甲醇一侧的上表面是泡点面。最重要的是，阴影区以外的部分是通过 P-T-%b 空间的连续单相区域。该连续空间将含有

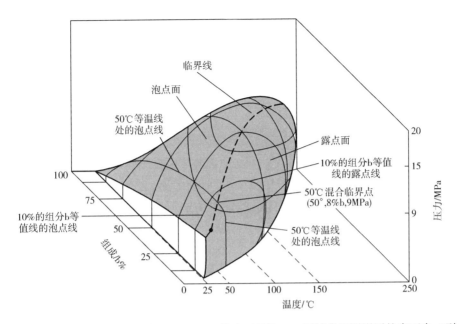

图18.2 对于CO_2-甲醇的相行为的P-T-%b描述。两相L-V区域位于阴影图的表面内（引自：Chester TL. Determination of pressure-temperature coordinates of liquid-vapor critical loci by supercritical fluid flow injection analysis. J Chromatogr A 2004；1037：393-403［6］.)

CO_2的液相与含有甲醇的气相连接。所有这些连续的单相区都可用于SFC或其他必须避免相分离的过程。

将临界线投影到P-T图中，如图18.3所示，非常清晰的表明了混合物临界点的P-T坐标。除了用于纯组分的沸腾线之外，该图并没有提供关于混合物组成的具体信息。不过，该图还是非常易懂且非常有用：%b的值在CO_2临界点处从0单调增加到共溶剂（该情况下为甲醇）临界点处的100%。在临界线上方的空间中仅存在一个连续流体相，其从纯CO_2的液相延伸至纯甲醇的气相。无论两种流体的比例如何，所有这种P-T空间都可用于色谱分析。

在临界线内部的P-T空间中，液-气两相分离可能取决于流体的组成。临界线内可能有更多可用的坐标空间，但必须注意避免导致L-V分离的条件。如果可用的话，P-x等温线将清晰地显示出在指定温度下单相区的组成和压力极限。CO_2-甲醇混合物的几种等温线如图18.4所示。不过，CO_2与其他溶剂系统的等温线相对较少。对于使用摩尔分数的等温线，请记住用具有二元泵入系统的SFC仪器控制泵出口处流体的体积比。

18.3.2 利用峰形估计二元混合物的临界位置

传统上，二元流体混合物的临界点和其他相变是利用充满了已知成分、温度和压力的流体混合物的单元来确定的，并通过单元窗口直观地进行检测。该程序

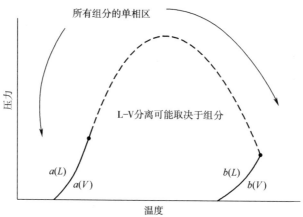

图 18.3 临界轨迹到 P-T 平面的投影。临界轨迹上方的单相区域将较易挥发组分的液相与较不易挥发组分的气相连接。无论%b 如何，在该空间中选择压力和温度都可避免 L-V 相分离。根据%b，在临界线下可以进行 L-V 相分离。除非有更具体的相行为数据可用于确定 P 和 T 组合的%b 限值，否则最好避免在此范围内工作

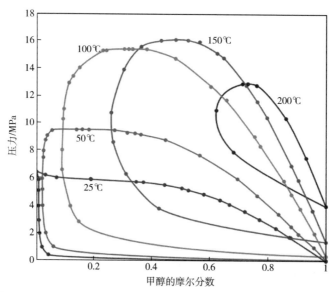

图 18.4 分别在 25，50，100，150 和 200℃ 下的 CO_2-甲醇的等温线。对于每个温度，L-V 区域在环路内。请注意，25℃ 低于 CO_2 的临界温度，等温线在相应的 CO_2 蒸气压下与左轴相交 [引自：Brunner E, Hültenschmidt W, Schlichthärle G. Fluid mixtures at high pressures IV. Isothermal phase equilibria in binary mixtures consisting of (methanol + hydrogen or nitrogen or methane or carbon monoxide or carbon dioxide). J Chem Thermodyn 1987; 19: 213-91 [8].]

需要专用设备，通常是用于精确描述在狭窄的温度和压力范围内的相位行为。因为必须系统地改变压力和温度以寻找对应于流体组成的一对临界值（P_c 和 T_c），

所以找到混合物临界点是非常耗力的。

在开发一种利用峰形观测相分离的简单流动进样技术之前,对于CO_2-溶剂混合物的完整临界位点存在非常少的数据[4~6,10~13]。这种峰形的方法能快速求出与设定温度对应的临界压力。到目前为止,该方法已获得23个CO_2-溶剂对的临界位点。使用ot-SFC仪器可以在几个小时内绘制出新的CO_2-溶剂对的P-T临界线。

实验相对比较简单:用直接连接到环境温度进样器的空毛细管代替开管柱。然后,管子穿过柱温箱并连接到通向检测器的限流器上。到目前为止,所有的工作都使用了火焰离子化检测器(FID)。纯CO_2用作流动相,并用以压力控制模式运行的泵将其输送。后将b组分流注入CO_2流中。

进样在环境温度下进行。如果压力高于CO_2蒸气压,则所有使用CO_2的I类组合将在进样器环境和输送管的环境温度部分中是单一液相,并且在进样条件下溶剂流周围不存在相界。在毛细管加热的早期,溶剂浓度从零开始,随着组分流不断通过而增加到100%b,然后随着组分流末端的通过,最终回到零。以这种方式,当组分流通过该点时,经历x的整个范围。当溶剂流进入柱温箱加热时,如果液相分离,则在液流的前缘形成液-气相边界,当溶剂流末端到达加热区时再次形成另一相边界。如果管子可以被溶剂润湿,则CO_2的流动将产生一个溢流区域,如图18.5所示,用液体动态地涂覆管壁,而蒸气在CO_2流动的推动下通过中心。实际

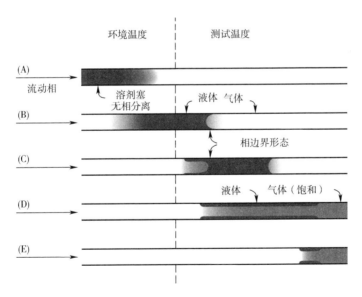

图18.5 在峰形方法中创建溢流区的示意图。(A)在环境温度下将溶剂塞注入CO_2中。(B,C)在到达加热区时,发生L-V分离并在溶剂塞的两端形成相界。(D,E)二氧化碳流将液体作为薄膜扩散,形成溢流区。液体蒸发,饱和的CO_2向下游输送到检测器。溶剂膜从上游端蒸发(引自:*Chester TL. Determination of pressure-temperature coordinates of liquid-vapor critical loci by supercritical fluid flow injection analysis. J Chromatogr A 2004; 1037: 393-403* [6].)

上，对于 50μm 的进样毛细管，其溢流区的长度为一米，进样范围为 0.2~0.5μL。

离开溢流区的蒸气将会被液相中的溶剂蒸发饱和，当液膜蒸发并由来自上游的"新鲜"CO_2 输送时，溢流区域将从其上游端消失。在测试温度和压力下，溶剂蒸气饱和的 CO_2 离开溢流区并被输送到检测器（探测器在高于加热炉的温度下运行，以确保蒸气在进入 FID 火焰之前不会凝结）。峰值前沿开始正常形成，当饱和度达到探测器检测限时，信号变得有限。只要保持饱和，信号将保持基本恒定。当最后一个液膜蒸发且峰尾部进入检测器时，信号衰减为正常峰值。因此，如果发生液-气相分离，在注入溶剂流时产生的峰将是平顶的。

随着压力的增加，峰值会越来越高，但只要实验处于两相区，并且注入了足够的液体，峰值就会保持平顶。当测试压力超过临界压力时，液-气相分离以及气相饱和就不会发生，峰会像普通的过载溶剂峰一样自然地形成圆形。可以每隔几分钟在新的压力下重复进样，并且通过寻找峰顶形状从平顶变为圆形的压力，可以快速找到与测试温度相对应的临界压力。在选择色谱柱尺寸、流速和进样体积时需要注意，为了获得相对于管长来讲更合适的溢流区长度，确保注入的溶剂量在连续使用较高压力时仍足以形成溢流区，避免溢流区超过管的长度，在这种情况下，纯液体溶剂将到达检测器。还可能需要使管失活以确保其可被液体溶剂润湿以形成稳定的膜。

图 18.6 和图 18.7 指出了 9 种常用的 CO_2 混合溶剂在 CO_2 临界位点上的点数，

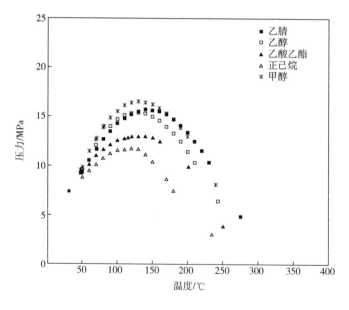

图 18.6　CO_2 与乙腈、乙醇、乙酸乙酯、正己烷和甲醇混合物的临界点（引自：Chester TL. Determination of pressure-temperature coordinates of liquid-vapor critical loci by supercritical fluid flow injection analysis. J Chromatogr A 2004；1037：393-403 [6].）

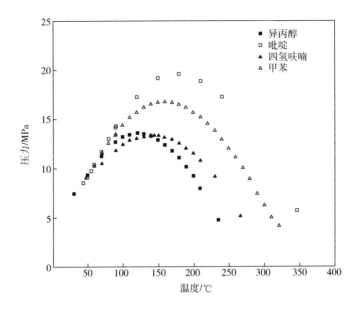

图 18.7　CO_2 与 2-丙醇、吡啶、四氢呋喃和甲苯的混合物的临界点（引自：Chester TL. Determination of pressure-temperature coordinates of liquid-vapor critical loci by supercritical fluid flow injection analysis. J Chromatogr A 2004；1037：393-403 [6]．)

并用这种方法进行了检验。请注意，为了清楚起见，忽略了纯液体的沸点，但给出的每种溶剂的第一点和最后一点是 CO_2 和溶剂的临界点。其余 14 种溶剂的实验点在参考文献 [6] 中给出。

如果只有 SFC 可用作填充柱仪器，它可以与配备了 FID 的气相色谱仪一起使用，添加高压内循环进样器和限流器，按照原始工作的设置：[4，5，10] 通过在背压调节器（BPR）前面添加一个三通，可以从 SFC 获得压力调节的 CO_2。SFC 中调节器的痕迹必须被清除。这可能需要断开改性剂泵并将其连接到混合器上。

18.3.3　用峰形法设置估算气相组成（露点）

通过对峰形法数据的不同解释，可以估算出溶剂的气相浓度。以下是附加要求：(1) 必须知道被测溶剂的注入体积和密度；(2) 检测器信号必须通过记录峰值的整个气相溶剂浓度范围以保持与溶剂质量传输速率成正比；(3) 整个系统的 CO_2 质量流量必须相同。这就意味着在实验过程中，CO_2 和溶剂在大部分溢流区域处于平衡状态。Dittmar 等人报道，在气-液界面处将 CO_2 扩散到乙醇中似乎在几秒钟内就能达到平衡 [14]。对于极性和黏度类似于乙醇的其他溶剂，也有可能出现这种情况。

为了估算露点，峰形实验如前所述进行，其中将溶剂体积（V）注入 CO_2 流中。在该实验期间，与任何探测器信号水平（s）相关的溶剂质量与 CO_2 质量的比

值 R 为：

$$R = \frac{s}{F\rho_{CO_2}} \frac{V\rho_{solvent}}{A} \quad (18.3)$$

式中　m——注入溶剂的质量，g；

F 和 ρ_{CO_2}——泵出口处 CO_2 的流速（mL/s）和密度（g/mL）；

$\rho_{solvent}$——纯溶剂的密度；

A——由注入产生的峰面积（以信号-秒为单位）。

如果信号 s 取自平顶峰的平台，则 R 是对应温度和压力下露点处溶剂与 CO_2 质量比。

FID 本质上是一种对质量敏感的检测器，即使对于 ot-SFC 中遇到的质量和输送速率的溶剂峰也能准确工作。如果没有过载，则无论流速如何，FID 都会为给定的注入量产生相同的峰面积。然而，像 UV-Vis 这样的浓度型检测器产生的峰面积与检测器的体积流速成反比。通常，在 UV-Vis 检测器中温度控制不好，并且在该实验期间流体组成（密度、热容和热导率等）也会改变。因此，流速和 UV-Vis 检测器响应可以随着温度、压力或成分的变化改变流体密度而变化，即使对于泵处的恒定流速也是如此。因此，每当使用浓度型检测器时，估计值都会存在不确定性，一般来讲，只要可能就首选 FID。

18.3.4　用于确定相变的填充柱 SFC 技术

Ziegler 指出，在填充柱和空管中会发生溢流和相分离［12］。但是，我们不了解使用填充柱的峰形法的工作原理。其他可测量的仪器参数的变化取决于流体的性质，也可以用来表示相变。对于填充柱 SFC 仪器来说，容易测量的与流体相关的特性是检测器信号和入口压力（或是等效的柱压降），假设压力在柱出口处受到控制。

Akien 等人采用压降法对几种 I 类 CO_2 溶剂系统中露点和泡点的 P-T-x 坐标进行了实验估算［15］。这些测量要么是静态的，要么是在出口压力、温度或改性剂浓度梯度的情况下使用一个类似于填充柱 SFC 的特定仪器。静态方法需要一系列渐进的实验，这些实验分别是等温、等压和等度的。将色谱柱保持在恒定的温度和压力下，而待测的流体则以等度方式（在恒定的摩尔比下）连续地通过。在系统达到平衡后测量压降。然后将需要改变的参数（P、T 或 x）设定为一个新的值，使仪器重新平衡，并进行另一次测量。

梯度法包括在保持其他参数和总流量恒定的同时改变一个参数（P、T 或 x），并记录入口压力或压降。当系统中存在蒸气时，增加压力会压缩蒸气，降低体积流量，降低维持设定出口压力所需的压降。升高温度会增加蒸气黏度和体积，从而增加压降。当遇到相变时，压降的斜率相对于改变的参数（P，T 或 x）会发生不连续的变化。

Akien 等人报道了使用线性增压获得的 CO_2-甲醇膜上表面的合理估计,但是它们的结果比视图单元值高出好几巴(bar)[8,16~19]。相比之下,他们报告在 100℃,$x_{甲醇}$ = 0.279 的 CO_2-甲醇体系中在露点较低的表面上在 63bar 下只有一个点。这个压力与 Brunner 等人的视图单元测量结果有着显著不同[8],从他们的工作中我们可以推断出露点实际上发生在低于 28.3bar 的压力下。

图 18.8 显示了在 100bar 下对 CO_2-四氢呋喃混合体系进行程序变温的压降。对于目前报道的数据而言,其中的信噪比以及跃迁的清晰度远远好于程序变压实验。除了最后一条轨迹外,两个不连续的斜率变化都很清楚:低温斜率变化对应于从均匀液相到液-气两相区交叉时的泡点,高温斜率变化对应于进入单相蒸气区。使用 22.9%(摩尔分数)的 CO_2 不能看到此类转变。图 18.7 中的四氢呋喃数据表明,100bar 非常接近或高于该混合物的临界压力,如果实验条件高于临界位置,则不会发生转变。

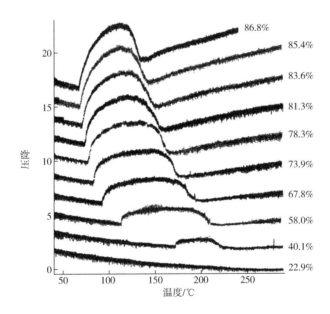

图 18.8 CO_2-四氢呋喃体系的压降与温度的关系曲线。温度设定为 40℃,1℃/min,压力保持在 10MPa(100bar),甲苯的摩尔百分比如图所示。斜率的变化表示露点或泡点(引自:Akien GR, Skilton RA, Poliakoff M. Pressure drop as a simple method for locating phase transitions in continuous flow high pressure reactors. Ind Eng Chem Res 2010;49:4974-80 [15].)

在压力变化和温度变化技术中,当遇到相变时,由于压力梯度的存在,它们不会在柱子的任何地方同时发生。因此,对于某一过渡态在 $P-T$ 坐标中存在一些不确定性。对流体成分进行编程也是可能的,但是由于梯度延迟引入了更多的不确定性,并且由于梯度的存在,x 沿柱长的空间变化更大。如果由于设备限制而无法进行温度编程（许多 SFC 仪器的加热速度不足以对温度进行编程），则通过对流体成分的一系列平衡测量可能是最有用的方法。否则，将色谱柱移入相邻的气相色谱仪柱温箱中进行温度编程可能会更有成效。

18.4 直接溶解度估算

溶质在流体中的溶解度可以通过用饱和池取代 SFC 色谱柱直接在 SFC 仪器中测量。这可以是含有足量溶质分散在非反应性吸附剂中的小柱。池中只需泵入流体，饱和液体就被输送到 SFC 检测器。例如，Miller 和 Hawthorne 通过直接将溶质饱和的 CO_2 通入 FID 来测量有机溶质在 CO_2 中的溶解度 [20]。他们用一个装有溶质的商用饱和池代替了通用的色谱柱。他们还在检测器前面添加了一个辅助加热单元，以确保在检测前没有发生溶质冷凝。通过积分已知溶质质量的信号，分别对 FID 进行校正。在测量过程中，饱和流动相产生一个稳定的 FID 信号，该信号与溶质的质量速率成正比。从而分别测定 CO_2 的质量比，并直接计算溶解度。

Zhou 等人在填充柱 SFC 仪器内使用微型-SFE 池 [21]。萃取池的布置与 SFC 管柱平行，并且都直接进料到接入 FID 的单个限流器中。可以选择一个流或另一个流。纯样品与二氧化硅或氧化铝一起装入萃取池，CO_2 将饱和溶液输送到 FID 中。校准时使用与 SFC 色谱柱用相同的出口压力和流量限制器将已知量的标准物传递给检测器，这样进入检测器的流量是恒定的，并且可以在不作任何修正的情况下进行校准。

从萃取池采样也是可能的 [22，23]。例如，Gahm 等人用硅胶填充了一根 30mm×21mm 的钢柱可以检测高达 100mg 的溶质 [22]。在所需的流动相中平衡后，用管阀分离出 5～10μL 的样品，然后用相同的流动相通过紫外检测器进行定量。

使用填充的分析柱而不是用饱和池，并以通用的方式注入浓溶液，可以来估计溶解度，特别是对于溶解性较差的溶质。样品必须在样品溶剂中比在试液中更易溶解。为了提高流动相的饱和度，应选择使溶质的保留率低的柱填料。在柱上需要发生的是在柱入口附近形成溶质过载区，将注入溶剂与溶质分离，以及在过载区下游的流动相中形成溶质饱和区。为了产生饱和流动相，流量必须考虑超负荷区溶质的蒸发速率。然后，流过过载区的流动相将使柱的其余部分饱和，并且当饱和区突破柱出口时将产生稳态信号。信号将持续到溶质耗尽。为了确保所需饱和区的形成，需要非常注意分析的量和流动相流速。

18.5 吸附等温线测定

了解吸附等温线对于理解制备分离中的质量传递至关重要。在超临界流体系统中，有许多静态和动态的程序来确定等温线［24］，但使用 SFC 设备时，最简单的方法是正面分析［24~30］。

Kamarei 等人从 SFC 仪器中，特别是从混合器中去除多余的柱外体积，以便充分锐化必须在正面分析中运输到检测器的溶质峰［29］。他们还在 CO_2 供给和泵入口之间添加了一个质量流量计。这是非常有必要的，这样才能在整个实验过程中监测 CO_2 的质量流量。将吸附剂装入柱中。CO_2 泵和（主）改性泵以正常方式工作。此外，他们额外添加了第二个改性泵（我们称之为溶质泵），用于输送溶解在改性剂中的溶质。通常，系统用来自溶质泵的零流量校准。在时间 $t=0$ 时，溶质泵流量达到所需值，伴随着改性剂泵流量的减少，使得改性剂泵和溶质泵的组合流量保持恒定。

吸附在吸附相上的溶质的平衡浓度 q 可以很容易地从柱出口突破前的时间中得出，在流动相中溶质浓度的步骤如下：

$$q = \frac{C_0}{\left(\dfrac{1-\varepsilon_t}{\varepsilon_t}\right)} \frac{(t_R - t_0)}{t_0} \tag{18.4}$$

式中　C_0——溶质浓度阶跃变化后柱入口流动相中溶质的平衡浓度；

　　　t_R——前部的保留时间（通常在步骤的拐点处测量）；

　　　t_0——柱空隙时间；

　　　ε_t——色谱柱的总孔隙率。

因此，等温线上的点（C_0, q）可以从保留时间测量值确定。图 18.9 显示了不同的溶质浓度在 5min 进样后的一系列突破峰。

为了得到准确的结果，必须对泵和柱之间的流动相组分的体积流量和体积比的变化进行修正。这是必要的，例如，从甲醇溶液中的溶质浓度精确计算 C_0（在柱入口处）。详情见参考文献［29］。

加入第二改性剂泵的优点是，可以制备溶质在改性剂中的储备溶液，然后可以通过编程两种改性剂泵的混合比进行不同比例的进样。选择改性剂泵流量比，按所需浓度步骤进行一系列进样。这样就可以在无人值守的情况下程序控制进行这项工作。

当第二个改性泵不可用时，似乎可以通过在改性剂泵和混合器之间插入一个环形喷油器来替代一定体积的纯改性剂来进行试验。必须在其他纯改性剂中制备一系列不同溶质浓度的试验溶液，并将其中一种溶液加载到每次测量的循环中。回路体积必须足以在所检测到的溶质平台上产生平衡条件。例如，改性剂流中的 1mL 循环，总流速为 1mL/min，但在流动相中使用 20% 的改性剂，将产生 5min 长的进样，从而符合图 18.9 中的条件。

Kamarei 等人采用正面分析和他们所称的反向法确定了吸附等温线［30］。该技术适用于具有多个吸附位点和两种溶质竞争性结合的体系。作者用双 Langmuir 模型解释了非特异性和特异性吸附位点在手性固定相上的作用，并考察了非特异

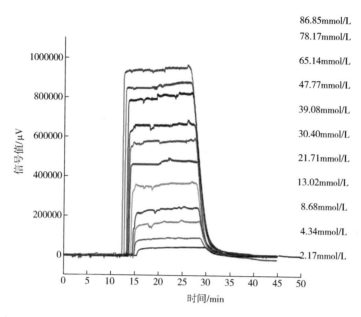

图 18.9 使用 250mm×4.6mm（R, R）- Whelk-O1 色谱柱在 80/20（%，体积比）CO_2/甲醇中，在 310.15 K，210bar 和 1mL/min 的不同浓度下 S-naproxen 的穿透峰 [29]（引自：Kamarei F, Gritti F, Guiochon G, Burchell J. Accurate measurements of frontal analysis for the determination of adsorption isotherms in supercritical fluid chromatography. J Chromatogr A 2014; 1329: 71-7 [29].）

性位点的（R）和（S）对映体之间的竞争。该方法被称为反向法，因为该方法提出了一个模型，然后通过调整模型参数来拟合数据，以尽量减少模型与数据之间的差异。

正面分析法的主要优点是直接生成溶质吸附等温线中的点。它也适用于纯流动相和混合流动相，适用于任何固定相或填料。缺点是需要额外的改性剂泵进行程序化测量，并且需要仔细测量流动相组分的质量流速。

18.6 扩散性

Medina 最近回顾了测定扩散系数的实验方法 [31]。这些方法中的一些方法可以在 SFC 仪器上得以实现，并且所有这些方法都是从峰值分散的测量中得出扩散系数的。Taylor-Aris 方法会出现进样少量溶质并测量溶质通过未涂覆的开口管 [32~38] 时的增宽现象。色谱脉冲响应（CIR）方法在测量扩散系数时，与 Taylor 方法有些相似，但在部分或全部样品路径中用涂壁开口管代替 [39~41]。这种方法的装置类似于 ot-SFC，但通常要使用相对大直径的管，例如具有 1μm 厚的化学键合聚乙烯涂层的 15.28mm×0.502mm 内径管 [40]。（注意，对于分析型 ot-SFC，该柱直径太大，无法进行分析。）CIR 方法的变化也可以用来测量溶解度和偏摩尔体积［41］。

脉冲响应力矩分析法［42~46］类似，但在其处理中应足够详细，以使其适用于填充柱。在所有这些技术中，可以从峰值色散计算溶质扩散速率。

然而，对于填充柱 SFC 仪器，最简单且可能最准确的方法是峰值停留法［24，47~49］。该方法以常规方式注入溶质并将其输送到色谱柱上，此时停止流动相流动，从而使溶质在柱上时将峰停住。停留期间实验条件保持不变，在此期间溶质峰继续轴向扩展。停留期结束后，流量恢复并记录加宽的峰值。

当流动相流动时，色谱柱上会自然形成压力梯度和密度梯度。当泵停止工作时，这些梯度将在整个柱上弛豫至整个色谱柱的平均值。当流动恢复时，梯度将会重新建立。当泵停止时，流动相必须在柱的两端完全停止流动，并且一旦梯度松弛，在停留期的剩余时间内，柱的两端的压力保持恒定。如果 BPR 和泵止回阀不能完全停止流动，则需要在柱的每一端添加硬（低分散）截止阀。在选择流速和色谱柱上的停留位置时必须小心，以便在流量停止时将压力梯度弛豫对色谱柱的影响降至最低［24］。

所测量的是观察到的峰值随停留时间变化的曲线。由于停止和重新启动流动而导致的人为误差不应影响该曲线的斜率，因为在一系列测量中只有停留时间是变化的，表观扩散速率则由下式给出

$$D_{app} = \frac{u^2 \Delta \sigma^2}{2(1+k)^2 \Delta t} \tag{18.5}$$

式中　　u——流动时柱上的流动相速度；

　　　　k——测试条件下溶质的保留因子，

$\Delta(\sigma^2)/\Delta t$——峰值时间方差与停止时间的曲线斜率［47］。

18.7　估算的限制因素

18.7.1　固定相的不确定性

几种热力学性质可以通过色谱系统的测量确定。例如，如果已知足够精确的相位比，则可以通过溶质保留推导得出分配系数。同样，溶解度、偏摩尔体积和自由能变化都通过溶质保留来表示，但都需要额外测量相体积并了解固定相化学性质发生的任何变化［1］。

在气相色谱中，基于溶质保留的热力学测量是可靠的。这在某种程度上是由于固定相位定义得很好，不受与移动相相互作用的影响，并且相位比是非常稳定的。然而，在 HPLC 中，特别是在 SFC 中，当其他条件发生变化时，固定相可能发生变化。至少有两种可能导致固定相变化的机制：（1）在聚合物固定相中，聚合物可通过吸收流动相组分而膨胀，从而改变固定相体积、相比和化学性质［1］；

（2）流动相组分可以在 HPLC 条件下从液体流动相吸附到固定相表面 [50~53]，同样在超临界条件下也能吸附 CO_2 和甲醇 [1, 54, 55]。在 HPLC 中，这些过量的流动相组分作为固定相的一部分发挥作用。例如，亲水作用色谱（HILIC）需要在固定相表面吸附过量的水，并作为固定相的动态部分以保留极性溶质。表面过量吸附物的量和浓度随流动相组成和温度而变化。由于流动相在 SFC 中是可压缩的，所以表面过剩的吸附流动相组分的厚度和组成也可能随着压力的变化而变化。每当固定相在体积或组成上发生变化，特别是当组分在与移动相的界面处时，除非可以校正，否则需要不变的固定相或假定不与移动相反应的固定相的性质测定，都会出现误差。

18.7.2 流动相的不确定性

完美的往复泵将以泵的排量速率输送不可压缩的流体。与大多数普通液体一样，大多数 HPLC 流动相组分具有相对小的可压缩性。大多数现代 HPLC 泵具有某种形式的可压缩性补偿，以便与流速设定点相比，降低实际泵输送速率的不准确性。然而，对于可压缩流体，泵必须花费大量且可变的（取决于出口压力）部分排量的一部分来压缩流体，并在出口止回阀打开并开始流动之前升高其压力以匹配下游压力 [56]。因此，如果补偿不充分或被忽略，则加压流体的输送速率可远低于泵的体积排量速率或设定点。

许多 CO_2 计量泵可以采取一些措施（至少部分地）校正压缩性。在这其中，泵出口压力根据泵马达的负载来测量或估计，并且根据需要增加位移速率，以在泵的指定出口压力范围内保持恒定的体积输送速率。然而，这种方法在整个操作条件下的有效性仍然存在疑问 [56]。在泵前面冷却 CO_2 流将降低可压缩性并减少误差，但是在这种配置中使用的各种泵的准确性尚不清楚。使用增压泵将 CO_2 进料流预加压至（或接近）下游所需的压力，无须在计量泵中进行压缩补偿，因此体积输送速率将与泵排量速率相匹配 [56]。

即使泵在其出口处准确地提供所需的流速，另一个问题仍然存在：在泵出口温度下测量的 CO_2 和改性剂溶剂的体积比，如果温度不同，将与柱的体积比不匹配。对于物理化学性质测量，尤其是热力学性质测量，调节泵中的质量流量将优于体积流量控制，因为无论下游条件如何，质量流量都是不变的。这需要将改性剂浓度用为摩尔分数表示，它将始终保持不变，直到系统出口。无论如何，如果质量流速是已知的，那么当需要知道柱上的体积流速时，应用对混合物和特定条件验证的状态方程将是最好的选择。

Akien 等人的 CO_2 泵送装置 [15] 对于商用 SFC 设备而言是不寻常的。因为在 CO_2 泵出口和混合器之间安装了单独的 BPR。（另一个 BPR 以正常方式用于控制塔出口压力。）使用附加 BPR 的目的是允许下游系统在低压下操作，也就是说，即使在低于 CO_2 泵进料流的压力下也是如此。但是，如果将上游 BPR 压力设定为高于最大所需塔入口压力的值，则 CO_2 泵在所有流量下总是会在一个恒定的背压中工作。因此，在这个装置中，以恒定的流量运行 CO_2 泵也会导致恒定的 CO_2 质量流。目前，商用分析型 SFC 系统中的 CO_2 泵没有任何形式的质量流量控制。这种能力将大大改善 SFC 设备进行热力学测量的前景。在此之前，需要充分了解柱上流动相的组成和条件。

18.8 结论

分析型 SFC 仪器可为许多物理化学性质的估计或准确的测定提供便利。在许多情况下，可以以良好的准确度确定相变、临界点、溶解度、吸附等温线和扩散速率。也可以非常容易地估计黏度。即使是对条件的估计、趋势和比较也有助于指导过程开发，尤其是在没有更专业的设备时解决问题。

有些测量必须考虑流体的可压缩性以及 SFC 系统中随着流动路径的温度和压力变化而发生的体积和流速变化。利用保留时间来估算热力学性质不仅要校正流体中的这些变化，还必须校正有效相比和表面过量吸附的流动相组分的变化。

SFC 比 HPLC 更复杂，但这种复杂性增加了灵活性和性能。通过对基础化学的了解，SFC 可以做的不仅仅是生成常规色谱图。

参考文献

[1] Rajendran A. Design of preparative-supercritical fluid chromatography. J Chromatogr A 2012; 1250: 22749.

[2] Enmark M, Asberg D, Leek H, Ohlen K, Klarqvist M, Samuelsson J, et al. Evaluation of scale-up from analytical to preparative supercriticalfluid chromatography. J Chromatogr A 2015; 1425: 2806.

[3] Stephan K, Lucas K. Viscosity of dense fluids. New York: Plenum Press; 1979.

[4] Chester TL, Innis DP. Dynamic film formation and the use of retention gaps with direct injection in open-tubular supercritical fluid chromatography. J Microcol Sep 1993; 5: 26173.

[5] Chester TL, Innis DP. Quantitative open-tubular supercritical fluid chromatography using direct injection onto a retention gap. Anal Chem 1995; 67: 3057-63.

[6] Chester TL. Determination of pressure-temperature coordinates of liquid-vapor critical loci by supercritical fluid flow injection analysis. J Chromatogr A 2004; 1037: 393-403.

[7] Van Konynenburg PH, Scott RL. Critical lines and phase equilibria in binary Van der Waals mixtures. Phil Trans R Soc Lond A 1980; 298: 495-540.

[8] Brunner E, Hü ltenschmidt W, Schlichthärle G. Fluid mixtures at high pressures IV. Isothermal phase equilibria in binary mixtures consisting of (methanol 1 hydrogen or nitrogen or methane or carbon monoxide or carbon dioxide). J Chem Thermodyn 1987; 19: 213-91.

[9] Air Liquide. Gas Encyclopedia, http://encyclopedia.airliquide.com/encyclopedia.asp;

2013 [accessed 24.08.16].

[10] Ziegler JW, Dorsey JG, Chester TL, Innis DP. Estimation of liquid-vapor critical loci for CO_2-solvent mixtures using a peak-shape method. Anal Chem 1995; 67: 456-61.

[11] Ziegler JW, Chester TL, Innis DP, Page SH, Dorsey JG. Supercritical fluid flow injection method for mapping liquid-vapor critical loci of binary mixtures containing CO_2. In: Hutchinson KW, Foster NR, editors. Innovations in supercritical fluids science and technology. ACS Symposium Series, vol. 608. Washington: American Chemical Society; 1995. p. 93-110.

[12] Ziegler JW. "Ain 'T Misbehavin'" —Fundamental investigations into supercritical fluid binary mixtures containing CO_2 and supercritical fluid chromatography. Ph. D. University of Cincinnati, 1996.

[13] Chester TL, Haynes BS. Estimation of pressure-temperature critical loci of CO_2 binary mixtures with methyl-tert-butyl ether, ethyl acetate, methyl-ethyl ketone, dioxane, and decane. J Supercrit Fluids 1997; 11: 15-20.

[14] Dittmar D, Oei SB, Eggers R. Interfacial tension and density of ethanol in contact with carbon dioxide. Chem Eng Tech 2002; 25: 23-7.

[15] Akien GR, Skilton RA, Poliakoff M. Pressure drop as a simple method for locating phase transitions in continuous flow high pressure reactors. Ind Eng Chem Res 2010; 49: 4974-80.

[16] Ohgaki K, Katayama T. Isothermal vapor-liquid equilibrium data for binary systems containing carbon dioxide at high pressures: methanol-carbon dioxide, n-hexane-carbon dioxide, and benzene-carbon dioxide systems. J Chem Eng Data 1976; 21: 53-5.

[17] Hong JH, Kobayashi R. Vapor-liquid equilibrium studies for the carbon dioxidemethanol system. Fluid PhaseEquil 1988; 41: 269-76.

[18] Yeo S-D, Park S-J, Kim J-W, Kim J-C. Critical properties of carbon dioxide 1 methanol, 1 ethanol, 11-propanol, and 11-butanol. J Chem Eng Data 2000; 45: 932-5.

[19] Joung SN, Yoo CW, Shin HY, Kim SY, Yoo K-P, Lee CS, et al. Measurements and correlation of high-pressure VLE of binary CO_2-alcohol systems (methanol, ethanol, 2-methoxyethanol and 2-ethoxyethanol). Fluid Phase Equil 2001; 185: 219-30.

[20] Miller DJ, Hawthorne SB. Determination of solubilities of organic solutes in supercritical CO_2 by on-line flame ionization detection. Anal Chem 1995; 67: 273-9.

[21] Zhao S, Wang R, Yang G. A method for measurement of solid solubility in supercritical carbon dioxide. JSupercrit Fluids 1995; 8: 15-19.

[22] Gahm KH, Tart W, Eschelbach J, Notari S, Thomas S, Semin D, et al. Purification method development for chiral separation in supercritical fluid chromatography with the solubilities in supercritical fluid chromatographic mobile phases. J Pharm Biomed Anal 2008; 46: 831-8.

[23] Li B, Guo W, Song W, Ramsey ED. Determining the solubility of organic compounds in supercritical carbon dioxide using supercritical fluid chromatography directly interfaced to supercritical fluid solubility apparatus. J Chem Eng Data 2016; 61: 2128-34.

[24] Guiochon G, Tarafder A. Fundamental challenges and opportunities for preparative supercritical fluid chromatography. J Chromatogr A 2011; 1218: 1037-114.

[25] James DH, Phillips CSG. The chromatography of gases and vapors. III. Determination of ad-

sorption isotherms. J Chem Soc 1954; 1066-70.

[26] Schay G, Székely G. Gas-adsorption measurements in flow systems. Acta Chim Hung 1954; 5: 167-82.

[27] Jacobson J, Frenz J, Horváth C. Measurement of competitive adsorption isotherms by frontal chromatography. Ind Eng Chem Res 1987; 26: 43-50.

[28] Gritti F, Guiochon G. Critical contribution of nonlinear chromatography to the understanding of retention mechanism in reversed-phase liquid chromatography. J Chromatogr A 2005; 1099: 1-42.

[29] Kamarei F, Gritti F, Guiochon G, Burchell J. Accurate measurements of frontal analysis for the determination of adsorption isotherms in supercritical fluid chromatography. J Chromatogr A 2014; 1329: 71-7.

[30] Kamarei F, Vajda P, Gritti F, Guiochon G. The adsorption of naproxen enantiomers on the chiral stationary phase (R, R) -whelk-O1 under supercritical fluid conditions. J Chromatogr A 2014; 1345: 200-6.

[31] Medina I. Determination of diffusion coefficients for supercritical fluids. J Chromatogr A 2012; 1250: 124-40.

[32] Taylor G. Dispersion of soluble matter in solvent flowing slowly through a tube. Proc Roy Soc A 1953; 219: 186-203.

[33] Taylor G. Conditions under which dispersion of a solute in a stream of solvent can be used to measure molecular diffusion. Proc R Soc A 1954; 225: 473-7.

[34] Aris R. On the dispersion of a solute in a fluid flowing through a tube. Proc R Soc A 1956; 235: 67-77.

[35] Ouano AC. Diffusion in liquid systems. I. A simple and fast method of measuring diffusion constants. Ind Eng Chem Fundam 1972; 11: 268-71.

[36] Liong KK, Wells PA, Foster NR. Diffusion in supercritical fluids. J Supercrit Fluids 1991; 4: 91-108.

[37] Levelt Sengers JMH, Deiters UK, Klask U, Swidersky P, Schneider GM. Application of the Taylor dispersion method in supercritical fluids. Int J Thermophys 1993; 14: 893-922.

[38] Akgerman A, Erkey C, Orejuela M. Limiting diffusion coefficients of heavy molecular weight organic contaminants in supercritical carbon dioxide. Ind Eng Chem Res 1996; 35: 911-17.

[39] Funazukuri T, Kong CY, Kagei S. Impulse response techniques to measure binary diffusion coefficients under supercritical conditions. J Chromatogr A 2004; 1037: 411-29.

[40] Kong CY, Funazukuri T, Kagei S, Wang G, Lu F, Sako T. Application of the chromatographic impulse response method in supercritical fluid chromatography. J Chromatogr A 2012; 1250: 141-56.

[41] Kong CY, Siratori T, Funazukuri T, Wang G. Infinite dilution partial molar volumes of platinum (II) 2, 4-pentanedionate in supercritical carbon dioxide. J Chromatogr A2014; 1362: 294300.

[42] Miyabe K, Guiochon G. Fundamental interpretation of the peak profiles in linear reversed-phase liquid chromatography. Adv Chromatogr 2000; 40: 1-113.

[43] Miyabe K, Guiochon G. Measurement of the parameters of the mass transfer kinetics in high performance liquid chromatography. J Sep Sci 2003; 26: 155-73.

[44] Ruthven DM. Principles of adsorption and adsorption processes. New York: John Wiley and Sons; 1984.

[45] Suzuki M. Adsorption engineering. Tokyo: Kodansha/Elsevier; 1990.

[46] Guiochon G, Golshan-Shirazi S, Katti AM. Fundamentals of preparative and nonlinear chromatography. Boston: Academic Press; 1994.

[47] Gritti F, Guiochon G. Effect of the surface coverage of C_{18}-bonded silica particles on the obstructive factor and intraparticle diffusion mechanism. Chem Eng Sci 2006; 61: 7636-50.

[48] Miyabe K, Matsumoto Y, Guiochon G. Peak parking-moment analysis. A strategy for the study of the mass-transfer kinetics in the stationary phase. Anal Chem 2007; 79: 1970-82.

[49] Miyabe K, Ando N, Guiochon G. Peak parking method for measurement of molecular diffusivity in liquid phase systems. J Chromatogr A 2009; 1216: 4377-82.

[50] Kazakevich YV, McNair HM. Study of the excess adsorption of the eluent components on different reversed-phase adsorbents. J Chromatogr Sci 1995; 33: 321-7.

[51] Kazakevich YV, LoBrutto R, Chan F, Patel T. Interpretation of the excess adsorption isotherms of organic eluent components on the surface of reversed-phase adsorbents. Effect on the analyte retention. J Chromatogr A 2001; 913: 75-87.

[52] Rustamov I, Farcas T, Ahmed F, Chan F, LoBrutto R, McNair HM, et al. Geometry of chemically modified silica. J Chromatogr A 2001; 913: 49-63.

[53] Gritti F, Guichon G. Adsorption mechanism in RPLC. Effect of the nature of the organic modifier. Anal Chem 2005; 77: 4257-72.

[54] Strubinger JR, Song H, Parcher JF. High-pressure phase distribution isotherms for supercritical fluid chromatographic systems. 1. Pure carbon dioxide. Anal Chem 1991; 63: 98-103.

[55] Strubinger JR, Song H, Parcher JF. High-pressure phase distribution isotherms for supercritical fluid chromatographic systems. 2. Binary isotherms of carbon dioxide and methanol. Anal Chem 1991; 63: 104-8.

[56] Berger TA. Instrumentation for analytical scale supercritical fluid chromatography. J Chromatogr A 2015; 1421: 171-83.